普通高等教育专业课程系列教材
天津市高校课程思政优秀教材

电 路 CAD

CIRCUIT CAD

王利强　杨　旭　张　媛　孙鸿波　编著

内容提要

Altium Designer 是 Altium 公司推出的优秀的电子设计自动化(EDA)设计工具软件,它功能强大、界面友好、使用方便,保证了从电路原理设计开始直到生产制造文件输出的无缝连接,是当今世界最先进、应用最广泛的 EDA 软件之一。

本书基于 Altium Designer 6.9 中文版,以电路板的制作过程为主线,结合大量具体实例,详细阐述了原理图绘制规范、PCB 设计技术和电路板的电磁兼容设计等内容,具体包括:印制电路板的组成与制作流程,元器件封装,电路原理图的绘制,原理图库文件的管理,层次式原理图设计,PCB 的布局与布线、设计规则,PCB 库文件的管理,电路仿真与信号完整性分析,PCB 与电磁兼容设计导论等。作者结合自己在实际设计中积累的大量实践经验,总结了诸多实际应用中的注意事项。**为了方便读者学习,本书还配有电子教学资源,包括多媒体课件、授课计划、习题、视频等,可用于理论学习和上机练习,扫描本书封底的二维码便可免费获取。**

本书学习与实操并重,尤其强调技术能力的培养,面向本科、高职高专院校师生以及从事电子类工作的技术人员和电路设计爱好者,可作为高校相关专业课程的教材和参考书。

2021 年,本书被认定为首批天津市高校课程思政优秀教材。

图书在版编目(CIP)数据

电路CAD/王利强等编著. —天津:天津大学出版社,2018.9(2021.9重印)
普通高等教育专业课程系列教材 天津市高校课程思政优秀教材
ISBN 978-7-5618-6151-6

Ⅰ.①电… Ⅱ.①王… Ⅲ.①电路设计－计算机辅助设计－AutoCAD软件－高等学校－教材 Ⅳ.①TN702

中国版本图书馆CIP数据核字(2018)第147420号

DIANLU CAD

出版发行 天津大学出版社
地　　址 天津市卫津路92号天津大学内(邮编:300072)
电　　话 发行部:022-27403647
网　　址 publish.tju.edu.cn
印　　刷 廊坊市海涛印刷有限公司
经　　销 全国各地新华书店
开　　本 185mm×260mm
印　　张 24.5
字　　数 599千
版　　次 2018年9月第1版
印　　次 2021年9月第2次
定　　价 69.00元

前言

Altium Designer 是 Altium 公司推出的优秀的电子设计自动化(EDA)设计工具软件,集成了原理图和 FPGA 的前端设计输入、功能强大的 PCB 设计、智能的拓扑逻辑自动布线器、完全兼容 SPICE 的混合信号仿真、FPGA 仿真、信号完整性分析等多种仿真验证功能。Altium Designer 原名为 Protel, 2004 年更新为 Protel DXP,而后升级换代为新版 Altium Designer 6.0,其中 6.9 版性能最稳定,应用最广泛。

Altium Designer 6.9 解决了大量历史遗留的工具问题,更关注改进测试点的分配和管理、精简嵌入式软件开发、软设计中的智能化调试和流畅的 License 管理等功能。它功能强大、界面友好、使用方便,更重要的是将所有设计工具集成于一身,通过把设计输入仿真、PCB 绘制编辑、拓扑自动布线、信号完整性分析和设计输出等技术完美融合,为用户提供了全方位的设计解决方案,使用户可以轻松地进行各种复杂的电子电路设计。

本书抓住电路板的制作过程这一主线,结合具体的应用实例,由浅入深地讲解软件的功能与作用;按照软件的功能模块全面阐述印制电路板制作基础、原理图设计、PCB 设计、电路板的电磁兼容设计、电路仿真等内容。

全书共有 14 部分,包括:

绪论;

第 1 章　印制电路基础;

第 2 章　电路原理图设计基础;

第 3 章　原理图设计;

第 4 章　原理图库文件的管理;

第 5 章　层次式原理图设计;

第 6 章　PCB 制作基础;

第 7 章　PCB 布局与布线;

第 8 章　PCB 设计规则及后期处理;

第 9 章　PCB 元器件封装与库文件的管理;

第 10 章　电路板的后期处理；

第 11 章　印制电路板与电磁兼容设计导论；

第 12 章　Multisim 仿真设计；

附录。

其中从绪论到第 10 章的内容是本书的基础部分,读者应知应会;第 11 章和第 12 章的内容属于提高部分,读者根据个人情况可做进一步了解。

本书所用软件版本为 Altium Designer 6 Build 6.9.0.12759,读者使用的软件版本不同,书中相应内容会略有不同。本书的电子教学资源可以扫描封底的二维码免费获取。

天津职业技术师范大学王利强担任本书的主编。天津职业技术师范大学孙鸿波编写了绪论和附录;孙鸿波和天津市南开职业中等专业学校张媛编写了第 1 章,北京工业大学彭月祥和北京交通大学宁可庆编写了第 2 章和第 4 章;王利强编写了第 3 章和第 5 章;天津职业技术师范大学杨旭编写了第 7 章;王利强和天津职业技术师范大学胡建明编写了第 6 章和第 8 章;张媛和广东省揭阳综合中等专业学校臧斌编写了第 9 章和第 10 章;北京航空航天大学李成编写了第 11 章;张媛和孙鸿波编写了第 12 章。全书由王利强负责统稿并编写本书的电子教学资源内容,王利强和孙鸿波校对了全部书稿及电子教学资源内容。

由于作者水平有限,疏漏之处在所难免,敬请广大读者批评指正。

王利强
2018 年 6 月

目录

绪　论

0.1 Altium Designer 6.9 简介

Altium Designer 是 Altium 公司推出的优秀的电子设计自动化(Electronics Design Automation, EDA)设计工具软件,原名为 Protel, 2004 年更新为 Protel DXP,而后升级换代为新版 Altium Designer 6.0, 其中 6.9 版性能最稳定,应用最广泛。

Altium Designer 集成了原理图和现场可编程门阵列(Field-Programmable Gate Array, FPGA)的前端设计输入、功能强大的印制(刷)电路板(Printed Circuit Board, PCB)设计、智能的拓扑逻辑自动布线器、完全兼容仿真电路模拟器(Simulation Program with Integrated Circuit Emphasis, SPICE)的混合信号仿真、FPGA 仿真、信号完整性分析等多种仿真验证功能,还兼容一些其他电路设计软件的文件格式,如 OrCAD、PSpice、Excel 等。6.9 版本解决了大量历史遗留的工具问题,更关注改进测试点的分配和管理、精简嵌入式软件开发、软设计中的智能化调试和流畅的 License 管理等功能。

Altium Designer 6.9 软件作为电路辅助设计软件,功能强大、界面友好、使用方便,保证了从电学原理设计开始直到生产制造文件输出的无缝连接,是当今世界最先进、应用最广泛的 EDA 软件之一。

0.1.1 Altium Designer 6.9 安装要求

1. 推荐配置

操作系统: Windows XP SP2 专业版或以上的版本。

CPU:英特尔®酷睿™2 双核 / 四核 2.66 GHz 或以上。

内存:2 G RAM。

硬盘空间:10 G 硬盘空间(安装 + 用户档案)。

最低显示分辨率: 1 680 × 1 050(宽屏)或 1 600 × 1 200(4 : 3)屏幕分辨率, NVIDIA 公司的 GeForce® 80003 系列,256 MB 显存以上。

2. 最低配置

操作系统:Windows XP SP2 专业版。

CPU:英特尔®奔腾™ 1.8 GHz 处理器。

内存:1 G RAM。

硬盘空间:3.5 G 硬盘空间(安装 + 用户档案)。

最低显示分辨率：1 280×1 024 屏幕分辨率，NVIDIA 公司的 GeForce ®6000/7000 系列，128 MB 显存以上。

3. 中英文显示转换

Altium Designer 6.9 可以很方便地转换中英文显示。点选菜单命令“DXP”→“Preferences”弹出系统参数对话框，如图 0-1 所示。

在“Preferences”（系统参数）对话框左侧点选“General”选项卡，右侧显示对应的选项。本节主要介绍下方“Localization”区域的设置。

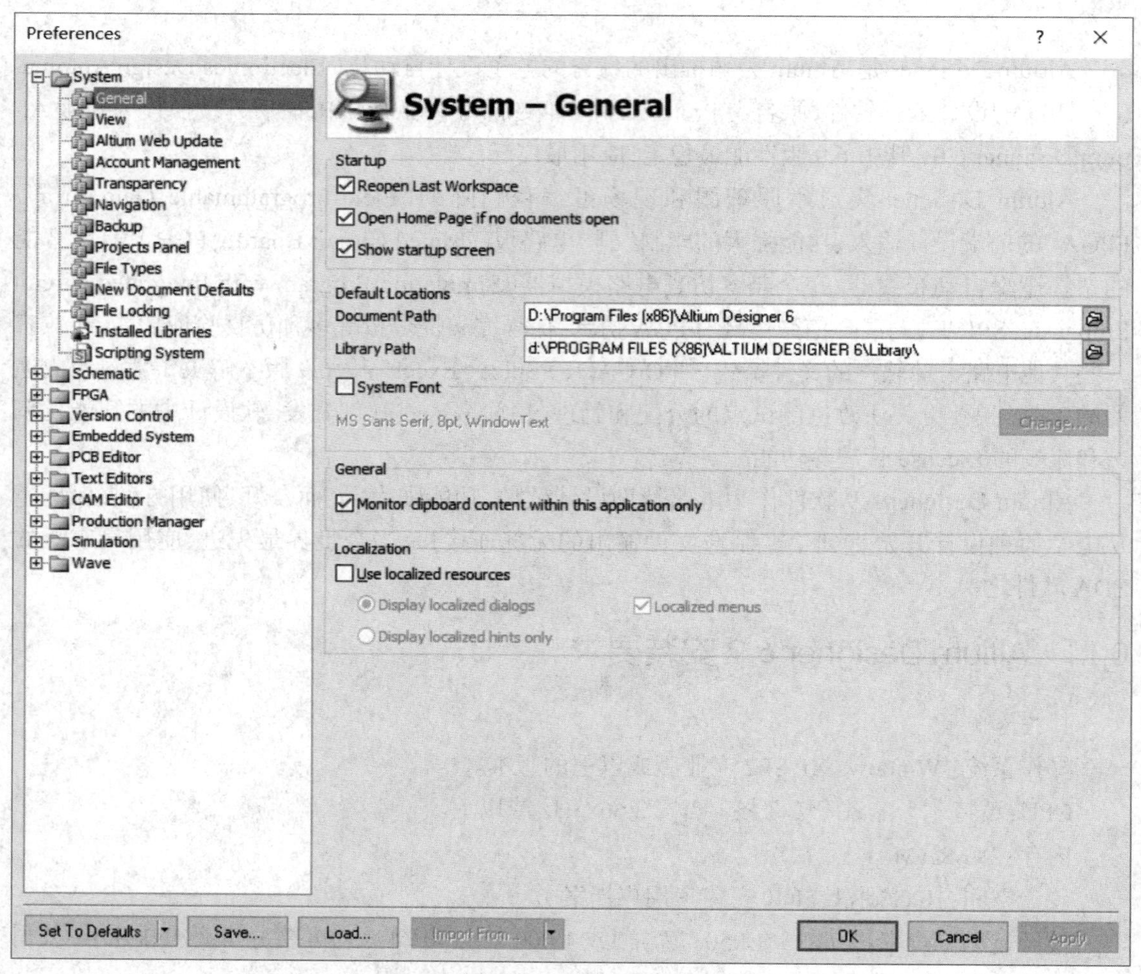

图 0-1 系统参数对话框的“General”选项卡

“Use localized resources”（使用本地化资源）复选框：选中此复选框，重启软件后为中文显示，并可对中文显示的范围进行设置。

（1）“Display localized dialogs/Display localized hints only”二选一单选框：确定显示中文对话框或者只显示中文提示。

（2）“Localized menus”复选框：显示中文菜单，一般本项默认必选。

若取消“Use localized resources”（使用本地化资源）复选框，重启软件后为英文显示。

本书默认以 Altium Designer 6.9 中文显示进行讲解。

0.1.2　Altium Designer 6.9 新增功能

1. 改进了图形化 DRC 违规显示

6.9 版本改进了在线实时及批量设计规则检查（Design Rules Check，DRC）检测中显示的传统违规的图形化信息，涵盖了主要的设计规则。

2. 用户自定义 PCB 布线网络颜色

6.9 版本允许用户在 PCB 文件中自定义布线网络显示的颜色，可用一种指定的颜色替代常用当前板层颜色作为布线网络显示的颜色。

3. PCB 机械层设定增加到 32 层

6.9 版本为板级设计新增了 16 个机械层定义，使总的机械层定义达到 32 层。

4. 提升了 DirectX 图形重建速度

6.9 版本的 PCB 应用中增强了 DirectX 图形引擎的功能，也优化了 DirectX 数据填充特性。经过测试，6.9 版本在原版本的基础上提升了 20% 的图形处理性能。

5. 按区域定义原理图网络类功能

Altium Designer 允许用户使用网络类标签功能在原理图设计中将所涵盖的每条信号线都纳入自定义网络类中。当由原理图创建 PCB 时，就可以将自定义的网络类引入 PCB 规则中，避免原理图中网络定义混乱等问题。

6. 装配变量和板级元件标号的图形编辑功能

6.9 版本提供了装配变量和板级元件标号的图形编辑功能，使用户可以从编译后的原理图源文件中了解装配变量和修改板级元件标号。

7. 支持 C++ 高级语法格式的软件开发

6.9 版本支持 C++ 软件开发语言，包括软件的编译和调试。

8. 基于 Wishbone 协议的探针仪器

6.9 版本新增了一款基于 Wishbone 协议的探针仪器（WB_PROBE）。该仪器是一个 Wishbone 主端元件，因此允许用户利用探针仪器与 Wishbone 总线相连去探测兼容 Wishbone 协议的从设备。通过实时运行的调试面板，用户就可以观察和修改外设的内部寄存器内容、存储器件的内存数据区，省却了调用处理器仪器或底层调试器。这对无处理器的系统调试尤为重要。

9. 为 FPGA 仪器编写脚本

Altium Designer 新增了在 FPGA 内利用脚本编程实现可定制虚拟仪器的功能。该功能为用户提供了一种更直观、界面更友好的脚本应用模式。

10. 虚拟存储仪器

在 6.9 版本中，用户可以看到一种全新的虚拟存储仪器（MEMORY_INSTRUMENT），虚拟仪器内部提供了一个可配置存储单元区。利用这个功能可以实现从其他逻辑器件、相连的计算机和虚拟仪器面板中观察和修改存储区的数据。

11. 按需模式的 License 管理系统（On-Demand）

6.9 版本中增加了基于 WEB 协议和按需 License 的模式。利用客户账号访问 Altium 客户服务器，无须变更 License 文件或重新激活 License，基于 WEB 协议的按需 License 管理器就允许一个 License 被用于任意一台计算机。这就好比一个全球化浮动 License，而无须建立用户自己的 License 服务器。

0.1.3 Altium Designer 6.9 界面介绍

在程序启动之后，屏幕上会出现如图 0-2 所示的集成环境，主要包括标题栏、菜单栏、工作窗口面板、面板控制及工作区等。这里对其进行简单介绍，具体的使用方法与注意事项将在后续章节中详细讨论。

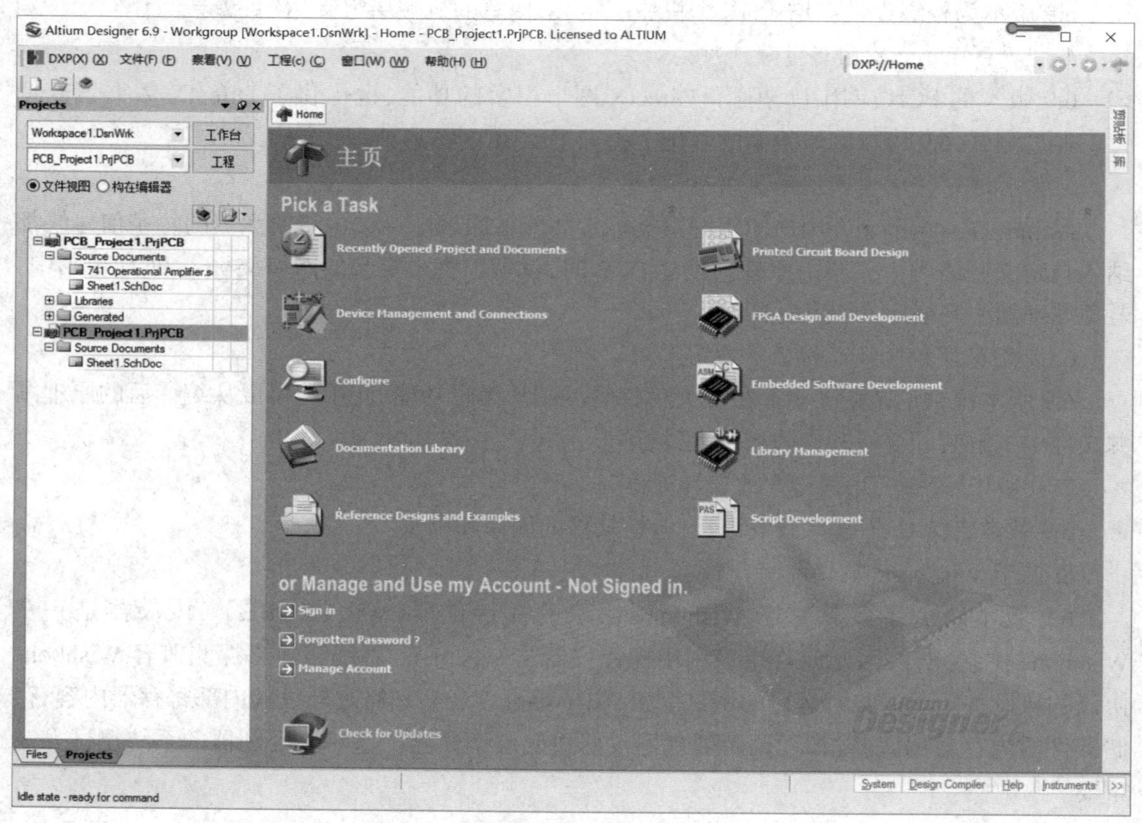

图 0-2 Altium Designer 6.9 主窗口界面

1. 菜单栏

Altium Designer 6.9 的菜单栏及工具栏如图 0-3 所示。菜单栏包括：DXP（系统菜单）、文件、察看、工程、窗口和 帮助；工具栏即按钮行，为常用命令的链接，如新建文件、打开文件等。

图 0-3　Altium Designer 6.9 的菜单栏及工具栏窗口

1)“DXP”菜单

该菜单用于查看、设置系统参数,如图 0-4 所示。

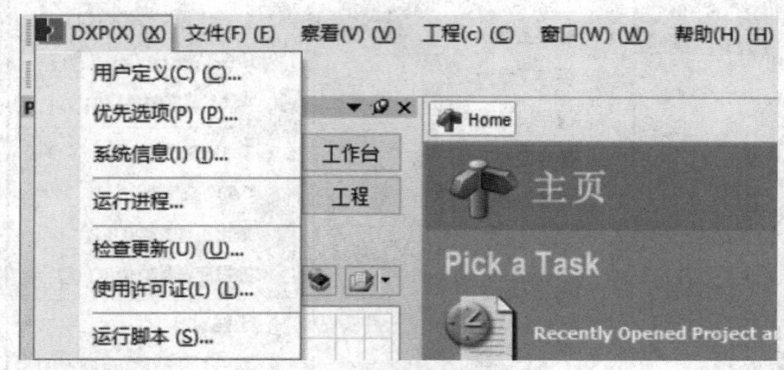

图 0-4　“DXP”菜单窗口

部分功能如下。

“用户定义”:系统资源个性化设置,可以对工具栏选项项目进行添加、删除。

“优先选项”:对系统属性进行设置,包括“启动时,是否打开最后一次使用的项目”“是否启动时显示开始界面”“默认文档存储路径”“关闭程序时是否自动保存文档”“弹出对话框的速度设置”“隐藏对话框的速度设置”等。系统属性设置对话框一般取默认值,不必修改。

2)“文件”菜单

该菜单用于打开和保存项目文档。单击其中的“新建”选项可新建一个文档或项目,如图 0-5 所示。“打开”选项用于打开已有的单个项目文档。

3)“察看”菜单

该菜单用于工具条、状态栏和命令状态等的管理,并控制各种工作窗口面板的打开和关闭,如图 0-6 所示。

4)“工程”菜单

该菜单主要用于完成对工程文件的管理及对工程参数的设置,如图 0-7 所示。尚未打开任何工程文件时,其下拉菜单中很多选项为灰色,不可用。该菜单中选项的具体使用方法,将在后续章节中介绍。

5)“窗口”菜单

该菜单主要用于完成对多窗口显示的设置和关闭所有文档,如图 0-8 所示。

6)“帮助”菜单

该菜单用于获得 Altium Designer 的各种帮助信息,如知识库、帮助信息、版本信息等,如图 0-9 所示。

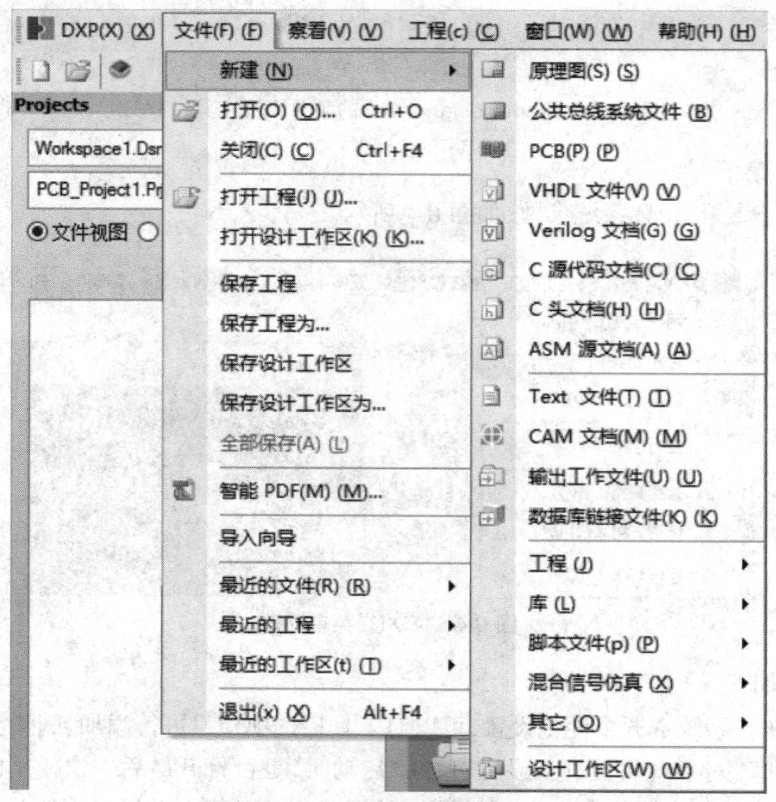

图 0-5 “文件”菜单窗口

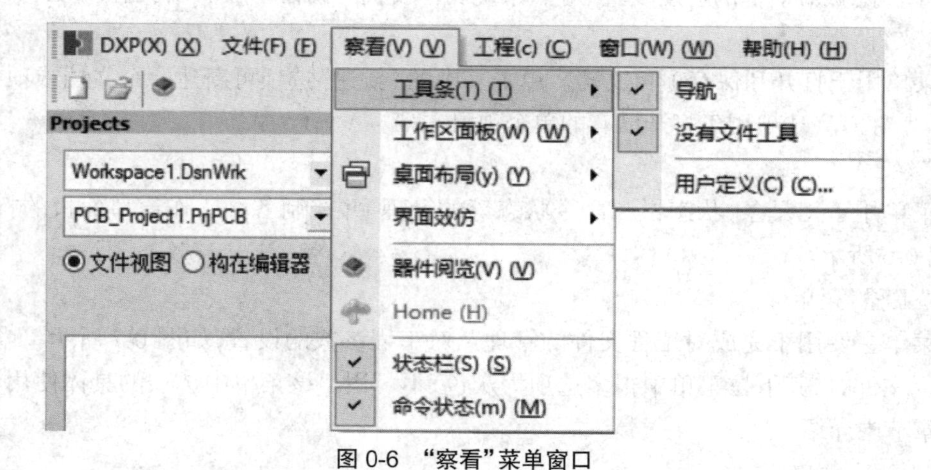

图 0-6 “察看”菜单窗口

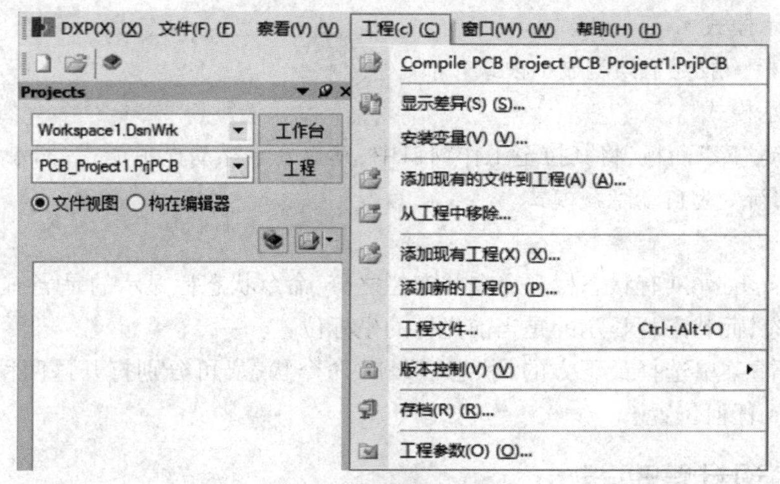

图 0-7　“工程”菜单窗口

图 0-8　“窗口”菜单窗口

图 0-9　“帮助”菜单窗口

2. 工作窗口面板

工作窗口面板位于屏幕的左、右两侧,用户可以通过工作窗口面板方便地打开文件、访问库文件、浏览和编辑。工作窗口面板分为两类。一类是在任何编辑环境中都有的面板,如“库”面板和“文件”面板;另一类是在特定的编辑环境中才会出现的面板,如 PCB 编辑环境中的“导航”(Navigator)面板、Schlib 编辑环境中的“库编辑器”(Library Editor)面板。面板的显示模式有三种。

1)自动隐藏模式

“库”面板在默认情况下处于自动隐藏模式。将鼠标的光标移至右侧的“库”标签上并单击,工作窗口面板即可弹出;在“库”面板处单击鼠标则“库”面板会再次隐藏。

2）锁定显示模式

“文件”面板一般处于锁定显示模式。

3）浮动显示模式

用鼠标拖动“库”面板，将其拉至工作窗口中，其就处于浮动显示模式；如果将其拉至右端边框处，其就重新变为自动隐藏模式。

3. 状态栏

Altium Designer 6.9 有状态栏和命令状态栏之分：命令状态栏显示的是当前正在执行的命令名称及其状态，而状态栏显示的是当前光标的坐标位置。

单击“察看”菜单选择最下方的“状态栏”和“命令状态”可分别打开这两种状态栏，并可将状态栏拖动到任何位置。

0.1.4 “库”设计管理器

Altium Designer 6.9 的设计管理器类似于 Windows 操作系统的资源管理器，可方便地进行各种资料、文件的管理，具有人机界面友好、设计功能强大及使用方便等特点。用户可选择“察看”→“Home”命令，或者单击右上角的图标进入该主界面，出现如图 0-10 所示的设计管理窗口。

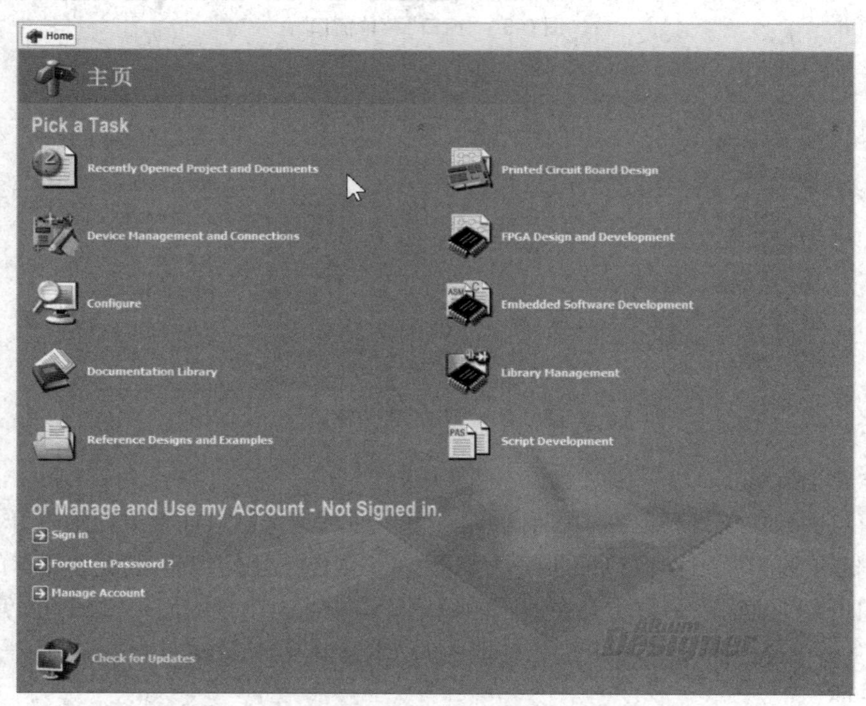

图 0-10　Altium Designer 6.9 的设计管理窗口

设计管理器可分成如下三个区域。

1."Pick a Task"区域

图 0-11 所示为"Pick a Task"区域。

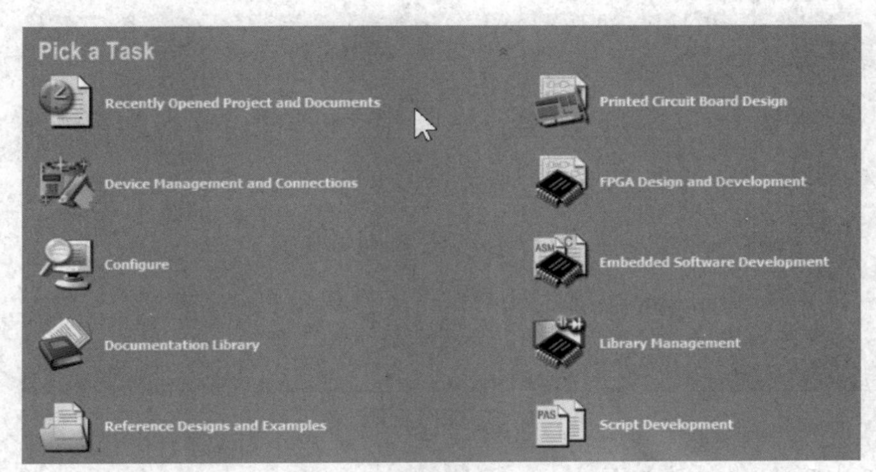

图 0-11 "Pick a Task"区域

其选项设置及功能如下。

1)Recently Opened Project and Documents(近期打开的项目和文档)

选择此选项后,系统弹出如图 0-12 所示的对话框。用户可方便地从对话框中选择需要打开的文件,也能够从"文件"菜单中选择近期打开的文档、项目或工作空间文件。

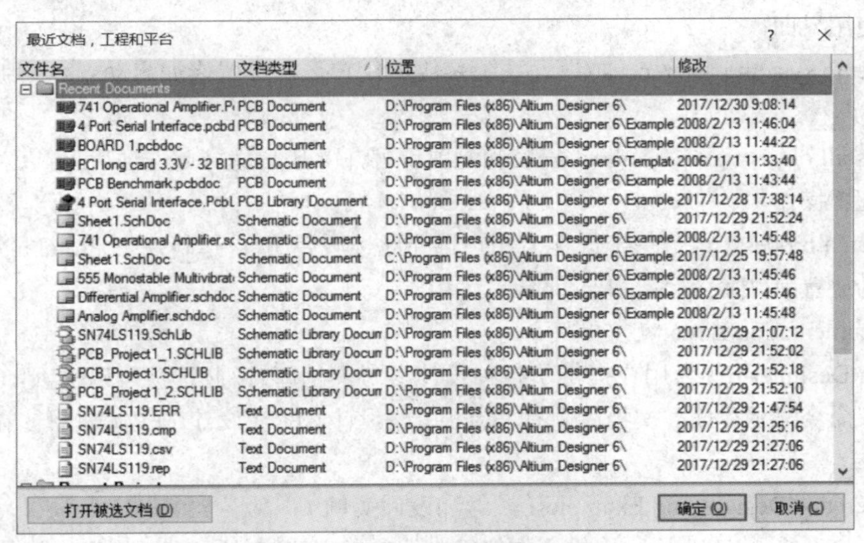

图 0-12 打开项目和文档对话框

2)Device Management and Connections(器件管理和连接)

选择此选项后,可以查看系统所连接的器件,如硬件设备和软件设备等。

3)Configure(配置)

选择此选项后,系统主界面会弹出如图 0-13 所示的系统配置选项。用户可从中选择自己所需要进行的操作。

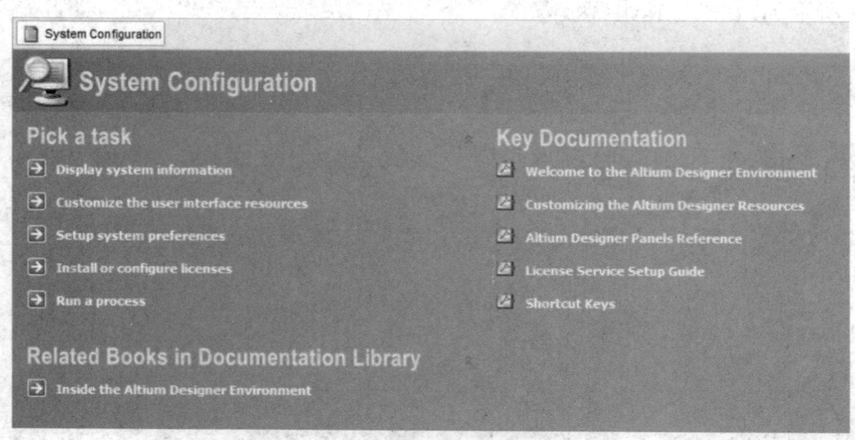

图 0-13　系统配置选项

图 0-13 中各子项的内容如下。

（1）Display system information（显示系统信息）：显示当前安装的各项软件服务器，若安装了某项服务器，则能提供该项软件功能，如 SCH 服务器用于原理图的编辑、设计、修改和生成零件封装等。

（2）Customize the user interface resources（自定义用户接口资源）：用户可以自己定义各种菜单的图标、工具栏、文字提示，更改快捷键以及新建命令操作等，从而完全根据自己的喜好定义软件的使用界面。

（3）Setup system preferences（设置系统参数）：用户可以设置诸如启动、显示、版本控制等参数。

（4）Install or configure licenses（安装和配置许可证）：用户选择此选项后，可以对许可证进行安装和配置操作。

（5）Run a process（运行一个进程）：用户选择此选项后，允许运行一个 Protel 的模块程序，如原理图的放置元件命令（Sch：Placepart）。

4）Documentation Library（文档库）

Altium Designer 6.9 为用户提供了各种设计参考文档库，由此选项可以进入如图 0-14 所示的文档库命令显示界面。文档库中有 Protel 电路设计、PCB 设计、FPGA 设计、在线帮助等参考文档。

5）Reference Designs and Examples（参考和设计实例）

Altium Designer 6.9 为用户提供了许多经典的参考实例，包括经典的原理图设计、PCB 布线和 FPGA 设计等实例。用户进入后，工作界面如图 0-15 所示。

6）Printed Circuit Board Design（印制电路板设计）

选择此选项后，系统弹出如图 0-16 所示的印制电路板设计命令的选项列表。

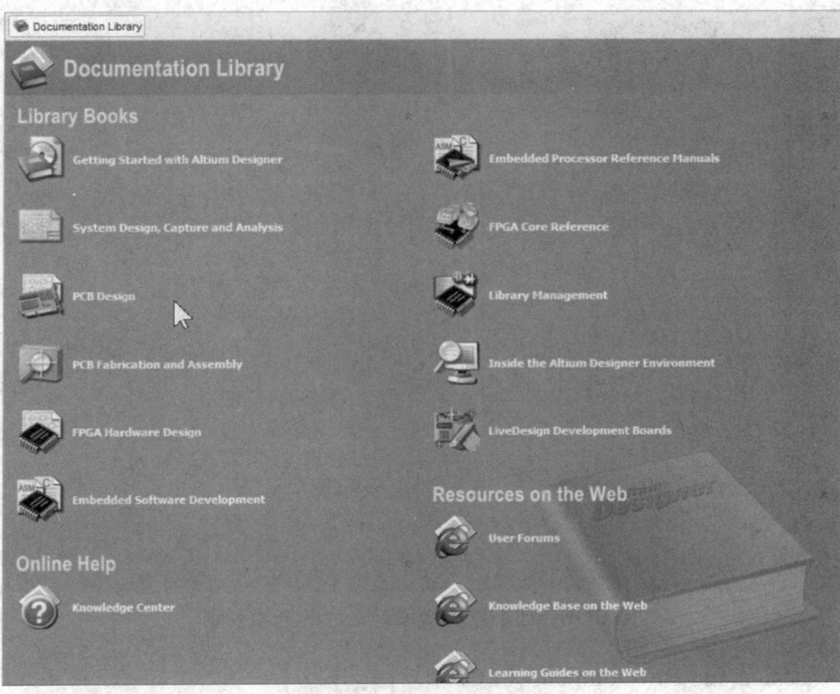

图 0-14 设计参考文档库

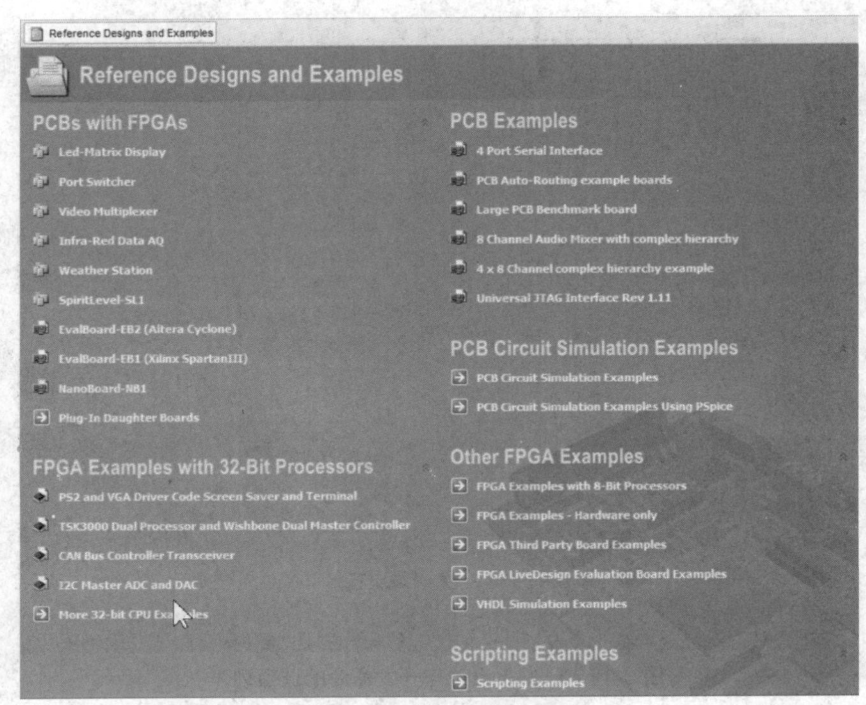

图 0-15 参考和设计实例

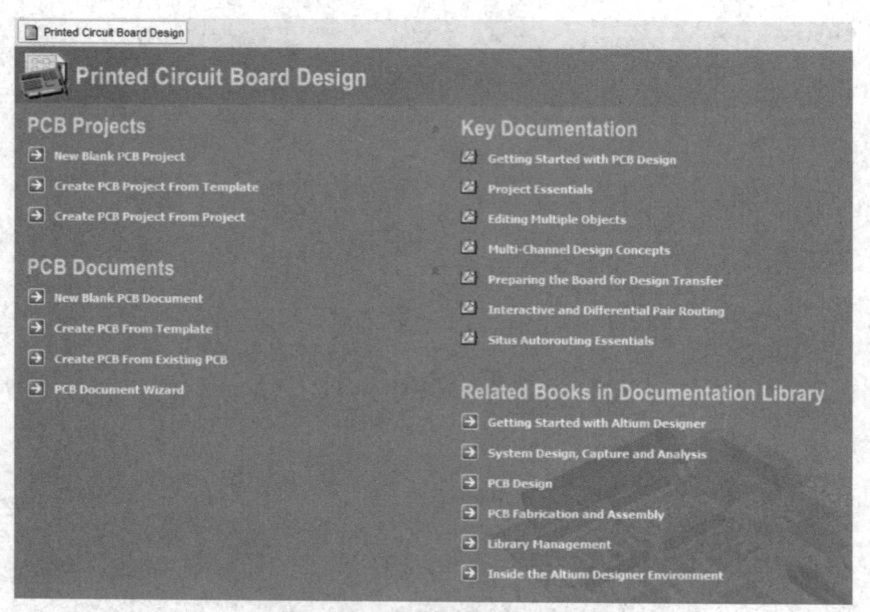

图 0-16 印制电路板设计命令的选项列表

7)FPGA Design and Development(FPGA 设计与开发)

选择此选项后,系统弹出如图 0-17 所示的 FPGA 设计与开发命令的选项列表。

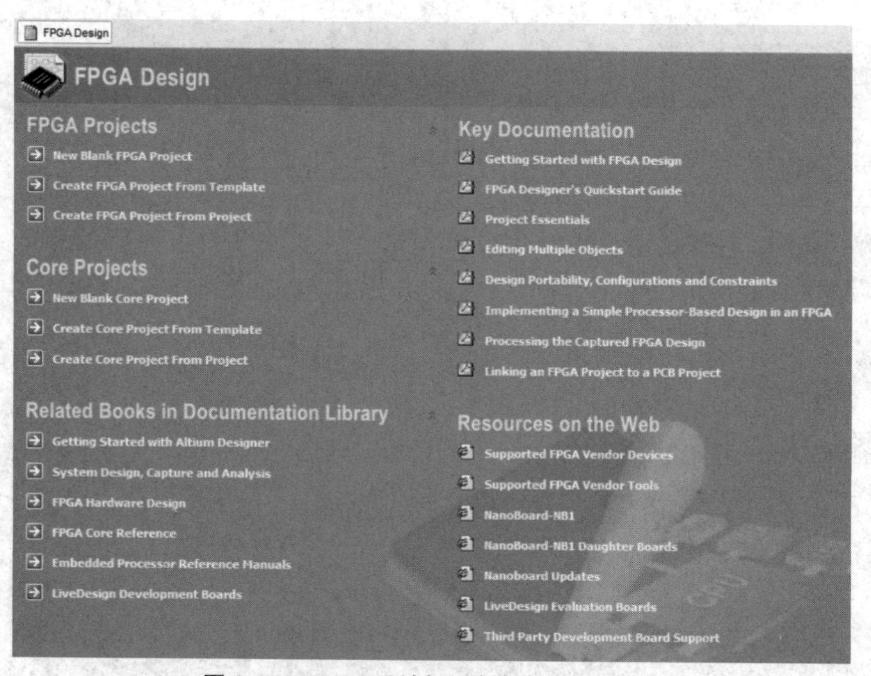

图 0-17 FPGA 设计与开发命令的选项列表

8)Embedded Software Development(嵌入式软件开发)

选择此选项后,系统弹出如图 0-18 所示的嵌入式软件开发命令的选项列表。

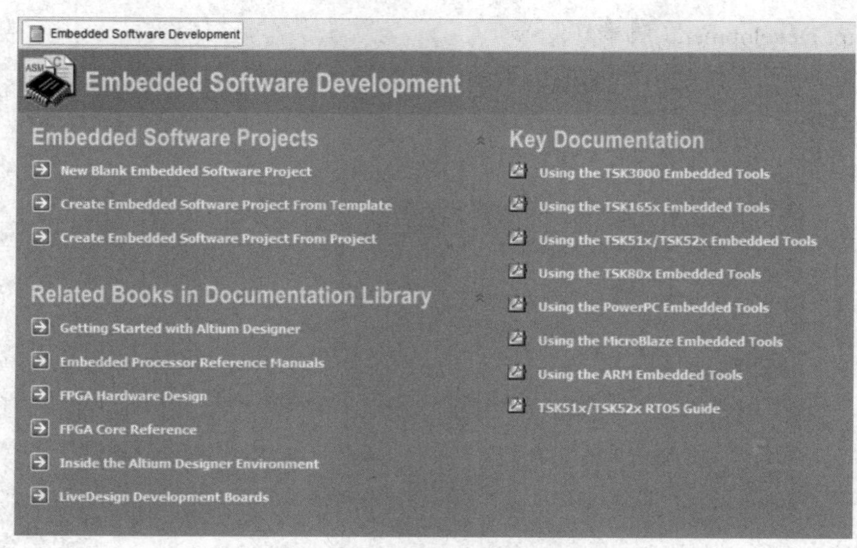

图 0-18　嵌入式软件开发命令的选项列表

9)Library Management(库管理)

选择此选项后，系统弹出如图 0-19 所示的库管理命令的选项列表。该选项列表包括创建 Integrated Library(集成库)、Schematic Library(原理图库)、PCB Footprint Library(PCB 封装库)及 3D Model Library(3D 模型库)等。用户可以选择查找、加载或移去库，还可以在已加载库列表中查看当前已经加载的库。

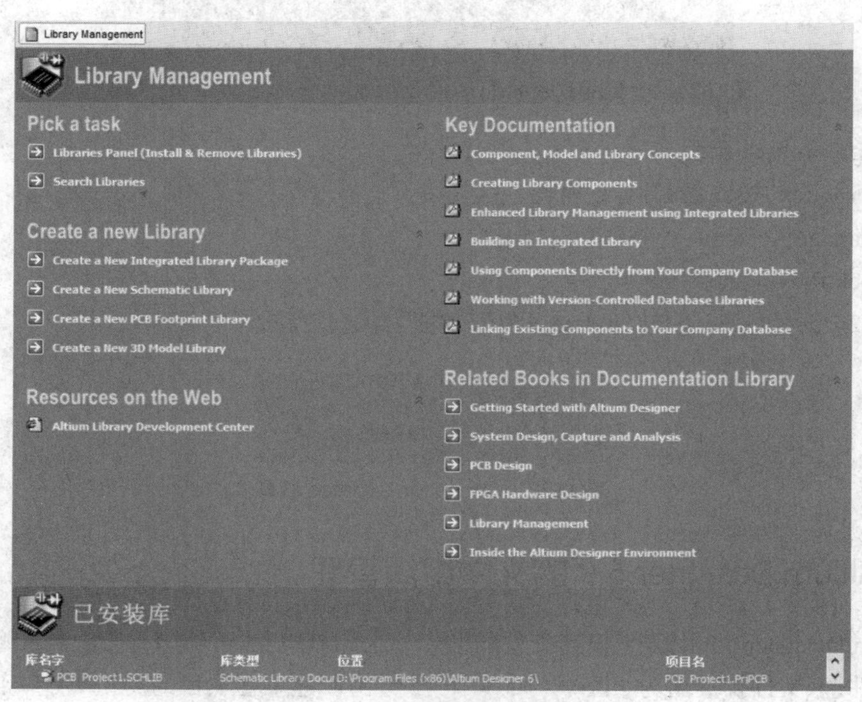

图 0-19　库管理命令的选项列表

10)Script Development(脚本开发)

选择此选项后,系统弹出如图 0-20 所示的脚本开发命令的选项列表。用户可以选择创建脚本的相关选项。

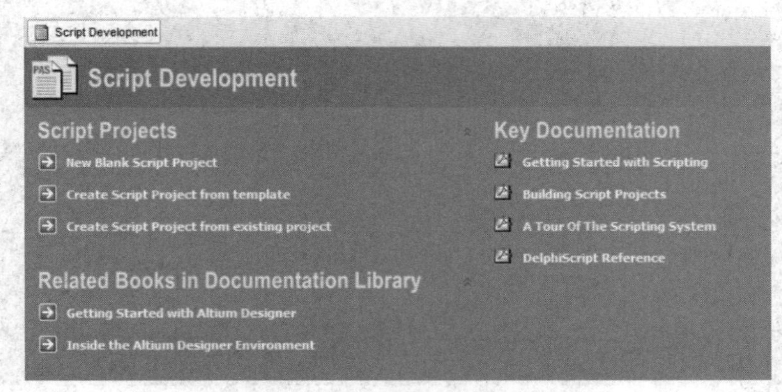

图 0-20 脚本开发命令的选项列表

2. or Manage and Use my Account-Not Signed in 区域

图 0-21 所示为 or Manage and Use my Account-Not Signed in 区域。

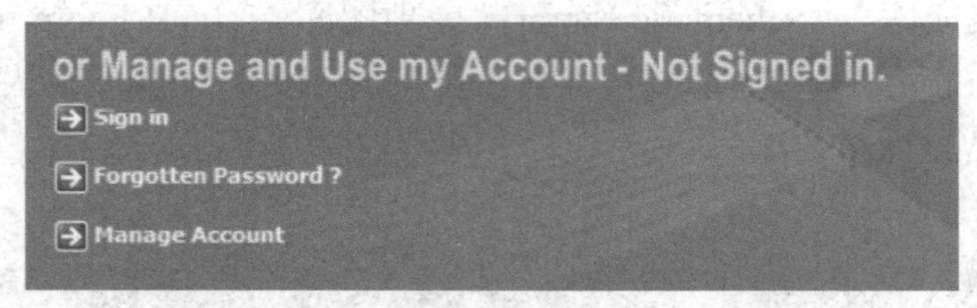

图 0-21 or Manage and Use my Account-Not Signed in 区域

(1)Sign in:登录系统。

(2)Forgotten Password?:忘记密码?

(3)Manage Account:管理账户。

3. Check for Updates 区域

图 0-22 所示为 Check for Updates 区域,功能为检查更新,一般为灰色。

图 0-22 Check for Updates 区域

0.1.5 Altium Designer 6.9 的文件组织管理

Altium Designer 6.9 引入了设计工程的概念。在印制电路板的设计过程中,一般先建立一个工程文件,该文件扩展名为“.Prj***”,其中“***”由所建工程项目的类型决定。该文件只是定义工程中的各个文件之间的关系,并不将各个文件包含在内。在设计过程中,建立的原理图、PCB 图等文件都以独立文件的形式保存在计算机中。有了工程文件这个联系的纽带，同一工程中的不同文件就可以不保存在同一个文件夹中。当然，也可以不建立工程文件，而直接建立原理图文件或者其他单独的自由文件，这在 Protel 以往的版本中是不能实现的。

Altium Designer 6.9 的设计管理器按层次结构及类型对各种文档进行有效的管理，文档的组织结构及后缀名如图 0-23 所示。

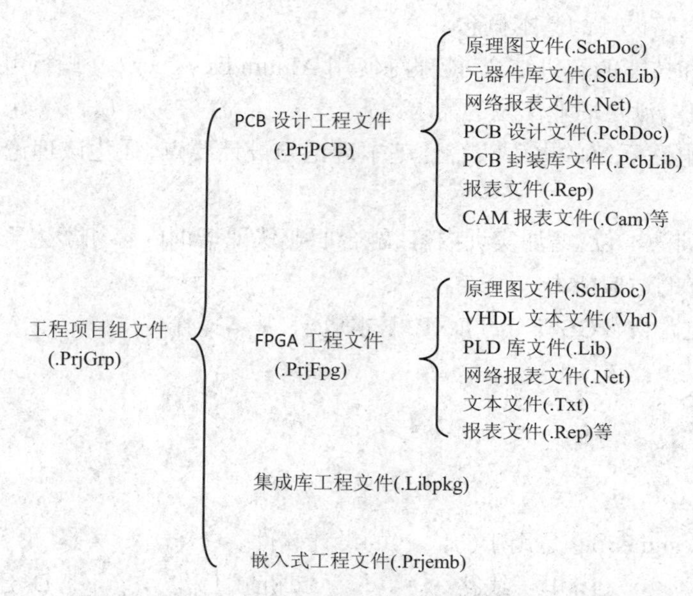

图 0-23 Altium Designer 6.9 的文档组织结构及后缀名

0.2 课程学习内容和要求

0.2.1 学习内容

(1)印制电路基础。
(2)电路原理图设计基础。
(3)原理图设计。
(4)原理图库文件的管理。
(5)层次式原理图设计。
(6)PCB 制作基础。
(7)PCB 布局与布线。
(8)PCB 设计规则及后期处理。
(9)PCB 元器件封装与库文件的管理。
(10)电路板的后期处理。
(11)印制电路板与电磁兼容设计导论。

（12）Multisim 仿真设计。

0.2.2 学习要求

本教材具有基础理论适度，强化应用重点，增加实训内容，形式立体多元的特点。通过本课程的学习，学生应达到以下要求。

（1）熟悉电子电路设计的基本概念。

（2）注重知识和技能的有机结合，能熟练使用 Altium Designer 6.9 进行电子电路系统的设计、仿真、管理与制作，满足职业岗位的需求。

（3）熟悉电子电路系统的电磁兼容性基本理论与设计要点，强化该理论在实际操作中的训练与应用。

（4）以技能实训为本位，增加实训内容，融合职业认证培训内容和学生工作后的上岗培训内容，提高就业上岗的适应能力。

关键词：印制电路板，PCB，Protel DXP，基本概念，基本操作

习　题

1. 选择题

0-1　Altium Designer 6.9 是用于（　　）的设计软件。

A. 医学工程　　B. 电子线路　　C. 机械工程　　D. 建筑工程

0-2　Altium Designer 6.9 的原理图文件的格式为（　　）。

A. *.SchLib　　B. *.SchDoc　　C. *.Sch　　D. *.Sdf

2. 简答题

0-3　简述 Altium Designer 6.9 界面的主要组成部分及各部分的功用。

0-4　Altium Designer 6.9 的主要功能是什么？新版的特点是什么？

0-5　Altium Designer 6.9 菜单栏的常用功能有哪些？都在哪里？

0-6　Altium Designer 6.9 的工作窗口面板如何显示出来？其有哪些常用功能？

1 印制电路基础

本章首先从印制电路板的结构、材质等方面，介绍了印制电路板的基本知识，然后讲解了元件封装的分类和特点，重点阐述了印制电路板的组成要素与通用元器件的基础知识，进而介绍了印制电路板的工艺和制作流程，最后讲解了当前电子组装行业里最流行的表面贴装技术（Surface Mounted Technology，SMT），使读者熟悉印制电路的基础知识及制作方法。

1.1 印制电路板的组成

印制电路板主要由板材、导线、过孔、焊盘、涂层和定位孔等组成。印制电路板的主要组成部分如图 1-1 所示。

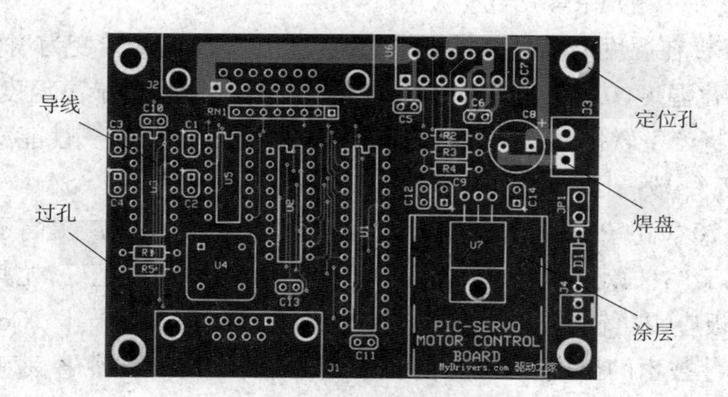

图 1-1 印制电路板的主要组成部分

1.1.1 印制电路板

印制电路板的主要材料是覆铜板。覆铜板由基板（Core）、金属箔和黏合剂（Prepreg）三者组成。基板是由高分子合成树脂和增强材料组成的绝缘层板；在基板的表面覆盖着一层导电率较高、焊接性良好的纯铜箔，铜箔的厚度通常有 18 μm、35 μm、55 μm 和 75 μm 四种，最常用的铜箔厚度是 35 μm。铜箔覆盖在基板一面的覆铜板称为单面覆铜板，基板两面均覆盖铜箔的覆铜板称为双面覆铜板；铜箔通过黏合剂牢固地覆在基板上。常用覆铜板的厚度有 1.0 mm、1.5 mm 和 2.0 mm 三种。1~3 mm 厚的基板上复合铜箔的厚度约为 35 μm；厚度小于 1 mm 的基板上复合铜箔的厚度约为 18 μm，厚度在 5 mm 以上的基板上复合铜箔的厚度约为 55 μm。

覆铜板的种类较多，分类如下。

（1）按绝缘材料不同可分为：纸基板、玻璃布基板和合成纤维板。

（2）按黏结剂树脂不同可分为：酚醛、环氧、聚酯和聚四氟乙烯。

（3）按用途可分为：通用型和特殊型。

覆铜板种类的选择与元器件的电气性能、元器件的供应及成本以及覆铜板的寿命和可制造性有关，主要需考虑其机械强度及电气性能。综合成本和性能、质量等方面的因素，最适合一般电子产品批量生产应用的是环氧树脂玻璃纤维合成板（简称玻纤基板），其中应用最广泛的产品型号为 FR-4。

FR-4 是一种耐燃材料等级的代号，是树脂材料经过燃烧状态必须能够自行熄灭的一种材料规格，它不是一种材料名称，而是一种材料等级。FR-4 玻纤基板是以环氧树脂作黏合剂，以电子级玻璃纤维布作增强材料的一类基板，具有较好的机械性能、介电性能、绝缘性能和耐热性、耐潮性，并有良好的机械加工性。

玻纤基板的机械性能、尺寸稳定性、抗冲击性、耐湿性能比纸基板好。它的电气性能优良，工作温度较高，性能受环境的影响小。在加工工艺上，其比其他树脂的玻纤基板具有更大的优越性。这类产品主要用于双面 PCB，用量很大。近年来由于电子产品安装技术和 PCB 技术发展的需要，又出现了高 T_g 的 FR-4 产品。

高 T_g 印制电路板在温度升高到某一区域时，基板由“玻璃态”转变为“橡胶态”，此时的温度称为该板的玻璃化温度（T_g）。也就是说，T_g 是基材保持刚性的最高温度（℃）。普通 PCB 基板在高温下不但将产生软化、变形、熔融等现象，还表现出机械、电气性能急剧下降。一般 T_g 在 130 ℃以上，高 T_g 一般高于 170 ℃，中等 T_g 一般高于 150 ℃。

通常将 $T_g \geqslant 170$ ℃的 PCB 称作高 T_g 印制电路板。基板的高 T_g 提高了印制电路板的耐热性、耐潮性、耐化学性、稳定性等。T_g 值越大，板材的耐温度性能越好，尤其在无铅工艺过程中，高 T_g 印制电路板应用比较多。以 SMT、CMT（冷金属过渡焊接技术，Cold Metal Transfer）为代表的高密度安装技术的出现和发展，使 PCB 在小孔径、精细线路化、薄型化方面越来越离不开基板的高耐热性的支持。

1.1.2 结构尺寸

在进行印制电路板设计之前，首先要根据印制电路板的应用场合确定印制电路板的尺寸，主要包括外形尺寸以及厚度等。原则上，印制电路板的外形可以为任意形状，但为便于生产和考虑到经济性，应尽量设计成长、宽尺寸不太悬殊的长方形。一般根据元器件的布局情况确定印制电路板的最佳尺寸，从而节省空间和基材。

印制电路板的厚度主要取决于所选用基材的厚度。根据印制电路板的功能、所连接元器件的重量、插座的规格、印制电路板的外形尺寸和所承受的载荷，应选择不同厚度的基材。《印制电路用覆铜箔酚醛纸层压板》（GB/T 4723—2017）、《印制电路用覆铜箔复合基层压板》（GB/T 4724—2017）和《印制电路用覆铜箔环氧玻璃布层压板》（GB/T 4725—1992）规定了覆箔板的标称厚度和单点偏差。多层印制电路板的总厚度（包括铜箔及金属镀层）及各导电层间的厚度主要根据电气性能和力学性能的要求确定，厚度公差一般不超过标称厚度的 ±10%。

1.1.3　导线

印制导线的质量体现在导线的宽度（Width）和导线之间的间距（Clearance）两个方面。

导线宽度的主要度量参数有：导线设计宽度及其允许偏差、最小线宽等。导线宽度主要取决于印制电路板的生产底板精度、生产工艺（印制法、蚀刻质量等）、导线厚度的均匀性和导线所需承受的电流负荷的大小。导线宽度的选择原则是在不违背所设计的电气间距的前提下，尽量设计成较宽的导线。

导线间距主要由电气安全要求、生产工艺的精度和导线间所承受的电压所确定。该电压的大小与正常工作电压、波动电压、过电压及异常操作时产生的峰值电压有关。一般而言，导线间距等于导线宽度，但不小于 1 mm。对于微型设备，不小于 0.4 mm。

1.1.4　过孔

过孔（Via）是为了实现双面板或多层板中相邻两层之间的电气连接，是多层 PCB 的重要组成部分之一。从工艺制作流程而言，过孔一般可分为三类：盲孔（Blind Via）、埋孔（Buried Via）和通孔（Through Via），如图 1-2 所示。

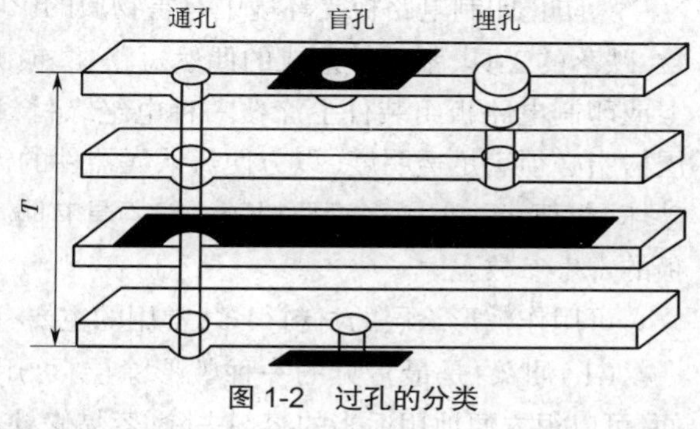

图 1-2　过孔的分类

1. 盲孔

盲孔位于印制电路板的顶层和底层表面，具有一定深度，用于表层线路和内层线路的连接，孔的深度通常不超过一定的比率（孔径）。

2. 埋孔

埋孔是位于印制电路板内层的连接孔，它不会延伸到电路板的表面。

上述两类孔都位于电路板的内层，在层压前利用通孔成型工艺完成，在过孔形成过程中可能还会重叠，穿过几个内层。

3. 通孔

这种孔穿过整个电路板，用于实现内部互连或作为元件的安装定位孔。由于通孔在工艺上更易于实现，成本较低，所以绝大部分印制电路板均使用它，而尽量少用另外两种过孔。

1.1.5　焊盘

元件通过 PCB 上的引线孔，用焊锡焊接固定在 PCB 上，印制导线把焊盘连接起来，实现元件在电路中的电气连接。引线孔及周围的铜箔称为焊盘。

印制电路板上所有元器件的电气连接都通过焊盘来实现。由于焊接工艺不同，焊盘可分为两种类型：一种是非过孔焊盘（单面板或采用 SMT 工艺的器件），另一种是过孔焊盘（双面板及多层板、接插件)。为了保证可靠地焊接,通常非过孔比过孔所要求的焊盘大。

有过孔的焊盘,其尺寸主要体现在过孔的直径及焊盘的直径。过孔的直径与印制电路板的制造精度及所需焊接的元器件的引脚直径直接相关,一般情况下过孔的直径稍大于引脚直径即可,焊盘的直径则应在保证焊接质量及电气性能的基础上取最小尺寸。

有过孔的焊盘又可分为如下三种类型。

(1)圆形焊盘:一般印制电路板中带过孔安装元件的焊盘都为圆形焊盘,其直径应为孔径的2倍,双面板最小为1.5 mm,单面板最小为2.0 mm。

(2)方形焊盘:主要用于标志出印制电路板上安装元器件的第一个引脚,其大小与圆形焊盘的要求相同。

(3)腰圆形焊盘:主要用于同时满足印制电路板的布线要求和焊盘的焊接性能要求。

1.1.6 敷形涂层

为防止印制电路板受环境中有害物质的影响,如潮气、灰尘和污物、空气中的杂质、导电颗粒、跌落的工具、紧固件造成的偶然短路、磨损破坏、指纹、震动和冲击、霉菌等,在印制电路板上或印制电路板组装件上涂覆一种电绝缘材料,称为敷形涂层,即平常说的"绿油"。敷形涂层树脂必须满足透明度(以方便辨认元器件的标称)和挠性(以防止元器件在高低温循环中被破坏)等要求。但敷形涂层树脂一般不具有防水性,热膨胀系数大,而且会显著改变印制电路板的寄生参数。

可用作敷形涂层的材料很多,常用的主要有以下几种。

(1)油漆:是最常见的一种敷形涂层,可用于无任何特殊要求的印制电路板。它使用简便,可以很方便地用适当的溶剂去除,容易修补,具有好的外观。

(2)丙烯酸漆:可用作对电气性能要求很高的敷形涂层。可用溶剂去除,易于修补,具有好的光亮外观。

(3)环氧树脂涂层:可用作对电气性能要求很高的敷形涂层。可用焊接方法使薄的涂层透锡,否则涂层必须用机械方法去除。能够修补,具有好的外观,但涂覆工艺较差。

(4)聚氨酯漆:具有良好的防潮性和耐磨性,通常用于军用产品。可用焊接方法使薄的涂层透锡,能够修补,但外观较暗淡且涂覆工艺较差。

(5)硅树脂漆:具有良好的介电性能和耐电弧性,可在较高的温度下使用,能够修补,具有较好的外观,且涂覆工艺较好。

(6)硅橡胶涂层:具有良好的耐磨性,可在高温下使用,能够满足最佳黏结力的要求,但不易修补,须用机械方法去除,且涂覆工艺较差。

(7)聚苯乙烯:适于在低介电损耗要求下使用。

(8)对二甲苯:对二甲苯为真空沉积聚合物,能提高防潮性和耐磨性。由于它从气化物中沉积而成,所以是真正的敷形涂层,可以浸透到所有的裂缝中,以恒定的厚度涂覆到所有表面上,沉积非常薄的敷形涂层膜,不能被常规的技术所取代。

使用敷形涂层前用溶剂清洗印制电路板时,或使用溶剂去除敷形涂层时,应采取产品提供的安全预防措施。这些安全预防措施包括存储条件、溶剂的处理方法、使用溶剂环境的通风、避免溶剂接触皮肤、废液处理等。

1.1.7 定位孔

定位孔主要用于焊膏或贴片胶的丝网印刷、在元器件组装和在线测试过程中对 PCB 进行固定夹持定位，是一种非镀层孔。印制电路板的定位孔一般设置在 PCB 对角的边缘，印制孔径范围为 ϕ 1.5~3.0 mm，既可以是圆孔，也可以是椭圆孔。对批量印制电路板，定位孔的孔径偏差应不超过 0.07 mm。

1.2 元件封装

所谓封装指实际元件焊接到电路板上时的外形和引脚分布，起着安装、固定、密封、保护芯片及提高电热性能等方面的作用，而且通过芯片上的接点用导线连接到封装外壳的引脚上，这些引脚又通过印制电路板上的导线与其他器件相连接，从而实现内部芯片与外部电路的连接。在 Protel DXP 2004 软件中，原理图中的元件只是实际元件的抽象符号，其尺寸和形状都无关紧要，但 PCB 图中的元件是实际元器件的几何模型，其尺寸与高度都需要仔细考虑。不同的元件可共用同一元件封装，同种元件也可有不同的封装。

1.2.1 发展过程

从结构、材料、引脚形状、装配方式等方面看，元件封装的发展过程如下。

结构：TO（晶体管封装）→ DIP（双列直插）→ PLCC（塑封引线芯片封装）→ QFP（方形扁平封装）→ BGA（球栅阵列）→ CSP（芯片缩放式封装）。

引脚形状：长引脚直插→短引脚或无引脚贴装→球状凸点。

装配方式：通孔插装→表面组装→直接安装。

1.2.2 IC 类元器件封装

IC（Integrated Circuit）即集成电路。业界一般以 IC 的封装形式来划分其类型，传统 IC 封装有 DIP、SOP、SOJ、QFP、PLCC 等，现在比较新型的 IC 封装有 BGA、CSP、FLIP CHIP（倒装芯片，一种无引脚结构，内部含有电路单元，主要应用于高频的 CPU、GPU 及 Chipset 等产品）等。这些类型的零件因引脚的多少以及引脚的间距不一样，而呈现出各种各样的形状。

1. 双列直插封装（Dual In-line Package，DIP）

DIP 是最普及的封装形式，如图 1-3 所示。这种封装形式的引脚从封装两侧引出，封装材料有塑料和陶瓷两种。DIP 的特点是适合 PCB 穿孔安装，易于 PCB 布线。它的应用范围很广，包括标准数字逻辑电路（如 74×× 系列和 4000 系列）、微机电路等。DIP 器件的引脚数一般为 6~64。

2. 小尺寸封装(Small Out-line Package,SOP)

SOP 如图 1-4 所示,零件两面有引脚,引脚向外张开(一般称为鸥翼型引脚)。SOP 是一种很常见的贴片封装形式,始于 20 世纪 70 年代末期。SOP 的应用范围很广,而且逐渐派生出 J 型引脚小尺寸封装(Small Out-line J-leaded package, SOJ)、薄小尺寸封装(Thin Small Out-line Package, TSOP)、甚小尺寸封装(Very Small Out-line Package, VSOP)、缩小型 SOP(Shrink Small Out-line Package, SSOP)、薄的缩小型 SOP(Thin Shrink Small Out-line Package, TSSOP)及小尺寸晶体管(Small Out-line Transistor, SOT)、小尺寸集成电路(Small Out-line Integrated Circuit, SOIC)等,在集成电路中起到了举足轻重的作用。

图 1-3 DIP

图 1-4 SOP
(a)正视图 (b)侧视图

3. 塑料方形扁平式封装(Plastic Quad Flat Package,PQFP)

图 1-5 PQFP

PQFP 如图 1-5 所示,零件四边有引脚并向外张开。在一些大规模或者超大规模的集成电路(如 CPLD、FPGA 芯片)中,采用 PQFP 的芯片很常见。这种封装形式引脚间距很小、引脚很细,所以个头非常小,引脚数一般在 100 以上。

PQFP 与 QFP 唯一的区别是:QFP 一般为正方形,而 PQFP 既可以是正方形,又可以是长方形。PQFP 适合高频电路使用,具有操作方便、可靠性高、芯片面积与封装面积的比值较小等优点。

4. 塑料有引线芯片载体(Plastic Leaded Chip Carrier,PLCC)封装

PLCC 封装如图 1-6 所示。器件四边有引脚并向零件底部弯曲,外形呈正方形,有 20、28、32、44、52、68、84 脚封装,四周都有引脚,外形尺寸比 DIP 小得多。PLCC 封装适合用 SMT 技术在 PCB 上安装布线,具有外形尺寸小、可靠性高的优点。目前大部分主板的 BIOS 均采用这种封装形式。

5. 球形阵列(Ball Grid Array,BGA)封装

BGA 封装如图 1-7 所示,主板的南桥、北桥芯片常采用这种封装形式。

（a） （b）

图 1-6 PLCC 封装

（a）正视图 （b）侧视图

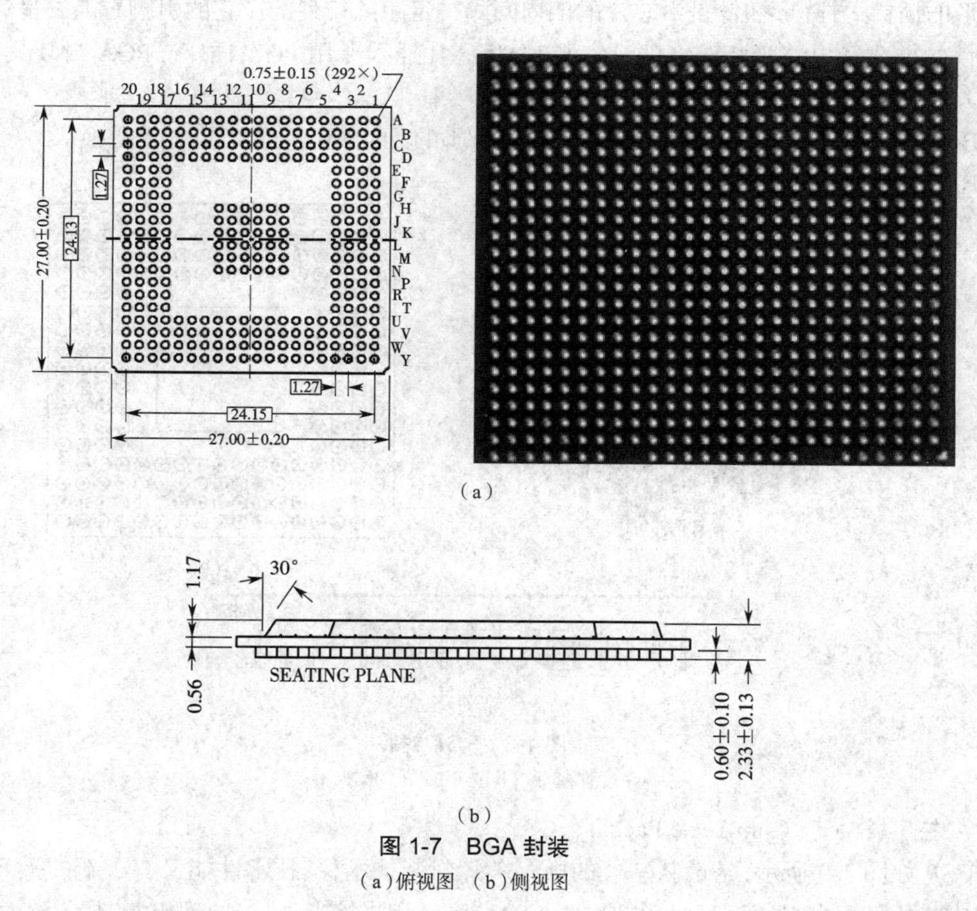

（a）

（b）

图 1-7 BGA 封装

（a）俯视图 （b）侧视图

由图 1-7 可见，BGA 封装的器件表面无引脚，在印制基板的背面按阵列方式制作出球形凸点以代替引脚，在印制基板的正面装配 LSI（大规模集成电路，Large Scale Integrated circuit）

芯片,然后用模压树脂或灌封方法进行密封,也称为凸点阵列载体(PAC)。这种封装引脚数可超过 200,是多引脚 LSI 常用的一种形式。BGA 封装的封装面积只有芯片表面积的 1.5 倍左右,封装本体可做得比 QFP 小。例如:包括引脚中心距为 1.5 mm 的 360 个引脚的 BGA 芯片面积仅为 31 mm^2,而包括引脚中心距为 0.5 mm 的 304 个引脚的 QFP 芯片面积为 40 mm^2,而且 BGA 封装不用担心 QFP 那样的引脚变形问题。BGA 芯片的引脚是由中心方向引出的,这有效缩短了信号的传导距离,信号衰减随之减少,芯片的抗干扰、抗噪性能也得到大幅提升。BGA 封装不但体积较小,而且更薄(封装高度小于 0.8 mm)。因此 BGA 封装具有更高的热传导效率,非常适宜用于长时间运行的系统,稳定性极佳,具有信号传输延迟小、使用频率高、组装可用共面焊接、可靠性高等优点。但缺点是 BGA 封装与 QFP、PGA 一样,占用基板面积过大。

6. 引脚网格阵列(Pin Grid Array,PGA)封装

PGA 封装如图 1-8 所示,现在的计算机 CPU 常采用这种封装形式。在芯片下方围着多层方阵形的插针,方阵形插针是沿芯片的四周间隔一定距离排列的。它的引脚看上去呈针状,是用插件的方式和电路板相结合的。安装时,将芯片插入专用 PGA 插座。PGA 封装具有插拔操作方便、可靠性高的优点,缺点是耗电量较大。

BGA 封装是焊上去的,而 PGA 封装是带针脚的,可以手工插拔,更方便更换。

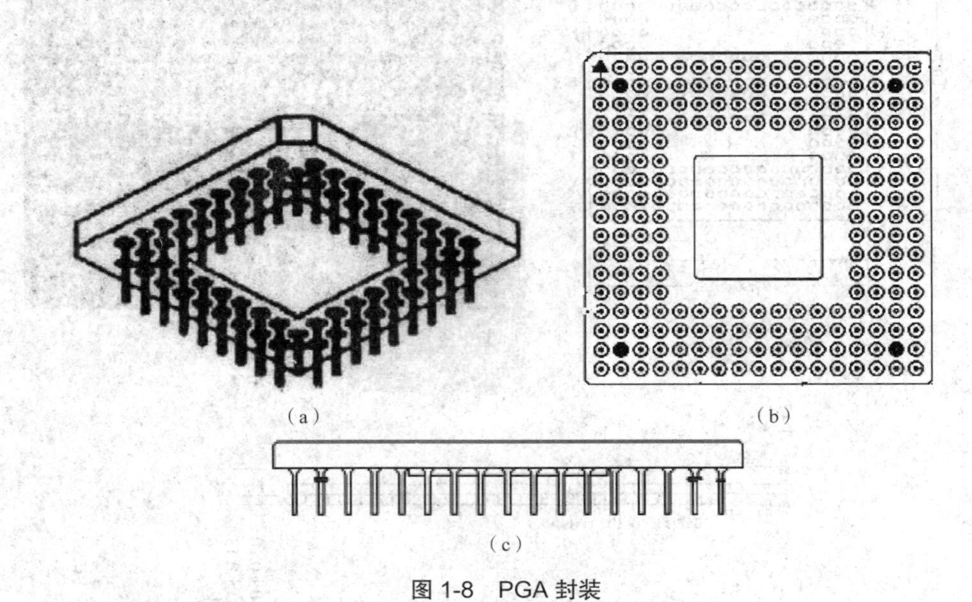

(a) (b) (c)

图 1-8 PGA 封装

(a)仰视图 (b)俯视图 (c)侧视图

7. 芯片级封装(Chip Scale Package,CSP)

CSP 如图 1-9 所示,是最新一代的内存芯片封装技术,其技术性能又有了新的提升。CSP 可以让芯片面积与封装面积之比超过 1 : 1.14,已经相当接近 1 : 1 的理想情况了,绝对尺寸也仅有 32 mm^2,约为普通 BGA 封装的 1/3,仅仅相当于 TSOP 内存芯片面积的 1/6。与 BGA 封装相比,在同等空间中 CSP 封装可以将存储容量提高 3 倍。CSP 内存芯片不但体积小,而且

更薄，其金属基板到散热体的最有效散热路径仅有 0.2 mm，大大提高了内存芯片在长时间运行后的可靠性，线路阻抗显著减小，芯片速度也随之得到大幅度提高。CSP 内存芯片的中心引脚形式有效地缩短了信号的传导距离，信号衰减随之减少，芯片的抗干扰、抗噪性能也得到大幅提升，这使得 CSP 的存取时间比 BGA 缩短了 15%~20%。在 CSP 中，内部颗粒是通过一个个锡球焊接在 PCB 上的，由于焊点和 PCB 的接触面积较大，所以内部芯片在运行中所产生的热量可以很容易地传导到 PCB 上并散发出去。CSP 可以从背面散热，且热效率良好，CSP 的热阻为 35 ℃ /W，而 TSOP 的热阻为 40 ℃ /W。

图 1-9　CSP 封装

1.2.3　常用元器件封装

1. 电阻类（RES1，RES2，RES3，RES4）

封装为 AXIAL0.3~AXIAL1.0。

可以把它拆分成两部分来记，如电阻 AXIAL0.3 可拆成 AXIAL 和 0.3，AXIAL 翻译成中文是轴状的，0.3 是该电阻在印制电路板上的焊盘间的距离，此处是 300 mil（因为在电子领域，主要采用英制单位 mil、inch 等，1 mil=0.025 4 mm）。

2. 无极性电容（CAP）

封装为 RAD0.1~RAD0.4。

其中 0.1~0.4 表示电容大小，指这个电容在电路板上的焊盘间距为 100~400 mil。一般用 RAD0.1 封装。

3. 电解电容（ELECTROI）

封装为 RB.2/.4~RB.5/1.0。

其中“.2”指这个电容在电路板上两引脚之间的距离为 200 mil，“.4”指电容圆筒的外径为 400 mil。

一般小于 100 μF 的电容用 RB.1/.2，100~470 μF 的电容用 RB.2/.4，大于 470 μF 用 RB.3/.6。

4. 电位器（POT1，POT2）

电位器即可变电阻，封装为 VR-1~VR-5。

5. 二极管（DIODE）

封装为 DIODE-0.4（小功率）~DIODE-0.7（大功率）。

其中 0.4~0.7 指二极管在电路板上的焊盘间距为 400~700 mil，如常用的 1N4004 二极管采用 DIODE0.4 封装。

6. 三极管（TRIODE）

常见的封装为 TO-18（普通三极管），TO-22（大功率三极管），TO-3（大功率达林顿管）。

7. 电源稳压块

电源稳压块有 78 和 79 系列。78 系列有 7805,7812,7820 等;79 系列有 7905,7912,7920 等。常见的封装有 TO-126H 和 TO-126V。

8. 整流桥(BRIDGE1,BRIDGE2)

封装属性为 D 系列(D-44,D-37,D-46)。

9. 石英晶体振荡器(XTAL)

封装为 BCY-W2/D3.1。

10. 集成电路

封装为 DIP8~DIP40。

其中 8~40 指有多少引脚,8 脚的就是 DIP8。

对于常用的集成 IC 电路,DIP ×× 就是双列直插的元件封装,DIP8 就是双排,每排有 4 个引脚,两排间的距离是 300 mil,焊盘间的距离是 100 mil。SIP ×× 就是单排的封装。

上述元器件封装主要位于 Altium Designer 6.9 软件的"Miscellaneous Devices.IntLib"库中。

1.3 印制电路板的工艺及制作流程

PCB 的工艺流程可以分为内层制作和外层制作两种。

1.3.1 内层工艺流程

内层工艺流程一般为:切板→内层图像转移→内层 AOI →内层表面黑化或棕化→内层排压板→ X 光钻孔→修边、印字。

1. 切板

切板可划分为:来料→焗板→开料→印字。

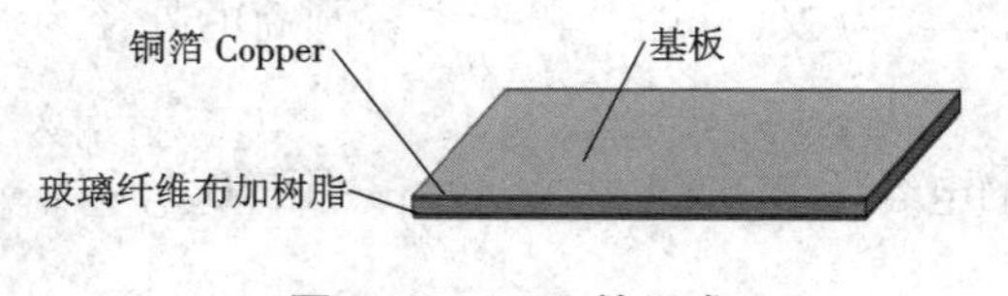

图 1-10 PCB 的组成

来料:所用材料由半固化片、玻璃纤维布、树脂与铜箔压合而成,是制作 PCB 的原材料。其中,基板是由高分子合成树脂和增强材料制作的绝缘板。PCB 的组成如图 1-10 所示。常用的尺寸规格有 48×36,48×40 和 48×42 等。

焗板:为了消除板料在制作时产生的内应力,提高材料的尺寸稳定性,并且去除板料在储存时吸收的水分,增加材料的可靠性,将板子放到焗炉内,一般焗板温度为(145±5)℃,时间控制在 8~12 h。要求板子中间层达到温度点以上至少保持 4 h,然后在炉内缓慢冷却。一次焗板的数量通常为高 2 inch 的一叠板。

开料:将一张大料根据不同制板要求用机器锯成小料的过程。为防止板边角的尖锐处划伤手,开料后用圆角机做出圆角。

印字:在板边处打上印记,便于在生产中识别与追溯。

2. 内层图像转移

图像转移的主要作用是将客户的原始线路图通过感光照像的原理，转移到需要制造成型的线路板上。

1）压膜

将光阻剂以热压方式贴附在清洁的板面上，进行压膜，如图 1-11 所示。

压膜前须做下列处理：用酸性化学物质将铜面的油性氧化膜除去，铜表面发生了氧化还原反应形成粗化的铜面，此过程称为微蚀；接着进行酸洗，将铜离子除去，减少铜面的氧化；最后用热风将板面吹干。

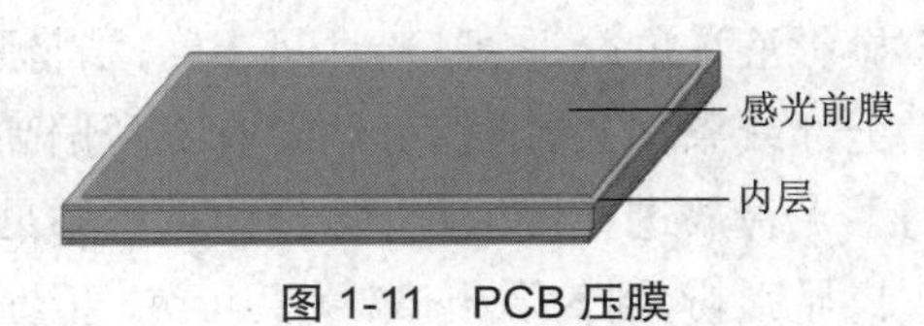

图 1-11　PCB 压膜

2）覆盖

将预先制作的线路图形胶片覆盖到覆铜板上。

3）曝光

曝光是让 UV 光线穿过底片及板面的透明盖膜，到达光阻剂膜体中发生一连串光学反应，从而使图形转移到铜板上，如图 1-12 所示。

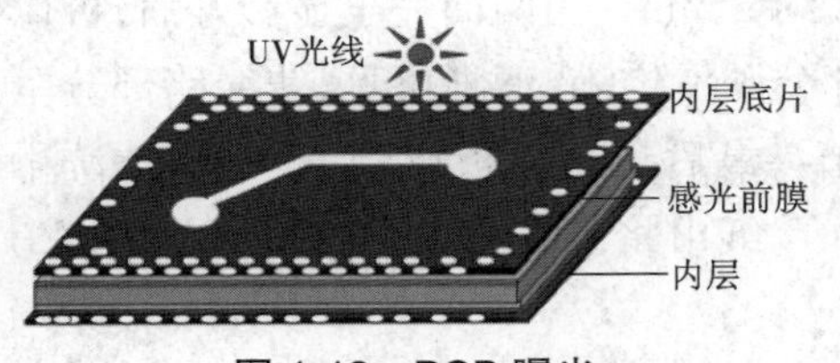

图 1-12　PCB 曝光

先从双面感光板上锯下一块比菲林纸（胶片）电路图边框大 5 mm 的感光板，然后将感光板放进菲林纸夹层中测试一下位置，以感光板覆盖过菲林纸电路图边框为宜。测试正确后，取出感光板，将其两面的白色保护膜撕掉，然后将感光板放进菲林纸夹层中，菲林纸电路图边框周边要有感光板覆盖，以使线路在感光板上完整曝光。菲林纸两边的空处需要贴上透明胶，以固定菲林纸和感光板，贴胶纸时一定要贴在边框外。

打开曝光箱，将要曝光的一面对准光源，曝光时间设为 1 min，按下【开始】键，开始曝光，当一面曝光完毕后，打开曝光箱，将感光板翻过来，按下【开始】键曝光另一面，同样设置曝光时间为 1 min。

在曝光的过程中，随时检查曝光的能量是否充足。同时，可用光密度阶段表面或光度计进行检测，以免产生不良的问题。

曝光后的效果如图 1-13 所示。

4）显影

显影是将未曝光的部分去掉，留下感光的部分。未曝光部分的感光材料没有发生聚合反应，遇到弱碱溶解。而聚合的感光材料则留在板面上，保护下面的铜面不被蚀刻药水溶解。

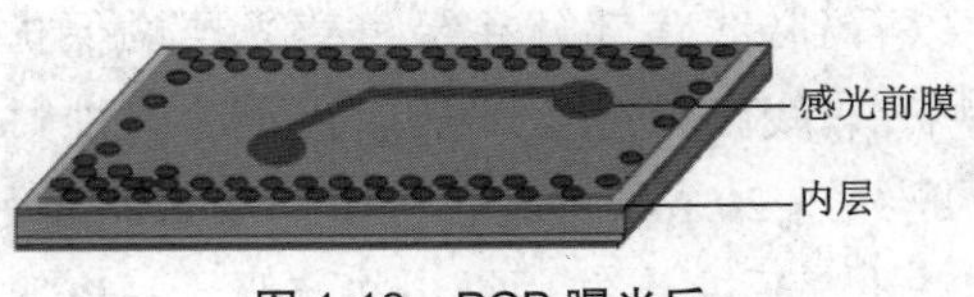

图 1-13　PCB 曝光后

Ⅰ. 配制显影液

以显影剂：水为 1：20 调制显影液。以 20 g/ 包的显影粉为例，在 1 000 mL 的防腐胶罐中装入少量温水（温水以 30~40 ℃为宜），拆开显影粉的包装，将整包显影粉倒入温水里，将胶罐盖好，上下摇动，使显影粉在温水中均匀溶解。再往胶罐中掺自来水，直到 450 mL 为止，盖好胶罐摇匀即可。

Ⅱ. 试板

试板的目的是测试感光板的曝光时间是否准确及显影液的浓度是否适合。

将配好的显影液倒入显影盆，并将曝光完毕的小块感光板放进显影液中，感光层向上，如果放进 0.5 min 后感光层腐蚀一部分，并呈墨绿色雾状漂浮，2 min 后绿色感光层腐蚀完，证明显影液浓度合适，曝光时间准确；当将曝光好的感光板放进显影液后，线路立刻显现并部分或全部线条消失，则表示显影液浓度偏高，需加点清水，盖好后摇匀再试；反之，如果将曝光好的感光板放进显影液中，几分钟后还不见线路显现，则表示显影液浓度偏低，需向显影液中加几粒显影粉，摇匀后再试，反复几次，直到显影液浓度适中为止。

Ⅲ. 显影

取出两面已曝光完毕的感光板，把固定感光板的胶纸撕去，拿出感光板并放进显影液里显影，约 0.5 min 后轻轻摇动，可以看到感光层被腐蚀完，并呈墨绿色雾状漂浮。当这一面显影好后，翻过来看另一面的显影情况，直到显影结束，整个过程大约 2 min。当两面完全显影好后，可以看到线路部分圆滑饱满，清晰可见，非线路部分呈现黄色铜箔。最后把感光板放到清水里，清洗干净后拿出并用纸巾将感光板上的水分吸干。PCB 内层显影如图 1-14 所示。

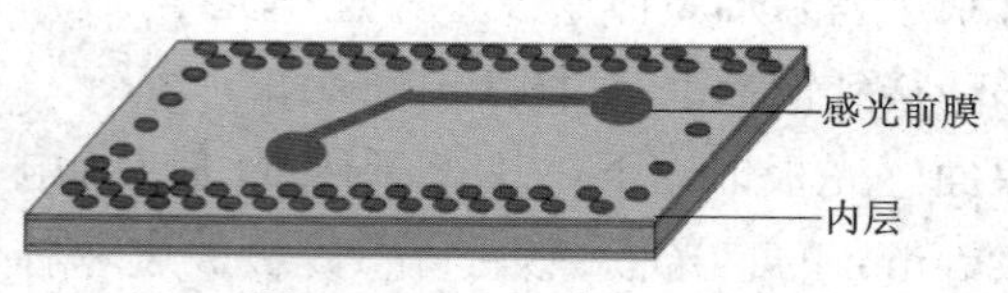

图 1-14 PCB 内层显影

5）腐蚀

腐蚀就是用三氯化铁（$FeCl_3$）将线路板非线路部分的铜箔腐蚀掉。

首先，把三氯化铁放进胶盘里，把热水倒进去，比例为 1 : 1，热水的温度越高越好。把胶盘拿起摇晃，让三氯化铁尽快溶解在热水中。为防止线路板与胶盘摩擦损坏感光层，腐蚀时三氯化铁溶液不能充分接触线路板中部，可将透明胶纸粘贴面向外，折成圆柱状贴到板框线外。

然后将贴有胶纸的面向下，把它放进三氯化铁溶液里。因为腐蚀时间跟三氯化铁的浓度、温度以及是否经常摇动有很大的关系，所以要经常摇动，以加快腐蚀。当线路板两面非线路部分的铜箔被腐蚀掉后将其拿出来，这时可以看到，线路部分在绿色感光层的保护下留了下来，非线路部分全部被腐蚀掉。腐蚀过程全部完成约需 20 min。最后将电路板放进清水里，待清洗干净后拿出并用纸巾将水吸干。PCB 内层蚀刻如图 1-15 所示。

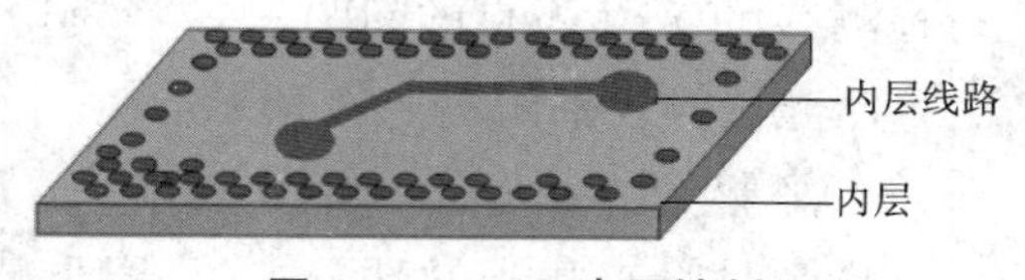

图 1-15 PCB 内层蚀刻

6）去膜

用高浓度的 NaOH（1%~4%）将已曝光图案上的干膜去掉，覆铜板上留下的就是所需的电子线路铜箔导体图形。NaOH 溶液的浓度不能太高，否则容易氧化板面。PCB 内层去膜如图 1-16

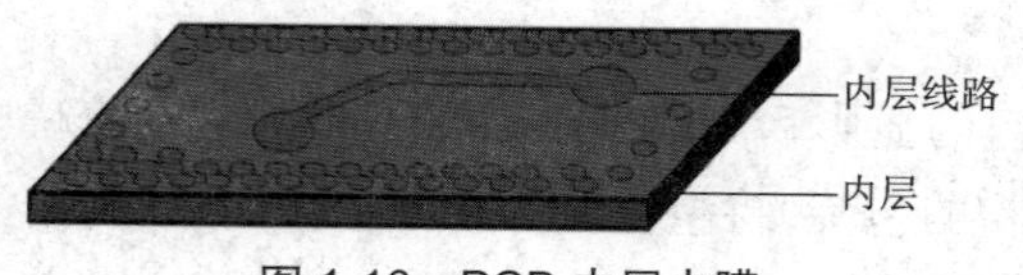

图 1-16 PCB 内层去膜

所示。

3. 内层 AOI

AOI(自动光学检查仪，Automated Optical Inspection)，该机器的原理是利用铜面的反射作用使板上的图形被 AOI 扫描后记录在软件中，并通过与提供的数据图形资料进行比较来检查缺陷点，开路、短路、曝光不良等缺陷都可以通过 AOI 进行检查。

4. 内层表面黑化或棕化

“黑化”即黑氧化，钝化铜面，以避免或减少层压时高温高压条件造成的不良氧化或其他污染，提高内层铜箔的表面粗化度，进而增大环氧树脂与内层铜箔之间的结合力。PCB 内层黑化如图 1-17 所示。

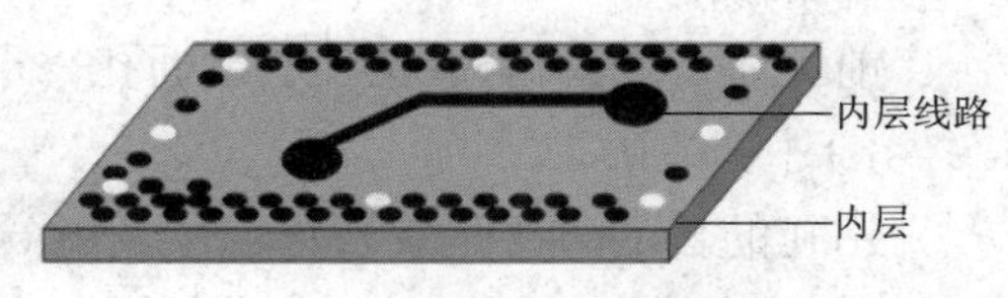

图 1-17　PCB 内层黑化

“棕化”即棕氧化，指内层板铜导体表面在压合之前所事先进行的氧化处理层。此层有增大表面积的效果，能加强树脂硬化后的固着力，减少环氧树脂中硬化剂对裸铜面的攻击。

“棕化”的优点：工艺简单，容易控制；棕化膜抗酸性好，不会出现粉红圈缺陷。

“棕化”的缺点：结合力不及黑化处理的表面。

两种工艺的线拉力有较大差异。

5. 内层压板

利用半固化片的特性，将其在一定温度下熔化，成为液态填充图形空间，形成绝缘层，然后进一步加热后逐步固化，形成稳定的绝缘材料，将外层铜箔与内层以及各内层之间结合成一个整体，成为多层板。半固化片是由树脂与玻璃纤维载体合成的一种片状黏结材料，如图 1-18 所示。

6. X光钻孔

用机器的 X光透射出通过表面铜皮投影到内层的标靶，然后用钻头钻出该标靶对应位置处的定位孔，如图 1-19 所示。

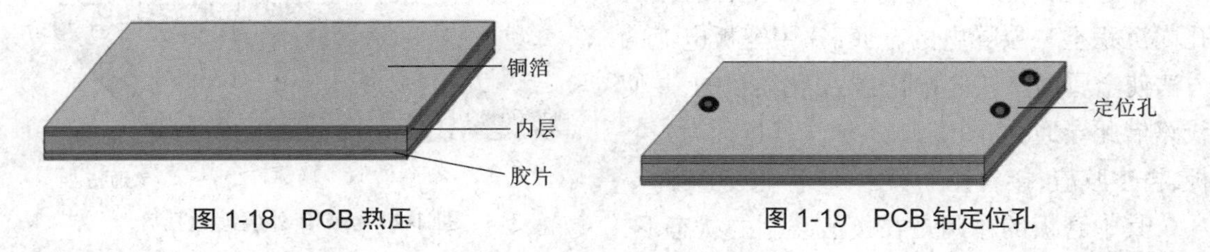

图 1-18　PCB 热压　　图 1-19　PCB 钻定位孔

定位孔的作用：对多层板，可以使其各内层板对位；同时也是外层制作的定位孔，作为内、外层对位一致的基准；另外兼具判别制板方向的功能。

7. 修边、印字

根据要求，将半成品板的板边修整到需要的尺寸，并将制板的编号版本打印在板面上，以便于之后的生产工序。

1.3.2 外层工艺流程

利用已完成内层工序的板料基材，进行钻孔并贯通内层线路，电镀铜层互连及加厚，图形蚀刻，铜面保护等工序以及相关的可靠性测试、成品测试，检验后完成整个外层制作流程。外层工艺流程分为前、后两道工序。

1. 前工序

前工序一般为：外层钻孔→镀通孔→干膜影像转移→图形电镀→蚀刻。

1）外层钻孔

钻孔的目的主要是实现层与层间的导通以及为将来的元件插焊做准备，并为后工序做出定位或对位孔。

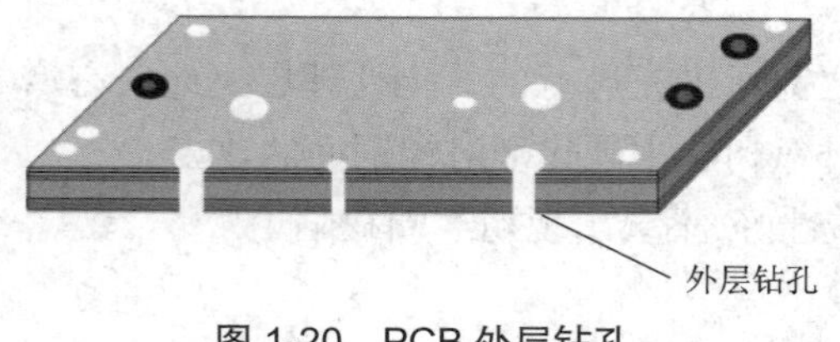

图 1-20 PCB 外层钻孔

钻孔机由 CNC（计算机数字控制机床，Computer Numerical Control）计算机系统控制机台移动，机器会自动按照输入计算机的资料算出所需孔的 X、Y、Z 轴坐标以及其他钻孔参数，把所需的孔钻出来，如图 1-20 所示。成孔的其他方法还有激光钻孔、冲压成孔、铣孔等。

> ！**注意：**待钻板的叠高
>
> 板子的叠高片数会影响到孔位的准确度。以厚度为 62 mil 的四层板而言，上下每片之间即可差 0.5 mil。故为了减小孔位偏差，总厚度不宜超过孔径的 2~3 倍。叠高片数太多，钻针受到太大的阻力后一定会产生摇摆的情形，孔位当然不准。
>
> 垫板
>
> 垫板是为了防止钻针刺透而伤及钻机台面，是一种必需的耗材。

2）镀通孔

镀通孔是用化学的方法使钻孔后的板材孔内沉积上一层导电的金属，并用全板电镀的方法使金属加厚，以达到孔金属化的目的，并使线路借此导通，如图 1-21 所示。其过程为先磨板，再去胶渣，接着孔金属化，最后全板电镀。

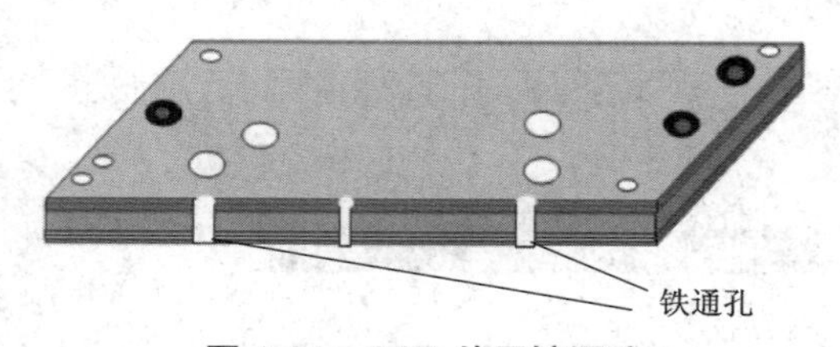

图 1-21 PCB 外层镀通孔

其中磨板的作用是在机械磨刷的状态下，去除板材表面的氧化层及钻孔毛刺。

去胶渣属于孔壁凹蚀处理，印制电路板在钻孔时产生瞬时高温，而环氧玻璃基材为非导体，在钻孔时热量高度积累，孔壁表面温度超过环氧树脂的玻璃化温度，结果造成环氧树脂沿孔壁表面流动，产生一层薄的胶渣，如果不除去该胶渣，将使多层板内层信号线连接不通，或连接不可靠。

孔金属化是在孔壁上将铜离子还原为铜，起到导通各铜层的作用。

全板电镀是作为化学铜层的加厚层，一般化学镀铜层为 0.02~0.1 mil，而全板电镀是 0.3~0.6 mil。

3）干膜影像转移

在经过清洁粗化的铜面上覆一层感光材料，通过黑片或棕片曝光，显影后形成客户所要求的线路板图样，此感光材料曝光后能抗后工序的电镀过程。

其工艺流程为：贴干膜→曝光→显影，如图 1-22 和图 1-23 所示。

贴干膜是以热贴的方式将干膜贴附在敷铜面上。

曝光是通过紫外光的照射，使干膜中的光敏物质发生光化学反应，以达到选择性局部桥架硬化的效果，从而达到影像转移的目的。

显影是在药水碳酸钠的作用下，将未曝光部分的干膜溶解，而曝光部分则保留下来，从而得到之后工序所需的图形。

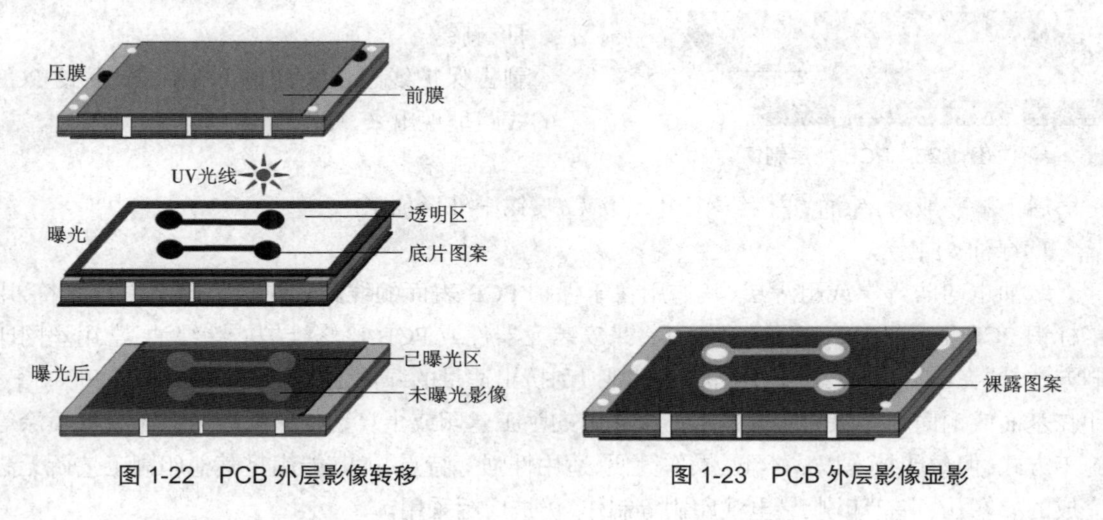

图 1-22　PCB 外层影像转移　　图 1-23　PCB 外层影像显影

4）图形电镀

将合格的已完成干膜影像转移工序的板料，用酸铜电镀的方法使线路铜面及孔壁铜面加厚到客户要求的厚度，如图 1-24 所示。

在已镀上厚铜的铜面上再镀一层 0.3 mil 的锡层作为下一工序蚀刻的保护层，如图 1-25 所示。

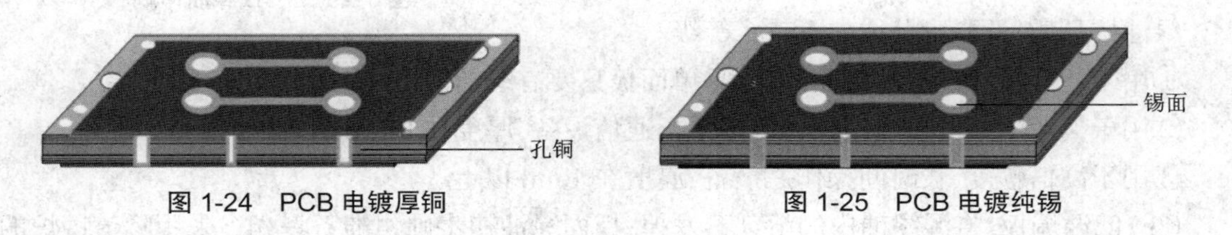

图 1-24　PCB 电镀厚铜　　图 1-25　PCB 电镀纯锡

5）蚀刻

将板上剩余的干菲林去除，蚀刻液就可与原干膜下的覆铜面反应，将这些铜面蚀去。因为有锡抗蚀阻层，所以所要的电路图形部分得以保留。最后用退锡水 HNO_3 褪去电路图形上的覆锡层而得到电路图形。

蚀刻工艺流程为：褪膜→蚀刻→剥锡。

Ⅰ. 褪膜

将已曝光干膜部分以去膜液（较高浓度的 NaOH 1%~4%）去掉裸露铜面，如图 1-26 所示。

Ⅱ. 蚀刻

用蚀刻液腐蚀掉外层铜面，使树脂基板裸露出来，如图 1-27 所示。

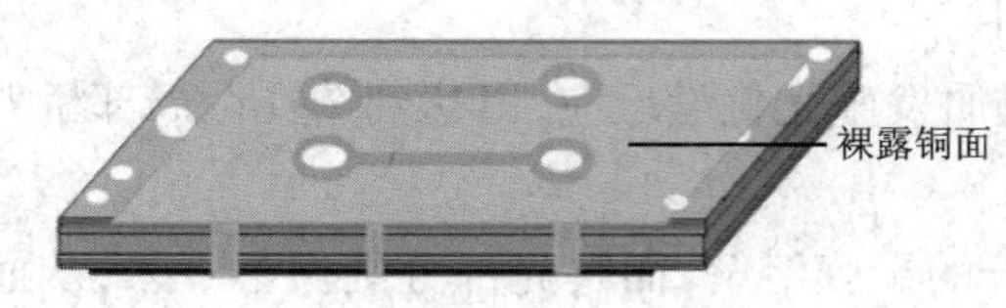

图 1-26 PCB 外层去膜

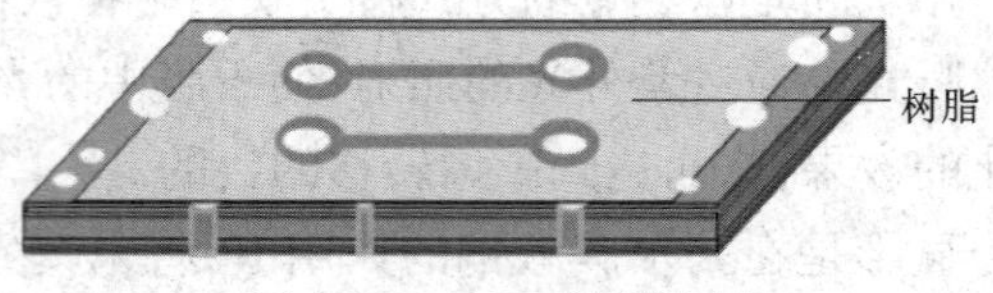

图 1-27 PCB 外层蚀刻

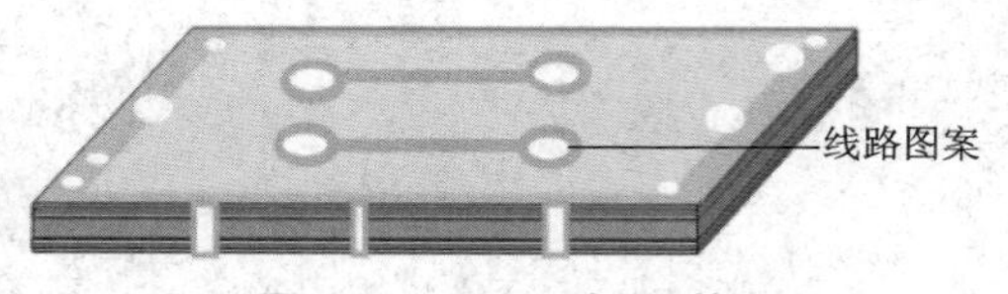

图 1-28 PCB 外层剥锡

Ⅲ. 剥锡

剥去保护线路不被蚀刻的锡保护层，使 PCB 上的线路呈现出来，如图 1-28 所示。

2. 后工序

后工序一般为：绿油 / 白字→沉金 / 沉锡 / 喷锡→外形加工。

1）绿油 / 白字

绿油也叫防焊层或阻焊层，其作用在于保护 PCB 表面的线路。在板上印上白色字符，用于标识 PCB 贴装或插装的元件，便于将来安装元器件或 PCB 检修维护。涂绿油，常用丝网印刷方法，即在已有负形图案的网布上，用刮刀刮挤出适量的绿油油墨，透过网布形成正形图案，印在基面或铜面上。绿油印刷技术已由先前的手工丝印或半自动丝印发展为涂布或者喷涂等施工方式，但丝印技术以成本低、操作简便、适用性强等特点，尤其能满足其他印刷工艺所无法完成的如塞孔、字符印刷、导电油印刷等制作，仍被广泛采用。

完成此项工作，需要进行如下操作。

（1）板面前处理：去除板面的氧化物及杂质，粗化铜面，以增大绿油的附着力。

（2）绿油印刷：通过丝印方式，按照客户要求将绿油均匀涂覆于板面，如图 1-29 所示。

图 1-29 PCB 绿油印刷

绿油按品质不同，可分成如下三个等级。

①用于一般消费性电子产品，如玩具单面板只要有绿油即可；

②用于一般工业电子线路板，如计算机、通信设备，厚度在 0.5 mil 以上；

③用于高信赖度、长时间操作之设备，厚度在 1 mil 以上。

（3）低温焗板：将湿绿油内的溶剂蒸发掉，板面绿油初步硬化准备曝光。采用隧道锅炉的方式，温度一般设定在 70~75 ℃。

（4）曝光：根据客户要求制作特定的曝光底片贴在板面上，然后在紫外光下进行曝光。受紫外光照射的部分将硬化，最终着覆于板面。覆遮光区域的绿油在下一工序将被冲掉，裸露出铜面。曝光是为了在下游组装焊接时,使焊锡只局限在沾锡所指定的区域;在后续的焊接与清洗过程中保护板面不受污染;避免氧化及焊接短路。PCB 防焊曝光如图 1-30 所示。

(5)冲板显影:将曝光时覆遮光区域的绿油冲洗掉。显影后的板面,须盖绿油的部位盖绿油,要求铜面裸露的部位铜面裸露,如图 1-31 所示。

图 1-30 PCB 防焊曝光

图 1-31 PCB 冲板显影

(6)UV 固化:将板面绿油初步硬化,避免在后续的字符印刷等操作中将绿油面擦花。

(7)字符印刷:按客户要求用白字印刷指定的零件符号,如图 1-32 所示。

(8)高温终锔:将绿油硬化、烘干。

2)沉金 / 沉锡 / 喷锡

沉金:沉镍金也叫无电镍金或沉镍浸金,是在 PCB 裸铜表面涂覆可焊性涂层的一种工艺。其过程是:在裸铜面进行化学镀镍,然后化学浸金,以保护铜面,同时保持良好的焊接性能。

沉锡:用化学的方法沉积薄层纯锡,以保护铜面,同时保持良好的焊接性能。

喷锡:又称热风整平,是将印制电路板浸入熔融的焊料中,再用热风将印制电路板表面及金属化孔内的多余焊料吹掉,从而得到一个平滑、均匀、光亮的焊料涂覆层,如图 1-33 所示。

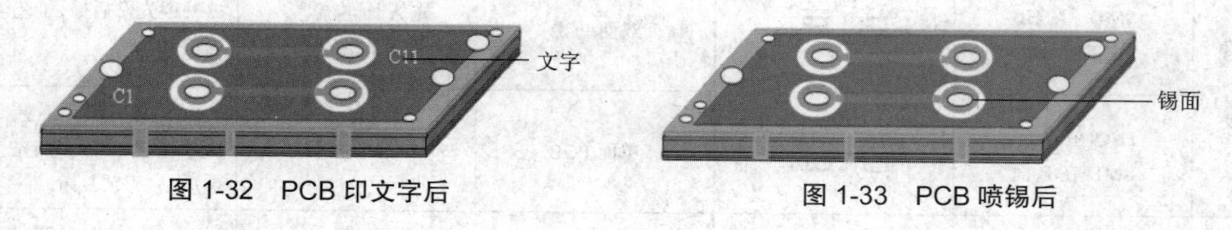

图 1-32 PCB 印文字后

图 1-33 PCB 喷锡后

3)外形加工

在一块制作完成的线路板上,按客户要求的几何尺寸把外形加工制作出来。

1.4 表面组装技术

目前电子组装行业里最流行的一种技术就是表面组装技术。表面组装技术是一种无须在印制电路板上钻插装孔,直接将表贴元器件贴、焊到印制电路板表面规定位置上的电路装连技术。具体地说,表面组装技术就是使用一定的工具将表面组装元器件的引脚对准预先涂覆了黏结剂和焊膏的焊盘图形,把表面组装元器件贴装到 PCB 表面,然后通过波峰焊或再流焊使表面组装元器件和电路之间建立可靠的机械和电气连接。

1.4.1 表面组装技术的组装类型及方式

1. 表面组装技术的组装类型

按组装方式分类，表面组装技术可分为全表面组装、单面混装、双面混装。

按焊接方式分类，表面组装技术可分为再流焊和波峰焊。由于再流焊工艺与波峰焊工艺相比较，具有工序简单、使用的工艺材料少、生产效率高、劳动强度低、焊接质量好、可靠性高、焊接缺陷少、修板量极小，从而节省人力、电力、材料、组装成本等非常明显的优越性，因此目前主要采用再流焊工艺。

2. 典型表面组装方式

各种典型表面组装方式的示意图、所用电路基板的类型和材料、焊接方式及工艺特征见表 1-1。

表 1-1　典型表面组装方式

组装方式		示意图	电路基板	焊接方式	特征
全表面组装	单面表面组装	A B	单面 PCB 陶瓷基板	单面再流焊	工艺简单，适用于小型、薄简单电路
	双面表面组装	A B	双面 PCB 陶瓷基板	双面再流焊	高密度组装，薄型化
单面混装	SMD 和 THC 都在 A 面	A B	双面 PCB	先 A 面再流焊，后 B 面波峰焊	一般先贴后插，工艺简单
	THC 在 A 面，SMD 在 B 面	A B	单面 PCB	B 面波峰焊	PCB 成本低，工艺简单，先贴后插。如先插后贴，工艺复杂
双面混装	THC 在 A 面，A、B 两面都有 AMD	A B	双面 PCB	先 A 面再流焊，后 B 面波峰焊	适合高密度组装
	A、B 两面都有 AMD 和 THC	A B	双面 PCB	先 A 面再流焊，后 B 面波峰焊，B 面插装件后附	工艺复杂，很少采用

注：A 面—主面，又称元件面（传统）；B 面—辅面，又称焊接面（传统）。

全表面组装是 PCB 双面都有表面组装元件 / 器件（Surface Mounted Component/Surface Mounted Devices，SMC/SMD）；单面混装是 PCB 上既有 SMC/SMD，又有通孔插装元件（Through Hole Component，THC），THC 在主面，SMC/SMD 可能在主面，也可能在辅面；双面混装是双面都有 SMC/SMD，THC 在主面，也可能双面都有 THC。

1.4.2 SMT 工艺流程

SMT 工艺流程可分为 6 个步骤,其中的主要过程如图 1-34 所示。

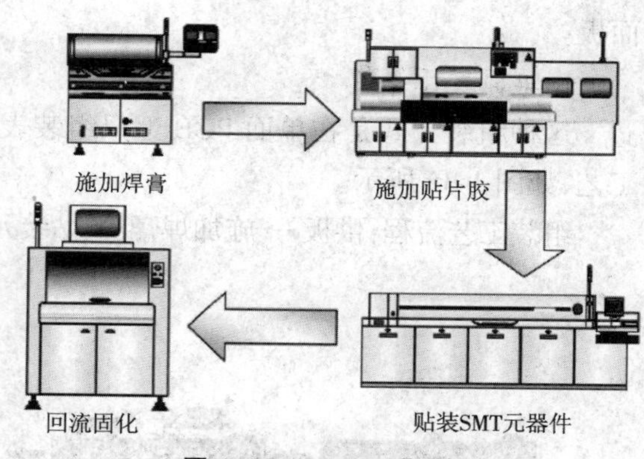

图 1-34 SMT 工艺流程

1. 供板(做钢网)

印制电路板是针对某一特定控制功能而设计制造的,供板时必须确认印制电路板的正确性,一般以 PCB 面丝印编号进行核对。还需要检查 PCB 有无因破损、污渍和板屑等引致的不良现象。

2. 施加焊膏

施加焊膏是将适量的焊膏均匀地施加在 PCB 的焊盘上,以保证贴片元器件与 PCB 相对应的焊盘达到良好的电气连接,为元器件的焊接做准备。所用设备为丝网印刷机(简称丝印机),位于 SMT 生产线的最前端。

3. 施加贴片胶

施加贴片胶是片式元件与通孔插装元件混装时,波峰焊工艺中的一个关键工序。它是将适量的贴片胶(黏结胶)通过点胶(滴涂)或印刷工艺施加在 PCB 的固定位置上。其主要作用是将元器件固定到 PCB 上。所用设备为点胶机,位于 SMT 生产线的最前端或检测设备的后面。

4. 贴装 SMT 元器件

其作用是将表面组装元器件准确安装到 PCB 的固定位置上。所用设备为贴片机,位于 SMT 生产线中丝印机的后面。

5. 回流固化(或焊接)

已贴装完 SMT 元器件的半成品经生产线作业员检查后,需经回流焊接炉熔焊锡浆。回流焊接是实现表面组装元件焊端或引脚与 PCB 焊盘之间的机械与电气连接的软钎焊。回流焊接所需温度由 PCB 材质、PCB 大小、元器件重量和锡浆型号类别等确定。在投入半成品前,应确认炉温、放板密度和方向。

6. 测试

采用在线测试(In Circuit Tester, ICT)对所有半成品进行测试。在线测试属于接触式检测技术,是生产中最基本的测试方法之一,由于具有很强的故障诊断能力而被广泛使用。通常将 SMT 元器件放置在专门设计的针床夹具上,夹具上的弹簧测试探针与组件的引线或测试焊盘接触,由于接触了板子上的所有网络,所有仿真和数字器件均可以单独测试,并可以迅速诊断出故障器件。

1.4.3 纯表面组装工艺流程

纯表面组装分为单面表面组装和双面表面组装。单面组装采用单面板,双面组装采用双面板。

1. 单面表面组装

这种组装方式是在单面 PCB 上只组装表面组装元器件,无通孔插装元器件,采用再流焊工艺,如图 1-35 所示。

组装工艺流程:供板 → 施加焊膏 → 贴装元器件 → 再流焊 → 清洗→检查 → 测试 → 包装。

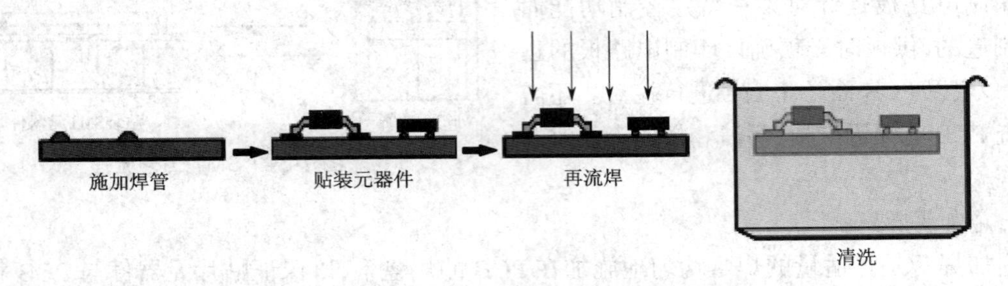

图 1-35 单面表面组装工艺流程

2. 双面表面组装

此工艺适于 PCB 两面均贴装较大的 SMD 时采用。双面再流焊工艺可以充分利用 PCB 空间,实现安装面积最小化,常用于密集型超小型电子产品。它的 A 面一般布有大型 IC 器件,B 面以片式元件为主,如图 1-36 所示。

组装工艺流程:供板 → B 面施加焊膏 → 贴装元器件 → A 面再流焊 → 清洗 → 翻转 PCB → A 面施加焊膏 → 贴装元器件 → B 面再流焊 → 清洗 → 检查 → 测试 → 包装。

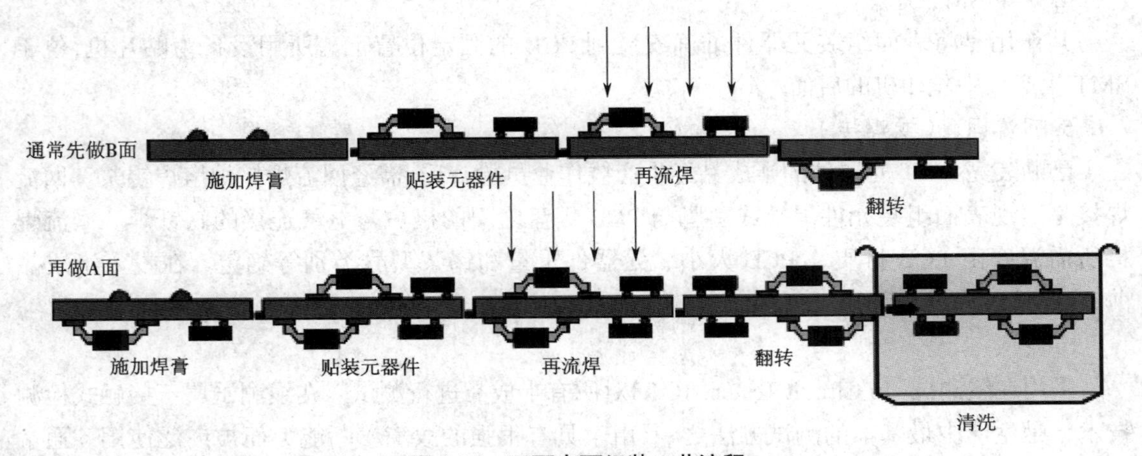

图 1-36 双面表面组装工艺流程

1.4.4 表面组装和插装混装工艺流程

单面混装的通孔元件在主面,贴片元件有可能在主面,也有可能在辅面。当贴片元件在 A 面时,由于双面都需要焊接,因此必须采用双面板;当贴片元件在 B 面时,由于焊接面在 B 面,因此可采用单面板。

双面混装是双面都有贴片元件,通孔元件一般在主面,有时双面都有通孔元件。这是由于在高密度组装中,一些显示器、发光元件、连接器、开关等需要安放在辅面。这种双面都有通孔元件的混合组装板组装工艺比较复杂,通常辅面的通孔元件采用手工焊。

1. 单面混装

单面混装有两种类型的工艺流程,一种是先贴法,另一种是后贴法。此处重点介绍先贴法。先贴法是在插装 THC 前先贴装 SMC/SMD,利用黏结剂将 SMC/SMD 暂时固定在 PCB 的贴装面上,待插装 THC 后,采用波峰焊进行焊接。先贴法的黏结剂涂敷容易,操作简单,但需要留插装 THC 时弯曲引线的操作空间,因此组装密度较低。

1)单面混装(SMD 和 THC 在 PCB 的同一面)

组装工艺流程:供板 → A 面施加焊膏 → 贴装 SMD → 再流焊 → 清洗 → A 面插装 THC → B 面波峰焊 → 检查 → 测试 → 包装。

2)单面混装(SMD 和 THC 分别在 PCB 的两面)

组装工艺流程:供板 → B 面施加贴装胶 → 贴装 SMD → 胶固化 → 翻转 PCB → A 面插装 THC → B 面波峰焊 → 清洗 → 检查 → 测试 → 包装,如图 1-37 所示。

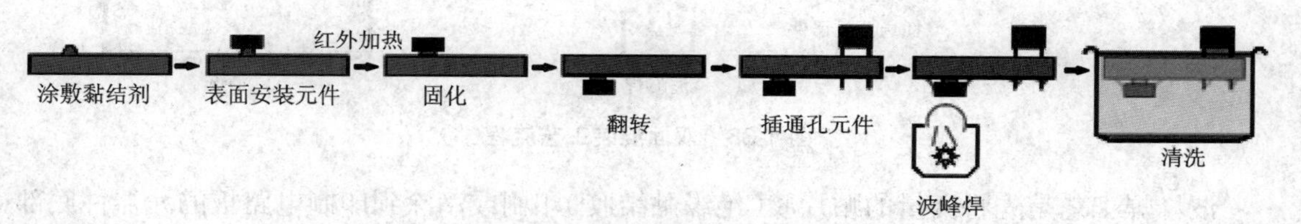

图 1-37　单面混装工艺流程

2. 双面混装

1)双面混装(THC 在 A 面,A、B 两面都有 SMD)

组装工艺流程:供板 → A 面施加焊膏 → 贴装 SMD → 再流焊 → 检查 → 翻转 PCB → B 面施加贴装胶 → 贴装 SMD → 胶固化 → 翻转 PCB → A 面插装 THC → B 面波峰焊 → 检查 → 测试 → 包装。

2)双面混装(A、B 两面都有 SMD 和 THC)

组装工艺流程:供板 → A 面施加焊膏 → 贴装 SMD → 再流焊 → 检查 → 翻转 PCB → B 面施加贴装胶 → 贴装 SMD → 胶固化 → 翻转 PCB → A 面插装 THC → B 面波峰焊 → B 面插装 THC → A 面波峰焊→ 检查 → 测试 → 包装,如图 1-38 所示。

1.4.5　再流焊和波峰焊工艺简易流程

1. 再流焊工艺

再流焊工艺是先将微量的铅锡焊膏印刷或滴涂到印制电路板的焊盘上,再将片式元器件贴放在印制电路板表面规定的位置上,最后将贴装好元器件的印制电路板放在再流焊设备的传送带上,就完成了预热、保温、再流焊、冷却的全部焊接过程。

2. 波峰焊工艺

通常表面贴装元器件(SMC/SMD)与通孔插装元件(THC)混合组装的形式比较多,在SMC/SMD与THC混合工艺中,也可以采用波峰焊工艺。

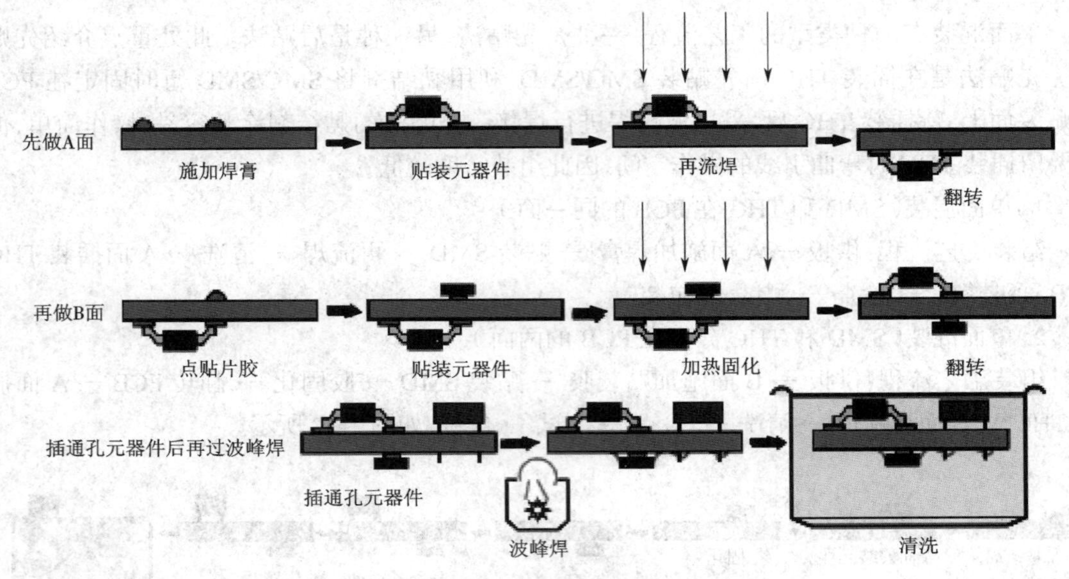

图 1-38 双面混装工艺流程

波峰焊工艺是先将微量的贴片胶(绝缘黏结胶)印刷或滴涂到印制电路板的元器件底部或边缘位置(贴片胶不能污染印制电路板焊盘和元器件端头),再将片式元器件贴放在印制电路板表面规定的位置上,然后将贴装好元器件的印制电路板放在再流焊设备的传送带上进行胶固化,固化后的元器件被牢固地黏结在印制电路板上,然后插装分立元器件,最后与插装元器件同时进行波峰焊接。

1.4.6 选择表面组装工艺流程应考虑的因素

选择工艺流程主要根据印制电路板的组装密度和本单位SMT生产线的设备条件。当SMT生产线有再流焊和波峰焊两种焊接设备时,可作如下考虑。

(1)尽量采用再流焊方式,因为再流焊与波峰焊相比具有以下优越性。

①再流焊不像波峰焊那样,要把元器件直接浸渍在熔融的焊料中,所以元器件受到的热击小。但由于再流焊加热方法不同,有时会施加给元器件较大的热应力。要求元器件的内部结构和外封装材料必须能够承受再流焊温度的热冲击。

②再流焊只需要在焊盘上施加焊料,并能控制焊料的施加量,减少虚焊、桥联等焊接缺陷,因此焊接质量好,可靠性高。

③再流焊具有自定位效应(Self Alignment),即当元器件贴放位置有一定偏离时,由于熔融焊料面张力的作用,当全部焊端或引脚与相应的焊盘同时被润湿时,能在润湿力和表面张力

的作用下自动被拉回近似目标位置。

④焊料中一般不会混入不纯物,使用焊膏时,能正确地保证焊料的组分。

⑤可以采用局部加热热源,从而可在同一基板上采用不同焊接工艺进行焊接。

⑥工艺简单,修板的工作量极小,从而节省了人力、电力、材料。

(2)在一般密度的混合组装条件下,当 SMD 和 THC 在 PCB 的同一面时,采用 A 面印刷焊膏、再流焊, B 面波峰焊工艺;当 THC 在 PCB 的 A 面、SMD 在 PCB 的 B 面时,采用 B 面点胶、波峰焊工艺。

(3)在高密度混合组装时:

①尽量选择表贴元件;

②将电阻、电容、电感、晶体管等小元件放在 B 面, IC 和大的、重的、高的元件(如铝电解电容)放在 A 面,实在排不开时, B 面尽量放小的 IC;

③ BGA 设计时,尽量将 BGA 放在 A 面,两面安排 BGA 元件会增加工艺难度;

④当没有 THC 或只有极少量 THC 时,可采用双面印刷焊膏、再流焊工艺,极少量 THC 采用后附的方法;

⑤当 A 面有较多 THC 时,采用 A 面印刷焊膏、再流焊, B 面点胶、波峰焊工艺;

⑥尽量不要在双面安排 THC,必须安排在 B 面的发光二极管、连接器、开关、微调元器件等 THC 采用后附的方法。

！**注意:**在印制电路板的同一面,禁止采用先再流焊 SMD、后对 THC 进行波峰焊的工艺流程。

1.4.7　SMT 印制电路板

SMT 工艺与传统插装工艺有很大区别,对 PCB 设计有专门的要求。除了要满足电性能、机械结构等常规要求外,还要满足 SMT 自动印刷、自动贴装、自动焊接、自动检测的要求。特别要满足再流焊工艺的再流动和自定位效应的工艺要求。

1. 选择 PCB 材料

印制电路板的基材主要有两大类:有机类基板材料和无机类基板材料,使用最多的是有机类基板材料。

(1)层数不同,使用的 PCB 基材也不同。比如 3~4 层板要用预制复合材料,双面板则大多使用玻璃 - 环氧树脂材料。在无铅化电子组装过程中,由于温度升高,印制电路板受热时弯曲的程度加大,故在 SMT 中要求尽量采用弯曲程度小的板材,如 FR-4 等类型的基板。

(2)表面组装技术中用的 PCB 要求具有高导热性,优良的耐热性(150 ℃, 60 min)和可焊性(260 ℃, 10 s),高铜箔黏合强度(1.5×10^4 Pa 以上)和抗弯强度(25×10^4 Pa),高导电率,小介电常数,好冲裁性(精度 ±0.02 mm)及与清洗剂兼容性,另外要求外观光滑平整,不可出现翘曲、裂纹、伤痕及锈斑等。

(3)印制电路板厚度有 0.5 mm、0.7 mm、0.8 mm、1.0 mm、1.5 mm、1.6 mm、(1.8 mm)、2.7 mm、(3.0 mm)、3.2 mm、4.0 mm、6.4 mm,其中 0.7 mm 和 1.5 mm 厚的 PCB 用于带金手指双面

板的设计，1.8 mm 和 3.0 mm 为非标尺寸。印制电路板尺寸从生产角度考虑，最小单板不应小于 250 mm × 200 mm，理想尺寸为（250~350 mm）×（200~250 mm）。

2. 焊盘设计

元件焊盘设计应掌握以下关键要素。

（1）对称性，两端焊盘必须对称，才能保证熔融焊锡表面张力平衡。

（2）焊盘间距，确保元件端头或引脚与焊盘恰当的搭接尺寸。

（3）焊盘剩余尺寸，搭接后的剩余尺寸必须保证焊点能够形成弯月面。

（4）焊盘宽度，应与元件端头或引脚的宽度基本一致。

3. 一般设计标准

PCB 设计的一般标准见表 1-2。

表 1-2　PCB 设计标准

项目	间距
孔—板边缘	大于板厚
线—板边缘	≥ 0.03 inch
焊盘—线	≥ 0.075 inch
焊盘—焊盘	≥ 0.025 inch
焊盘—板边缘	≥ 0.03 inch

1.4.8　施加焊膏通用工艺

1. 表面组装工艺材料——焊膏

图 1-39　焊膏

焊膏是表面组装再流焊工艺必需的材料，如图 1-39 所示。常温下，由于焊膏具有一定的黏性，可将电子元器件暂时固定在 PCB 的既定位置上。当焊膏加热到一定温度时，焊膏中的合金粉末熔融再流动，液体焊料浸润元器件的焊端与 PCB 焊盘，冷却后元器件的焊端与 PCB 焊盘被焊料互连在一起，形成电气和机械连接的焊点。

2. 焊膏涂敷方法

将焊膏涂敷到 PCB 焊盘图形上的方法主要有注射滴涂和印刷涂敷两类，广泛采用的是印刷涂敷技术。注射滴涂也称为点膏或液料分配，主要用于小批量多品种生产、新产品的研制以及生产中补修或更换元器件。印刷涂敷方式主要有非接触印刷和直接接触印刷两种类型。非接触印刷即丝网印刷，直接接触印刷即模板漏印，目前多采用直接接触印刷技术。这两种印刷技术可以采用同样的印刷设备，即丝网印刷机。

3. 施加焊膏的要求

(1)施加的焊膏量均匀,一致性好。焊膏图形要清晰,相邻的图形之间尽量不要粘连,焊膏图形与焊盘图形要一致,尽量不要错位。

(2)一般情况下,焊盘上的焊膏量应为 0.8 mg/mm² 左右,窄间距元器件应为 0.5 mg/mm² 左右。

(3)焊膏应覆盖每个焊盘面积的75%以上。

(4)焊膏印刷后,应无严重塌落,边缘整齐,错位不大于 0.2 mm;对窄间距元器件焊盘,错位不大于 0.1 mm。

(5)基板不允许被焊膏污染。

4. 印刷焊膏的原理

焊膏和贴片胶都是触变流体,具有黏性,触变流体具有黏性随剪切速度(剪切力)变化而变化的特性。印刷焊膏和贴片胶就是利用触变流体的特性实现的。印刷前将 PCB 放在工作支架上,用真空或机械方法固定,将已加工有印刷图像窗口的丝网 / 漏模板在金属框架上绷紧并与 PCB 对准。当采用丝网印刷时, PCB 顶部与丝网 / 漏模板底部之间有一距离(通常称为刮动间隙,典型值为 0.02~0.03 inch),当采用金属漏模板印刷时不留刮动间隙。印刷开始时,预先将焊膏放在丝网 / 漏模板上,刮刀从丝网 / 漏模板的一端向另一端移动,压迫丝网 / 漏模板,使其与 PCB 表面接触,焊膏通过丝网 / 漏模板上的印刷图像窗口印刷在 PCB 的焊盘上。

丝网印刷时,刮刀以一定的速度和角度向前移动,对焊膏产生一定的压力,推动焊膏在刮板前滚动,产生将焊膏注入网孔(即模板开口)所需的压力。焊膏的黏性摩擦力使焊膏在刮板与网板交接(模板开口)处产生切变,切变力使焊膏的黏性下降,从而顺利地注入网孔。当刮板离开模板开口时,焊膏的黏度迅速恢复到原始状态。焊膏印刷原理如图 1-40 所示。

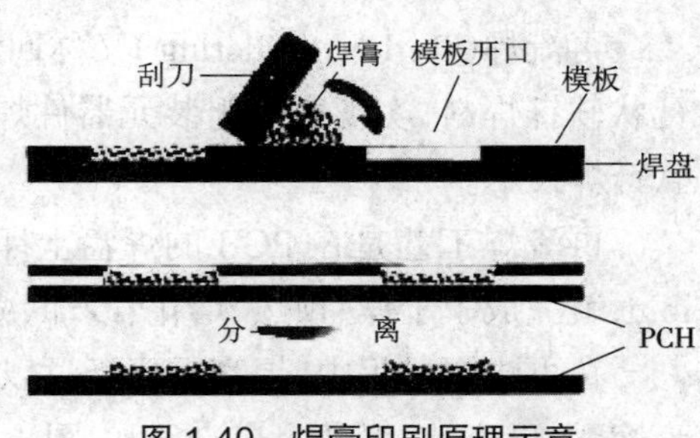

图 1-40 焊膏印刷原理示意

1.4.9 施加贴片胶通用工艺

片式元件与插装元器件混装采用波峰焊工艺时,需要用贴片胶把片式元件暂时固定在 PCB 的焊盘位置上,以防止在传递过程中或插装元器件、波峰焊等工序中元件掉落。在双面再流焊工艺中,为防止已焊好面上的大型器件因焊接受热熔化而掉落,也需要用贴片胶起辅助固定作用。

1. 施加贴片胶的技术要求

(1)采用光固型贴片胶,元器件下面的贴片胶至少有一半的量处于被照射状态;采用热固型贴片胶,贴片胶可完全被元器件覆盖。

(2)小元件可涂一个胶滴,大尺寸元器件可涂敷多个胶滴。

(3)胶滴的尺寸与高度取决于元器件的类型,胶滴的高度应达到元器件贴装后胶滴能充分接触到元器件底部的高度。胶滴量(尺寸大小或胶滴数量)应根据元器件的尺寸和质量而定,尺寸和质量大的元器件胶滴量应大一些,但也不宜过大,以保证足够的黏结强度为准。

(4)为了保护元件引脚以及焊点的完整性,要求贴片胶在贴装前和贴装后都不能污染元器件端头和 PCB 焊盘。

2. 施加贴片胶的方法和各种方法的适用范围

施加贴片胶主要有三种方法:分配器滴涂、针式转印和印刷。

1)分配器滴涂贴片胶

分配器滴涂可分为手动和全自动两种方式。手动滴涂用于试验或小批量生产中;全自动滴涂用于大批量生产中。全自动滴涂需要专门的全自动点胶设备,也有些全自动贴片机上配有点胶头,具备点胶和贴片两种功能。手动滴涂方法与焊膏滴涂相同,只是要选择更细的针嘴,压力与时间参数的控制有所不同。

2)针式转印贴片胶

针式转印机采用针矩阵组件,先在贴片胶供料盘上蘸取适量的贴片胶,然后移动到 PCB 的点胶位置上进行多点涂敷。此方法效率较高,用于单一品种大批量生产中。

3)印刷贴片胶

印刷贴片胶的生产效率较高,用于大批量生产中,有丝网和模板两种印刷方法。印刷贴片胶的方法与焊膏印刷工艺相同,只是丝网和模板的设计要求、印刷参数的设置有所不同。

1.4.10 再流焊通用工艺

再流焊(Reflow Soldering)又称回流焊,是通过重新熔化预先分配到印制电路板焊盘上的膏状软钎焊料,实现表面组装元器件焊端或引脚与印制电路板焊盘之间的电气与机械连接的软钎焊技术。

再流焊工艺是在 PCB 的焊盘上印刷焊膏、贴装元器件,从再流焊炉入口到出口需要 5~6 min,就完成了干燥、预热、熔化、冷却、凝固的全部焊接过程。再流焊是一种先进的群焊技术。

在再流焊过程中,焊膏需要经过以下几个阶段:溶剂挥发,焊剂清除焊件表面的氧化物,焊膏熔融,再流动,焊膏冷却、凝固。图 1-41 是焊膏再流焊温度曲线示意图。

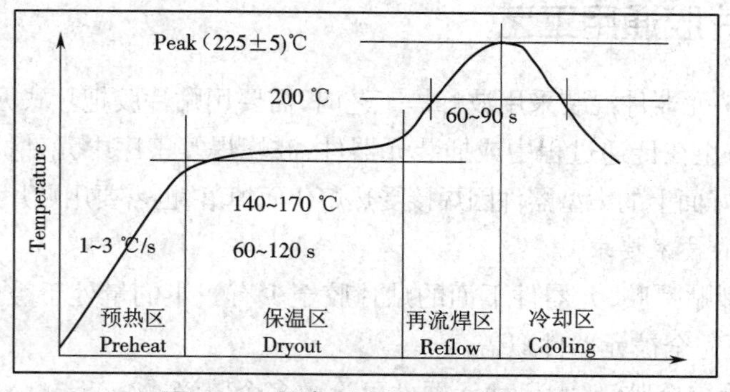

图 1-41 焊膏再流焊温度曲线示意

1. 预热区

PCB 和元器件预热,达到平衡,同时除去焊膏中的水分、溶剂,以防焊膏塌落和焊料飞溅。

要保证升温比较缓慢，使溶剂挥发速度慢，整体变化温和，对元器件的热冲击尽可能小，升温过程过快会损坏元器件。如引起多层陶瓷电容器开裂；还会造成焊料飞溅，在整个 PCB 的非焊接区域形成焊料球以及焊料不足的焊点。

2. 保温区

PCB 和元器件停留在保温区，是为了在达到再流焊温度之前焊料能完全干燥，同时还起着活化焊剂的作用，能清除元器件、焊盘、焊粉中的金属氧化物。根据焊料的性质差异，时间为 60~120 s。

3. 再流焊区

处于再流焊区的 PCB，焊膏中的焊料使金粉开始熔化，再次呈流动状态，替代液态焊剂融湿焊盘和元器件，这种融湿作用导致焊料进一步扩展，对大多数焊料融湿时间为 60~90 s。再流焊的温度要高于焊膏的熔点，一般要超过熔点 20 ℃才能保证再流焊的质量。有时也将该区域分为两个区，即熔融区和再流区。

4. 冷却区

焊料随温度降低而凝固，使元器件与焊膏形成良好的电接触，冷却速度的要求同预热速度相同。

1.4.11　波峰焊通用工艺

波峰焊是使熔融的液态焊料借助泵的作用，在焊料槽液面形成特定形状的焊料波，插装了元器件的 PCB 置于传送链上，经过某一特定的角度以及一定的浸入深度穿过焊料波峰而实现焊点焊接的过程，如图 1-42 所示。

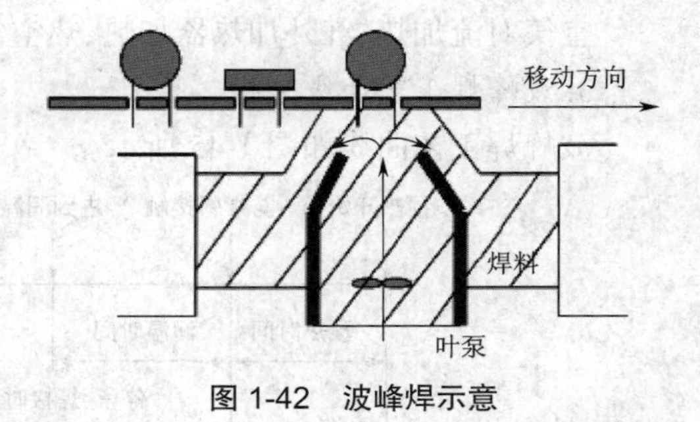

图 1-42　波峰焊示意

1. 波峰焊机

1）波峰焊机的工位组成及功能

波峰焊机的工位组成及功能如图 1-43 所示。

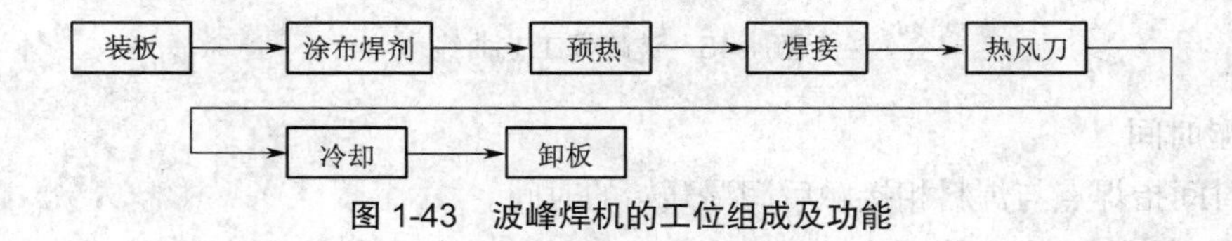

图 1-43　波峰焊机的工位组成及功能

2）波峰面

波峰面均被一层氧化皮覆盖，它在沿焊料波的整个长度方向上几乎都保持静态，在波峰焊接过程中，PCB 与氧化皮同速前进，即使 PCB 接触到锡波的前沿表面使氧化皮破裂，也能保证 PCB 前面的锡波无皱褶地被推向前进，这说明整个氧化皮与 PCB 以同样的速度移动。

3）焊点成型

当 PCB 进入波峰面前端（A）时，基板与引脚被加热，并在未离开波峰面（B）之前，整个

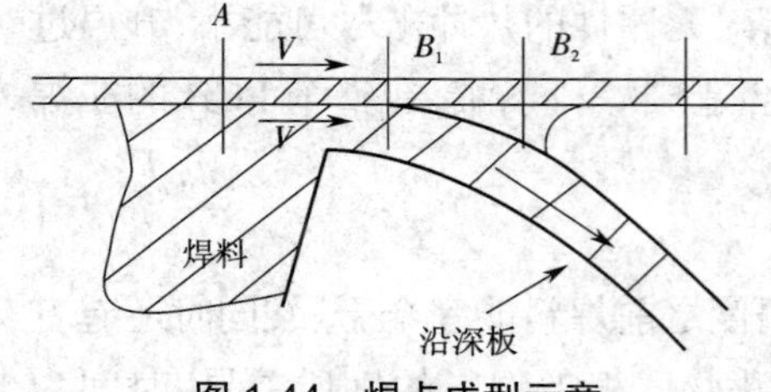

图 1-44 焊点成型示意

PCB 浸在焊料中,即被焊料所桥联。但在离开波峰面尾端的瞬间,少量焊料由于润湿力的作用,黏附在焊盘上,并由于表面张力的原因,以引线为中心收缩至最小状态,此时焊料与焊盘之间的润湿力大于两焊盘之间的焊料的内聚力。因而会形成饱满、圆整的焊点,离开波峰面尾端的多余的焊料,由于重力的原因回落到锡锅中。焊点成型如图 1-44 所示。

PCB 离开焊料波时分离点位于 B_1 和 B_2 之间的某个地方,分离后形成焊点。

4)防止桥联的发生

在焊接加热过程中会发生焊料塌边,这个情况出现在预热和主加热两种场合,当预热温度在几十至一百摄氏度的范围内,作为焊料成分之一的溶剂会黏度降低而流出,如果其流出的趋势是十分强烈的,会同时将焊料颗粒挤出焊区外,在熔融时如不能返回焊区内,会形成滞留的焊料球。

防止桥联的方法有使用可焊性好的元器件、PCB;提高助焊剂的活性;提高 PCB 的预热温度,提高焊盘的润湿性能;提高焊料的温度;去除有害杂质,减小焊料的内聚力,以利于两焊点之间的焊料分开。

2. 常见预热方法

空气对流加热、红外加热器加热、热空气和辐射相结合的加热方法。

3. 波峰焊工艺曲线分析

波峰焊工艺曲线如图 1-45 所示。

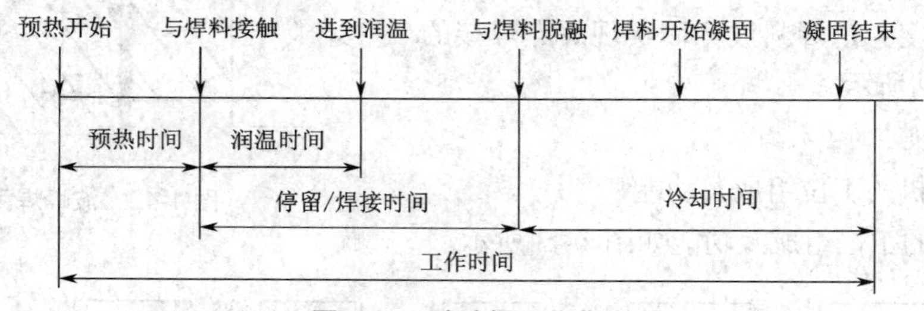

图 1-45 波峰焊工艺曲线

1)润湿时间

润湿时间指焊点与焊料相接触后润湿开始的时间。

2)停留时间

停留时间指 PCB 上某一个焊点从接触波峰面到离开波峰面的时间。停留 / 焊接时间的计算公式是

$$停留 / 焊接时间 = 波峰宽 / 速度$$

3)预热温度

预热温度是 PCB 与波峰面接触前达到的温度,见表 1-3。

表 1-3 预热温度

SMT 类型	元器件	预热温度 /℃
单面板组件	通孔器件与混装	90~100
双面板组件	通孔器件	100~110
双面板组件	混装	100~110
多层板	通孔器件	115~125
多层板	混装	115~125

4)焊接温度

焊接温度是非常重要的焊接参数,通常高于焊料的熔点(183 ℃)50~60 ℃。大多数情况下,所焊接的 PCB 焊点温度要低于炉温,这是因为 PCB 吸热。

4. 波峰焊工艺参数调节

1)波峰高度

波峰高度是波峰焊接中的 PCB 吃锡高度。其数值通常控制在 PCB 厚度的 1/2~2/3,过大会导致熔融的焊料流到 PCB 的表面,形成"桥联"。

2) 传送倾角

波峰焊机在安装时除了要使机器水平外,还应调节传送装置的倾角,通过倾角的调节,可以调控 PCB 与波峰面的焊接时间,适当的倾角有助于焊料液与 PCB 更快地剥除,使之返回锡锅内。

3) 热风刀

所谓热风刀,是 SMA 刚离开焊接波峰后,在 SMA 的下方放置一个窄长的带关口的"腔体",窄长的腔体能吹出热气流,犹如刀状,故称"热风刀"。

4) 焊料纯度

在波峰焊接过程中,焊料的杂质主要来源于 PCB 上焊盘的铜浸析,过量的铜会导致焊接缺陷增多。

5) 助焊剂

助焊剂通常是以松香为主要成分的混合物,可分为固体、液体和气体。在实际使用中,松香助焊剂化学活性较低,需要添加少量活性剂,以提高它的活性。

6) 工艺参数的协调

波峰焊机的工艺参数带速、预热时间、焊接时间和倾角之间需要相互协调,反复调整。

关键词:印刷电路板,元件封装,曝光,显影,电镀,蚀刻,SMT,SMC/SMD,波峰焊

习 题

1-1 印制电路板由什么组成?各部件的常见材质、尺寸是什么?

1-2 导线质量如何评价?涂层有什么要求?分为几种?各种的优缺点是什么?

1-3 什么是封装?常见的封装有哪几种?结构分别是什么样的?优缺点是什么?

1-4 什么是印制电路板的制备流程?

1-5 什么是 SMT?在实验室可以完成 SMT 吗?在实验室如何完成电路板的焊接?

2 电路原理图设计基础

原理图的设计是电路设计的第一步,也是最基本的部分。只有在设计好原理图的基础上才可以进行印制电路板的设计和电路仿真等。本章主要讲述在 Altium Designer 6.9 中设计原理图的基本步骤以及设计原理图时需要掌握的如管理器和设计环境设置这些基础知识,最后讲解 Altium Designer 6.9 系统参数设置。

2.1 原理图设计概述

2.1.1 电路设计的基本步骤

电路设计通常分为如下几步。

(1)设计电路原理图。在 Altium Designer 6.9 的原理图设计系统里,利用各种原理图绘制工具和各种编辑功能绘制电路原理图。

(2)生成网络报表。网络报表也叫网络表,网络表是电路原理图和印制电路板之间的桥梁,有了网络表,才能够自动布线。网络表可以由原理图生成,也可以从印制电路板中提取。

(3)设计印制电路板。印制电路板设计指的是 Altium Designer 6.9 的 PCB 设计,借助 Altium Designer 6.9 为用户提供的强大功能实现电路板的板面设计,完成复杂的布线。在设计完印制电路板后,还需要生成印制电路板的有关报表、打印印制电路板图。

(4)生成钻孔文件和光绘文件。在交付进行 PCB 制造印制电路板之前,还需要生成 NC 钻孔文件和光绘文件。

2.1.2 原理图设计的基本步骤

原理图设计是整个电路设计的基础。原理图设计过程可以分解为下面几个步骤,图 2-1 是原理图设计的流程图。

(1)启动原理图编辑器。用户必须首先启动原理图编辑器,创建一个新的原理图。进入 Altium Designer 6.9 原理图编辑器,然后执行菜单命令“文件”→“新建”→“工程”→“PCB 工程”创建一个项目工程,再执行菜单命令“文件”→“新建”→“原理图”即可创建一个空白的原理图设计图纸。

(2)设置工作环境。在画原理图之前,应该把设计环境设置好。工作环境设置是使用“设计”→“文档选项”和“工具”→“设计原理图参数”菜单进行的。画原理图环境的设置主要包括图纸大小、捕捉栅格、电气栅格、模板设置、图纸计量单位设置等。

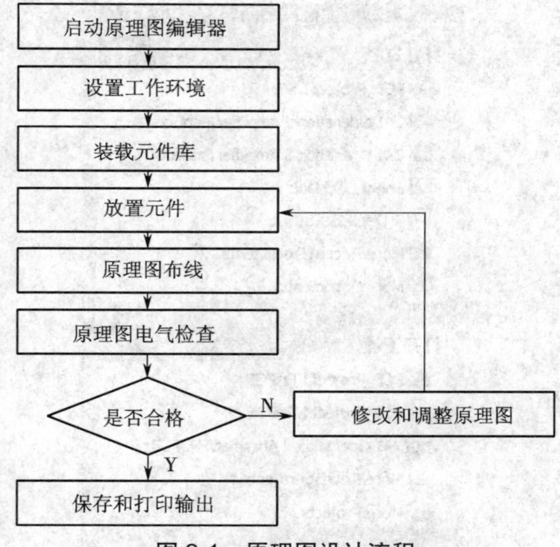

图 2-1　原理图设计流程

（3）装载元件库。Altium Designer 6.9 拥有众多芯片厂商提供的种类齐全的元件库，但在用户进行电路设计时都不是每个元件库会使用到。装载设计过程所需的元件库到当前的系统中，以便在绘图时能够方便、快捷地查找和使用元件，提高工作效率。

（4）放置元件。将电气和电子元件放置到图纸上。一般情况下元件的原理图符号在元件库中都可以找到，只需要将元件从元件库中取出，放置在图上。由于元件种类非常多，被分别放在不同的元件库中，所以应该知道哪类元件在哪些库中。编辑元件的属性，包括元件名、参数、封装图等。调整元件和导线的位置等。

（5）原理图布线。将放置好的器件各引脚用具有电气意义的导线、网络标号等连接起来，使各元器件之间具有用户设计的电气连接，连接时一定要符合电气规则。

（6）原理图电气检查。使用 Altium Designer 6.9 的电气规则检查功能检查原理图的连接是否合理与正确，给出检查报告。若有错误就需要根据错误情况进行改正。

（7）修改和调整原理图。根据设计规则对原理图做进一步的修改和调整，确保原理图的设计准确无误。用户还可以在原理图上添加一些相关的说明、标注和修饰，以提高原理图的可读性。

（8）保存和打印输出。保存和打印输出原理图，以便今后进行调试、查阅。

2.2　创建原理图文件

2.2.1　创建一个新项目

电路设计主要包括原理图设计和 PCB 设计。首先创建一个新项目，然后在项目中添加原理图文件和 PCB 文件。

（1）选择设计管理窗口的“Files”页签，弹出如图 2-2 所示的面板。

（2）在“新建”面板中单击“Blank Project（PCB）”选项，弹出“ Projects”面板，如图 2-3 所示。

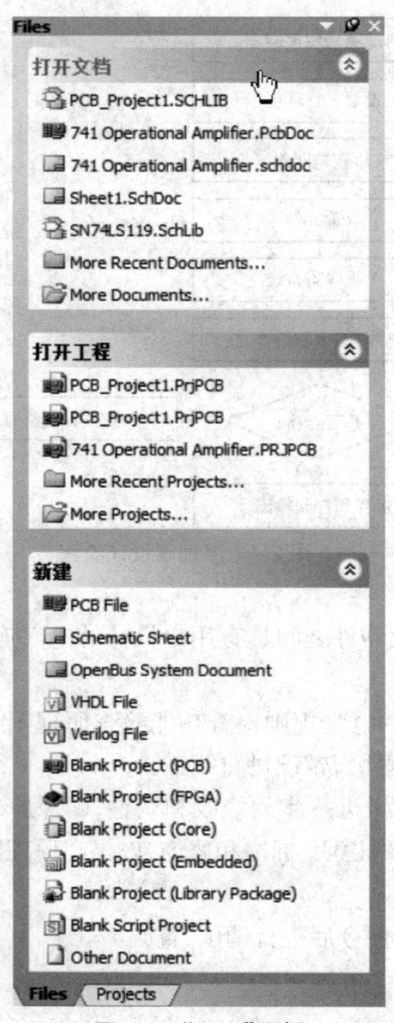

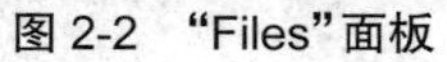
图 2-2 "Files"面板

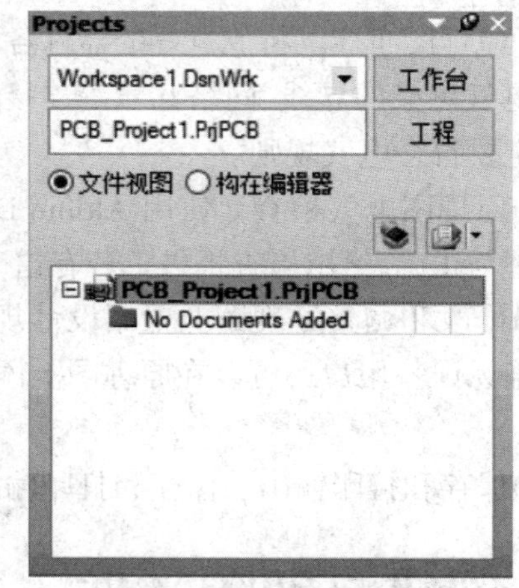

图 2-3 "Projects"面板

(3)建立了一个新的项目后,执行菜单命令"文件"→"保存工程为",将新项目命名为"myProject1.PriPCB ",保存该项目到合适的位置,如图 2-4 所示。

图 2-5 和图 2-6 为默认的项目名称和更改后的项目名称。

2.2.2 创建一张新的原理图图纸

建立了新的项目文档后,执行菜单命令"文件"→"新建"→"原理图"创建原理图,系统将创建一个新的原理图文件,如图 2-7 所示。默认的原理图文件名为 Sheetl.SchDoc,同时原理图文件夹自动添加到项目中。

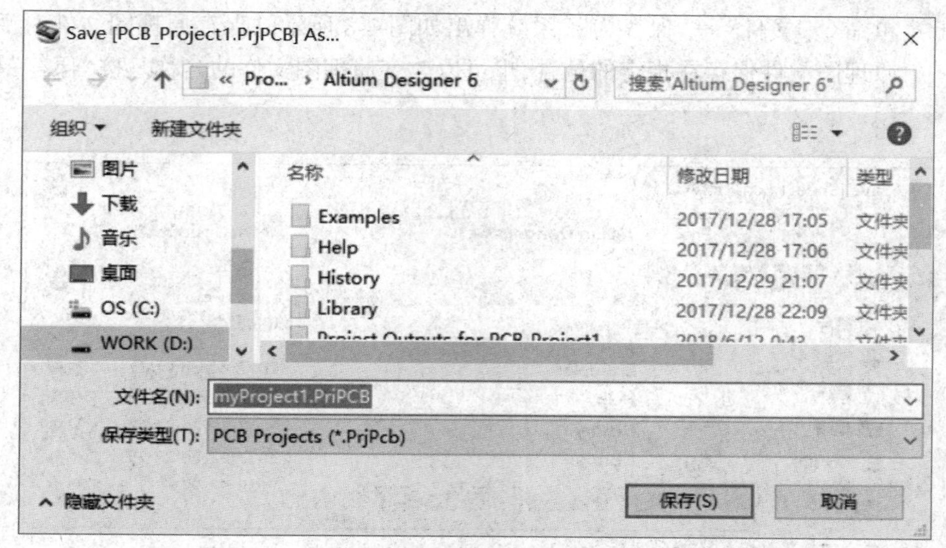

图 2-4 保存项目对话框

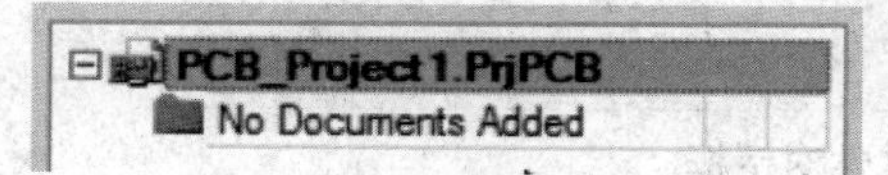

图 2-5 显示默认的项目名称

图 2-6 显示更改后的项目名称

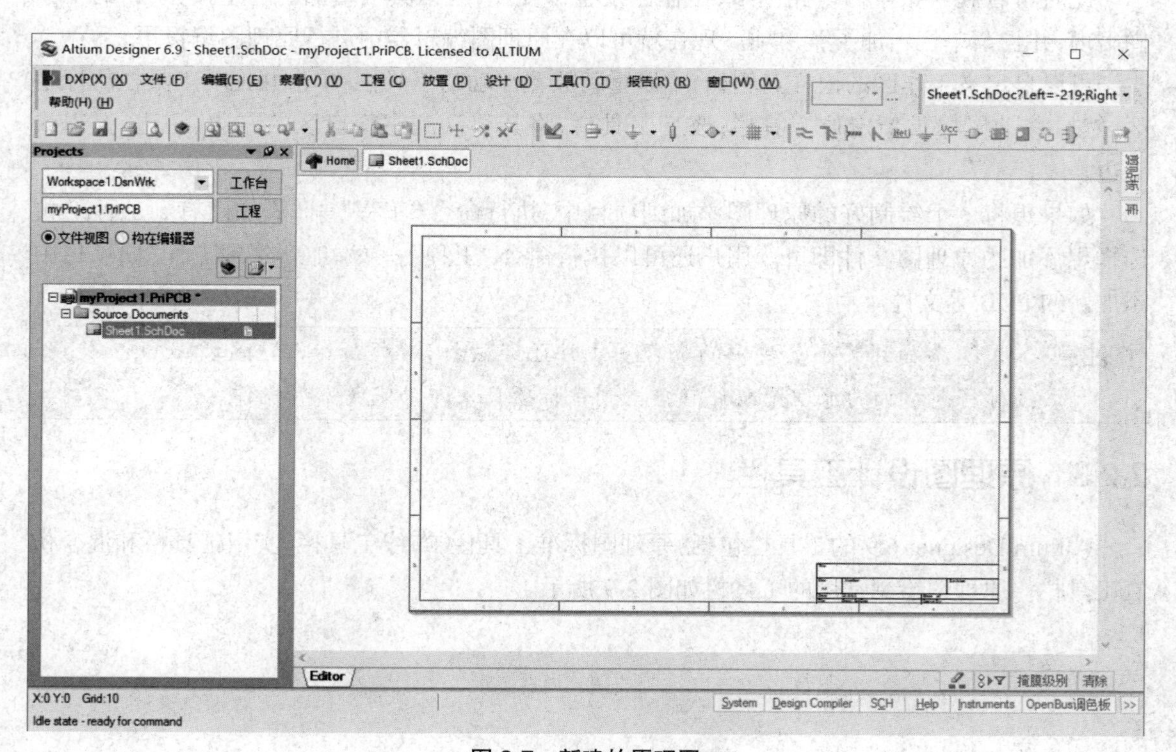

图 2-7 新建的原理图

执行菜单命令“文件”→“保存为”,系统弹出如图 2-8 所示的保存原理图文件对话框,用户可以将新原理图文件保存在指定的位置,也可以改变原理图文件的名称。按“保存”按钮完成操作。

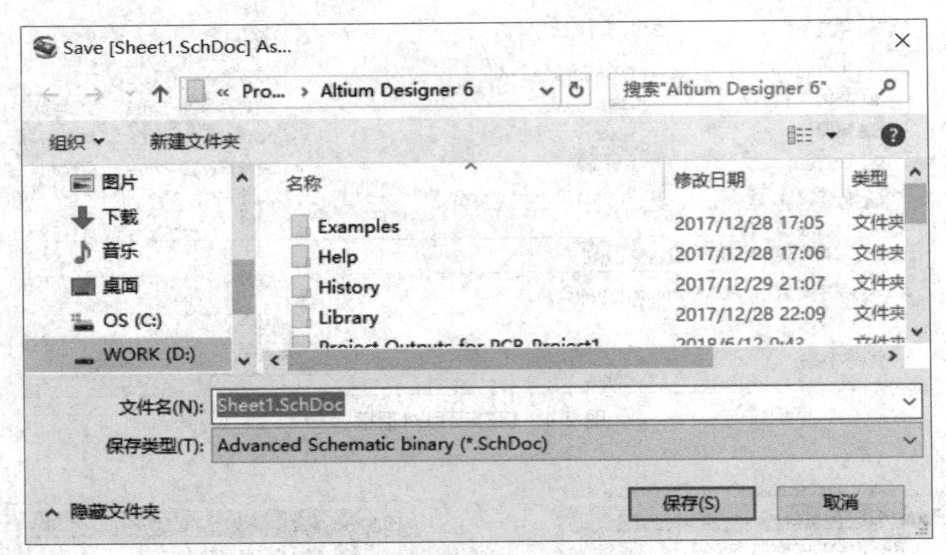

图 2-8 保存原理图文件对话框

此时可看到一张空白电路图纸,工作区发生了变化,主工具栏增加了一组按钮,新的工具栏出现,并且菜单栏增加了菜单项。现在就可以在原理图编辑器中进行原理图编辑了。

可以自定义工作区的模样。例如,可以重新放置浮动的工具栏;单击并拖动工具栏的标题区,然后移动鼠标重新定位工具栏;改变工具栏,将其移动到主窗口区的左边、右边、上边或下边。

如果想将一个绘制好的原理图添加到项目中,执行命令“工程”→“添加已有到工程”,再选择想添加的原理图文件即可。用户还可以执行命令“工程”→“添加新建到工程”向项目中添加新的 PCB 等文件。

! **注意:**如果想添加到某个项目中的原理图文件已经被打开,那么在“Projects”面板上使用鼠标将想添加的原理图文件直接拖到目标项目中即可完成添加操作。

2.2.3 原理图设计工具栏

Altium Designer 6.9 的工具栏包括:原理图标准工具栏、布线工具栏、实用工具栏和混合仿真工具栏。原理图绘制常用的工具栏如图 2-9 所示。

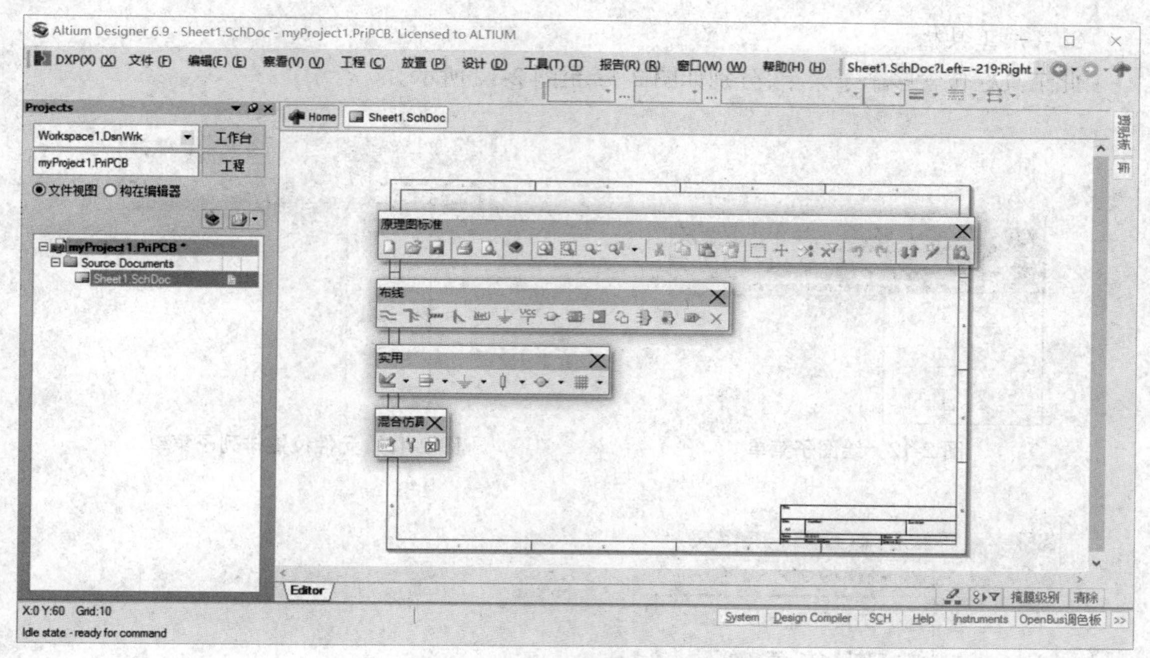

图 2-9　原理图绘制常用的工具栏

1. 原理图标准工具栏

打开或关闭原理图标准工具栏可以执行命令“察看”→“工具条”→“原理图标准”，如图 2-10 所示。

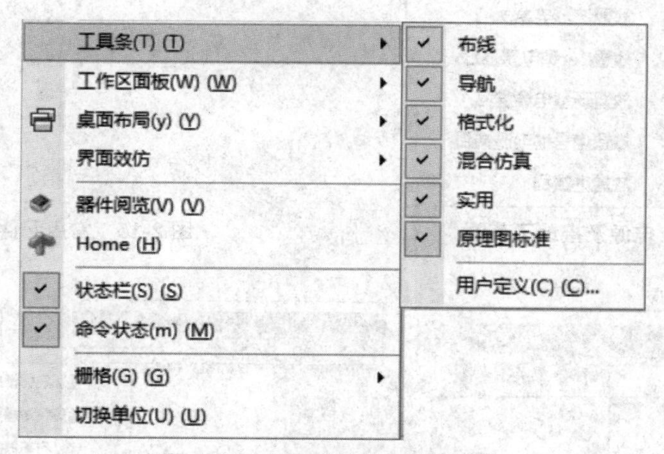

图 2-10　打开或关闭工具栏菜单

2. 布线工具栏

打开或关闭布线工具栏可以执行命令“察看”→“工具条”→“布线”，布线工具栏如图 2-11 所示。

图 2-11　布线工具栏

3. 实用工具栏

此工具栏包含多个子菜单,分别如图 2-12 至图 2-17 所示。

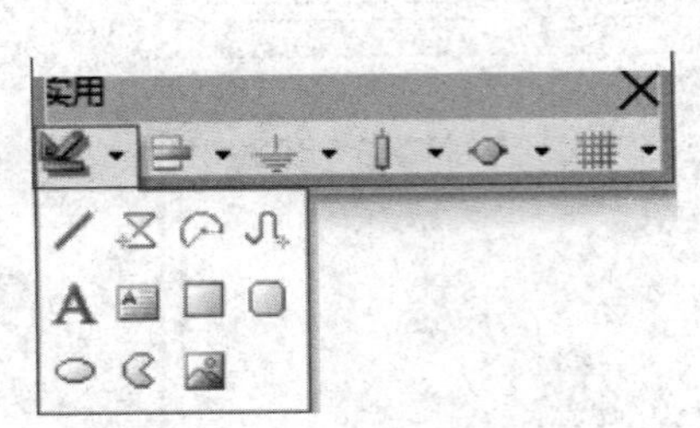

图 2-12　绘图子菜单

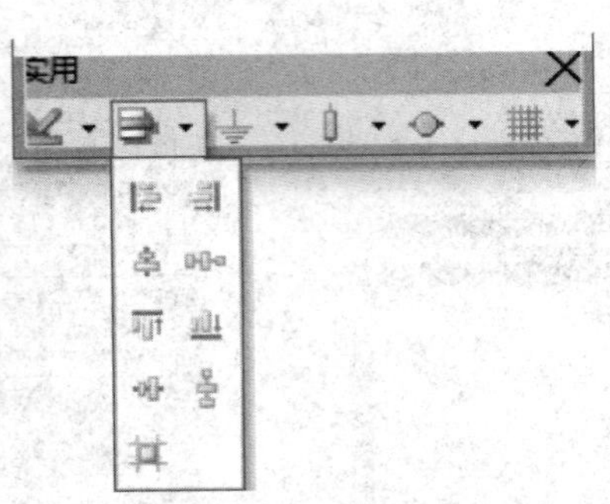

图 2-13　元件位置排列子菜单

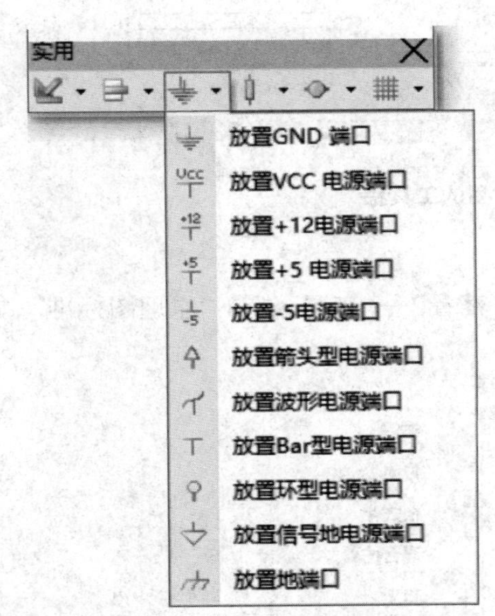

图 2-14　电源及接地子菜单

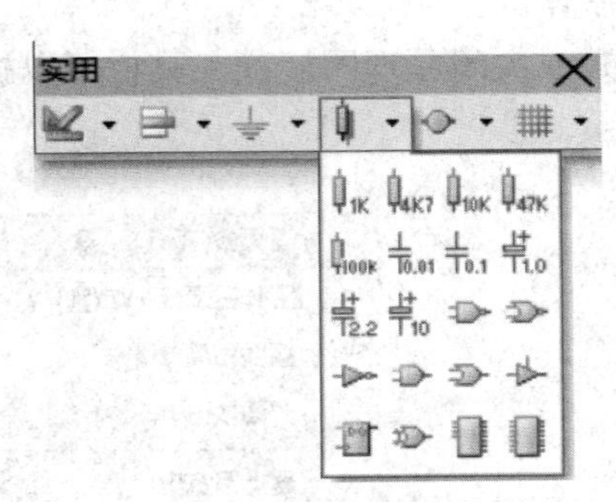

图 2-15　常用元件子菜单

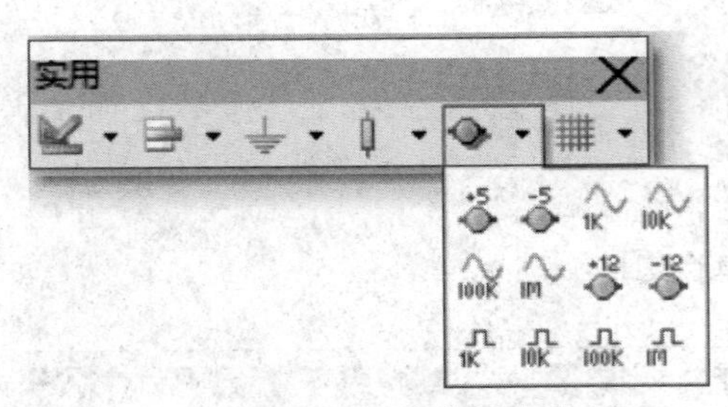

图 2-16　信号仿真子菜单

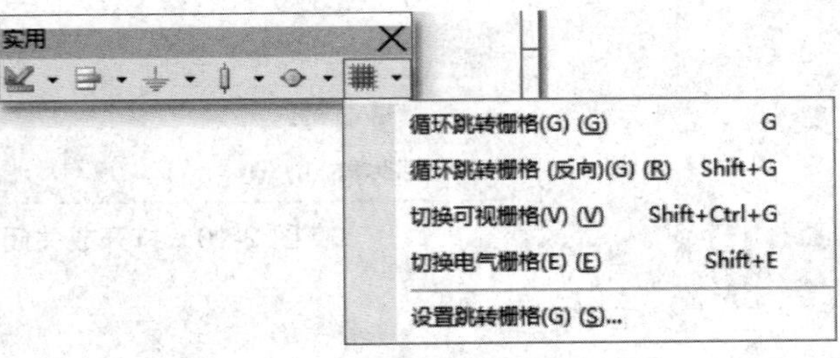

图 2-17　栅格设置子菜单

4. 混合仿真工具栏

打开或关闭混合仿真工具栏可以执行命令“察看”→“工具条”→“混合仿真”,混合仿真工具栏如图 2-18 所示。

图 2-18 混合仿真工具栏

2.3 管理器

设计原理图需要用到大量各个公司的元件,这些元件就在元件库中。原理图管理器具有管理元件库的功能。原理图管理器的另一个功能是管理原理图,即可以通过原理图管理器浏览、编辑、查找原理图中的所有对象。

在向原理图中放置元件之前,必须先将该元件所在的元件库载入内存才行。如果一次载入过多的元件库,会占用较多的系统资源,也会降低应用程序的执行效率。所以,首选的办法是只载入必要的常用的元件库,其他特殊的元件库在需要的时候再载入。一般情况下,在放置元件的时候经常需要在元件库中查找所需的元件,所以就时常需要进行元件库的操作。

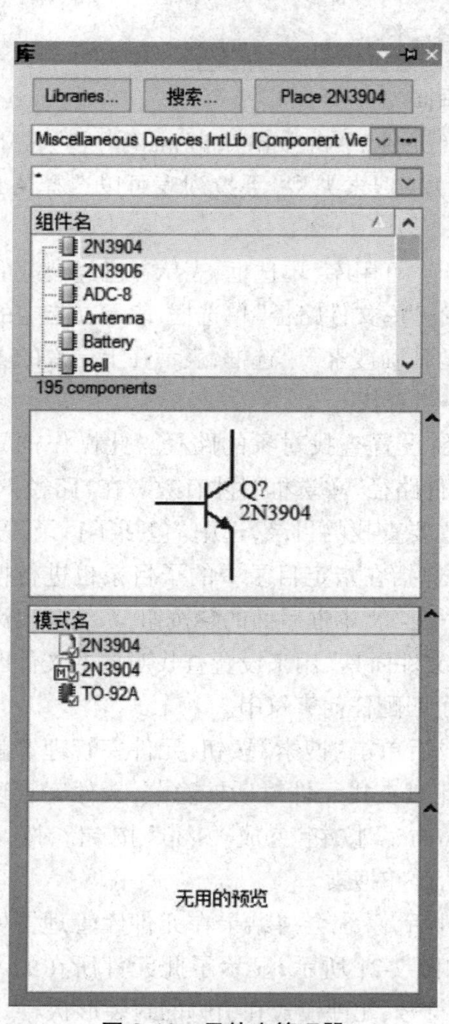

图 2-19 元件库管理器

2.3.1 元件库管理器

原理图管理器的元件库管理窗口习惯上称为元件库管理器。执行命令“设计”→“浏览库”,系统弹出如图 2-19 所示的元件库管理器。用户可以进行装载新的元件库、查找元件和放置元件等操作。

用“察看”→“工具条”→“实用”命令调出实用工具栏,其常用元件子菜单提供一些常用的元件,如图 2-15 所示。单击工具条上所要选取的元件后,图纸上即出现该元件,可在适当的位置将元件放置好。

1. 查找元件

在元件库管理器中,单击“搜索...”按钮或者执行命令“工具”→“发现器件”,系统弹出如图 2-20 所示的查找元件对话框。在此对话框中,通过设置查找对象和查找范围等选项,可以查找包含在“.IntLib”文件中的元件。

下面介绍查找元件对话框的使用方法。

(1)空白文本框:输入需要查询的元件或封装名称。例如输入 *RPot SM*,查询包含 RPot SM 字符串的元件名称。

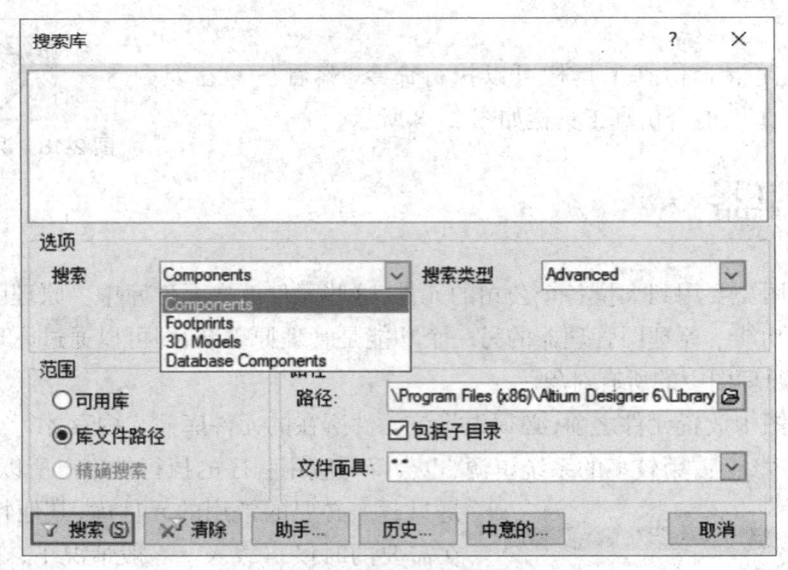

图 2-20　查找元件对话框

（2）选项："搜索"下拉列表可以选择 Components（元件）、Protel Footprints（封装）、3D Models（3D 模型）、Database Components（数据库元件）；"搜索类型"下拉列表可以选择 Advanced（高级）和 Simple（简单）。

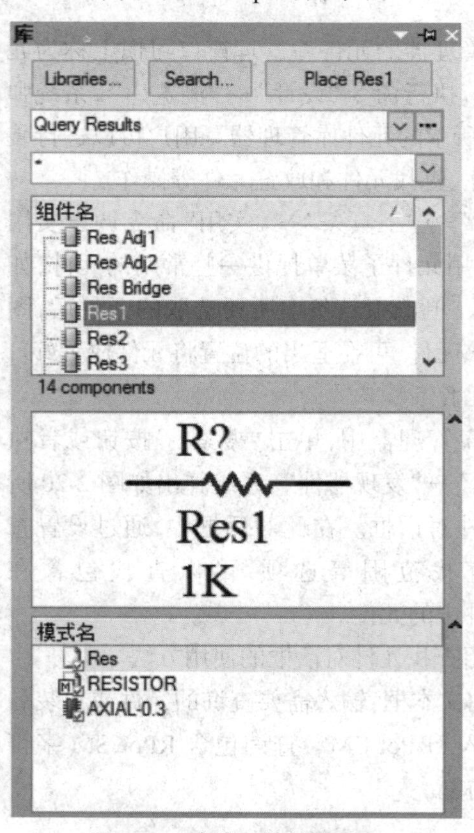

图 2-21　查找元件结果显示

（3）范围："可用库"单选框，表示在已经装载的元件库中查找；"库文件路径"单选框，表示在指定的目录中查找；"精确搜索"单选框，表示在上一次的查找结果中进一步查找。

（4）路径：设置查找对象的路径。此操作框只在选中"库文件路径"单选框时才有效。在"路径："文本框中设置要查找的目录，选中"包括子目录"复选框，表示对包括在指定目录中的子目录也进行搜索。单击"路径："文本框后面的按钮，系统弹出浏览文件夹。"文件面具"用来设置查找对象的文件匹配域，"*"表示匹配任何字符串。

设置完成后单击"搜索"按钮，元件库管理器就进行搜索。此时查找元件对话框隐藏，元件库管理器上的"Search..."按钮变成"Stop"按钮。按下"Stop"按钮可停止搜索。

找到元件后，系统会将结果在元件库管理器中显示出来，如图 2-21 所示，显示了此元件所在的元件库名、图形符号、元件模式和引脚的封装形状。

2. 放置元件

在查找到所需要的元件后，可以将此元件所在的元件库直接加载到元件库管理器中。在元件库管理器中选中需要放置的元件，单击元件库管理器右上角的“Place（所查元件名）”按钮，或者用鼠标左键双击需要放置的元件，就可以将元件放置到原理图上。

3. 加载元件库

单击元件库管理器上方的“Libraries...”按钮，或者执行命令“设计”→“添加 / 移除库”，系统弹出“可用库”对话框，如图 2-22 所示。此对话框包含 3 个选项卡。

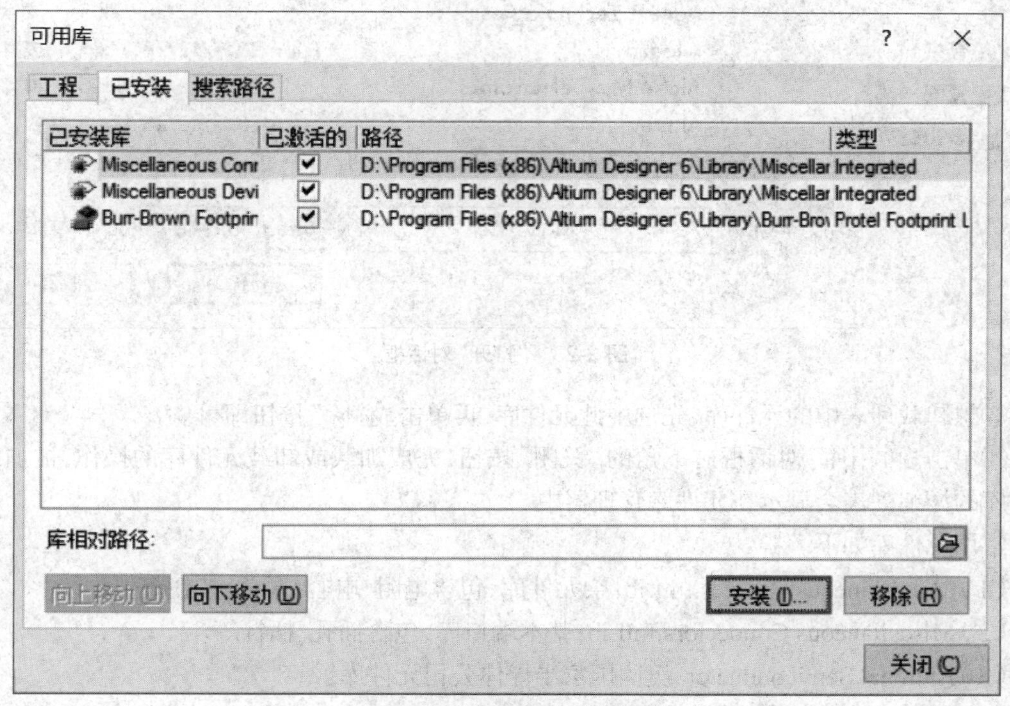

图 2-22 “可用库”对话框

（1）工程：显示当前项目的 SCH 元件库。

（2）已安装：显示已经安装的 SCH 元件库。

（3）搜索路径：显示搜索路径，如果在当前安装的元件库中没有需要的元件，可以按搜索路径进行搜索。

下面介绍加载 / 卸载元件库的操作方法。

①单击“向上移动”或“向下移动”按钮，可以将列表中选中的元件库上移或下移。

②想添加一个新的元件库，可以单击“安装”按钮，系统弹出如图 2-23 所示的“打开”对话框。用户可以选取需要加载的元件库。选好元件库后，单击“打开”按钮即完成加载元件库。

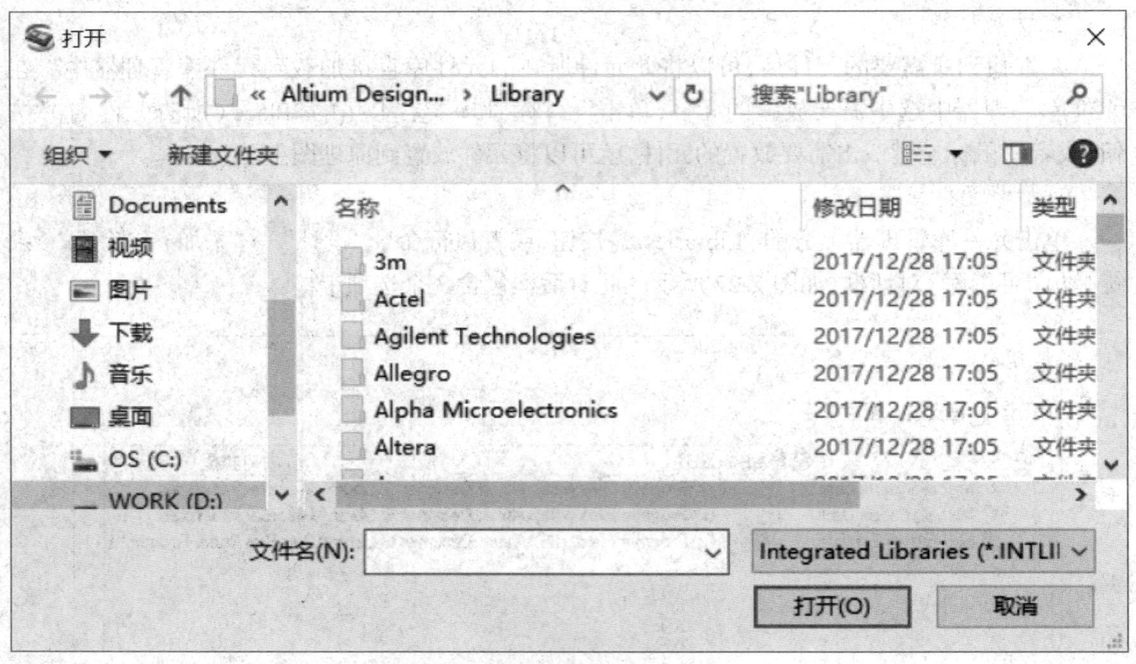

图 2-23 “打开”对话框

③想卸载列表中的元件库,先选中此元件库,再单击“移除”按钮即可。

④单击“可用库”对话框右下角的“关闭”按钮,完成加载或卸载元件库的操作,被加载的元件库的详细列表会显示在元件库管理器中。

常用元件库如下。

(1)Miscellaneous Devices.IntLib:杂元件库,包含电阻、电容、开关、按钮等。

(2)Miscellaneous Connectors.IntLib:基本端口库,包含插孔、插针等。

(3)National Semiconductor:美国国家半导体公司元件库。

(4)Texas Instruments:得克萨斯仪器公司元件库。

(5)Simulation:仿真元件库。

(6)Pld:逻辑元件库。

2.3.2 文件工作区管理器

除了使用“文件”菜单命令执行新建或者打开文件的操作外,还可以直接使用文件工作区面板中的相关命令。可以执行命令“察看”→“工作区面板”→“System”→“Files”显示文件工作区面板,如图 2-24 所示。

文件工作区面板包括打开文档、打开工程、新建、从已有文件新建、从模板新建等操作。

要显示其他工作面板,也可以从菜单命令“察看”→“工作区面板”→“System”中选择。

2.3.3　导航管理器

Altium Designer 6.9 的导航管理器（“Navigator”）面板如图 2-25 所示。导航管理器面板中显示了元件编译的各种信息。如元件每个引脚的网络信息、元件的参数信息等。下面介绍导航管理器的使用方法。

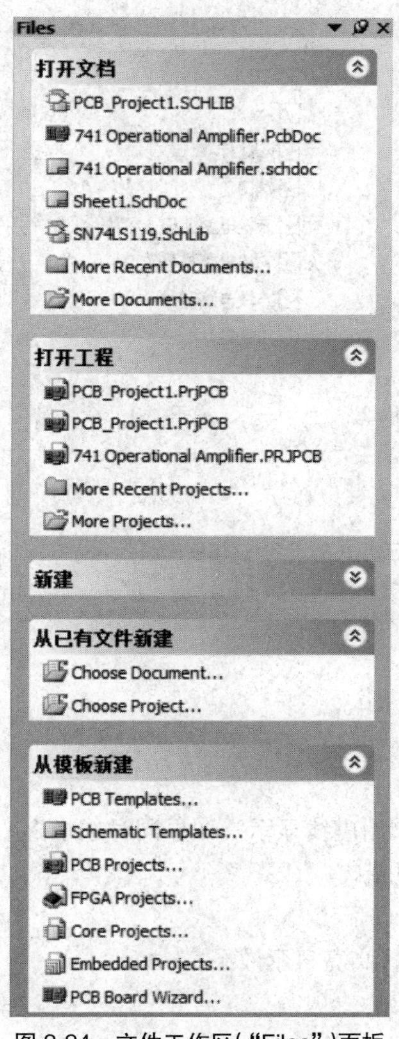

图 2-24　文件工作区（“Files”）面板

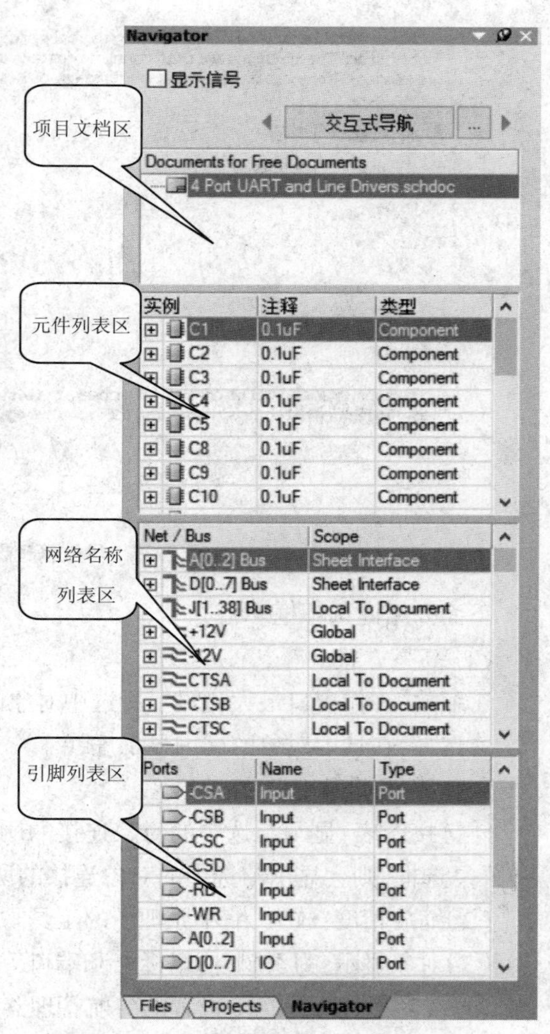

图 2-25　导航管理器（“Navigator”）面板

进入导航管理器前首先应该打开一个原理图文件，可以使用“察看”→“工作区面板”→“System”→“Navigator”命令切换到导航管理器面板。

使用“工程”→“Compile Document ＋当前原理图的文件名”命令对当前的原理图进行编译后，导航管理器面板中出现当前原理图中元件的各种信息。单击“交互式导航”按钮，鼠标光标变成十字形状，用鼠标左键单击原理图上的元件或者在元件的信息栏中选中某个元件，可以显示此元件的连接的所有网络信息。

设置导航管理器面板的显示方式,单击“交互式导航”右边的“...”符号,弹出选项框,如图 2-26 所示。

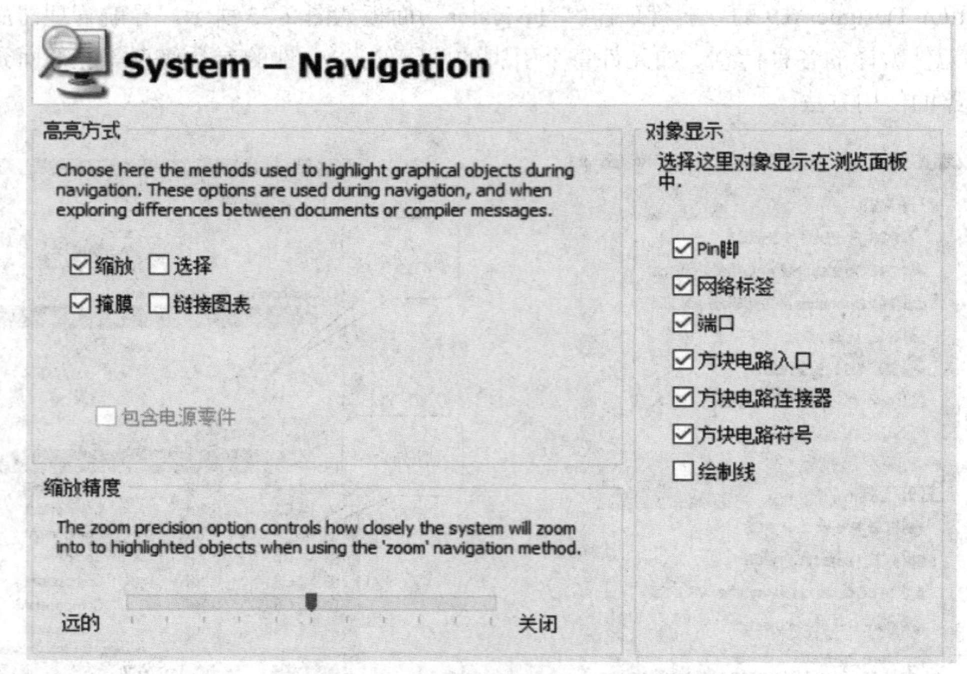

图 2-26 导航管理器面板显示方式的设置

下面介绍此选项框。

(1)高亮方式。

①缩放:工作窗口最大化显示所选中对象的所有网络。

②选择:在选中对象的周围显示虚线。

③掩膜:屏蔽未选中的对象。

④链接图表:显示与选中的对象连接的所有元件,用虚线显示。如果同时选中“包含电源零件”复选框,则会显示与选中的对象连接的所有电源端口。

(2)缩放精度:放大、缩小原理图的工具。

(3)对象显示:为引脚、网络标号和端口等对象设置高亮显示效果。

图 2-27 为按照图 2-26 设置的导航管理器显示实例。

页面右下角有几个菜单选项,如图 2-28 所示。

各菜单选项简介如下。

① System:用于系统工作面板的打开与隐藏。

② Design Compiler:用于设计编辑器相关面板的打开与关闭。

③ SCH:用于原理图相关面板的打开与隐藏。

④ Help:用于帮助面板的打开与关闭。

⑤ Instruments:用于设备架面板的打开与关闭。

⑥ OpenBus 调色板:用于打开 OpenBus 调色板窗口。

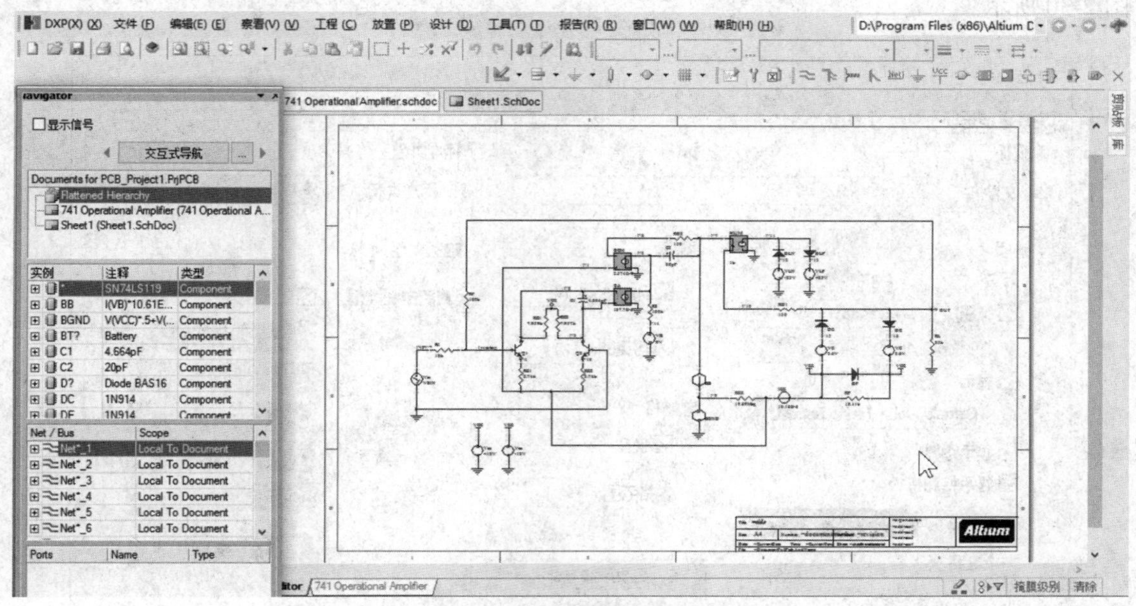

图 2-27　设置后的导航管理器显示实例

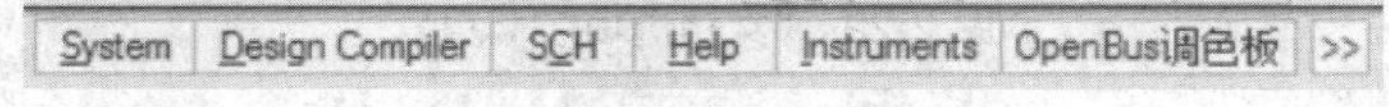

图 2-28　页面右下角的菜单选项

2.4　设计环境设置

原理图设计环境设置主要指图纸和光标设置。绘制原理图首先要设置图纸,如设置图纸大小、标题栏、设计文件信息等,确定图纸文件的有关参数。图纸上的光标给放置元件、连接线路带来很多方便。

2.4.1　图纸大小设置

设置图纸大小的步骤如下。

1)打开图纸设置对话框

(1)在 SCH 电路原理图编辑界面下,执行菜单命令“设计”→“文档选项”,弹出“文档选项”对话框,如图 2-29 所示。

(2)在当前原理图上单击鼠标右键,弹出右键快捷菜单,从弹出的右键菜单中选择“选项”→“文档选项”选项,同样可以弹出如图 2-29 所示的对话框。

2)设置图纸大小

如用户要将图纸更改为标准 A4 图纸。将光标移动到“方块电路选项”对话框中的“标准类型”位置,用鼠标单击下拉按钮激活该项,再用光标选中 A4 选项,单击“确定”按钮确认,如图 2-30 所示。

文档选项 ? ×
方块电路选项 参数 单位
模板
文件名
标准类型
标准类型 A4
选项
方位 Landscape
□标题块 Standard
方块电路数量空间 4
☑显示零参数
Default: Alpha Top to Bottom,
☑显示边界
☑显示绘制模板
边界颜色
方块电路颜色
栅格
☑Snap 10
☑可见的 10
电栅格
☑使能
栅格范围 4
更改系统字体
定制类型
使用定制类型 □
定制宽度 1000
定制高度 800
X区域计数 0
Y区域计数 0
刃带宽 0
从标准更新
确定 取消

图 2-29 “文档选项”对话框

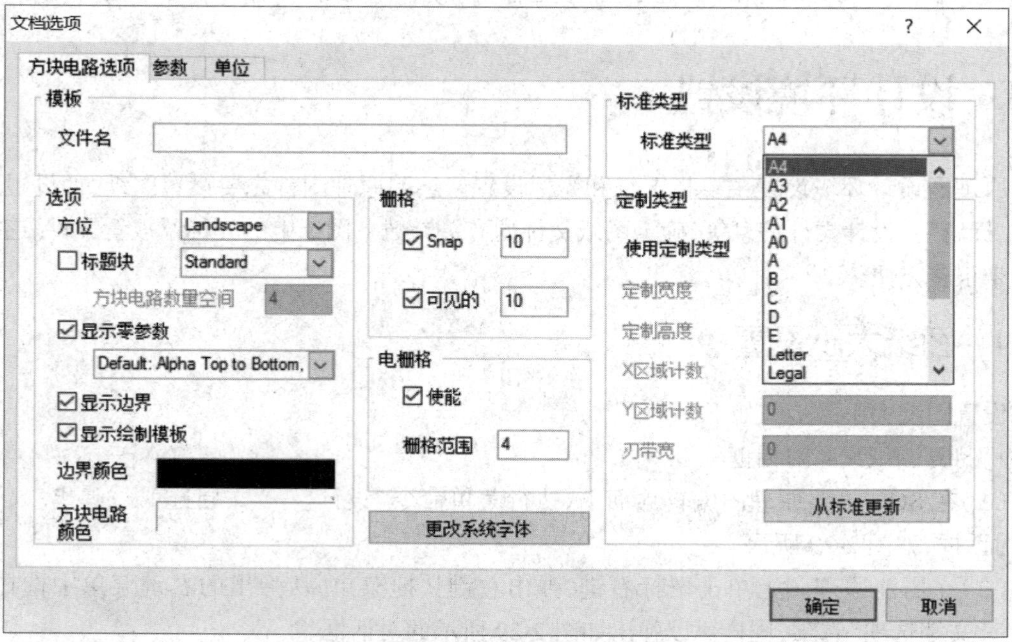

文档选项 ? ×
方块电路选项 参数 单位
模板
文件名
标准类型
标准类型 A4
A4
A3
A2
A1
A0
A
B
C
D
E
Letter
Legal
选项
方位 Landscape
□标题块 Standard
方块电路数量空间 4
☑显示零参数
Default: Alpha Top to Bottom,
☑显示边界
☑显示绘制模板
边界颜色
方块电路颜色
栅格
☑Snap 10
☑可见的 10
电栅格
☑使能
栅格范围 4
更改系统字体
定制类型
使用定制类型
定制宽度
定制高度
X区域计数
Y区域计数 0
刃带宽 0
从标准更新
确定 取消

图 2-30 设置标准图纸样式

Altium Designer 6.9 提供的图纸样式有以下几种。

(1)美制:A0、A1、A2、A3、A4,其中 A4 最小。

(2)英制:A、B、C、D、E,其中 A 最小。

(3)其他:Letter、Legal、Tabloid、OrCAD A~E 等。

2.4.2 自定义图纸设置

如果图 2-30 中的图纸设置不能满足设计要求,可以自定义图纸大小。选中“方块电路选项”→“使用定制类型”复选框,即可在下方区域完成自拟类型设定,如果没有选中“使用定制类型”项,则下属设置选项灰化,不能进行设置。

“使用定制类型”区域的选项如下。

(1)定制宽度:自定义图纸宽度,单位为 0.01 inch。

(2)定制高度:自定义图纸高度,单位为 0.01 inch。

(3)X 区域计数:*X* 轴参考坐标分格。

(4)Y 区域计数:*Y* 轴参考坐标分格。

(5)刃带宽:边框宽度。

2.4.3 图纸方向、标题栏、颜色和字体参数的设置

在图 2-29 中“选项”区域的“方位”下拉列表中选取图纸的方向:Landscape(横向)、Portrait(纵向)。

Altium Designer 6.9 提供了两种预先定义好的标题栏。选中“选项”区域中的“标题块”复选框,可以在其右边的下拉列表框中选取 Standard(标准)或 ANSI 形式。

“显示零参数”复选框用来设置边框的参考坐标。选中此复选框则显示参考坐标,否则不显示。一般情况下选中此复选框。

“显示边界”复选框用来设置是否显示图纸边框,选中显示,否则不显示。在想使图纸有最大的可用工作区时,可以考虑将边框隐藏。

“显示绘制模板”复选框主要用来设置是否显示画在样板内的图形、文字以及专用字符串等。通常,为了显示自定义的标题或公司商标等才选中此复选框。

“边界颜色”用来设置图纸边框的颜色,默认为黑色。在右边的颜色框中用鼠标左键单击,系统弹出选择颜色对话框,可以更改边框的颜色。

“方块电路颜色”用来设置图纸的底色,默认为浅黄色。在右边的颜色框中用鼠标左键单击,系统弹出选择颜色对话框,可以更改图纸的底色。

2.4.4 格点和光标的设置

1. 格点形状和颜色的设置

Altium Designer 6.9 提供了两种形状的格点,即 Line(线状格点)和 Dot(点状格点),分别如图 2-31 和图 2-32 所示。

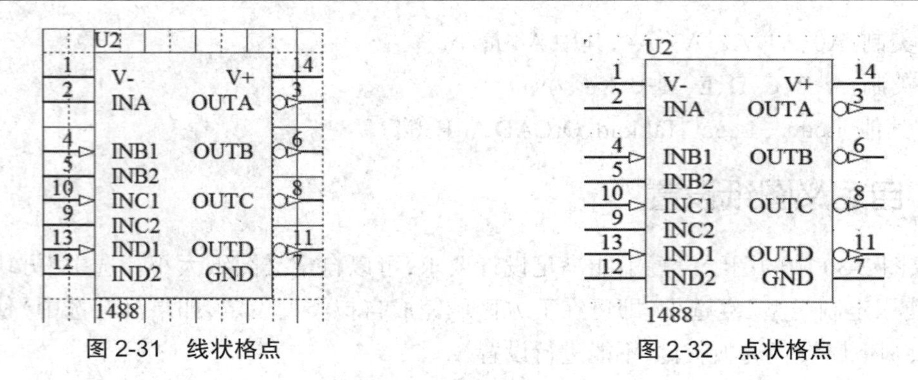

图 2-31 线状格点

图 2-32 点状格点

设置线状格点和点状格点的具体步骤如下。

(1)在 SCH 原理图图纸上单击鼠标右键,在弹出的快捷菜单中选择“选项”→“栅格”选项,弹出如图 2-33 所示的“参数选择”对话框,或者执行菜单命令“工具”→“设置原理图参数”也可以弹出此对话框,然后选择“Grids”选项。

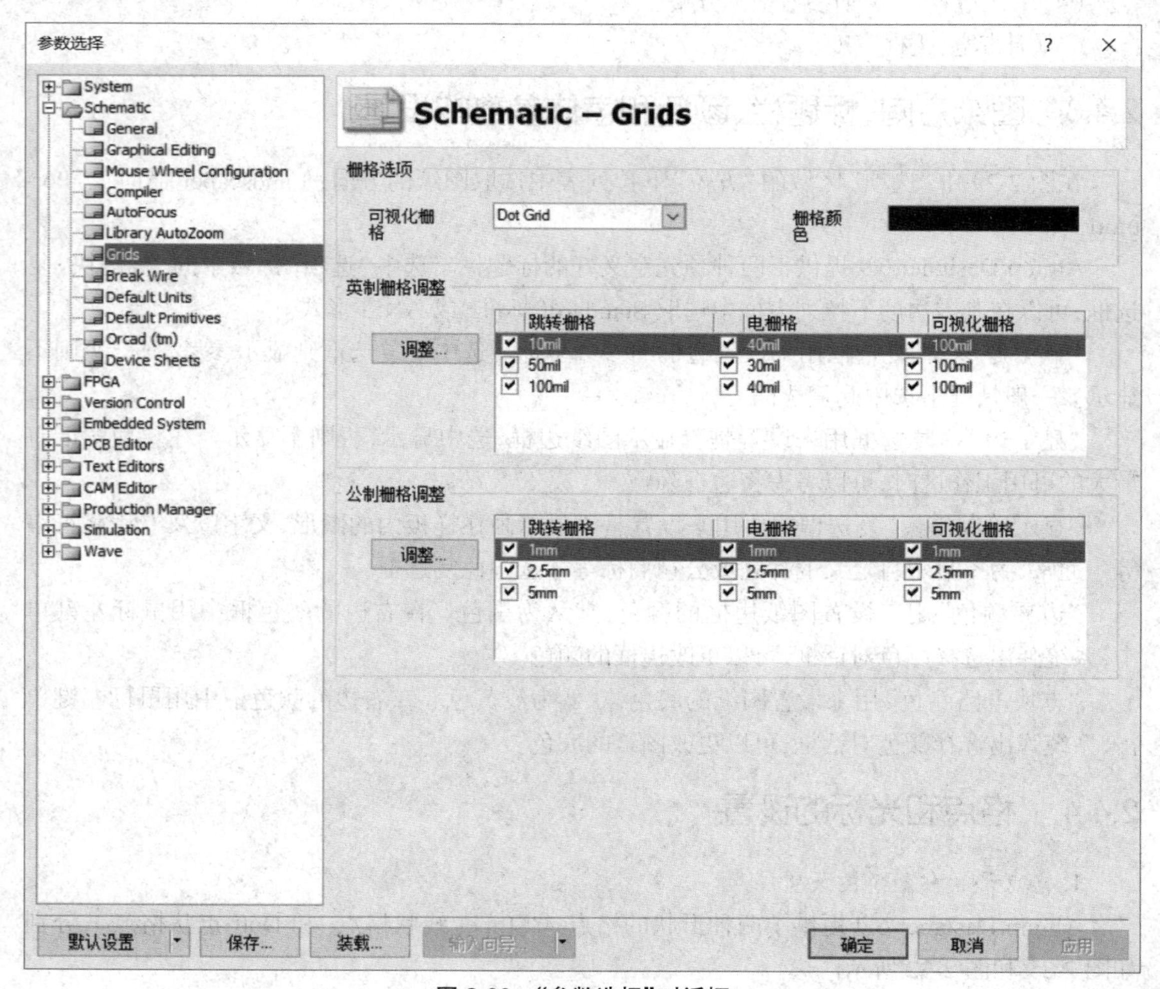

图 2-33 “参数选择”对话框

(2)在“栅格选项”区域的“可视化栅格”下拉列表中有两个选项,分别为 Line Grid 和 Dot Grid 。如选择 Line Grid 选项,则在原理图图纸上显示线状格点;如选择 Dot Grid 选项,则在原理图图纸上显示点状格点。

(3)如果想改变网格的颜色,单击“栅格颜色”选项后面的颜色块,会弹出“选择颜色”对话框,用户可以在其中设置颜色。注意:网格的颜色不要设置得太深,否则可能会影响后面的绘图,一般情况下采用默认的颜色设置即可。

2. 使用图纸属性设置对话框进行格点设置

在“文档选项”对话框(图 2-29)的“方块电路选项”选项卡中,有“栅格”区域和“电栅格”区域。

(1)“栅格”区域,包括“Snap”和“可见的”两个属性设置。如果用户需要设置网格是否可见,可以在本区域对“Snap”和“可见的”两个复选框进行操作。

① Snap:用于设置光标移动时的单位。选中此项表示光标移动时以“Snap”右边设置的值为基本单位移动,系统的默认设置是 10 mil。例如移动原理图上的元件时,元件的移动以 10 个像素点为单位。未选中此项,则元件的移动以 1 个像素点为单位,一般采用默认设置便于在原理图中对齐元件。

②可见的:用于设置格点是否可见。在右边的设置框中键入数值可改变图纸格点间的距离。默认设置为 10 mil,表示格点间的距离为 10 个像素点。不选此项图纸上不显示网格。

(2)“电栅格”区域 。本区域设有“使能”复选框和“栅格范围”文本框,用于设置电气节点。如果选中“使能”复选框,在绘制导线时系统会以“栅格范围”文本框中设置的数值为半径,以光标所在位置为中心,向周围搜索电气节点,如果在搜索范围内有电气节点,光标会自动移到该节点上。如果未选中“使能”复选框,则不能自动搜索电气节点。

! **注意:**电气节点是具有电气意义的连接点。

2.4.5 图纸属性的其他设置

1.“参数”选项卡的设置

在“文档选项”对话框中单击“参数”标签,即打开“参数”选项卡,如图 2-34 所示。

“参数”选项卡提供的信息主要有设计公司的名称、地址,图样的编号,图样的总数,文件的名称和日期等。

2.“参数”选项卡

“参数”选项卡如下。

(1)Address1:第一栏图纸的设计者或公司的地址。

(2)Address2:第二栏图纸的设计者或公司的地址。

(3)Address3:第三栏图纸的设计者或公司的地址。

(4)Address4:第四栏图纸的设计者或公司的地址。

(5)ApprovedBy:审核单位名称。

（6）Author：作者。

（7）DocumentNumber：文件号。

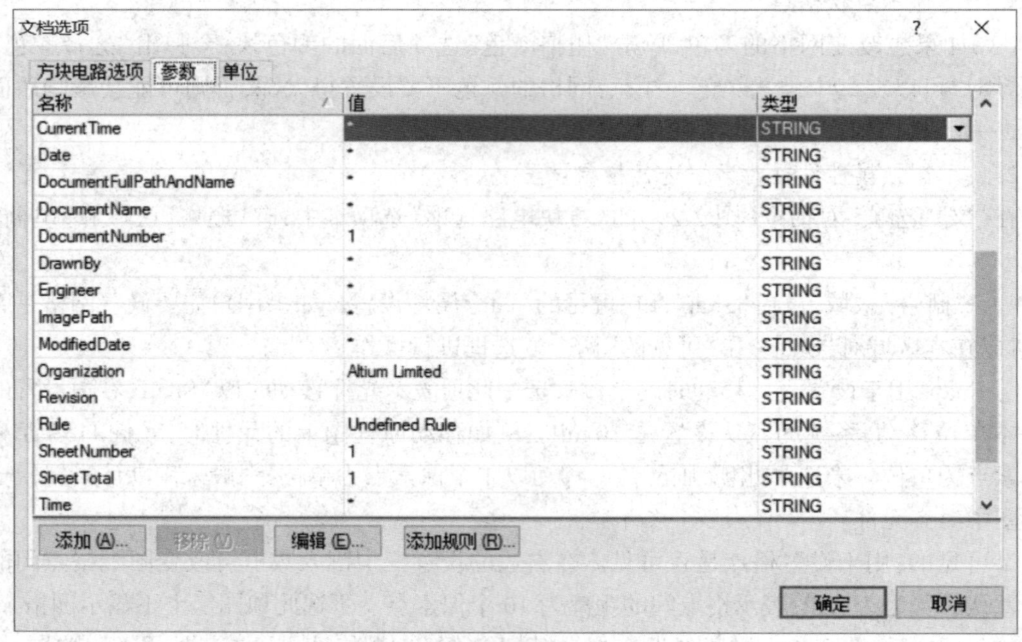

图 2-34 “参数”选项卡

2.5 Altium Designer 6.9 系统参数设置

在 Altium Designer 6.9 原理图图纸上单击鼠标右键，在弹出的快捷菜单中选择“选项”→“设置原理图参数”，或者使用菜单命令“工具”→“设置原理图参数”，系统弹出如图 2-35 所示的“参数选择”对话框。

Schematic 参数设置主要包括 General、Graphical Editing、Compiler、AutoFocus、Grids、Break Wire、Default Units、Default Primitives、Orcad（tm）等选项卡。

2.5.1 “General”选项卡设置

1.“选项”区域设置

“选项”区域主要用来设置连接导线时的一些功能，分别介绍如下。

（1）“直角拖拽”复选框：选中此复选框，拖动元件（“Edit”→“Move”→“Drag”）时被拖动的导线与元件保持直角关系；不选定，则被拖动的导线与元件不再保持直角关系。

（2）“Optimize Wires Buses”（导线和总线最优化）复选框：选中此复选框，可以防止不必要的导线、总线覆盖在其他导线或总线上，若有覆盖，系统会自动移除。

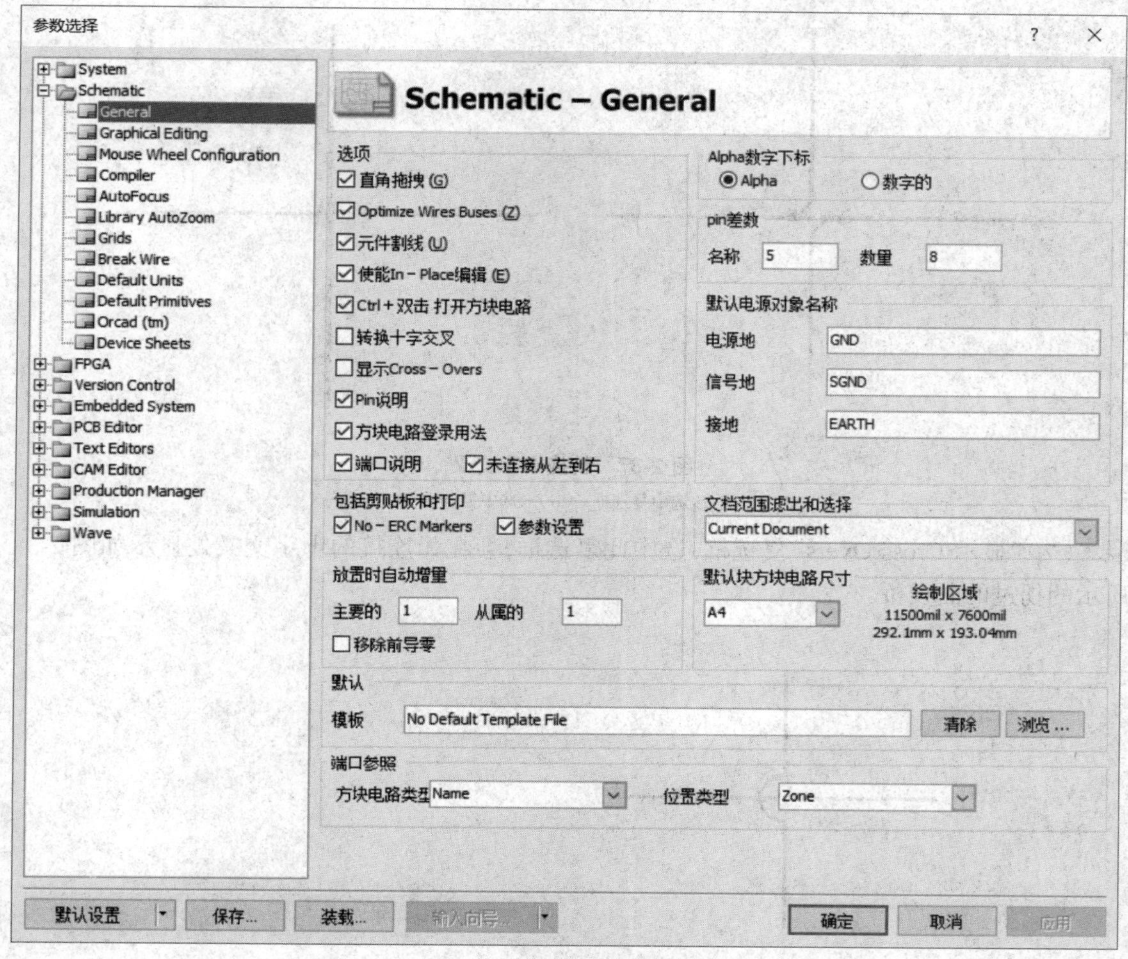

图 2-35 “参数选择”对话框

（3）“元件割线”复选框：选中此复选框，在将一个元件放置在一条导线上时，如果该元件有两个引脚在导线上，则该导线被元件的两个引脚分成两段，并分别连接在两个引脚上，如图 2-36 所示。

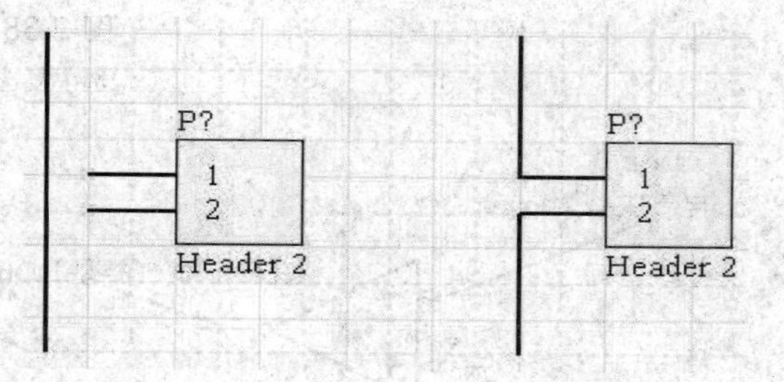

图 2-36 选中“元件割线”复选框

（4）“使能 In-Place 编辑”复选框：选中此复选框，当光标指向已放置的元件标识、文本、网络名称等文本文件时，单击鼠标可以直接在原理图上修改文本内容；若未选中该选项，则须进入元件属性设置对话框修改相应内容。

（5）“CTRL+ 双击 打开方块电路”复选框：选中此复选框，用鼠标左键双击原理图中的符号（包含元件和子图），会选中元件或打开对应的子原理图，或者弹出属性对话框。

（6）“转换十字交叉”复选框：选中此复选框，当用户在 T 字连接处增加一条导线形成 4 个方向的连接时，会产生 2 个相邻的 3 向连接；如果没选，则会形成 2 条交叉的导线，而且没有电气连接，如图 2-37 所示。

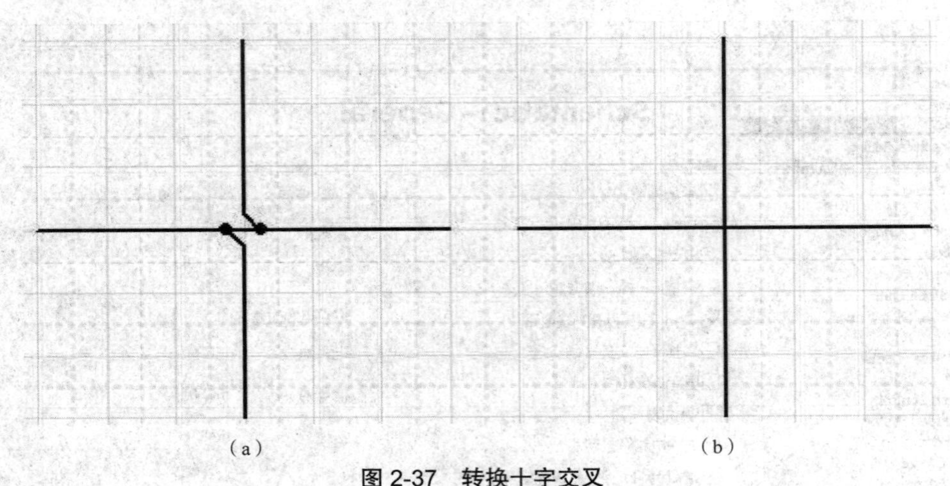

（a） （b）

图 2-37 转换十字交叉

（a）选中复选框 （b）未选中复选框

（7）“显示 Cross-Overs”复选框：选中此复选框，会在无连接的十字交叉处显示如图 2-38 所示的拐过的曲线桥。

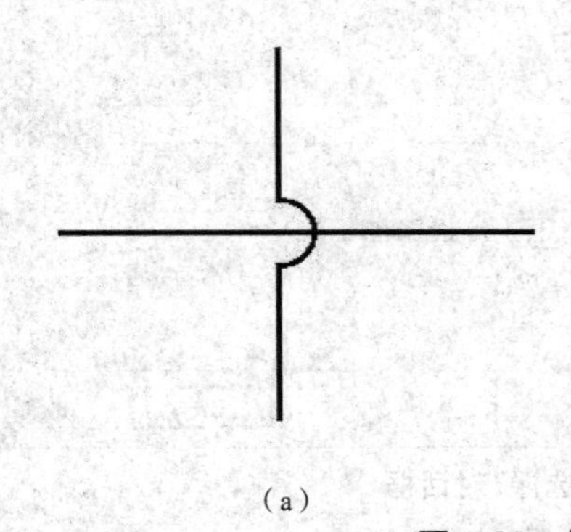

（a） （b）

图 2-38 拐过的曲线桥

（a）选中复选框 （b）未选中复选框

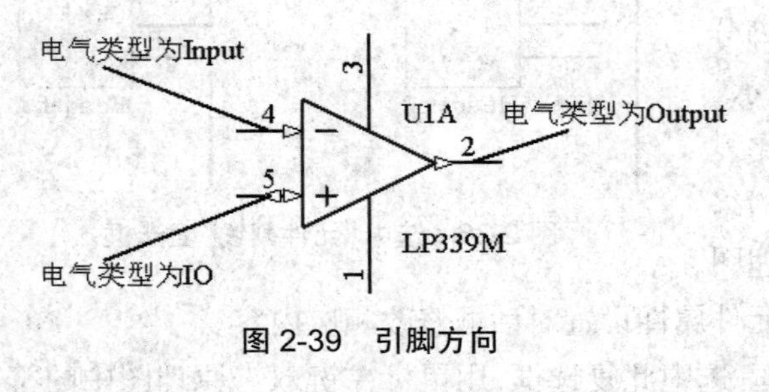

图 2-39 引脚方向

（8）“Pin 说明”复选框：选中此复选框，根据引脚的电气类型（Input、Output、IO），会在原理图中显示元件引脚的方向，引脚方向用一个三角符号表示，如图 2-39 所示。

（9）“方块电路登录用法”复选框：选中此复选框，层次原理图中入口的方向会显示出来；不选则只显示入口的基本形状。

（10）“端口说明”复选框：选中此复选框，端口属性对话框中“样式”的设置被 I/O 类型选项所覆盖。

（11）“未连接从左到右”复选框：此复选框只有在选中“端口说明”复选框后才有效。选中此复选框，原理图中未连接的端口将显示为由左到右的方向。

2."Alpha 数字下标"区域设置

该区域用于设置多组件的元件标设后缀的类型。有些元件是由多个子元件组成的,例如74 系列器件,SN7404N 就是由 6 路非门组成的。通过"Alpha 数字下标"区域就能够设置元件的后缀。

(1)"Alpha"单选框:选择"Alpha"单选框则后缀以字母表示,如 A、B 等。

(2)"数字的"单选框:选择"数字的"单选框则后缀以数字表示,如 1、2 等。

以元件 SN7404N 为例,放置元件时,原理图图纸上就会出现一个非门,如图 2-40 所示,而不是实际所见的双列直插器件。

在放置元件 SN7404N 时设置元件属性对话框,假定设置元件标识为 U1,由于 SN7404N 是 6 路非门,在原理图上可以连续放置 6 路非门,如图 2-41 所示。此时可以看到组件的后缀依次为 U1A、U1B 等,按字母顺序递增。

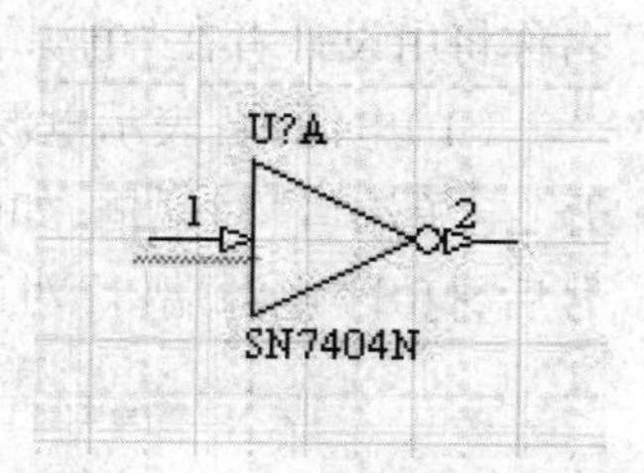

图 2-40　SN7404N 原理图

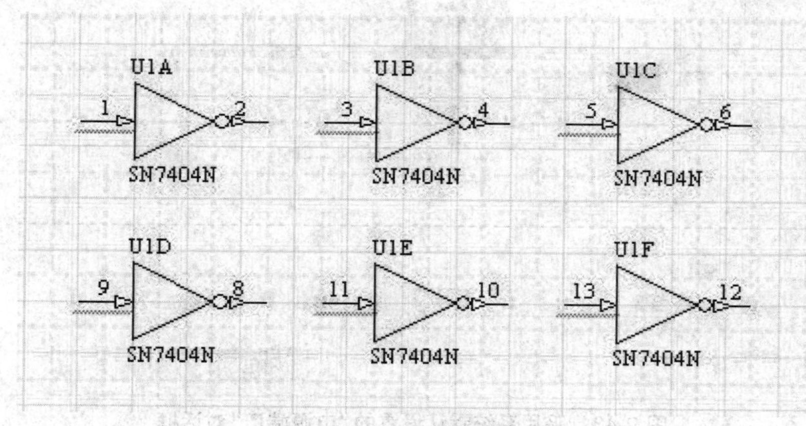

图 2-41　以字母显示后缀

在选择"数字的"单选框的情况下,放置 SN7404N 的 6 路非门后的原理图如图 2-42 所示,可以看到组件后缀的区别。

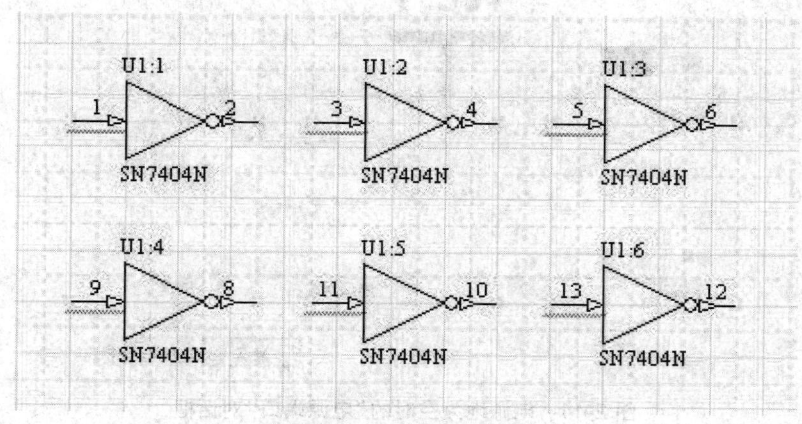

图 2-42　以数字显示后缀

3.“pin 差数”区域设置

此区域可以设置引脚名称和号与元件边界(元件主图形)的距离。

(1)名称:在此文本框中输入数值,设置引脚名称与元件边界的距离。

(2)数量:在此文本框中输入数值,设置引脚号与元件边界的距离。

4.“默认电源对象名称”区域设置

该区域用于设置电源端子的默认网络名称,如果该区域中的输入框为空,电源端子的网络名称将由设计者在“电源端口”对话框中设置,具体设置如下。

(1)电源地:表示电源地。系统默认设置为 GND,在原理图上放置电源和接地符号后,打开“电源端口”对话框,如图 2-43 所示。如果输入框为空,那么在原理图上放置电源和接地符号后,打开“电源端口”对话框,如图 2-44 所示。注意“网络”栏的名称区别。

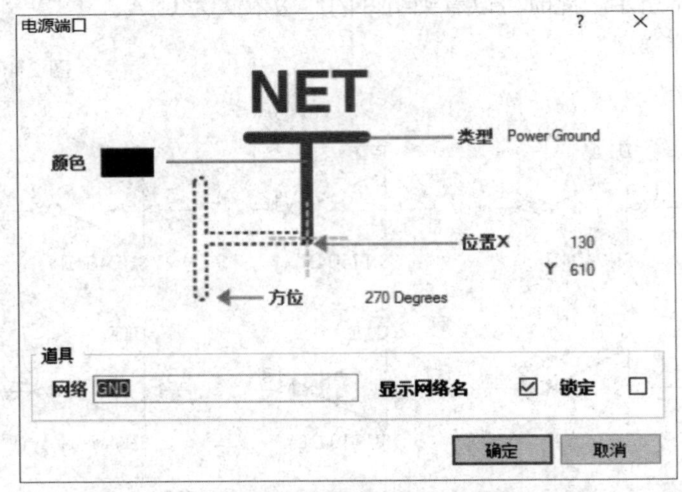

图 2-43 采用系统默认设置的“电源端口”对话框

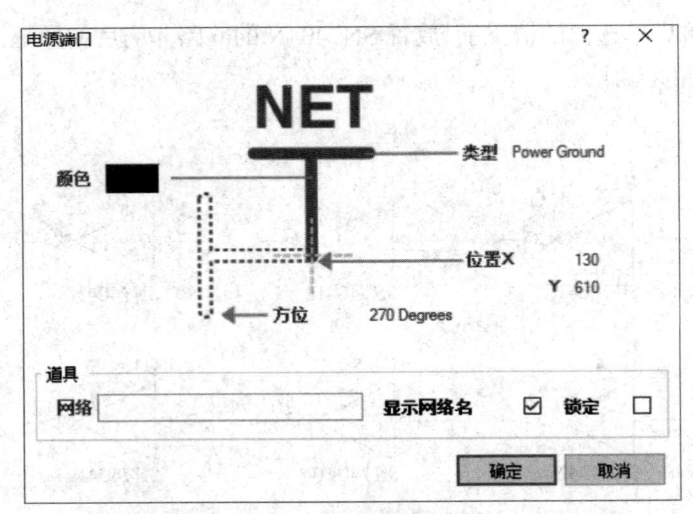

图 2-44 电源地为空时的“电源端口”对话框

(2)信号地:系统默认设置为 SGND。

(3)接地:系统默认设置为 EARTH。

5."包括剪贴板和打印"区域设置

该区域主要用于设置使用剪贴板或打印时的参数。

(1)"No-ERC Markers"复选框:选中此复选框,使用剪贴板进行复制操作或打印时,对象的 No-ERC 标记将随对象被复制或打印;否则,复制和打印对象时,将不包括 No-ERC 标记。

(2)"参数设置"复选框:选中此复选框,使用剪贴板进行复制操作或打印时,对象的参数设置将随对象被复制或打印;否则,复制和打印对象时,将不包括参数设置。

6."文档范围滤出和选择"区域设置

该区域用于设定给定选项的适用范围,可以只应用于 Current Document(当前文档)或应用于所有 Open Documents(打开的文档)。

7."放置时自动增量"区域设置

此区域用来设置放置元件时,元件流水编号或元件引脚号的自动增量的大小。

(1)主要的:设置此选项的数值,放置元件时(使用元件库"库"面板上的"Place..."按钮或用鼠标左键双击元件库"库"面板选中的元件),元件流水编号会按设定的值自动增加。

(2)从属的:此选项在编辑元件库时有效。设置此选项的值,在编辑元件库时,元件引脚号会按照设定的值自动增加。

8."默认块方块电路尺寸"区域设置

此区域用来设置默认的空白原理图图纸的大小,用户在其下拉列表中选择。在下次新建原理图文件时,系统就会选取默认的图纸大小。

9."默认模板"区域设置

该区域用于设置默认的模板。当一个模板被设置为默认模板后,每创建一个新文件时,系统都自动套用该模板,适用于固定使用某个模板的情况。

2.5.2 "Graphical Editing"选项卡设置

图形编辑环境可以通过"Graphical Editing"(图形编辑)选项卡来设置。在"参数选择"对话框中单击"Graphical Editing"标签,将弹出"Graphical Editing"选项卡,如图 2-45 所示。

1."选项"区域设置

该区域主要包括如下设置。

(1)"剪切板参数"复选框:用于设置将选取的元件复制或剪切到剪切板时,是否指定参考点。如果选定此复选框,进行复制或剪切操作时,系统会要求指定参考点,这对复制一个将要粘贴回原来位置的部分非常重要,该参考点是粘贴时被保留部分的点,建议选定此项。

(2)"添加模板到 Clipboard"复选框:选定此复选框,当执行复制或剪切操作时,系统会把模板文件添加到剪贴板上;当取消选定此复选框时,可以直接将原理图复制到 Word 文档中,而不会出现原理图的背景。系统默认该复选框为选中状态,建议用户取消选定此复选框。

(3)"转化特殊串"复选框:用于设置将特殊字符串转化成相应的内容,选中此复选框时,在电路图中将显示特殊字符串的内容。

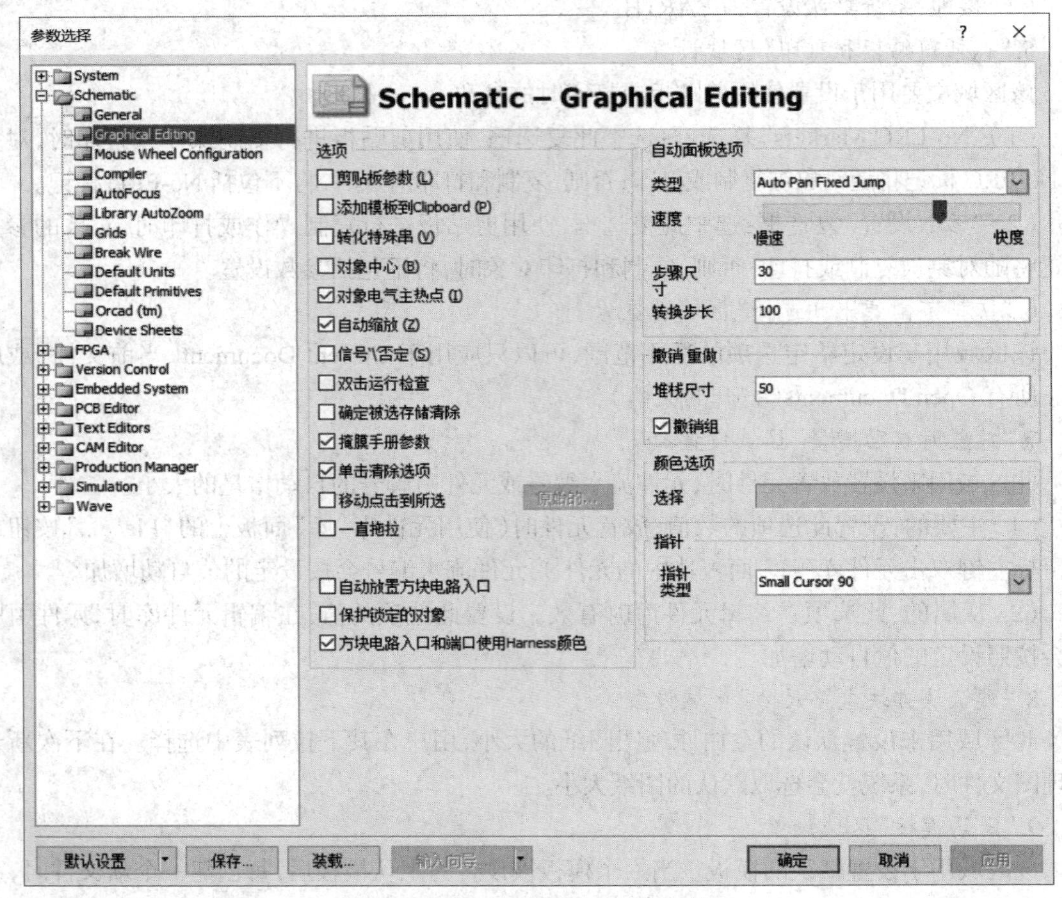

图 2-45 “Graphical Editing”选项卡

（4）“对象中心”复选框：此复选框的功能是设定移动元件时，光标捕捉的是参考点还是对象中心。要想实现该选项的功能，必须取消下面“对象电气主热点”复选框的选定。选定此复选框，可以使对象通过参考点或对象中心移动或拖动。

（5）“对象电气主热点”复选框：选中此复选框，将可以通过距对象最近的电气点移动或拖动对象。建议用户选定此复选框。

（6）“自动缩放”复选框：用于设置插入元件时，原理图是否可以自动调整视图显示比例，以适合显示该元件。

（7）“信号‘\’否定”复选框：选中此复选框，可以用‘\’表示某字符为非或负。

（8）“双击运行检查”复选框：选中此复选框，当在原理图上用鼠标左键双击一个对象元件时，不是弹出“组件道具”对话框，而是会激活“SCH Inspector”（检查器）对话框。建议用户不选定此复选框。

（9）“确定被选存储清除”复选框：选中此复选框，选择集存储空间可以用于保存一组对象的选择状态。为防止选择集存储空间被覆盖，应该选定此复选框。

（10）“掩膜手册参数”复选框：当用一个点来显示参数时，这个点表示自动定位已经被关闭，并且这些参数已被转移或旋转。选中此复选框，则显示这种点。

（11）“单击清除选项”复选框：该选项用于设置单击原理图编辑窗口内的任意位置来取消对象的被选中状态。不选此项时，取消元件的被选中状态，需要执行菜单命令“Edit”→“Deselect”或者单击工具栏中的图标。选定此复选框时，取消元件的被选中状态有两种方法：其一，直接在原理图编辑窗口的任意位置单击鼠标左键，就可以取消元件的被选中状态；其二，执行菜单命令“编辑”→“取消选中”或者单击工具栏中的图标来取消元件的被选中状态。

（12）“移动点击到所选”复选框：选中此复选框后，必须使用【Shift】键，同时使用鼠标才能够选中对象。

（13）“一直拖拉”复选框：一直拖动元件。

2.“自动面板选项”区域设置

该区域用于设置系统的自动摇景功能。自动摇景是当鼠标处于原理图界面时，如果将光标移动到编辑区边界上，图纸边界自动向窗口中心移动，主要包括如下设置。

（1）类型：单击该选项右边的下拉按钮，弹出如图 2-46 所示的下拉列表，其各项功能如下。

图 2-46 类型下拉列表

① Auto Pan Off：取消自动摇景功能。

②Auto Pan Fixed Jump：以“步骤尺寸”和“转换步长”所设置的值自动移动。

③Auto Pan ReCenter：重新定位编辑区的中心位置，即以光标所指的边为新的编辑区中心。

（2）速度：用调节滑块设定自动移动速度。

（3）步骤尺寸：用于设置滑块每一步移动的距离值。

（4）转换步长：用于设置加速状态下滑块移动的距离值。

3.“撤销 重做”区域设置

（1）堆栈尺寸：用于设置撤销和重做的最深堆栈次数。

（2）“撤销组”复选框：选中此复选框，用户可以对一些组操作进行撤销。

4.“颜色选项”区域设置

该区域用来设置所选中对象的虚线框的颜色。

选择：用于设置所选中的对象元件的高亮颜色，即在原理图上选取某个对象元件，则该对象元件被高亮显示。单击其右边的颜色属性框可以打开“选择颜色”对话框来设置所选中对象的颜色，默认为绿色。

5.“指针”区域设置

该区域用于设置光标的类型。

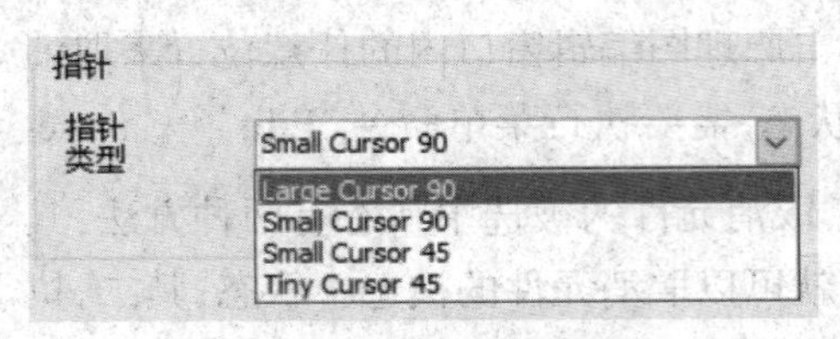

图 2-47 指针类型下拉列表

指针类型:用于设置元件和拖动元件时出现的光标类型。单击右边的下拉按钮，弹出如图 2-47 所示的下拉列表,其设置如下。

①Large Cursor 90:将光标设置为由水平线和竖直线组成的 90° 大光标。

②Small Cursor 90:将光标设置为由水平线和竖直线组成的 90° 小光标。

③Small Cursor 45:将光标设置为由 45° 相交线组成的小光标。

④Tiny Cursor 45:将光标设置为由 45° 相交线组成的微小光标。

2.5.3 “Default Units”选项卡设置

“Default Units”选项卡如图 2-48 所示。

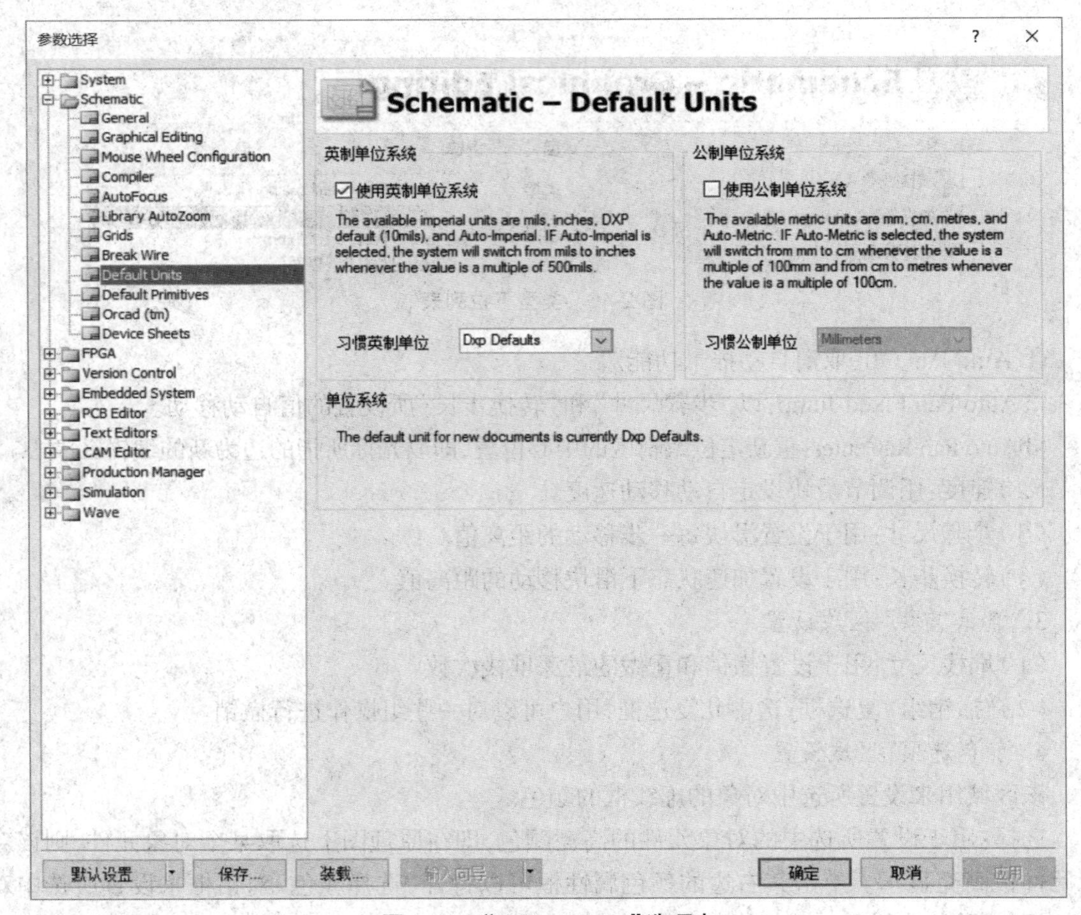

图 2-48 “Default Units”选项卡

该选项卡用于设置度量单位。用户可以在其选项中选择“使用英制单位系统”或者“使用公制单位系统”。

“习惯英制单位”的下拉菜单中分别是：mils（密耳）、inches（英寸）、Dxp Defaults（系统默认）、Auto-Imperial（使用当前默认单位，如果出错，新文件所应用的默认单位会自动切换为英制单位）。

“习惯公制单位”的下拉菜单中分别是：Millimeters（毫米）、Centimeters（厘米）、Meters（米）、Auto-Metric（使用当前默认单位，如果出错，新文件所应用的默认单位会自动切换为公制单位）。

在 Altium Designer 6.9 中可以使用英制和公制两种单位。英制单位为 inch（英寸），在 Altium Designer 中一般使用 mil，1 mil=1/1 000 inch，1 inch=25.4 mm，1 mil=0.025 4 mm，1 mm=40 mil。

2.5.4 “Default Primitives”选项卡设置

默认原始环境设置可以通过“Default Primitives”选项卡来实现。在“参数选择”对话框中单击“Default Primitives”标签，将弹出“Default Primitives”选项卡，如图 2-49 所示。

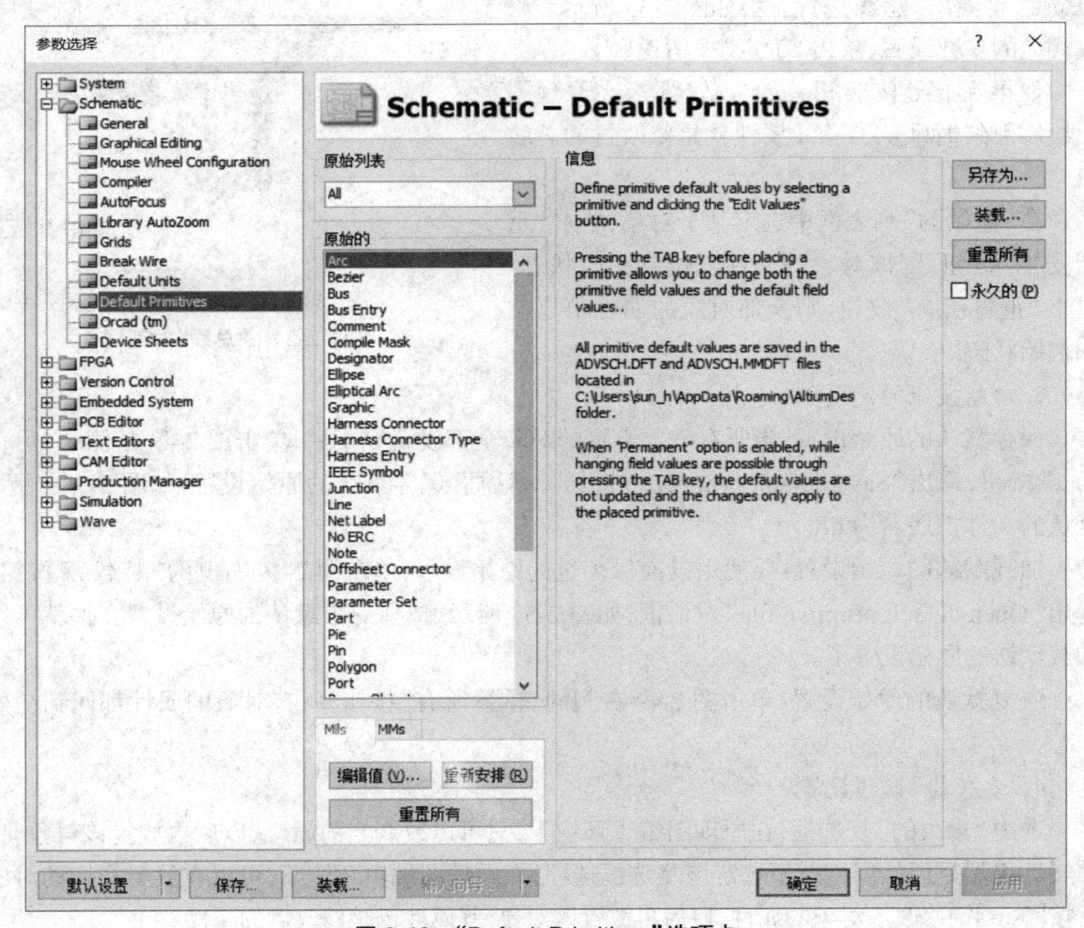

图 2-49 “Default Primitives”选项卡

1.“原始列表”区域设置

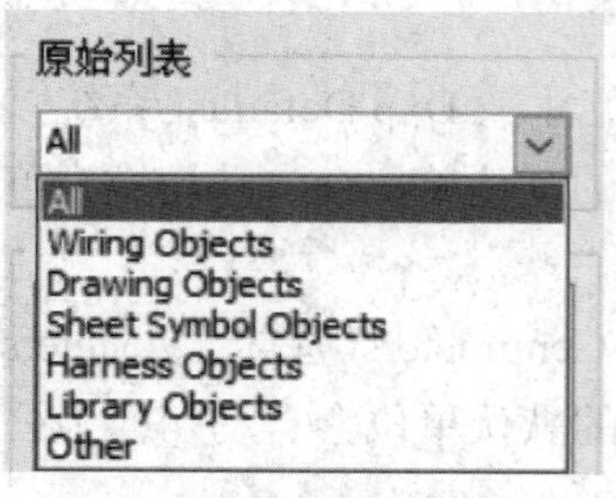

图 2-50 原始列表下拉菜单

在该区域中单击其下拉按钮,将弹出如图 2-50 所示的下拉菜单。选定下拉菜单的某一类别,该类型所包括的对象将在下面的“原始的”区域中显示。

图 2-50 中 All 指全部对象; Wiring Objects 指绘制电路原理图工具栏所放置的全部对象; Drawing Objects 指绘制非电气原理图工具栏所放置的全部对象; Sheet Symbol Objects 指绘制层次图时与子图有关的对象; Harness Objects 指与线速有关的对象;Library Objects 指与元件库有关的对象;Other 指上述类别所没有包括的对象。

2.“原始的”区域设置

可以选择此列表框中显示的对象,并对所选的对象进行属性设置或复位到初始状态。

在“原始的”列表框中选定某个对象,例如选中“Bus”,单击“编辑值...”按钮或用鼠标左键双击“Bus”,将弹出“总线”对话框,如图 2-51 所示。修改相应的参数设置,单击“确定”按钮返回。

如果在此处修改相关的参数,那么在原理图上绘制总线时默认的总线属性就是修改过的总线属性。

在“原始的”列表框中选定某个对象,单击“重新安排”按钮,则该对象的属性复位到初始状态。单击“重置所有”按钮,则全部对象的属性都复位到初始状态。

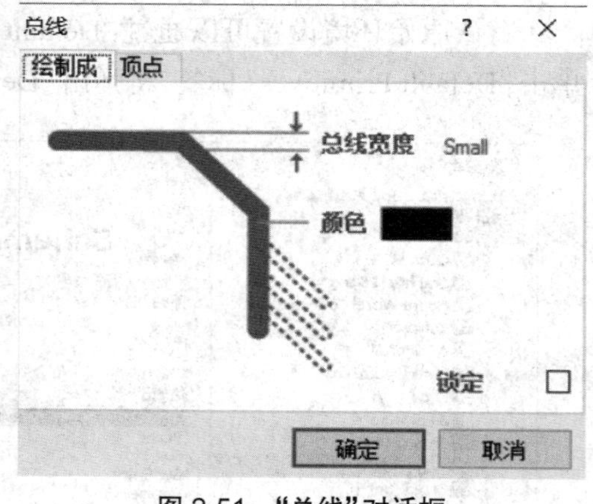

图 2-51 “总线”对话框

3. 功能按钮的使用

保存默认的原始设置:当所有需要设置的对象全部设置完毕后,单击图 2-49 右侧的“另存为...”按钮,弹出“Save default primitive file as”对话框,保存默认的原始设置,如图 2-52 所示。默认的文件扩展名为.dft。

加载默认的原始设置:要使用以前保存过的原始设置,单击图 2-49 右侧的“装载...”按钮,弹出“Open default primtive file”对话框,如图 2-53 所示,选择一个默认的原始设置文件就可以加载默认的原始设置了。

恢复默认的原始设置:单击图 2-49 右侧的“重置所有”按钮,所有对象的属性都回到初始状态。

4.“永久的”选项设置

选中“永久的”复选框,在原理图编辑环境下,只可以改变当前属性,以后再放置该对象时,其属性仍然是原始属性。不选定该复选框选项,在原理图编辑环境下,可以在放置和拖动对象时按【Tab】键修改该对象的属性,以后再放置该对象,其属性仍是修改后的属性。

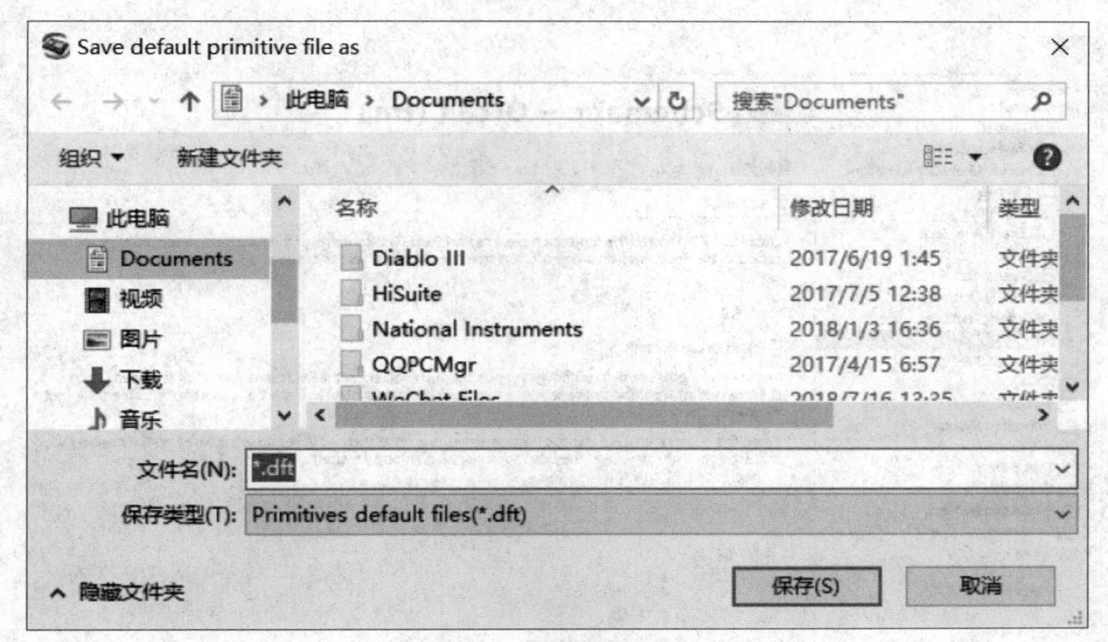

图 2-52　文件保存对话框

图 2-53　文件打开对话框

2.5.5　“Orcad(tm)”选项卡设置

在“参数选择”对话框中单击“Orcad(tm)”标签，将弹出“Orcad(tm)”选项卡，如图 2-54 所示。

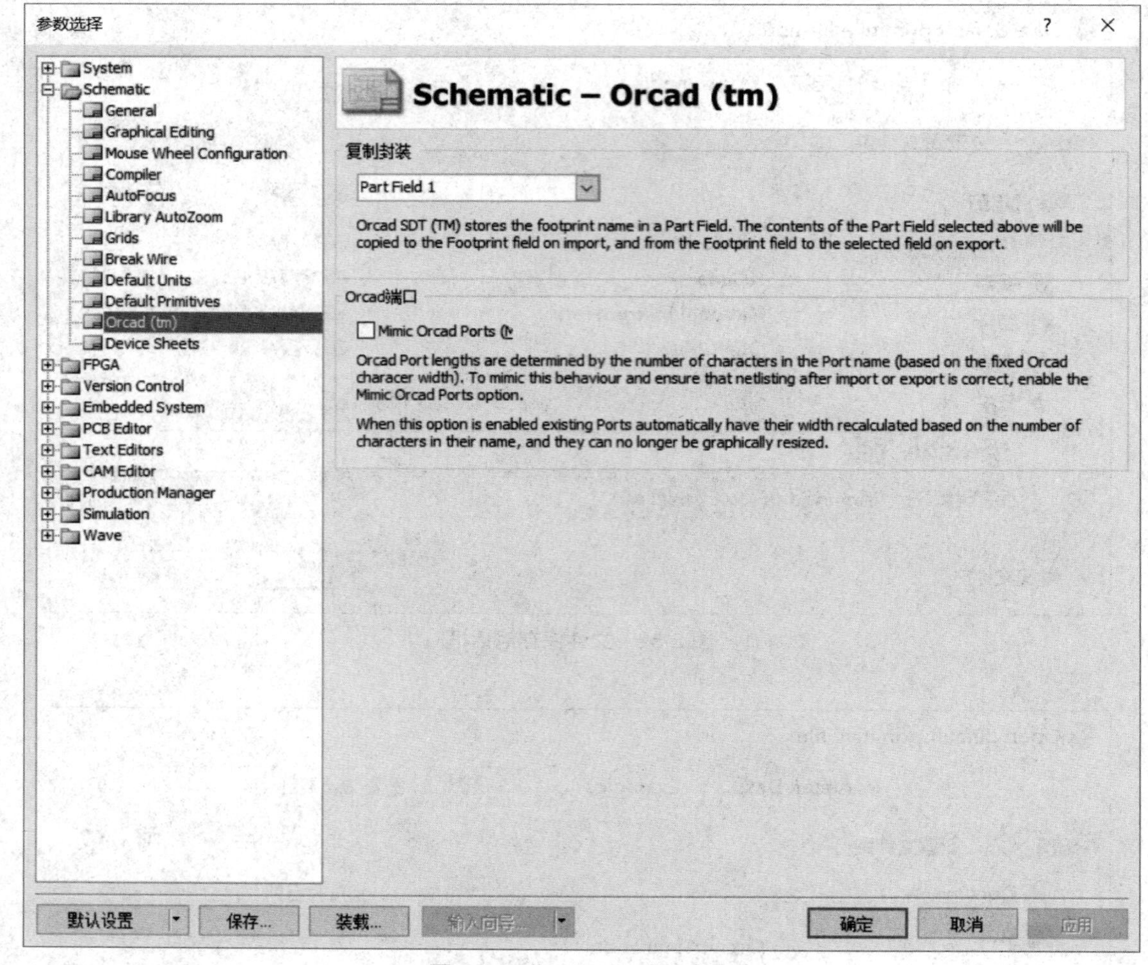

图 2-54 “Orcad(tm)”选项卡

设置该选项后，用户导入 Orcad 原理图文件时，此设置区域将包含引脚映射信息。选中“Mimic Orcad Ports”复选框，可以改变导入的原理图端口的大小。

关键词：管理器，设计环境，系统参数

习 题

1. 简答题

2-1 Altium Designer 6.9 主要由几大部分组成？

2-2 Altium Designer 6.9 的面板显示方式有几种？

2-3 原理图的设计一般要经历哪几个步骤？

2-4 放置元件的方法有几种？

2-5 自定义图纸的设置包括哪几个区域？

2-6 在 Altium Designer 6.9 的电路原理图中，画线工具 Wire 和 Line 的区别是什么？

2. 作图题

2-7 在电路原理图编辑环境下建立工程文件，在该工程文件下建立原理图文件，具体要求如下。

（1）图纸设置：图纸大小为 A4，水平放置，工作区颜色为 233 号色，边框颜色为 63 号色。

（2）栅格设置：设置捕捉栅格为 5 mil，可视栅格为 8 mil。

（3）字体设置：设置系统字体为 Tahoma、字号为 8、带下画线。

（4）标题栏设置：用“特殊字符串”设置制图者为 Motorola、标题为“我的设计”，字体为华文彩云，颜色为 221 号色。

3 原理图设计

本章将介绍原理图的画图工具，原理图的绘图工具，原理图的视图工具，原理图的编辑工具，更新元器件流水编号，ERC 电气检查，生成其他列表以及原理图的打印输出。

Altium Designer 6.9 的原理图有原理图标准工具栏，如图 3-1 所示。

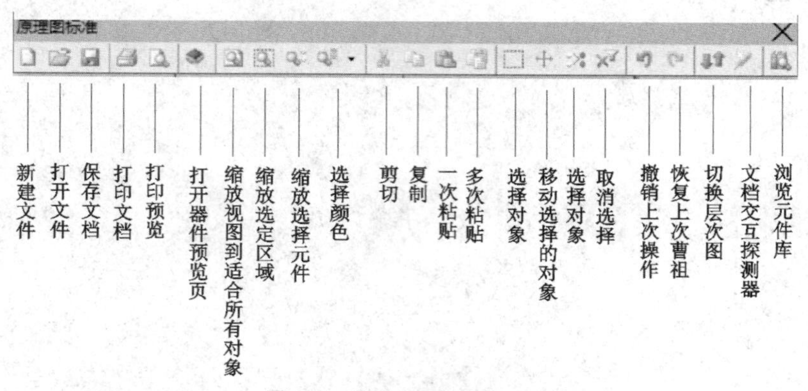

图 3-1 “原理图标准”工具栏

可执行菜单命令“察看”→“工具条”→“原理图标准”打开上述工具栏。

3.1 原理图连线工具

“布线”工具栏是包含了绘制电路原理图所需要的电气连线工具和电气符号的添加工具，如图 3-2 所示。

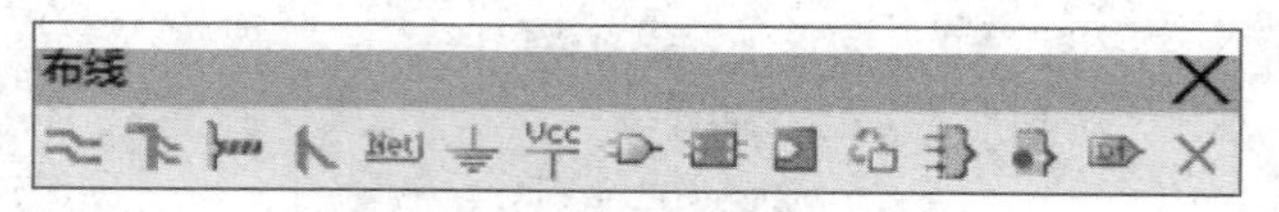

图 3-2 “布线”工具栏

其中各个按钮的功能如下。

(Place/Wire)：用于绘制原理图中具有电气特性的导线。

(Place/Bus)：用于绘制原理图的总线。

(Place Signal Harness)：用于绘制原理图的信号线束。

(Place/Bus Entry)：用于绘制原理图的总线出入口。

(Place/Net Label)：用于放置原理图的网络标号。

(GND/Power Port):用于绘制原理图的地线符号。

(VCC Power Port):用于绘制原理图的电源符号。

(Place/Part):用于在原理图中放置元件。

(Place/Sheet Symbol):用于在原理图中放置电路方块图。

(Place/Add Sheet Entry):用于在原理图中放置电路方块图进出点。

(Place Device Sheet Symbol):用于在原理图放置电路的器件图表符。

(Place Harness Connector):用于绘制原理图的信号线束连接器。

(Place Harness Entry):用于绘制原理图的信号线束接口。

(Place/Port):用于在原理图中放置电路输入输出端口。

(Place/Directives/No ERC):用于在原理图中设置忽略电气检查规则标记。

“布线”工具栏的打开和调用有以下方法。

(1)执行菜单命令“察看”→“工具条”→“布线”打开“布线”工具栏,用鼠标单击对应的工具按钮,即可完成布线绘制。

(2)选择主菜单“放置”命令下的各选项,如图3-3所示,选取相应的菜单命令也可以完成布线绘制。

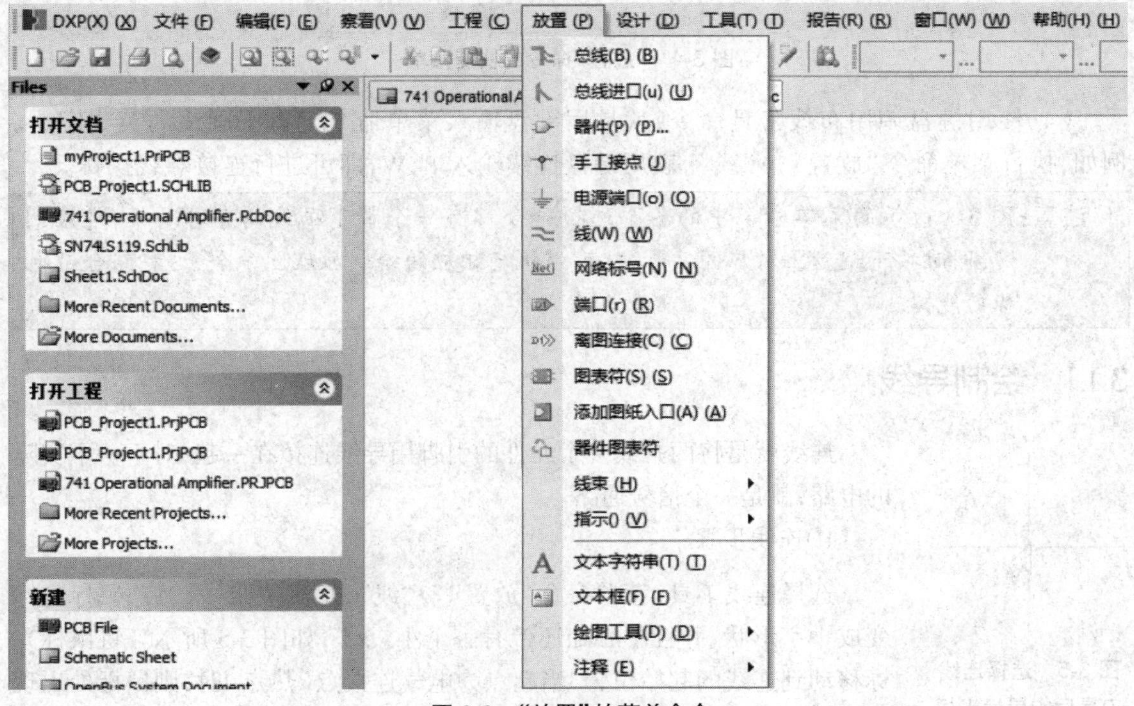

图 3-3　“放置”的菜单命令

(3)在原理图编辑窗口工作区内单击鼠标右键,如图 3-4 所示,选择“放置”命令的快捷菜单中的选项,完成布线绘制。

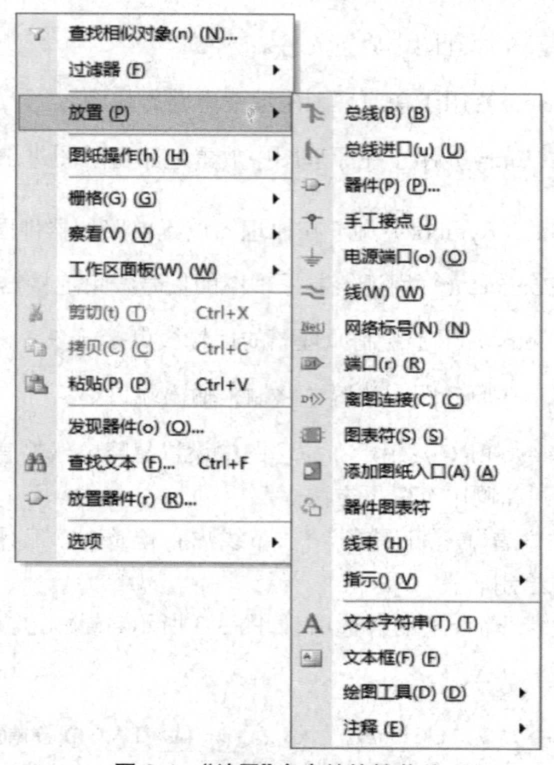

图 3-4 “放置”命令的快捷菜单

(4)使用键盘调用布线工具命令,就是用键盘输入菜单命令上有下画线的英文字母。例如,执行菜单命令“放置”→“线”,就用键盘连续输入 P、W,即可进行连接导线操作。

! **注意:**图 3-3 所示的菜单命令中的各个选项命令都有一个带下画线的字母。按住【Alt】键,同时按下键盘上对应的字母,就可以执行相应的绘制原理图命令,这种组合键也称功能键。

3.1.1 绘制导线

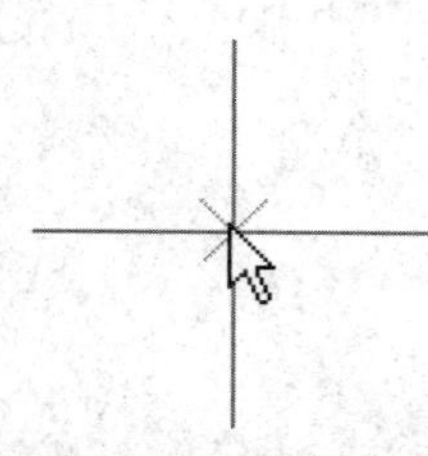

图 3-5 选择连线工具后的鼠标光标

连线就是将两个或多个元件的引脚用导线连接在一起,对于一个实际的电路,就是一个信号通路。

1)连线步骤

选择连线工具(菜单命令“放置”→“线”,工具按钮)后,鼠标光标变成十字形状,并且中心处还带有一个小“×”,如图 3-5 所示。将鼠标光标移动到连线的起始位置,当起点为电气连接点(热点)时,则鼠标处出现一个红色的叉线点(图 3-6(a)),单击鼠标左键,确定连线起点;同时可以看见鼠标处拽出一条预拉线；然后拖动线条，在线条拐点处再次单击鼠标左键，可改变走线方向（图 3-6（b））；继续画线，到达连线终端时，待出现红色的叉线点后（图 3-6（c）），再次单击鼠标左键，确定连线终点；最后单击鼠标右键（或按【Esc】键），结束本次连线操作，但连线命令仍然有效，可继续进行下一条导线的绘制。如果连续两次单击鼠标右键，则取消连线命令。

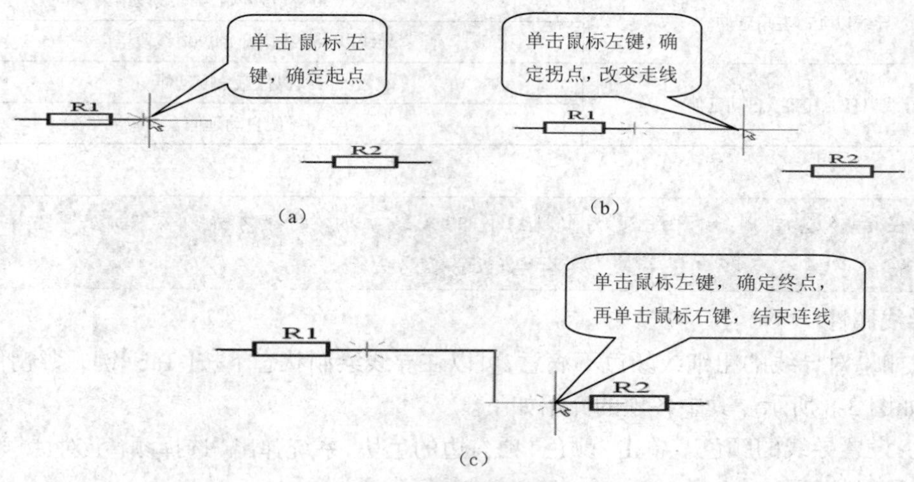

图 3-6　连线过程

（a）出现叉线点单击鼠标左键　（b）拽出一根线　（c）出现叉线点单击鼠标左键，再单击鼠标右键结束连线

如图 3-7 所示，Altium Designer 6.9 提供了三种导线延伸模式，分别是水平 / 竖直延伸、45° 夹角延伸、任意角度 / 自动延伸。通过按【Shift+Space】键可以实现上述延伸模式之间的切换，确定延伸模式后再按【Space】键进行该模式中两种连接方式之间的切换，见表 3-1。

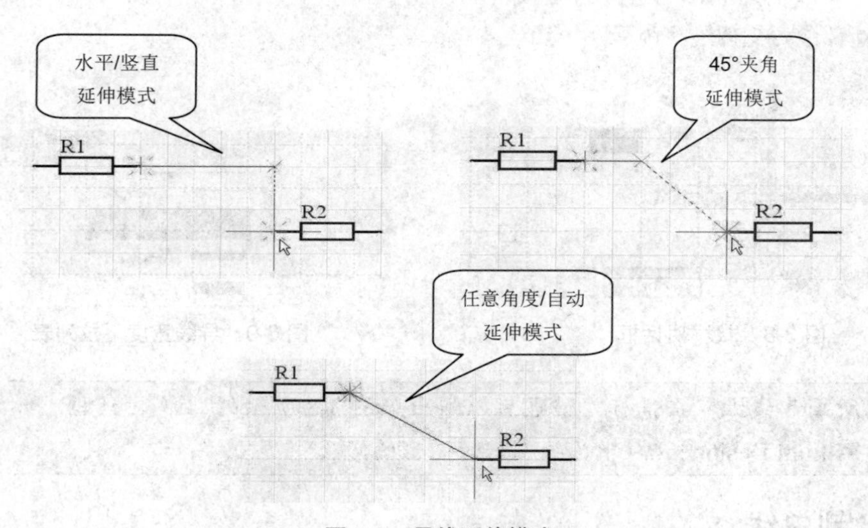

图 3-7　导线延伸模式

表 3-1　导线延伸模式之间的切换

用【Shift+Space】键切换	用【Space】键切换
导线水平 / 竖直延伸	导线水平延伸
	导线竖直延伸
导线以 45° 夹角延伸	导线以 90° 线段开始，45° 线段结束
	导线以 45° 线段开始，90° 线段结束
导线以任意角度 / 自动延伸	导线以任意角度延伸
	导线自动延伸

！**注意：**在连接过程中，只有连接端出现红色的叉线点时，连接才是有效的电气连接。出现的红色叉线点即电气热点，具有电气连接意义。

2）导线属性

用户如果对导线的粗细或颜色不满意，可以在导线绘制状态下按【Tab】键，系统弹出“线”对话框，如图 3-8 所示。其中各项的介绍如下。

颜色：设置导线的颜色。单击“颜色”项右边的色块，系统弹出“选择颜色”对话框，可以设置待放置导线的颜色。

线宽：设置导线的宽度。单击“线宽”项右边的下拉列表的箭头，可打开如图 3-9 所示的导线宽度下拉列表，分别为 Smallest（极细导线）、Small（细导线）、Medium（中等粗导线）和 Large（粗导线）。

确认设置以后，单击图 3-8 中的“确定”按钮即可完成待放置原理图导线属性的设置。

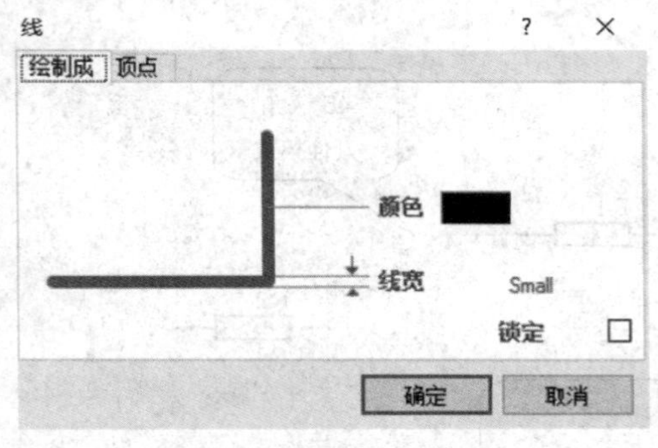

图 3-8　“线”对话框

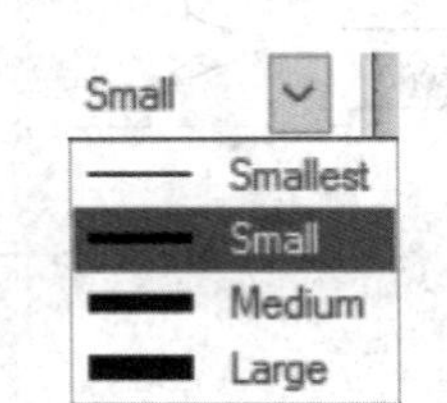

图 3-9　导线宽度下拉列表

！**注意：**在所画导线上双击鼠标左键也可以弹出如图 3-8 所示的“线”对话框。此方法适用于 Altium Designer 6.9 中已绘制好的图形的修改。

3.1.2　绘制总线

总线是对多条信号线的称呼，是由一组性质相同的导线构成的，如控制总线、数据总线、地址总线等。在绘制某些集成电路时,为了方便连线、使原理图清晰易懂,可以使用总线进行连接。在 Altium Designer 6.9 中用较粗的线条代表总线,其本身没有任何实质上的电气意义,只是一种简化的连接方式,必须由总线接出的各个导线上的网络标号来完成电气意义上的连接。

总线由总线、总线入口和网络标号三部分组成。

1. 绘制总线(菜单命令“放置”→“总线”,工具按钮)

启动总线工具后,鼠标光标变成十字形状,并且中心处还带有一个小“×”,然后在适当的位置将总线画在图纸上,如图 3-10 所示。绘制和编辑方法与连接导线(Wire)的方法类似。

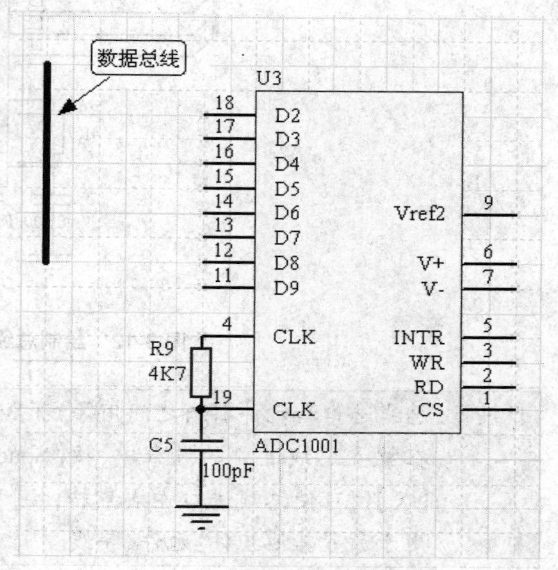

图 3-10 绘制总线后的电路图

2. 绘制总线进口(菜单命令“放置”→“总线进口”,工具按钮)

总线进口是总线与导线之间的桥梁,是单一导线进出总线的端点。总线进口没有任何电气连接意义,且两端无方向性。

1)总线进口的放置步骤

首先选择总线进口工具,这时鼠标光标变成十字形状,并带着总线进口线“/”或者“\”,如图 3-11(a)所示。然后将鼠标光标移动到需要总线进口的地方,使总线进口线一端与导线末端连接,另一端与总线连接;若总线进口两端的黑色“×”均变为红色的“米”字形,说明总线进口和导线、总线均连接好了。单击鼠标左键,一条总线进口线就添加完成,如图 3-11(b)所示。继续移动鼠标光标,为每一条导线添加这样的总线进口线。单击鼠标右键或按下【Esc】键可以退出总线进口线添加状态。绘制完成后的效果如图 3-12 所示。

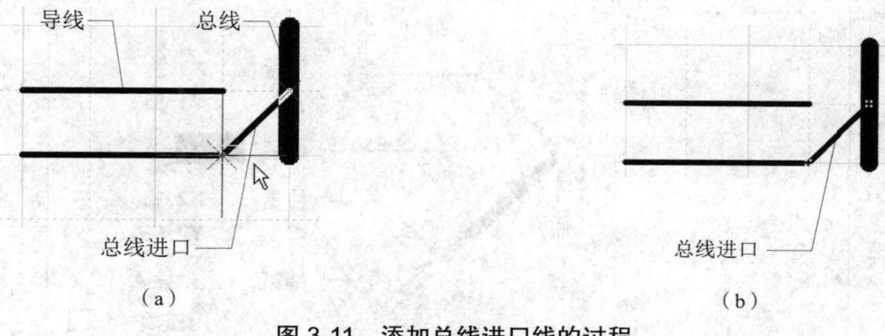

图 3-11 添加总线进口线的过程

(a)点选起点 (b)确认终点

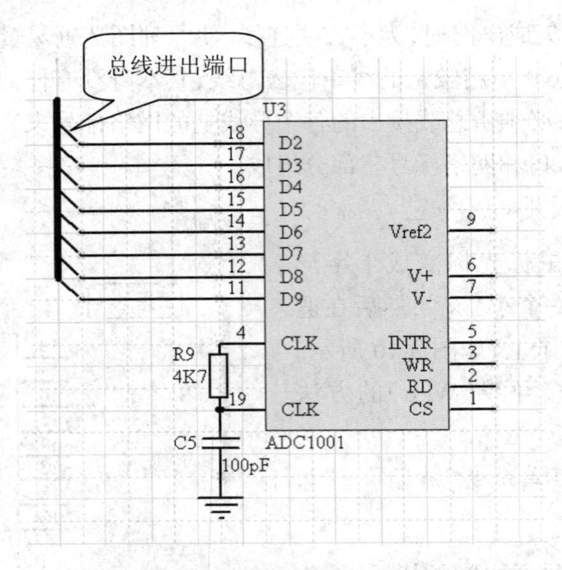

图 3-12 绘制总线进出端口后的电路图

> ！**注意：**总线进口和元件引脚之间用导线（Wire）连接，便于在导线上放置网络标号。
>
> 在放置总线进口的过程中，按【Space】键可使总线进口的方向逆时针旋转 90°；按【X】键可使总线进口左右翻转；按【Y】键可使总线进口上下翻转。该操作方法也适用于放置其他组件：元件、导线。

2）总线入口属性窗口

"总线入口"对话框如图 3-13 所示。总线引入线的属性设置只是多了一个"位置"选项，其中"X1""Y1"是总线引入线的起点坐标，"X2""Y2"是总线引入线的终点坐标。其他参数的设置与连接导线（Wire）的方法类似。

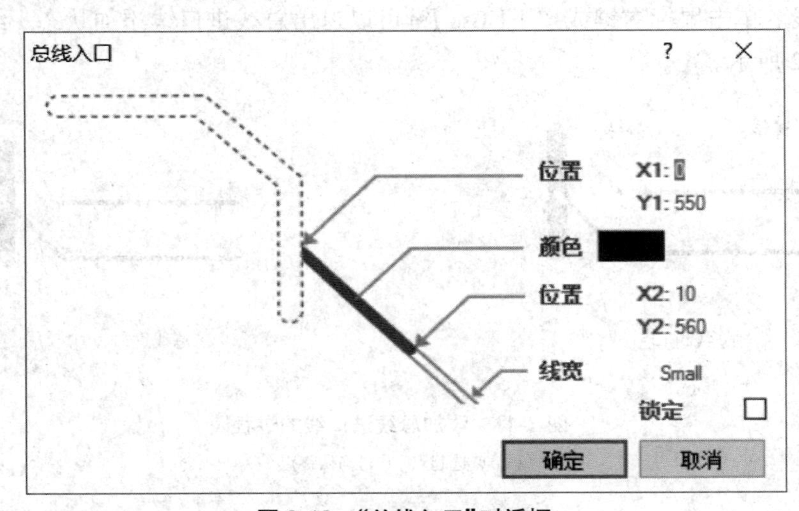

图 3-13 "总线入口"对话框

3. 放置网络标号(菜单命令“放置”→“网络标号”,工具按钮Net))

网络标号有两个用途,一个是使总线或网络易于识别,另一个是表示电气连接。对于一张原理图来说,网络标号相同的网络就是连接在一起的。

对于同一网络标号的命名必须使用相同的字符串,且字母的大小写也必须保持一致,否则会导致连线错误。网络标号中可以使用非号,方法是在网络名的单个字母后输入反斜杠“\”。

1)网络标号的放置步骤

选择网络标号工具Net,将鼠标光标移动到要放置网络标号的导线或总线上,这时鼠标光标上将产生一个红色“×”,表示已经捕捉到该导线或总线,单击鼠标左键,即可完成放置一个网络标号。

继续将鼠标光标放置在其他需要放置网络标号的地方,单击鼠标左键,直到完成最后一个网络标号的放置,单击鼠标右键,结束放置网络标号状态。绘制完成后的效果如图 3-14 所示。

! **注意:**如果网络标号名称的末尾为数字,则在重复放置网络标号时,每放置一个网络标号,末尾数字都会自动按 1 递增,如当前放置的网络标号为 N1,则下一个网络标号为 N2,以此类推,如图 3-14 所示。

2)网络标号属性窗口

在放置网络标号的状态下按下【Tab】键,即可弹出对话框,如图 3-15 所示。若已放置好网络标号,则可用鼠标左键双击所要编辑的网络标号,也会弹出该对话框。

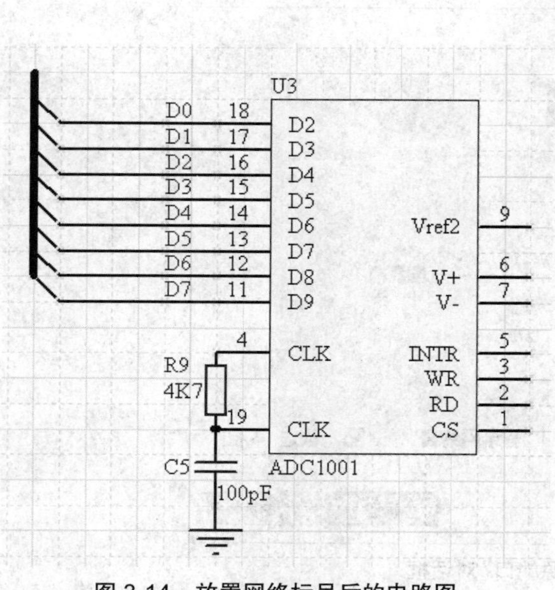

图 3-14 放置网络标号后的电路图

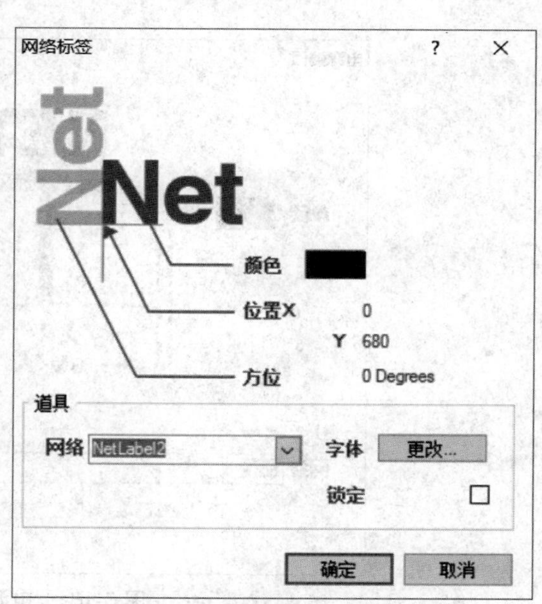

图 3-15 “网络标签”对话框

各个设置功能说明如下。

(1)颜色:设置网络标号的颜色。

(2)位置 X:设置网络标号所在位置的 X 轴坐标。

(3)位置 Y:设置网络标号所在位置的 Y 轴坐标。

(4)方位:设置网络标号的放置方向。

(5)网络:设置网络标号的名称。

(6)字体:设置所要放置文字的字体。

! **注意**:要查看或修改网络标号,还可以单击鼠标左键两次进行:第一次单击选中网络标号,第二次单击进入网络标号编辑状态;或者直接用鼠标左键双击网络标号。

3.1.3 绘制电源和接地符号

电源端口包括各种电源符号(如 +5 V、-5 V、+12 V、-12 V 等)和接地符号(如大地、电源地、信号地等),并且每一个电源端口都有一个网络标签与其对应。使用放置电源端口命令,可以绘制上述各种电源符号及其网络。

1. 绘制电源(VCC)和地线(GND)(菜单命令"放置"→"电源端口",工具按钮 ⏚ 和 VCC)

1)电源和地线的放置步骤

启动放置电源端口工具 VCC 后,鼠标光标变成十字形状,并且鼠标光标上悬浮着一个电源端口符号,移动到适当的位置,连接导线,当出现红色"×"时,单击鼠标左键,完成设置。

2)电源和地线属性窗口

在放置状态下按下【Tab】键,可弹出如图 3-16 所示的"电源端口"对话框。

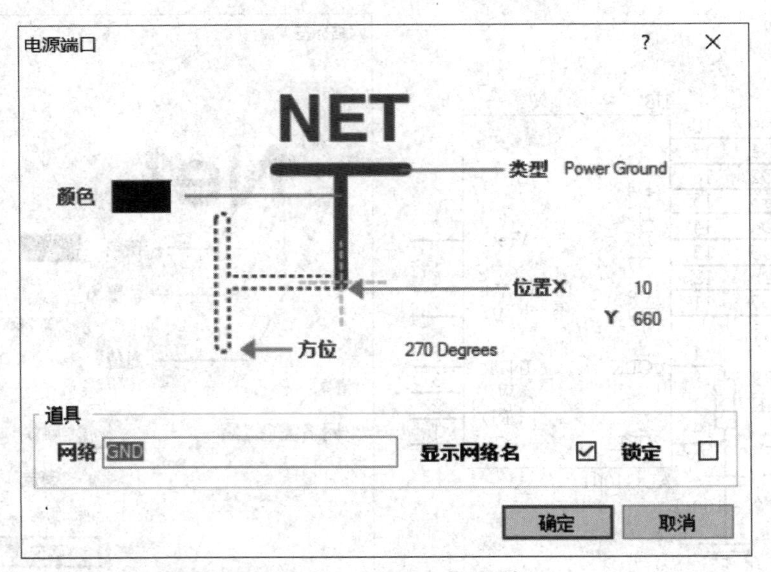

图 3-16 "电源端口"对话框

各个设置功能说明如下。

(1)类型:设置电源或接地符号的类型,共有 4 种电源符号和 3 种接地符号,各种符号的样式如图 3-17 所示。

（2）颜色：设置电源或接地端口的颜色。

（3）位置 X 和 Y：设置 *X* 轴和 *Y* 轴的坐标。

（4）方位：设置放置的方向。

（5）网络：电源或接地的网络标号。

（6）“显示网络名”复选框：此复选框决定网络标号是否显示。

（7）“锁定”复选框：此复选框决定网络标号是否不能修改。

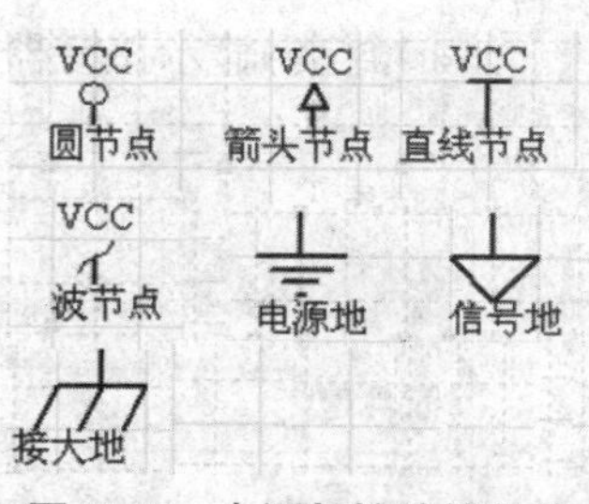

图 3-17　电源与接地符号的样式

! **注意**：在连续放置电源和接地符号时，必须留意其网络标号名称的设置。如果先放置了电源信号，然后放置了电源地，此时图形符号是 ⏚，但网络标号仍然是 +5 V。由于原理图根据网络标号进行电气连接，与图形符号无关，这样在以后的 PCB 设计中会使电源和地短路。

在连线时，要注意电源和地的网络标号要分别一致。元件的电源和地一般隐藏起来，需要打开元件属性窗口，将“显示网络名”的复选框选中。

3.1.4　绘制元件

元件是绘制原理图最基本的组件。Altium Designer 6.9 提供了多种放置元器件的方法，方便了用户设计电路图。

1. 利用元器件名称选择元器件（菜单命令“放置”→“器件”，工具按钮 ）

启动“放置端口”工具，弹出如图 3-18 所示的对话框。

各项设置功能说明如下。

（1）物理元件：用于输入需要放置的元器件的名称，可单击“历史纪录”查找以前用过的元件，若不知道元件名称单击右侧的选项栏按钮…，系统弹出如图 3-19 所示的对话框，从当前元件库中选择所需元器件；也可单击图 3-19 中的…按钮，载入新的元器件库，或单击 发现... 按钮搜索元器件。

（2）逻辑符号：用于输入元器件的流水号。为元器件编制流水号，若第一个元器件编号为 U1，那么以后放置相同形式的元器件时，系统将自动把流水号编为 U2、U3 等。

（3）注释：用于输入当前放置的元器件的注释信息。

放置端口　?　×
端口详情
物理元件　2N3904　史纪录(H　...
逻辑符号　2N3904
指定者(D)　Q?
注释(C)　2N3904
封装(F)　TO-92A
ID部分(P)　1
库　Miscellaneous Devices.IntLib
数据库表格
确定　取消

图 3-18　“放置端口”对话框

(4)封装:显示该元器件的封装类型。

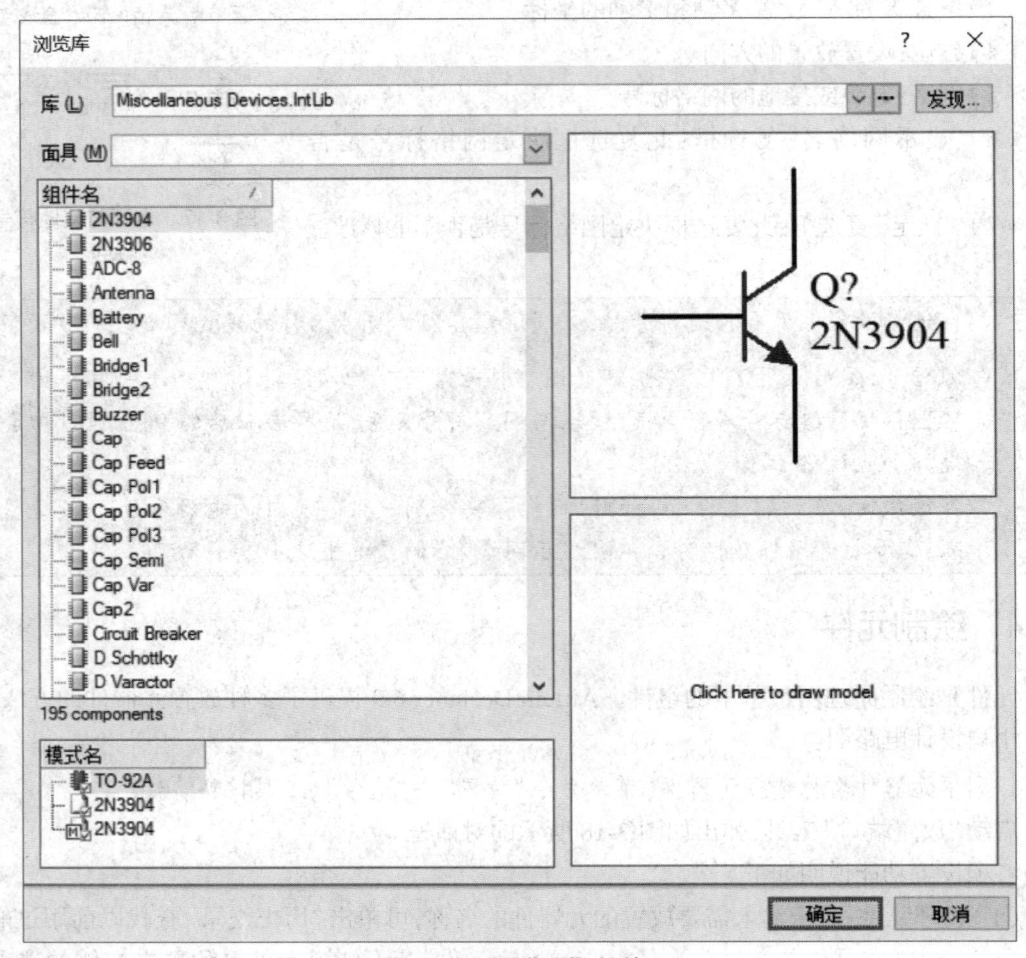

图 3-19 “浏览库”对话框

! **注意:**无论是单张图纸的原理图还是多张图纸的原理图,图纸上的流水号都必须唯一,否则无法进行 PCB 印制电路板的设计。

单击图 3-18 中的“确定”按钮,鼠标光标变成十字形状,并且上面悬浮着一个元器件的轮廓,表示现在处于元器件放置状态。移动到适当的位置,单击鼠标左键,即完成放置。元器件放置在原理图上后,鼠标上仍悬浮着元器件的轮廓,保持放置状态,直到放置完了所有元器件,单击鼠标右键或按【Esc】键,即可退出放置状态。

2. 利用元器件列表选择元器件

在工作区面板中单击右侧的“库”标签显示“库”面板,如图 3-20 所示,单击该面板的第一个下拉列表 Miscellaneous Devices.IntLib ,从中选取 Miscellaneous Devices.IntLib 元器件库为当前库,默认通配符(*)将列出在当前的元器件库中找到的所有元器件;从中选取需要的元器件后单击该面板中的“Place”按钮(也可以选中需要放置的元器件,然后双击鼠标左键),元器件将出现在图纸上。鼠标移动,元器件将随之移动。在适当的位置单击鼠标左键,即可完成元器件的放置。若需要,可继续放置相同类型的元器件,否则可单击鼠标右键取消命令。

3. 利用数字器件工具条选择元器件

执行菜单命令“察看”→“工具条”→“实用”,显示实用工具栏,单击数字器件按钮,即可显示一些常用的器件,如图 3-21 所示。单击对应图标选择元器件后,图纸上即可出现元器件,可在适当的位置将元器件放置好。

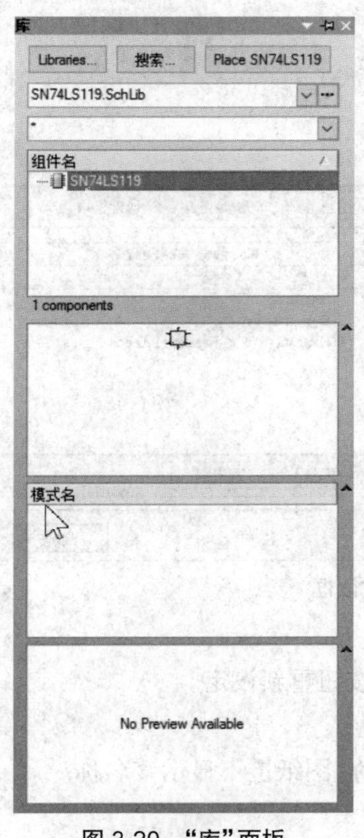

图 3-20 “库”面板

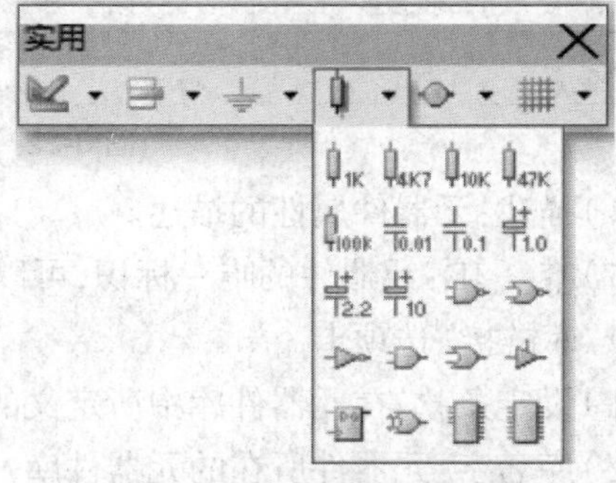

图 3-21 数字器件工具箱

4. 元件编辑

在放置元件状态下,按下【Tab】键打开“组件 道具”对话框,也可以用鼠标左键双击该元件打开对话框,如图 3-22 所示。

1)“道具”选项卡

(1)指定者:元器件在电路中的流水编号,选中“可见的”复选框,则元器件的流水编号在原理图中显示,系统默认选中此复选框。

(2)注释:元器件的注释,选中“可见的”复选框,则元器件的注释在原理图中显示。

(3)“Part”按钮:只有在当前元件具有多个子部件的时候才有作用,用来选择该元件内的某个子部件。<< 按钮用于选择第一个子部件,< 按钮用于选择前一个子部件,>> 按钮用于选择最后一个子部件，› 按钮用于选择后一个子部件。

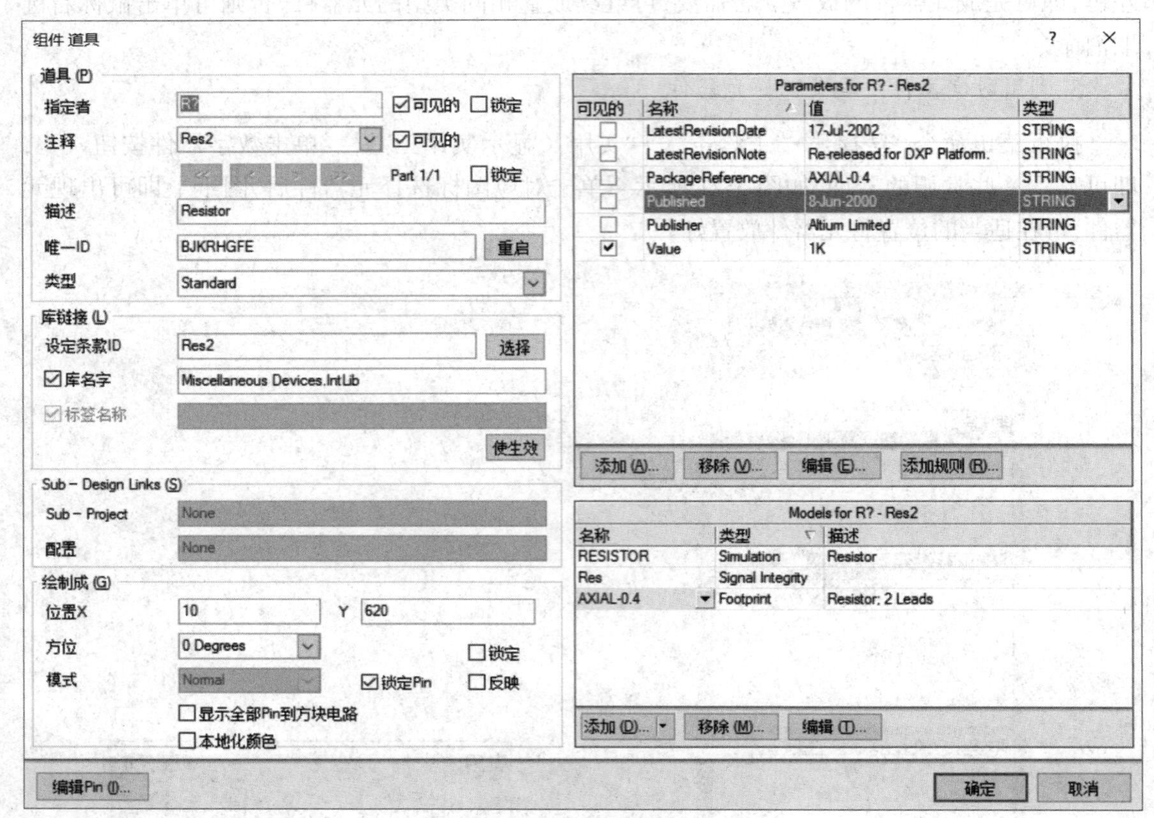

图 3-22 “组件 道具”对话框

（4）描述：元器件属性的描述。

（5）唯一 ID：元器件的唯一标识，可以单击“重启”按钮重新设定。

2）“库链接”选项卡

（1）设定条款：在元器件库中所定义的元器件的名称，图纸上不显示该名称。

（2）库名字：元器件所在的元器件库。

3）“绘制成”选项卡

（1）位置 X、Y：分别设置 X 轴和 Y 轴的坐标。

（2）方位：元器件的旋转角度，可选 0°、90°、180° 和 270°。

（3）“显示全部 Pin 到方块电路”复选框：选中此复选框，显示元器件隐藏的所有引脚。

（4）“本地化颜色”复选框：元器件的内部填充颜色，线条颜色和引脚颜色的设置。选中此复选框，在复选框下面将增加三个颜色选项。

（5）“锁定 Pin”复选框：选中此复选框，元器件引脚被锁定，不能单独编辑。

4）“Parameters”选项卡

“组件 道具”对话框的右侧上部为元器件参数列表，其中包括一些与元器件特性相关的常用参数，如果用户选定了某个参数对应的“可见的”复选框，该参数即会在图纸上显示。另外用户也可以添加、移除或编辑这些参数和规则。

5）“Models”选项卡

“组件 道具”对话框的右侧下部为元器件模型列表，其中包括与元器件相关的封装模型、信号完整性模型和仿真模型，用户可以在此添加、移除或编辑元器件模型。

3.1.5 绘制电路方块图

如果设计的电路很复杂，由多个功能模块组成，就需要层次电路图来实现。每个功能模块以一个电路方块图代表，多个电路方块图组合成一张总图。在总图上，在电路方块图内放置一些端口，这些端口的作用有两个，一是可以连接这些端口组成一张总图，二是这些端口可以与分电路图中的电路连接。

电路方块图是层次式电路设计不可缺少的组件，它所代表的分电路模块称为子图。层次式电路设计将在第 5 章中介绍。

放置电路方块图，菜单命令“放置”→“图表符”，工具按钮 。

（1）具体操作步骤参见第 5 章，绘制后可得到如图 3-23 所示的绿色区域，单击鼠标右键或按【Esc】键即可退出放置状态。

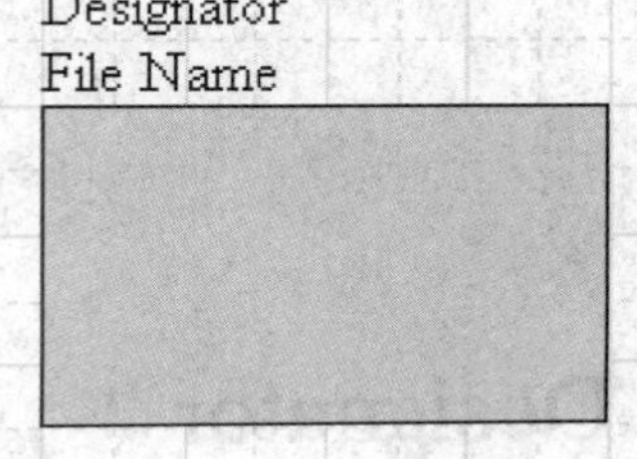

图 3-23 放置电路方块图

（2）电路方块图的属性窗口如图 3-24 所示，具体说明参见第 5 章。

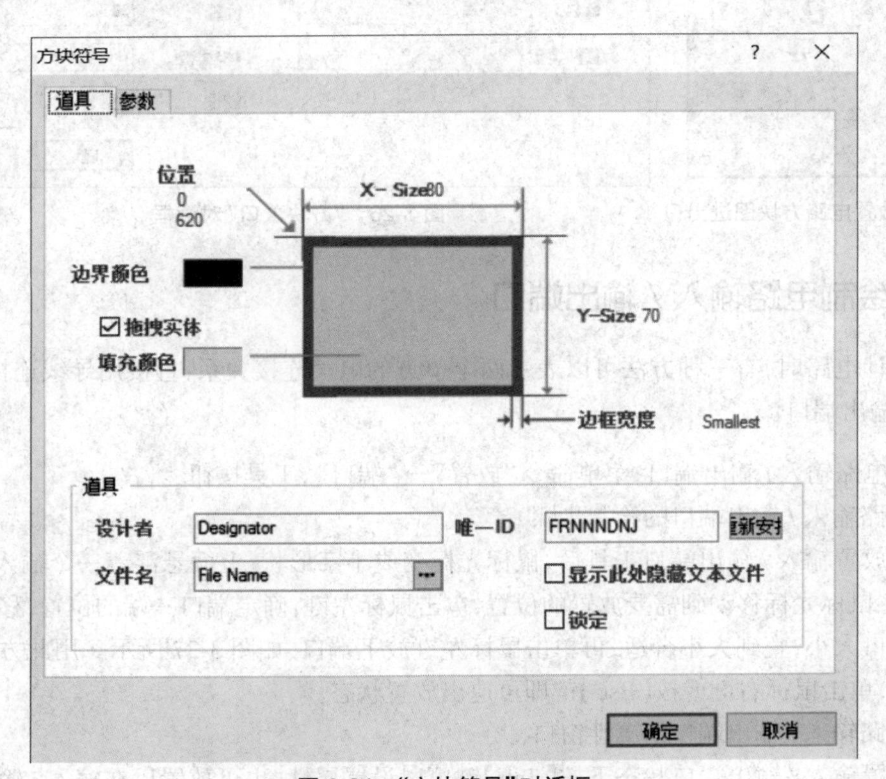

图 3-24 “方块符号”对话框

3.1.6 绘制电路方块图进出口

电路方块图和它所代表的原理图之间是通过端口联系的，所以应该在电路方块图上放置进出口。

放置电路方块图进出口，菜单命令“放置”→“添加图纸入口”，工具按钮。

(1)具体操作步骤参见第 5 章，绘制后如图 3-25 所示，单击鼠标右键或按【Esc】键即可退出放置状态。

(2)电路方块图进出口的属性窗口如图 3-26 所示，具体说明参见第 5 章。

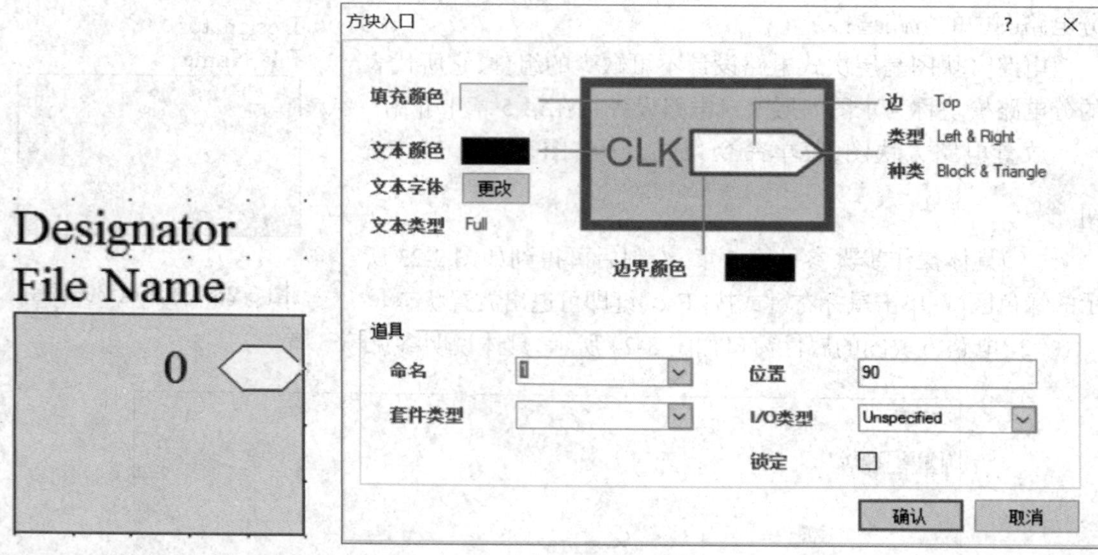

图 3-25 放置电路方块图进出口

图 3-26 “方块入口”对话框

3.1.7 绘制电路输入 / 输出端口

在设计电路时，有三种方法可以表示两个节点的电气连接关系：直接用导线连接，网络表和输入 / 输出端口。

放置电路输入 / 输出端口，菜单命令“放置”→“端口”，工具按钮。

1)电路输入 / 输出端口的绘制步骤

启动放置输入 / 输出端口工具后，鼠标光标变成十字形状，上面悬浮着一个输入 / 输出端口符号，将鼠标光标移动到需要放置的位置，单击鼠标左键，确定端口一端的位置，移动鼠标光标调整端口大小，直到大小合适，再单击鼠标左键放下端口，如图 3-27 所示。用此方法放置其他端口后，单击鼠标右键或按【Esc】键即可退出放置状态。

2)电路输入 / 输出端口的属性窗口

在放置输入 / 输出端口状态下按【Tab】键可以设置属性，也可放置后在输入 / 输出端口单击鼠标右键,选“Properties”设置属性。

“端口道具”对话框如图 3-28 所示。

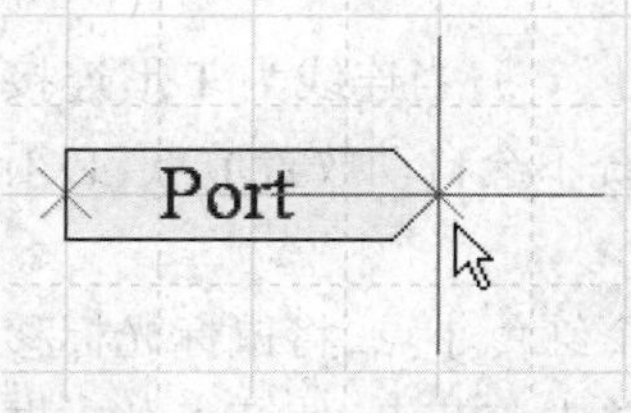

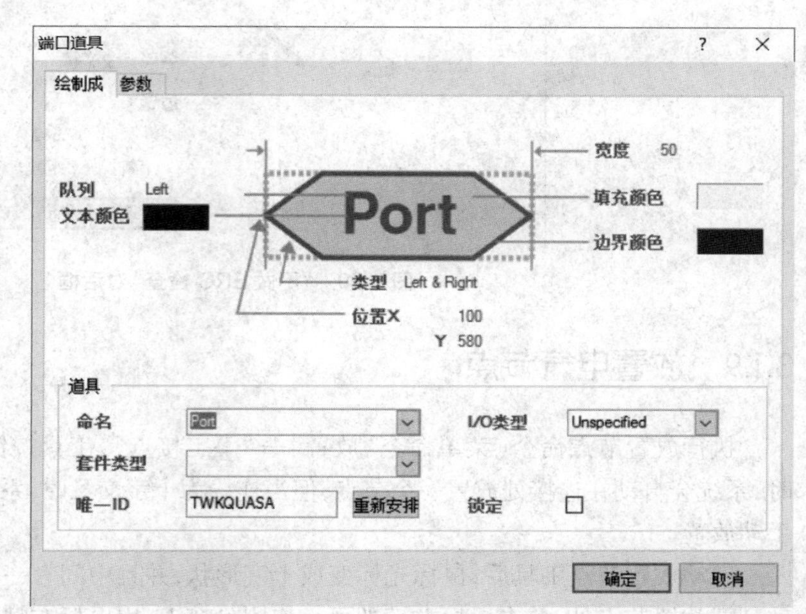

图 3-27 放置输入 / 输出端口

图 3-28 “端口道具”对话框

下面对其设置进行说明。

队列:端口名称对齐方式。单击右侧的按钮会弹出下拉列表,它们是 Center(中心对齐)、Left(左对齐)、Right(右对齐)。

其他设置均与电路方块图端口相同,这里不再重复。

3.1.8 绘制忽略电气检查的符号

在电路设计过程中,对未完成的电路进行电气检查时,通常会产生不希望产生的错误报告,在不希望报错的地方放置忽略电气检查的符号,就可避开电气检查。

1. 绘制忽略电气检查符号(菜单命令“放置”→“Directives”→“No ERC”,工具按钮 ✕)

选择忽略电气检查符号,移动到放置该符号的连接点,单击鼠标左键将它放下。用此方法放置其他的“No ERC”后,单击鼠标右键或按【Esc】键即可退出放置状态。

2. 忽略电气检查符号的属性窗口

如图 3-29 所示,设置方式简单,这里不进行叙述。

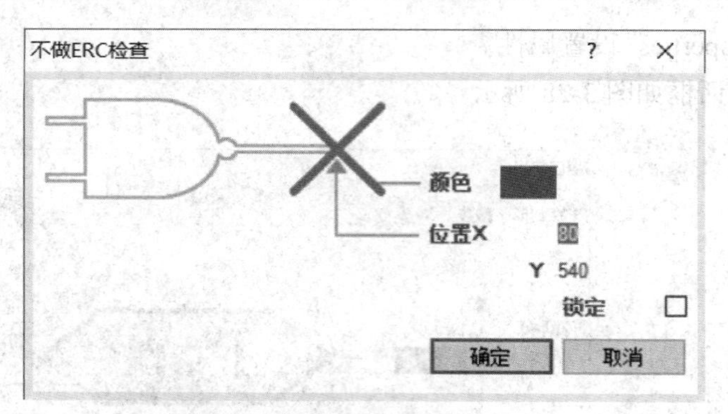

图 3-29 “不做 ERC 检查”对话框

3.1.9 放置电气节点

执行放置节点命令(菜单命令“放置”→“手工接点”,工具按钮),当连线为 T 形连接时,系统会自动在连接处放置一个节点,但当连线为十字交叉时,系统不会自动放置节点,必须手动放置。

启动放置节点工具后,鼠标光标变成十字形状,并且中间有一个红色小点,将鼠标光标移动到要放置节点处,单击鼠标左键即可。如删除节点,用鼠标左键单击该节点,使节点被虚框框住,按下【Delete】键,节点即被删除。

3.1.10 绘制 PCB 布线标记

PCB 布线标记用于向 PCB 提供一些信息,例如线宽、过孔直径、布线优权等。所有这些规则都是通过设置设计规则提供的。

1. 绘制 PCB 布线标记(“放置”→“Directives”→“PCB Layout”,工具按钮)

选择 PCB 符号工具后,鼠标光标变成十字形状,并悬浮着一个 PCB 布线标记符号,移动到需要放置的网络,单击鼠标左键将 PCB 符号放下。用此方法放置其他的 PCB 布线标记后单击鼠标右键或按【Esc】键即可退出放置状态。

2. PCB 布线标记的属性窗口

在放置 PCB 布线标记状态下按【Tab】键,弹出如图 3-30 所示的“参数”对话框。

对话框中各栏的含义以及底部各个按钮的功能在前面已经介绍过,这里不再叙述。点击对话框中的 编辑(E)... 按钮,弹出如图 3-31 所示的“参数工具”对话框,直接点击 编辑规则值(E)... 按钮,进入如图 3-32 所示的“选择设计规则类型”对话框。

参数
道具
名称
PCB Rule
X位置
140
方位
0 Degrees
Y位置
520
锁定
可见的
名称
值
类型
Rule
Undefined
STRING
添加 (A)...
移除 (V)...
编辑 (E)...
添加规则 (R)...
确定
取消

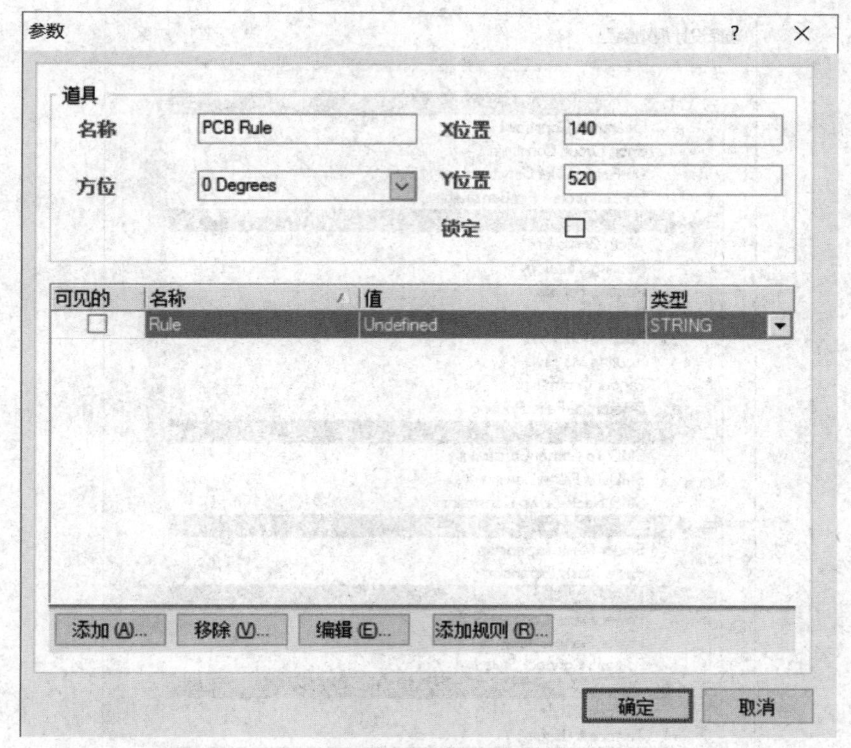

图 3-30 “参数”对话框

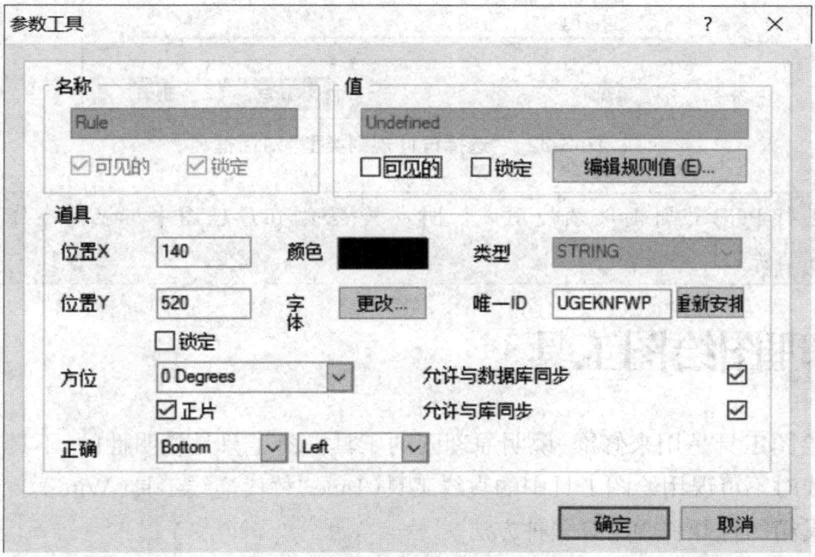

参数工具
名称
Rule
可见的
锁定
值
Undefined
可见的
锁定
编辑规则值 (E)...
道具
位置X
140
颜色
类型
STRING
位置Y
520
字体
更改...
唯一ID
UGEKNFWP
重新安排
锁定
方位
0 Degrees
允许与数据库同步
正片
允许与库同步
正确
Bottom
Left
确定
取消

图 3-31 “参数工具”对话框

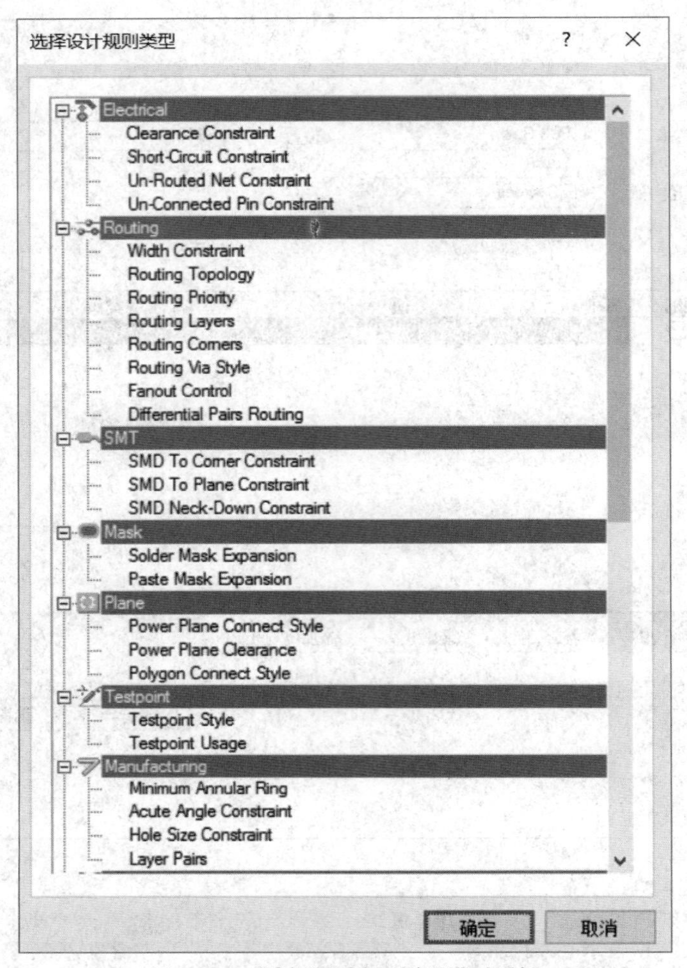

图 3-32 "选择设计规则类型"对话框

! **注意:**在进行 PCB 设计时必须使用设计同步器,否则在原理图中标记的布线规则信息将全部消失。

3.2 原理图绘图工具

原理图绘图工具是用来修饰、说明原理图的工具。由于只是说明性的,不具有电气特性,因此放置导线时不可误用绘图工具中的直线工具(Line)替代连线工具(Wire)。

绘图工具箱的打开和调用有多种方法。

(1)执行菜单命令"察看"→"工具条"→"实用"就可以打开实用工具栏。

(2)用鼠标左键单击实用工具栏中的第一个按钮 ,出现各种绘图工具,如图 3-33 所示。

(3)使用键盘调用绘图工具。就是用键盘依次输入菜单命令上有下画线的英文字母。例如，执行菜单命令“放置(P)”→“绘图工具(D)”→“线(L)”，就用键盘连续输入P、D、L，即可进行画直线操作。

(4)选择主菜单“放置”命令下的各选项，如图3-34所示，也可以完成原理图的绘制。

(5)在原理图编辑窗口工作区内单击鼠标右键，如图3-35所示，弹出快捷菜单，然后选择所需的命令。

图3-33　实用工具栏

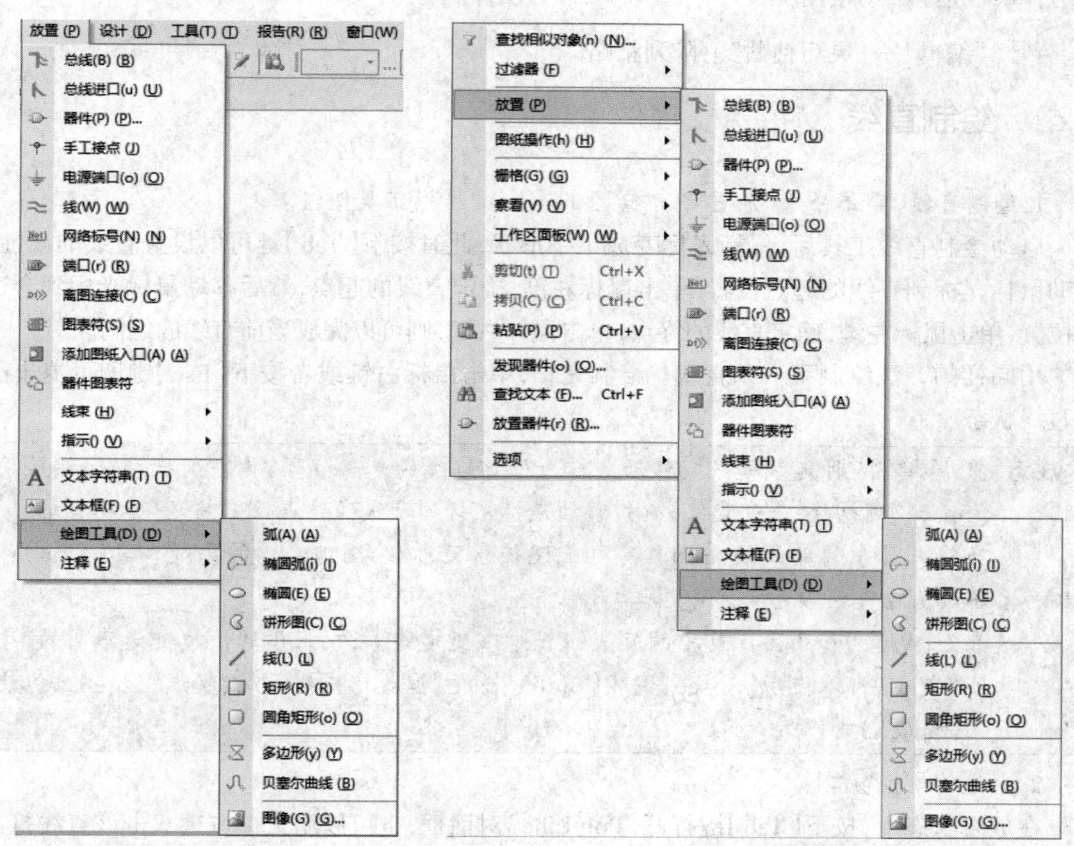

图3-34　“放置”命令　　　　图3-35　右键调用绘图工具

其中各个按钮的功能如下。

(“放置”→“绘图工具”→“线”)：绘制直线。

(“放置”→“绘图工具”→“多边形”)：绘制多边形。

(“放置”→“绘图工具”→“椭圆弧”)：绘制圆弧。

(“放置”→“绘图工具”→“贝塞尔曲线”)：绘制贝塞尔曲线。

A(“放置”→“文本字符串”)：放置文字。

(“放置”→“文本框”)：放置文本框。

（“放置”→“绘图工具”→“矩形”）:绘制矩形。

（“放置”→“绘图工具”→“圆角矩形”）:绘制圆角矩形。

（“放置”→“绘图工具”→“椭圆”）:绘制圆或椭圆。

（“放置”→“绘图工具”→“饼形图”）:绘制扇形。

（“放置”→“绘图工具”→“图像”）:插入图片。

（“编辑”→“灵巧粘贴”）:阵列粘贴。

3.2.1 绘制直线

1. 绘制直线（菜单命令“放置”→“绘图工具”→“线”,工具按钮 ）

启动绘制直线工具后,鼠标光标变成十字形状,此时按下【Tab】键可以设置直线的属性,移动鼠标光标到直线的起点位置,单击鼠标左键,确定直线的起点,然后移动鼠标光标到合适的位置,单击鼠标左键,确定直线的终点,单击鼠标右键,则可以完成当前直线的绘制。

用同样的方法绘制下一条直线。绘制完毕,单击鼠标右键或者按下【Esc】键即可退出绘制直线状态。

！**注意:** 直线共有 5 种走线模式。移动鼠标光标到直线的起点位置,单击鼠标左键,然后用【Space】键切换,改变走线方向,移动鼠标光标到直线的终点位置,如图 3-36 所示。

布线工具中的导线（Wire）具有电气连接意义,而绘图工具中的画线工具（Line）却不具有电气连接意义,不可将二者混淆。

导线（Wire）和绘图工具中的直线（Line）改变走线方向,采用的快捷键是不同的,导线（Wire）可以使用【Space】键或【Shift+Space】键改变走线方向,直线（Line）只能使用【Space】键。

2. 直线的属性窗口

在放置状态下,按下【Tab】键打开“PolyLine”对话框,也可以用鼠标左键双击该直线打开对话框。“PolyLine”对话框如图 3-37 所示,下面对其设置进行说明。

（1）线宽:分别是 Smallest（极细）、Small（细）、Medium（中等粗细）、Large（粗）。

（2）排列风格:设置直线的线型,分别是 Solid（实线）、Dashed（虚线）、Dotted（点线）。

（3）颜色:设置直线的颜色。

如图 3-38 所示,用鼠标选中已画好的直线,直线上出现方形绿点,可以通过拖动绿点控制直线的起点与终点。

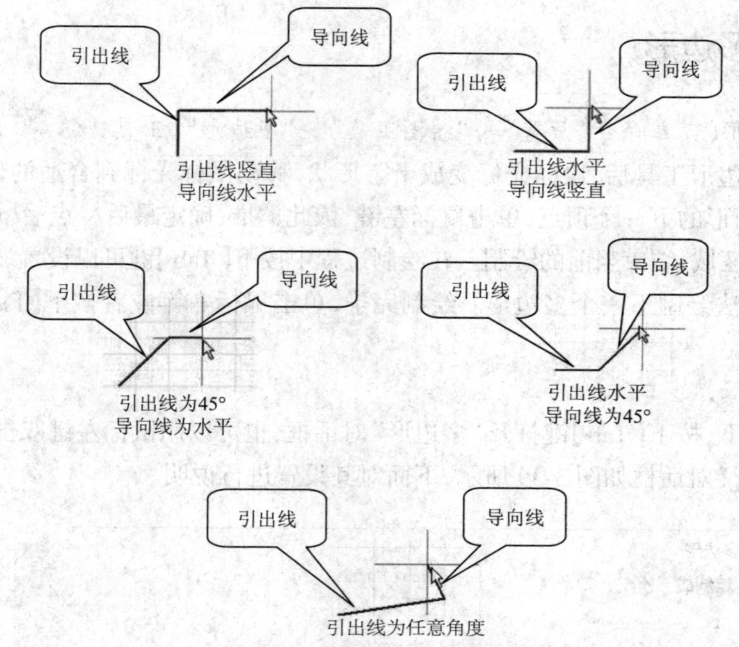

图 3-36　5 种直线走线模式

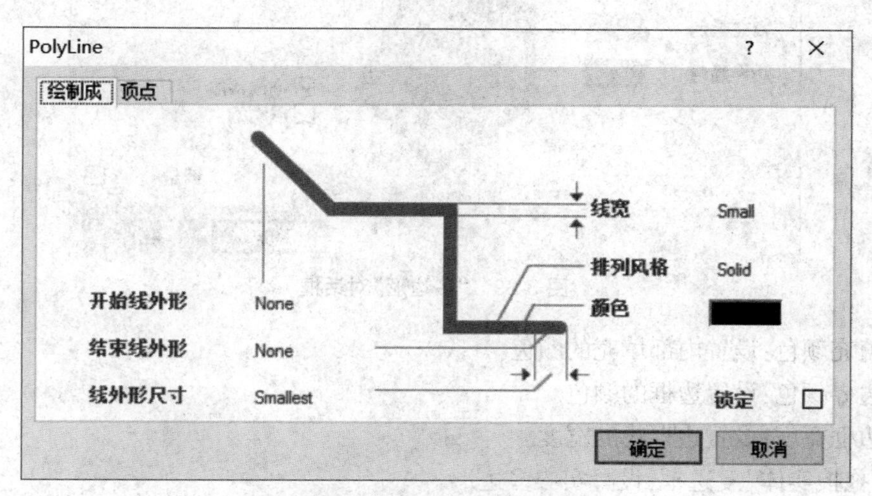

图 3-37　“PolyLine”属性对话框

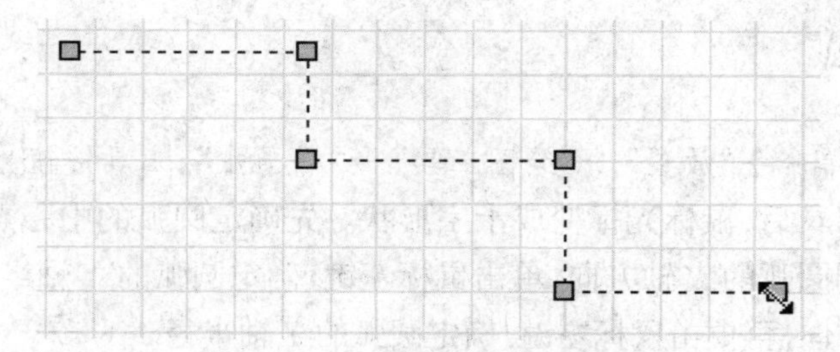

图 3-38　改变直线的起点与终点

3.2.2 绘制多边形

1. 绘制多边形(菜单命令“放置”→“绘图工具”→“多边形”,工具按钮)

启动绘制多边形工具后,鼠标光标变成十字形状,移动鼠标光标到合适的位置,单击鼠标左键,接着移到图形的下一个顶点,单击鼠标左键,依此类推,确定最后一点后,单击鼠标右键,形成一个闭合的区域,结束当前的绘制。在绘制过程中按下【Tab】键可以设置多边形的属性。

用同样的方法绘制下一个多边形。绘制完毕,单击鼠标右键或者按下【Esc】键即可退出绘制多边形状态。

2. 多边形的属性窗口

在放置状态下,按下【Tab】键打开“多边形”对话框,也可以用鼠标左键双击该多边形打开对话框。“多边形”对话框如图 3-39 所示,下面对其设置进行说明。

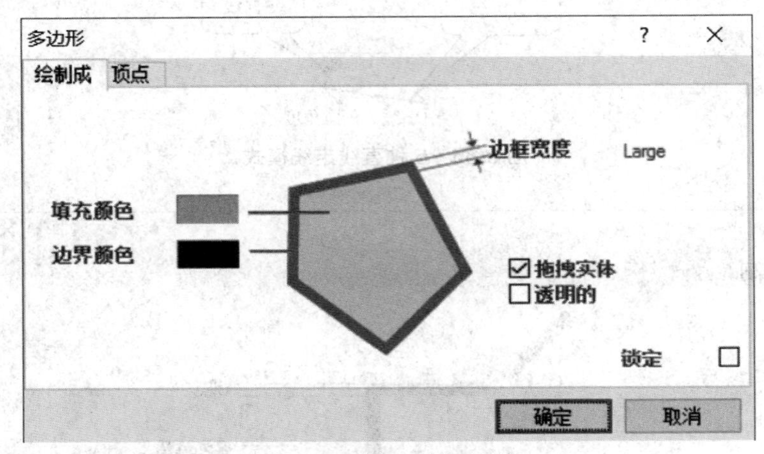

图 3-39 “多边形”对话框

(1)填充颜色:设置内部填充的颜色。

(2)边界颜色:设置边框的颜色。

(3)边框宽度:设置边框线的宽度。

(4)“拖拽实体”复选框:设置实心多边形。

(5)“透明的”复选框:选中此复选框后,内部填充色不显示。

3.2.3 绘制圆弧

1. 绘制圆弧(菜单命令“放置”→“绘图工具”→“椭圆弧”,工具按钮)

启动绘制圆弧工具后,鼠标光标变成十字形状。先确定圆弧的中心点,单击鼠标左键;接着鼠标光标自动移到圆弧的 X 轴方向,单击鼠标左键,确定圆弧的 X 轴半径;然后鼠标光标自动移到圆弧的 Y 轴方向,再单击鼠标左键,确定圆弧的 Y 轴半径。

这时鼠标光标自动跳到圆弧的起始处,选择圆弧的起始位置,单击鼠标左键,确定圆弧的起点；接着鼠标光标自动跳至圆弧的终止处，选择圆弧的终止位置，单击鼠标左键，确定圆弧的终点，完成圆弧的绘制，画圆弧的过程如图 3-40 所示。下一次圆弧线绘制以上一次为默认值。

用此方法绘制其他圆弧后，单击鼠标右键或按【Esc】键即可退出绘制圆弧状态。

2. 圆弧线的属性窗口

在绘制圆弧状态下按【Tab】键可以打开“椭圆弧”对话框，也可以用鼠标左键双击该圆弧打开对话框，如图 3-41 所示，下面对其设置进行说明。

（1）X 半径：设置 *X* 轴的半径。

（2）Y 半径：设置 *Y* 轴的半径。

（3）开始角度：设置圆弧的起始角度。

（4）结束角度：设置圆弧的终止角度。

其他设置已经介绍过，这里不再重复。

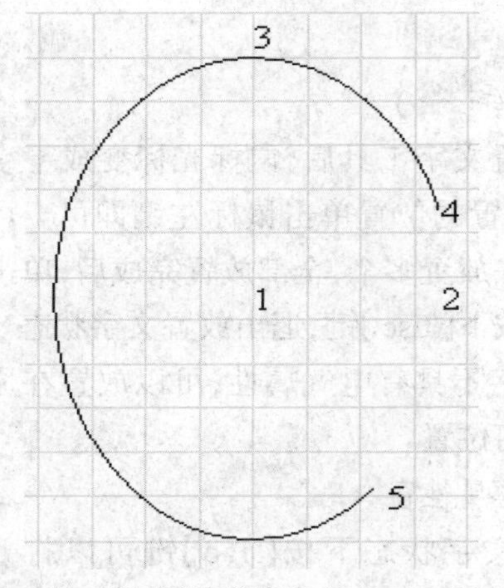

图 3-40　绘制圆弧，顺序为 1—2—3—4—5

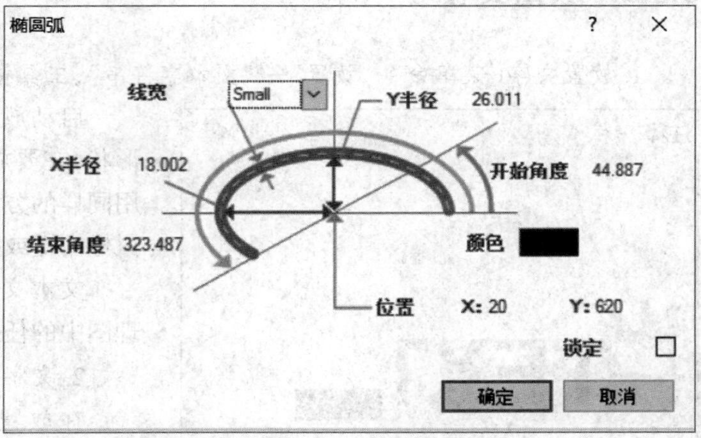

图 3-41　“椭圆弧”属性对话框

3.2.4　绘制贝塞尔曲线

1. 绘制贝塞尔曲线（菜单命令“放置”→“绘图工具”→“贝塞尔曲线”，工具按钮 ）

启动绘制贝塞尔曲线工具后，鼠标光标变成十字形状。移动光标到合适的位置后，单击鼠标左键，确定贝塞尔曲线的起点，然后确定第二个点、第三个点，确定了三个点后，在鼠标光标和起点之间会出现一条曲线，此时单击鼠标左键可确定第四个点，直到生成所需的曲线，如图 3-42 所示。

单击鼠标右键或者按下【Esc】键，即可退出绘制贝塞尔曲线状态。

2. 贝塞尔曲线的属性窗口

在绘制贝塞尔曲线状态下按【Tab】键可以打开“贝塞尔曲线”对话框，也可以用鼠标左键双击该贝塞尔曲线打开对话框，如图 3-43 所示。它的设置与直线（Line）属性的设置相似，在此不再重复。

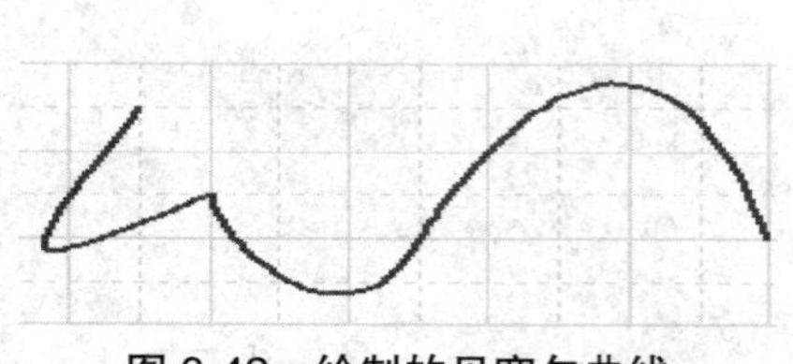
图 3-42 绘制的贝塞尔曲线

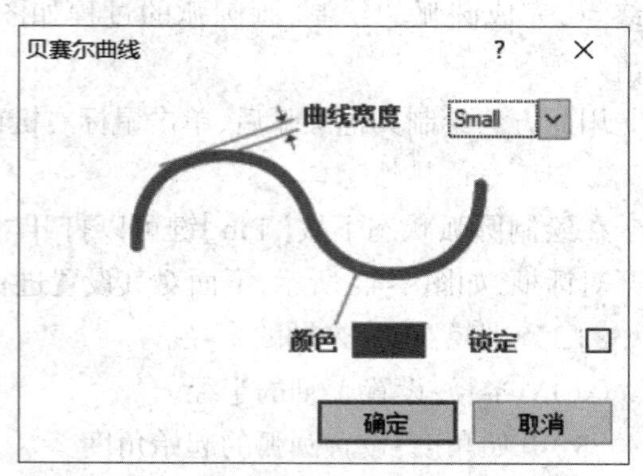

图 3-43 “贝塞尔曲线”对话框

3.2.5 放置文字

1. 放置文字(菜单命令“放置”→“文本字符串”,工具按钮)

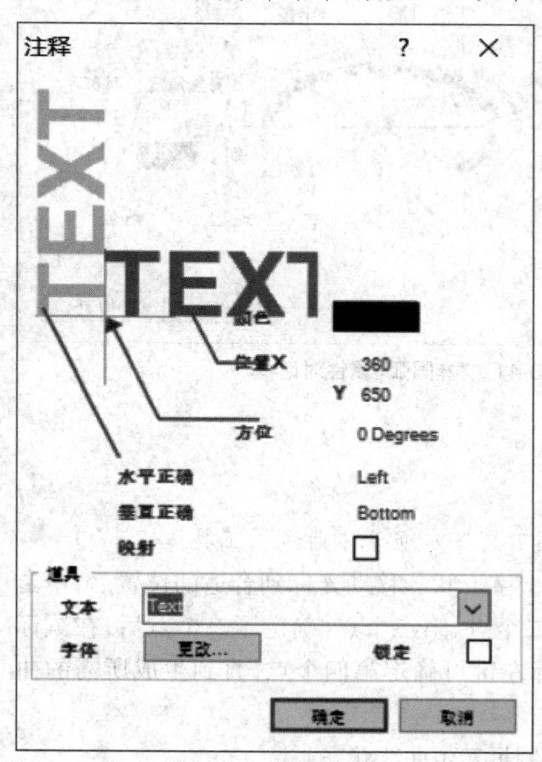

图 3-44 “注释”对话框

启动放置文字工具后,鼠标光标变成十字形状,在要放置的位置单击鼠标左键即可。可用同样的方法放置多个,全部放置完成后,单击鼠标右键或按下【Esc】键,退出放置文字状态。

文本文字不具有电气属性,可以放置在原理图中的任何位置。

2. 文字的属性窗口

在放置文字状态下按【Tab】键可以打开“注释”对话框,也可以用鼠标左键双击该文字打开对话框,如图 3-44 所示。其设置方法与网络标号相同,这里不再重复。

3.2.6 放置文本框

当放置多行文字时,需使用文本框。

1. 放置文本框(菜单命令“放置”→“文本框”,工具按钮)

启动放置文本框工具后,鼠标光标变成十字形状,并悬浮着一个文本框,移动到合适的位置,单击鼠标左键,确定文本框的起始位置,移动到另一位置,单击鼠标左键,确定文本框的大小。可以用同样的方法放置多个文本框,完成后单击鼠标右键或按下【Esc】键,即可退出放置文本框状态。

2. 文本框的属性窗口

在放置文本框状态下按【Tab】键可以打开“文本结构”对话框,也可以用鼠标左键双击该文本框打开对话框,如图 3-45 所示,下面对其设置进行说明。

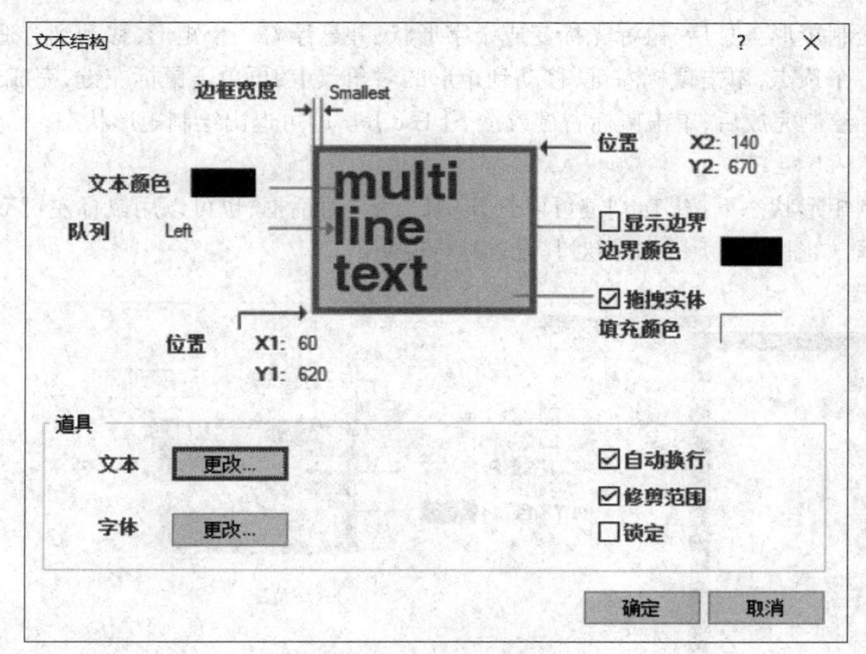

图 3-45 “文本结构”对话框

(1)位置 X1、Y1:设置文本框起始顶点的 X、Y 轴坐标。

(2)位置 X2、Y2:设置文本框终止顶点的 X、Y 轴坐标。

(3)边界颜色:设置边界颜色。

(4)“显示边界”复选框:选中此复选框,显示边界。

(5)填充颜色:设置内部填充颜色。

(6)“拖拽实体”复选框:选中此复选框,显示填充颜色。

“道具”选项卡的设置如下。

(1)文本:设置文本框中的文本内容,点击 更改... 按钮,在弹出的文本框中输入需要的文字内容。

(2)字体:设置文本的字体、字号、颜色等相关参数。

(3)“ 自动换行”复选框:设置换行模式。如果选中此复选框,当文本框中的文字长度超过了文本框的宽度时,系统将自动将多出的部分移到下一行。如果没有勾选此复选框,需要用“Enter”键来进行换行。

(4)“修剪范围”复选框:如果选中此复选框,当文本框中的字符超过文本框的区域时,系统将自动切掉超出的部分。如果没有勾选此复选框,当文本字符超过文本框的区域时,将在文本框外面显示出来。

3.2.7 绘制矩形

1. 绘制矩形(菜单命令“放置”→“绘图工具”→“矩形”,工具按钮)

启动绘制矩形工具后,鼠标光标变成十字形状,并悬浮着一个矩形,移动到合适的位置确定矩形的一个顶点,单击鼠标左键,移动到矩形的对角点上,再单击鼠标左键,完成绘制,如图 3-46 所示。绘制完成后,单击鼠标右键或按下【Esc】键,即可退出绘制矩形状态。

2. 矩形的属性窗口

在绘制矩形状态下按【Tab】键可以打开“长方形”对话框,也可以用鼠标左键双击该矩形打开对话框,如图 3-47 所示,下面对其设置进行说明。

图 3-46 绘制的矩形

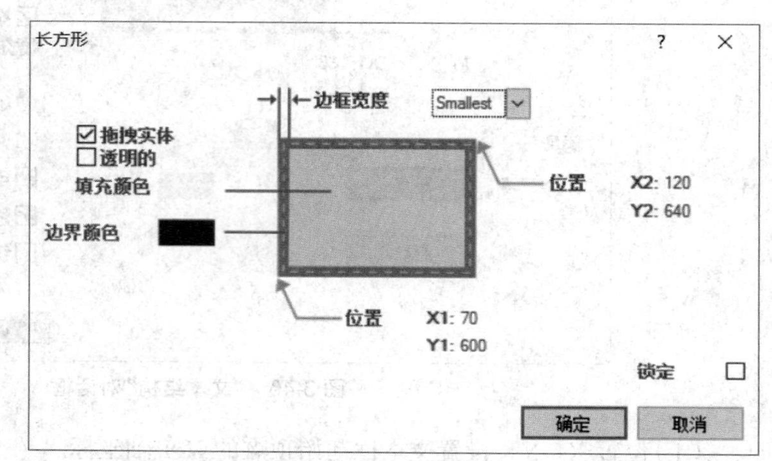

图 3-47 “长方形”对话框

(1)位置 X1、Y1:设置直角矩形框起始顶点的 X、Y 轴坐标。

(2)位置 X2、Y2:设置直角矩形框终止顶点的 X、Y 轴坐标。

3.2.8 绘制圆角矩形

绘制圆角矩形,菜单命令“放置”→“绘图工具”→“圆角矩形”,工具按钮 。

圆角矩形的绘制方法与矩形相似。它的属性窗口如图 3-48 所示,与“长方形”对话框相比,只是多了“X 半径”和“Y 半径”两个选项,分别用于设置圆角矩形在倒角处的 X 轴半径和 Y 轴半径。

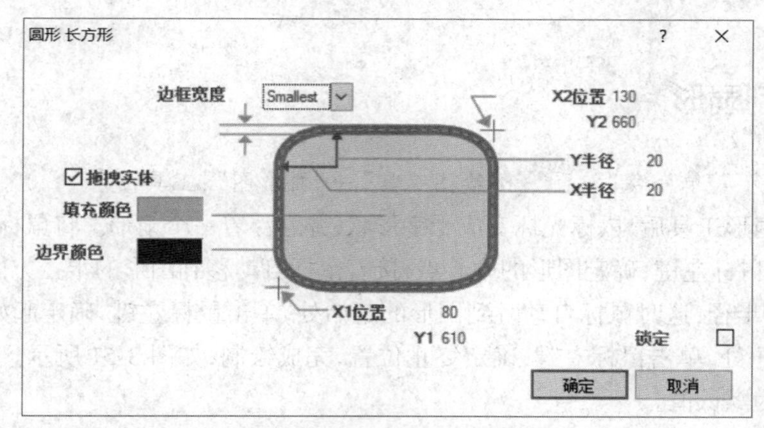

图 3-48　“圆形 长方形”对话框

3.2.9　绘制圆或椭圆

1. 绘制圆或椭圆（菜单命令“放置”→“绘图工具”→“椭圆”，工具按钮 ）

启动绘制椭圆工具后，鼠标光标变成十字形状，并悬浮着一个椭圆。将鼠标光标移动到合适的位置，单击鼠标左键，确定图形的中心点；接着鼠标光标自动移到圆形的 X 轴方向，单击鼠标左键，确定图形的 X 轴半径；然后鼠标光标自动移到圆形的 Y 轴方向，再单击鼠标左键，确定图形的 Y 轴半径，完成图形的绘制，如图 3-49 所示。下一次圆形的绘制以上一次为默认值。

用此方法可继续绘制椭圆，完成后单击鼠标右键或按下【Esc】键即可退出绘制椭圆状态。

2. 椭圆的属性窗口

在绘制椭圆状态下按【Tab】键可以打开“椭圆形”对话框，也可以用鼠标左键双击该椭圆打开对话框，如图 3-50 所示。其中“边框宽度”“边界颜色”“填充颜色”“透明的”与“长方形”对话框中的对应选项含义一样，“位置 X”“位置 Y”“X 半径”“Y 半径”与“椭圆弧”对话框中的对应选项含义一样，这里不再重复。

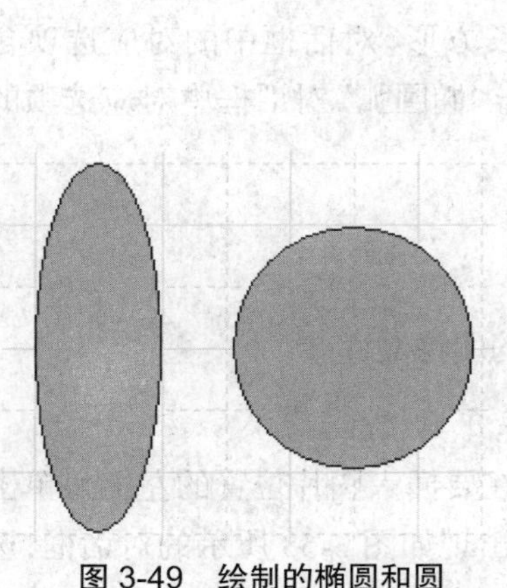

图 3-49　绘制的椭圆和圆

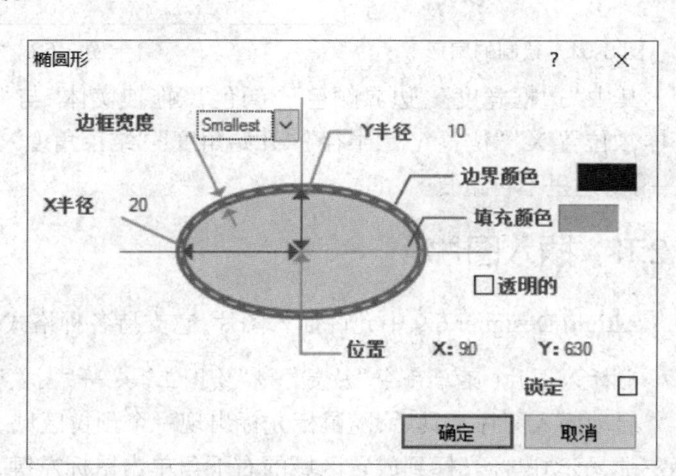

图 3-50　“椭圆形”对话框

3.2.10 绘制扇形

1. 绘制扇形(菜单命令“放置”→“绘图工具”→“饼形图”,工具按钮)

启动绘制扇形工具后,鼠标光标变成十字形状,并悬浮着一个扇形。将鼠标光标移动到合适的位置,单击鼠标左键,确定图形的中心点;接着鼠标自动移到图形的半径方向,单击鼠标左键,确定图形的半径;这时鼠标自动跳到图形的起始处,单击鼠标左键,确定起始位置;接着鼠标自动跳至终止处,单击鼠标左键,确定终止位置,完成绘制,如图 3-51 所示。下一次扇形的绘制以上一次为默认值。

用此方法绘制其他扇形后,单击鼠标右键或按【Esc】键即可退出绘制扇形状态。

2. 扇形的属性窗口

在绘制扇形状态下按【Tab】键可以打开“Pie 图表”对话框,也可以用鼠标左键双击该扇形打开对话框,如图 3-52 所示。

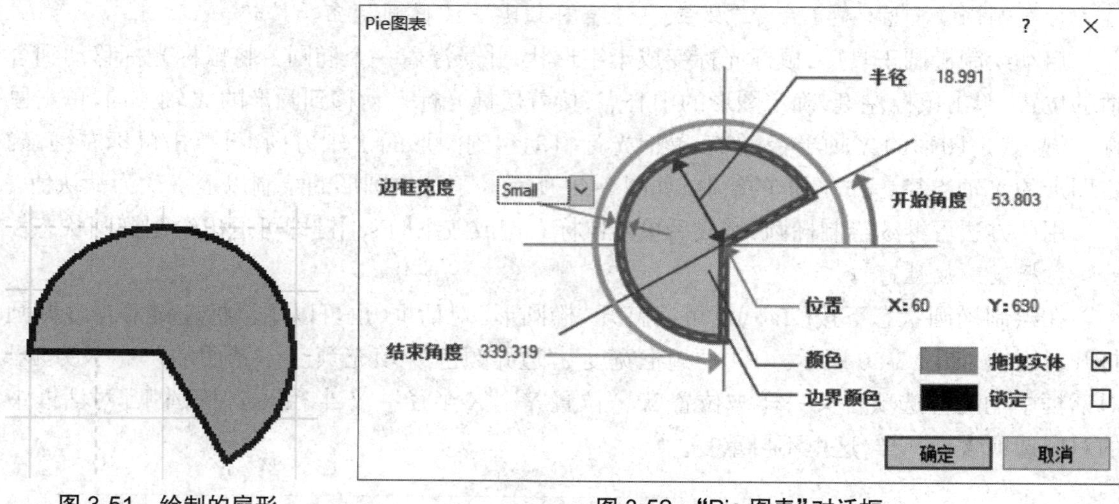

图 3-51 绘制的扇形

图 3-52 “Pie 图表”对话框

其中“边框宽度”“边界颜色”“颜色”“拖拽实体”与“长方形”对话框中的对应选项含义一样,“位置 X”“位置 Y”“半径”“开始角度”“结束角度”与“椭圆弧”对话框中对应选项的含义一样,这里不再重复。

3.2.11 插入图片

Altium Designer 6.9 中允许插入图片,它支持各种格式的图像文件。

1. 插入图片(菜单命令“放置”→“绘图工具”→“图像”,工具按钮)

启动插入图片工具后,随鼠标光标出现一个预拉区域,在要插入图片位置的左上角单击鼠标左键,移动鼠标光标到放置区域的右下角单击鼠标左键,出现如图 3-53 所示的对话框,选择一张图片后,单击“打开”按钮即可插入。如果需要,可以继续插入下一张图片,要退出插入图片状态，单击鼠标右键或者按下【Esc】键即可。

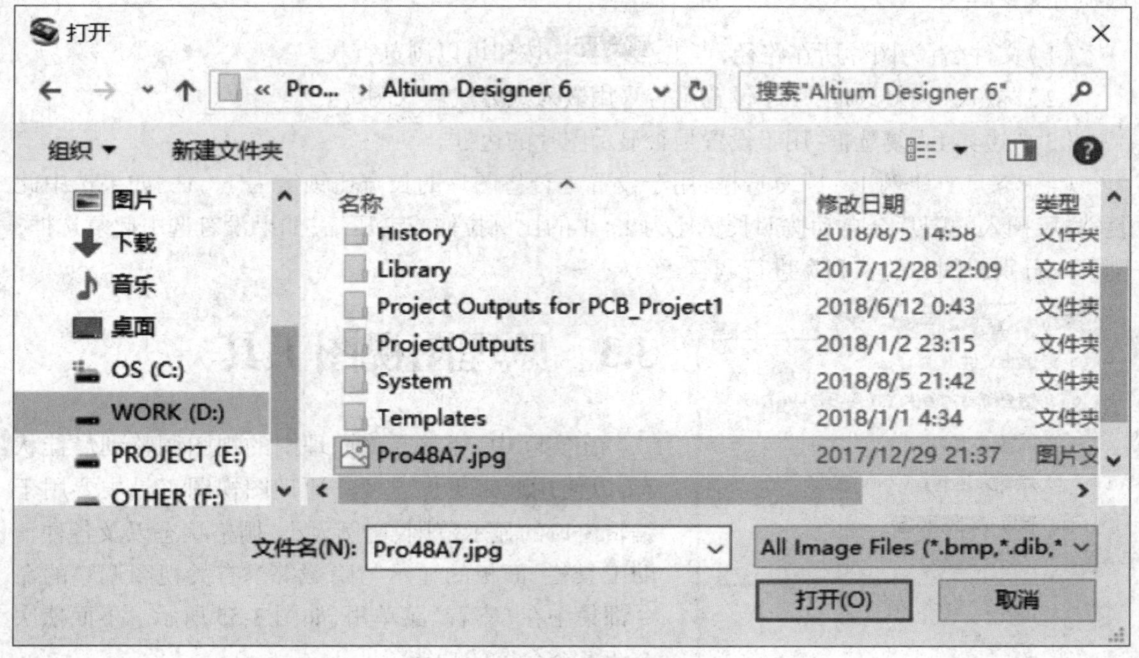

图 3-53　“打开”对话框

2. 图片的属性窗口

在插入图片状态下按【Tab】键可以打开“绘图”对话框，也可以用鼠标左键双击该图片打开对话框，如图 3-54 所示。

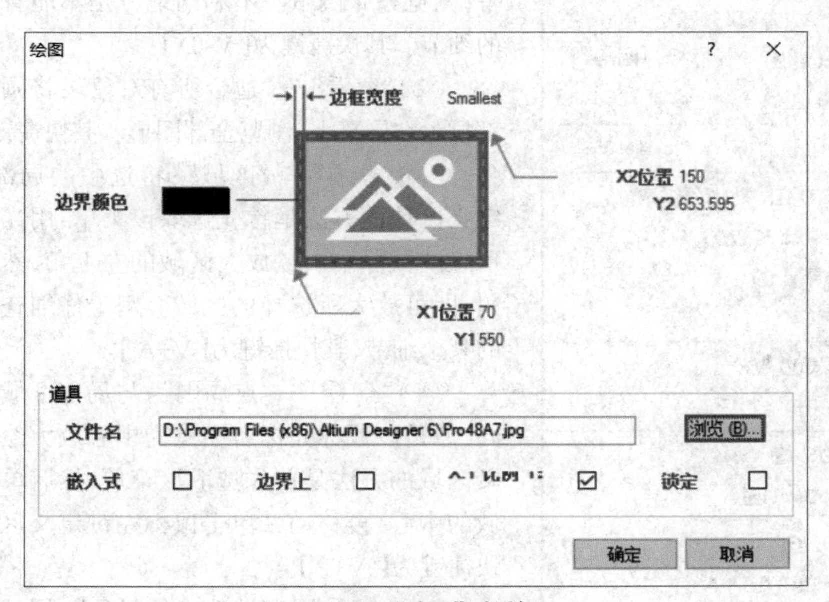

图 3-54　“绘图”对话框

其中“边框宽度”“边界颜色”“位置 X1、Y1”“位置 X2、Y2”与“长方形”对话框中的对应选项含义一样。

（1）文件名：为图片所在路径，点击 浏览(B)... 按钮可以浏览查找。

（2）“嵌入式”复选框：用于设置是否采用嵌入式方式插入图片。

（3）“边界上”复选框：用于设置是否显示图片的边框。

（4）“X : Y 比例 1 : 1”复选框：用于设置是否将图片的长宽比锁定为 1 : 1。如果选中此复选框，插入的图片会自动按照长宽比为 1 : 1 的比例拉伸或者压缩；如果没有选中此复选框，则可以分别对图片的长和宽进行调整。

3.3 原理图视图工具

在实际中，经常要将原理图的视图调整到最佳状态，以使用起来更加方便。原理图视图工具主要用于编辑窗口的显示范围、比例大小、栅格状态以及各种辅助工具栏、面板的显示与隐藏等。有关视图调整的命令都集中在“察看”菜单里，如图 3-55 所示。下面依次介绍各个命令的功能。

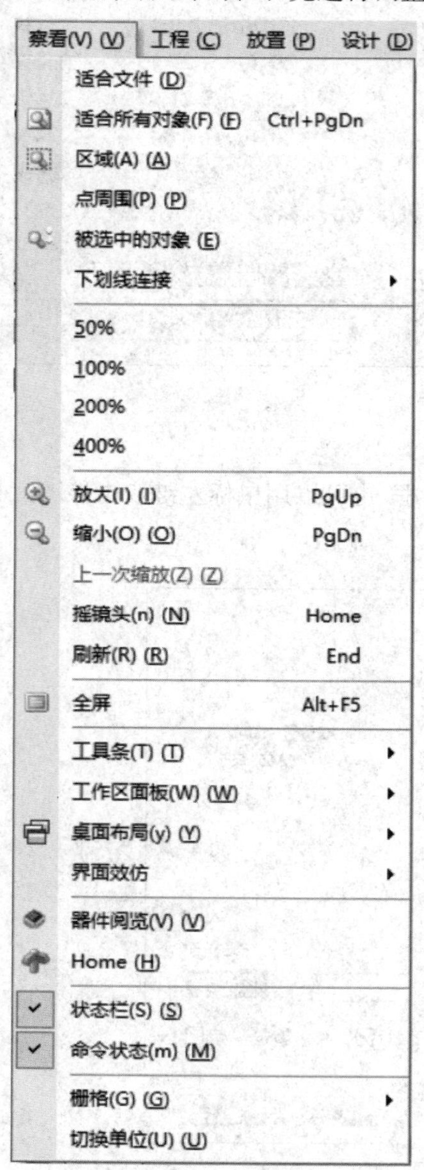

图 3-55 视图菜单

3.3.1 区域的放大与缩小

（1）“察看”→“适合文件”：将原理图缩小到全屏幕，浏览整张图纸。不利的地方是不能看清楚电路图的细节。其快捷键为【V+D】。

（2）“察看”→“适合所有对象”：将画的所有电路都显示在屏幕上，浏览全部图形。其快捷键为【V+F】。

（3）“察看”→“区域”：将选中的局部区域放大。定义区域的方法是首先选取该菜单，用光标变成十字形状的鼠标单击欲放大区域的左上角，然后单击右下角，即可放大所选择的区域。用于仔细查看电路图中的某个细节，其快捷键为【V+A】。

（4）“察看”→“点周围”：与局部区域放大基本相同，但是以鼠标光标所在点为中心放大绘图区域。定义区域的方法是首先选取该菜单，然后单击欲放大区域的中心，再移动并单击鼠标左键定义区域范围。其快捷键为【V+P】。

（5）“察看”→“被选中的对象”：用于放大显示处

于选中状态的元件。例如,选中原理图中的几个元件,然后执行菜单命令,原理图就以被选中的元件为中心放大显示。其快捷键为【V+E】。

(6)“察看”→“50%”“察看”→“100%”“察看”→“200%”“察看”→“400%”:将图按照比例缩小或放大。其快捷键分别为【V+5】,【V+1】,【V+2】,【V+4】。

(7)“察看”→“放大”:放大窗口的显示比例,注意是以鼠标为中心放大。其快捷键为【V+I】或【Page Up】。

(8)“察看”→“缩小”:缩小窗口的显示比例,注意是以鼠标为中心缩小。其快捷键为【V+O】或【Page Down】。

(9)“察看”→“上一次缩放”:用于恢复上一次操作。其快捷键为【V+Z】。

(10)“察看”→“摇镜头”:重新定义原理图的中心位置。执行该命令后,系统将以鼠标光标所在的位置为中心重新显示图纸。方法是执行命令前将鼠标光标移动到目标点,然后执行命令,目标点为屏幕中心,显示整个屏幕。其快捷键为【V+N】。

(11)“察看”→“刷新”:刷新原理图。在设计电路的过程中,有时由于反复操作变得模糊,虽然不影响电路的电气特征和正确性,但不美观,可执行该命令刷新原理图。其快捷键为【V+R】。

3.3.2 显示/隐藏工具栏

“察看”→“工具条”菜单用于显示或者隐藏各种工具栏,如图 3-56 所示,它包含若干子菜单。当菜单项的左边出现✓时,表明该工具栏当前处于显示状态,否则处于隐藏状态,可点击菜单项在显示与隐藏之间切换。

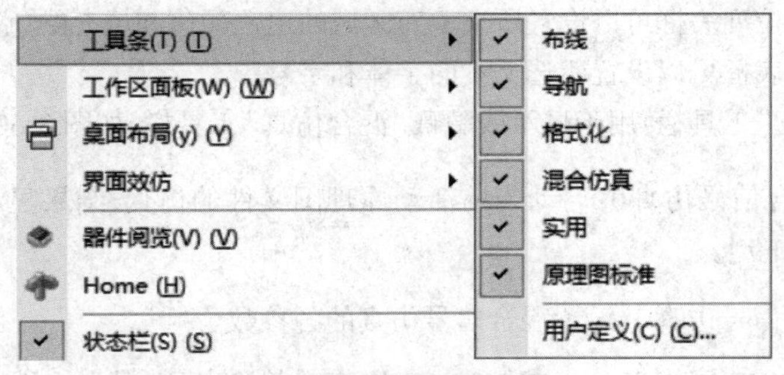

图 3-56 工具条子菜单

(1)“布线”工具栏:显示或隐藏“布线”工具栏,如图 3-57 所示(3 .1 节已经做了详细介绍,不再重复)。

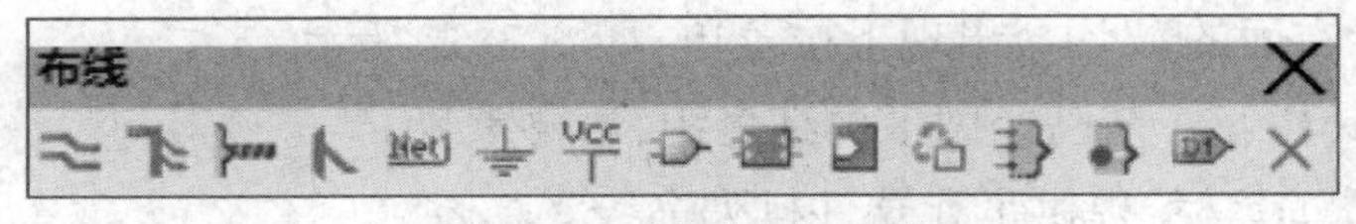

图 3-57 “布线”工具栏

(2)“导航”工具栏:该工具栏是一个导航工具。在最左侧输入文件的路径即可以进入该文件,用户可以从中查看当前打开的文件的路径。中间的两个按钮主要用于返回上一个或者进入下一个工作界面,最后一个按钮用来打开 home 页。

图 3-58 “导航”工具栏

(3)“格式化”工具栏:用于显示或隐藏“格式化”工具栏,如图 3-59 所示。该工具栏主要分成三部分,用于设置原理图的颜色和字体。

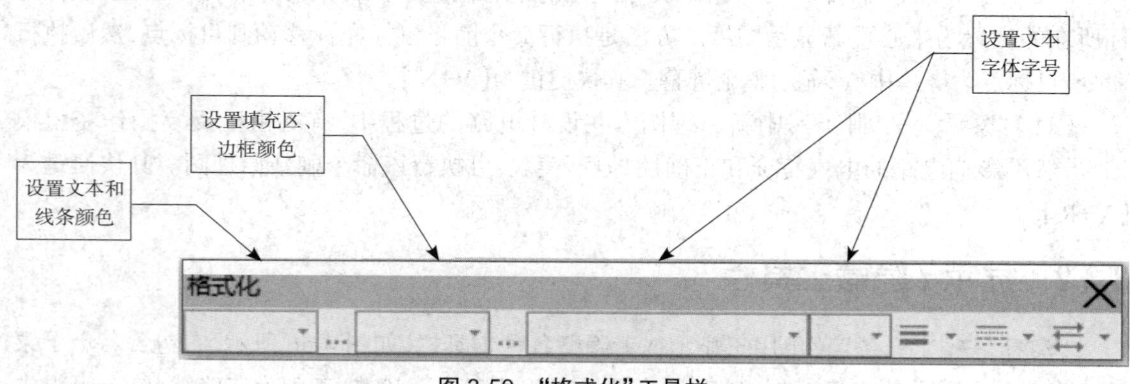

图 3-59 “格式化”工具栏

第一个颜色下拉列表框可以设置所选文本和线条的颜色。

第二个颜色下拉列表框可以设置所选填充区域的边框颜色和填充颜色。

第三个下拉列表框可以设置所选文本的字体和字号。

(4)“混合仿真”工具栏:用于显示或隐藏“混合仿真”工具栏,如图 3-60 所示。

(运行混合信号仿真):启动当前活动原理图文件的仿真,结果显示在仿真数据浏览器中,其快捷键为【F9】。

(设置混合信号仿真):设置混合信号仿真的各参数。

(生成 XSPICE 网络表):生成 XSPICE 网络表并输出到 *.nsx 文件中,“*”的默认值为仿真原理图的名称。

(5)“实用”工具栏:用于显示或者隐藏“实用”工具栏,如图 3-61 所示。此工具栏包括绘图、元件对齐、电源实体、数字实体、激励源、栅格设置等多个子工具栏。

单击各个图标右面的▾,均会出现下拉菜单,如图 3-62 所示。

①“绘图”工具栏:3.2 节已经做了详细介绍,不再重复。

②“元件对齐”工具栏:提供了元器件排列命令。

③“电源实体”工具栏:提供了各种电源和接地符号。

④“数字实体”工具栏：其中为放置两输入与非门；为放置两输入或非门；为放置非门；为放置两输入与门；为放置两输入或门；为放置三态门；为放置 D 触发器；为放置两输入异或门；为放置 3/8 线译码器；为放置总线传输器。其他按钮的含义很直观，这里不再详细介绍。

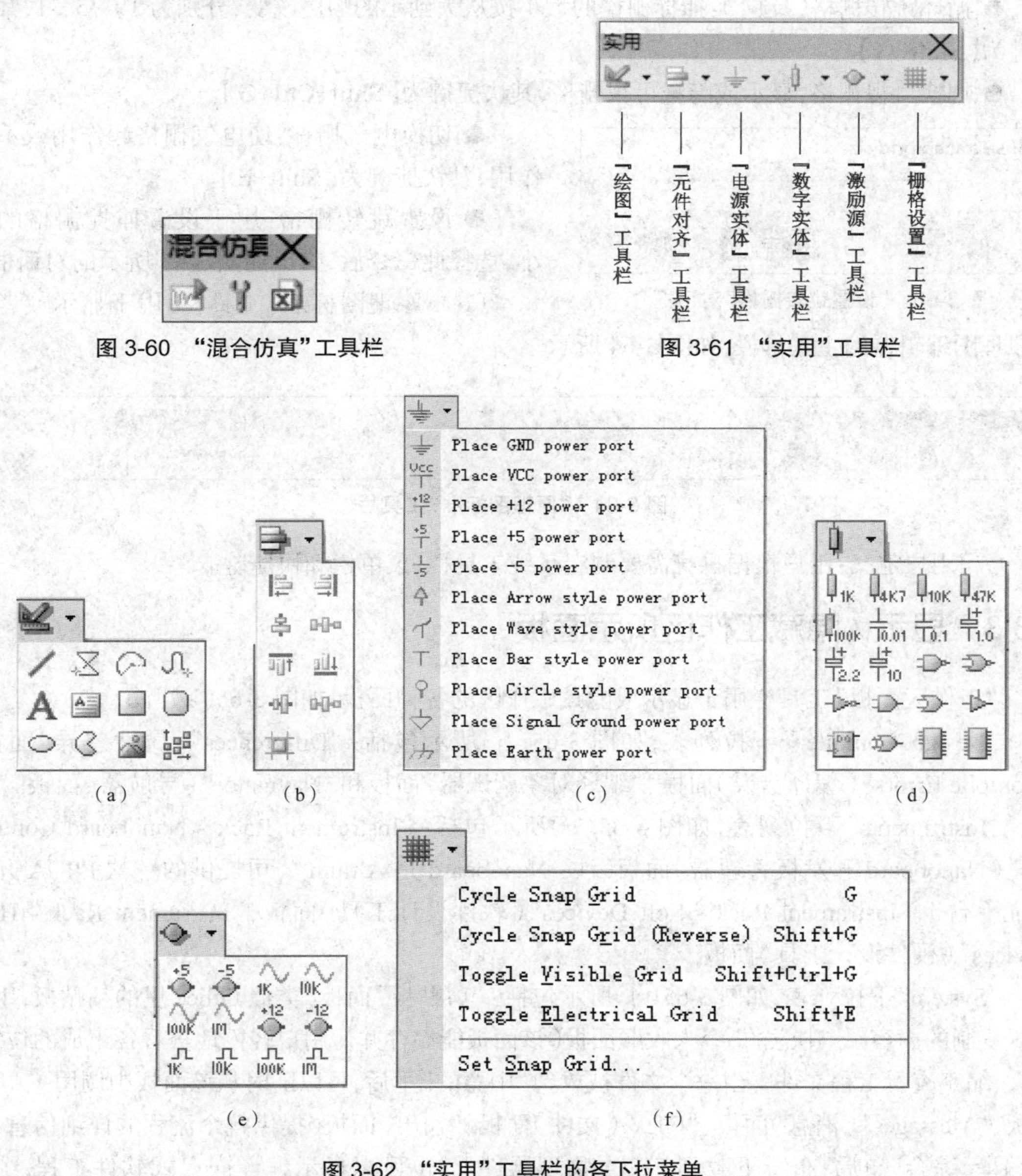

图 3-60 “混合仿真”工具栏

图 3-61 “实用”工具栏

图 3-62 “实用”工具栏的各下拉菜单

(a)“绘图”工具栏 (b)“元件对齐”工具栏 (c)“电源实体”工具栏
(d)“数字实体”工具栏 (e)“激励源”工具栏 (f)“栅格设置”工具栏

⑤“激励源”工具栏：在设计过程中，使用这样的标准按钮命令可简化操作过程，但只对某些标准元件有效。其中为放置直流电压源，挡位有 +5 V、-5 V、+12 V、-12 V；为放置正

弦波信号源，频率分别为 1 kHz、10 kHz、100 kHz、1 MHz；⎍ 为放置脉冲信号源，频率分别为 1 kHz、10 kHz、100 kHz、1 MHz。

⑥“栅格设置”工具栏。

● 循环跳转栅格：捕捉栅格的大小按从小到大的顺序改变，分别为 1、5、10，其快捷键为【 G 】。

● 循环跳转栅格（反向）：捕捉栅格的大小按从大到小的顺序改变，分别为 10、5、1，其快捷键为【 Shift+G 】。

● 切换可视栅格：显示或隐藏可视栅格，其快捷键为【 Shift+Ctrl+G 】。

● 切换电气栅格：使电气栅格起作用或不起作用，其快捷键为【 Shift+E 】。

● 设置跳转栅格：用于设置捕捉栅格的大小，选择此命令后，弹出如图 3-63 所示的对话框。

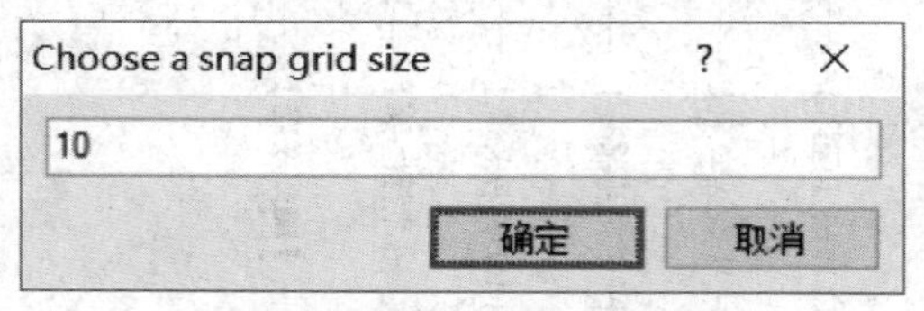

图 3-63 “设置跳转栅格”对话框

（6）“原理图标准”工具栏：用于显示或者隐藏原理图编辑器的主工具栏，如图 3-64 所示。

图 3-64 “原理图标准”工具栏

（7）用户定义：用户根据自身需要制定系统工具栏、菜单栏和快捷键。

3.3.3 显示 / 隐藏工作区所示面板

“工作区面板”工具栏用于显示或隐藏工作区的各种面板，如图 3-65（a）所示。

“Design Compiler”下拉列表，如图 3-65（b）所示包括：“Differences”（属性差异）面板、“Compile Errors”（编译错误）面板、“编译对象调试器”面板和“Navigator”（导航器）面板。

“Instruments”下拉列表，如图 3-65（c）所示包括：“Instrument Rack - Nanoboard Controllers”（Nanoboard 开发板管理器）面板（注：Nanoboard 是 Altium 公司提供的一款 FPGA 开发验证平台）、“Instrument Rack - Soft Devices”（软件设计工具）面板、“Instrument Rack - Hard Devices”（硬件设计工具）面板。

“System”下拉列表，如图 3-65（d）所示包括：“剪贴板”面板（类似 Office 里的粘贴板，用于放置复制的内容）、“中意的”个人收藏面板（该面板能储存并让用户轻松地查看各组成的位置，放大、缩小查看工程文件。当一个文件被放到“中意的”里后，可以随时从该面板中调用）、“库”面板、“Messages”（消息）面板、“Files”（文件）面板、“输出”面板（提供整个流程的详细信息，比如编译、综合、布局、布线下载到 FPGA 物理器件上；也可以显示编译嵌入式软件工程，综合 VHDL 设计时的信息）、“片断”面板、“存储管理器”面板（可以让用户按照文件存储模式导航正在使用的文件，不但可以立刻看见该文件在工程中的哪个部分，而且可以看见其他文件的存储位置）、“To-Do”（必须做）面板（列出所有的必须做事件，注：必须做事件指的是在下个进程中必须完成的目标的备忘）、“Projects”（项目文件）面板。

"SCH"下拉列表，如图 3-65（e）所示包括："SCH Filter"（过滤器）面板（可以利用 Filter 很方便地查找所需要的元器件）、"SCH List"（列表）面板、"方块电路"面板、"SCH Inspector"（属性监视器）面板。

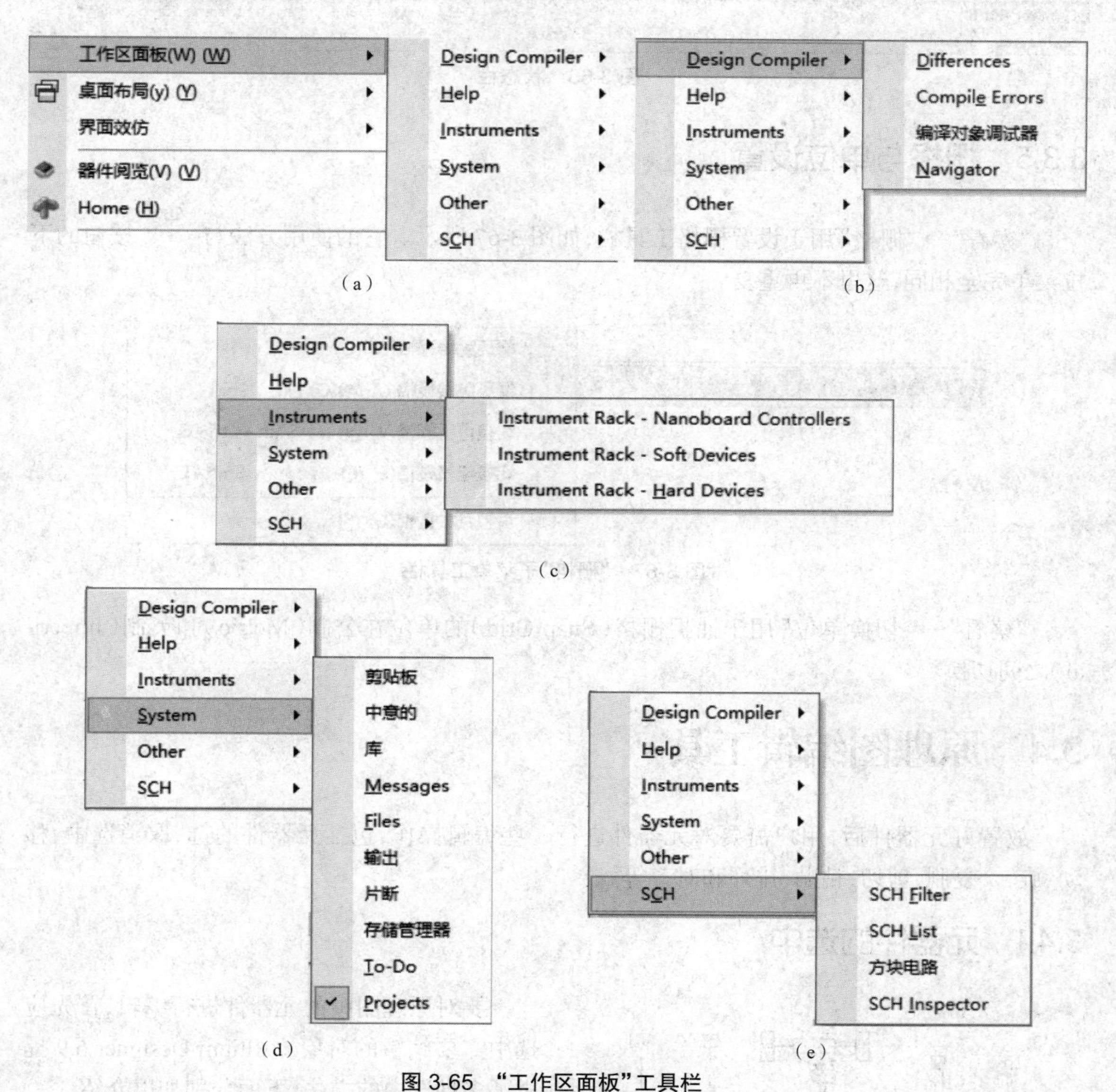

图 3-65　"工作区面板"工具栏

（a）"工作区面板"工具栏选项　（b）"Design Compiler"下拉列表　（c）"Instruments"下拉列表
（d）"System"下拉列表　（e）"SCH"下拉列表

3.3.4　显示 / 隐藏状态栏、命令栏

"察看"→"状态栏"用于显示或隐藏状态栏，当菜单命令左边出现✓时，表明状态栏当前处于显示状态，否则处于隐藏状态。状态栏的左边显示的是当前鼠标所在位置的坐标，右边为启动各种面板的快捷按钮。

“察看”→“命令状态”用于显示或隐藏命令栏。命令栏是对所选择命令的解释。状态栏如图 3-66 所示。

图 3-66 状态栏

3.3.5 栅格与单位设置

“察看”→“栅格”用于设置栅格工具栏，如图 3-67 所示。它的使用方法与 按钮的下拉菜单完全相同，这里不再重复。

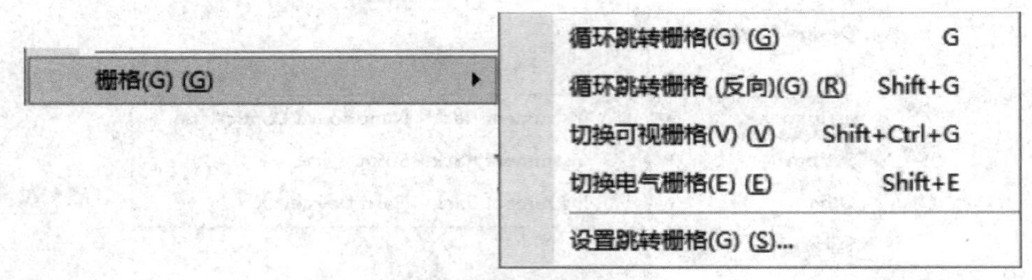

图 3-67 “栅格”子菜单工具栏

“察看”→“切换单位”用于捕捉栅格（Snap Grid）的单位在公制（Metric）和英制（Imperial）之间切换。

3.4 原理图编辑工具

放置好元器件后，用户需要对元器件进行一些编辑操作，包括元器件的选、取消选中、移动、旋转、复制、剪切、粘贴、排列和对齐等。

3.4.1 元器件的选中

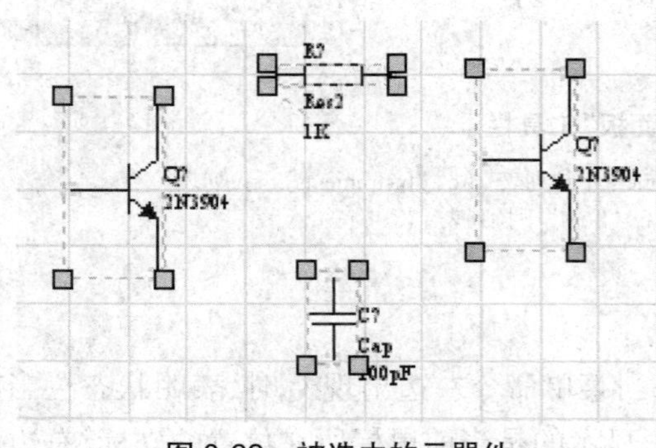

图 3-68 被选中的元器件

要对原理图中的元器件进行编辑，首先应选中需要编辑的对象。Altium Designer 6.9 提供了多种选中的方法，下面分别加以介绍。

1. 用鼠标选中元器件

用鼠标选中有两种方法：其一，先按下【Shift】键不放，然后移动鼠标用左键单击各个需要选中的对象，选择完成后松开【Shift】键；其二，在原理图中按住鼠标左键不放，然后拖动鼠标形成一个矩形窗口，所有位于矩形窗口内的元器件都将被选中,如图 3-68 所示。

> ! **注意:**被选中的元器件有一个蓝色或绿色的矩形框显示标志,绿色表示当前选中的对象。在整个拖动过程中,不能松开鼠标左键。

2. 用工具条选中元器件

使用标准工具栏中的⬚按钮作为选中工具,启动工具后,鼠标光标变成十字形状,拖动鼠标形成一个方框,将需要选中的元器件放到方框中,即可完成选中。

3. 用菜单命令选中元器件

如图 3-69 所示,菜单命令"编辑"→"选中"包含多个子菜单,其功能介绍如下。

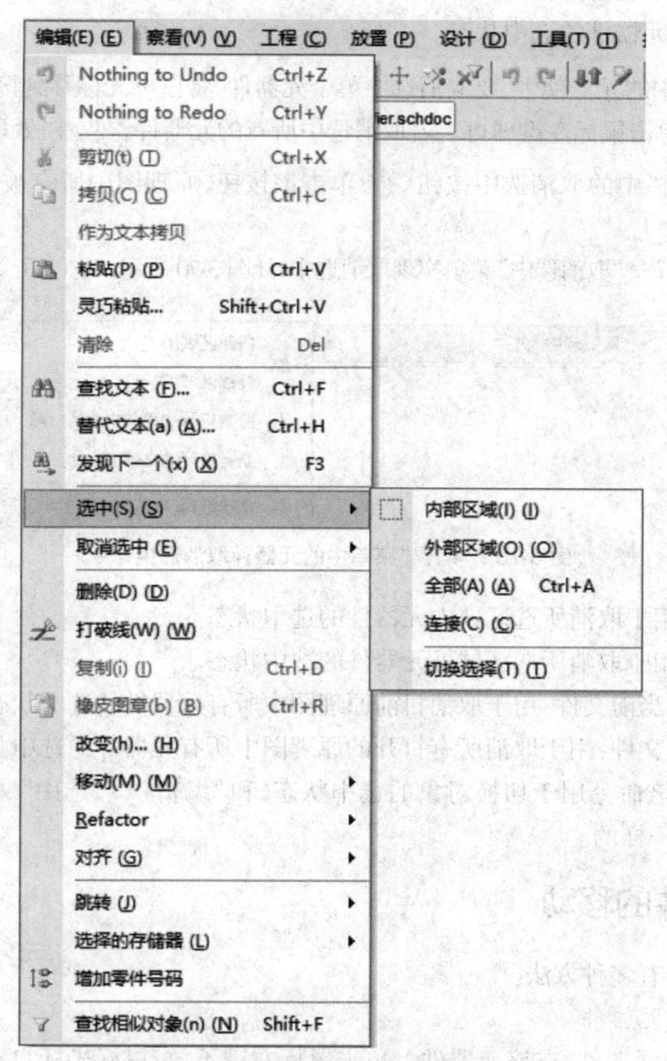

图 3-69 "编辑"菜单中的元器件选中命令

(1)内部区域:该命令用于选中区域内的元器件对象,其用法与标准工具栏中的⬚按钮一样。

（2）外部区域：该命令用于选中区域外的元器件对象。

（3）全部：该命令用于选中当前原理图中的全部对象，其快捷键为【Ctrl+A】。

（4）连接：使用该命令可以选中所有相互连接的导线、电气节点、输入/输出端口和网络标签等。

（5）切换选择：启动该命令后，鼠标光标变成十字形状，单击某一元器件，如果该元器件原来处于选中状态，那么该元件的选中状态将被取消；如果该元器件原来处于未选中状态，则此时被选中。

3.4.2 元器件的取消选中

有元器件的选中就有元器件的取消选中。取消选中同样有很多方法，其中最方便、快捷的就是使用鼠标取消元器件的选中状态。

（1）在众多选中的元器件中，要取消选中单个元器件，将鼠标光标移到该位置，当出现✥时按下【Shift】键，再单击鼠标左键即可。若取消选中所有的元器件，在空白处单击鼠标左键即可。

（2）使用工具栏中的取消选中按钮，单击该按钮，原理图中所有被选中的对象都将被取消选中状态。

（3）使用“编辑”→“取消选中”菜单实现取消选中，如图 3-70 所示。它的几个子菜单功能如下。

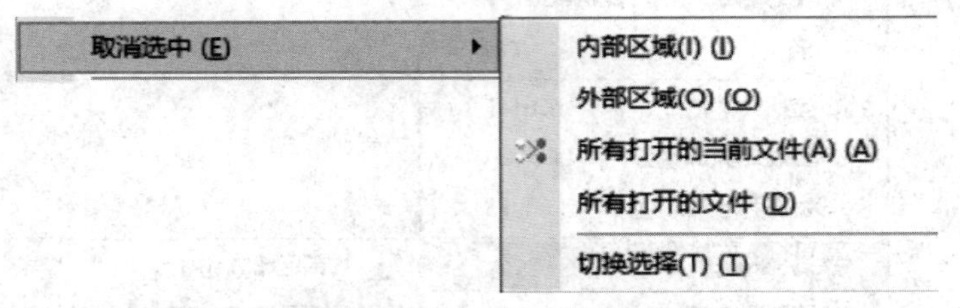

图 3-70 “编辑”菜单中的元器件取消选中命令

①内部区域：用于取消所选区域内元器件的选中状态。

②外部区域：用于取消所选区域外元器件的选中状态。

③所有打开的当前文件：用于取消目前原理图中所有元器件的选中状态。

④所有打开的文件：用于取消所有打开的原理图中所有元器件的选中状态。

⑤切换选择：该命令用于切换对象的选中状态，和“编辑”→“选中”菜单命令下“切换选择”命令的作用是一样的。

3.4.3 元器件的移动

元器件的移动有多种方法。

1. 用鼠标拖动元器件

移动未选中的元器件，在该元器件上单击鼠标左键不放，鼠标光标自动滑到电气节点上；移动已选中的元器件，将鼠标光标指向该元器件直到出现✥图标，然后拖动鼠标到合适的位置，松开鼠标左键，该对象即被移动到当前位置。

2. 用工具条移动元器件

使用标准工具栏中的 按钮作为移动工具，选定要移动的元器件，选定移动工具，鼠标光标变成十字形状，在被选定对象附近单击鼠标左键，再移动到合适的位置，单击鼠标左键，即可完成元器件的移动。

3. 用菜单命令移动元器件

采用"编辑"→"移动"菜单，如图 3-71 所示，它的几个子菜单功能如下。

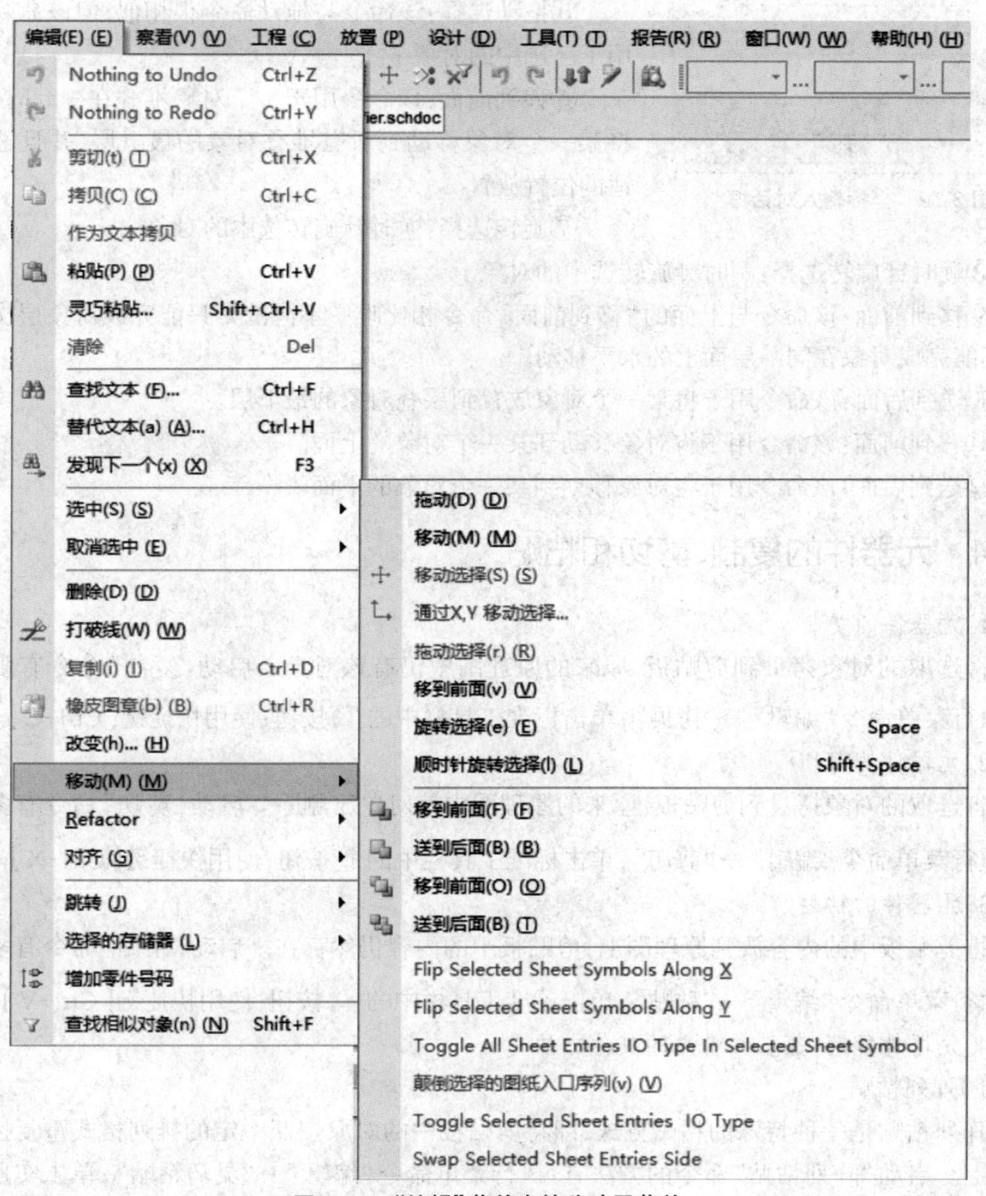

图 3-71 "编辑"菜单中的移动子菜单

①拖动：用于移动元件和导线。与单纯的移动命令不同，使用该命令时，如果被拖动的是

元件，那么元件上连接所有的导线会一起移动，不会发生断线；如果被拖动的是导线，那么导线的两个端点将保持不变，产生新的转折点。

②移动：用于移动对象。与拖动不同的是，只移动对象，与之连接的导线不会一起移动。

③移动选择：该命令的功能与工具栏中的按钮完全一致。

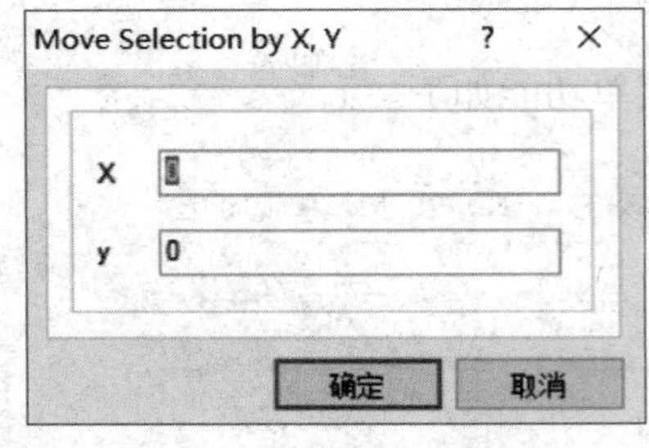

图 3-72 坐标输入对话框

④通过 X，Y 移动选择…：点选后出现如图 3-72 所示的对话框，输入“X”“Y”值，即将元件移动到确定的坐标。

⑤拖动选择：该命令与拖动命令很相似，但该命令只适用于已选中的对象。

⑥移到前面：该命令用于多个对象堆叠在一起时，可以将某一个对象移动到所有堆叠对象的最上层，并且选择合适的位置放置。

⑦旋转选择：逆时针旋转选中的对象。

⑧顺时针旋转选择：顺时针旋转选中的对象。

⑨移到前面：该命令与上面的“移到前面”命令相比唯一不同的是只能完成对象层次的转换，不能完成对象在同一层面上的水平移动。

⑩送到后面：该命令用于将某一个对象放置到层叠对象的最下层。

⑪移到前面：该命令用于将对象移动到某一个对象的上面。

⑫送到后面：该命令用于将对象移动到某一个对象的下面。

3.4.4 元器件的复制、剪切和粘贴

1. 元器件的复制

将选取的对象拷贝到剪贴板，原来的原理图中仍有该对象。启动“复制”命令有多种方法：执行菜单命令“编辑”→“拷贝”；单击标准工具栏中的按钮；使用快捷键【Ctrl+C】。

2. 元器件的剪切

将选取的对象拷贝到剪贴板，原来的原理图中该对象已删除。启动“剪切”命令有多种方法：执行菜单命令“编辑”→“剪切”；单击标准工具栏中的按钮；使用快捷键【Ctrl+X】。

3. 元器件的粘贴

将剪贴板中的内容放到原理图上，剪贴板中的内容仍然存在。启动“粘贴”命令有多种方法：执行菜单命令“编辑”→“粘贴”；单击标准工具栏中的按钮；使用快捷键【Ctrl+V】。

4. 元器件复制、剪切和粘贴的其他方法

1）阵列粘贴

阵列粘贴是一种特殊的粘贴方式，即将剪贴板中的对象按照一定的排列格式重复拷贝到图纸上。启动“阵列粘贴”命令的方法有：执行菜单命令“编辑”→“灵巧粘贴”；单击实用工具栏下的绘图工具栏中的按钮。

执行“灵巧粘贴”命令后，将弹出如图 3-73 所示的对话框。

“粘贴阵列”选项卡中的参数如下。

(1)“使能粘贴阵列”复选框:点选控制粘贴阵列的执行。

(2)纵列计算:列排布个数。

(3)纵列间距:列排布间距。

(4)行计算:行排布个数。

(5)行间距:行排布间距。

按照图 3-73 完成阵列式粘贴对话框的设置,就可以显示出如图 3-74 所示的结果。

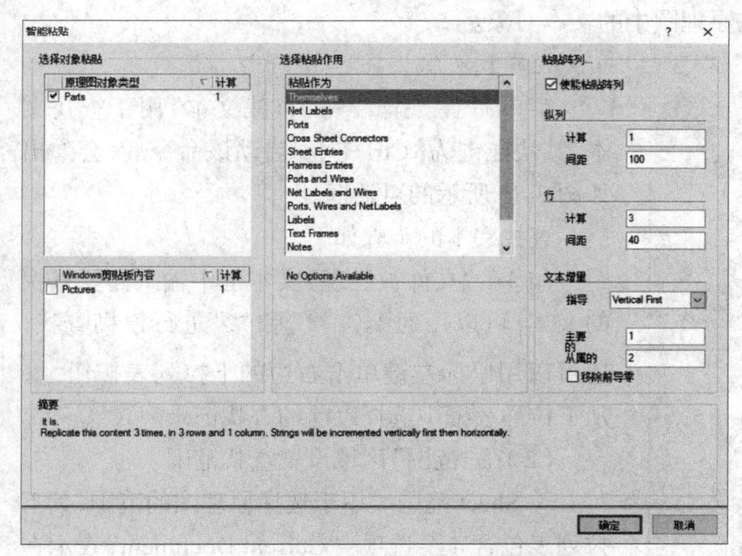

图 3-73 “智能粘贴”对话框

10k
10k
10k

图 3-74 执行阵列粘贴后显示的结果

2)橡皮图章

橡皮图章是 Altium Designer 6.9 新增的复制命令,使用该命令可以根据需要在图中放置任意多个拷贝对象。启动“橡皮图章”命令的方法有:执行菜单命令“编辑”→“橡皮图章”;单击标准工具栏中的按钮;使用快捷键【Ctrl+R】。

首先选中需要拷贝的对象,然后启动“橡皮图章”命令,鼠标光标变成十字形状并自动滑到电气节点上,此时被选中的对象悬浮在鼠标光标上,移动鼠标光标到合适的位置单击左键即可复制一个对象,此命令可连续放置多个复制对象。全部完成后,单击鼠标右键或按下【Esc】键即可。

3.4.5 元器件的删除

在“编辑”菜单中有两个删除命令,分别是“清除”和“删除”。

1. 清除

该命令可删除已选取的对象。在执行该命令之前必须选取好要删除的对象。启动该命令可以执行“编辑”→“清除”命令或者使用快捷键【Del】。

2. 删除

该命令可连续删除多个对象。启动该命令后，鼠标光标变成十字形状，将鼠标光标移动到所要删除的元器件上，单击鼠标左键即可删除该元器件，全部完成后单击鼠标右键或按下【Esc】键即可。启动该命令的方法是执行菜单命令“编辑”→“删除”。

3.4.6 查找与替换

就像 Word 一样，Altium Designer 6.9 提供了文本的查找与替换功能，在原理图的编辑过程中，可以查找或者替换一切出现在原理图中的文本对象。

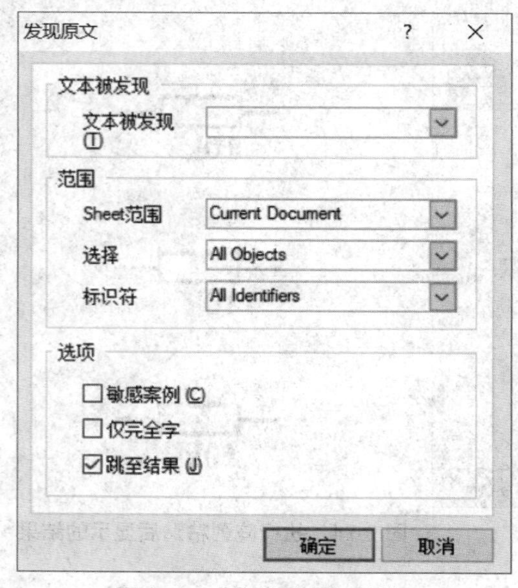

图 3-75 “发现原文”对话框

1. 查找文本

菜单命令“编辑”→“查找文本”用于查找文本，其快捷键为【Ctrl+F】。启动该命令后，会弹出如图 3-75 所示的对话框。

查找文本的步骤如下。

（1）在“文件被发现”文本框中输入需要查找的文本，可以用通配符“*”和“?”进行模糊查找，还可以用鼠标左键单击右边的下拉列表按钮，从下拉列表框中选择以前的查找记录。

（2）在“范围”区域设置查找范围。

① Sheet 范围。用于选择原理图的范围，其下拉列表包含 4 个选项：“Current Document”表示在当前文档中查找，“Project Document”表示在项目文件的所有文档中查找，“Open Document”表示在所有打开的文档中查找，“Document On Path”表示在设置的路径上查找。

②选择。用于选择查找对象的状态，其下拉列表包含 3 个选项：“All Objects”表示在所有的对象中查找，“Selected Objects”表示仅在选中的对象中查找，“Deselected Objects”表示在没有选中的对象中查找。

③ 标识符。用于选择标识符的种类，其下拉列表包含 3 个选项：“All Identifiers”表示针对全部标识符，“Net Identifiers Only”表示仅针对网络标识符，“Designators Only”表示只针对指示符。

（3）在“选项”区域设置查询条件。

①敏感案例：用于设置是否识别大小写。

②仅完全字：系统将文本搜索的范围限定在网络标识符类对象，主要包括 net labels（网络标号）、power ports（电源端口）、ports（电路端口）和 sheet entries（方块电路端口）等。

③跳至结果：查找顺序跳到结果。

（4）单击“确定”按钮就可以进行查找了。

2. 查找并替换文本

菜单命令“编辑”→“替代文本”用于查找并替换文本，其快捷键为【Ctrl+H】。除需要设置查找文本设置的内容外，还需要设置更换文本设置的内容。启动该命令后会弹出如图 3-76 所示的对话框，对话框中与“发现文本”相同的地方在此不再重复叙述，其他选项的功能如下。

替代：用于输入替换的新文本。还可以在该栏输入适当的表达式，替换文本中的某些字符。

“替代提示”复选框：用于设置替换前是否需要提示。

3. 查找下一个文本

菜单命令“编辑”→“发现下一个”用于查找下一个指定的文本，其快捷键为【F3】。其对话框与“发现文本”完全相同，不再重复叙述。

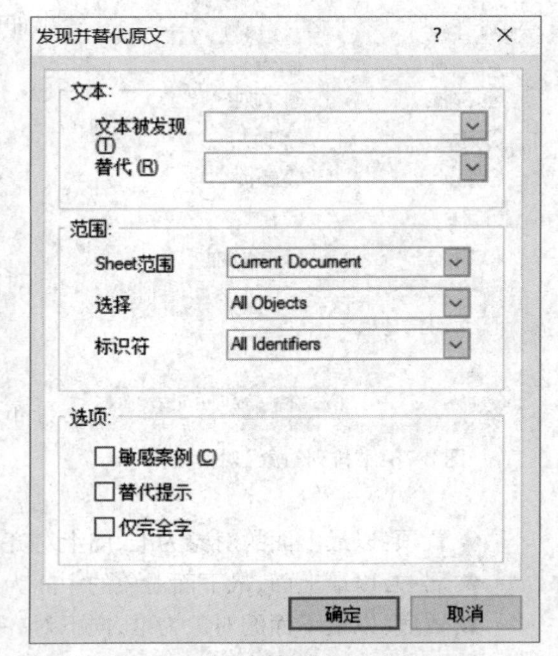

图 3-76　“发现并替代原文”对话框

3.4.7　元器件的排列和对齐

初步完成放置操作的原理图，各种元器件的摆放往往不是很整齐，Altium Designer 6.9 提供了多种排列与对齐的命令，全部集中在菜单“编辑”→“对齐”中或实用工具栏下的排列工具子工具栏，如图 3-77 所示。

元器件在排列与对齐前，必须处于选中状态。

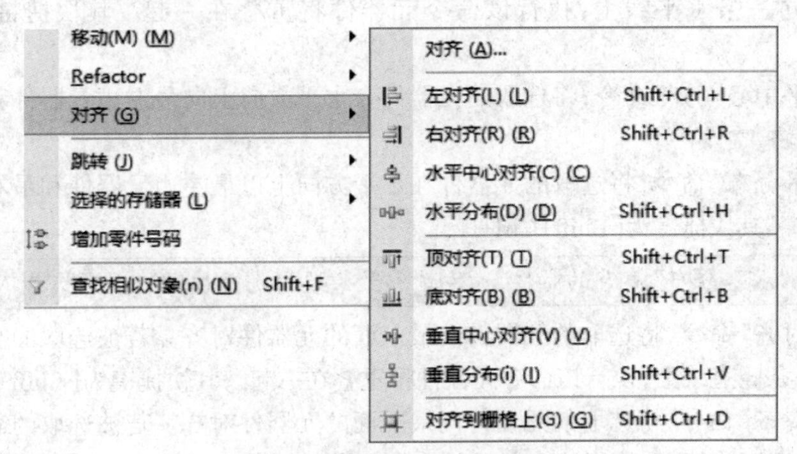

图 3-77　元器件“对齐”菜单

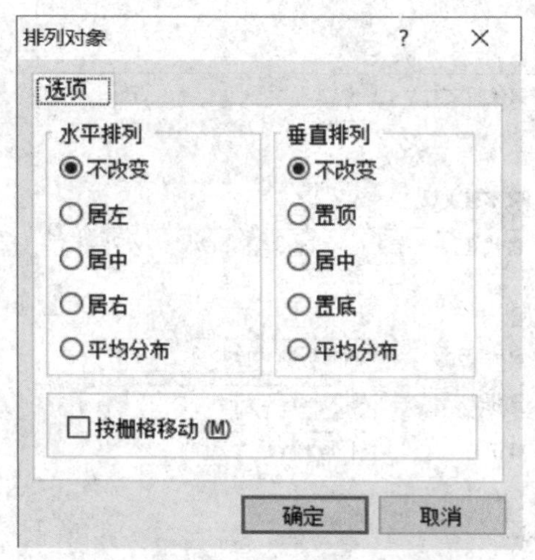

图 3-78 “排列对象”对话框

（1）执行“编辑”→“对齐”→“对齐...”命令，会弹出如图 3-78 所示的对话框。

现将该话框各选项的含义介绍如下。

①“水平排列”栏包括如下几项。

● 不改变：水平方向不排列，保持原状。

● 居左：以最左边的对象为准，向左对齐。

● 居中：以最左边、最右边对象的中间为准，向中间对齐。

● 居右：以最右边的对象为准，向右对齐。

● 平均分布：在最左边、最右边对象之间均匀分布。

②“垂直排列”栏包括如下几项。

● 不改变：垂直方向不排列。

● 置顶：以最上面的对象为准，向上对齐。

● 居中：以最上面、最下面对象的中间为准，向中间对齐。

● 置底：以最下面的对象为准，向下对齐。

● 平均分布：在最上面、最下面对象之间均匀分布。

③“按栅格移动”复选框：用于设置是否在进行对象排列的同时将对象移到栅格点上，这样方便电路的连接。

（2）“左对齐”命令，将选取的元器件向最左边的元器件对齐。若被选取的需要对齐的元器件处于同一条水平线上，执行该命令元器件将重叠在一起。其快捷键为【Shift+Ctrl+L】。

（3）“右对齐”命令，将选取的元器件向最右边的元器件对齐。若被选取的需要对齐的元器件处于同一条水平线上，执行该命令元器件将重叠在一起。其快捷键为【Shift+Ctrl+R】。

（4）“水平中心对齐”命令，将选取的元器件在水平方向上向最左边元器件和最右边元器件的中心线对齐。

（5）“水平分布”命令，将选取的元器件在水平方向上以最左边元器件和最右边元器件为边界均匀分布。其快捷键为【Shift+Ctrl+H】。

！注意：执行“水平分布”命令的时候，最左边和最右边的元器件的水平坐标是不变的。

（6）“顶对齐”命令，将选取的元器件向最上面的元器件对齐。若被选取的需要对齐的元器件处于同一条竖直线上，执行该命令元器件将重叠在一起。其快捷键为【Shift+Ctrl+T】。

（7）“底对齐”命令，将选取的元器件向最下面的元器件对齐。若被选取的需要对齐的元器件处于同一条竖直线上，执行该命令元器件将重叠在一起。其快捷键为【Shift+Ctrl+B】。

（8）“垂直中心对齐”命令，将选取的元器件向最上边元器件和最下边元器件的中间位置对齐。

（9）“垂直分布”命令，将选取的元器件在最上边元器件和最下边元器件之间进行竖直方向的均匀分布。其快捷键为【Shift+Ctrl+V】。

（10）“对齐到栅格上”命令，完成所选对象移动到格点处的排列。其快捷键为【Shift+Ctrl+D】。

3.4.8 撤销/恢复操作

在绘制原理图的过程中，难免出现误操作，Altium Designer 6.9 提供了简便的撤销和恢复操作的方法。

“编辑”→“Undo”命令：撤销错误的操作。

“编辑”→“Redo”命令：恢复操作，若撤销错了，可以用该命令恢复撤销的操作。

3.5 元件的自动标识

在原理图中元件的流水编号（Designator）是提供元件信息的主要途径，在放置过程中，经常需要添加或删除电路图中的元件，这样整个原理图的元件标识可能出现混乱。对这些问题，可以手工修改，但使用 Altium Designer 6.9 提供的原理图自动标识工具效率高，准确率高，修改更方便。

用前面讲过的各种工具，经过放置元器件且连线就可以完成原理图的最基本绘制，如图 3-79 所示，接着需要对图进行元件的自动标识。

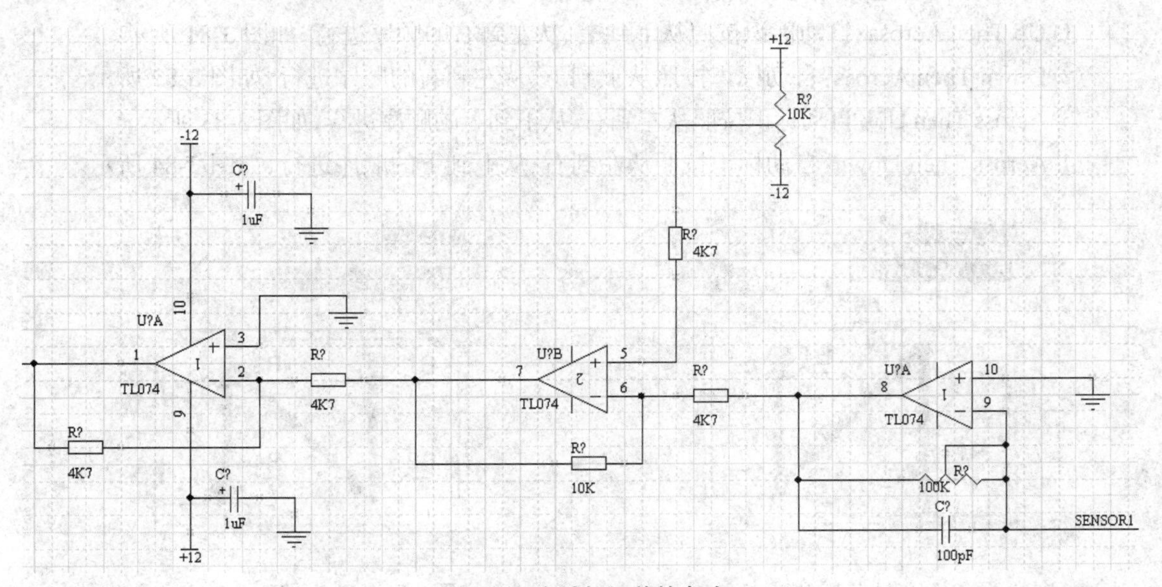

图 3-79 自动标识前的电路

自动标识的步骤如下。

1. 设置参数

执行“工具”→“注释”菜单命令，弹出如图 3-80 所示的对话框。

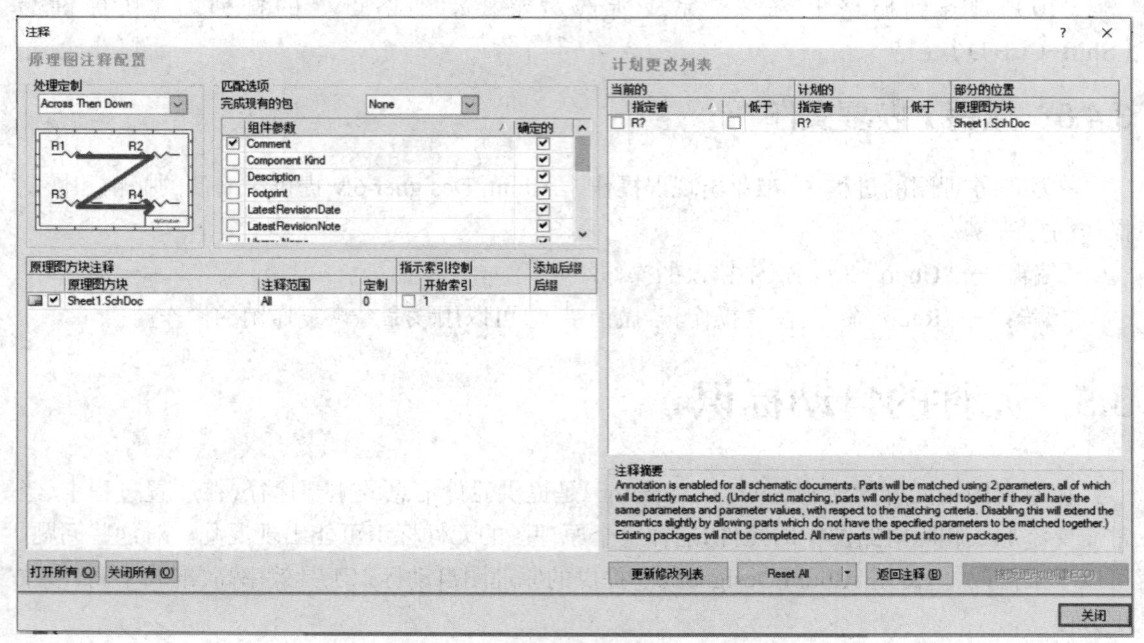

图 3-80 “注释”对话框

左上角的“处理定制”下拉列表框有 4 个选项。

① Up Then Across：自动标识按照从下到上、从左到右的顺序进行，如图 3-81 所示。

② Down Then Across：自动标识按照从上到下、从左到右的顺序进行，如图 3-82 所示。

③ Across Then Up：自动标识按照从左到右、从下到上的顺序进行，如图 3-83 所示。

④ Across Then Down：自动标识按照从左到右、从上到下的顺序进行，如图 3-84 所示。

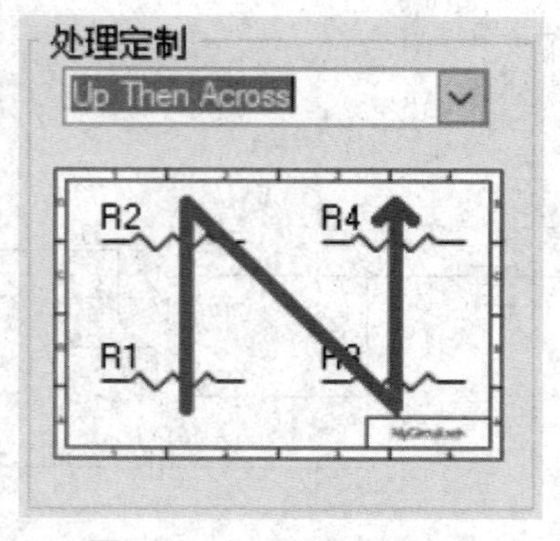

图 3-81 Up Then Across

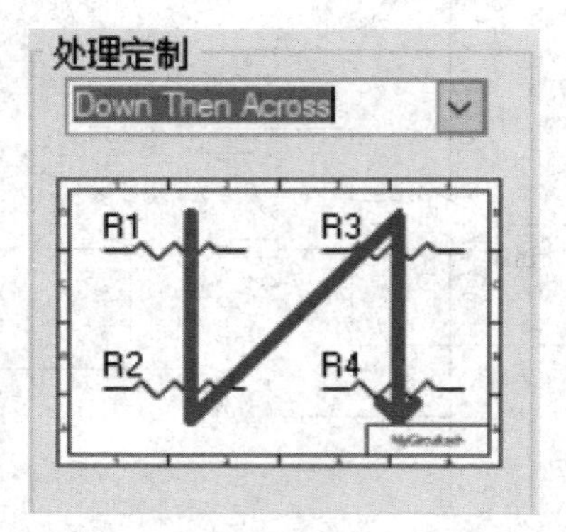

图 3-82 Down Then Across

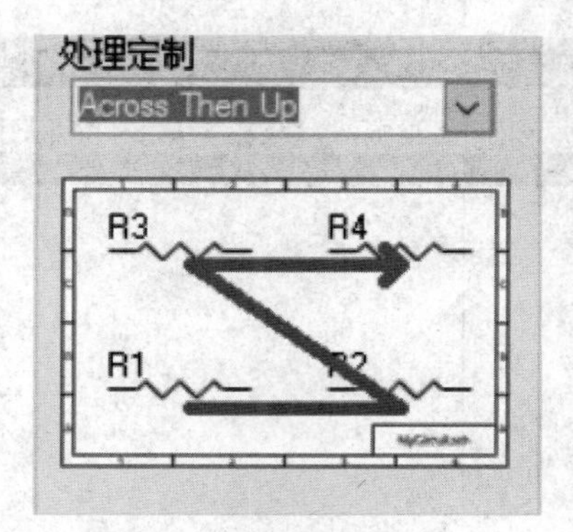

图 3-83 Across Then Up

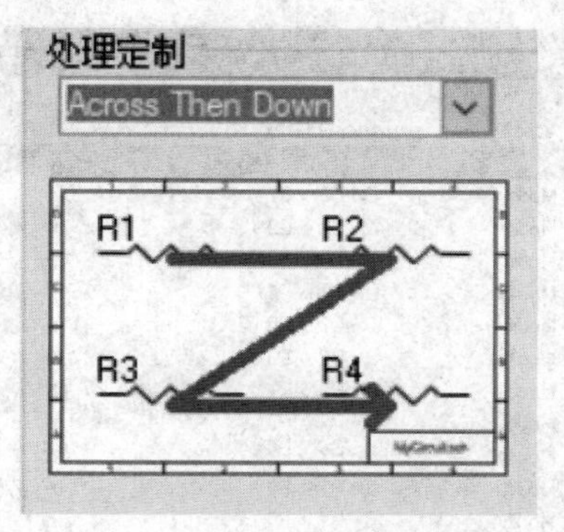

图 3-84 Across Then Down

在旁边的"匹配选项"列表框中设计者可以选择某一属性作为元件子件组合的依据。在缺省状态下,多子件元件是选中"Comment"的。执行自动编号命令后,程序将以此项设置为依据进行组合。

"原理图方块注释"列表框用于设置需要自动标识的原理图方块、注释范围、定制(自动标识原理图的顺序)、开始索引和后缀。

"计划更改列表"列表框:"当前的"栏列出元件当前的标识,"计划的"栏列出执行自动标识命令后产生的元件标识,"部分的位置"栏列出元件所在的原理图文档。

对话框右下角有 4 个控制按钮:

(1)"更新修改列表"按钮:用于更新元件标识变化列表框。

(2)"Reset All"按钮:用于复原元件标识变化列表框。

(3)"返回注释"按钮:用于生成元件标识备份文件,记录执行自动标识命令之前的所有元件标识以及执行自动标识命令之后的所有元件标识。

(4)"接受更改(创建 ECO)"按钮:用于调出"Engineering Change Order"对话框,如图 3-85 所示。

2. 执行元件自动标识

按照图 3-80 设置后,单击"接受更改(创建 ECO)"按钮,弹出如图 3-85 所示的对话框。

"Validate Changes"按钮:用于确认元件标识的修改,单击该按钮,无误后"Check"列表栏中将显示图标✓。

"Execute Changes"按钮:用于执行元件标识的修改,单击该按钮,无误后"Done"列表栏中将显示图标✓。

"Report Changes"按钮:用于生成元件标识变化报表,若想生成元件标识变化报表,则单击该按钮。报表有多种文件格式。

全部执行完之后就完成了元件标识的自动更新。

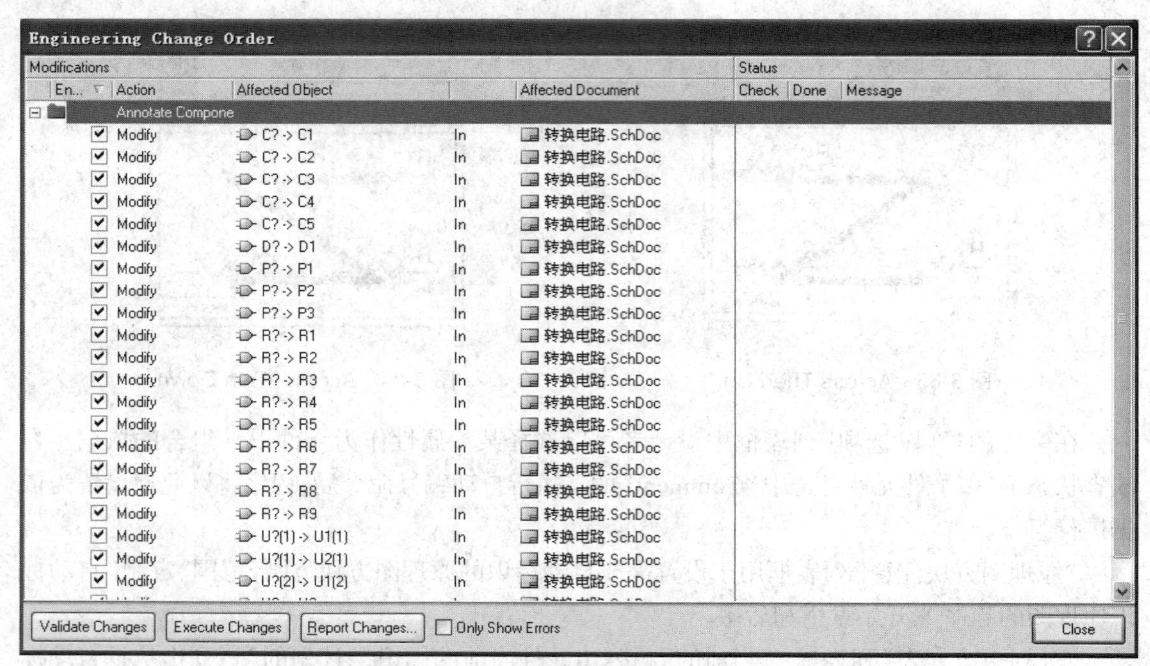

图 3-85 “Engineering Change Order”对话框

3.6 ERC 检查

原理图绘制完成以后，为了确保导入 PCB 的网络连接完全正确，用户需要对原理图进行编译以及检错等操作。执行完该检查后，系统自动在原理图中有错的地方加以标记，从而方便用户检查错误，提高设计质量和效率。

3.6.1 ERC 规则设置

在对绘制的原理图进行 ERC（Electrical Rule Check）之前，先对 ERC 规则进行设置。设置的方法是执行菜单命令“工程”→“工程参数...”，打开“Options for PCB Project 555 Astable Multivibrator. PRJPCB”对话框，如图 3-86 所示。在该对话框中，只有“Error Reporting”（错误报告）和“Connection Matrix”（连接矩阵）两个选项卡涉及原理图检查，下面分别加以介绍。

1.“Error Reporting”（错误报告）选项卡

每一项设计规则右边的“报告格式”栏有 4 个选项，用来设置违反对应规则的错误级别。

（1）不报告：表示忽略违反设计规则的情况。

（2）警告：表示对违反设计规则的情况显示警告。

（3）错误：表示对违反设计规则的情况显示错误标志。

（4）致命错误：表示对违反设计规则的情况显示严重错误标志。

Options for PCB Project PCB_Project1.PrjPCB
Error Reporting
Connection Matrix
Class Generation
Comparator
ECO Generation
Options
Multi-Channel
Default Prints
Search Paths
Parar
障碍类型描述
报告格式
Violations Associated with Buses
Violations Associated with Components
Violations Associated with Configuration Constraints
Violations Associated with Documents
Violations Associated with Harnesses
Violations Associated with Nets
Violations Associated with Others
Object not completely within sheet boundaries
不报告
Off-grid object
警告
Violations Associated with Parameters
Same parameter containing different types
错误
Same parameter containing different values
致命错误
设置安装默认 (D)
确定
取消

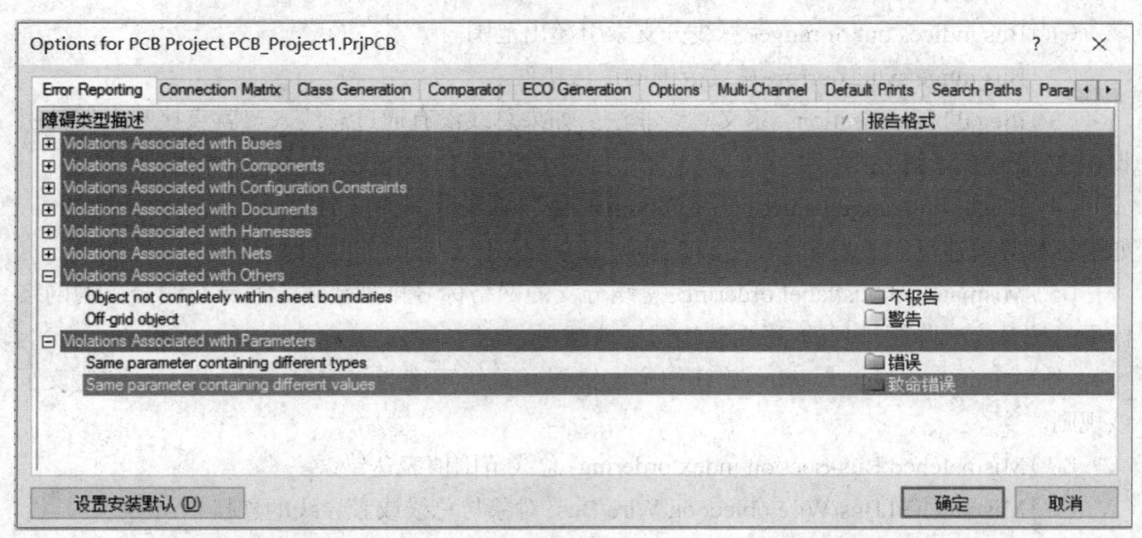

图 3-86 "Options for PCB Project555 Astable Multivibrator. PRJPCB"对话框

障碍类型描述条目较多,常用的有 Violations Associated with Buses(总线规则检查)、Violations Associated with Components(元器件规则检查)、Violations Associated with Documents(文件规则检查)、Violations Associated with Nets(网络标识符规则检查)、Violations Associated with Others(其他规则检查)、Violations Associated with Parameters(参数规则检查)。

1)Violations Associated with Buses(总线规则检查)(图 3-87)

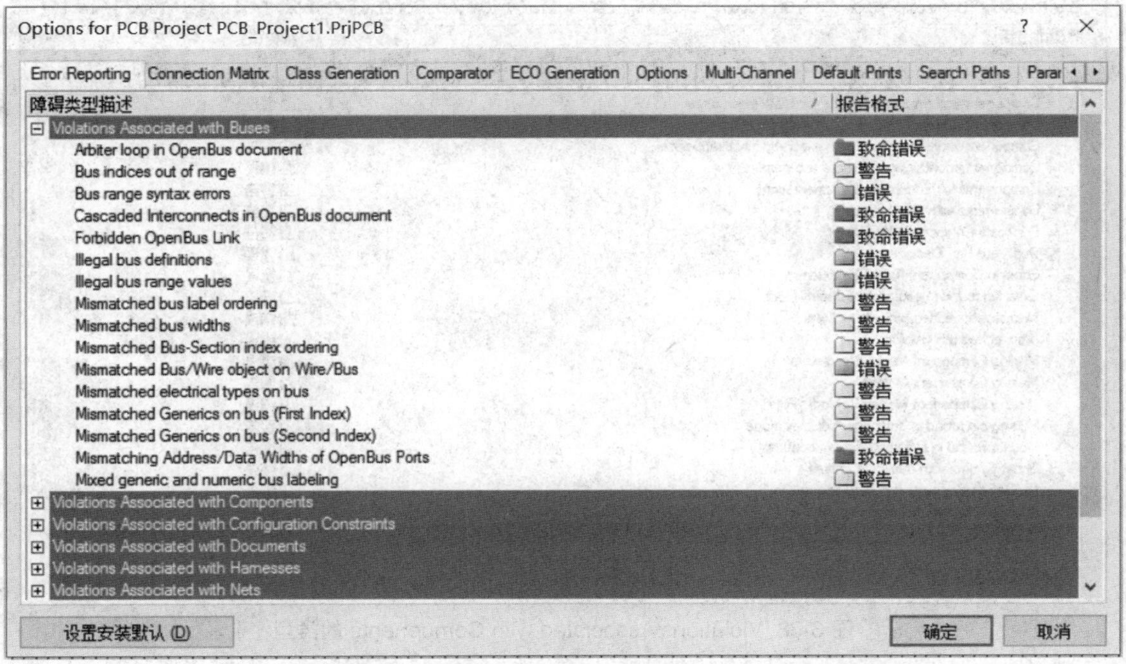

Options for PCB Project PCB_Project1.PrjPCB
Error Reporting
Connection Matrix
Class Generation
Comparator
ECO Generation
Options
Multi-Channel
Default Prints
Search Paths
Parar
障碍类型描述
报告格式
Violations Associated with Buses
Arbiter loop in OpenBus document
致命错误
Bus indices out of range
警告
Bus range syntax errors
错误
Cascaded Interconnects in OpenBus document
致命错误
Forbidden OpenBus Link
致命错误
Illegal bus definitions
错误
Illegal bus range values
错误
Mismatched bus label ordering
警告
Mismatched bus widths
警告
Mismatched Bus-Section index ordering
警告
Mismatched Bus/Wire object on Wire/Bus
错误
Mismatched electrical types on bus
警告
Mismatched Generics on bus (First Index)
警告
Mismatched Generics on bus (Second Index)
警告
Mismatching Address/Data Widths of OpenBus Ports
致命错误
Mixed generic and numeric bus labeling
警告
Violations Associated with Components
Violations Associated with Configuration Constraints
Violations Associated with Documents
Violations Associated with Harnesses
Violations Associated with Nets
设置安装默认 (D)
确定
取消

图 3-87 Violations Associated with Buses 的类型

（1）Bus indices out of range：总线分支索引超出范围。

（2）Bus range syntax error：总线范围的语法错误。

（3）Illegal bus definitions：定义总线非法。如果总线没有通过总线入口就直接与元器件引脚相连，就违反了该规则。

（4）Illegal bus range values：总线范围值非法。总线范围值应与它所连接的分支数相等，如果不相等就违反了该规则。

（5）Mismatched bus label ordering：总线分支的网络标号排列错误。通常总线分支的网络标号是按升序或降序排列的，否则就违反了该规则。

（6）Mismatched bus widths：总线的宽度错误。总线宽度与设定值一致，若不符则违反了该规则。

（7）Mismatched Bus-Section index ordering：总线范围值表达错误。

（8）Mismatched Bus/Wire object on Wire/Bus：对象与总线或者导线的连接错误。

（9）Mismatched electrical types on bus：总线上电气类型错误。

（10）Mismatched Generics on bus（First Index）：总线范围值的首位错误。

（11）Mismatched Generics on bus（Second Index）：总线范围值的末位错误。

（12）Mixed generic and numeric bus labeling：总线标签中种类名称和数字标号混用。

2）Violations Associated with Components（元器件规则检查）（图 3-88）

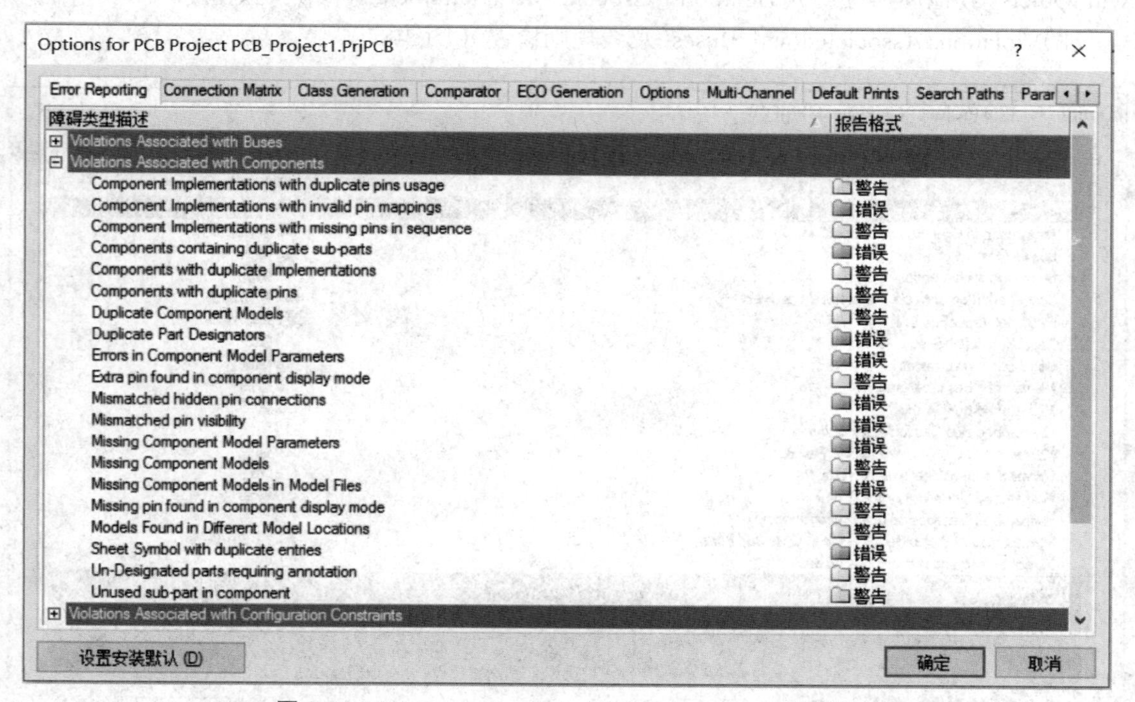

图 3-88 Violations Associated with Components 的类型

（1）Component Implementations with duplicate pins usage：元器件引脚在原理图中重复使用。

（2）Component Implementations with invalid pin mappings：元器件引脚和 PCB 封装不相符。

（3）Component Implementations with missing pins in sequence：元器件引脚出现序号丢失。

（4）Components containing duplicate sub-parts：元器件中出现了重复的子部分。

（5）Components with duplicate Implementations：元器件被重复利用。

（6）Components with duplicate pins：元器件引脚重名。

（7）Duplicate Component Models：一个元器件被定义多个模型。

（8）Duplicate Part Designators：元器件标号重复。

（9）Errors in Component Model Parameters：元件模型的参数错误。

（10）Extra pin found in component display mode：在元件显示模式中发现其他引脚。

（11）Mismatched hidden pin connections：隐藏引脚连接不匹配。

（12）Mismatched pin visibility：隐藏引脚属性不匹配。

（13）Missing Component Model Parameters：缺少元件模型参数。

（14）Missing Component Models：缺少元件模型。

（15）Missing Component Models in Model Files：元件模型在模型文件中不存在。

（16）Missing pin found in component display mode：在元件显示模式中缺少引脚。

（17）Models Found in Different Model Locations：在不同的地方发现元件模型。

（18）Sheet Symbol with duplicate entries：子图入口重复。

（19）Un-Designated parts requiring annotation：对没有进行标识的元件进行自动标识。

（20）Unused sub-part in component：元件的子部分未使用。

3）Violations Associated with Documents（文件规则检查）（图 3-89）

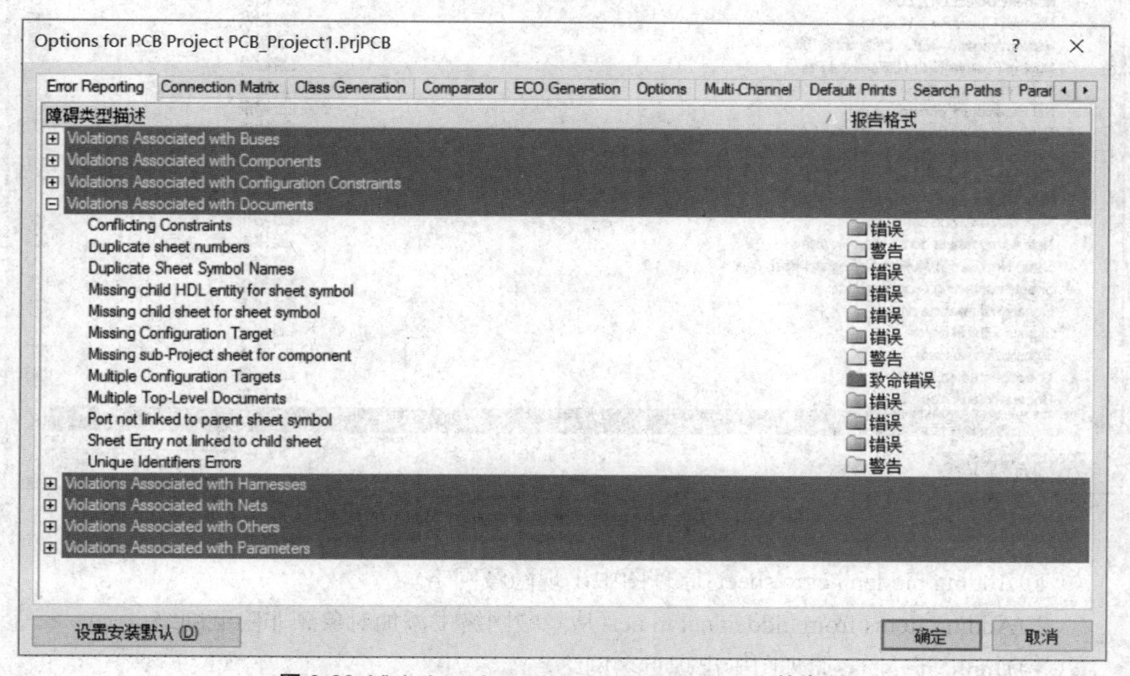

图 3-89 Violations Associated with Documents 的类型

（1）Duplicate sheet numbers：重复的原理图序号。

（2）Duplicate Sheet Symbol Names：层次原理图使用了重复的方块图。

（3）Missing child sheet for sheet symbol：方块图没有与之对应的子电路图。

（4）Missing sub-Project sheet for component：元件没有对应的底层项目文档。

（5）Port not linked to parent sheet symbol：子原理图的端口未与主原理图中方块图的端口相对应。

（6）Sheet Entry not linked to child sheet：方块图的端口未与子原理图的端口相对应。

4）Violations Associated with Nets（网络标识符规则检查）（图 3-90）

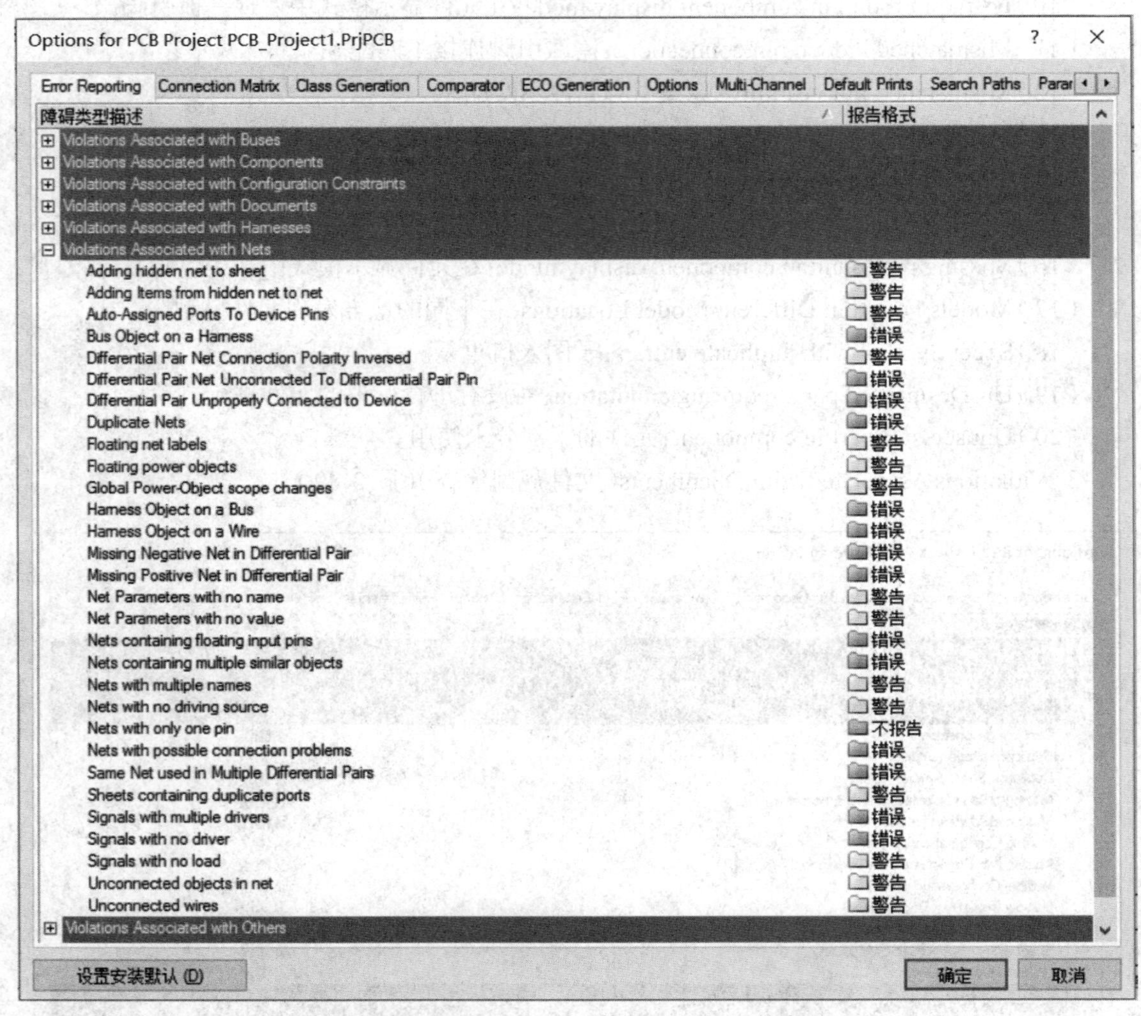

图 3-90 Violations Associated with Nets 的类型

（1）Adding hidden net to sheet：原理图中出现隐藏网络。

（2）Adding Items from hidden net to net：从隐藏网络中添加对象到非隐藏网络。

（3）Duplicate Nets：原理图中出现重名网络。

(4) Floating net labels：原理图中出现网络标签悬空。

(5) Floating power objects：电源端子悬空。

(6) Global Power-Object scope changes：总体电源符号错误。

(7) Net Parameters with no name：网络属性中没有名称。

(8) Net Parameters with no value：网络属性中没有赋值。

(9) Nets containing floating input pins：网络中包含悬空的引脚。

(10) Nets containing multiple similar objects：网络中包含多个类似的对象。

(11) Nets with no driving source：网络中没有驱动电源。

(12) Sheets containing duplicate ports：原理图中包含重复的端口。

(13) Unconnected objects in net：网络中出现元器件未连接对象。

(14) Unconnected wires：原理图中出现未连接的导线。

5) Violations Associated with Others（其他规则检查）

(1) Object not completely within sheet boundaries：原理图中的对象超出了图纸范围。

(2) Off-grid object：原理图中的元器件未正好处于格点位置。

6) Violations Associated with Parameters（参数规则检查）

(1) Same parameter containing different types：相同参数出现在不同的模型中。

(2) Same parameter containing different values：相同参数出现不同的取值。

2. "Connection Matrix"（连接矩阵）选项卡

"Connection Matrix"（连接矩阵）选项卡由彩色方块组成，主要用于检测各种引脚、输入/输出端口、绘图页的出入端口的链接是否已构成不报告、警告、错误或严重错误等级的电气冲突，如图 3-91 所示。

矩阵是以交叉接触的形式读入的，图中的行、列中分别列出了电路图中所有端口与引脚的类型，它们的交叉处表示该电气节点的状态。绿色表示不报告，黄色表示警告，橙色表示错误，红色表示严重错误。

例如：在图的右侧找到"IO Pin"，在图的上面找到"Power Pin"，它们的交叉处是一个黄色方块，表示在原理图中若存在"IO Pin"和"Power Pin"相连，编译后会产生警告的信息。用户还可以自行修改错误的等级，只需将鼠标光标移到需要修改的交叉点上，单击鼠标左键进行切换。

> ! **注意：**电路原理图的 ERC 设置一般采用默认值，单击"Set To Installation Defaults"按钮可以将对话框设置为默认值。

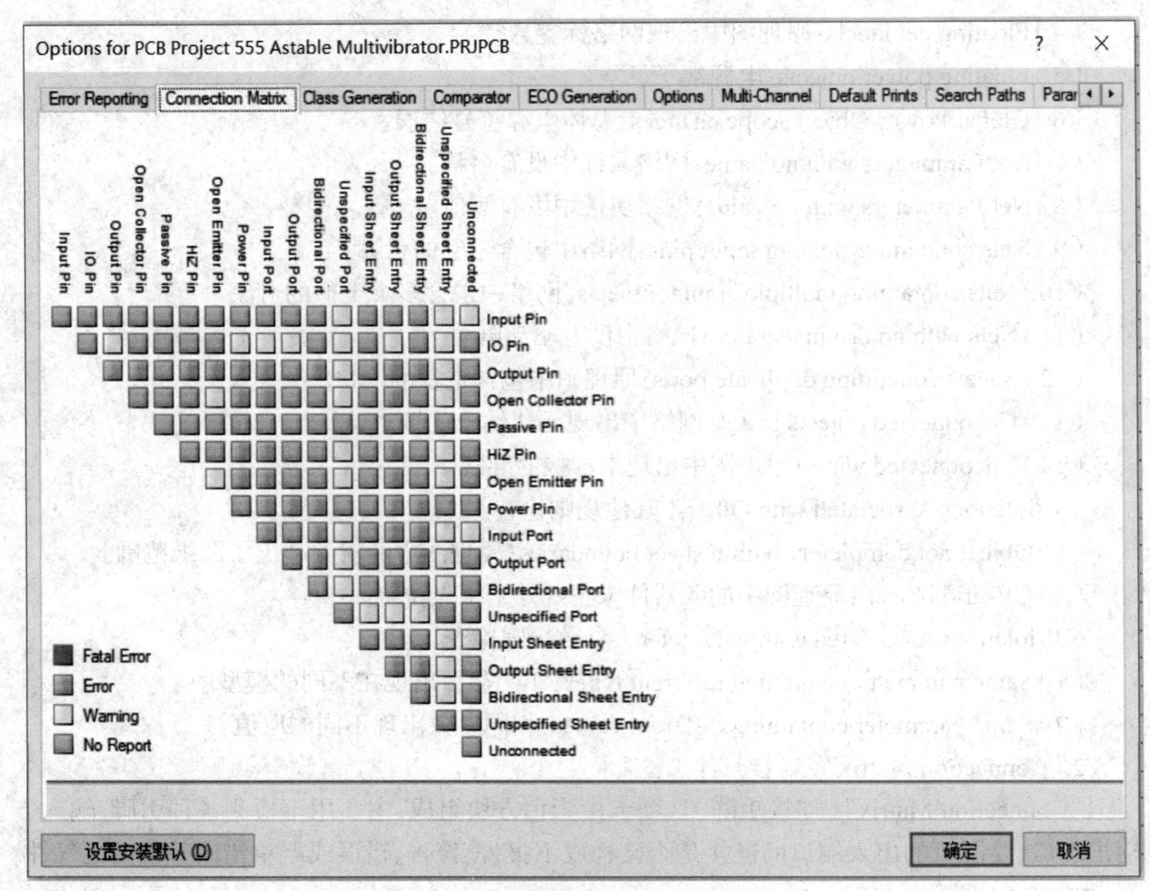

图 3-91 "Connection Matrix"选项卡

3.6.2 电气规则检查

设置完 ERC 规则后,就可以进行电路原理图的 ERC 检查了。下面以图 3-79 所示的原理图为例,介绍生成 ERC 报告的方法。

(1)进行编译。单击"工程"→"Compile Document + 文件名"或"工程"→"Compile PCB Project + 工程名"菜单项即可完成当前的原理图或者整个项目的编译操作。也可以用鼠标右键单击左侧"Projects"面板中的某一个原理图文件或者整个项目文件,这时将弹出一个快捷菜单,从中选择"Compile Document + 文件名"或"Compile PCB Project + 工程名"命令,如图 3-92 所示,即可完成对应文件的编译操作。编译后,系统的自动检错结果将出现在"Messages"面板中。

(2)单击原理图右下角状态栏中的"System"控制栏,单击"Messages"命令,如图 3-93 所示;也可执行菜单命令"察看"→"工作区面板"→"System"→"Messages",如图 3-94 所示。相关的错误信息将显示在"Messages"面板中,如图 3-95 所示。

ERC 检查报告中显示了错误等级(Class)、设计图纸名字(Document)、错误原因(Message）和当前编译的时间等信息。

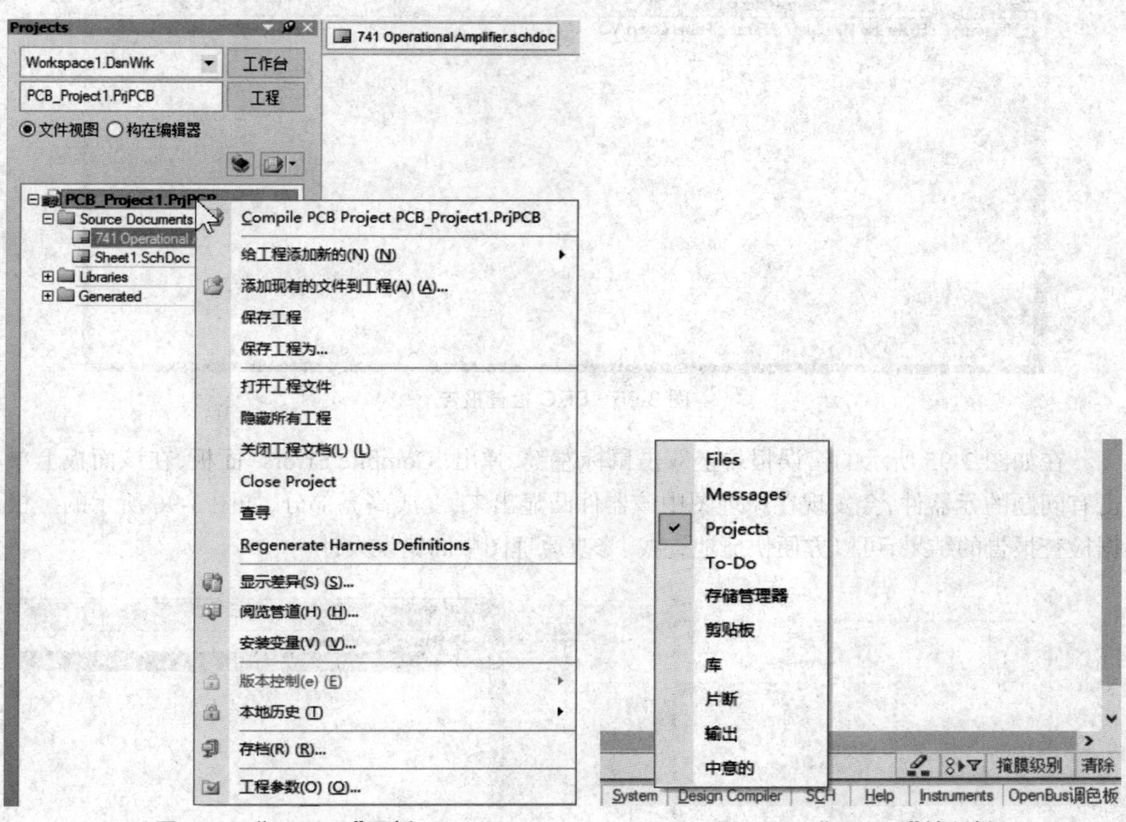

图 3-92　“Projects”面板　　图 3-93　“System”控制栏

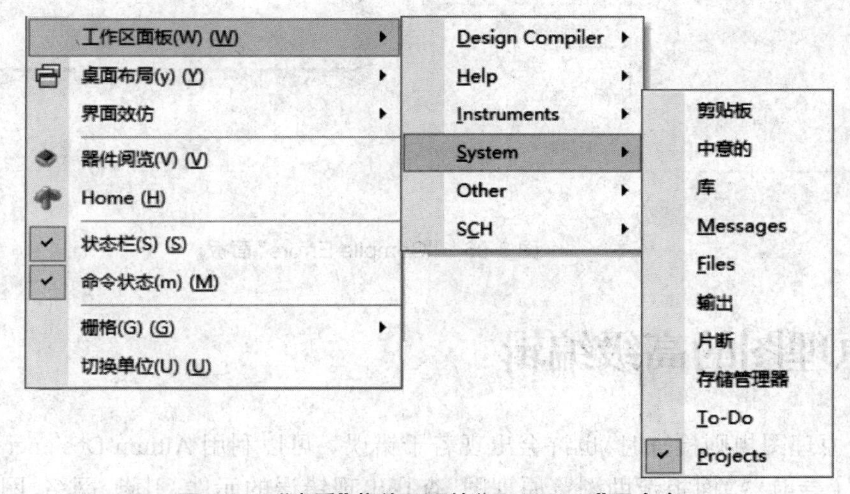

图 3-94　“察看”菜单下面的“Messages”子命令

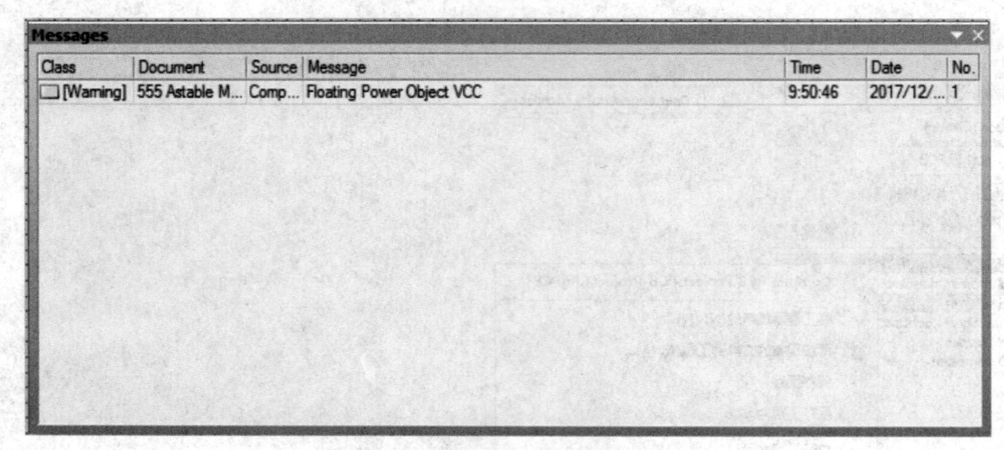

图 3-95 ERC 检查报告

在如图 3-95 所示的错误报告上双击鼠标左键，弹出“Compile Errors”面板，在该面板上单击有问题的元器件，会发现在原理图中该器件凸显出来，变成高亮部分，如图 3-96 所示的。根据检查报告的结果，可以方便快捷地查找、修改原理图中的错误设计。

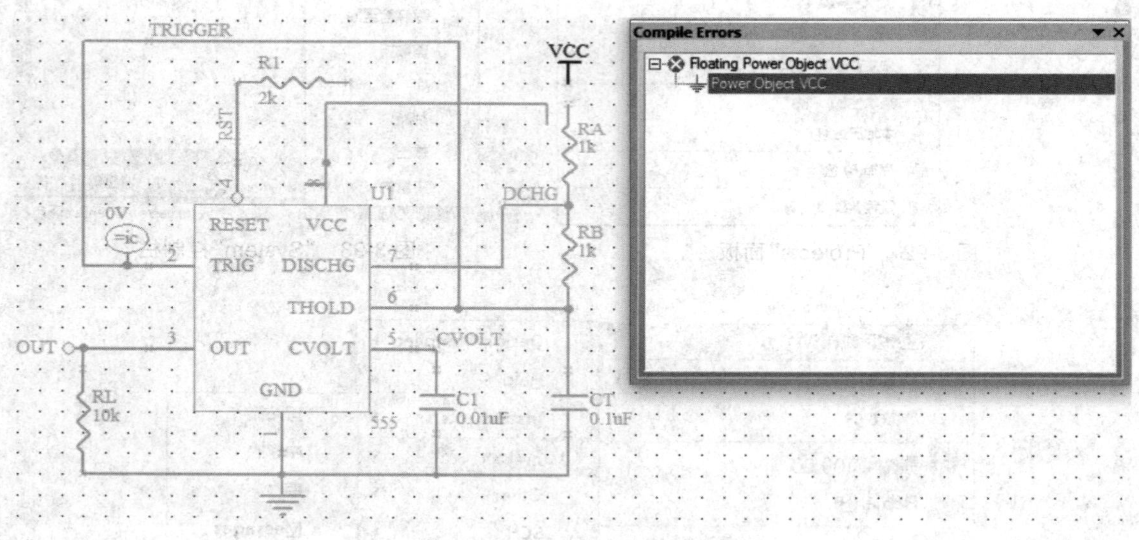

图 3-96 “Compile Errors”面板

3.7 原理图的高级编辑

在进行原理图规则检查时，也许会出现若干错误。可以利用 Altium Designer 6.9 提供的“Navigator”（导航器）面板帮助浏览原理图，查找出现错误的元件、引脚、网络、网络标签、导线、电气节点等。“Navigator”被翻译成“导航器”，这是一种非常形象的说法。

1. 打开“Navigator”面板

单击工作区右下方状态栏中的“Design Compiler”控制栏，单击“Navigator”启动该面板，如图 3-97 所示,也可执行菜单命令“察看”→“工作区面板”→“Design Compiler”→“Navigator”(图 3-98)。

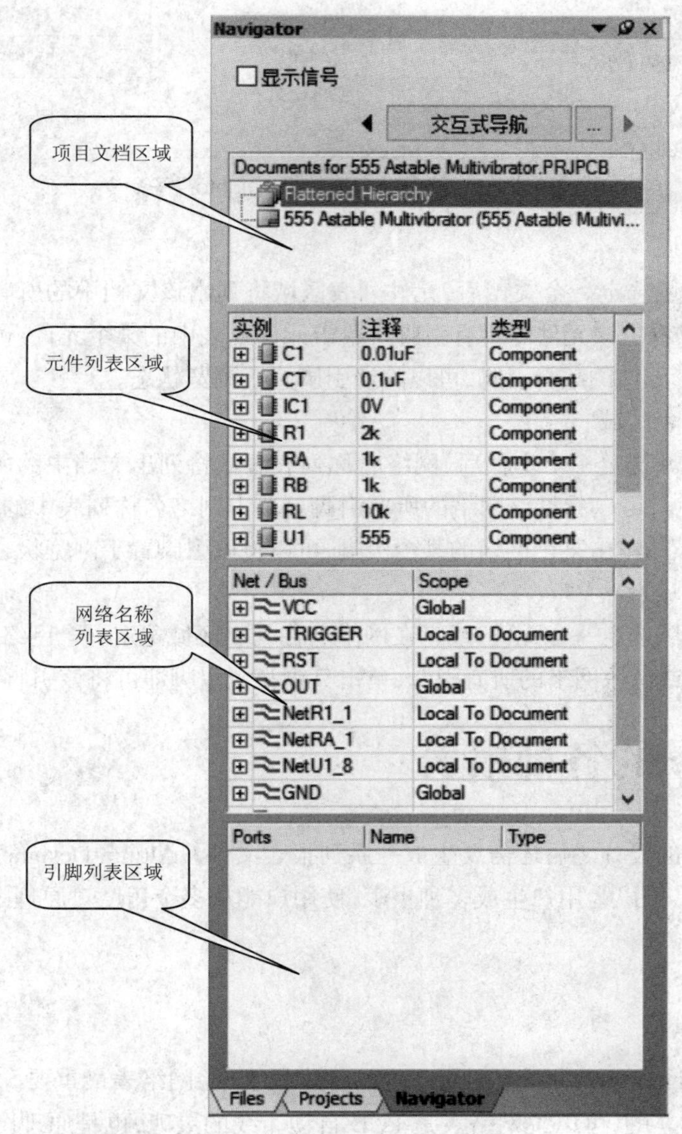

图 3-97 “Navigator”面板

2.“Navigator”面板的对象导航功能

“Navigator”面板是按照对象的类别进行管理的,主要有两个类别:元件类和网络类。从图 3-97 中可以看出 Navigator 共有 4 个列表框。

1)项目文档区域

该区域是导航器的文档浏览区域,用于浏览当前项目中的各种文档,包括原理图、PCB 文档、网络表等。

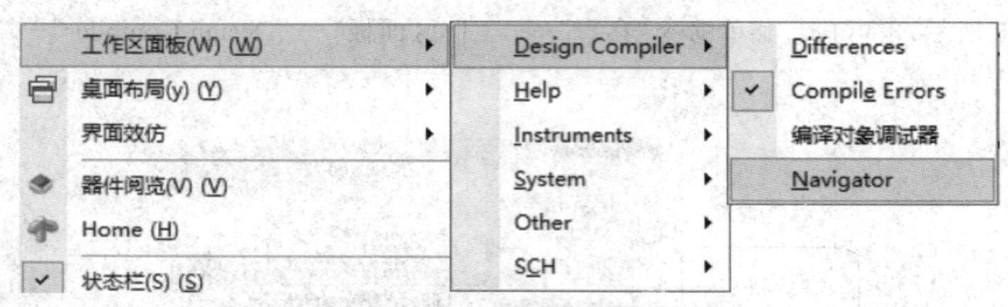

图 3-98 “察看”菜单下面的“Navigator”子命令

2)元件列表区域

在项目文档区域选定一个文档后,元件列表区域将列出该文档中的所有元件。单击元件旁边的按钮⊞,可以看见该元件的所有引脚。单击元件列表中的某个元件,可以将该元件置于浏览状态;单击某个元件的某个引脚,可以将该引脚置于浏览状态。

3)网络名称列表区域

在项目文档区域选定一个文档后,网络名称列表区域将列出文档中的所有网络。单击网络名称旁边的按钮⊞,可以看见该网络的所有引脚。单击网络名称列表中的某个网络,可以将该网络置于浏览状态;单击某个网络的某个引脚,可以将该引脚置于浏览状态。

4)引脚列表区域

在元件列表区域选定一个元件,或者在网络名称列表区域选定一个网络名称后,引脚列表区域将列出该元件或者该网络的所有引脚,单击其中某个引脚即可将该引脚置于浏览状态。

3.8 原理图的各种报表

完成了原理图的设计之后还需要生成一系列报表文件。Altium Designer 6.9 具有高速、准确的数据处理能力,可以为用户生成多种报表,使用户能从多个角度对原理图的信息进行收集汇总。

3.8.1 网络表

在 Altium Designer 6.9 的原理图所产生的各种报表中,网络表最重要。原理图与 PCB 的关系是由网络表建立的,可以说网络表是 PCB 自动布线的灵魂,也是原理图设计软件与 PCB 设计之间的接口。虽然在 Altium Designer 6.9 中网络表的作用不再那么明显,更多的是由系统内部产生的网络表自动进行,但是仍然需要电路的网络连接信息。

电路实际上是由若干网络组成的,网络表描述了电路图中所有元件的信息(包括元件标识、引脚和 PCB 封装等)和网络连接信息(网络名称、网络节点等)。在 Altium Designer 6.9 中大部分网络表都将这两种数据分为不同的部分,分别记录在网络表中。

1. 生成网络表

生成常用的 Protel 格式的网络表的操作过程如下。

（1）在设计窗口中打开原理图，执行菜单命令“设计”→“文件的网络表”→“Protel”，系统对电路原理图的网络关系进行计算，然后生成网络表，并将其写入相应的“文件名. NET”文件，保存在文件名.PrjPCB 项目 /Generated/Protel Netlists 子文件夹中。

（2）如图 3-99 所示，单击“Projects”面板中的“文件名.NET”文件，该原理图的网络表则显示在 Altium Designer 6.9 的记事本编辑界面中。

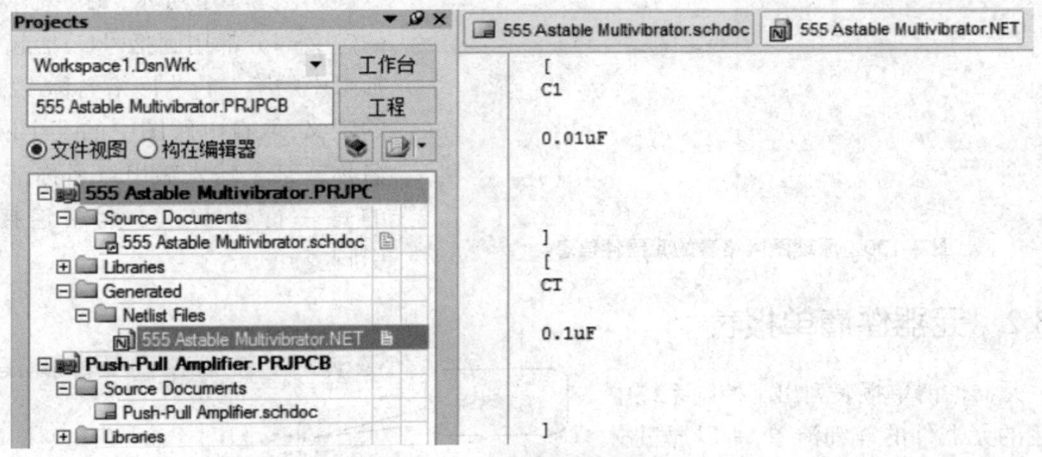

图 3-99 文本文件的网络表

! **注意**：执行“设计”→“工程的网络表”→“Protel”菜单命令，生成当前工程的网络表；执行“设计”→“文件的网络表”→“Protel”菜单命令，生成当前文件的网络表。

“EDIF for PCB”：用于 PCB 的网络表，EDIF（Electronic Design Intermedia Format）是电子设计中的一种中间格式，用于不同 EDA 工具间的数据交换。

“MultiWire”：MultiWire 网络表。

“Pcad for PCB”：Pcad 网络表。

“CUPL Netlist”：基于 CUPL 硬件描述语言的 PLD（可编程逻辑器件）网络表。

“Protel”：Protel 网络表。

“VHDL File”：VHDL（硬件描述语言文件）网络表。

“Xspice”：Xspice 网络表。

2. Protel 网络表格式

标准的 Protel 格式的网络表文件是一个简单的 ASCII 文本，其主要内容大致由两部分组成：第一部分是元器件描述部分，如图 3-100 所示，第二部分是网络连接描述部分，如图 3-101 所示。

1）元件定义部分

如图 3-100 所示，每一个元器件的定义部分都用方括号 [ ] 括起来。括号中的第一行是元器件流水编号，取自元器件的序号栏（Designator）；元器件序号的下一行为元器件 PCB 封装，取自原理图中元器件的封装模型栏（Footprint）；元器件封装的下一行为元器件注释，取自原理

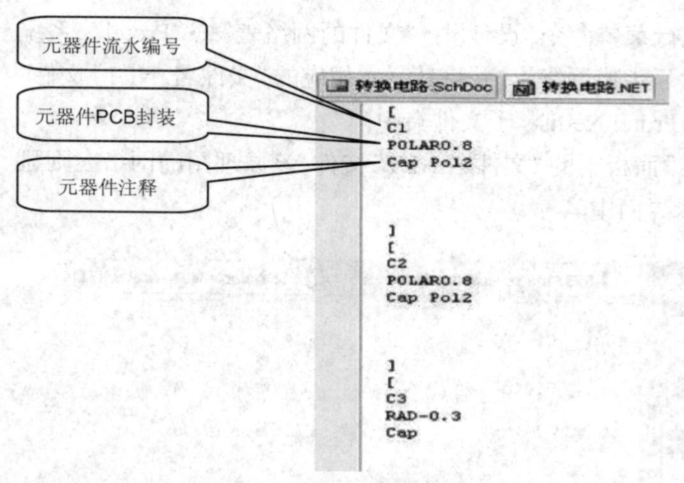

图 3-100 原理图网络表的元器件信息

图中元器件的注释栏(Comment),用来定义元器件名称;元器件注释的后三行是空白行,是系统保留的,没有用途。

2)网络定义部分

如图 3-101 所示,每一个网络的定义部分都用圆括号( )括起来。括号中的第一行为网络名称或编号的定义,取自电路图中的某个网络名称或某个输入输出点名称;后面的每一行代表一个网络连接的引脚。

3.8.2 元器件清单报表

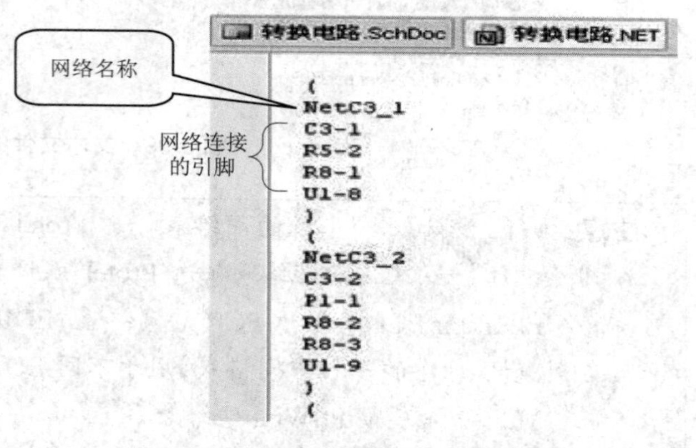

图 3-101 原理图网络表的网络连接信息

元器件清单报表列出了控制系统中使用的元器件的详细清单,所以通过材料清单报表也可以检查设计中元件属性的正确性。

(1)打开原理图文件,执行菜单命令"报告"→"Bill of Materials",弹出如图 3-102 所示的元器件清单报表对话框。

可以看到该对话框共分三个部分。

①元件类型显示选择列表窗口。以电子表格的形式显示元件类型列表项的详细信息。

②列表项显示选择列表窗口。设置希望在列表显示窗口显示的列表项,只要选中相应列表项旁边的复选框,该项就会显示在列表显示窗口中。

③列表显示窗口。可以指定列表显示窗口的显示方式,确定列表显示窗口中的内容分组显示时分组条件所参考的列表项。

(2)点选左下角的"菜单"→"报告"命令,系统弹出元器件列表的"报表预览"对话框,如图 3-103 所示。

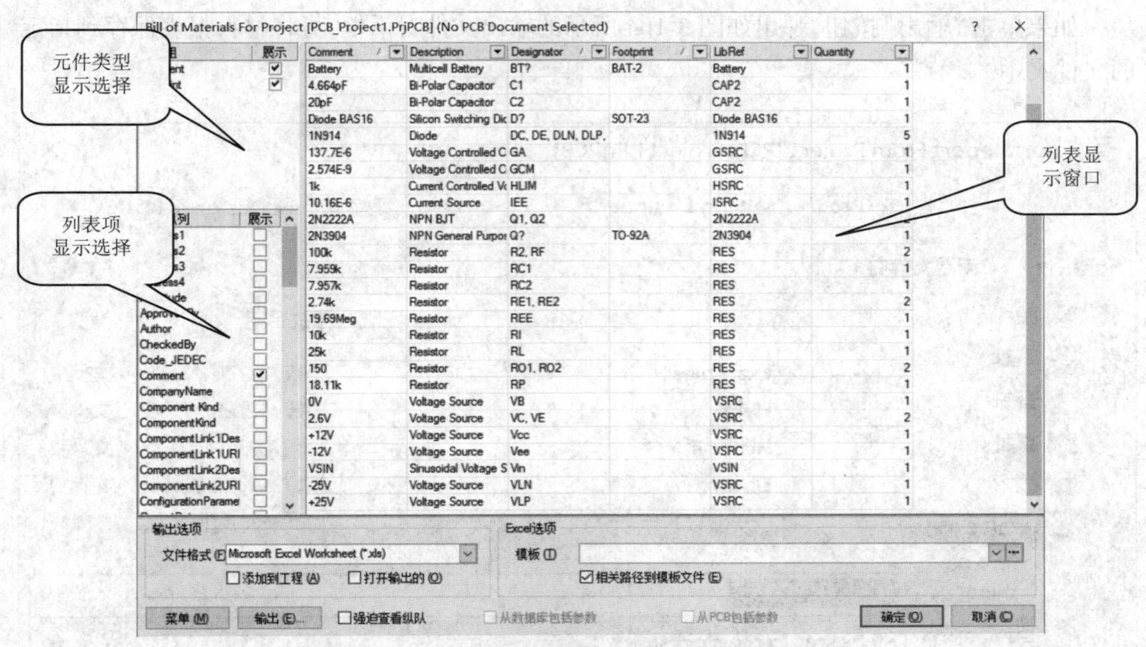

图 3-102 项目工程的元器件清单报表对话框

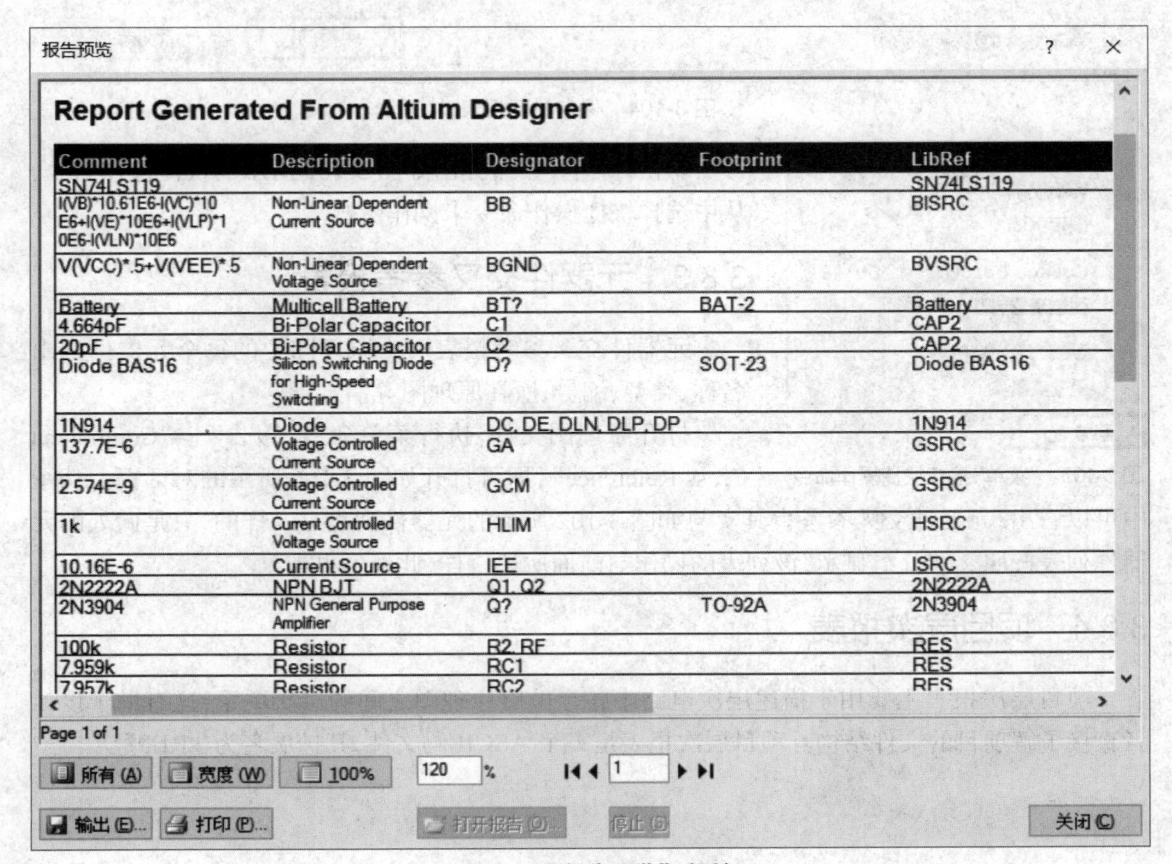

图 3-103 “报告预览”对话框

如果单击"输出"按钮,弹出如图 3-104 所示的输出文件对话框,可将材料报表保存到指定的文件夹中。

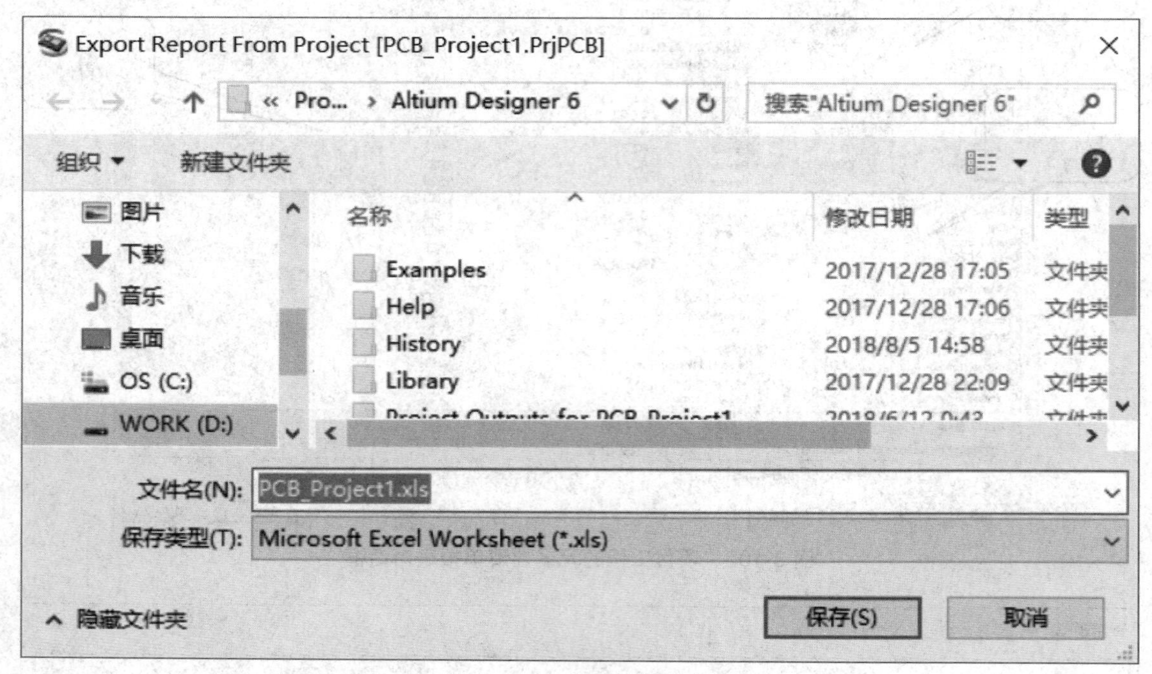

图 3-104 保存材料报表

图 3-105 "菜单"按钮快捷操作命令

单击"菜单"按钮弹出如图 3-105 所示的快捷操作命令,从中选择快捷操作命令来操作。

3.8.3 元器件交叉参考报表

元器件交叉参考报表可为原理图中的每个元器件列出名称、类型、编号、所在原理图等信息。

打开原理图文件,执行菜单命令"报告"→"Component Cross Reference",即可打开如图 3-106 所示的对话框。从图中可以看出,元器件交叉参考表其实与如图 3-102 所示的元器件列表是一样的,只是此处的元器件列表按照文档分组显示,该列表的操作与前面所述一样,此处不再重复。

3.8.4 项目层次报表

项目层次报表主要用于描述层次电路中各个电路原理图之间的层次关系,这有助于设计者直接了解项目的文件结构。项目层次报表是一个 ASCII 码文件,其扩展名为".REP"。

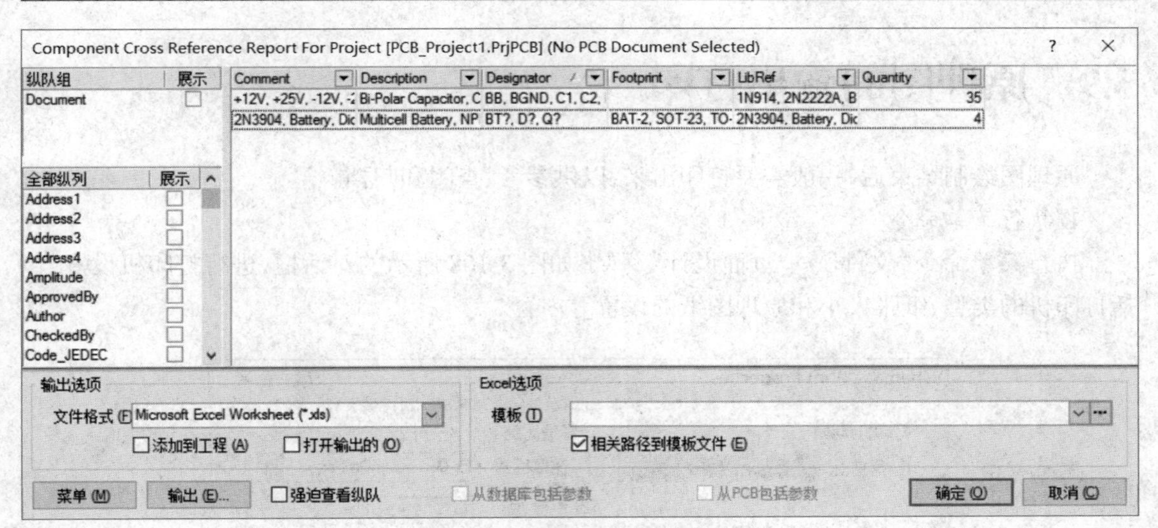

图 3-106　元器件交叉参考报表

打开原理图文件，执行菜单命令“Reports”→“Reports Project Hierarchy”，即可打开如图 3-107 所示的项目层次报表，并将以“.REP”为后缀的文件自动添加到当前工程中。

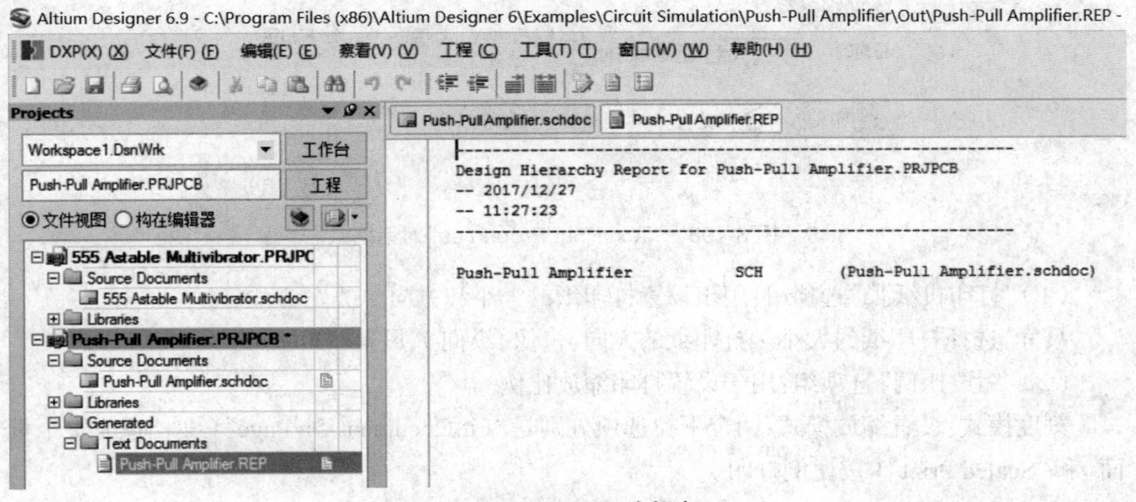

图 3-107　项目层次报表

从图 3-107 中可以看出，生成的报表中包含了本项目工程的原理图之间的层次关系。而项目工程管理面板中只是将文档分类，没有显示出各个原理图之间的层次关系。

> ！ **注意：**在生成任何项目报表之前，都必须要对项目进行编译处理，即执行菜单命令“工程”→“Compile PCB Project”，以保证项目文件修改后，系统生成相应的新报表。

3.9 原理图的输出打印

原理图绘制结束后，一般需要打印出来，以供参考、查阅和归档。

1. 执行菜单命令

执行菜单命令“文件”→“页面设计”，弹出如图 3-108 所示的对话框，进行打印机设置，包括打印机的类型、纸张大小和原理图纸的设置等内容。

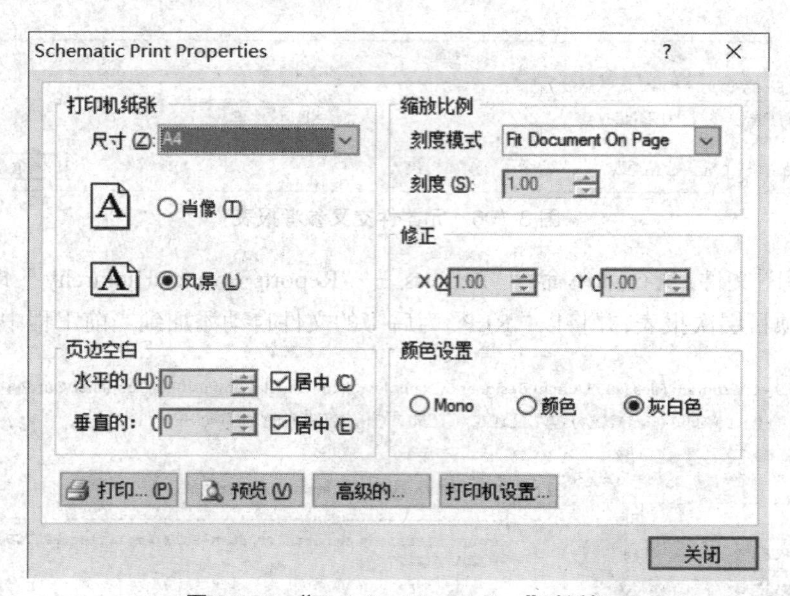

图 3-108 “Text Print Properties”对话框

（1）“打印机纸张”选项组：用于设置打印纸的大小和方向。

尺寸：选择打印纸的大小。打印纸的方向：肖像（纵向），风景（横向）。

（2）“缩放比例”选项组：用于设置打印缩放比例。

刻度模式：设置缩放模式，两个下拉选项分别是“Fit Document On Page”（文档适应整个页面）和“Scaled Print”（按比例打印）。

当选择按比例打印时，“刻度”和“修正”编辑框才有效，输入期望的打印比例。

（3）“页边空白”选项组：设置页边的空白宽度，分别设置水平和垂直方向的页边距。如果选择“居中”复选框，系统默认为中心模式。

（4）“颜色设置”选项组：选择输出的颜色。

Mono：黑白色输出。

颜色：彩色输出。

灰白色：灰色输出。

2. 打印预览

全部设置完成以后，单击图 3-108 中的“预览”按钮预览效果。如果对图中显示的图纸设置满意,可以单击“打印”按钮进行原理图的打印。

关键词:连线工具栏,绘图工具栏,视图工具,编辑工具,元件的自动标识, ERC 规则检查,网络表,原理图的输出打印

习　题

1. 选择题

3-1　执行(　　)命令操作,元器件按水平中心线对齐。

A. Center　　B. Distribute Horizontally

C. Center Horizontal　　D. Horizontal

3-2　执行(　　)命令操作,元器件按竖直均匀分布。

A. Vertically　　B. Distribute Vertically

C. Center Vertically　　D. Distribute

3-3　执行(　　)命令操作,元器件按顶端对齐。

A. Align Right　　B. Align Top　　C. Align Left　　D. Align Bottom

3-4　执行(　　)命令操作,元器件按底端对齐。

A. Align Right　　B. Align Top　　C. Align Left　　D. Align Bottom

3-5　执行(　　)命令操作,元器件按左端对齐。

A. Align Right　　B. Align Top　　C. Align Left　　D. Align Bottom

3-6　执行(　　)命令操作,元器件按右端对齐。

A. Align Right　　B. Align Top　　C. Align Left　　D. Align Bottom

3-7　设计原理图时,按下(　　)可使元器件旋转 90°。

A.【Enter】键　　B.【Space】键　　C.【X】键　　D.【Y】键

3-8　设计原理图时,实现连接导线应选择(　　)命令。

A. “Place”→“Drawing Tools”→“Line”　　B. “Place”→“Wire”

C. “Wire”　　D. “Line”

3-9　要打开原理图编辑器,应执行(　　)菜单命令。

A. PCB Project　　B. PCB　　C. Schematic　　D. Schematic Library

3-10　在原理图设计图样上放置的元器件是(　　)。

A. 原理图符号　　B. 元器件封装符号　　C. 文字符号　　D. 任意符号

3-11　进行原理图设计,必须启动(　　)编辑器。

A. PCB　　B. Schematic

C. Schematic Library　　D. PCB Library

3-12　使用计算机键盘上的(　　)键可实现原理图图样的缩小。

A.【Page Up】　　B.【Page Down】　　C.【Home】　　D.【End】

2. 简答题

3-13 布线工具栏包含哪几种工具？说明每种工具的作用。

3-14 调用布线工具有哪几种方法？列举出来。

3-15 用绘图工具箱可以绘制哪些图形？列举出来。。

3-16 解释放置命令菜单下的布线和画线二者的区别。

3-17 原理图上元器件的选取方法有几种？

3-18 编辑菜单中删除和清除命令有何区别？

3-19 结合一张原理图，详细叙述元器件自动标识的步骤。

3-20 ERC 检查的作用是什么？

3-21 Protel 格式的网络表包含几部分？各部分的作用是什么？

3. 画图题

3-22 建立原理图文件 X2-01A.sch。在 X2-01A.sch 中打开 AMD Analog、Altera Memory 和 Analog Devices 三个库文件，向原理图中添加元件 AM2942/B3A（28）、EPC1PC8（8）和 AD-8072JN（8），依次命名为 IC1、IC2 和 IC3A，如题 3-22 图所示。

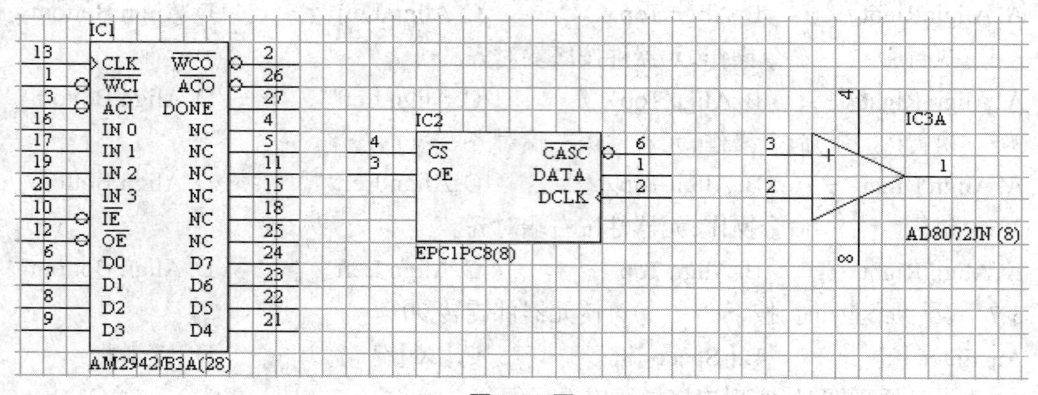

题 3-22 图

3-23 按照题 3-23 图所示编辑元件、连线、端口和网络：设置所有元件名称，字体为黑体，大小为 12；设置所有元件类型，字体为黑体，大小为 10；在原理图中插入文本框，输入文本“原理图 304”，字体为黑体，大小为 15。

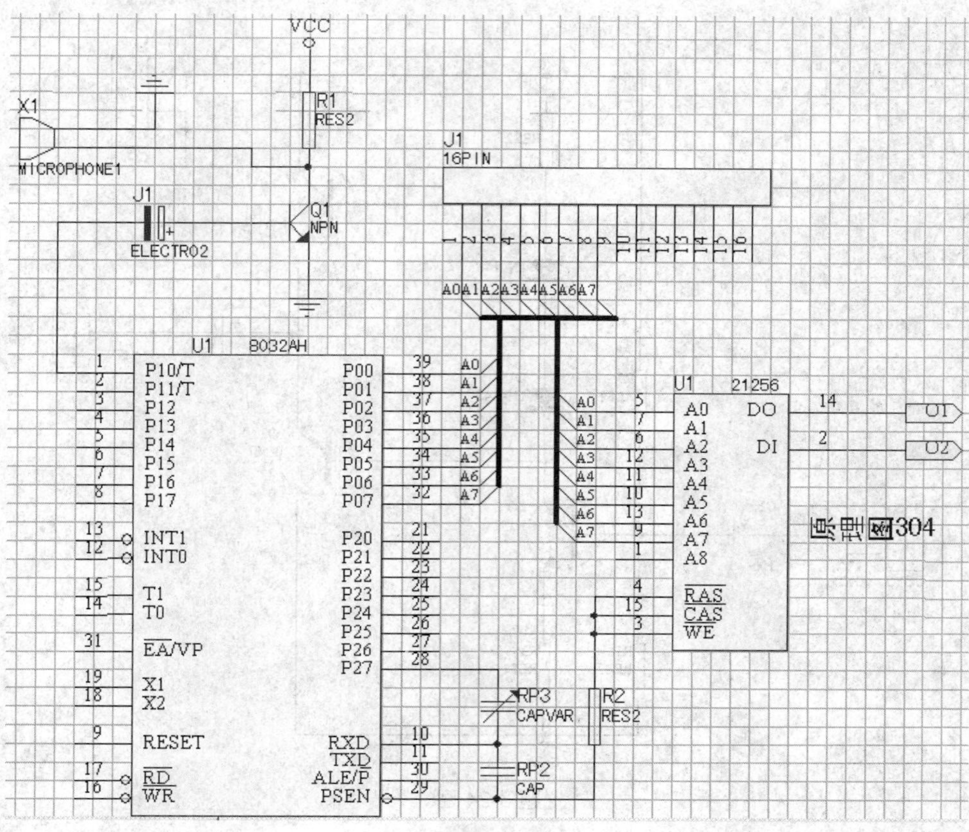

题 3-23 图

3-24　甲乙类放大电路如题 3-24 图所示，画出其原理图。元件见题 3-24 表。

题 3-24 表

封装	元件名称	数量	编号
AXIAL0.3	RES2	4	R4、R3、R2、R1
DIODE0.4	1N4148	2	D2、D1
RB-.2/.4	CAPACITOR POL	2	C2、C1
SIP-2	CON2	2	J2、J1
SIP-4	CON4	1	J3
TO-46	NPN	2	Q3、Q1
TO-46	PNP	1	Q2

注意作图后需进行如下工作：

（1）进行电气规则检查（选择“Tools”→“ERC”）。

（2）做元件表（选择“Report”→“Bill of Material”或“Edit”→“Export to Spread”）。

（3）做网络表（选择“Design”→“Create Netlist”）。

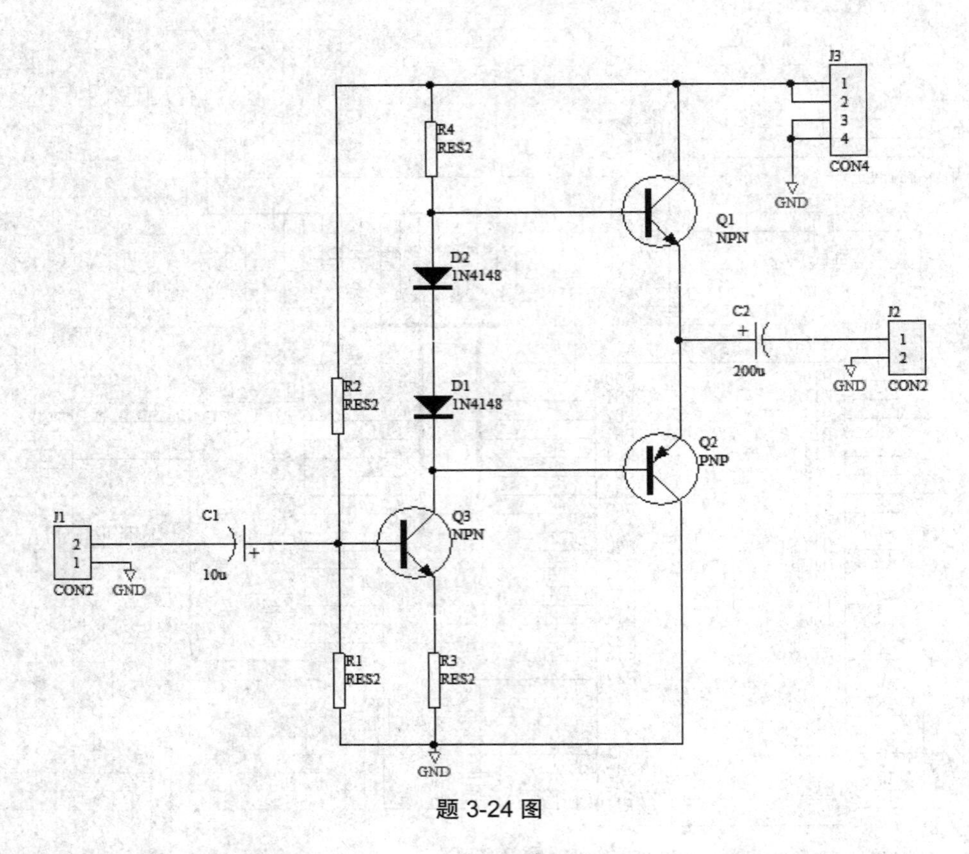

题 3-24 图

3-25 时基 555 组成电路如题 3-25 图所示,画出其原理图。元件见题 3-25 表。

题 3-25 表

封装	元件名称	数量	编号
AXIAL0.3	RES2	3	R5、R3、R2
AXIAL0.4	RES2	1	R4
AXIAL0.5	RES2	1	R1
RB-.2/.4	CAPACITOR POL	2	C1、C2
DIP-8	NE555N(8)	2	U2、U1
SIP-2	CON2	2	J2、J1
RAD0.1	CAP	2	C3、C4

(注意:时基电路在 Motorola 公司的 Analog.ddb 的 Motorola Analog Timer Circuit 库中)

注意作图后需进行如下工作:

(1)进行电气规则检查(选择“Tools”→“ERC”)。

(2)做元件表(选择“Report”→“Bill of Material”或“Edit”→“Export to Spread”)。

(3)做网络表(选择“Design”→“Create Netlist”)。

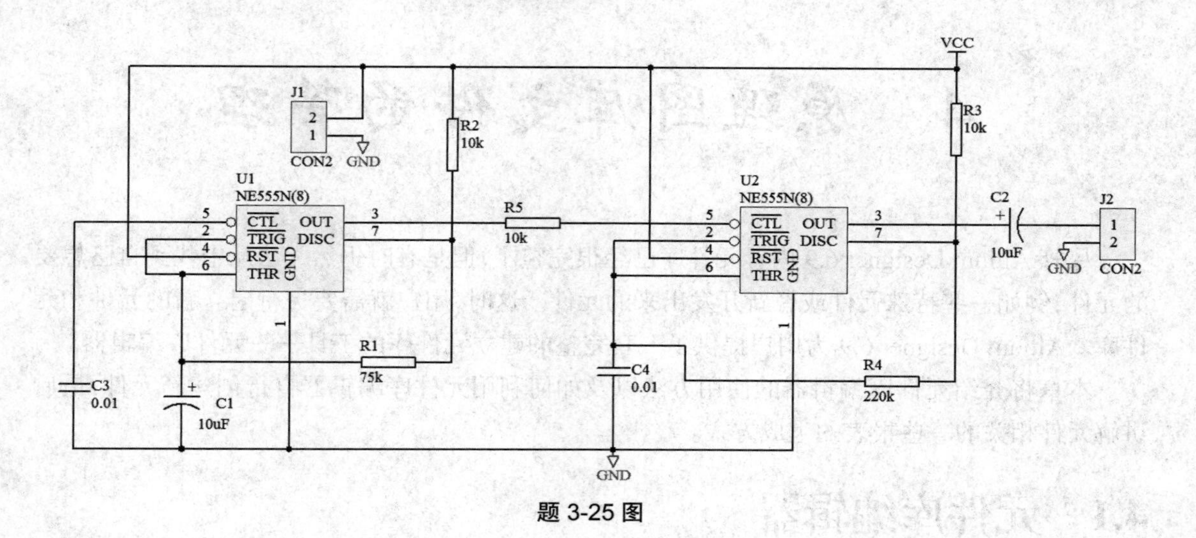
VCC
J1
2
1
CON2
GND
R2
10k
R3
10k
U1
NE555N(8)
CTL
TRIG
RST
THR
OUT
DISC
GND
5
2
4
6
3
7
1
R5
10k
U2
NE555N(8)
CTL
TRIG
RST
THR
OUT
DISC
GND
5
2
4
6
3
7
1
C2
10uF
J2
1
2
GND
CON2
R1
75k
C3
0.01
C1
10uF
C4
0.01
R4
220k
GND

题 3-25 图

4 原理图库文件的管理

尽管 Altium Designer 6.9 内置元件库已经很完整了，但是有时仍然无法从中找到自己想要的元件，例如一些特殊元件或者新开发出来的元件。这时，用户就需要自行建立新的元件和元件库。Altium Designer 6.9 为用户提供了一套完整的建立元件库的工具——元件库编辑器。

本章将介绍元件库编辑器的使用方法以及如何利用元件库编辑器自行创建新元件，最后讲解元件相关的一些报表的生成方式。

4.1 元件库编辑器

执行“文件”→“新建”→“库”→“原理图库”→“File”→“ New”→“Library” 命令，进入原理图元件库编辑的工作界面，然后执行“察看”→“工作区面板”→“SCH”→“SCH Library”命令，打开元件库编辑器，如图 4-1 所示。

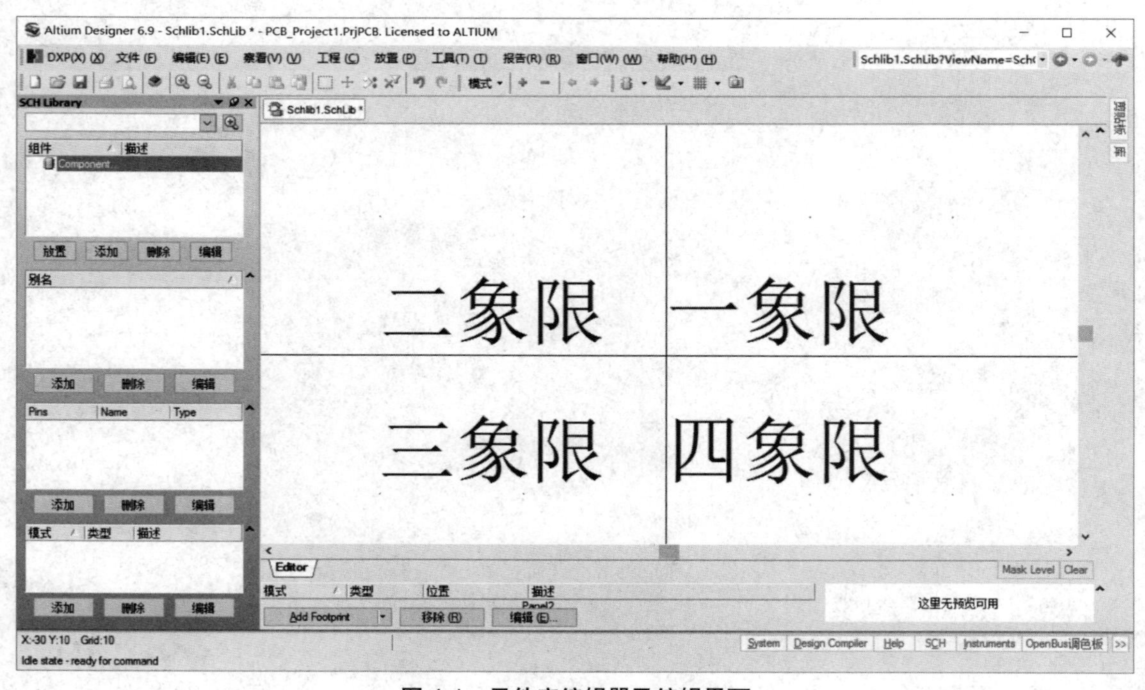

图 4-1 元件库编辑器及编辑界面

元件库编辑器主要由元件库面板、主工具栏、菜单栏、常用工具栏和编辑区等组成。在编辑区有一个十字坐标轴，将其划分为 4 个象限。右上角为第一象限，沿逆时针方向依次为第

二、三、四象限。一般情况下,用户在第四象限中进行元件编辑工作。

除主工具栏外,元件库编辑器还提供了两个重要的工具栏,即绘制图形工具栏和 IEEE 工具栏,将在后面具体介绍。

4.2 元件库的管理

在学习如何制作元件和创建元件库之前,先介绍一下元件管理工具的使用,以便在创建新元件时能够有效地管理。下面主要介绍元件库管理器的组成和使用方法,还有一些相关的命令。

4.2.1 元件库面板

如图 4-2 所示,元件库面板一共分为 4 个区域:“组件”区域、“别名”区域、“Pins”(引脚)区域、“模式”区域。

1.“组件”区域

此区域的主要功能是查找、选择、取用元件。当打开一个元件库时,元件列表就会显示出此元件库里所有元件的名称。在元件库面板中选中某个元件,单击“放置”按钮,即可取用此元件。如果直接双击某个元件的名称,也可以取用该元件。

(1)顶部文本框:用于筛选元件。在此文本框中输入元件名称的开头字符时,元件列表中就会显示以这些字符开头的元件。

(2)放置:用于选中元件。单击该按钮,系统会自动切换到原理图设计的界面,同时原理图元件库编辑器退到后台运行。

(3)添加:用于将指定名称的元件添加到该元件库中。单击该按钮,弹出如图 4-3 所示的对话框。输入元件名称,单击“确定”按钮即可添加元件到元件组。

(4)删除:用于将元件从元件库中删除。

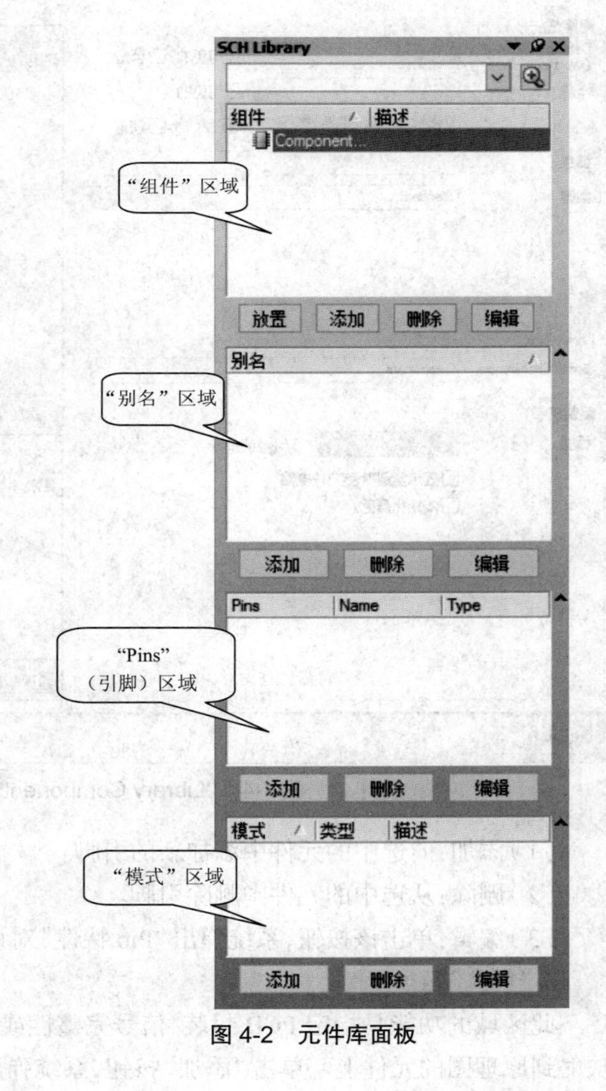

图 4-2　元件库面板

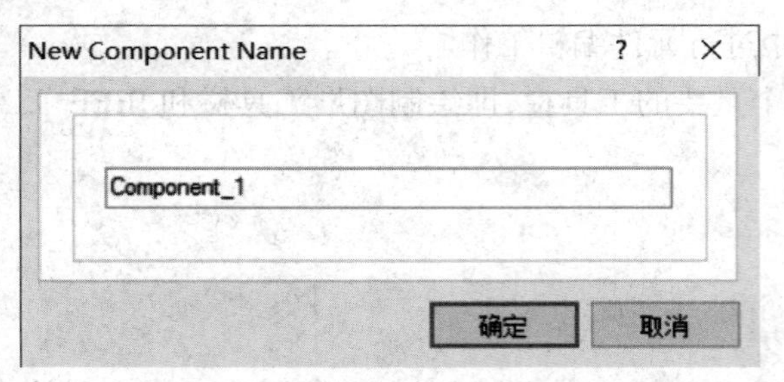

图 4-3 “New Component Name”对话框

（5）编辑：单击该按钮，系统弹出“Library Component Properties”对话框，如图 4-4 所示。

2.“别名”区域

此区域主要用来设置所选中元件的别名。

3.“Pins”（引脚）区域

此区域主要用于在引脚列表中显示当前工作中的元件引脚的名称及状态。

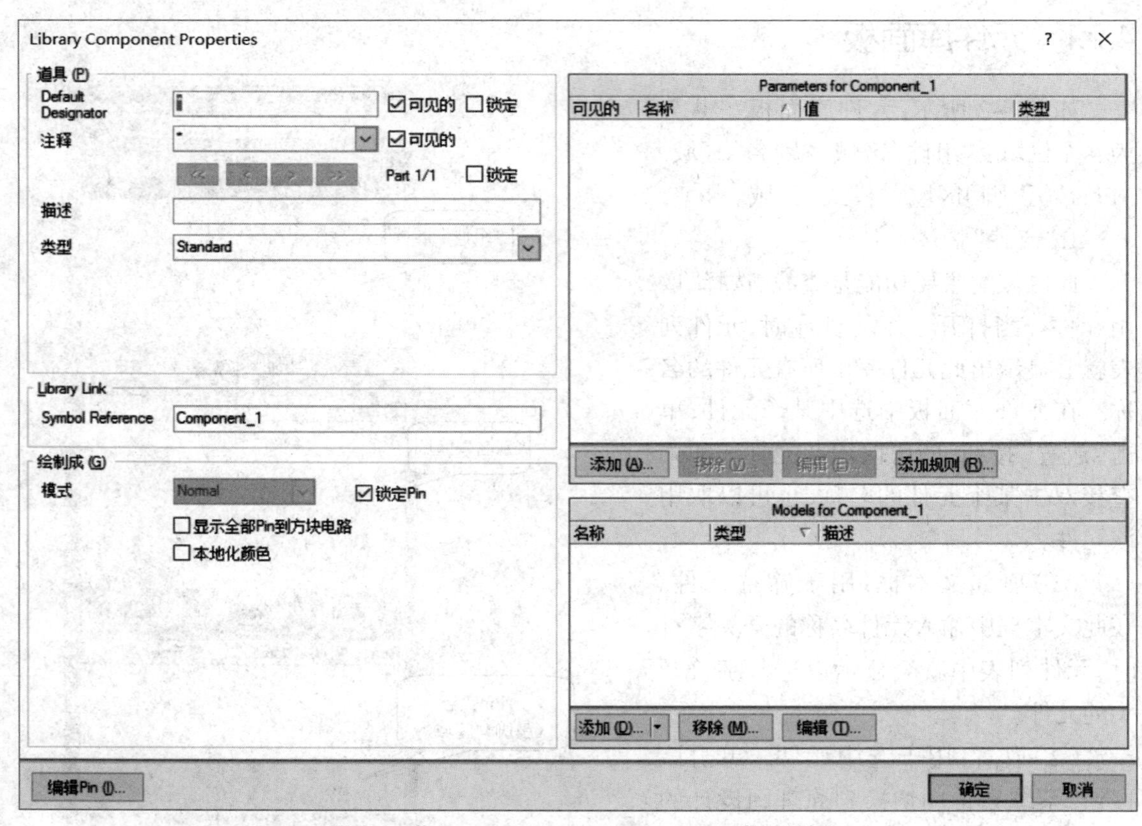

图 4-4 “Library Component Properties”对话框

（1）添加：向选中的元件中添加新的引脚。

（2）删除：从选中的元件中删除引脚。

（3）编辑：单击该按钮，系统弹出“Pin 特性”对话框，如图 4-5 所示。

4.“模式”区域

此区域的功能是指定 PCB 封装、信号完整性或仿真模式等。指定的元件模式可以连接和映射到原理图的元件上。单击“添加”按钮，系统弹出如图 4-6 所示的对话框，可以为元件添加一个新的模式。

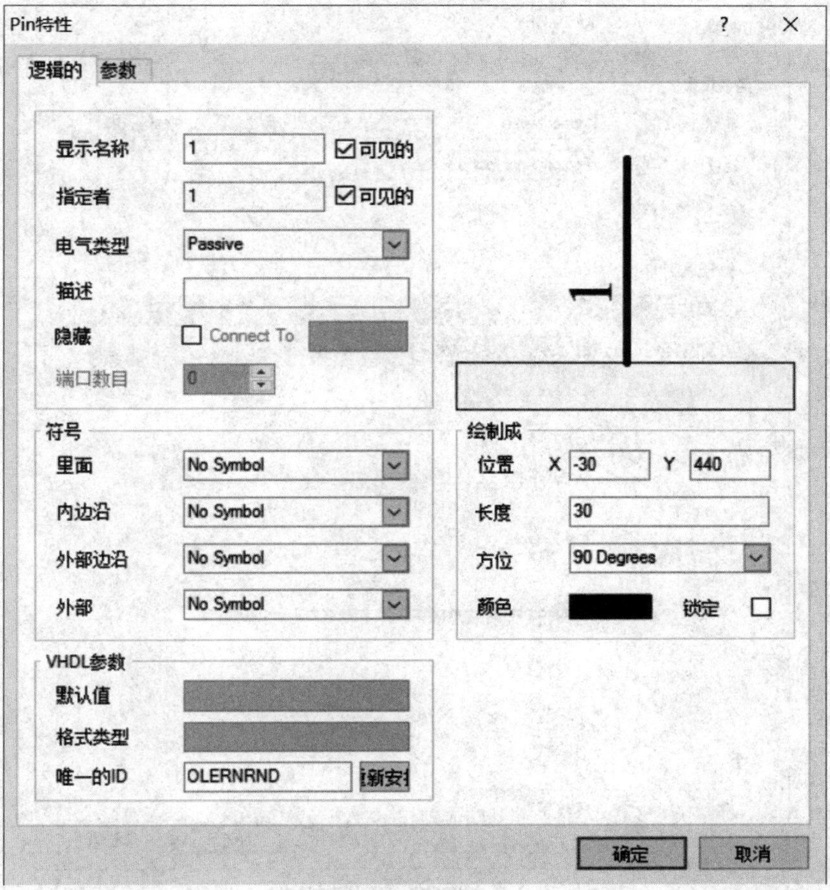

图 4-5 “Pin 特性”对话框

然后在“模式”区域就会显示出一个刚刚添加的新模式。双击此模式，或者选中此模式后单击“编辑”按钮，可以对此模式进行编辑。

下面以添加一个 PCB 封装模式为例说明具体操作过程。

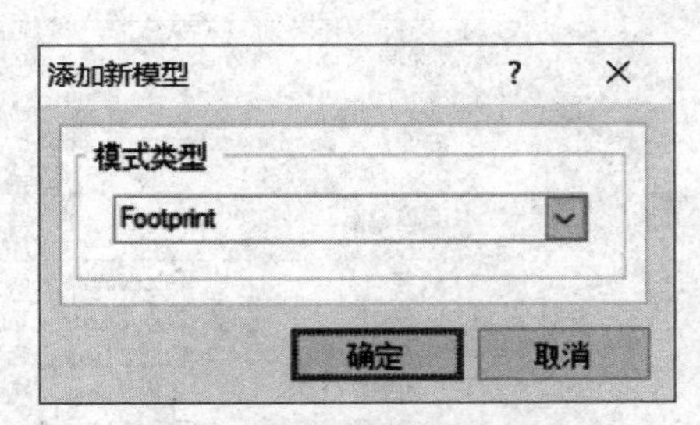

图 4-6 “添加新模型”对话框

单击“添加”按钮，添加一个 Footprint 模式。单击“确定”按钮，系统会弹出如图 4-7 所示的“PCB 模型”对话框，在此对话框中设置 PCB 的封装属性。在“名称”文本框中输入封装名，在“描述”文本框中输入封装的描述。单击“浏览...”按钮，系统弹出如图 4-8 所示的对话框，可以选择封装类型。如果没有装载所需要的元件封装库，可以单击图 4-8 中的“…”按钮装载一个元件库或者单击“发现”按钮查找。其他模式的编辑操作与介绍的 PCB 封装模式类似，只是模式的属性不同而已，在这里就不一一赘述了。

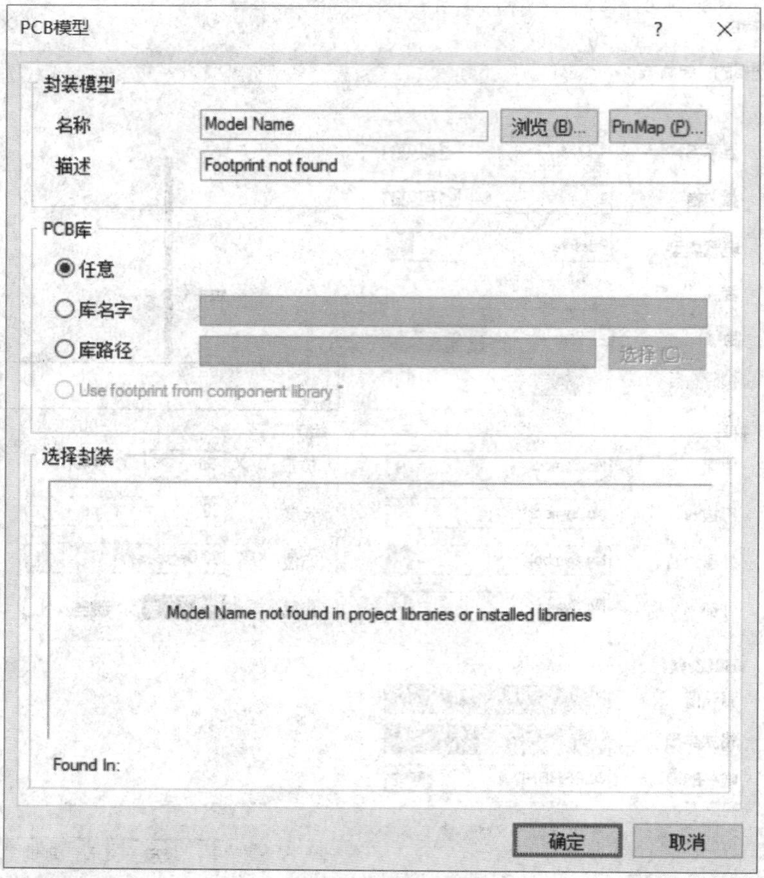

PCB模型

封装模型

名称 Model Name 浏览(B)... PinMap(P)...

描述 Footprint not found

PCB库

任意

库名字

库路径 选择(C)...

Use footprint from component library *

选择封装

Model Name not found in project libraries or installed libraries

Found In:

确定 取消

图 4-7 “PCB 模型”对话框

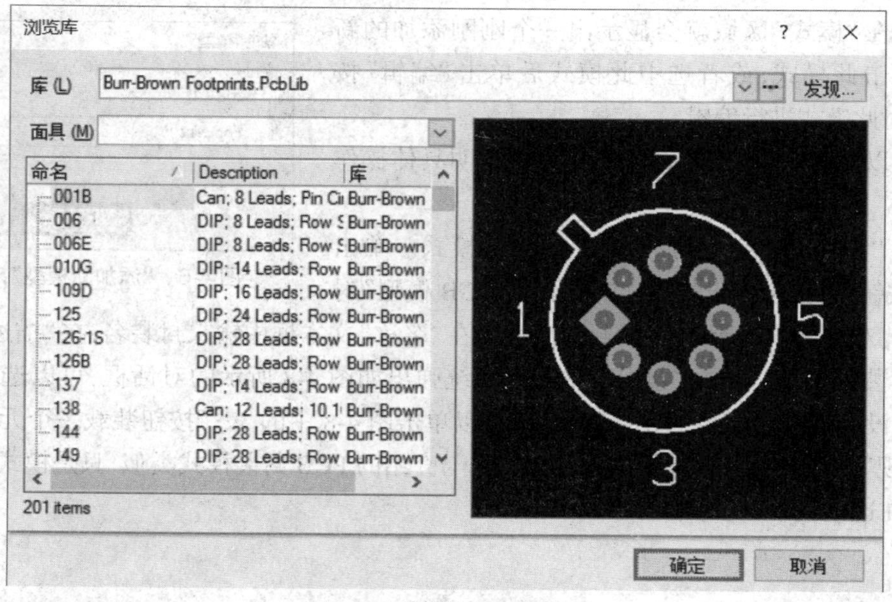

图 4-8 “浏览库”对话框

4.2.2 利用工具菜单管理元件

元件库面板的功能还可以通过工具菜单的命令来实现,如图 4-9 所示。下面对各项命令进行介绍。

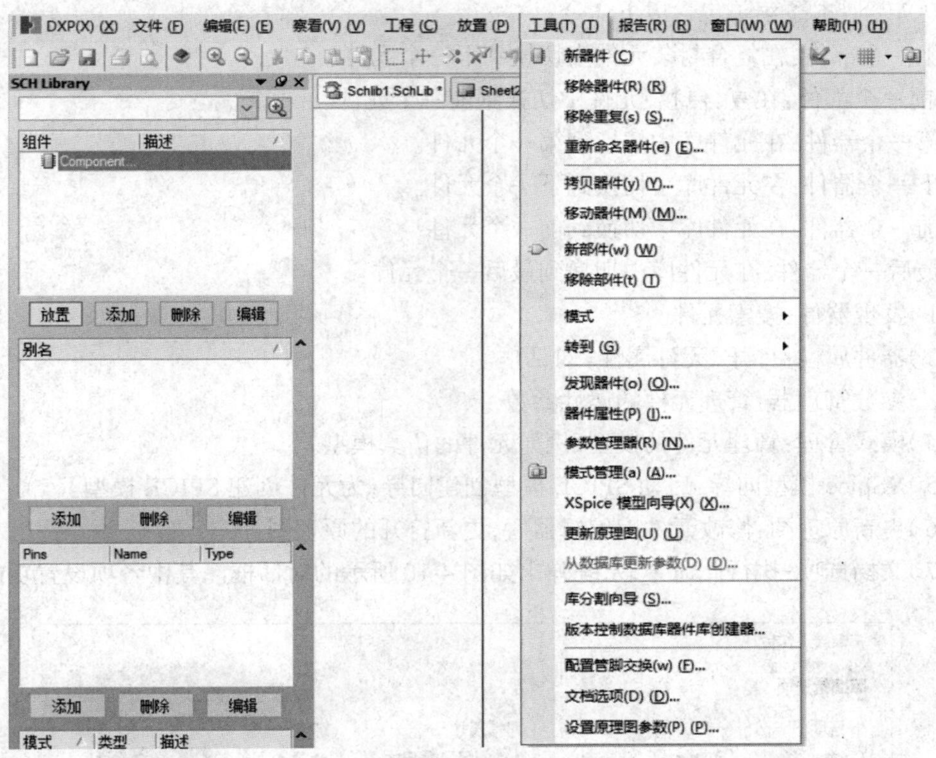

图 4-9 “工具”菜单

(1)新器件:添加器件。

(2)移除器件:删除元件库管理器“组件”区域中指定的器件。

(3)移除重复:删除元件库中重复的器件。

(4)重新命名器件:修改元件库管理器“组件”区域中指定器件的名称。

(5)拷贝器件:将此器件复制到指定的元件库中。单击此命令,弹出对话框,选择元件库后单击“OK”按钮即可将此器件复制到指定的元件库中。

(6)移动器件:将此器件移到指定的元件库中。单击此命令,弹出对话框,选择元件库后单击“OK”按钮即可将此器件移到指定的元件库中。

(7)新部件:在复合封装元件中添加新部件。

(8)移除部件:删除复合封装元件中的部件。

(9)模式:给元件创建一个可替代的视图模式。这些视图模式可以包括元件的不同图形,如 IEEE 符号等。如果已经添加了元件的替代模式,可以通过“模式”子菜单选择替代模式,它们会显示在元件库编辑器中。元件被放置在原理图中后,还可以从元件属性的对话框中

“Graphical”里的“Models”进行视图模式选择。单击“模式”工具栏中的 + 或者使用“模式”子菜单中的“添加”命令可以给元件添加一个替代视图。单击“模式”工具栏中的 − 或者使用“模式”子菜单中的“移开”命令可以移除元件的一个替代视图。还可以使用“模式”子菜单中的“前一个”或“下一步”命令来查看前后的替代视图。

(10)转到:本子菜单包含以下命令。

①下一个部件:在复合封装元件中切换到下一个元件。

② 前一个部件:在复合封装元件中切换到前一个元件。

③第一个器件:在元件库中切换到第一个元件。

④下一个器件:在元件库中切换到下一个元件。

⑤前一个器件:在元件库中切换到前一个元件。

⑥最后一个器件:在元件库中切换到最后一个元件。

(11)发现器件:搜索元件。

(12)器件属性:打开“元件属性”对话框。

(13)参数管理器:管理元件的属性参数。

(14)模式管理:管理元件的模型,例如元件的仿真模型。

(15)XSpice 模型向导:启动 SPICE 模型创建向导,为元件创建 SPICE 模型。

(16)更新原理图:修改元件库编辑器后,更新打开的原理图。

(17)文档选项:执行此命令,系统弹出如图 4-10 所示的对话框。其中各项设置功能如下。

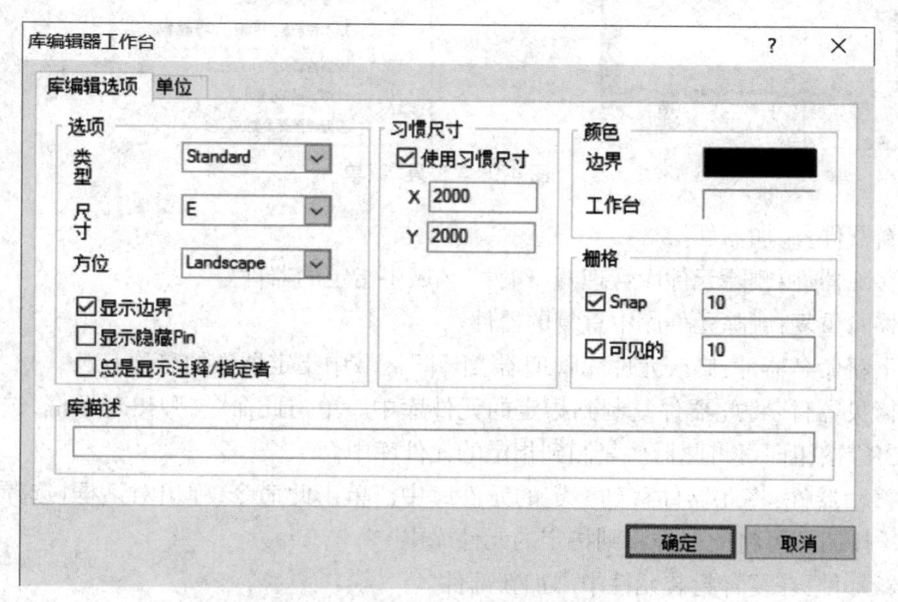

图 4-10 “库编辑器工作台”对话框

① 选项。

类型:选择图纸的样式。

尺寸:选择图纸的尺寸。

方位:设置图纸的方向,包括 Landscape(横向)和 Portrait(纵向)。

“显示边界”复选框:选中此复选框,在图纸上显示边框。

“显示隐藏 Pin”复选框:选中此复选框,在图纸上显示隐藏的引脚。

“总是显示注释 / 指定者”复选框:选中此复选框,注释 / 指定者显示。

②习惯尺寸。

“使用习惯尺寸”复选框:选中此复选框,使用用户自定义的图纸尺寸,在“X”和“Y”的文本框中分别输入图纸的长度和高度。

③颜色。

边界:定义图纸边框的颜色。

工作台:定义工作空间的颜色。

④栅格。

“Snap”复选框:选中此复选框,设置捕捉栅格间距,即鼠标在图纸上移动的最小分辨距离。

“可见的”复选框:选中此复选框,可视栅格可见。

(18)设置原理图参数:执行此命令,系统弹出“参数选择”对话框“General”选项卡,此选项卡在 2.5 节中已详述,此处不再重复。

4.3 元件绘图工具

可以使用绘图工具来制作元件,常用的绘图工具集成在“实用”工具栏中,包含 IEEE 工具栏、常用绘图工具栏、栅格设置工具栏和模型管理器工具栏,如图 4-11 所示。

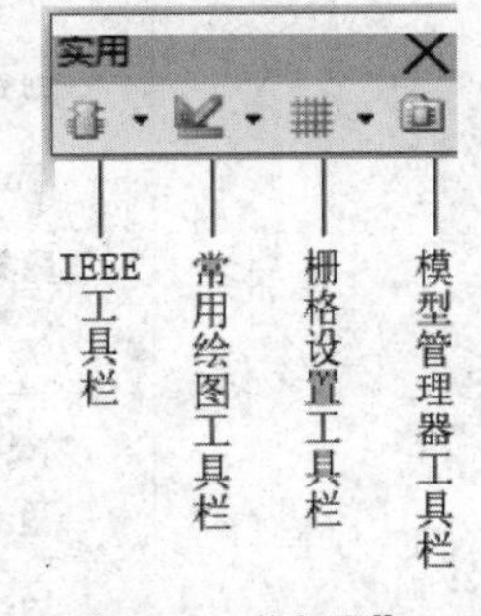

图 4-11 “实用”工具栏

4.3.1 常用绘图工具栏

如图 4-11 所示,元件库编辑器中的常用绘图工具栏可以通过选取“实用”工具栏里的 图标打开或关闭。

常用绘图工具栏中的命令和“放置”菜单中的命令相对应,所以用户还可以从“放置”菜单中直接选取,详情请阅读 3.2 节中的相关内容。

4.3.2 绘制引脚

执行菜单命令“放置”→“引脚”或者单击“常用绘图”工具栏中的 按钮,将编辑模式切换为放置引脚模式,这时候鼠标的指针旁边会多出一个大的十字符号和一条短线,就可以进行引脚的绘制工作了。如果在放置引脚前按下【Tab】键,会打开当前“Pin 特性”对话框,可以先设置引脚属性。放置完引脚,单击鼠标右键结束操作。指定者是按引脚在元件图上放置的顺序而递增的。

需要编辑引脚时,双击引脚或者先选中引脚再单击鼠标右键选择“特性”命令,即可进入“Pin 特性”对话框,如图 4-12 所示。

下面介绍“Pin 特性”对话框中的选项。

(1)显示名称:设置引脚名称,即引脚左边的一个符号。

(2)指定者:设置引脚流水编号,即引脚右边的一个符号。

(3)电气类型:设置引脚的电气类型。

引脚的电气类型选项如下。

- Input:输入。
- IO:IO 引脚,双向。
- Output:输出。
- OpenCollector:集电极开路门(简称 OC 门)。
- Passive:无效引脚。
- HiZ:高阻态。

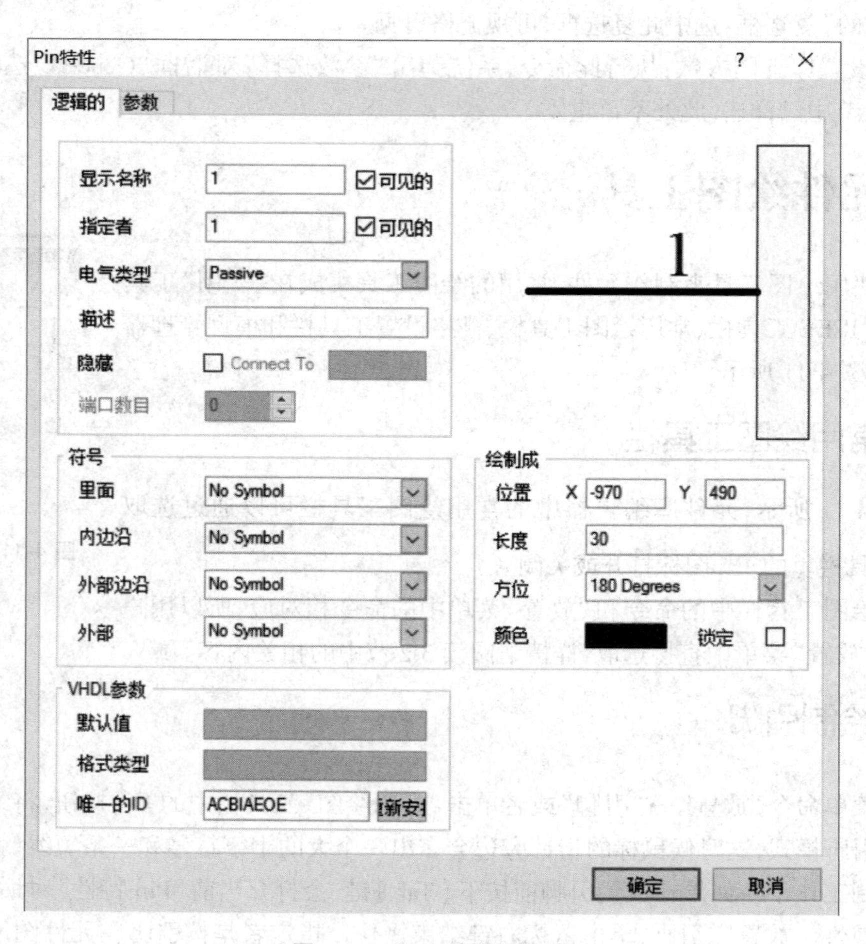

图 4-12 “Pin 特性”对话框

● Emitter：发射极。

● Power：电源 / 接地。

（4）描述：描述引脚的特征。

（5）"隐藏"复选框：隐藏引脚。

（6）端口数目：一个元件可以包含多个子元件，例如 74LS00 就包含 4 个子元件，在此文本框中可以设置复合元件的子元件编号。

（7）"符号"区域。

● 里面：设置引脚在元件内部的表示符号。

● 内边沿：设置引脚在元件内部的边框上的表示符号。

● 外部边沿：设置引脚在元件外部的边框上的表示符号。

● 外部：设置引脚在元件外部的表示符号。

（8）"绘制成"区域。

● 位置 X，Y：设置引脚 *X* 向和 *Y* 向的位置。

● 长度：设置引脚的长度。

● 方位：选择引脚的方向，有 0°、90°、180°、270° 四种旋转角度。

● 颜色：设置引脚的颜色。

（9）"锁定"复选框：锁定引脚。

4.3.3　IEEE 符号

元件库编辑器中的 IEEE 工具栏如图 4-13 所示，可以通过选取"实用"工具栏里的图标打开或关闭。

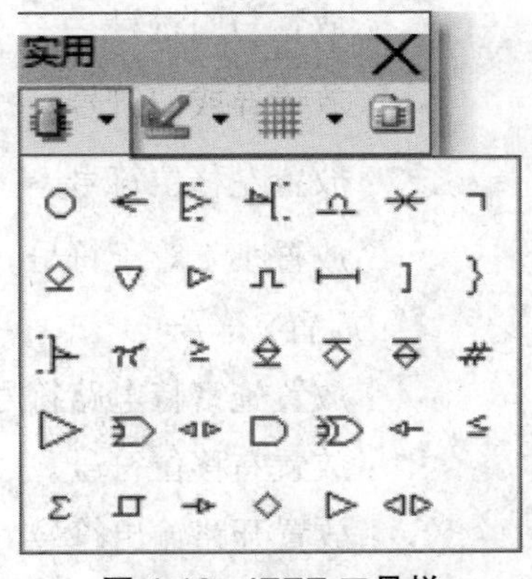

图 4-13　IEEE 工具栏

IEEE 工具栏中的命令和"放置"菜单中的"IEEE 符号"子菜单中的命令相对应，所以也可以从"放置"菜单中选取。在制作元件库的时候，IEEE 符号非常重要，它们代表了元件的电气特性。下面介绍 IEEE 工具栏中各个按钮的功能。

：放置低态触发符号。

：放置左向信号。

：放置上升沿触发时钟脉冲。

：放置低态触发输入符号。

：放置模拟信号输入符号。

：放置无逻辑性连接符号。

：放置具有暂缓性输出的符号。

：放置集电极开路符号。

：放置高阻抗状态符号。

：放置高输出电流符号。

：放置脉冲信号。

：放置延时符号。

：放置多条 I/O 线组合符号。

：放置二进制组合符号。

：放置低态触发输出符号。

：放置 π 符号。

：放置大于等于符号。

：放置集电极开路上拉符号。

：放置发射极开路符号。

：放置具有电阻接地的发射极开路上拉符号。

：放置数字输入信号。

：放置反相器符号。

：放置或门符号。

：放置双向信号。

：放置与门符号。

：放置异或门符号。

：放置左移位符号。

：放置小于等于符号。

：放置∑符号。

：放置施密特电路符号。

：放置右移位符号。

：放置开路输出符号。

：放置右信号流符号。

：放置双向信号流符号。

4.4 绘制一个新元件

现在使用前面所介绍的制作工具来绘制一个新元件。

（1）使用菜单命令"文件"→"新建"→"库"→"原理图库"进入原理图元件库编辑工作界面，默认的文件名为 Schlib1. Schlib。

（2）使用菜单命令“放置”→“矩形”或者单击“绘图”工具栏中的□按钮绘制一个直角矩形。这时鼠标指针旁边会出现一个大的十字光标，将大的十字光标中心移动到坐标轴的原点处（X: 0，Y: 0），单击鼠标左键，就定义了直角矩形的左下角（图 4-14（a））。再将鼠标光标移动到想要绘制的直角矩形的右上角，单击鼠标左键（图 4-14（b）），即完成直角矩形的绘制，单击鼠标右键退出命令。双击此矩形，会弹出对话框，可以改变矩形的大小和形状。

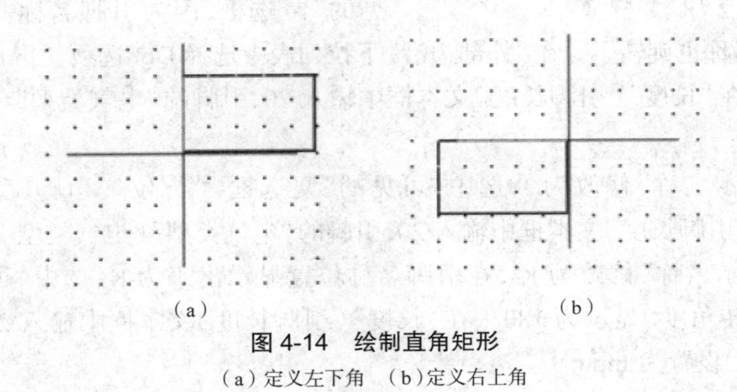

图 4-14 绘制直角矩形

（a）定义左下角 （b）定义右上角

（3）绘制元件引脚。使用菜单命令“放置”→“引脚”或者单击“绘图”工具栏中的按钮绘制引脚。这时鼠标指针旁边会出现一个大的十字光标和一条短线。绘制 6 个引脚，如图 4-15 所示。因为引脚默认的方向为 0°，所以此时引脚的电气段在左侧，放置引脚 1（图 4-15（a）），按下【Space】键旋转引脚放置引脚 2、3（图 4-15（b）），按下【Space】键旋转引脚 180° 放置引脚 6，最后按下【Space】键旋转引脚 270° 放置引脚 4，5（图 4-15（c））。在“Pin 特性”对话框中也可以设置引脚的方向，但需要再移动引脚，建议使用【Space】键旋转引脚。

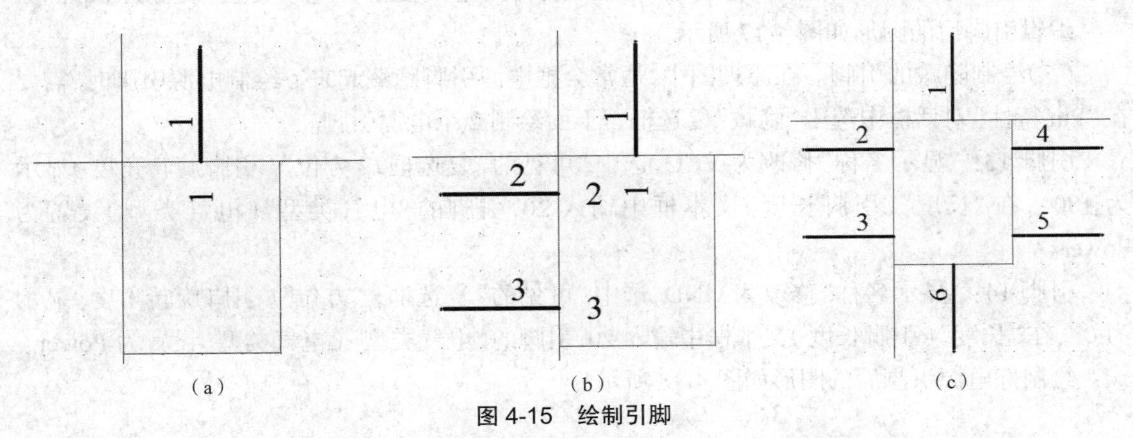

图 4-15 绘制引脚

（a）放置引脚 1 （b）放置引脚 2、3 （c）放置引脚 4、5、6

> ！**注意**：如图 4-16 所示，引脚的一端无电气连接特性，其端部为实体；另一端有电气连接特性，其端部包含四点。电气连接特性端应放置在外侧。

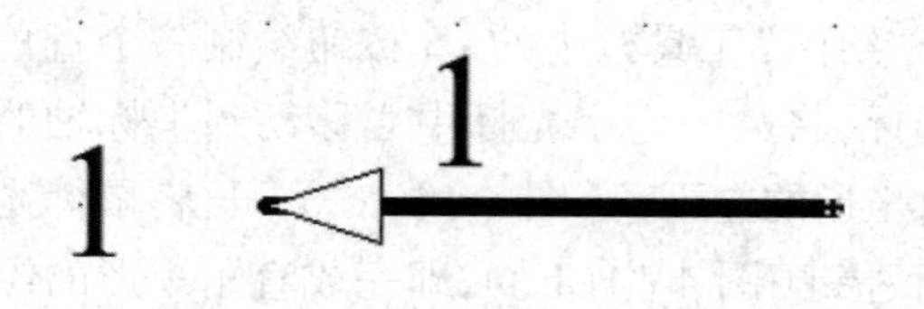

图 4-16 引脚

（4）编辑引脚。双击需要编辑的引脚，或者先选中引脚再单击鼠标右键，选取“特性”命令，进入“Pin 特性”对话框，修改引脚的属性，如图 4-12 所示。

引脚 1：“显示名称”修改为 NC，不选中“可见的”复选框，因为引脚名称一般是水平布置的，元件旋转后名称也旋转了。在“外部边沿”下拉列表中选择 Dot 选项，“方位”（引脚旋转角度）显示为 90°，在“长度”（引脚长度）文本框中输入 20，引脚的“电气类型”（电气类型）设置为 Input。

引脚 2：“显示名称”修改为 J，选中“可见的”复选框，“方位”（引脚旋转角度）显示为 180°，在“长度”（引脚长度）文本框中输入 20，引脚的“电气类型”（电气类型）设置为 Input。

引脚 3：“显示名称”修改为 K\，在引脚名称位置显示出来为 $\overline{K}$，选中“可见的”复选框，“方位”（引脚旋转角度）显示为 180°，在“长度”（引脚长度）文本框中输入 20，引脚的“电气类型”（电气类型）设置为 Input。

引脚 4：“显示名称”修改为 Q，选中“可见的”复选框，“方位”（引脚旋转角度）显示为 0°，在“长度”（引脚长度）文本框中输入 20，引脚的“电气类型”（电气类型）设置为 Output。

引脚 5：“显示名称”修改为 Q\，在引脚名称位置显示出来为 $\overline{Q}$，选中“可见的”复选框，“方位”（引脚旋转角度）显示为 0°，在“长度”（引脚长度）文本框中输入 20，引脚的“电气类型”（电气类型）设置为 Output。

引脚 6：“显示名称”修改为 CLK，选中“可见的”复选框，“方位”（引脚旋转角度）显示为 270°，在“长度”（引脚长度）文本框中输入 20，引脚的“电气类型”（电气类型）设置为 Input。

编辑引脚后的图形如图 4-17 所示。

（5）绘制隐藏的引脚。在原理图中，通常会把电源引脚隐藏起来。绘制电源引脚时，需要在“Pin 特性”对话框中选中“隐藏”复选框。下面绘制 2 个电源引脚。

引脚 13：“显示名称”修改为 VCC，选中“可见的”复选框，“方位”（引脚旋转角度）显示为 180°，在“长度”（引脚长度）文本框中输入 20，引脚的“电气类型”（电气类型）设置为 Power。

引脚 14：“显示名称”修改为 GND，选中“可见的”复选框，“方位”（引脚旋转角度）显示为 0°，在“长度”（引脚长度）文本框中输入 20，引脚的“电气类型”（电气类型）设置为 Power。

绘制好电源引脚后的图形如图 4-18 所示。

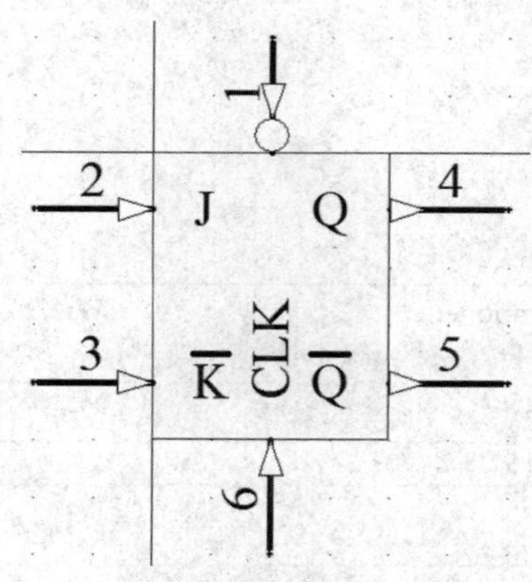

图 4-17　编辑引脚后的图形

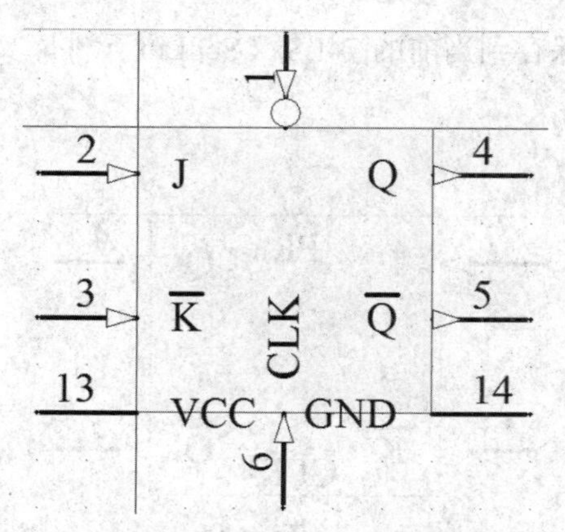

图 4-18　绘制好电源引脚后的图形

电源引脚有时在元件图中不显示，可以双击引脚 13、14，或者先选中引脚再单击鼠标右键，选择“特性”命令，进入“Pin 特性”对话框，选中“隐藏”复选框，引脚 13、14 就被隐藏了，图形便与图 4-17 相同了。

！**注意：**引脚 1 名称没有显示，是因为没有选择“显示名称”后面的“可见的”复选框，而引脚 6 的 CLK 显示为竖向，我们可给这两个引脚添加文本字符串，使其显示水平。

（6）执行命令“放置”→“文本字符串”或者在“绘图”工具栏中单击 **A** 按钮，分别给引脚 1 和 6 放置 PR 和 CLK 文本。

开始仅放置了 Text 文字块，需要修改其属性实现插入 PR 和 CLK 文本。按【Tab】键或者在放置文本后先单击 Text 文字块使 Text 文字块周围出现绿色虚线方框，再双击进入“注释”对话框，对文本及其属性进行修改，如图 4-19 所示。

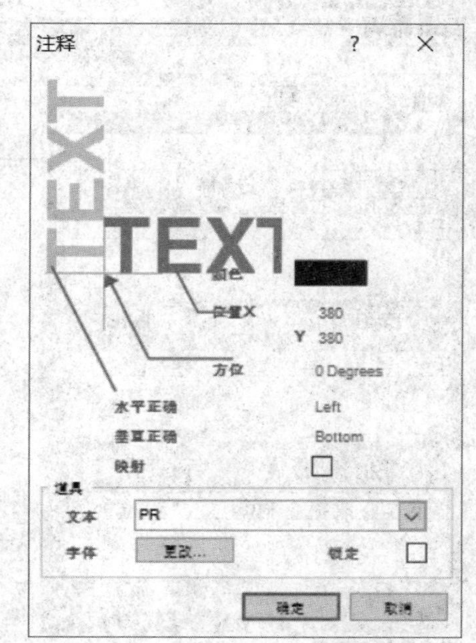

图 4-19　“注释”对话框

下面是引脚 1 和 6 的文本及其属性的修改。

引脚 1：“文本”修改为 PR，“位置 X”修改为 25，“位置 Y”修改为 -15，“颜色”改为黑色。

引脚 6：“文本”修改为 CLK，“位置 X”修改为 22，“位置 Y”修改为 -55，“颜色”改为黑色。

执行“工具”→“设置原理图参数”命令，可以设置元件号和名称到元件边界的距离，选中“引脚方向”复选框显示引脚的方向。修改后的元件如图 4-20 所示，这就是最终的元件图。

（7）如果此元件为复合封装，可以执行命令“工具”→“新部件”，即可向该元件中添加绘制封装的另一部分，过程同上。注意：电源引脚是共有的。

（8）保存绘制好的元件。执行命令“工具”→“重新命名器件”，弹出“Rename Component”对话框，如图 4-21 所示，将元件名改为 SN74LS119，然后执行命令“文件”→“保存”，将元件保存到当前的 74LSxx.SchLib 元件库文件中。

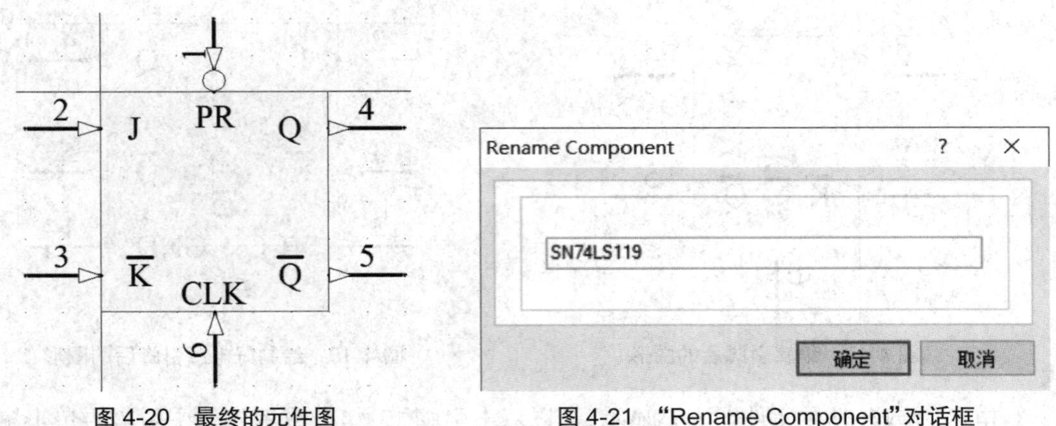

图 4-20 最终的元件图　　图 4-21 "Rename Component"对话框

操作完成后查看元件库管理器，可以看到其中已经添加了一个名为 SN74LS119 的元件，位于 74LSxx.SchLib 元件库文件中，如图 4-22 所示。

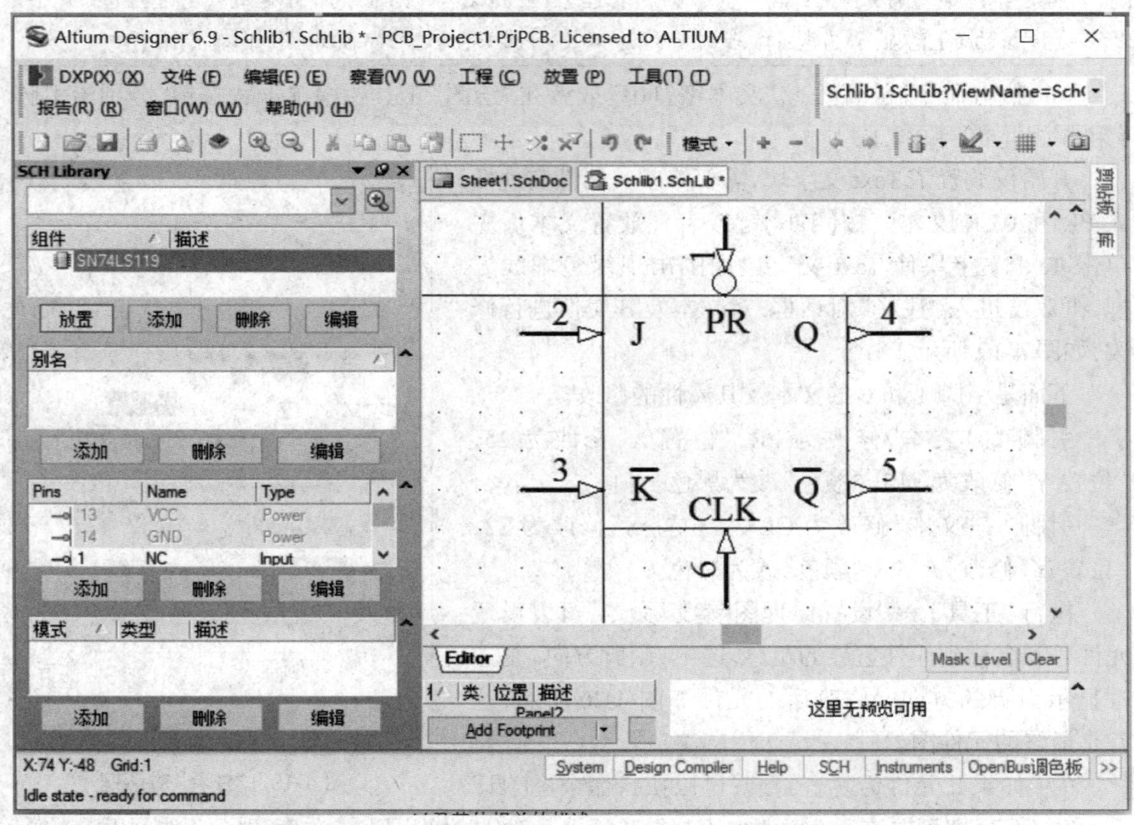

图 4-22 添加了一个名为 SN74LS119 的元件后的元件库管理器

（9）设置元件的特性参数。在元件库管理器中选中此元件，然后单击"编辑"按钮，系统弹出如图 4-23 所示的“Library Component Properties”对话框。可以设置默认流水编号、元件封装形式以及其他相关的描述。

Default Designator：设置元件的默认流水编号。

描述：输入描述元件的文字说明。

Parameters：参数表，单击“添加(A)...”按钮可以添加参数。

Models：模式表，为绘制的元件设置了三种模式，分别是 PCB 封装模式、仿真模式和信号完整性模式。操作时单击“添加(D)...”按钮，弹出对应的对话框，选择需要添加的类型。单击“确定”按钮，系统弹出各个模式的属性设置对话框，设置相关的属性。

(10)元件引脚集成编辑。单击图 4-23“Library Componert Properties”对话框左下角的“编辑 Pin(I)”按钮时，系统弹出如图 4-24 所示的“元件 Pin 编辑器”对话框，可以编辑所有的元件引脚。

在设计原理图时，如果想使用此元件，只要将此库文件装载到元件库中，再取出 SN74LS119 元件即可。如果想在现有的元件库中加入新设计的元件，只要进入元件库编辑器，选择现有的元件库文件，执行命令“工具”→“新器件”，然后依照如上步骤进行新元件的设计即可。

Library Component Properties ? ×
道具(P)
Default Designator
可见的 锁定
注释
可见的
Part 1/1 锁定
描述
类型 Standard
Library Link
Symbol Reference SN74LS119
绘制成(G)
模式 Normal
锁定Pin
显示全部Pin到方块电路
本地化颜色
Parameters for SN74LS119
可见的 名称 值 类型
添加(A)... 移除(V)... 编辑(E)... 添加规则(R)...
Models for SN74LS119
名称 类型 描述
添加(D)... 移除(M)... 编辑(T)...
编辑Pin(I)... 确定 取消

图 4-23 “Library Component Properties”对话框

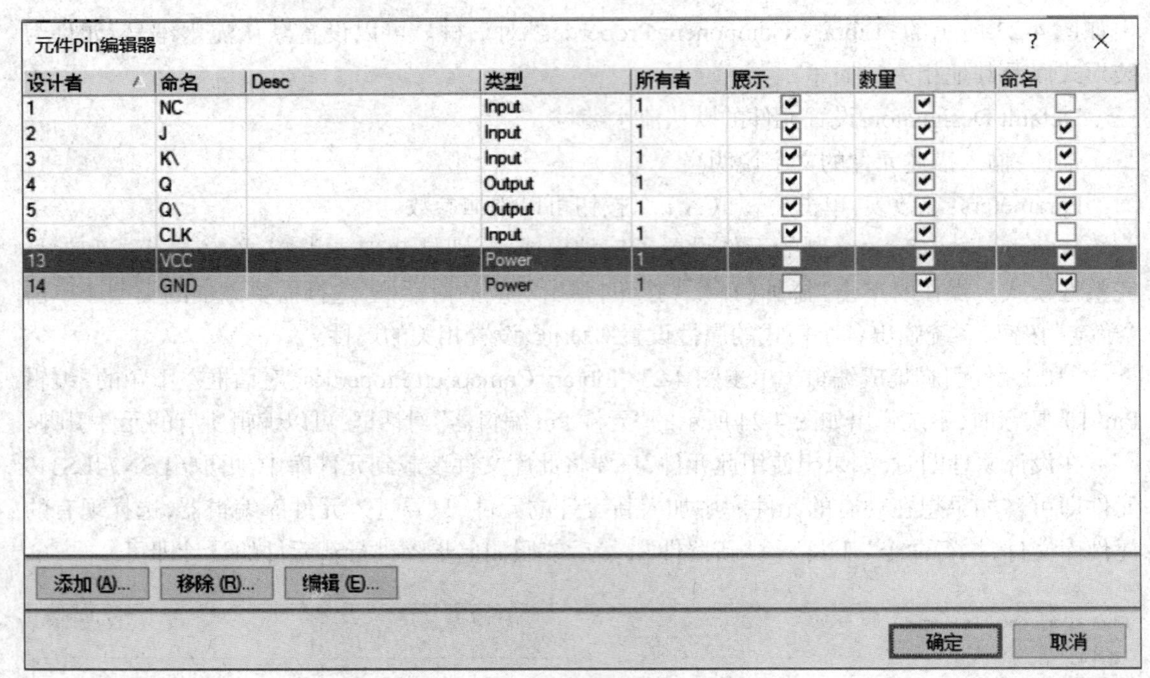

图 4-24 “元件 Pin 编辑器”对话框

4.5 生成项目的元件库

绘制好原理图以后，如果原理图中有些元件是自己设计绘制的，那么就需要生成项目的元件库。只需要在原理图中执行命令“设计”→“生成原理图库”，系统就会生成以项目名命名的元件库文件。例如，如果原理图的名称为 myProject1.PrjPCB，那么生成的元件库文件为 myProject1.SchLib。

“设计”→“生成原理图库”命令用于生成设计项目的元件库，系统会自动生成与该原理图同名的电器符号库，并在库元件列表框中列出该原理图中包含的所有元件，如图 4-25 所示。

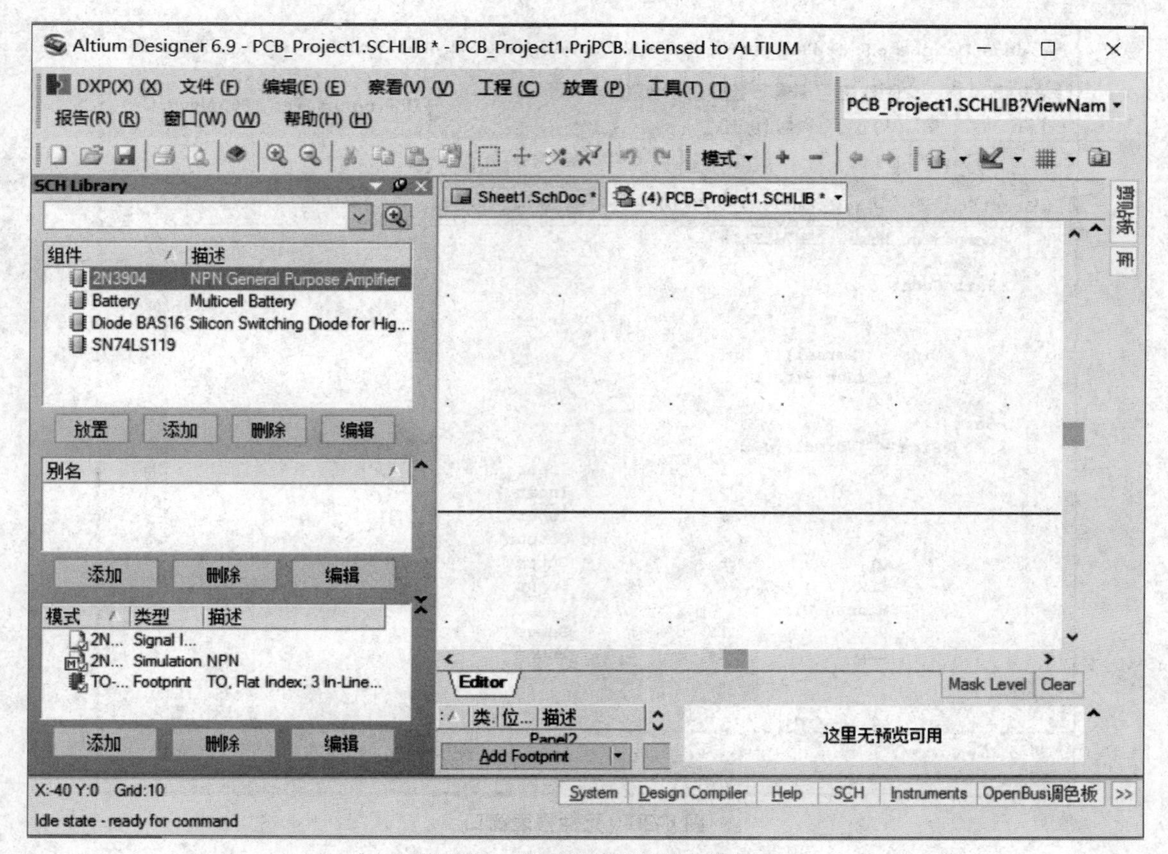

图 4-25　生成设计项目的元件库

执行“设计”→“生成集成库”命令可生成集成库。

4.6　元件报表

通过元件库编辑器可以产生 3 种报表：Component Report（元件报表）、Library Report（元件库报表）、Component Rule Check Report（元件规则检查报表）。

4.6.1　元件报表

使用菜单命令“报告”→“器件”可以对元件库编辑器当前窗口中的元件生成元件报表，系统自动打开文本编辑程序显示其内容，图 4-26 所示为元件报表 74LSxx.Lib 中 SN74LS119 元件的元件报表内容。元件报表的扩展名为.cmp，元件报表列出了此元件的所有相关信息，如子元件个数、元件组名称和各个子元件的引脚细节等。

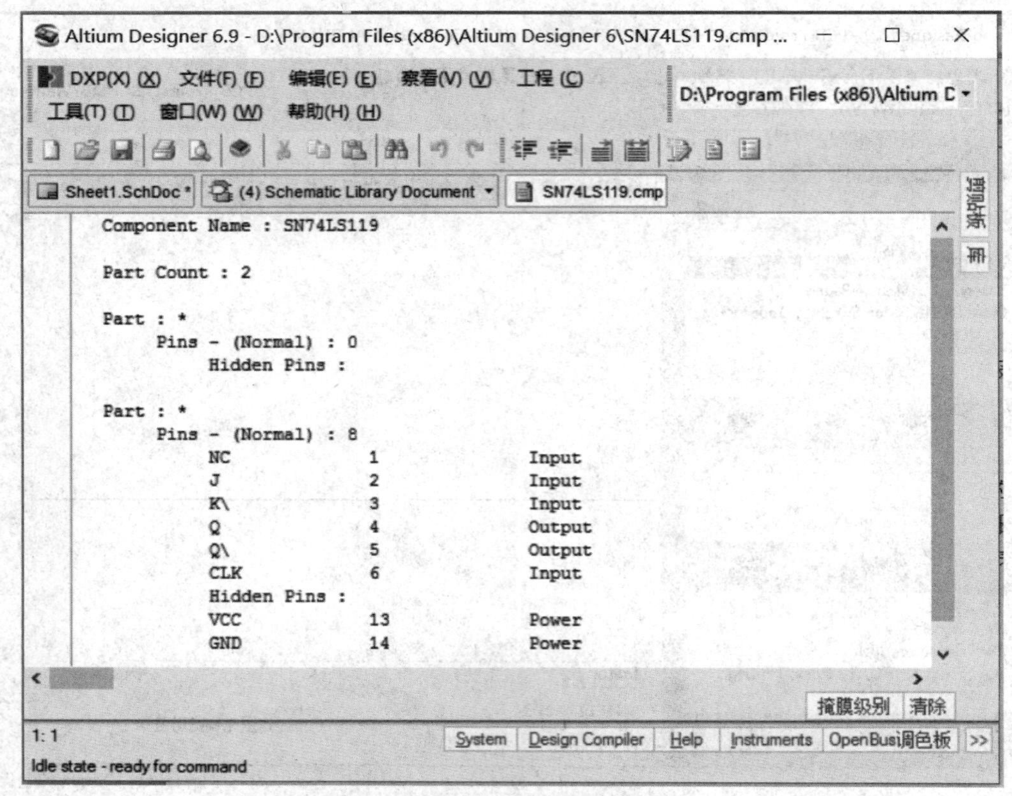

图 4-26 元件报表窗口

4.6.2 元件库报表

元件库报表列出了当前元件库中所有元件的名称及相关描述，元件库报表的扩展名为.rep。使用命令“报告”→“库列表”可以对元件库编辑器当前的元件库生成元件库报表，系统自动打开文本编辑程序显示其内容。图 4-27 所示为 74LSxx.SchLib 元件库报表窗口。

4.6.3 生成并导出选定格式的元件库报表

使用命令“报告”→“库报告...”可以对元件库编辑器当前的元件库生成并导出选定格式的元件库报表。点选上述命令，即弹出“库报告设置”对话框，如图 4-28 所示。

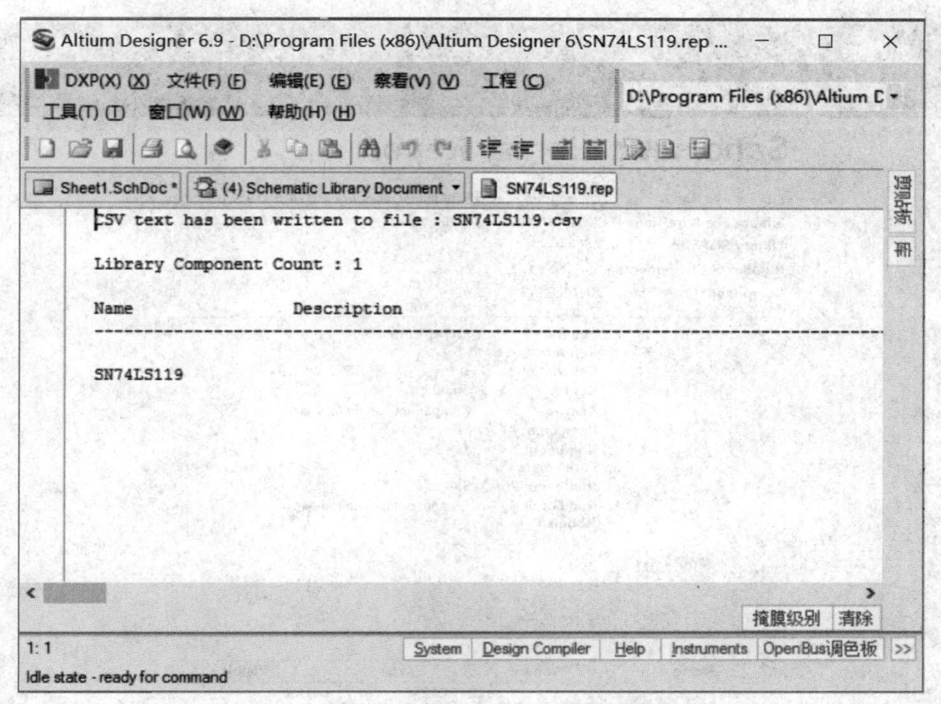

图 4-27 74LSxx.SchLib 元件库报表窗口

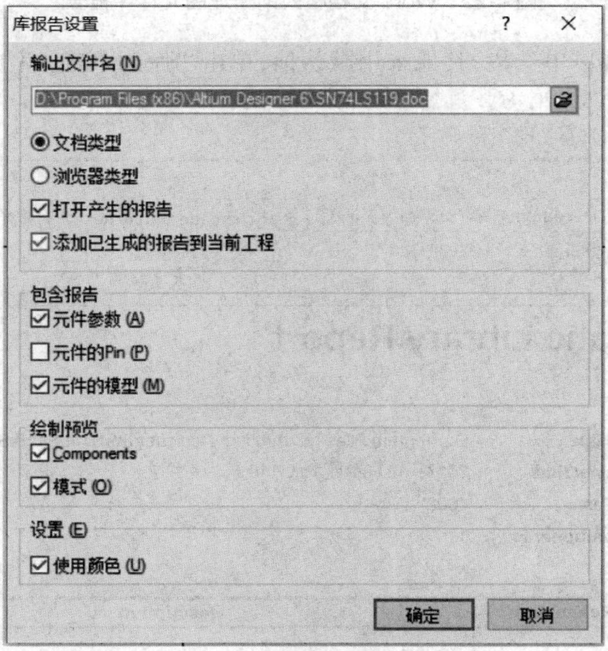

库报告设置

输出文件名 (N)

D:\Program Files (x86)\Altium Designer 6\SN74LS119.doc

◉文档类型

○浏览器类型

☑打开产生的报告

☑添加已生成的报告到当前工程

包含报告

☑元件参数 (A)

☐元件的Pin (P)

☑元件的模型 (M)

绘制预览

☑Components

☑模式 (O)

设置 (E)

☑使用颜色 (U)

确定 取消

图 4-28 “库报告设置”对话框

选中“文档类型”单选栏，其他采用默认值，单击“确定”按钮，生成如图 4-29 所示的 Word 文档格式的原理图元件库报表。

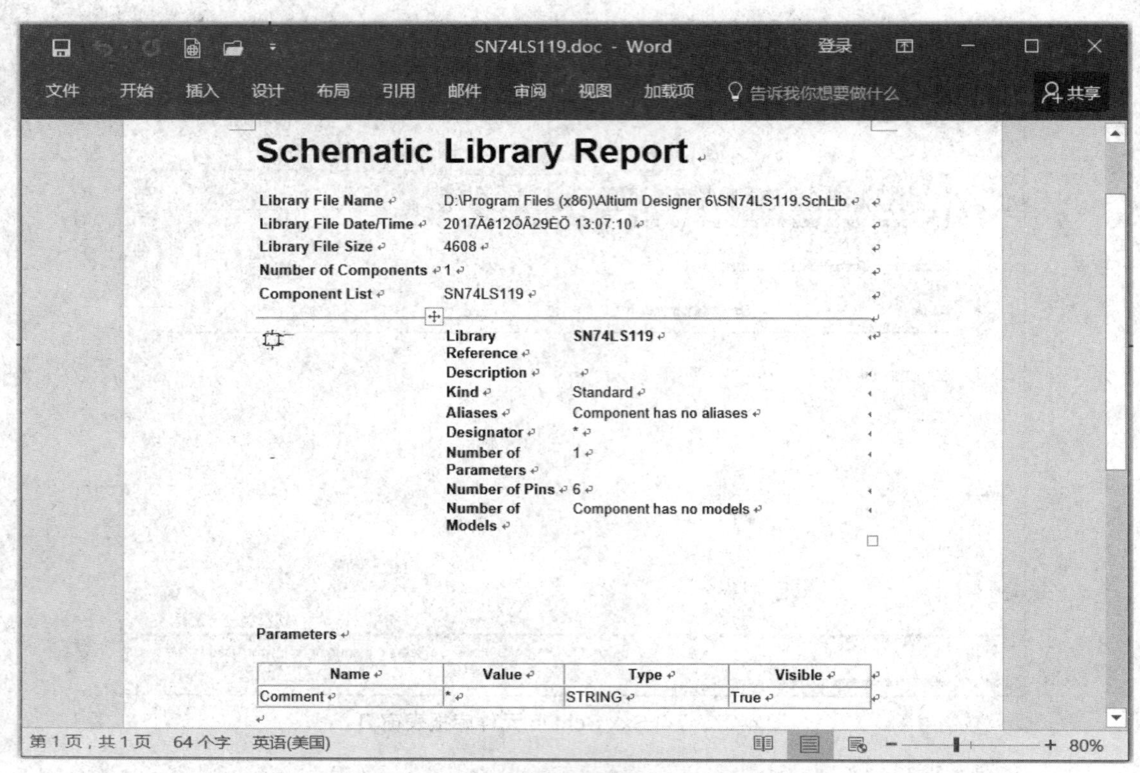

图 4-29 Word 文档格式的原理图元件库报表

选中“浏览器类型”单选栏，其他采用默认值，单击“确定”按钮，生成如图 4-30 所示的浏览器风格的原理图元件库报表。

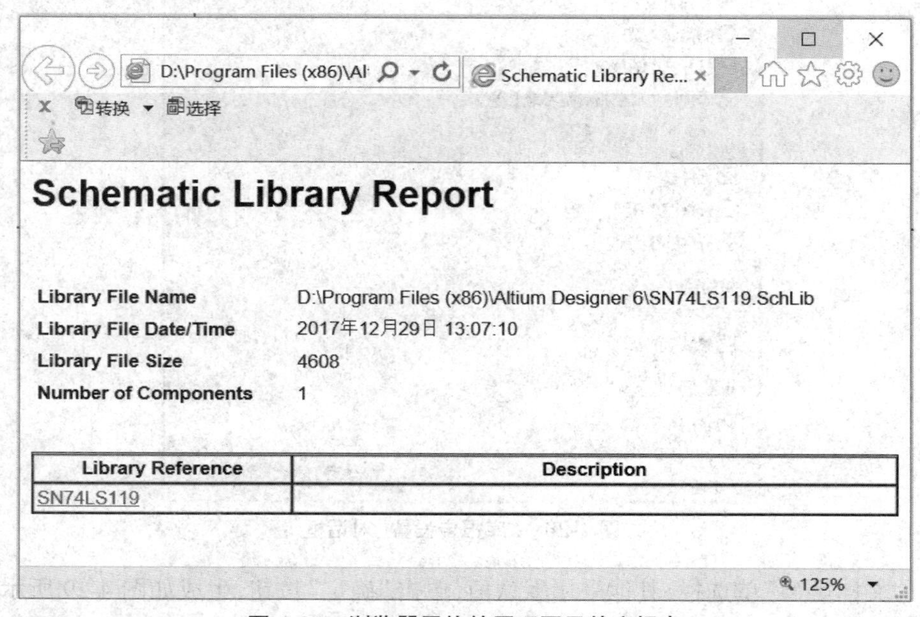

图 4-30 浏览器风格的原理图元件库报表

单击“SN74LS119”,进入报表详细内容,如图 4-31 所示。

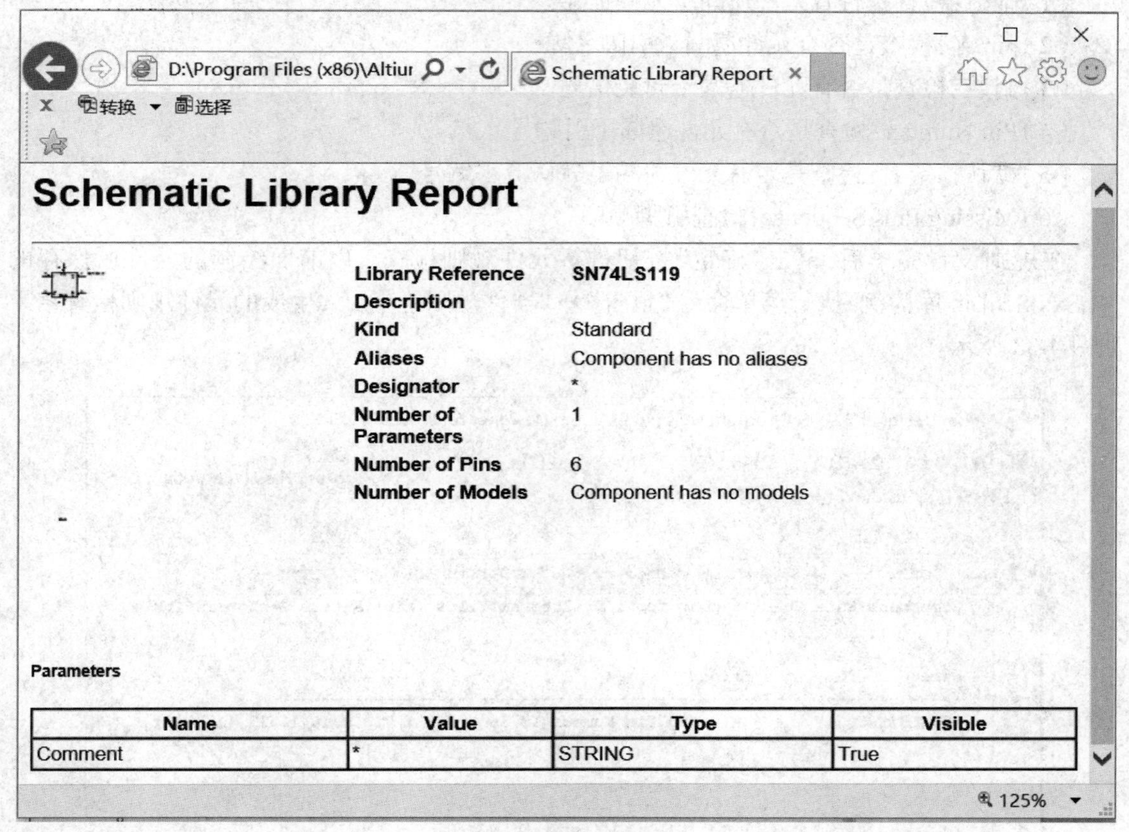

图 4-31　报表详细内容

4.6.4　元件规则检查报表

元件规则检查报表主要用于帮助用户进行元件的基本验证工作,包括检查元件库中的元件是否有错,并且将有错的元件显示出来,指明错误原因等。

执行菜单命令“报告”→“器件规则检查...”,系统弹出如图 4-32 所示的“库元件规则检测”对话框,可以设置检查属性。

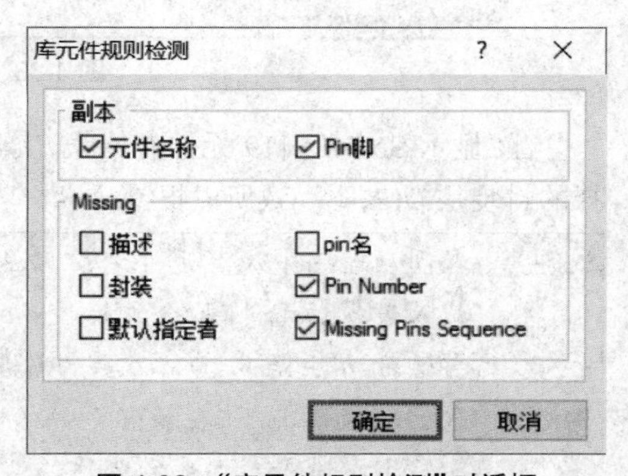

图 4-32　“库元件规则检测”对话框

下面介绍“库元件规则检测”对话框中的复选框的含义。

1.“副本”栏

(1)元件名称:检查元件库中的元件是否有重命名的情况。

(2)Pin 脚:检查元件的引脚是否有重命名的情况。

2. “Missing”栏

（1）描述:检查是否有元件遗漏了元件描述。

（2）pin 名:检查是否有元件遗漏了引脚名称。

（3）封装:检查是否有元件遗漏了封装描述。

（4）Pin Number:检查是否有元件遗漏了引脚号。

（5）默认指定者:检查是否有元件遗漏了默认流水编号。

（6）Missing Pins Sequence:检查引脚顺序。

在规则设置完毕后,单击“确定”按钮进行元件规则检查。以前面绘制的元件所保存的 74LSxx.SchLib 库为例,执行菜单命令“报告”→“器件规则检查...”,生成的元件规则检查结果如图 4-33 所示。

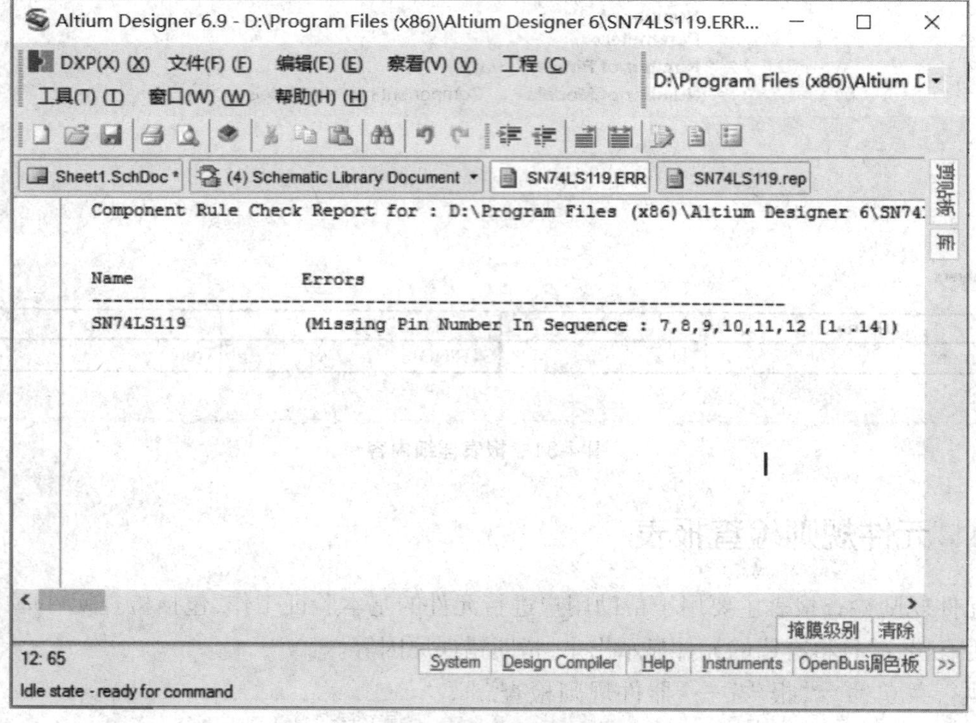

图 4-33 元件规则检查结果

注:显示 SN74LS119 元件有错误,实际上是因为在绘制此元件时省略了引脚 7~12,而选择的封装是 DIP,不一致所以报错。

> ! **注意:**在向原理图中放置元件之前,必须先将该元件所在的元件库载入内存才行。但一次载入过多的元件库,会占用较多的系统资源,也会降低应用程序的执行效率。所以,首选的办法是只载入必要的常用的元件库,其他特殊的元件库在需要的时候再载入。一般情况下,在放置元件的时候经常需要在元件库中查找所需的元件,所以就时常需要进行元件库的操作。

关键词:元件库编辑器

习　题

4-1　常用的建库方法有哪些?

4-2　如何打开“Pin 特性”对话框?

4-3　简述为什么要学习电气符号的制作。

4-4　在 Altium Designer 6.9 中如何创建一个新的元件? 有哪些基本步骤?

4-5　在“我的文件夹”下建立“我的元件库.SchLib”。

5 层次式原理图设计

本章主要介绍几个比较大型的设计项目及如何进行模块化层次式原理图的设计，具体包括层次式原理图的概念、设计方法，电路方块图和图纸进出口的概念，层次式原理图的设计实现以及不同层次式原理图之间的切换等。

5.1 层次式原理图的概念

一个比较庞大、复杂的项目工程电路图不可能一次完成，也不可能将这个电路图画在一张图纸上，更不可能由一个人独立完成。遇到这种情况时，设计者可以利用 Altium Designer 6.9 提供的层次式原理图绘制方法，方便、快捷地将项目工程电路图划分为若干个分立的功能原理图（又称为子图）来进行设计，最后将这些分立的设计任务集成在一起形成顶层电路图（又称为母图）。

在母图中看到的只是一个一个的功能模块，可以很容易地从宏观上把握整个电路图的结构。如果想进一步了解某个方块图的具体实现电路，可以直接单击该方块图，深入到底层电路，从微观上进行了解。

简单地说，层次式电路图的设计就是模块化电路图的设计。通过它可以将一个很复杂的电路变成几个相对简单的模块，使电路的结构变得清晰明了。因而大大地提高了设计效率，加快了工程进度，也使设计的项目工程具有更好的保密性。

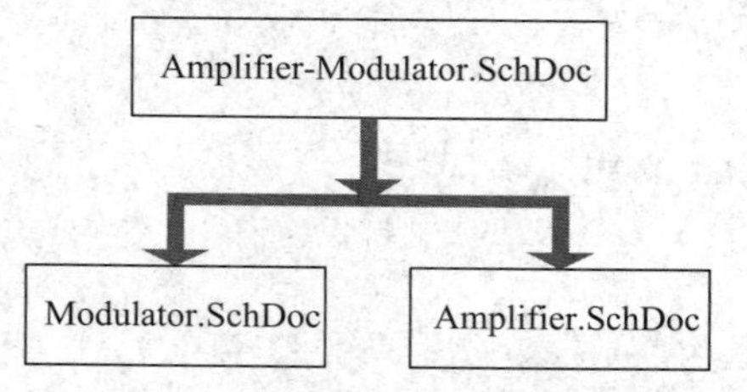

图 5-1 调制放大电路的结构

下面是本章采用的一个简单的调制放大电路，可以将它划分为调制和放大两个功能模块，如图 5-1 所示。其中顶层电路如图 5-2 所示，调制和放大电路分别如图 5-3 和图 5-4 所示。

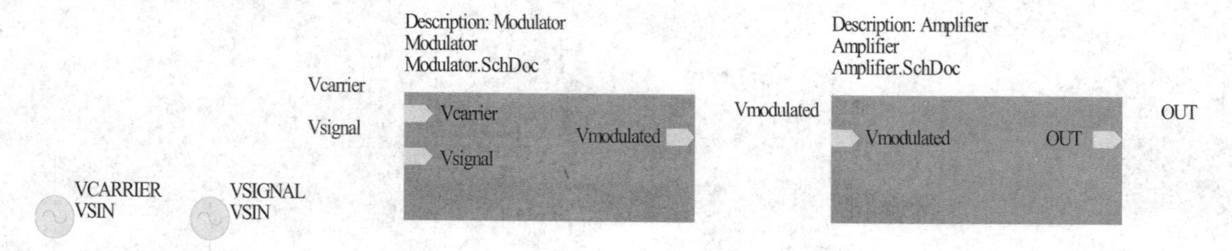

图 5-2 调制放大电路的母图（Amplifier-Modulator.SchDoc）

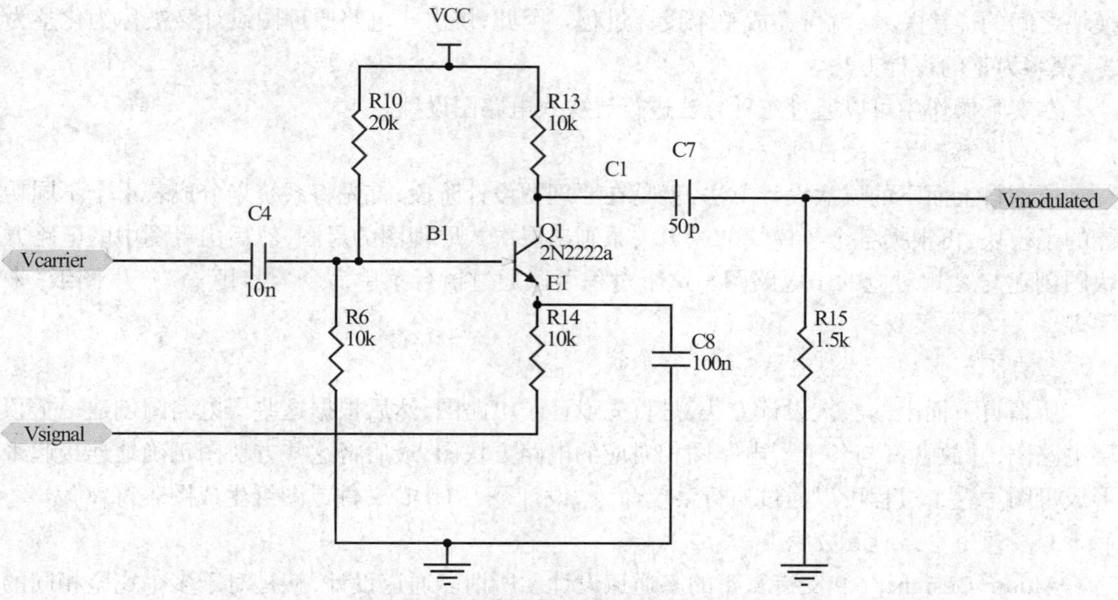

图 5-3 调制电路(Modulator. SchDoc)

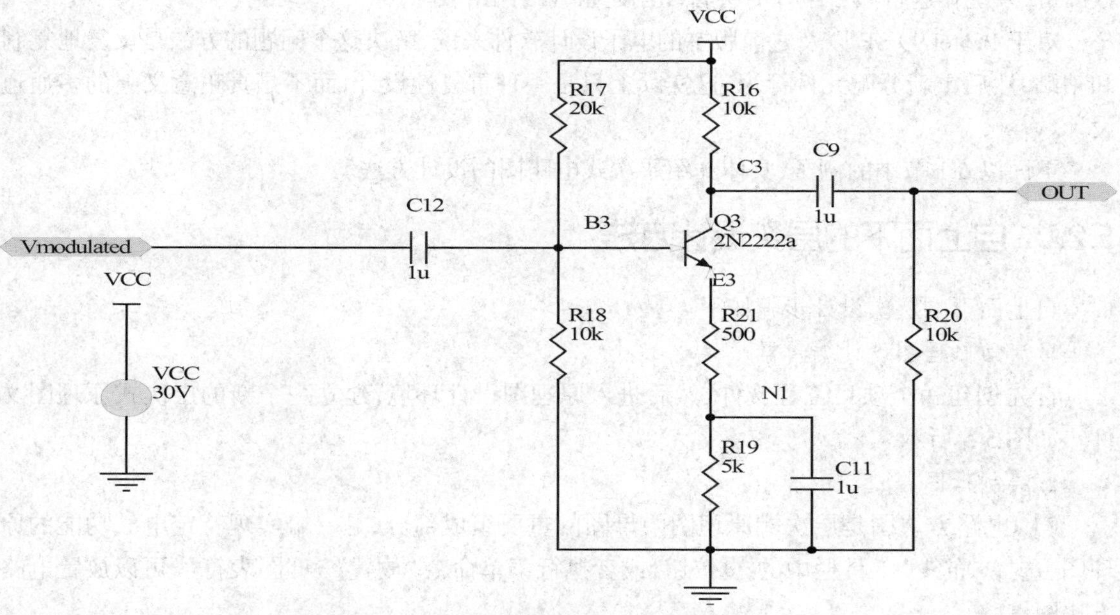

图 5-4 放大电路(Amplifier. SchDoc)

5.2 层次式电路图设计

在电路设计过程中,用户可以将要设计的系统工程划分为若干个子系统,子系统又可划分为多个功能模块,功能模块又可细分为很多基本功能模块。设计好基本功能模块,并定义好各模块之间的连接关系,就可完成整个设计过程。因此,层次式电路原理图设计又被称为化整为零、聚零为整的设计方法。

在实际操作中可以通过三种方法进行层次式电路图设计。

1. 自上而下的层次设计方法

所谓自上而下的层次设计方法,就是在原理图设计阶段,首先将系统划分成若干个不同功能的子模块,再根据各个子模块的逻辑关系画出层次式原理图的母图,然后由母图中的电路方块图创建与之相对应的子电路图。这个过程可以通过执行菜单命令"设计"→"产生图纸"来实现。

2. 自下而上的层次设计方法

所谓自下而上的层次设计方法,是首先设计子电路图,然后根据这些子电路图创建一个顶层电路图,并放置好与各个子电路图相对应的电路方块图,最后将这些方块图正确地连接起来形成母图。这个过程可以通过执行菜单命令"设计"→"HDL 文件或图纸生成图表符 V"。

3. 多通道电路设计方法

Altium Designer 6.9 支持真正的多通道设计。所谓多通道设计,就是对于多个完全相同的模块,不必重复绘制,只需要绘制一个电路方块图和底层电路,直接设置该模块的重复应用次数即可,系统在进行项目编译时会自动创建正确的网络表。

对于 Protel 99 SE 以及之前版本的电子设计软件来说,解决这个问题的方法是反复地复制和粘贴,然后重新分配元件标识,这实际上只是一种重复性设计,而不是真正意义上的多通道设计。

下面以 5.1 节中的例子,具体介绍层次式电路图的设计方法。

5.2.1 自上而下的层次设计方法

自上而下的层次设计步骤如下。

1. 启动原理图设计编辑器

首先创建一个项目工程文件,然后进入原理图设计环境,建立一个新的层次式原理图文件。如图 5-5 所示。

2. 绘制母图

(1)电路方块图是层次式原理图中母图的重要组成部分,是一个实现特定电气功能的原理图,选择"布线"工具栏中的按钮,或者执行菜单命令"放置"→"图表符",可以放置电路方块图。

①启动放置电路方块图命令后,鼠标光标变成十字形状,如图 5-6 所示。

②将光标移到需要放置电路方块图的位置,单击鼠标左键确定电路方块图的左上角,然后按下【Tab】键,弹出如图 5-7 所示的对话框。

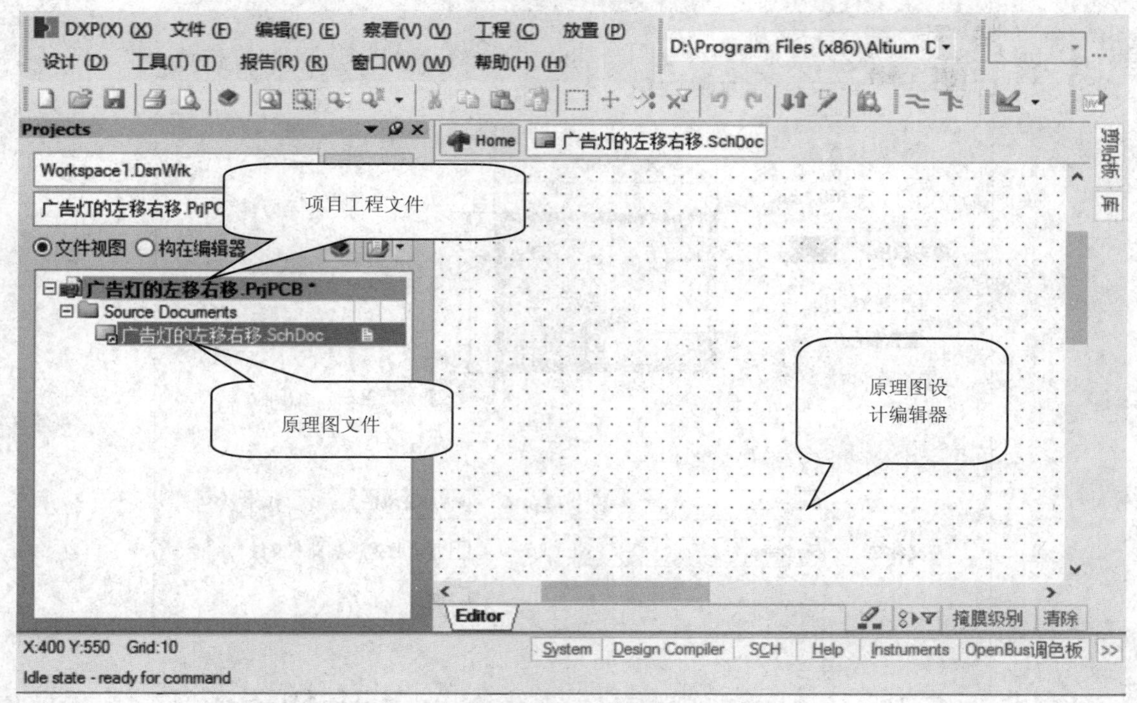

图 5-5 创建项目工程文件及原理图文件

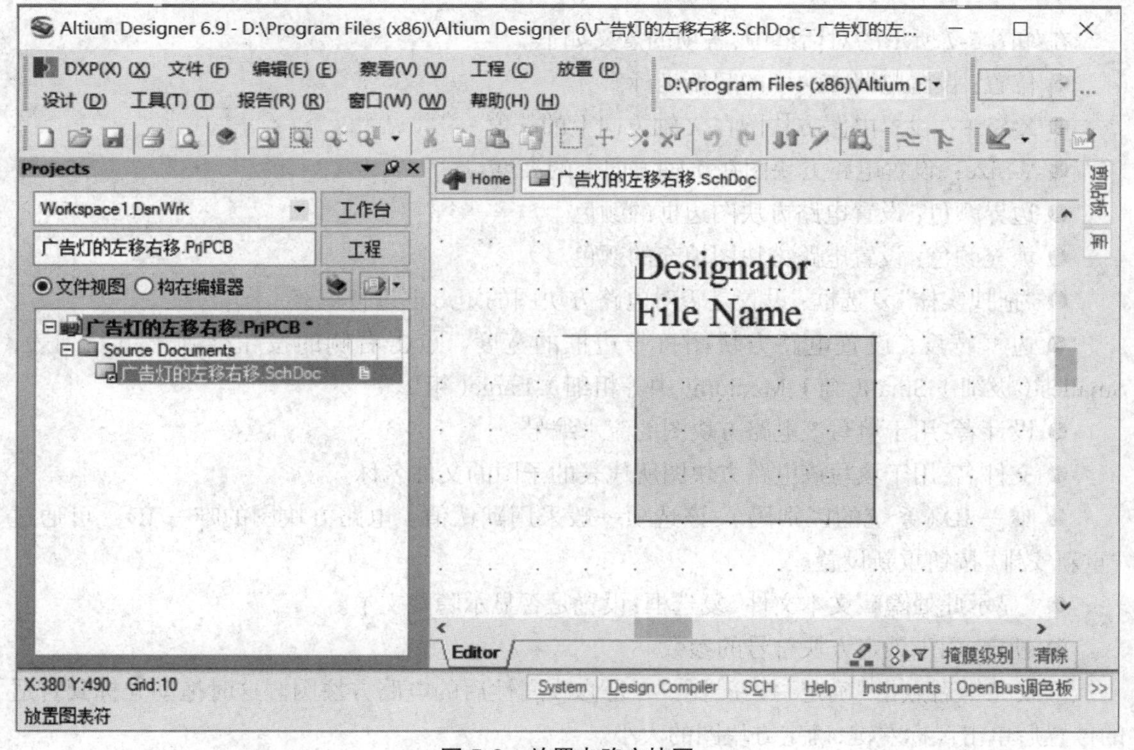

图 5-6 放置电路方块图

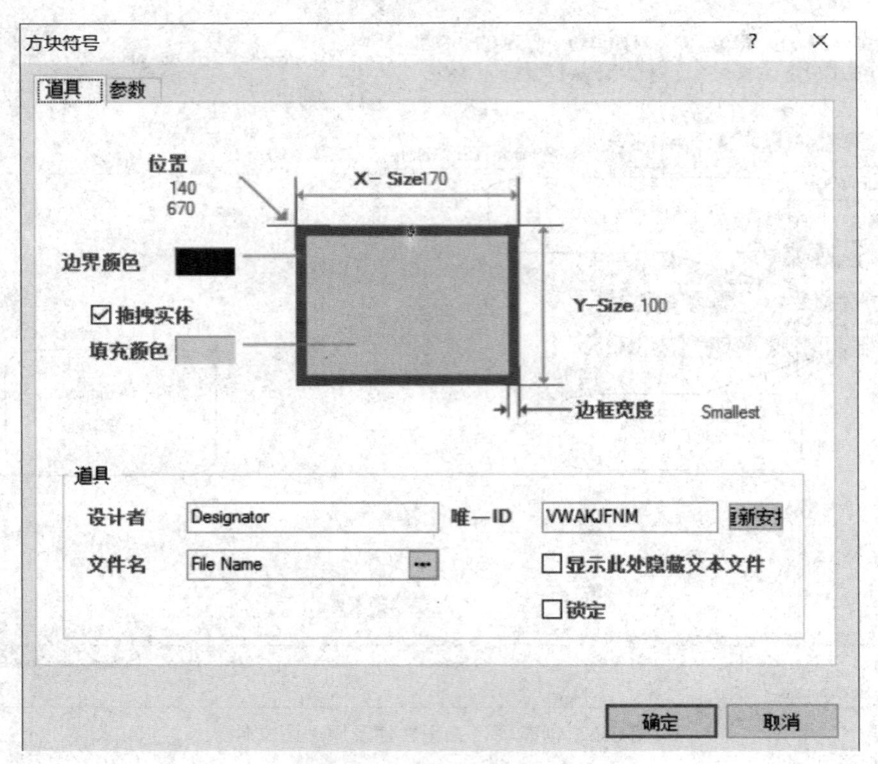

图 5-7 “方块符号”对话框

在如图 5-7 所示的对话框中,各项的意义如下。

- 位置：设置电路方块图的起始坐标。
- X-Size：设置电路方块图在 *X* 轴方向上的长度。
- Y-Size：设置电路方块图在 *Y* 轴方向上的高度。
- 边界颜色：设置电路方块图边框的颜色。
- 填充颜色：设置电路方块图填充的颜色。
- “拖拽实体”复选框：设置是否对电路方块图的矩形框进行填充。
- 边框宽度：设置电路方块图符号边框的宽度。点击右侧的按钮会弹出下拉列表，Smallest（极细）、Small（细）、Medium（中等粗细）、Large（粗）。
- 设计者：用于填写该电路方块图的流水编号。
- 文件名：用于填写该电路方块图所代表的子图的文件名称。
- 唯一 ID（系统的区别码）：该选项一般采用默认值。电路方块图的唯一 ID，可通过“重新安排”按钮重新设置。
- “显示此处隐藏文本文件”复选框：设置是否显示隐藏文本。
- 锁定：用于锁定方块符号的参数。

修改完毕后点击“确定”按钮，图 5-8 是修改属性后的电路方块图。这时拖动光标到合适的位置后单击鼠标左键，确定方块图的大小。

③按照同样的方法放置其他电路方块图,放置完成后单击鼠标右键,或者按下【Esc】键退出。

④放置完电路方块图,编辑电路方块图的注释文字。双击方块图上面的文字部分 Designator 或者 File Name,它们的设置方法是一样的,这里只介绍 Designator 的编辑方法,如图 5-9 所示。

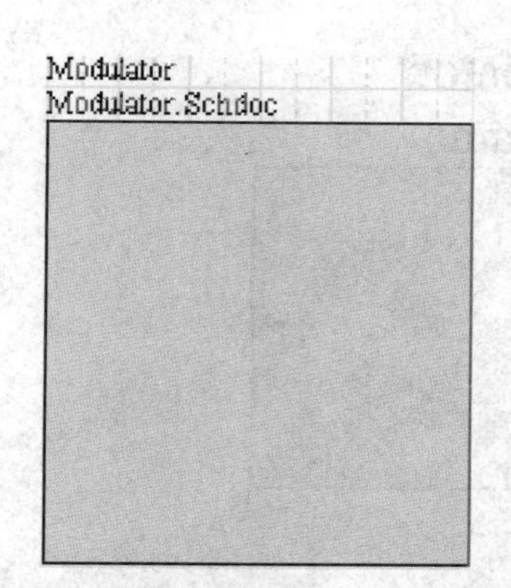

图 5-8　修改属性后的电路方块图

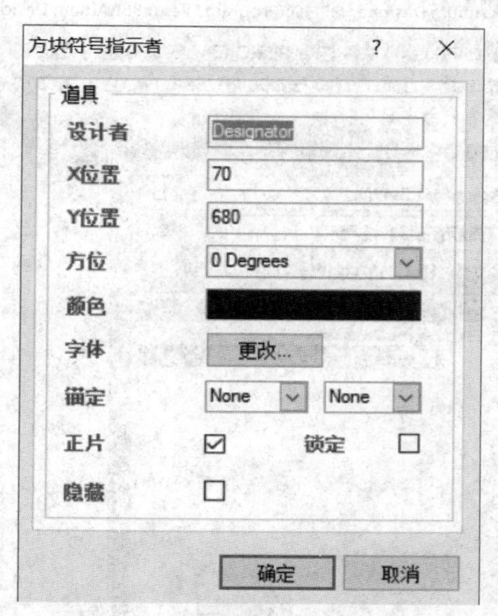

图 5-9　"方块符号指示者"对话框

在如图 5-9 所示的对话框中,各项的功能如下。

- 设计者:用于设置电路方块图的序号。
- X 位置:用于确定注释文字的 X 轴坐标。
- Y 位置:用于确定注释文字的 Y 轴坐标。
- 方位:用于决定注释文字的放置角度,在下拉式列表框中,系统提供了 0 Degrees,90 Degrees,180 Degrees,270 Degrees 四种选项供设计者选择。
- 颜色:用于设置注释文字的颜色。点击该项后面的长方形色框,可弹出设置颜色的对话框用于选择合适的颜色。
- 字体:用于设置文字的字体。点击"更改"按钮,即可弹出选择字体的对话框。
- 锚定:该选项后有两个菜单栏,分别可以选择 None(不固定)、Both(竖直两边)、Top(居上)、Bottom(居下)和 None(不固定)、Both(水平两边)、Left(居左)、Right(居右)。选中两个菜单栏中的位置文字就会固定到相应的位置。
- "正片"复选框:选中此复选框后注释文字将水平放置,不会倾斜。
- "锁定"复选框:选中此复选框后注释文字将锁定在当前位置。
- "隐藏"复选框:选中此复选框后注释文字将隐藏起来。

修改完毕后点击"确定"按钮。

(2)放置电路方块图入口。电路方块图和它所代表的子原理图之间是用端口联系的,所以应该在电路方块图上放置入口(选择菜单命令“放置”→“添加图纸入口”或者“布线”工具栏按钮,启动放置电路方块图进出口命令)。

①这时鼠标光标变为十字形状,如图 5-10 所示。

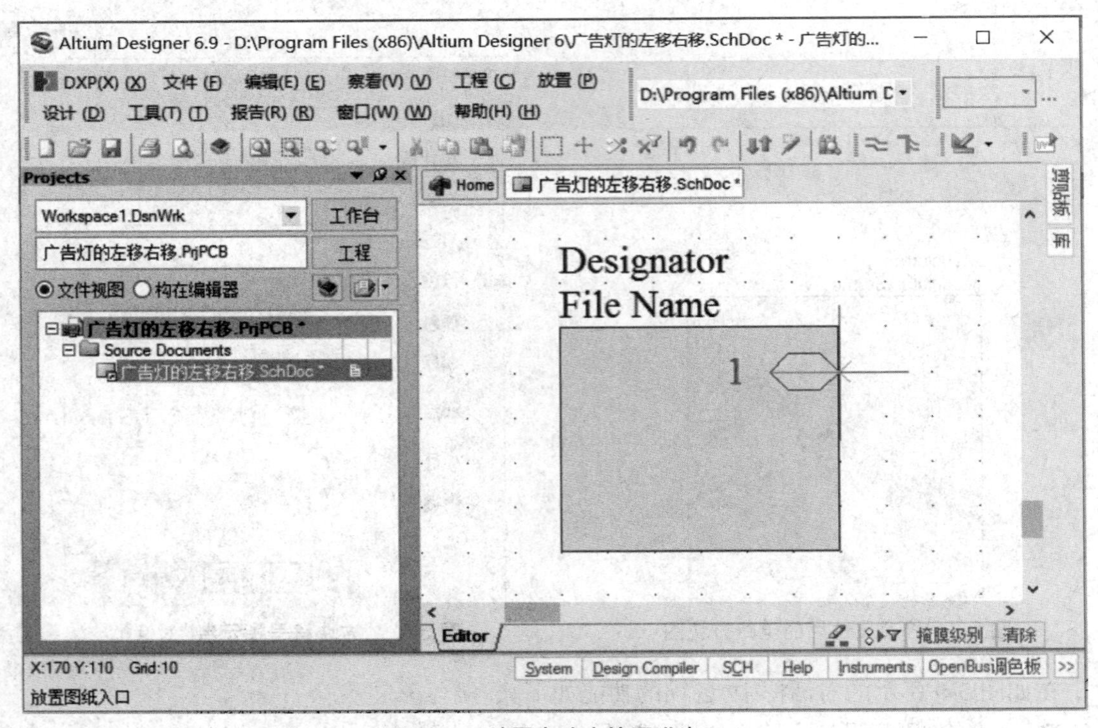

图 5-10 放置电路方块图进出口

②将光标移到电路方块图上的任意位置,单击鼠标左键,然后按【Tab】键,弹出如图 5-11 所示的对话框。

在如图 5-11 所示的对话框中,各项的功能如下。

● 填充颜色:用于设置端口符号填充的颜色。

● 文本颜色:用于设置方块图进出口文字的颜色。

● 边界颜色:用于设置进出口边框的颜色。

● 边:用于设置端口在电路方块图中的放置位置。其下拉列表中有 Right(右侧)、Left(左侧)、Top(顶部)、Bottom(底部)4 种选择。

● 类型:用于设定端口符号的外观样式。可在其下拉列表中选择不同的样式,端口符号的外观将发生变化,设计者可以逐个尝试。水平方向上的 None(无箭头)、Left(左箭头)、Right(右箭头)和 Left & Right(双向箭头);竖直方向上的 None(无箭头)、Top(上箭头)、Bottom(下箭头)和 Top & Bottom(双向箭头)。

● 种类:该项用于设定端口在电路方块图中的边界形状。其下拉列表中有 Block & Triangle(块三角形)、Triangle(三角形)、Arrow(箭头形)。

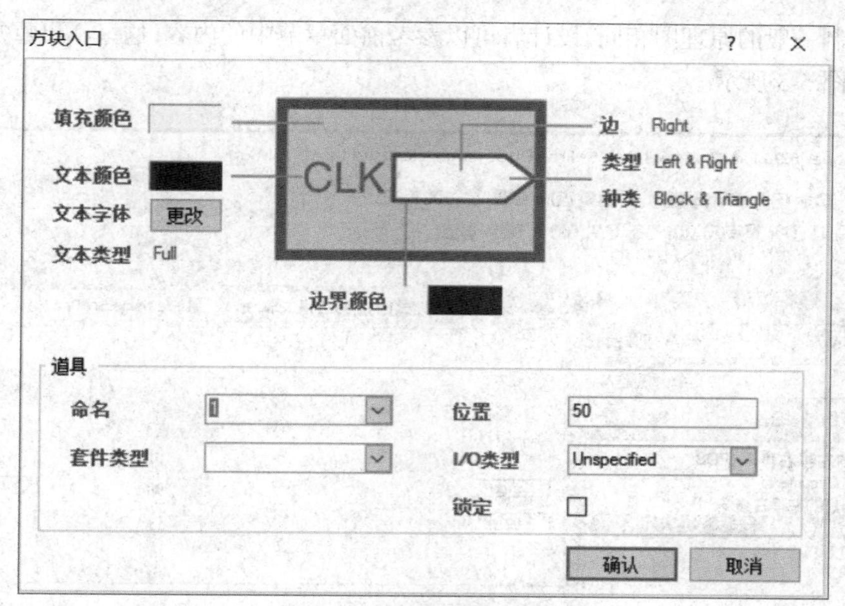

图 5-11　“方块入口”对话框

● 命名：该选项用来输入电路方块图进出口的名称。

● 位置：该选项用来设置进出口的位置。

● I/O 类型：该选项用于设置端口的输入／输出类型。点击该项右侧的下拉列表，系统提供的 4 种输入／输出类型包括：Unspecified（不指定）、Output（输出端口）、Input（输入端口）、Bidirectional（双向输入／输出端口）。

修改完毕后点击“确定”按钮，再选择合适的位置放置进出口，一个进出口就放置好了。

用同样的方法可以继续放置电路方块图的其他端口，单击鼠标右键或者按下【Esc】键即可退出命令状态。设置完成的电路方块图如图 5-12 所示。将其他电路方块图及进出端口放置完毕后，用导线或总线将电路方块图连接起来，母图就完成了。

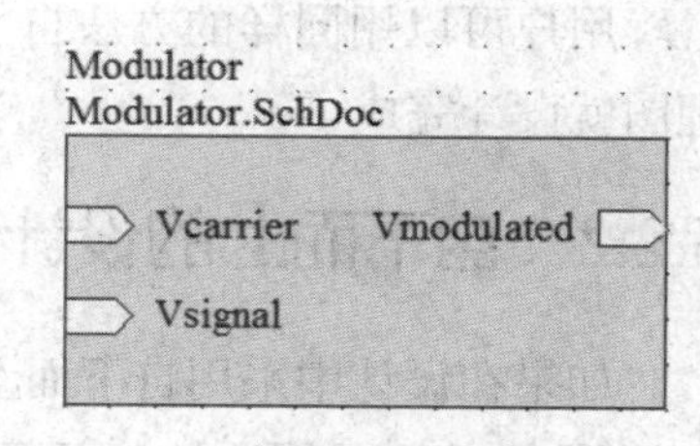

图 5-12　设置完成的电路方块图

! **注意**：通常电路方块图进出口的箭头方向与信号传输方向保持一致，这样读图比较直观。

3. 由母图产生子图

利用电路方块图（Sheet Symbol）产生原理图（Sheet）（执行菜单命令“设计”→“产生图纸”）。这时鼠标光标变成十字形状，移动光标至如图 5-12 所示的电路方块图上单击鼠标左键，系统弹出如图 5-13 所示的子原理图。

子原理图中已经生成与电路方块图中相对应的 I/O 端口，并且该端口与对应的电路方块图端口具有相同名称及输入／输出方向。

4. 为子图添加元器件

接下来就可以在图 5-13 中添加元器件、连接线路、设置网络标号、电源及接地符号了。具体方法与绘制一般的原理图相同，设计者可以参考前面章节中的内容，这里不再重复。绘制好的原理图如图 5-3 所示。

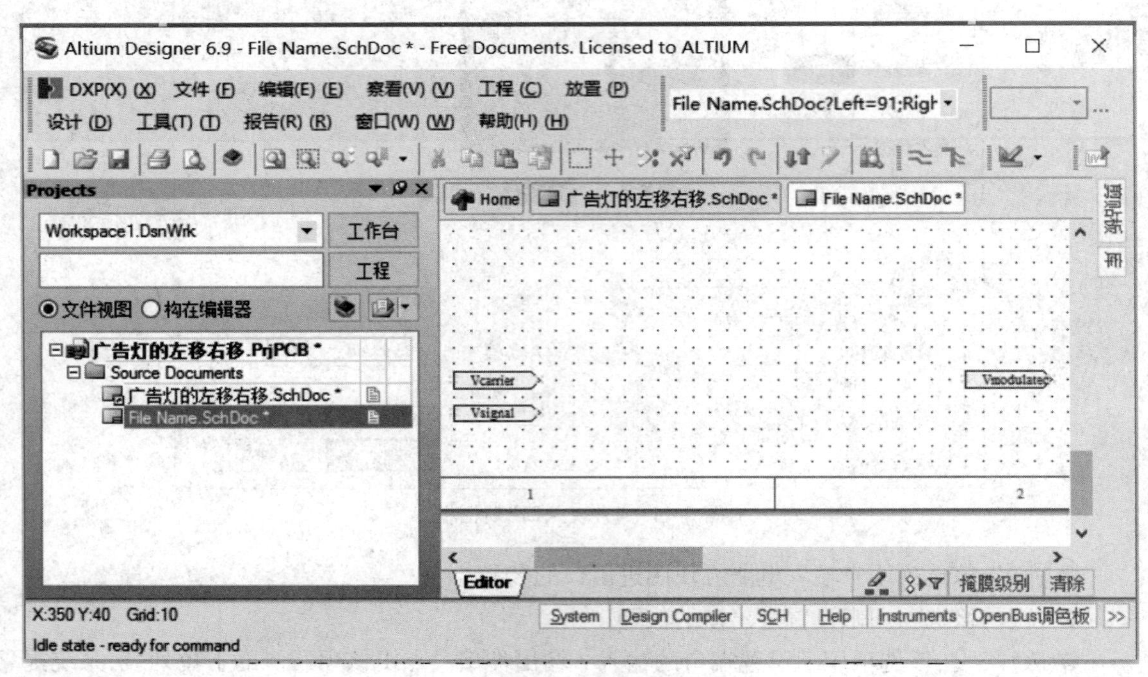

图 5-13 子原理图

5. 绘制子原理图

用户可以用同样的方法自上而下绘制“Amplifier.SchDoc”子原理图。这样整个层次式原理图就设计完成了。

5.2.2 自下而上的设计方法

如果在设计中采用自下而上的设计方法，则必须先设计子原理图，再由子原理图生成电路方块图，并建立母图文件。下面仍以 5.1 节中的例子介绍由子原理图产生母图的步骤。

1. 绘制子原理图

在同一项目工程文件下，绘制好底层的各子原理图并画出需要与其他图相连的 I/O 端口，如图 5-3 和图 5-4 所示，两个子原理图分别为“Modulator.SchDoc”和“Amplifier.SchDoc”，这里不再重复。

2. 由子原理图生成电路方块图

在同一项目工程文件下，新建一个原理图文件，命名为“Amplifier-Modulator. SchDoc”。然后执行菜单命令“设计”→“HDL 文件或图纸生成图表符 V”，系统弹出如图 5-14 所示的“Choose Document to Place”（选择待放置文件）对话框。

单击选中要产生电路方块图的子原理图，点击“确定”按钮，弹出和图 5-6 相似的对话框。光标处出现一个电路方块图，选择合适的位置单击鼠标左键将其定位，电路方块图就会自动命名为“Amplifier.SchDoc”,如图 5-15 所示。可双击电路方块图中的进出端口,修改其属性以及进行适当的调整。

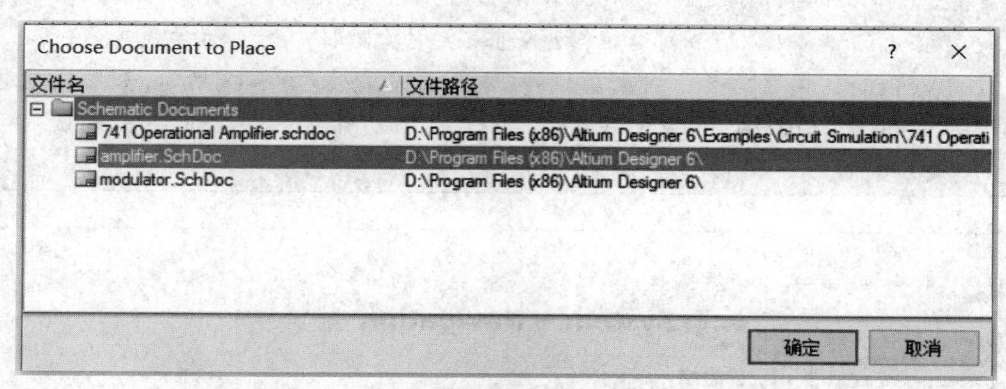

图 5-14 “Choose Document to Place”对话框

3. 生成其他电路方块图

重复步骤 2,在母图上生成其他电路方块图,然后用导线或者总线连接那些具有电气连接的电路方块图,完成如图 5-2 所示的母图。自下而上的设计过程就完成了。

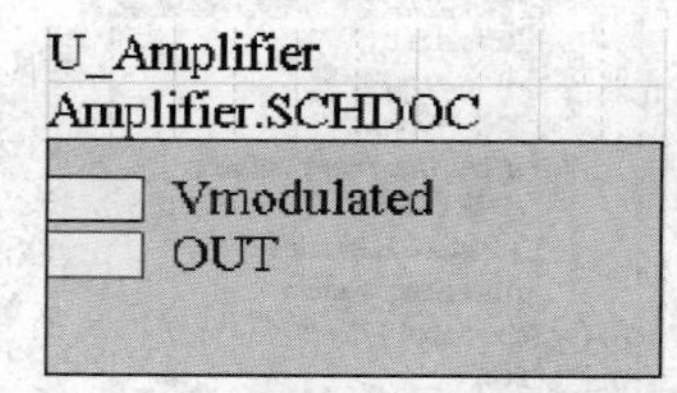

图 5-15 新生成的方块电路图

! **注意:** 电路方块图中的文件名应和所代表的子图的文件名一样,否则总图和子图无法产生层次关系。

5.2.3 不同层次式原理图之间的切换

在编辑层次式电路原理图时,经常需要在不同层次式原理图之间进行切换。有以下几种情形:从母图的电路方块图切换到子图、从子图切换到母图的电路方块图、在子图与子图之间切换等。下面介绍这几种切换方法。

1. 从母图的电路方块图切换到子图

(1)选择原理图标准工具栏中的按钮,或者执行菜单命令“工具”→“上 / 下层次”,此时鼠标光标变成十字形状。将光标移至母图中需要切换的电路方块图上的某个进出口(Sheet Entry)上,单击鼠标左键,即可自动切换到其所对应的子图,如图 5-16 所示。

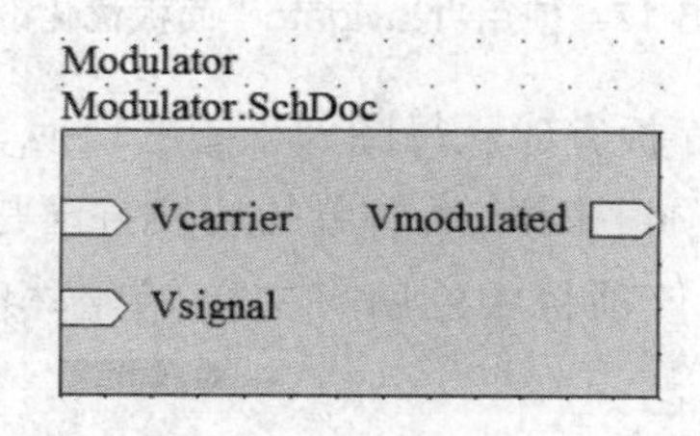

图 5-16 单击母图中电路方块图的进出口

! **注意**:如果在左侧的“Navigator”(导航器)面板中单击“Interactive Navigation”按钮后面的 ... 标记,可弹出如图 5-17 所示的“System - Navigation”选项卡。在选项卡中选中“缩放”和“掩膜”两个复选框,切换到底层电路时将以放大的方式显示输入端口“Vcarrier”,同时将其他对象屏蔽掉(灰色显示)。如图 5-18 所示,如果底层电路“Modulator.SchDoc”事先没有打开,系统将自动打开该文档,并将“Vcarrier”置于浏览状态。

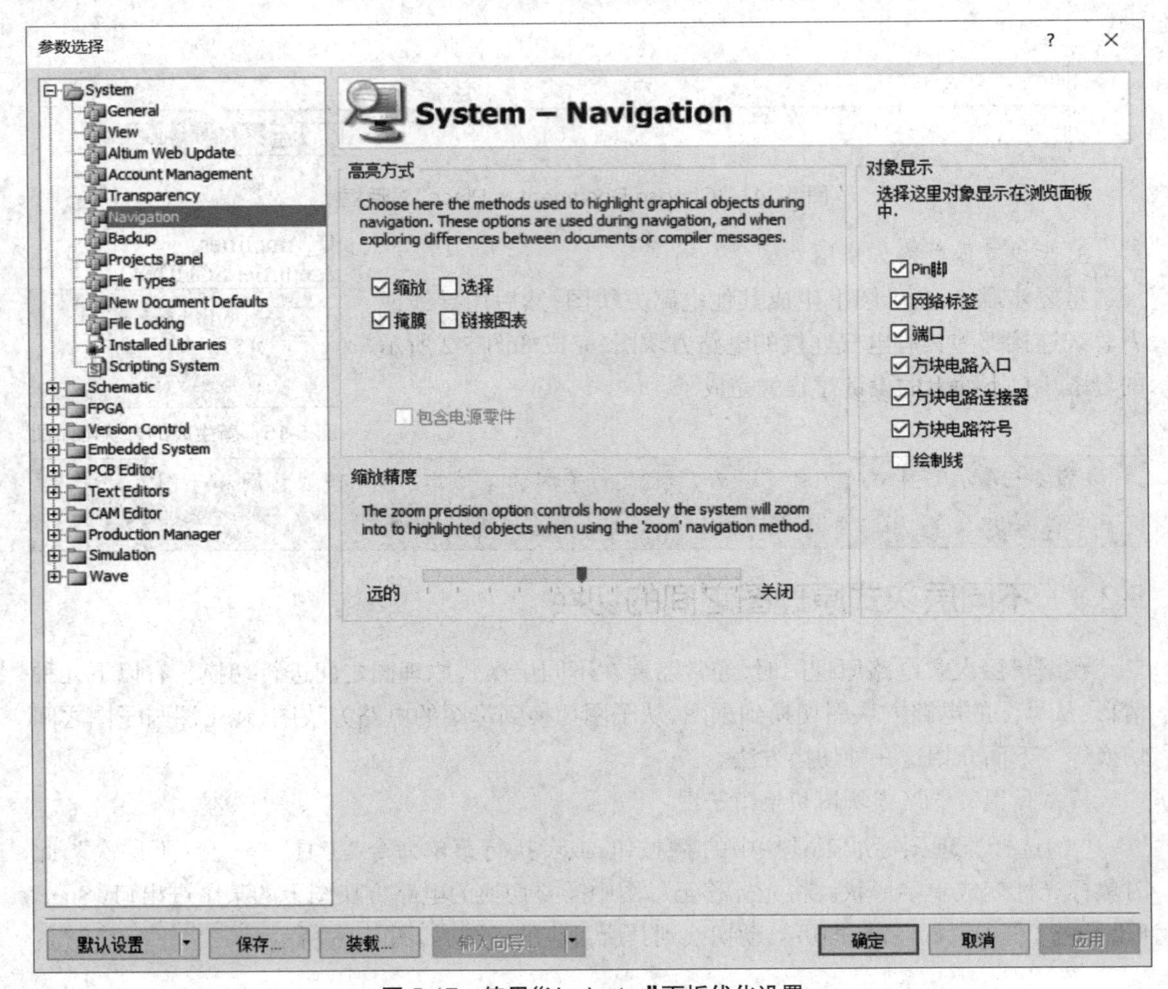

图 5-17　使用“Navigator”面板优化设置

(2)使用左侧的“Projects”面板完成从母图到子图的切换。

①对一个打开的层次电路项目来说,最简单的切换方法是使用“Projects”面板,如图 5-19 所示。“Projects”面板中列出了该项目中的所有文档,单击相应的文档图标即可切换到该原理图。

②在原理图编辑窗口的上方有所有打开的文件的文档卷标,点击相应的文档卷标也能迅

速进行切换,具体如图 5-19 所示。

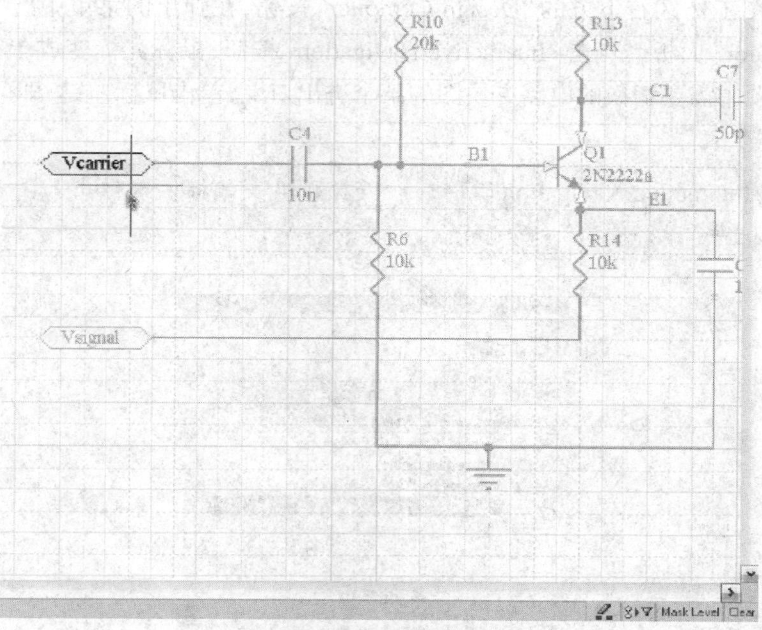

图 5-18 切换到底层电路时的状态

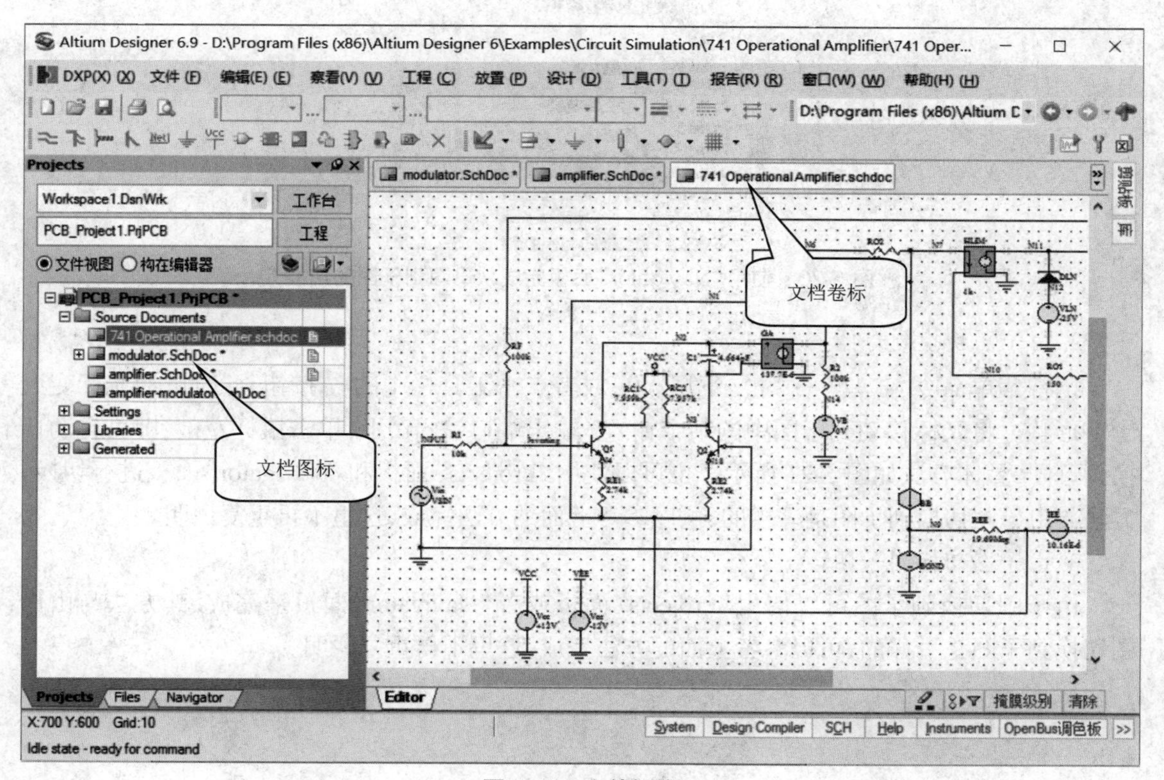

图 5-19 文件切换

（3）使用“Navigator”面板完成从母图到子图的切换。

点击原理图工作区右下方的“Design Compiler”按钮，在弹出的菜单中选中“Navigator”，会弹出“Navigator”面板。点击“Interactive Navigation”按钮，鼠标光标变成十字形状，将光标移至母图或子图中需要切换的电路方块图的某个进出口上，单击鼠标左键，即可切换到其所对应的原理图。

! **注意：**如果“Interactive Navigation”按钮为灰色，则单击鼠标右键弹出如图 5-20 所示的对话框，点击“编译全部”命令激活此菜单命令或者工具条按钮。

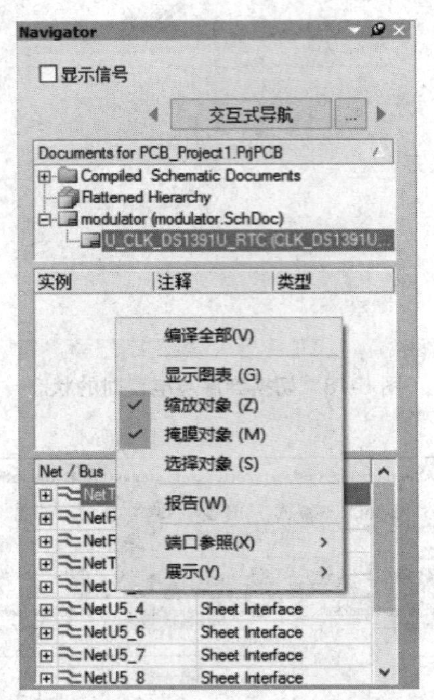

图 5-20　使用“Navigator”面板完成从母图到子图的切换

2. 由子图切换到母图

执行菜单命令“工具”→“上 / 下层次”，或者点击工具栏中的按钮，此时鼠标光标变成十字形状。将光标移动到子图中的某个输入 / 输出端口（Port）上，单击鼠标左键，即可自动切换到母图，具体方法如图 5-21 所示。也可以使用“Projects”面板和“Navigator”面板进行切换，方法与由母图切换到子图是一样的，可以参考上面的方法完成，这里不再重复说明。

3. 由子图切换到子图

由子图切换到子图可以使用“Projects”面板或者“Navigator”面板来完成，其方法与由母图切换到子图是一样的，可以参考上面的方法完成，这里不再重复说明。

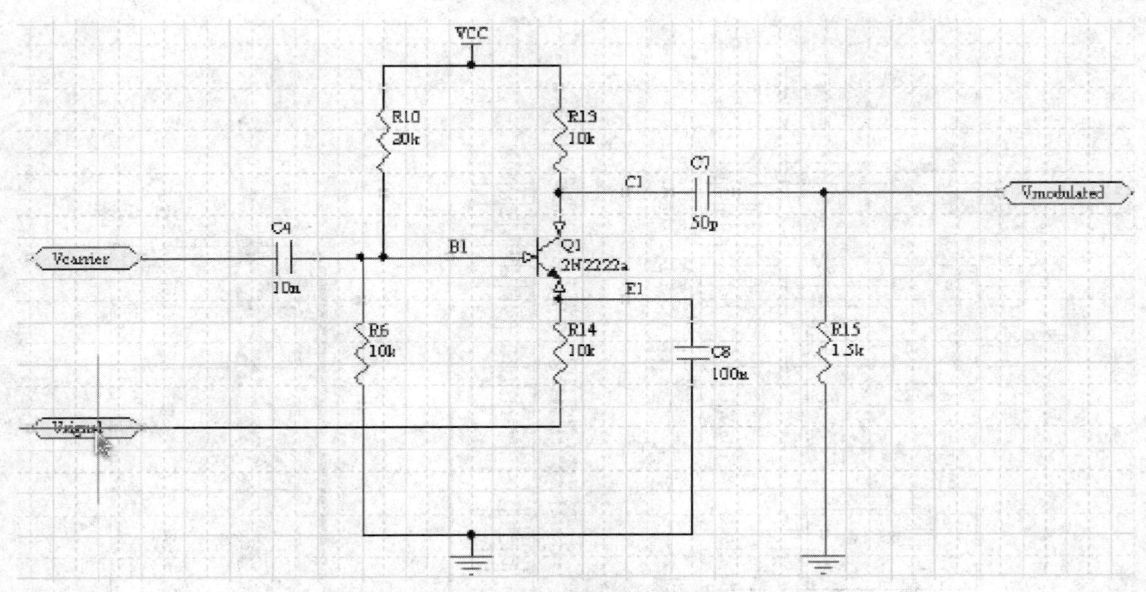

图 5-21 单击子图中的输入 / 输出端口

5.3 多通道电路设计

5.3.1 多通道电路设计方法

下面通过一个具体实例来介绍多通道电路设计方法。图 5-22 所示是一个广告灯的左移右移电路。单片机 U1 的 P20~P27 中任意引脚输出为低电平时,相应的广告指示灯点亮。按照之前的设计方法:先绘制一路指示灯电路,然后采用反复拷贝的办法绘制其他 7 路指示灯电路,最后重新分配各个元件的流水编号。

采用多通道电路设计方法可以达到同样的设计效果:只绘制一路指示灯电路,将它作为一个子图,在母图中创建对应的电路方块图,再设置好重复应用的次数,即可完成图 5-22 所示电路的设计任务。对结构复杂的系统来说,采用多通道电路设计方法无疑可以大大减少重复设计工作量,提高效率。

自上而下的多通道电路设计步骤如下。

1. 启动编辑器

启动原理图设计编辑器。

2. 绘制母图

(1)放置控制电路的电路方块图。选择“布线”工具栏中的▣按钮,或者执行菜单命令“放置”→“图表符”,放置控制电路的电路方块图。其属性的“设计者”命名为“MCU”,“文件名”更改为该子图对应的原理图的文件名“MCU.schdoc”,如图 5-23 所示,修改完毕点击“确定”按钮。

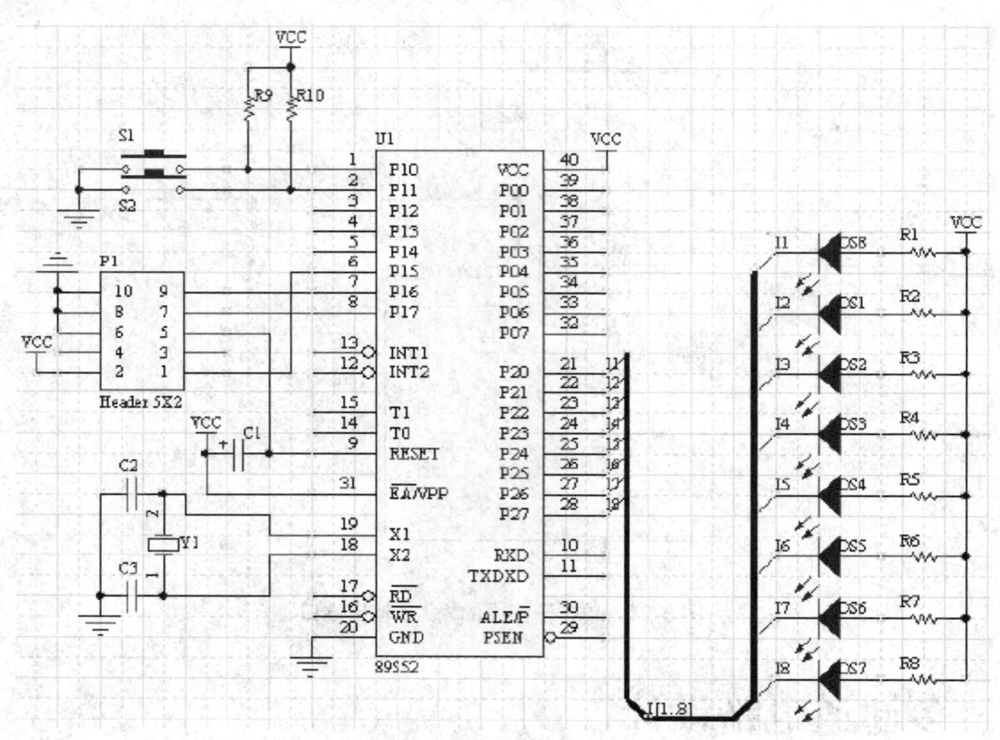

图 5-22 广告灯的左移右移电路

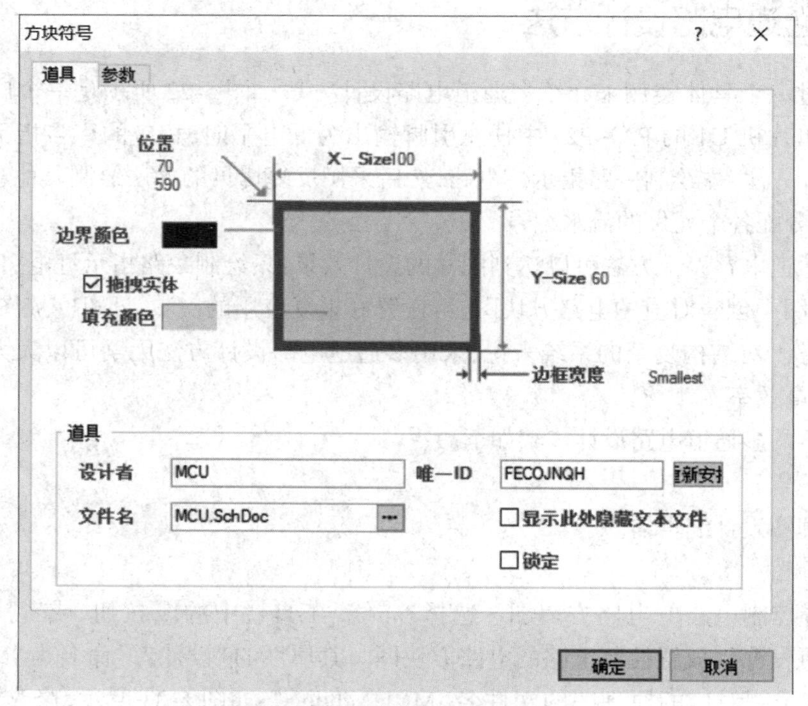

图 5-23 “方块符号”对话框

（2）放置控制电路的电路方块图进出口。选择“布线”工具栏中的按钮，或者执行菜单命令“放置”→“添加图纸入口”，放置控制电路的电路方块图进出口符号。修改后的进出口属性如图 5-24 所示，方块图进出口“命名”改为 I[1..8]，表示实际有 8 个端口，可以对连接到端口的总线进行切分，给总线中的 8 根信号线各分配一个端口，“I/O 类型”修改为 Input，上边的图块“类型”更改为 Left，修改完毕点击“确定”按钮。更改后的电路如图 5-25 所示。

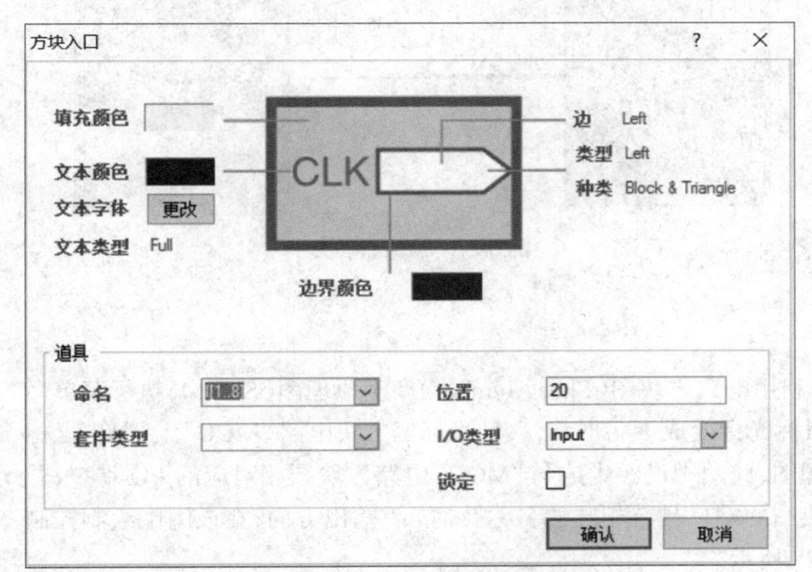

图 5-24　“方块入口”对话框

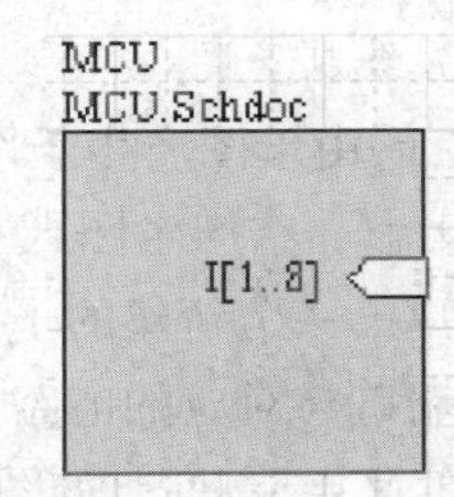

图 5-25　放置好端口的控制电路

（3）绘制指示灯电路的电路方块图。选择“布线”工具栏中的按钮，或者执行菜单命令“放置”→“图表符”，放置指示灯电路的电路方块图。其属性的“设计者”命名为 Repeat（Lamp，1，8），“文件名”更改为该子图对应的原理图的文件名“Lamp.schdoc”，修改完毕点击“确定”按钮。

> ！**注意：**为实现多通道电路设计，将指示灯电路的电路方块图的属性修改如下。
> “设计者”栏：Repeat（子原理图的流水编号，第一个通道，最后一个通道）。Repeat 表示重复应用命令，例如“Repeat（Lamp，1，8）”表示将子图“Lamp”重复应用 8 次，每次应用时系统都将创建一个通道，这样该电路方块图的通道就为“Channel 1~Channel 8”。

（4）放置指示灯电路的电路方块图进出口。选择“布线”工具栏中的按钮，或者执行菜单命令“放置”→“添加图纸入口”，放置指示灯电路的电路方块图进出口符号。将方块图进出口“命名”改为 Repeat（I），表示重复应用子原理图的时候，该端口也被重复应用，系统会自动为各个通道的子原理图重新分配端口名称标识，“I/O 类型”修改为 Output，上边的图块“类型”更改为 Left，修改完毕点击“确定”按钮。放置好端口的指示灯电路如图 5-26 所示。

（5）连接电路方块图。放置好控制电路和指示灯电路两个方块图以后，再进行电路连接，如图 5-27 所示。总线从控制电路进出口延伸出来，与从指示灯进出口延伸出来的导线连接起来。然后分别为这段总线和导线添加网络标号“I[1..8]”和“I”，其中“I[1..8]”表示该总线包含8 个网络，即 I1~I8。

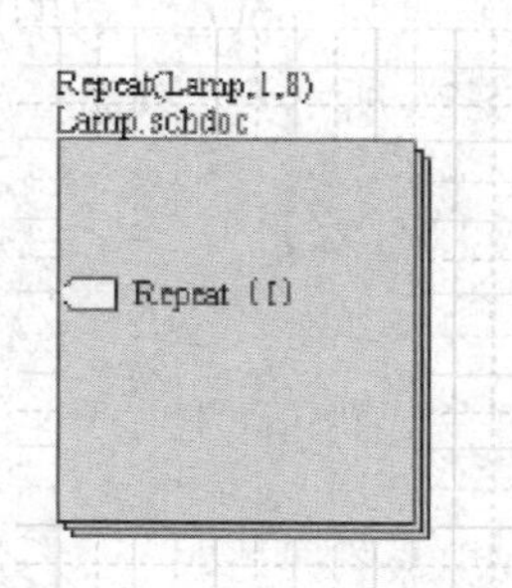

图 5-26 放置好端口的指示灯电路

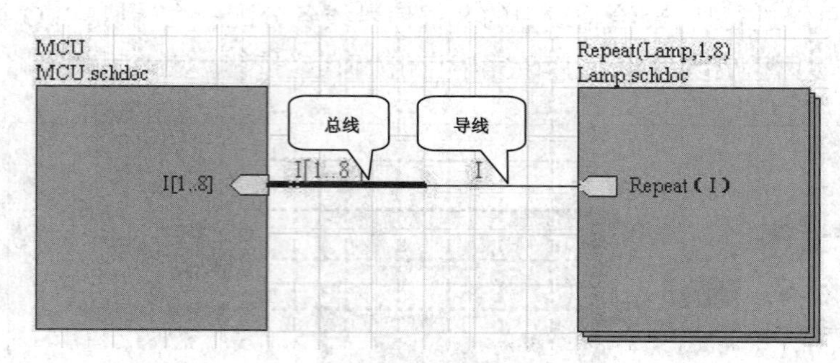

图 5-27 顶层原理图

3. 绘制子图

(1)由母图产生子图。利用电路方块图(Sheet Symbol)产生原理图(Sheet)，执行菜单命令“设计”→“产生图纸”，鼠标光标变成十字形状，移动光标至方块电路“MCU”上，单击鼠标左键弹出一个新建的子原理图，此图中已经生成与“MCU”电路方块图相对应的 I/O 端口，并且该端口与对应的电路方块图的端口具有相同的名称及输入 / 输出方向，在该图中绘制控制电路的底层原理图，如图 5-28 所示。

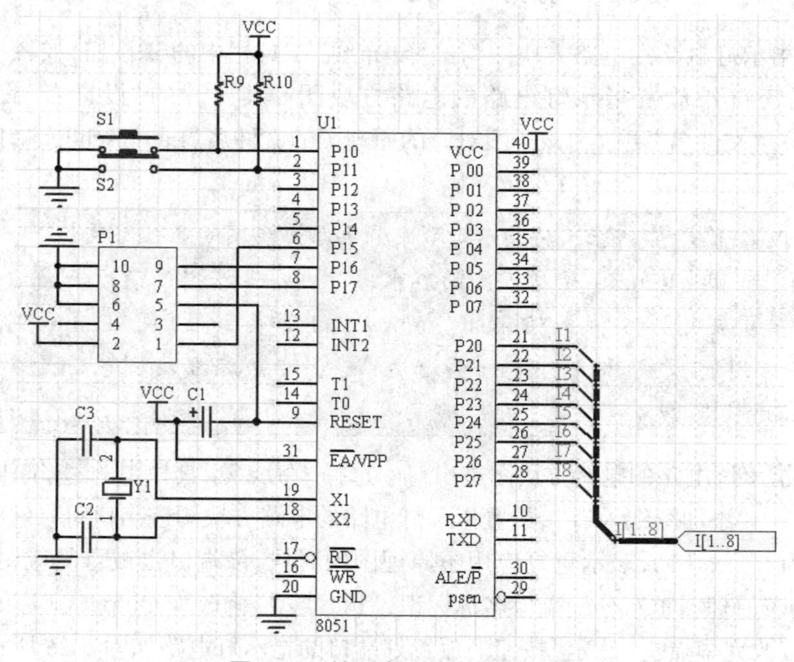

图 5-28 控制电路的底层原理图

! **注意:** 母原理图的总线网络名称必须和子原理图的总线网络名称一致,否则系统编译项目时会出错

(2)再次执行菜单命令“设计”→“产生图纸”,鼠标光标变成十字形状,移动光标至方块电路“Lamp”上,单击鼠标左键弹出新建的子原理图,在该图中创建指示灯电路的底层原理图,如图 5-29 所示。

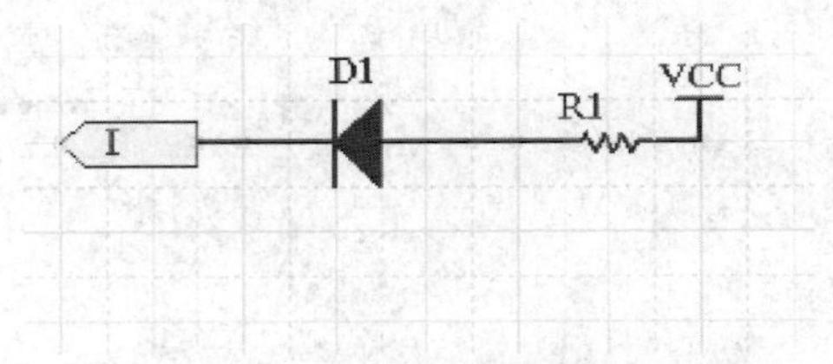

图 5-29 指示灯电路的底层原理图

! **注意:** 执行菜单命令“设计”→“产生图纸”创建底层原理图的时候,系统为该电路创建的输出端口名称为“Repeat(I)”(与子图符号中的端口名称一致),需要将其改成“I”,否则系统编译项目时会出错。

5.3.2 多通道电路切换

多通道电路之间的切换与前面讲的层次式电路的切换方法相似。

1. 使用专用命令切换通道

1)切换控制电路的层次电路

(1)在顶层原理图中,执行菜单命令“工具”→“上/下层次”,或者点击工具栏中的按钮。鼠标光标变成十字形状,将光标移动到控制电路方块图的输入端口上,然后单击鼠标左键,会在输入端口上弹出如图 5-30 所示的菜单。

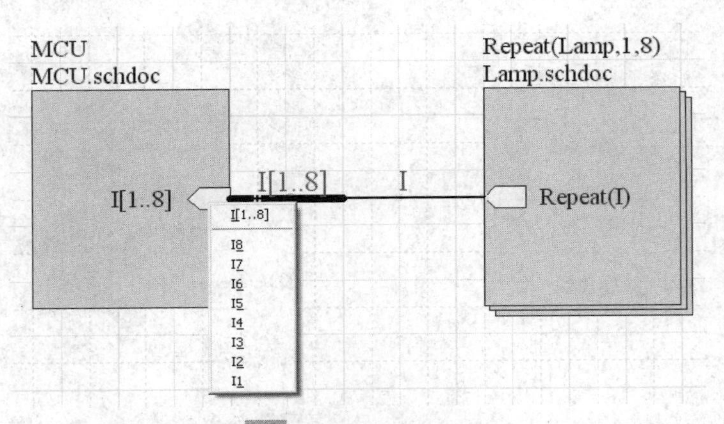

图 5-30 点击按钮切换控制电路时弹出的菜单

(2)菜单中列出了 9 个选项,其中第一个选项是总线端口,其余 8 个选项是系统分配给 8 个信号线的端口,可以任选一个选项,然后顶层原理图立即变成如图 5-31 所示的样子,两个端口符号、总线和导线处于浏览状态,而其他对象则被屏蔽,这说明上述端口、总线和导线之间是具有电气连接关系的。

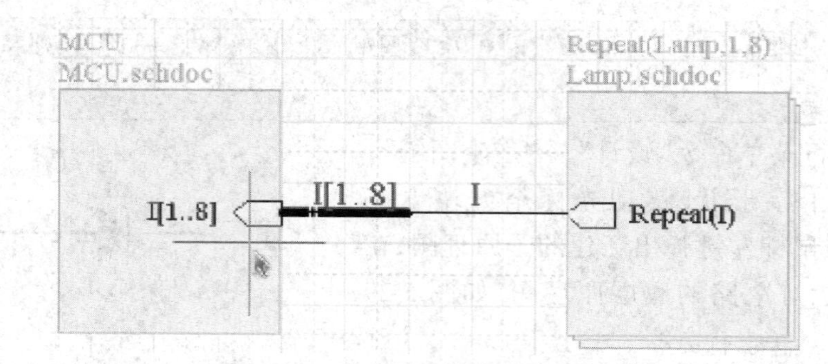

图 5-31 选中任意信号线的端口

(3)在图 5-31 中移动光标单击控制电路端口符号,原理图会切换到控制器的子原理图电路,并将输入端口置于浏览状态,其余对象则被屏蔽,如图 5-32 所示。

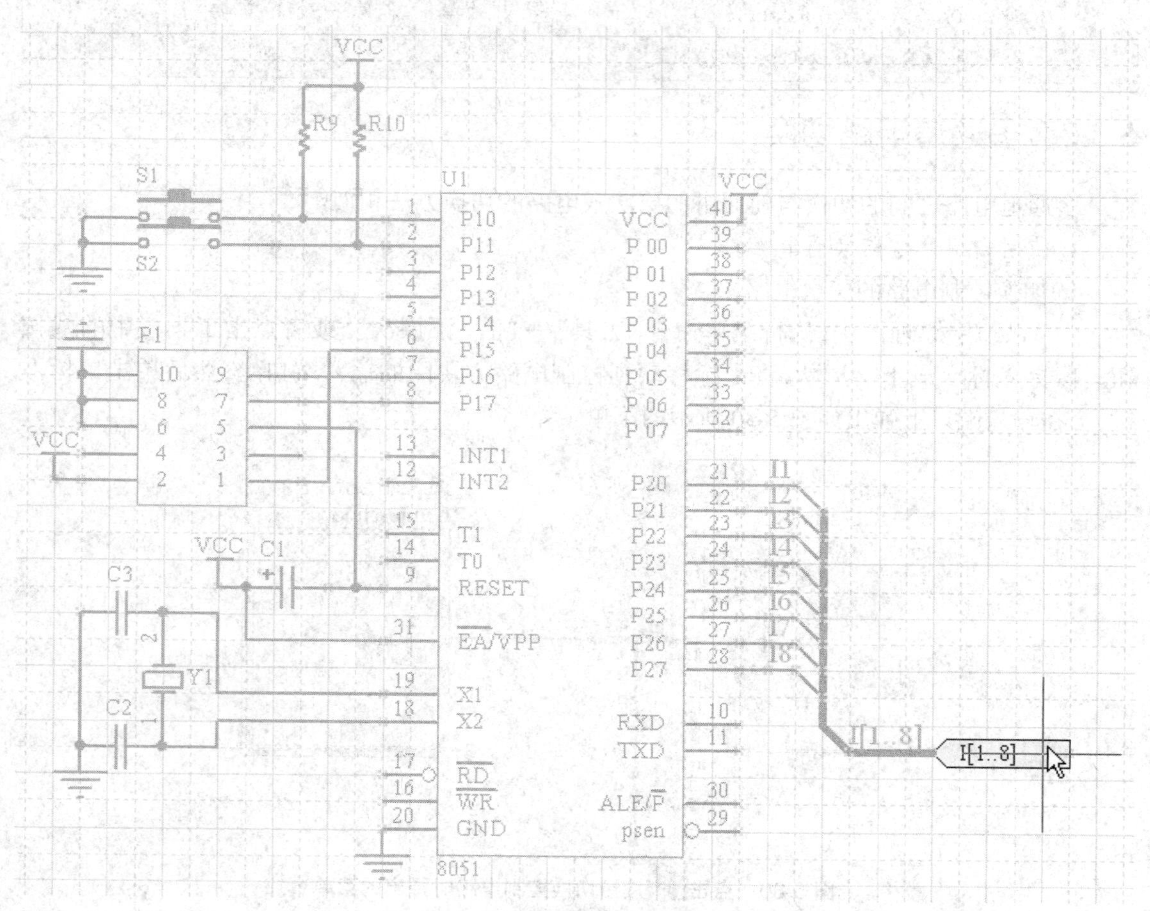

图 5-32 切换到子原理图电路

(4)在图 5-32 中,如果移动鼠标光标并单击输入端口,可以返回到顶层原理图。

2）切换指示灯电路的层次电路

（1）在顶层原理图中，执行菜单命令“工具”→“上 / 下层次”，或者点击工具栏中的按钮，鼠标光标变成十字形状。

（2）将光标移动到指示灯电路方块图的输出端口上，然后单击鼠标左键，结果在鼠标下方弹出与图 5-30 相似的菜单。

（3）菜单中列出了 8 个选项，是重复应用子图时系统自动分配的端口符号，选择其中的“I7”端口，然后顶层原理图立即变成与图 5-31 相似的样子，两个端口符号、总线和导线处于浏览状态，而其他对象则被屏蔽，这说明上述端口、总线和导线之间是具有电气连接关系的。移动光标并单击指示灯电路的方块图，结果原理图切换到指示灯底层原理图，并将输出端口置于浏览状态，如图 5-33 所示。

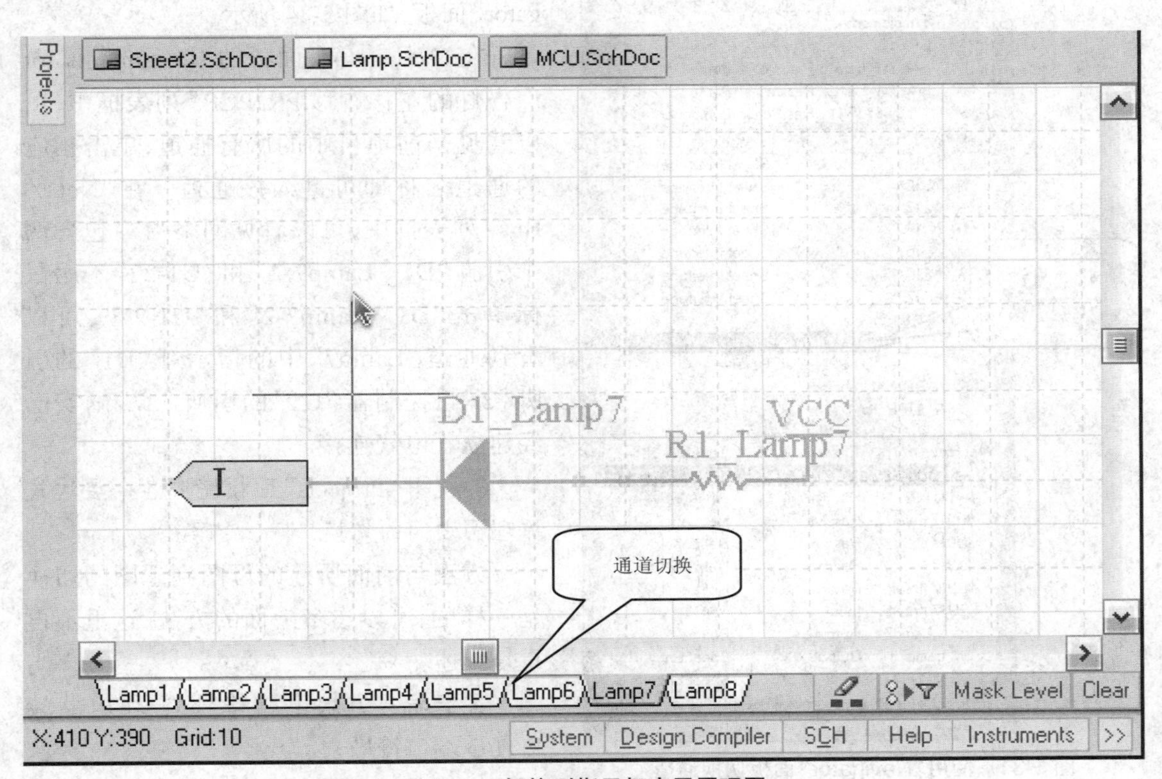

图 5-33　切换到指示灯底层原理图

! 注意：在图 5-33 中可以发现元件的标识不再是原来的“D1”和“R1”了，而是变成了“D1_Lamp7”和“R1_Lamp7”，在工作区窗口下方还出现了 8 个通道标签，点击相应的标签即可进入对应的通道。这说明系统确实将指示灯电路重复应用了 8 次，并为每个通道的元件都按照一定的规则分配了新的元件标识。

（4）在图 5-33 中，移动鼠标光标并单击指示灯电路的输出端口，可以返回顶层原理图。

2. 使用面板工具切换通道

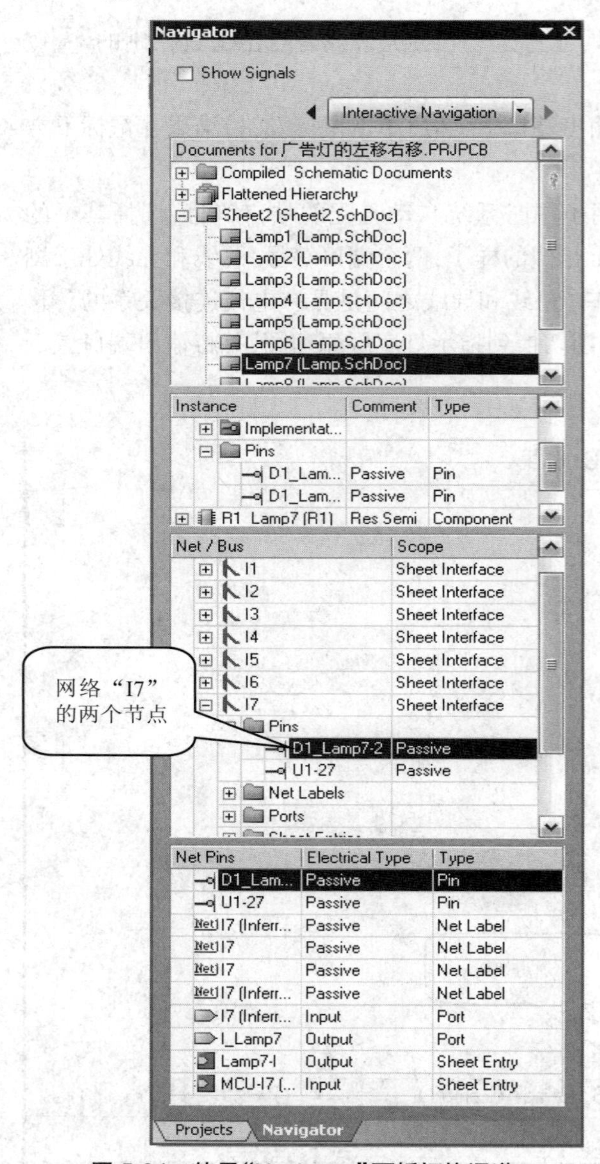

图 5-34　使用"Navigator"面板切换通道

使用"Navigator"面板切换通道。在左侧的"Navigator"面板中点击"Interactive Navigation"按钮，鼠标光标变成十字形状，移动光标到指示灯电路子图符号的输出端口上，然后单击鼠标左键，即可完成原理图之间的切换。

单击原理图设计窗口右下方的"Design Compiler"→"Navigator"菜单命令或者点击左下方的"Navigator"面板标签打开"Navigator"面板，如图 5-34 所示。

在"Navigator"面板的"Documents for 广告灯的左移右移.PRJPCB"列表框中，可以看见当前项目中的所有通道，单击相应的通道名称即可进入该通道。在"Net / Bus"列表框中，可以看见网络"I7"包含两个引脚"D1_ Lamp7-2"和"U1-27"。用鼠标单击"D1_ Lamp7-2"和"U1-27"，可以看到通道"Lamp7"中的指示灯"D1"的引脚"2"与控制器"U1"的引脚"27"确实已经建立了电气连接。

3. 使用"Projects"面板完成各个层次式原理图之间的切换

方法与前面所述的母图到子图的切换是一样的，可以参考上面的方法，这里不再重复叙述。

关键词：方块电路符号，方块电路端口，I/O 端口符号

习　题

5-1　顶层电路图中是用什么代表子图的？

5-2　电路方块图进出口与电路输入 / 输出口有何不同？

5-3　层次式原理图设计与普通原理图设计相比有哪些优点？

5-4　自上而下的设计方法的关键性步骤是什么？

5-5　自下而上的设计方法的关键性步骤是什么？

6　PCB 制作基础

本章主要介绍 PCB 的制作基础，包括 PCB 的设计流程（设计步骤）、设计对象、板层结构（物理板层、元件、焊盘、铜膜导线、过孔、安全间距）、设计环境、工作层结构（Signal Layers、Mid Layers、Silk Screen Layers 等），PCB 管理器和设计工具栏。

6.1　PCB 设计流程

PCB 是电子元器件电气连接的载体。使用 Altium Designer 6.9 设计完成的标准 PCB 是没有元件的板子——裸板，也称为印制线路板（Printed Writing Board，PWB）。

设计者应尽量按照设计流程进行设计，这样可以避免一些不必要的重复，也可以防止一些不必要的错误。印制电路板的设计流程可分为以下几个步骤，如图 6-1 所示。

1. 开始

启动 Altium Designer 6.9 设计工作窗口。

2. 设计并绘制原理图

根据需要设计并绘制电路原理图，在某些特殊情况下，例如电路比较简单，可以不绘制原理图直接设计 PCB。

3.PCB 的系统设计

这是 PCB 设计中非常重要的步骤，主要内容有：规划电路板的结构，即确定电路板设计的框架；设置图纸的尺寸、栅格的大小及显示方式、背景的颜色、光标的捕捉区域大小等，一般情况下参数可采用系统的默认值；采用几层板，是单面板还是双面板等。

4. 由原理图生成 PCB 图

将绘制好的原理图导入 PCB 中。

5. 修改封装和布局

由原理图获得 PCB 图后，系统将根据 PCB 的设计规则对元件自动布局并走飞线，可以根据实际情况修改元件的封装或对元件的布局进行修改和调整。

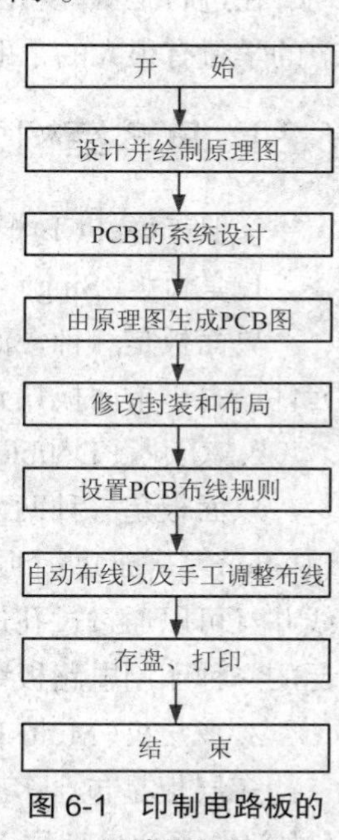

图 6-1　印制电路板的设计流程图

6. 设置 PCB 布线规则

布线规则是布线时的各个规范，如安全间距、导线宽度等，这是自动布线的依据。布线规则的设置也是 PCB 设计的关键步骤，需要一定的实践经验。

7. 自动布线以及手工调整布线

Altium Designer 6.9 的自动布线功能比较完善，也比较强大，它采用最先进的无网格设计、基于形状的对角线自动布线技术。如果参数设置合理，布局得当，一般都会很成功地完成自动布线。但是很多情况下，自动布线后会发现布线不尽合理，如拐弯太多等，这时必须手动进行布线调整。

！**注意：**当电路元件少，线路简单时最好采用手工布线，这样可以使得布线方便、周期短，便于随时修改，并且少了画原理图、定义元件封装、生成网络报表等步骤；当电路元件较多、线路较复杂时最好采用自动布线，这样可以自动调入元件和网络表并节省时间，自动布线不会少元件，但是得确定原理图的正确性及图中所有元件的封装。

8. 存盘、打印

保存设计的各种文件，并打印输出或以文档输出，包括 PCB 文档、元件清单等。

6.2 PCB 概述

在进行 PCB 设计之前，了解一些 PCB 的结构，理解一些基本概念和专业术语，对后面章节的学习有很大的帮助。

6.2.1 PCB 结构

一般来说，PCB 根据铜箔层数的不同分为单面板、双面板和多层板三种。

1. 单面板（Single-Sided Boards）

单面板是一种一面覆铜、另一面没有覆铜的电路板，只能够在覆铜的一面进行布线并放置元件。由于单面板只允许在覆铜的一面上进行布线并且不允许导线交叉，因此布线难度较大。

2. 双面板（Double-Sided Boards）

双面板是一种两面都覆铜、两面都可以布线的电路板。双面板有顶层（Top Layer）和底层（Bottom Layer）两个层面，其中顶层一般为元件层，底层为焊锡层。由于双面板两面都可以布线并且可以通过过孔进行顶层和底层之间的电气连接，因此应用范围较广，是目前应用最为广泛的一种印制电路板结构。

3. 多层板（Multi-Layer Boards）

多层板是包含多个工作层面的印制电路板，除了顶层和底层之外，还包括信号层、中间层（内部电源和接地层）等。随着电子技术的高速发展，电路板越来越复杂，多层电路板的应用越来越广泛。

！**注意：**对 PCB 的制作来说，板层越多，制作程序越多，失败率越高，成本也越高。目前以两层板用得最广泛，市场上所谓的四层板，就是顶层、底层，中间加两个电源层。

6.2.2 焊盘(Pad)

圆形焊盘

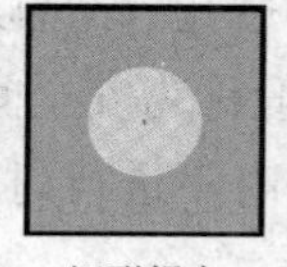
矩形焊盘

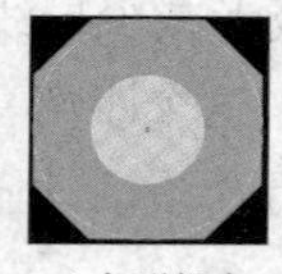
八角形焊盘

图 6-2 焊盘

在印制电路板中,焊盘的主要作用是放置焊锡、连接导线和元件引脚。通常焊盘的形状可以分为三种,分别是圆形(Round)、矩形(Rectangle)和八角形(Octagonal),如图 6-2 所示。有时这些不够用,还需设计者自己编辑。焊盘的主要参数有两个,分别是焊盘尺寸和孔径尺寸。

> ! **注意:** 自行设计焊盘时应考虑以下原则:
> (1)需要在元件引脚之间走线时,尽量选用不对称的焊盘;
> (2)单个元件焊盘孔的大小要按元件引脚粗细确定,原则是孔的尺寸比引脚直径大 0.2~0.4 mm。

6.2.3 过孔(Via)

在印制电路板中,过孔的主要作用是连接不同板层间的导线。通常过孔有三种类型,分别是从顶层通到底层的穿透式过孔、从顶层通到内层或从内层通到底层的盲过孔、内层间的深埋过孔。过孔的主要参数有两个,分别是过孔尺寸和孔径尺寸。需要注意的是:过孔的形状只有圆形,而没有矩形和八角形。

> ! **注意:** 设计线路时对过孔的处理遵循如下原则:
> (1)尽量少用过孔,一旦选用了过孔,务必处理好它与周边各实体的间隙,特别是容易被忽视的中间各层与过孔不相连的线与过孔的间隙;
> (2)载流量越大,所需的过孔尺寸越大,例如电源层和底层与其他层连接所用的过孔就比较大。

6.2.4 飞线

飞线即预拉线,是在系统装入网络报表后自动生成的,是用来指引印制电路板布线的一种连线。

6.2.5 铜膜导线

铜膜导线是覆铜板经过电子工艺加工后在印制电路板上形成的铜膜走线,简称导线。铜膜导线的主要作用是连接印制电路板上的各个焊盘点,它是印制电路板设计中最重要的部分。

> ! **注意:** 飞线与铜膜导线有着本质的区别:飞线只是在形式上表示出印制电路板中各个焊盘之间的连接关系,实际上并没有任何电气连接意义;而铜膜导线是根据预拉线指示的焊盘连接关系而布置的具有实际电气连接意义的连线。

6.2.6 安全间距(Clearance)

在设计印制电路板的过程中,设计人员为了避免或者减少导线、过孔、焊盘以及元件之间相互干扰的现象,需要在这些对象之间留出一定的间距,这个距离一般称为安全间距。安全间距的具体设置操作将在印制电路板布线规则设置中进行介绍,这里暂时不进行讨论。

6.3 设置环境参数

在正式布线前,要先对工作窗口的环境参数进行设置,比如图纸的尺寸、背景的颜色和光标的捕捉区域大小等。一般情况下,对环境参数的设置可一次完成,之后不需再作修改。

6.3.1 PCB 图纸设置

图纸设置包括图纸的尺寸和位置、栅格的尺寸和显示方式、测量单位等设置。

启动 Altium Designer 6.9,选择菜单命令“文件”→“新建”→“PCB”,即可新建一个 PCB 文档,然后选择菜单命令“设计”→“板参数选项...”,即可进入“板选项”对话框,如图 6-3 所示。

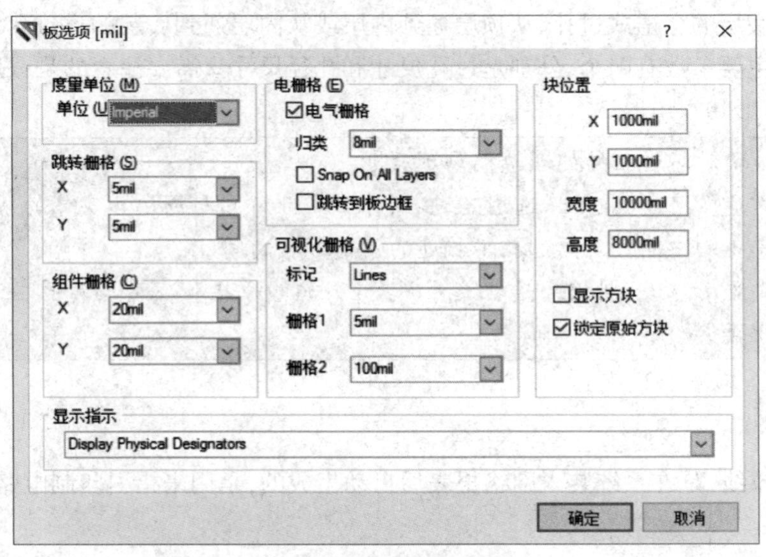

图 6-3 “板选项”对话框

1. 度量单位

Altium Designer 6.9 提供了两种测量方式:公制(Metric)和英制(Imperial)。点击“单位”后面的下拉菜单按钮,根据需要选择适当的选项,如图 6-4 所示。

! **注意:**执行菜单命令“察看”→“切换单位”可以对公制(Metric)和英制(Imperial)两种单位进行切换,也可以使用快捷键【Q】键进行切换。

2. 跳转栅格

跳转栅格表示光标移动时的最小间隔，设置方法是点击选项后面的下拉菜单按钮，根据需要选择适当的选项，也可以直接输入合适的数值，如图 6-5 所示。

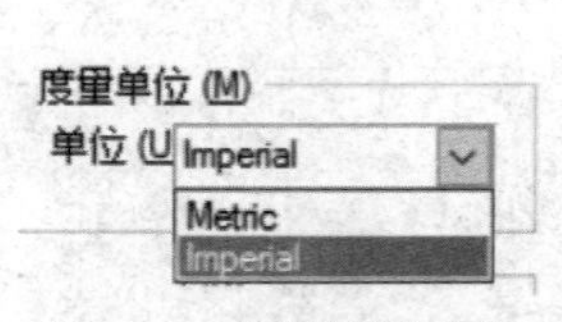

图 6-4　选择测量单位

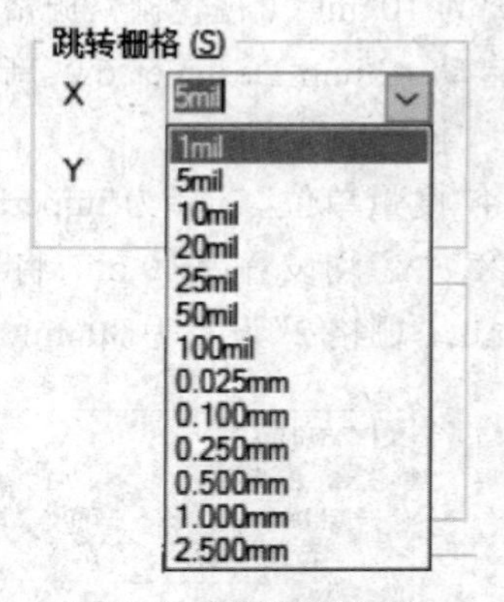

图 6-5　设置捕获栅格

3. 组件栅格

组件栅格是放置元件时组件移动的间隔。针对不同引脚长度的元件，用户可以随时改变组件栅格的设置，这样就可以精确地放置组件了。

4. 电栅格

在移动或放置元件时，若元件与周围电气实体的距离在电气栅格的设置范围内，元件与电气实体会互相吸住。电气捕获格点的数值应小于跳转栅格的数值，只有这样才能较好地完成电气捕获功能。

5. 可视化栅格

可视化栅格决定了图纸上的格点间距。“标记”选项可以对栅格表示类型进行设定，选择用线 Lines 或用点 Dots。“栅格 1”可以设定第一可视栅格的尺寸，“栅格 2”可以设定第二可视栅格的尺寸。在设定栅格尺寸时，操作者可以自己输入或者点击栅格编辑框后面的下拉菜单按钮选择 Altium Designer 6.9 提供的标准间距。

！**注意**：PCB 文件中的格点设置比原理图文件中的格点的设置多，因为 PCB 文件中格点的放置要求更精确。原理图中的可视化栅格总是正方形，而在 PCB 中，格点的 X 与 Y 值可以不同。在 PCB 编辑器中，图纸格点和元件格点可以设置成不同的值，这样比较有利于 PCB 中元件的放置操作。通常 PCB 格点被设置成元件封装的引脚长度或引脚长度的一半。

例如在放置一个引脚长度为 100 mil 的元件时，可以将元件格点设置为 50 mil 或 100 mil，在该元件引脚间布线时可以将跳转栅格设置为 25 mil。采用合适的格点设置不仅可以精确地放置元件，而且可以提高布通率。

6. 块设置

从上到下依次可对图纸在 X 轴的位置、在 Y 轴的位置，图纸的宽度，图纸的高度，图纸的显示状态以及图纸的锁定状态等进行设置。可以参照原理图图纸的鼠标定位方法对图纸的尺寸进行合适的设置。对图纸进行设置后,选中“显示方块”复选框即可在工作窗口中显示图纸。

例:设计一个图纸,其单位为英制,栅格捕获距离为 20 mil,元件栅格距离为 40 mil,电气栅格捕获距离为 10 mil,可视化栅格栅格 1 为 5 mil,栅格 2 为 30 mil。具体操作步骤如下。

(1)启动 Altium Designer 6.9,新建一个 PCB 文档,选择菜单命令“设计”→“板参数选项...”,打开“板选项”对话框。

(2)将“度量单位”选择为 Imperial;将“跳转栅格”的“X”“Y”均设置为 20 mil;将“组件栅格”的“X”“Y”均设置为 40 mil,将“电栅格”设置为 10 mil,将“可视化栅格”中的“栅格 1”设置为 5 mil,“栅格 2”设置为 30 mil,设置结果如图 6-6 所示。

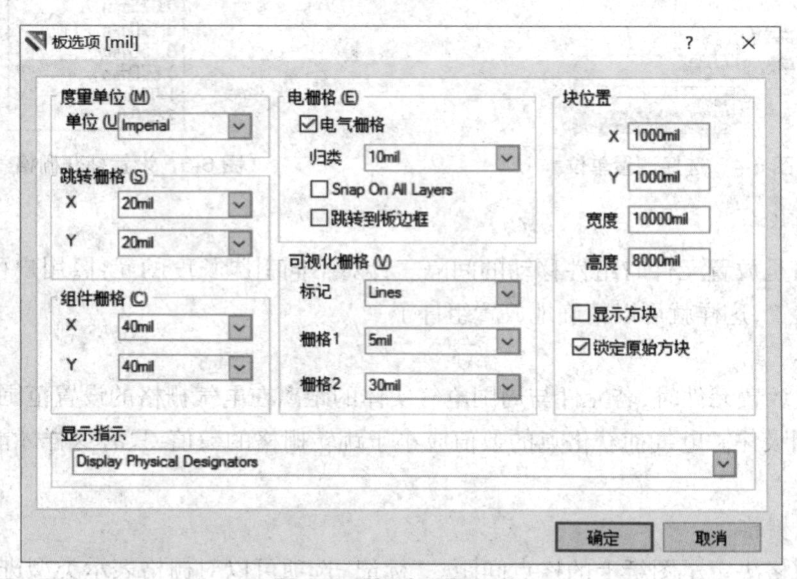

图 6-6 “板选项”对话框

(3)点击“确定”按钮,保存设置。将原理图放大后可以发现 1 个栅格 2 中包含 6 个栅格 1,如图 6-7 所示。

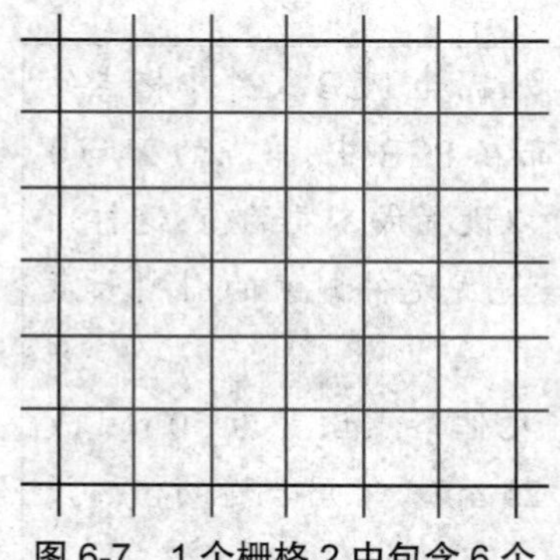
图 6-7 1 个栅格 2 中包含 6 个栅格 1

6.3.2 PCB 的板层类型

Altium Designer 6.9 提供了若干个不同类型的工作层面,包括信号层、内部电源层 / 接地层、机械层等。启动 Altium Designer 6.9,新建一个 PCB 文档,选择“设计”→“板层颜色”命令,即可打开如图 6-8 所示的“视图配置”对话框。

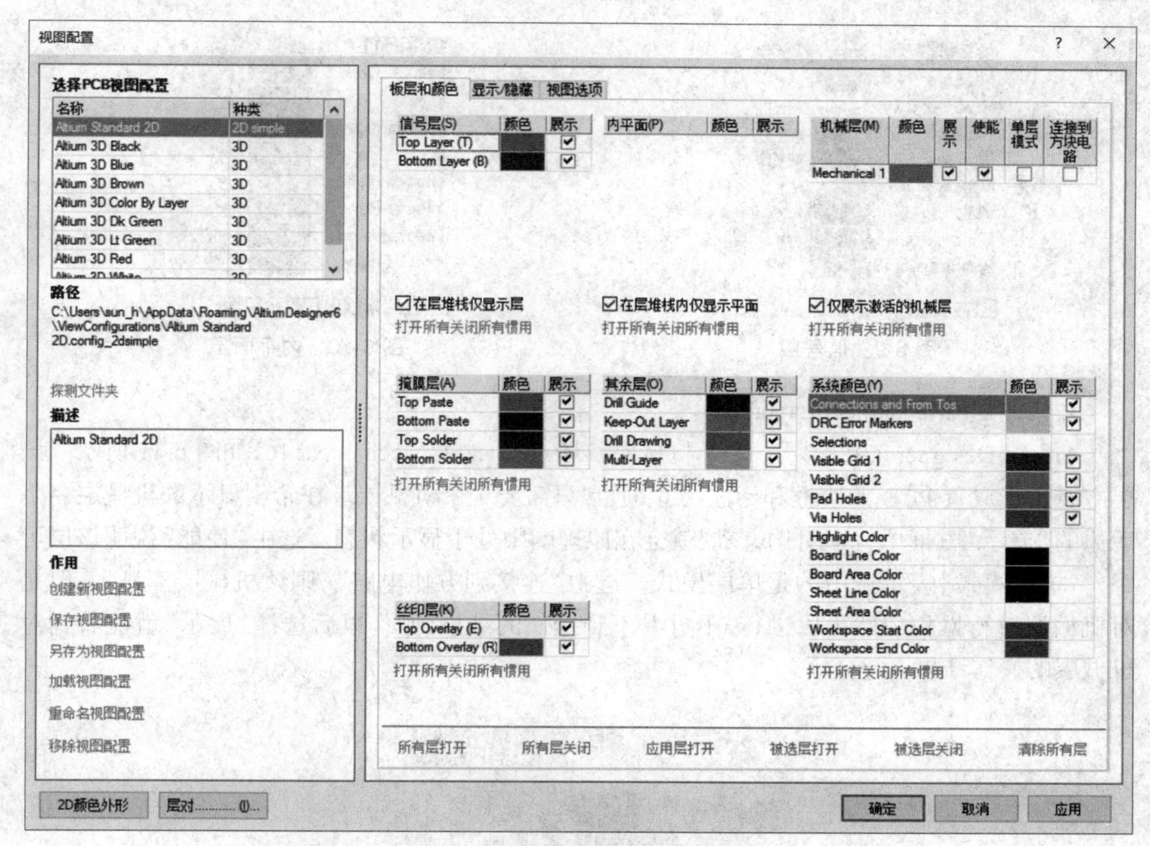

图 6-8 “视图配置”对话框

通过这个对话框的“板层和颜色”选项卡,可以看到物理上的板层共分为 6 类,分别为信号层(Signal Layers)、内平面层(Internal Planes Layers)、机械层(Mechanical Layers)、掩膜层(Mask Layers)、丝印层(Silkscreen Layers)和其他层(Other Layers),另外还有 1 个系统颜色层,用来设置系统各层的颜色,它在物理上不存在,但也采用层的形式来管理。

1. 信号层(Signal Layers)

Altium Designer 6.9 有 32 个信号层用于布线,通过堆栈层管理器来管理这些信号层,如图 6-9 所示,主要包括如下几层。

(1)Top Layer:元件面信号层,用来放置元件和布线。

(2)Bottom Layer:焊接面信号层,用来放置元件和布线。

(3)Middle-Layers(Mid-Layer 1 ~ Mid-Layer 30):中间信号层,主要用于布置信号线。

在希望显示的信号层名字后边的“展示”方框中打上对钩,该层就会在原理图中处于显示状态。

2. 内平面层(Internal Planes Layers)

Altium Designer 6.9 有 16 个内平面层, Internal Plane 1~Internal Plane 16,如图 6-10 所示。该层又称为电气层,主要用于布置电源线和地线。在希望显示的内平面层名字后边的“展示”方框中打上对钩,该层就会在原理图中处于显示状态。

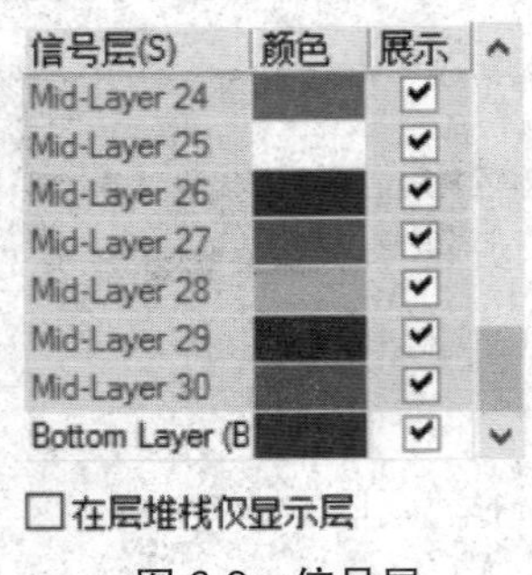

图 6-9 信号层

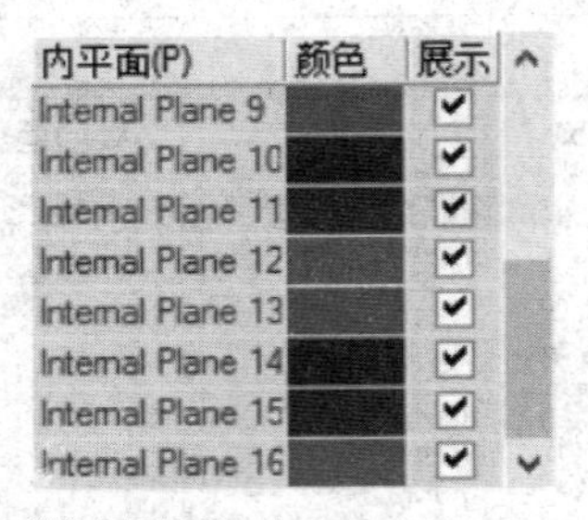

图 6-10 内平面层

3. 机械层（Mechanical Layers）

Altium Designer 6.9 提供了 16 个机械层，Mechanical l~Mechanical 16，如图 6-11 所示。该层主要用于放置 PCB 的边框和标注尺寸，通常只需要 1 个机械层。在希望显示的机械层名字后边的“展示”方框中打上对钩，该层就会在原理图中处于显示状态。选中“使能”说明该层可用。“单层模式”表示选中的是单层模式。选中“连接到方块电路”，则该机械层不显示，但是对机械层进行操作依然可以进行，不过看不到操作的结果，操作以后选择“展示”就能看到对机械层的操作结果。

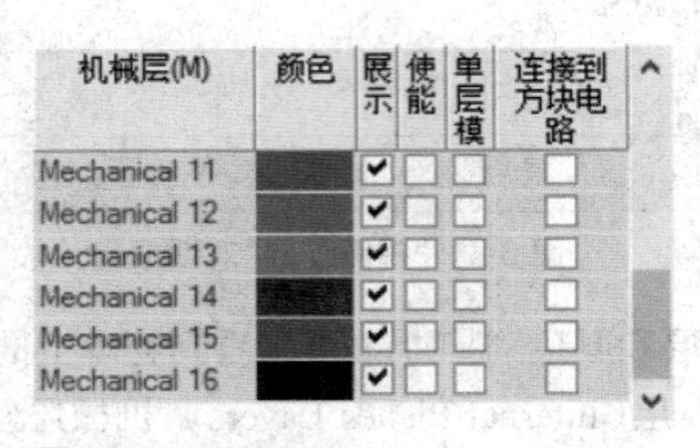

图 6-11 机械层

4. 掩膜层（Mask Layers）

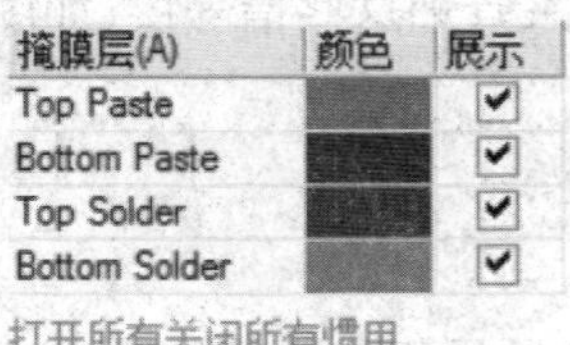

图 6-12 掩膜层

掩膜层共有 4 层，如图 6-12 所示，具体如下。

（1）Solder Layer（阻焊层）：共 2 层，Top Solder（顶层）和 Bottom Solder（底层）。阻焊层主要用于在焊盘和过孔周围设置保护区。

（2）Paste Layer（锡膏防护层）：共 2 层，Top Paste（顶层）和 Bottom Paste（底层）。锡膏防护层主要用于粘贴表面安装元器件，无表面粘贴元器件时不需要使用该层。

在希望显示的掩膜层名字后边的“展示”方框中打上对钩，该层就会在原理图中处于显示状态。

5. 丝印层（Silkscreen Layers）

丝印层共有 2 层，如图 6-13 所示，具体如下。

（1）Top Overlay（顶层丝印层）。

（2）Bottom Overlay（底层丝印层）。

该层主要用于绘制元器件的外形轮廓、字符串标注等文字说明和图形说明。在希望显示的丝印层名字后边的“展示”方框中打上对钩，该层就会在原理图中处于显示状态。

6. 其他层（Other Layers）

这部分包括放置焊盘、过孔及布线区域所用到的层，如图 6-14 所示。

（1）Drill Guide（钻孔向导图层）。

（2）Keep-Out Layer（禁止布线层）。

（3）Drill Drawing（钻孔统计图层）。

（4）Multi-Layer（多层）。

钻孔向导图层和钻孔统计图层用于绘制钻孔的孔径和位置。

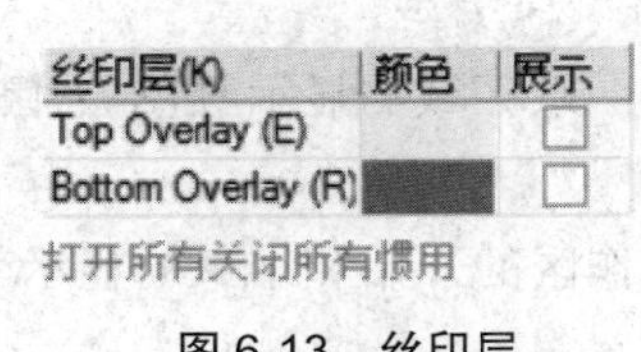

图 6-13　丝印层

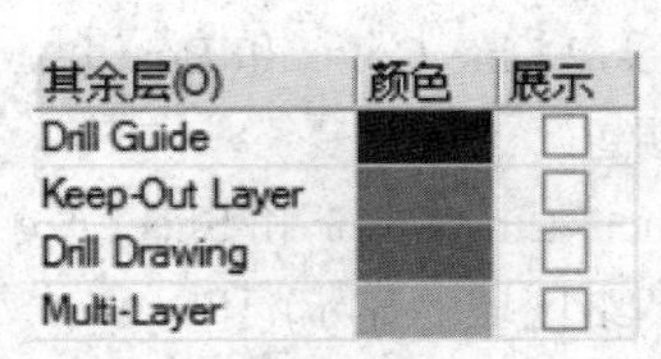

图 6-14　其他层

！**注意：**禁止布线层用于定义能有效放置元件和布线的区域。例如，板的编辑可以通过放置线条和圆角矩形边界来定义，这样就定义了放置所用元件和连线的区域。基本的规则是元件不能放置在禁止布线层的元素上，布线不能穿过禁止布线层上的元素。

7. 系统颜色层

系统使用的某些辅助设计的显示色以层的形式出现，但不对制板产生影响，如图 6-15 所示。

（1）Connections and From Tos（连线层）：用来控制网络连线和连接的显示。

（2）DRC Error Makers（设计规则检查错误）：用来控制 DRC 错误的显示。

（3）Selections（选择）：用来设置 PCB 编辑器中选择对象的显示颜色。

（4）Visible Grid 1 和 Visible Grid 2（可视栅格）：可用来控制视栅格 1 和可视栅格 2 的显示及显示的颜色。

（5）Pad Holes 和 Via Holes（焊盘孔和过孔）：用来控制焊盘孔和过孔的显示及颜色。

图 6-15 系统颜色层

(6)Highlight Color(高亮颜色):用来定义高亮显示所用的颜色。

(7)Board Line Color 和 Board Area Color(板线色和板体色):用来定义 PCB 的线条和板体的显示颜色。

(8)Sheet Line Color 和 Sheet Area Color(图纸线条和图纸区域的显示颜色):用来定义图纸线条和图纸区域的显示颜色。

(9)Workspace Start Color 和 Workspace End Color(工作区的开始和结束的显示颜色):用来设置工作区的开始和结束的显示颜色。

8. 设置打开工作层的个数

(1)选中图 6-8“视图配置”对话框中各层后面的“展示”复选框,即可打开工作层,否则该工作层处于关闭状态。

① All On:所有的工作层处于打开状态。

② All Off:所有的工作层处于关闭状态。

③ Used On:打开经常使用的工作层。

④ Selected On:打开当前选中的工作层。

⑤ Selected Off:关闭当前选中的工作层。

⑥ Clear:清除工作层选中状态。

(2)设置工作层的颜色。点击工作层后面的颜色框,可弹出“2D 系统颜色”对话框,如图 6-16 所示。

① Default:默认颜色设定。

② Classic:自定义颜色设定。

选择所需的颜色,点击“确定”按钮。

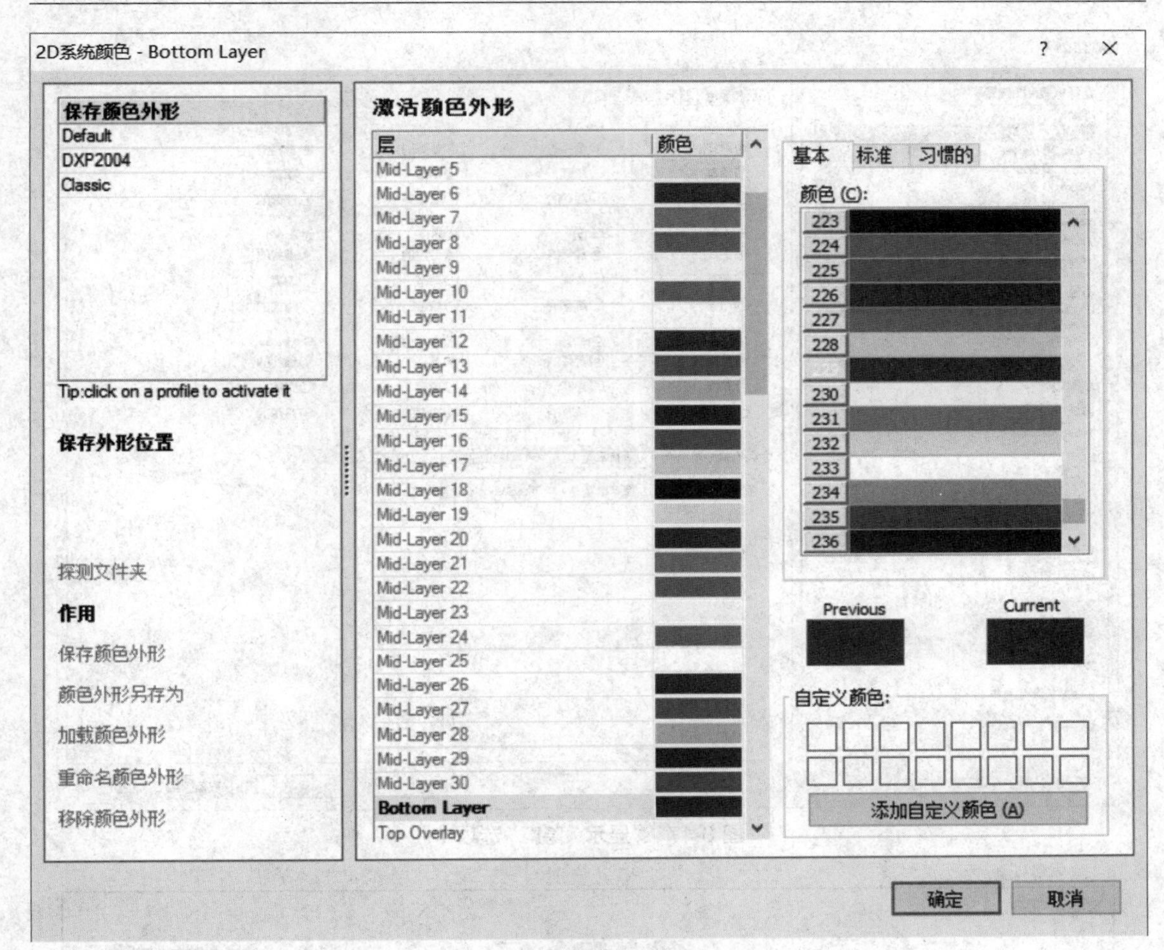

图 6-16　“2D 系统颜色”对话框

9.“显示 / 隐藏”选项卡

在“视图配置”对话框中点选“板层和颜色”旁边的“显示 / 隐藏”可进入“显示 / 隐藏”选项卡，如图 6-17 所示，该选项卡用于设置各种图形的显示模式。

选项卡中每一项都有相同的 3 种显示模式，即最终的（精细）显示模式、草案（简易）显示模式和隐藏的（隐藏）显示模式。

6.3.3　PCB 的板层设置

虽然 Altium Designer 6.9 提供了多达 72 个工作层，但是在设计中经常用到的只有顶层、底层、丝印层和禁止布线层等少数几种，所以应对这些层进行管理，使设计更加快捷、有效。

PCB 编辑器通过层堆栈管理器来添加或删除板层。启动 Altium Designer 6.9，新建一个 PCB 文档，选择“设计”→“层叠管理”命令，系统弹出层堆栈管理器，如图 6-18 所示。

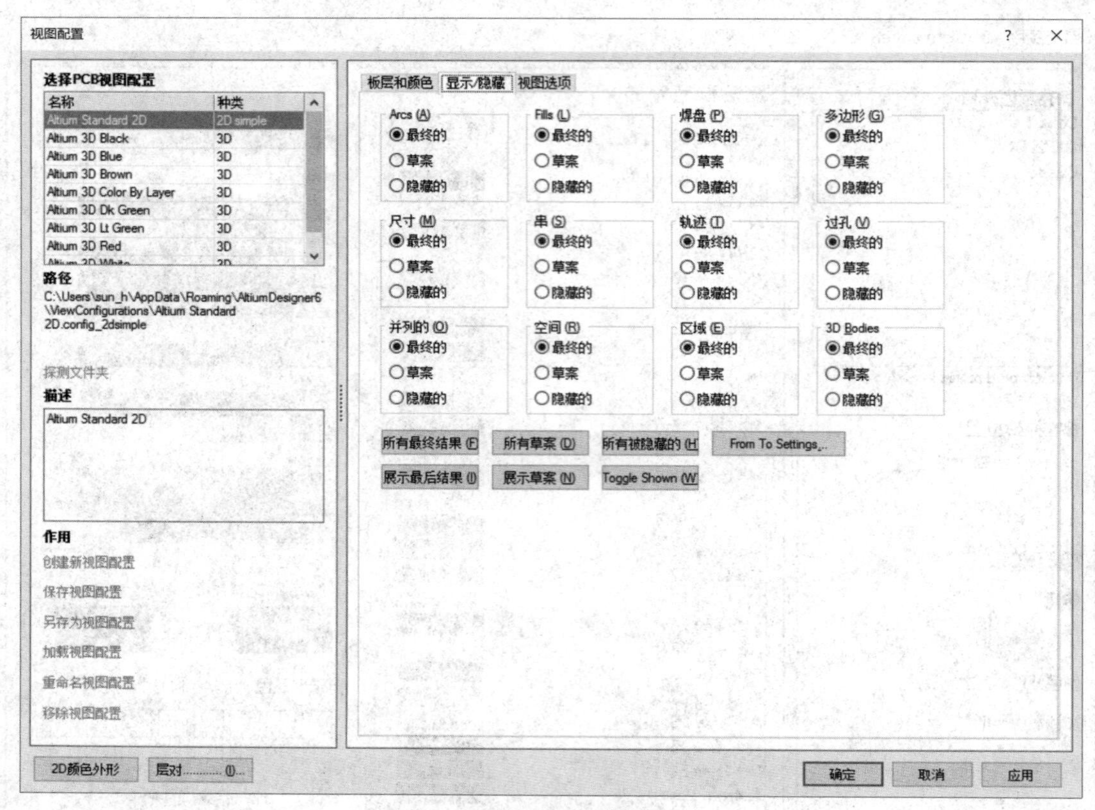

图 6-17 “显示 / 隐藏”选项卡

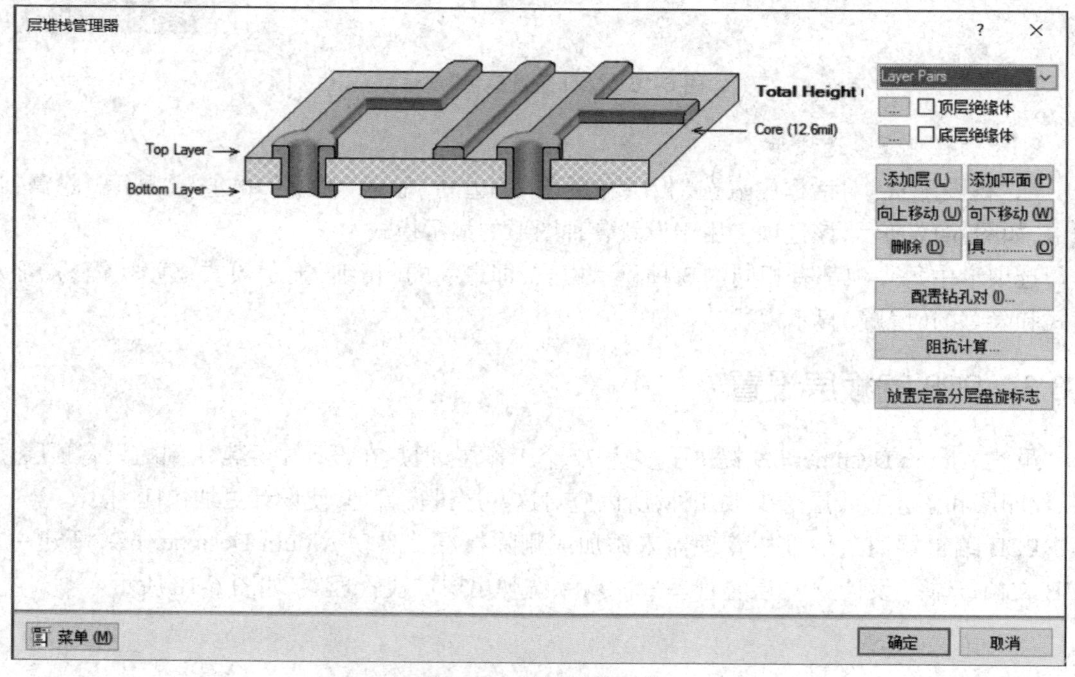

图 6-18 层堆栈管理器

1. 菜单项

点击“菜单”按钮，系统弹出如图 6-19 所示的菜单，其中的选项如下。

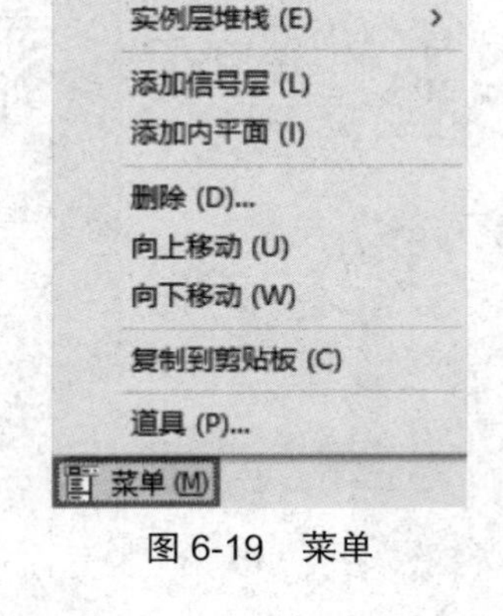

图 6-19 菜单

（1）实例层堆栈：提供不同类型的电路模板，如图 6-20 所示。

（2）添加信号层：添加信号层。

（3）添加内平面：添加中间层。

（4）删除：删除当前选中的工作层。

（5）向上移动：将当前选中的工作层向上移动一层。

（6）向下移动：将当前选中的工作层向下移动一层。

（7）复制到剪贴板：复制到剪贴板。

（8）道具：设置属性。选中不同的工作层，点击该选项可以弹出对应层的属性对话框。若选择绝缘层，会弹出如图 6-21 所示的“电介质工具”对话框。在该对话框中可以设置绝缘层的材料、厚度、电介质常数等参数。

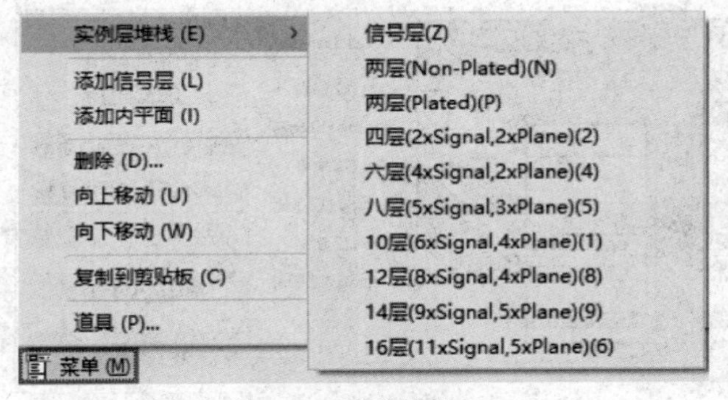

图 6-20 电路模板

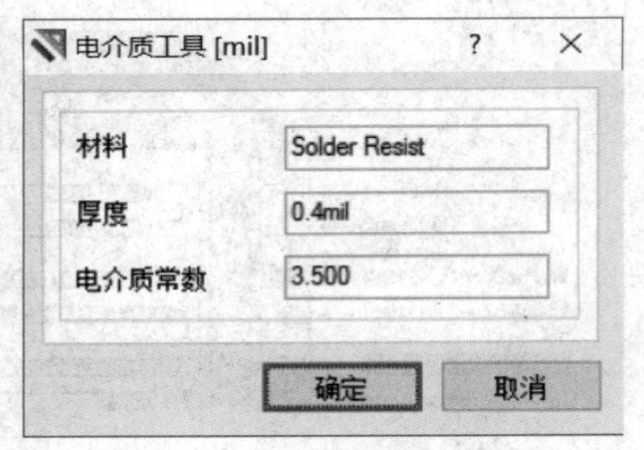

图 6-21 “电介质工具”对话框

2. 添加绝缘层

选中“顶层绝缘体”或“底层绝缘体”选项前面的复选框，即可为板子的顶层或底层添加绝缘层。

3. 修改图层属性

将光标移动到图层管理器示意图的相应位置，双击鼠标左键，可以直接修改图层属性。例如添加平面层后，将光标移动到图层管理器示意图的 Internal Plane 1 上面，双击鼠标左键，弹出“Internal Plane 1 properties”对话框，如图 6-22 所示。

例：设计一个包含两个信号层和三个内平面层的 PCB，并为板子的顶层添加绝缘层。操作步骤如下。

（1）启动 Altium Designer 6.9，新建一个 PCB 文档，选择“设计”→“层叠管理”命令，打开层堆栈管理器，系统默认为两个信号层 Top Layer 和 Bottom Layer，如图 6-18 所示。

（2）选中其中任意一层，点击“添加层”按钮两次，添加两个信号层 MidLayer1 和 MidLayer2；再单击“添加平面”按钮三次，添加三个内平面层 InternalPlane1、InternalPlane2 和 InternalPlane3;选中“顶层绝缘体”选项前面的复选框。结果如图 6-23 所示。

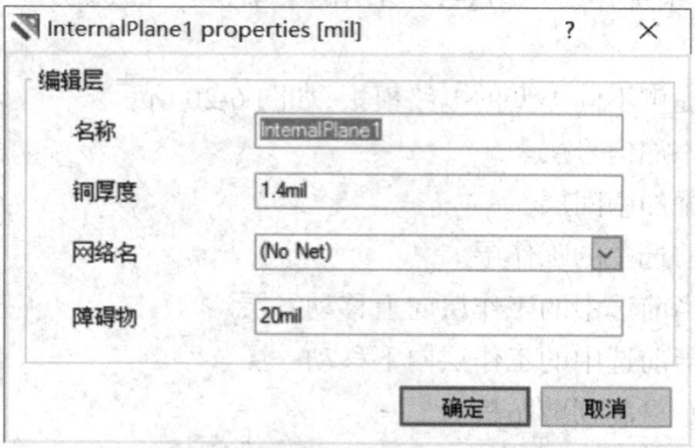

InternalPlane1 properties [mil]

编辑层

名称 InternalPlane1

铜厚度 1.4mil

网络名 (No Net)

障碍物 20mil

确定 取消

图 6-22 “Internal Plane 1 properties”对话框

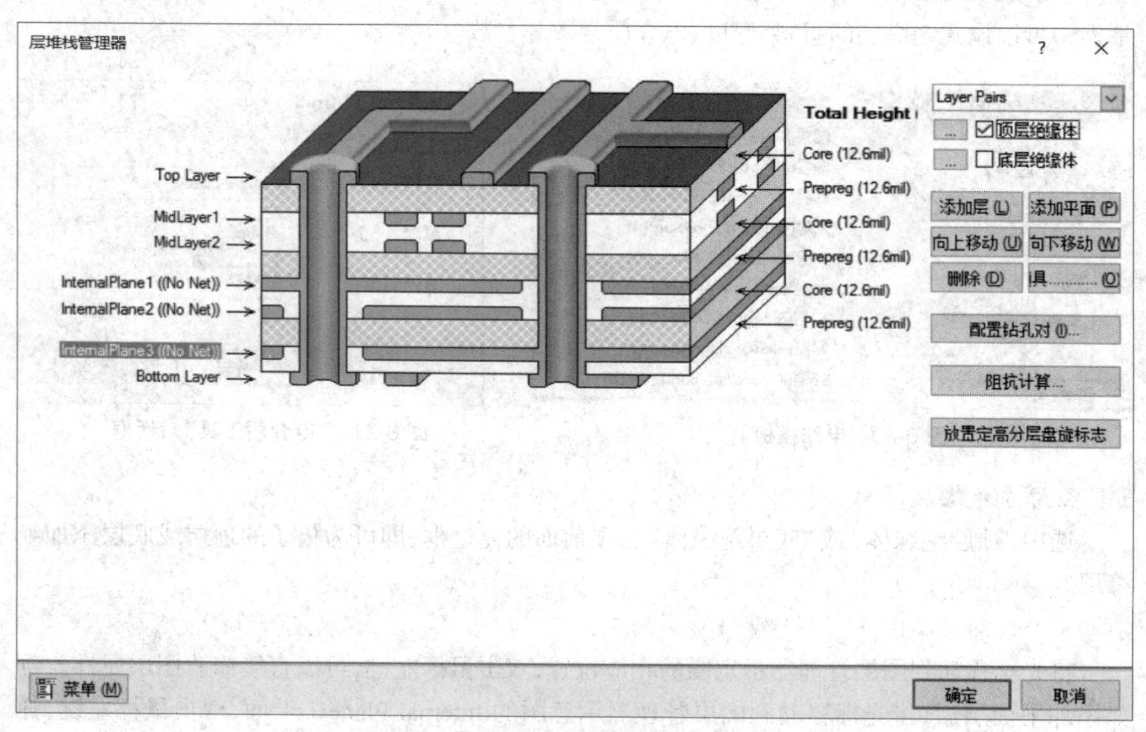

图 6-23 层堆栈管理器

(3)添加完所需要的板层后,还必须执行菜单命令“设计”→“板层颜色”,打开“视图配置”对话框,选中刚添加的板层,对添加的两个信号层和三个内平面层的颜色及显示属性进行设置,如图 6-24 所示。

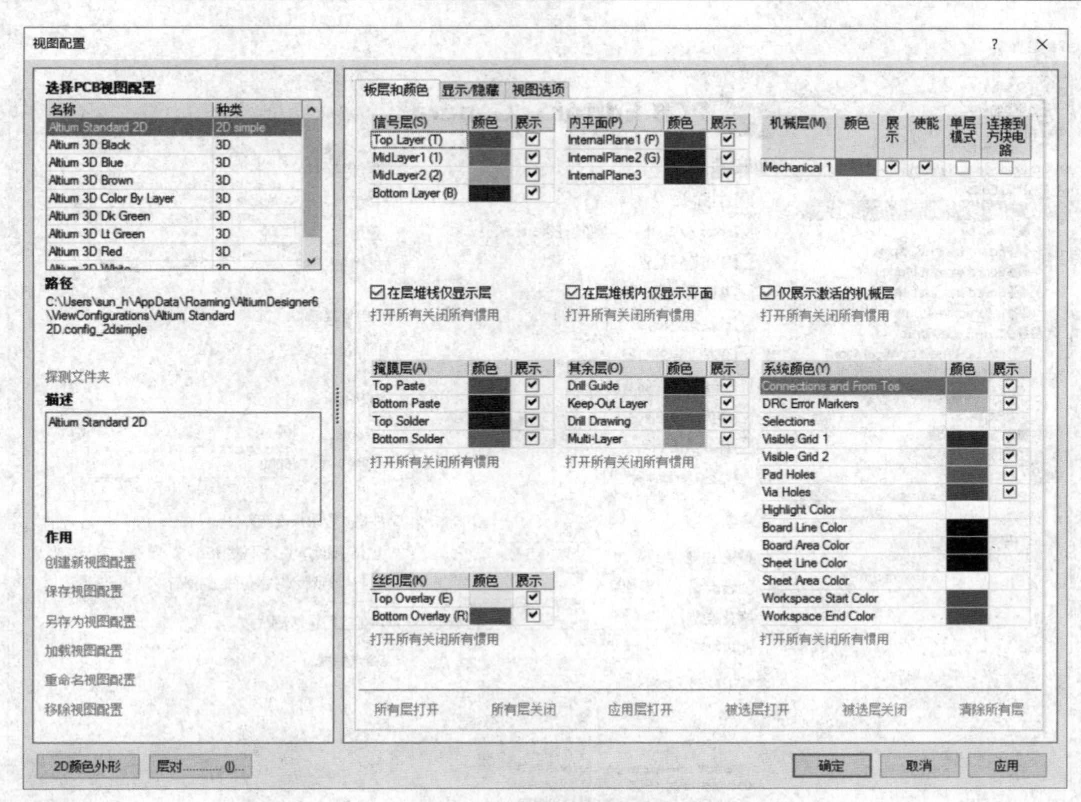

图 6-24　“视图配置”对话框

6.4　设置系统参数

在“参数选择”对话框中可以对一些与 PCB 编辑窗口相关的系统参数进行设置。如光标显示板层颜色、系统默认设置、显示隐藏等。设置后的系统参数将用于这个工程的设计环境，并不随 PCB 文件的改变而改变。启动 Altium Designer 6.9，新建一个 PCB 文档，选择“工具”→“优先选项...”命令即可打开该对话框，如图 6-25 所示。

在 PCB Editor 目录下一共有 12 个选项卡，主要介绍 General、Display、Defaults 等三个。

1.“General”选项卡

点击“General”标签即可进入“General”选项卡，如图 6-25 所示。

1)“编辑选项”区域

该区域用于设置编辑操作时的一些特性，如图 6-26 所示，包括如下设置。

(1)“在线 DRC”复选框：用于设置在线规则检查。选中此复选框，所有违反 PCB 设计规则的地方都将被标记出来。

(2)“Snap To Center”复选框：选中此复选框，鼠标捕获点将自动移到对象的中心。对焊盘或过孔来说，鼠标捕获点将移向焊盘或过孔的中心；对元件来说，鼠标捕获点将移向元件的第一个引脚；对导线来说，鼠标捕获点将移向导线的一个顶点。

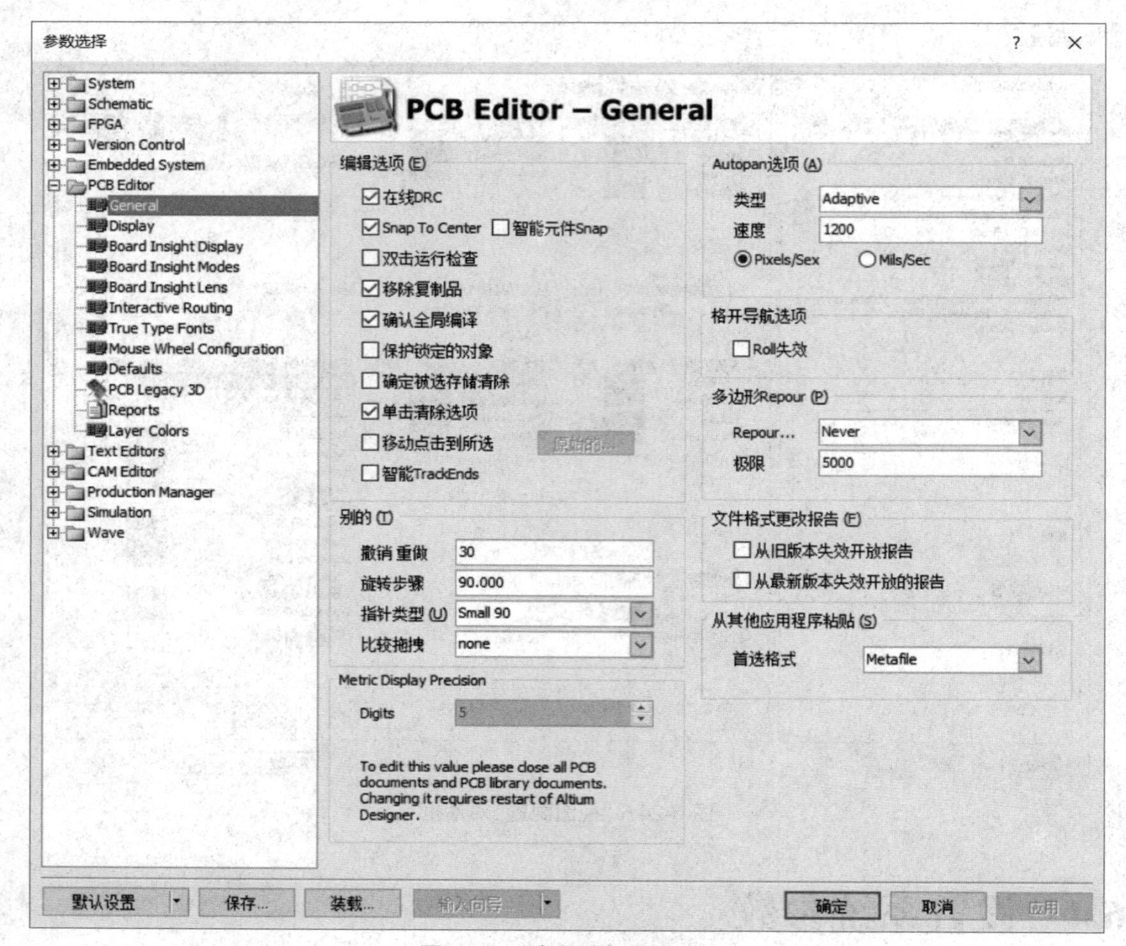

图 6-25 “参数选择”对话框

（3）“智能元件 Snap”复选框：选中此复选框，当选中元件时鼠标光标将自动移到离点击处最近的焊盘上；取消此复选框的选中状态，当选中元件时鼠标光标将自动移到元件的第一个引脚的焊盘处。

（4）“双击运行检查”复选框：选中此复选框，在一个对象上双击将打开该对象的“PCB Inspector”对话框，如图 6-27 所示，而不是打开该对象的属性编辑对话框。

（5）“移除复制品”复选框：用于设置系统是否自动删除重复的组件。

（6）“确认全局编译”复选框：用于设置在进行整体修改时，系统是否出现整体修改结果提示对话框。

（7）“保护锁定的对象”复选框：用于保护被锁对象。

（8）“确定被选存储清除”复选框：确认选中的存储器清除。选中此复选框，用于保存一组对象的状态存储空间在被覆盖前，系统会询问用户是否覆盖该存储空间。

（9）“单击清除选项”复选框：单击清除所选择对象。通常情况下此复选框保持选中状态，用户单击选中一个对象，然后选择另一个对象后，上一次选中的对象将恢复未被选中的状态。

取消此复选框的选中状态，系统将不清除上一次的选中记录。

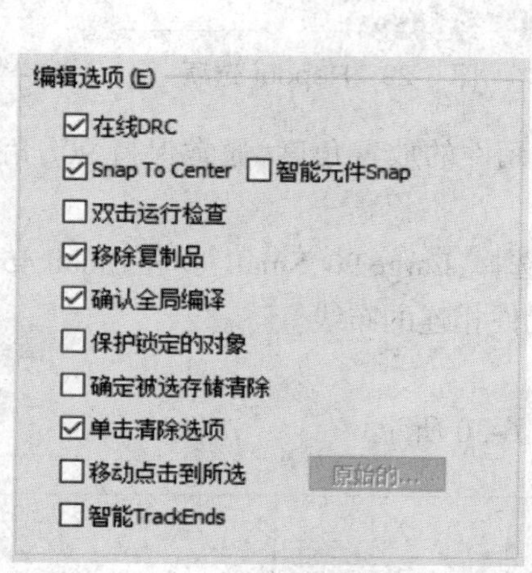

图 6-26　“编辑选项”区域

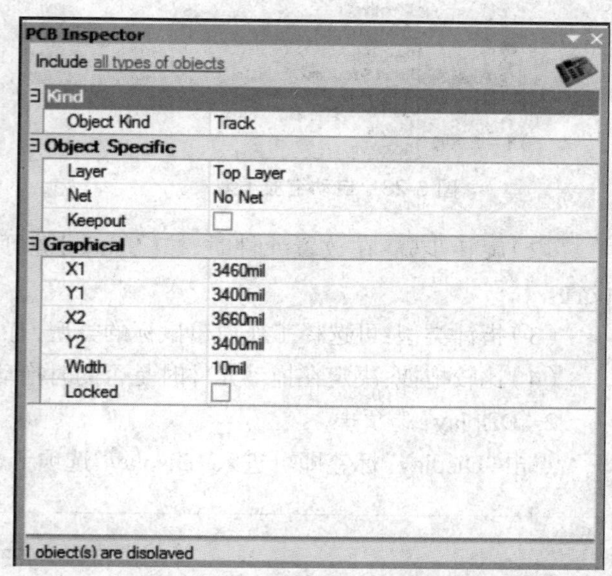

图 6-27　“PCB Inspector”对话框

（10）“移动点击到所选”复选框：选中此复选框，用户需要在按下【Shift】键的同时单击所要选择的对象才能选中该对象。通常取消此复选框的选中状态。

（11）“智能 TrackEnds”复选框：自动完成确定轨迹终点。

2）“Autopan”选项区域

屏幕自动移动选项，该区域用于设置自动移动功能。

（1）类型：在此项中可以选择视图自动缩放的类型，如图 6-28 所示。

（2）速度：用于设置移动速度。“Pixels/Sec”为移动速度的单位，即每秒多少像素；“Mils/Sec”为每秒多少英寸的速度。

3）“格开导航选项”区域

Roll 失效：用于设置交互布线。

4）“多边形 Repour”区域

（1）Repour：决定在铺铜上走线后是否重新进行铺铜操作，有三种选择，如图 6-29 所示。选择“Never”时不进行 Repour 操作；选择“Threshold”时当多边形铺铜超出了极限值时系统将提示以确认是否进行 Repour 操作；选择“Always”时总是进行 Repour 操作，铺铜位于走线的上方。

（2）极限：设置铺铜极限值。

5）“别的”区域

（1）撤销重做：该项主要用于设置撤销 / 恢复操作的范围。通常情况下，范围越大要求的存储空间就越大，这将降低系统的运行速度。在自动布局、对象的复制和粘贴等操作中，记忆容量的设置是很重要的。

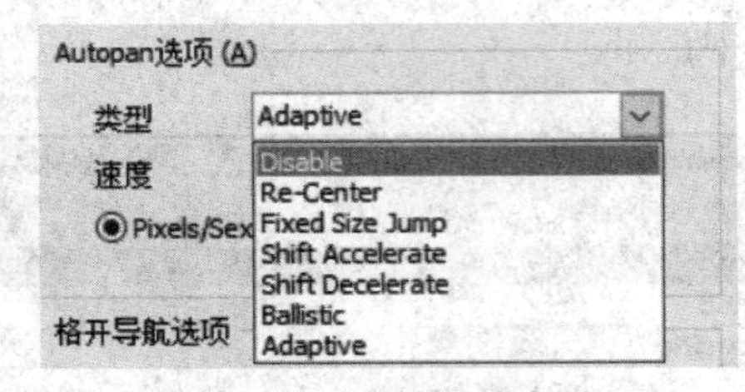

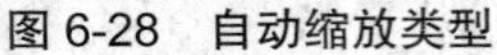
图 6-28 自动缩放类型

图 6-29 Repour 选项

（2）旋转步骤：在放置元件时，按【Space】键可改变元件的放置角度，通常保持 90° 角的设置。

（3）指针类型：可选择工作窗口鼠标的类型，有 3 种选择：Large 90、Small 90 和 Small 45。

（4）比较拖拽：决定在拖动元件时是否同时拖动与元件相连的布线。

2.“Display”选项卡

点击“Display”标签即可进入“Display”选项卡，如图 6-30 所示。

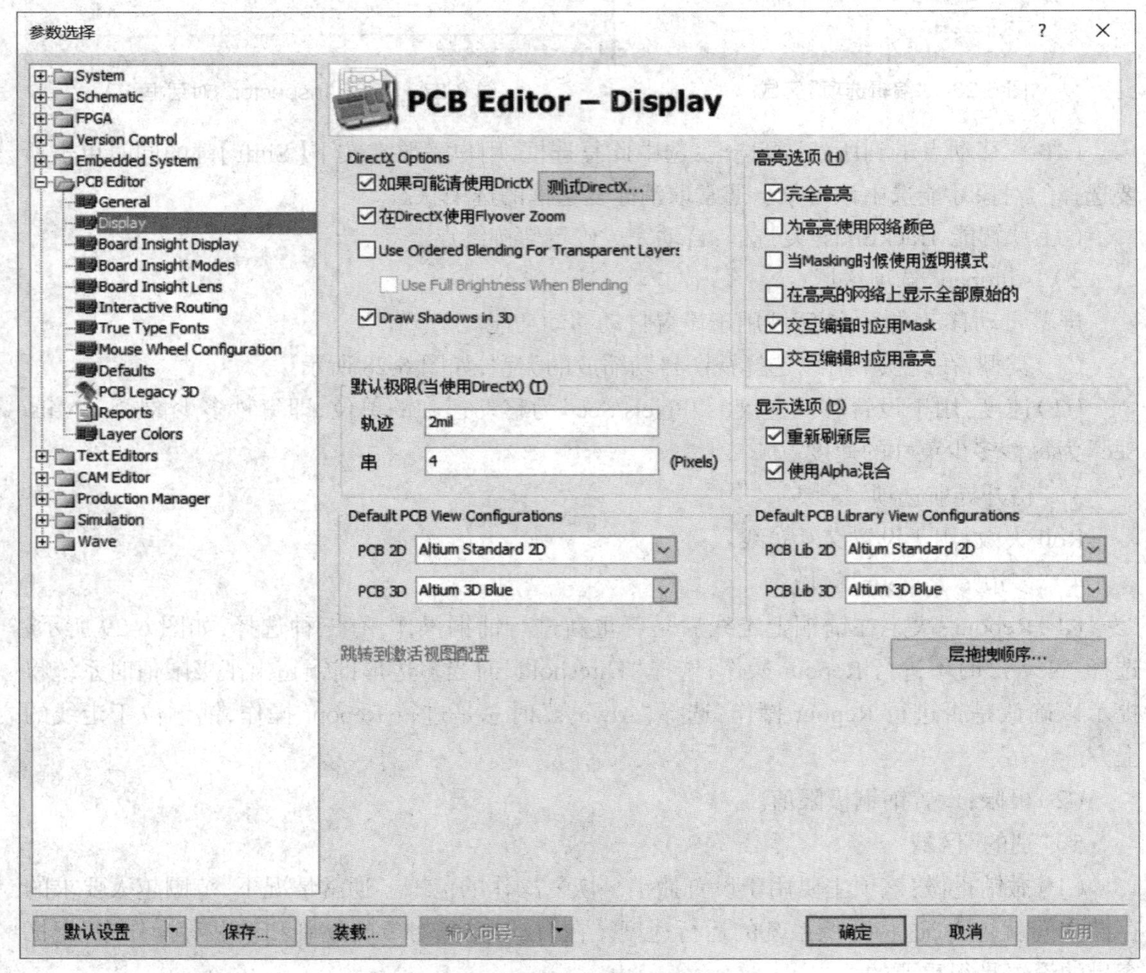

图 6-30 “Display”选项卡

1)"高亮选项"区域

该区域用于设置高亮选项,如图 6-31 所示。

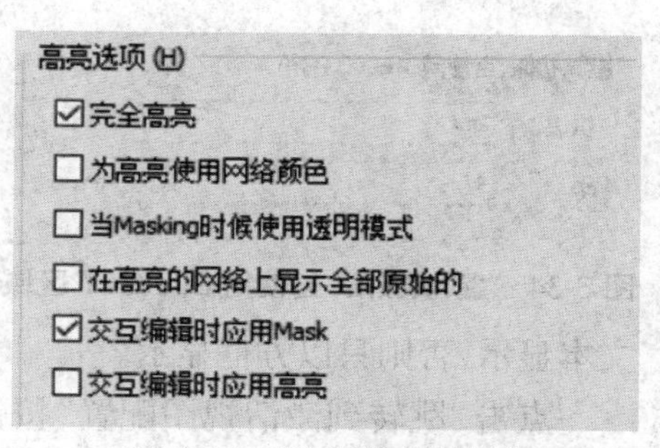

图 6-31 "高亮选项"区域

(1)"完全高亮"复选框:选中此复选框,选中的对象将以当前的颜色突出显示出来;取消此复选框的选中状态,对象将以当前的颜色被勾勒出来。

(2)"为高亮使用网络颜色"复选框:用于设置选中的对象是否使用网络的颜色,还是一律采用黄色。

(3)"当 Masking 时候使用透明横式"复选框:选中此复选框,Mask(掩模)时会将其余的对象透明化显示。

(4)"在高亮的网络上显示全部原始的"复选框:选中此复选框,在单层模式下系统将显示所有层中的对象(包括隐藏层中的对象),而且当前层将被 Highlight(高亮)出来。

(5)"交互编辑时应用 Mask"复选框:选中此复选框,用户在交互式编辑模式下可以使用 Mask(掩模)功能。

(6)"交互编辑时应用高亮"复选框:选中此复选框,用户在交互式编辑模式下可以使用 Highlight(高亮)功能。

2)"DirectX Options"区域

该区域用于设置 DirectX 图形显示功能,如图 6-32 所示。

图 6-32 "DirectX Options"区域

(1)"如果可能请使用 DirectX"复选框:选中此复选框,将首选使用 DirectX 功能,可以点击"测试 DirectX..."先检测系统的 DirectX 信息,如图 6-33 所示。

(2)"在 DirectX 使用 Flyover Zoom"复选框:选中此复选框,将启用 Flyover Zoom 功能。

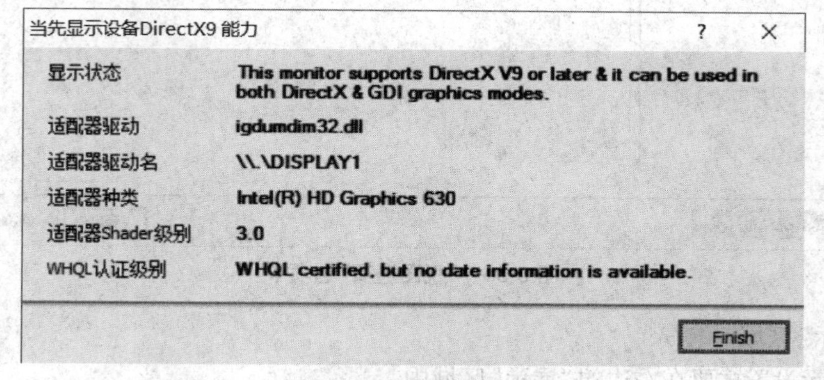

图 6-33 DirectX 信息框

(3)"Use Ordered Blending For Transparent Layers"复选框:选中此复选框,将在透明层中使用有序整合功能。

(4)"Use Full Brightness When Blending"复选框:当其上一行的复选框选中时此复选框才可选,选中此复选框,整合时全部变亮。

（5）“Draw Shadows in 3D”复选框：选中此复选框，在 3D 显示时绘画阴影。

图 6-34 “默认极限（当使用 DirectX）”区域

3）“默认极限（当使用 DirectX）”区域

该区域用于设置图形显示极限，如图 6-34 所示。

轨迹：设置导线显示极限，如果板上导线宽度大于该值，则以实际轮廓显示，否则只以简单直线显示。

串：设置字符显示极限，像素大于该值的字符以文本显示，否则只以方框显示。

点击“跳转到激活视图配置”按钮，进入“视图配置”对话框，打开“视图选项”选项卡，如图 6-35 所示。

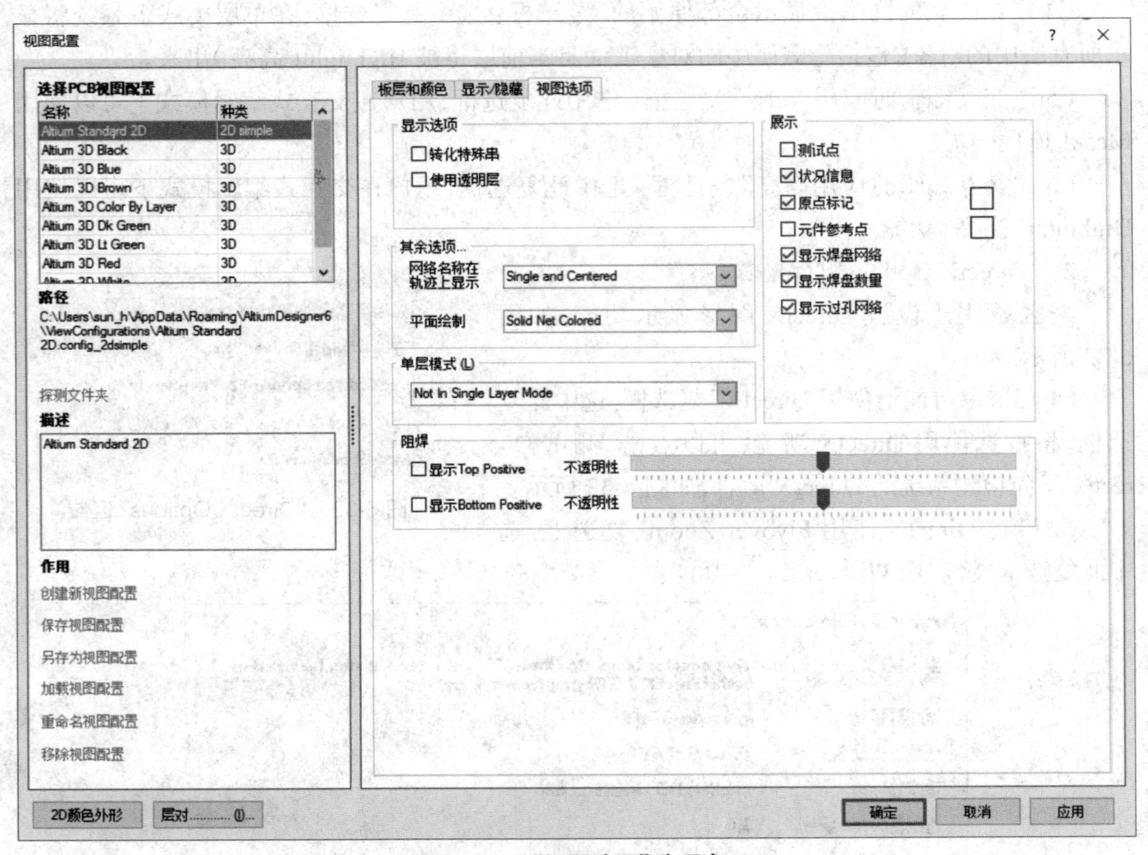

图 6-35 “视图选项”选项卡

4）“展示”区域

PCB 显示设置主要在右边的“展示”区域中。

（1）“测试点”复选框：选中此复选框，可显示测试点。

（2）“状况信息”复选框：选中此复选框，状态栏将显示当前的操作信息。

（3）“原点标记”复选框：选中此复选框，可显示坐标轴，点选后边的方框可以选择用于显示的颜色，如图 6-36 所示。

（4）“元件参考点”复选框：选中此复选框，可显示元件的参考点，点选后边的方框可以选择用于显示的颜色，如图 6-36 所示。

（5）“显示焊盘网络”复选框：选中此复选框，当视图处于足够的放大率时将显示焊盘所在的网络名称。

（6）“显示焊盘数量”复选框：选中此复选框，当视图处于足够的放大率时将显示焊盘的数量。

（7）“显示过孔网络”复选框：选中此复选框，当视图处于足够的放大率时将显示过孔的网络名称。

3.“Defaults”选项卡

点击“Defaults”标签即可进入“Defaults”选项卡，如图 6-37 所示，该选项卡用于设置各个组件的系统默认设置。各个组件包括：Arc（圆弧）、Component（元件封装）、Coordinate（坐标）、Dimension（尺寸）、Fill（金属填充）、Pad（焊盘）、Polygon（覆铜）、String（字符串）、Track（铜膜导线）、Via（过孔）等。

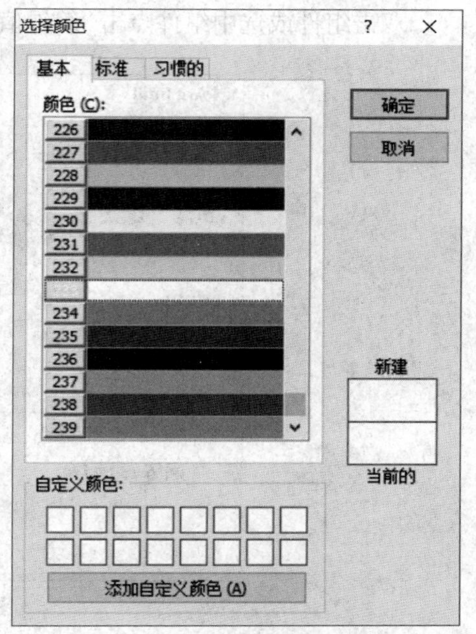

图 6-36 “选择颜色”对话框

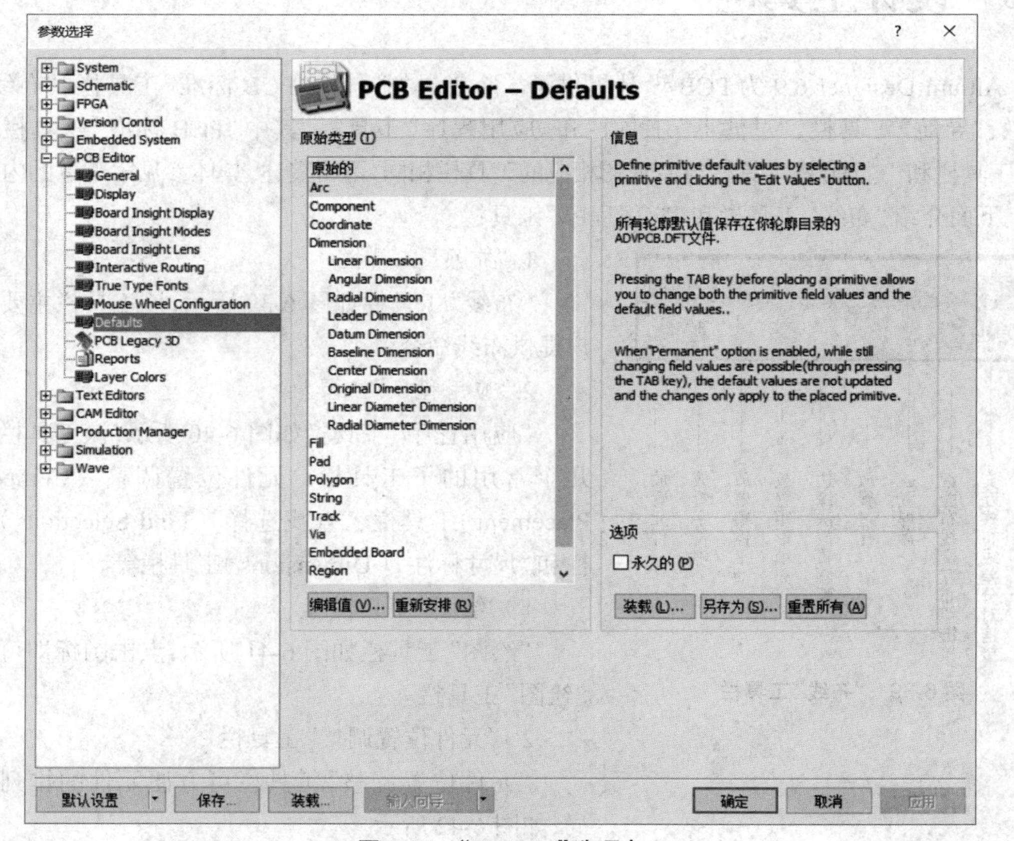

图 6-37 “Defaults”选项卡

双击组件或选中组件点击“编辑值(V)...”按钮即可进入“Arc”对话框，如图6-38所示。

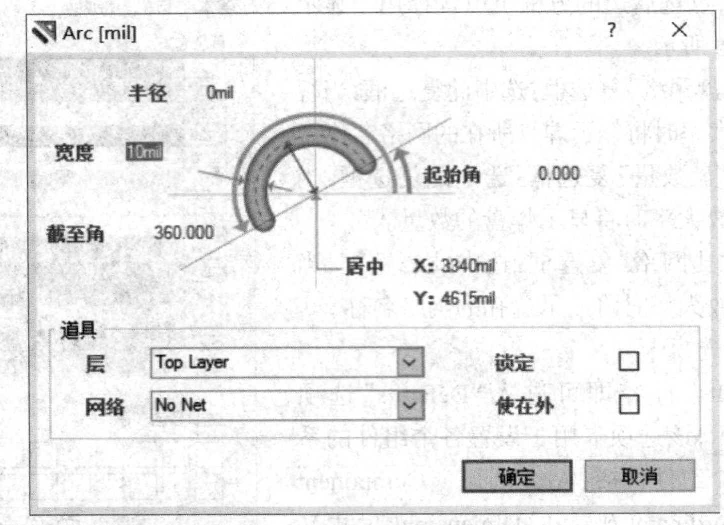

图6-38 “Arc”对话框

6.5 设计工具栏

Altium Designer 6.9为PCB设计提供了5个工具栏，包括“PCB标准”工具栏、“布线”工具栏、“导航”工具栏、“过滤器”工具栏和“应用程序”工具栏，其中“PCB标准”工具栏、“导航”工具栏和“过滤器”工具栏与原理图相应的工具栏相同，不再赘述，具体参见第3章的内容。

下面介绍“布线”工具栏和“应用程序”工具栏。

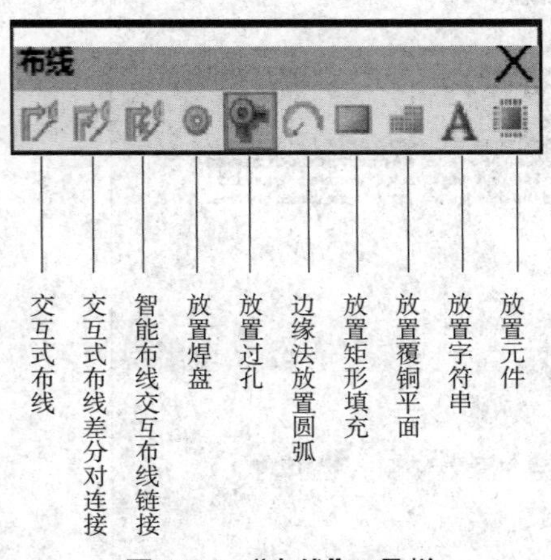

图6-39 “布线”工具栏

1.“布线”工具栏

“布线”工具栏如图6-39所示，该工具栏主要为用户提供布线命令。

2.“应用程序”工具栏

“应用程序”工具栏如图6-40所示，该工具栏包含几个常用的子工具栏，“元件位置调整”(Component Placement)工具栏、“查找选择”(Find Selections)工具栏和“尺寸标注”(Dimensions)工具栏等。

1)“绘图”工具栏

“绘图”工具栏如图6-41所示，点击图标即可显示“绘图”工具栏。

2)“元件位置调整”工具栏

“元件位置调整”工具栏可方便元件的排列和布局，如图6-42所示。

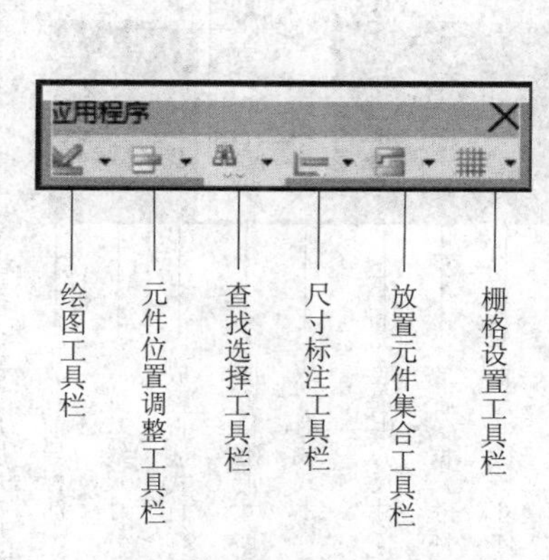

图 6-40 “应用程序”工具栏

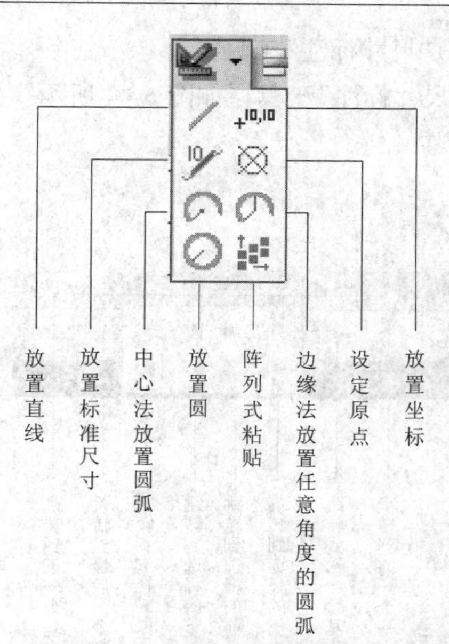

图 6-41 “绘图”工具栏

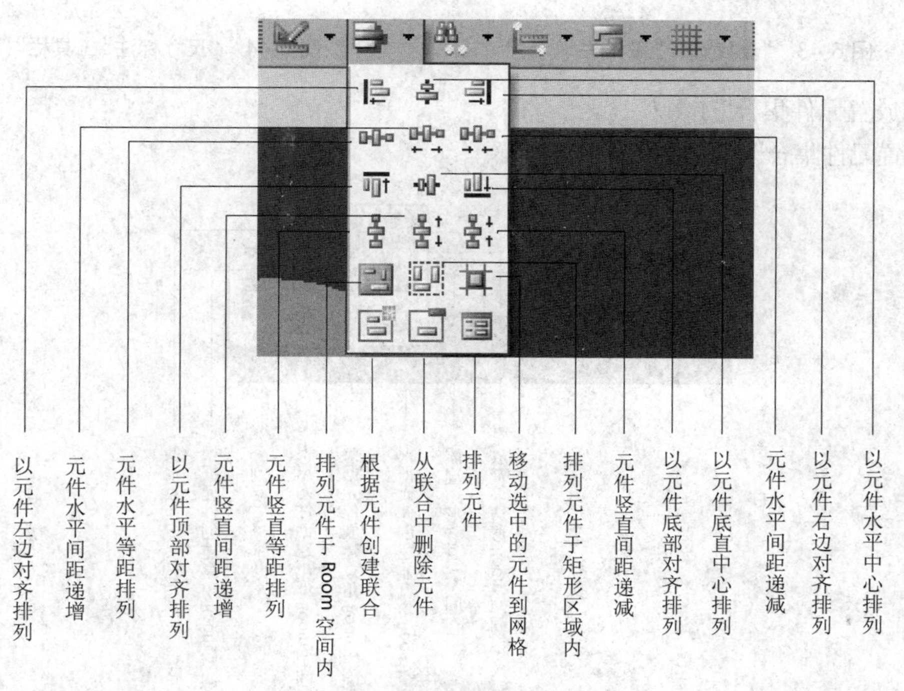

图 6-42 “元件位置调整”工具栏

3）“查找选择”工具栏

“查找选择”工具栏为选择原来所选择的对象提供了方便，如图 6-43 所示。工具栏中的按钮允许从一个选择的物体以向前或向后的方向走向下一个。这种方式是有用的，用户既能在选择的属性中查找，又能在选择的元件中查找。

4)“尺寸标注”工具栏

“尺寸标注”工具栏如图 6-44 所示。

图 6-43 “查找选择”工具栏

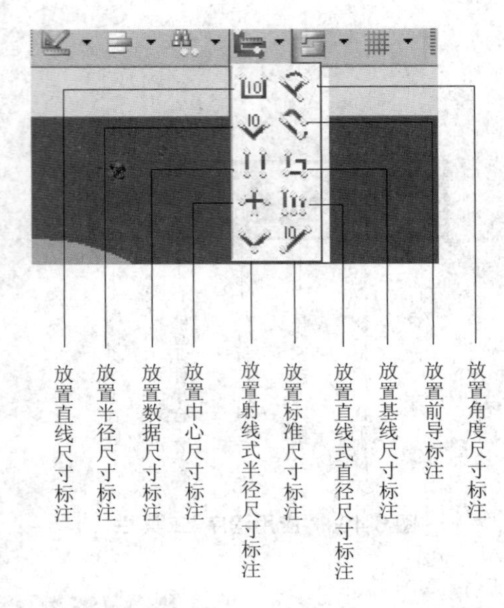

图 6-44 “尺寸标注”工具栏

5)“放置元件集合”工具栏

“放置元件集合”工具栏如图 6-45 所示。

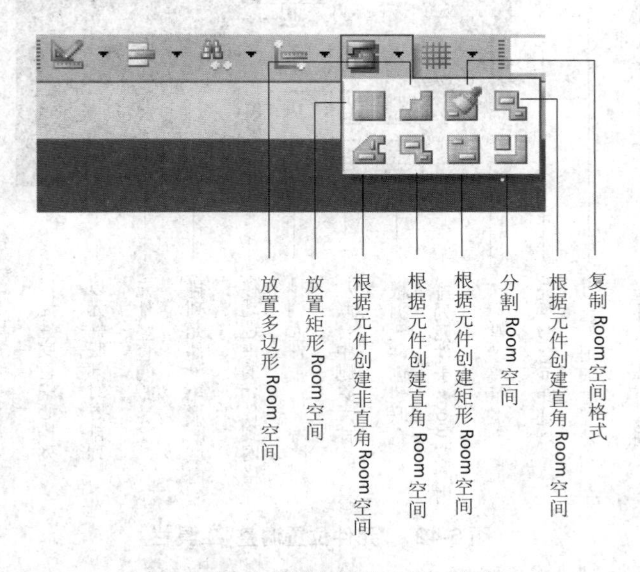

图 6-45 “放置元件集合”工具栏

6)“栅格设置”工具栏

通过“栅格设置”菜单,可以根据布线需要设置栅格的大小,如图 6-46 所示。

图 6-46 “栅格设置”菜单

关键词:流程,概述,环境参数,系统参数,工具栏

习 题

1. 选择题

6-1 执行( )命令,即可弹出 PCB 系统“参数选择”对话框。

A.“Design”→“Bord Options” B.“Tools”→“Preferences”

C.“Options” D.“Preferences”

6-2 Altium Designer 6.9 提供了多达( )层铜膜信号层。

A.2 B.16 C.32 D.8

6-3 Altium Designer 6.9 提供了( )层内部电源 / 接地层。

A.2 B.16 C.32 D.8

6-4 在印制电路板的( )层画出的封闭多边形用于定义印制电路板的形状及尺寸。

A.Multi-Layer B.Keep-Out Layer C.Top Overlay D.Bottom Overlay

6-5 印制电路板的( )层主要作为说明使用。

A.Keep-Out Layer B.Top Overlay C.Mechanical Layers D.Multi-Layer

6-6 印制电路板的( )层主要用于绘制元器件的外形轮廓以及标识元器件的标号等。该类层共有两层。

A.Keep-Out Layer B.Silkscreen Layers C.Mechanical Layers D.Multi Layer

2. 简答题

6-7 简述 PCB 的设计流程。

6-8 简述元件封装的概念。

6-9 简述 PCB 的板层类型。

7 PCB 布局与布线

本章重点介绍建立 PCB 文件的几种主要方法;电路板的规划,包括电路板的形状、尺寸和层次等;电路板中的各种实体的放置与编辑;元器件的手工和自动布局方法以及 PCB 手动布线、自动布线设计方法;最后还讲述了原理图与 PCB 的同步设计方法。

7.1 PCB 文件的建立

PCB 文件的建立方法有 3 种:利用向导、利用模板和利用菜单直接创建。

(1)利用向导生成 PCB 文件的方法可以在生成 PCB 文件的同时设置电路板的主要参数,是较常用的方法,工作简单,但无法满足特殊形状的需要。

(2)利用模板生成 PCB 文件的方法是在进行 PCB 设计时将常用的 PCB 文件保存为模板文件,这样在进行新的 PCB 设计时就可以直接调用这些模板文件,系统也有部分自带的模板。

(3)利用菜单“文件”→“新建”→“PCB”生成 PCB 文件,用户需单独对 PCB 的各种参数进行设置,在特殊形状的应用场合多采用这种方法,但设置参数时比较烦琐。

7.1.1 通过向导生成 PCB 文件

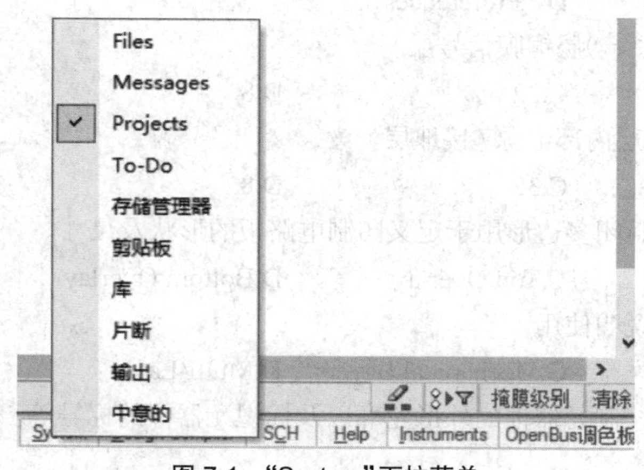

图 7-1 “System”下拉菜单

启动 Altium Designer 6.9 软件,点击屏幕右下方的“System”按钮,然后选择“Files”项,如图 7-1 所示。

打开“Files”面板,点击“PCB Board Wizard...”菜单选项即可,系统会弹出如图 7-2 所示的“PCB 板向导”对话框。

点击“下一步”按钮,进入如图 7-3 所示的“选择板单位”界面。

大多数元件封装资料都采用英制(Imperial),而在实际测绘中习惯使用公制(Metric),用户可以根据实际情况选择。

点击“下一步”按钮进入如图 7-4 所示的选择印制电路板标准的界面,系统提供了 10 种标准供用户选择。如果选中了 Custom(自定义),点击“下一步”按钮即弹出如图 7-5 所示的界面,而选择其他选项,如 A、A0、A1…,则直接采用系统已经定义的参数,系统会直接跳过图 7-5 所示的界面。

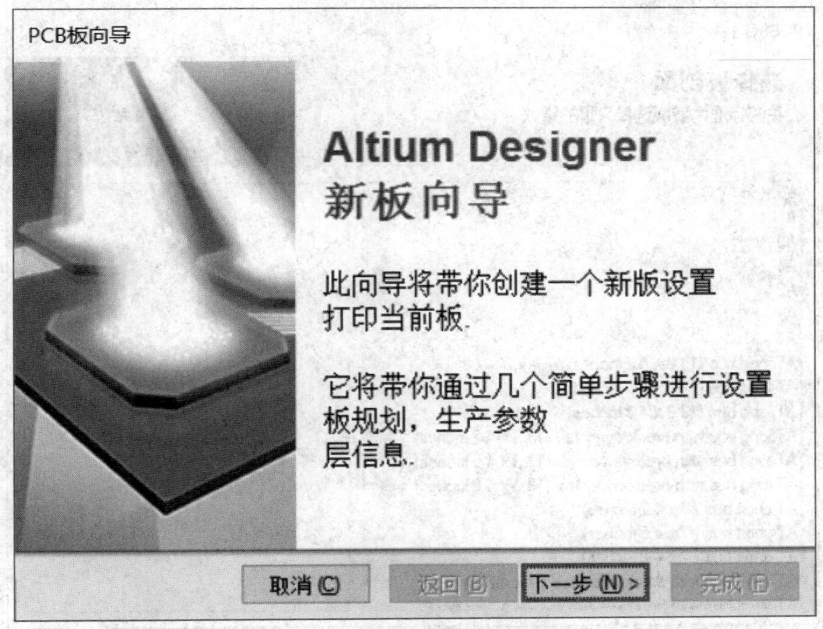

图 7-2 “PCB 板向导”对话框

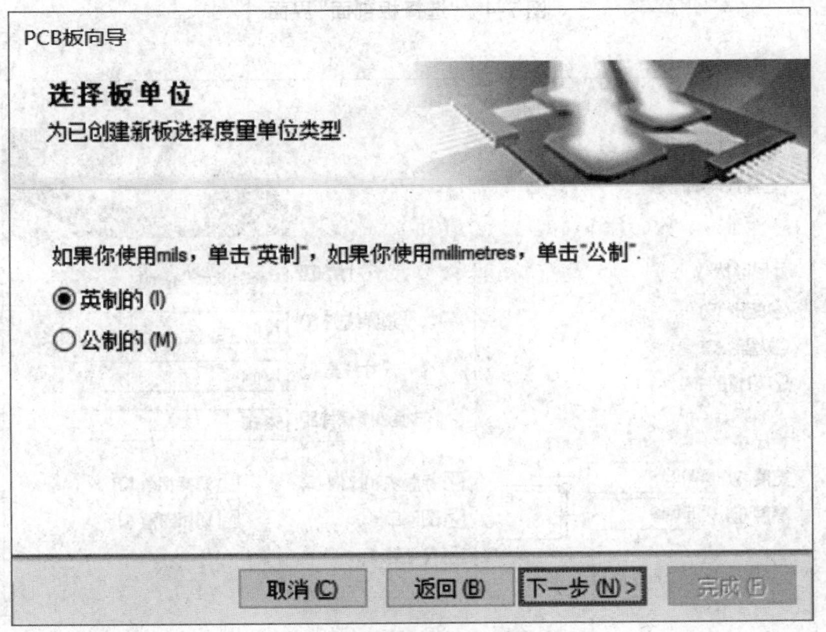

图 7-3 “选择板单位”界面

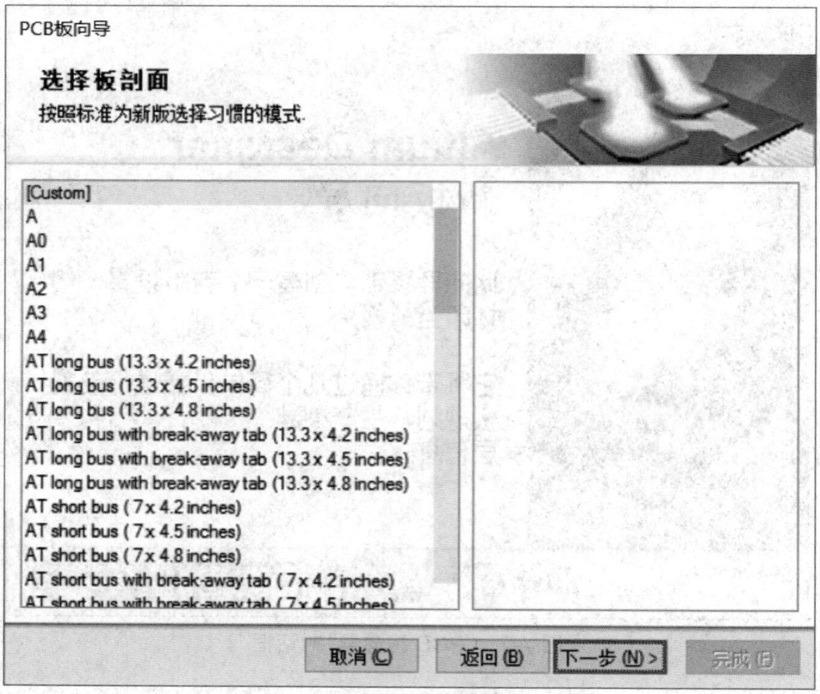

PCB板向导

选择板剖面

按照标准为新版选择习惯的模式.

[Custom]
A
A0
A1
A2
A3
A4
AT long bus (13.3 x 4.2 inches)
AT long bus (13.3 x 4.5 inches)
AT long bus (13.3 x 4.8 inches)
AT long bus with break-away tab (13.3 x 4.2 inches)
AT long bus with break-away tab (13.3 x 4.5 inches)
AT long bus with break-away tab (13.3 x 4.8 inches)
AT short bus (7 x 4.2 inches)
AT short bus (7 x 4.5 inches)
AT short bus (7 x 4.8 inches)
AT short bus with break-away tab (7 x 4.2 inches)
AT short bus with break-away tab (7 x 4.5 inches)

取消(C) 返回(B) 下一步(N)> 完成(F)

图 7-4 “选择板剖面”界面

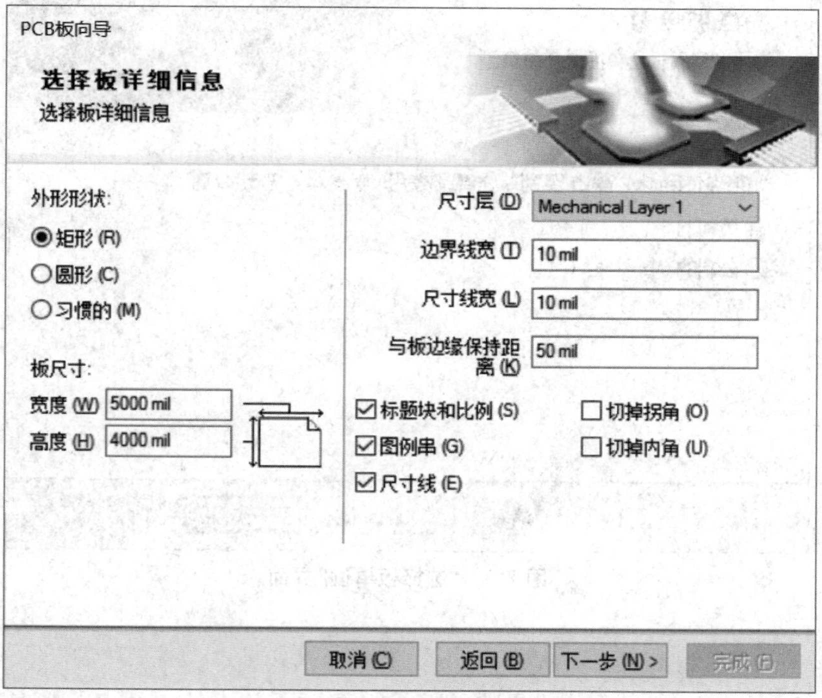

PCB板向导

选择板详细信息

选择板详细信息

外形形状:
◉矩形(R)
○圆形(C)
○习惯的(M)

板尺寸:
宽度(W) 5000 mil
高度(H) 4000 mil

尺寸层(D) Mechanical Layer 1
边界线宽(T) 10 mil
尺寸线宽(L) 10 mil
与板边缘保持距离(K) 50 mil

☑标题块和比例(S) ☐切掉拐角(O)
☑图例串(G) ☐切掉内角(U)
☑尺寸线(E)

取消(C) 返回(B) 下一步(N)> 完成(F)

图 7-5 “选择板详细信息”界面

在图 7-5 中可自定义印制电路板的形状、尺寸、边界等参数。

(1)外形形状:定义板的外形,有 3 种选择,矩形、圆形和习惯的(用户自定义)。

(2)板尺寸:定义 PCB 的尺寸大小,不同的外形选择对应不同的设置,对矩形 PCB 可以进行宽度和高度的设置。

(3)尺寸层:设置尺寸标注所在的层,这里保持缺省设置“Mechanical Layer 1”。

(4)边界线宽: 设置电路板的铜膜导线宽度,通常情况下保持缺省设置“10 mil”。

(5)尺寸线宽:设置尺寸线的宽度,通常情况下保持缺省设置“10 mil”。

(6)与板边缘保持距离:设置禁止布线区与 PCB 边缘的距离,通常保持缺省设置。

(7)“标题块和比例”复选框:定义是否在 PCB 上设置标题栏。

(8)“切掉拐角”复选框:定义是否截取 PCB 的一个角。选中此复选框,点击“下一步”按钮即可进入“选择板切角加工”界面。

(9)“图例串”复选框:定义是否在 PCB 上设置字符串。

(10)“切掉内角”复选框:定义是否截取电路板的中心部位,该选项通常是为了元件散热而设置的。选中该功能后点击“下一步”按钮即可进入“选择板内角加工”界面,对截取的中心部位进行详细的设置。

(11)“尺寸线”复选框:定义是否在 PCB 上设置尺寸线。

用户自定义类型设置完毕后,点击“下一步”按钮即可进入“选择板层”界面,如图 7-6 所示。此处设置 2 个信号层,双面板的 2 个信号层通常为 Top Layer 和 Bottom Layer。取消电源层与地层的设置。

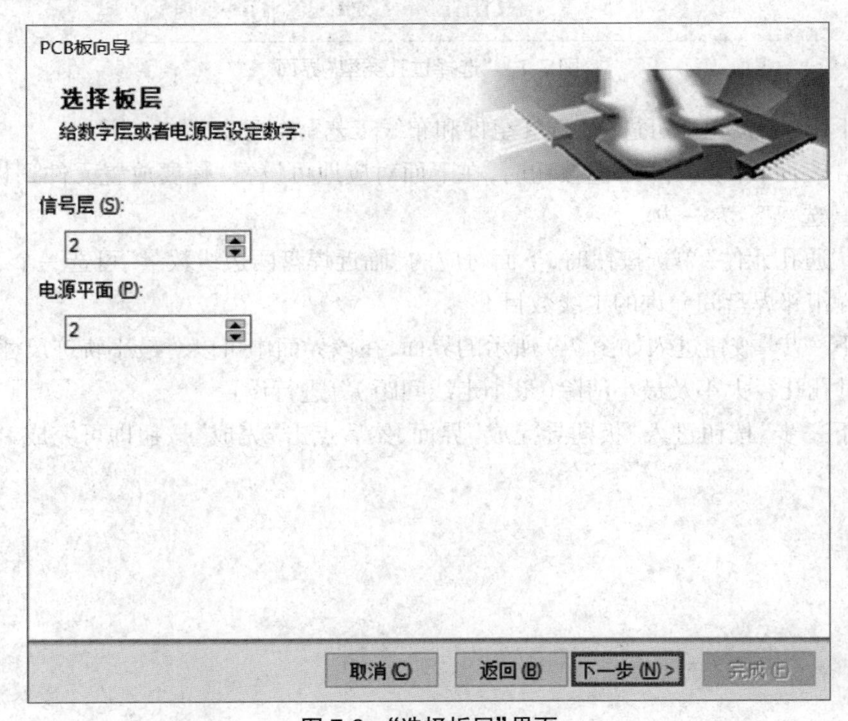

图 7-6 “选择板层”界面

点击“下一步”按钮即可进入“选择过孔类型”界面，如图 7-7 所示。有两种选择：仅通孔的过孔、仅盲孔和埋孔。

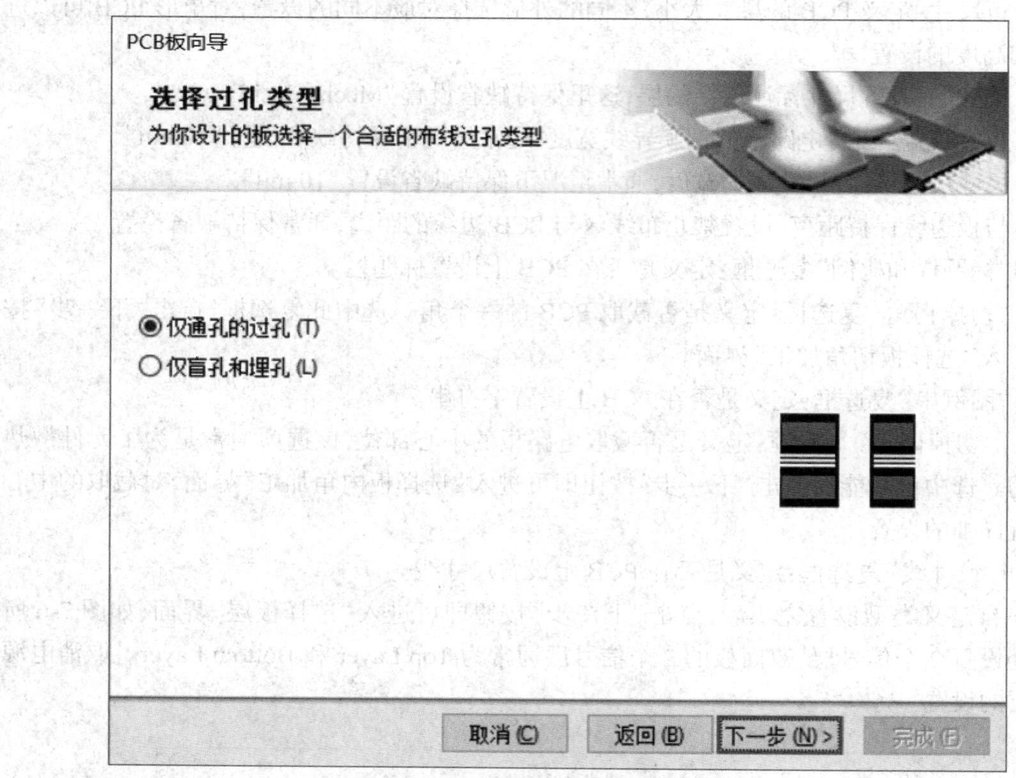

图 7-7 “选择过孔类型”界面

点击“下一步”按钮即可进入“选择组件和布线工艺”界面，如图 7-8 所示。

当选择“表面装配元件”单选按钮时，在下面对应地可设置“你要放置元件到板两边?”选“是”为两边，选“否”为一边。

当选择“通孔元件”单选按钮时，下面对应的“临近焊盘两边线数量”可选一个、两个、三个轨迹，以设置相邻焊盘间允许的走线数目。

点击“下一步”按钮进入如图 7-9 所示的界面，在该界面中可以对最小轨迹尺寸、最小过孔宽度、最小过孔孔径大小及最小清除（最小走线间距）等进行设置。

点击“下一步”按钮进入“板向导完成”界面，然后点击“完成”按钮即可完成 PCB 文件的建立。

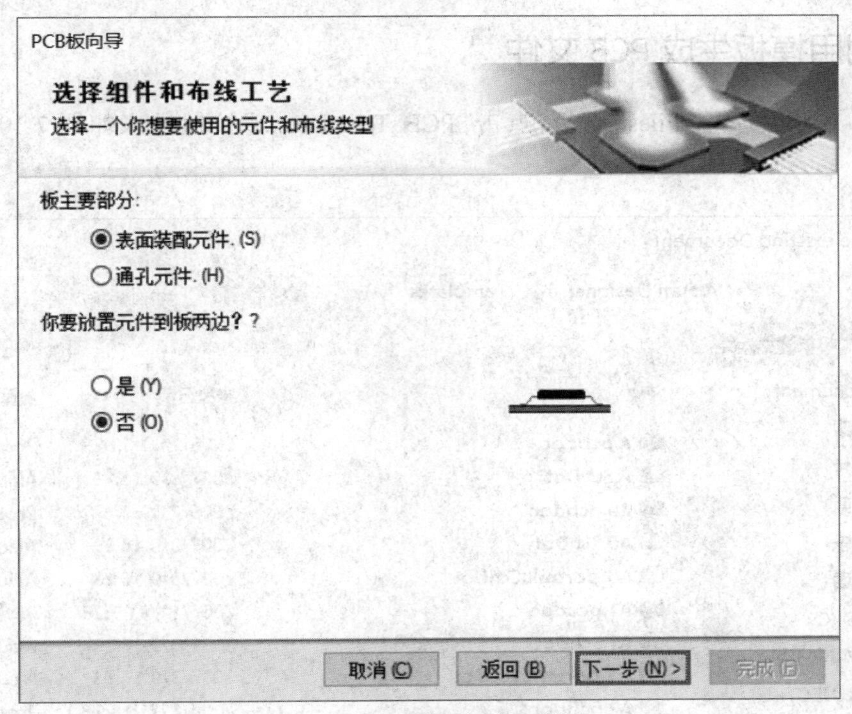

图 7-8 “选择组件和布线工艺”界面

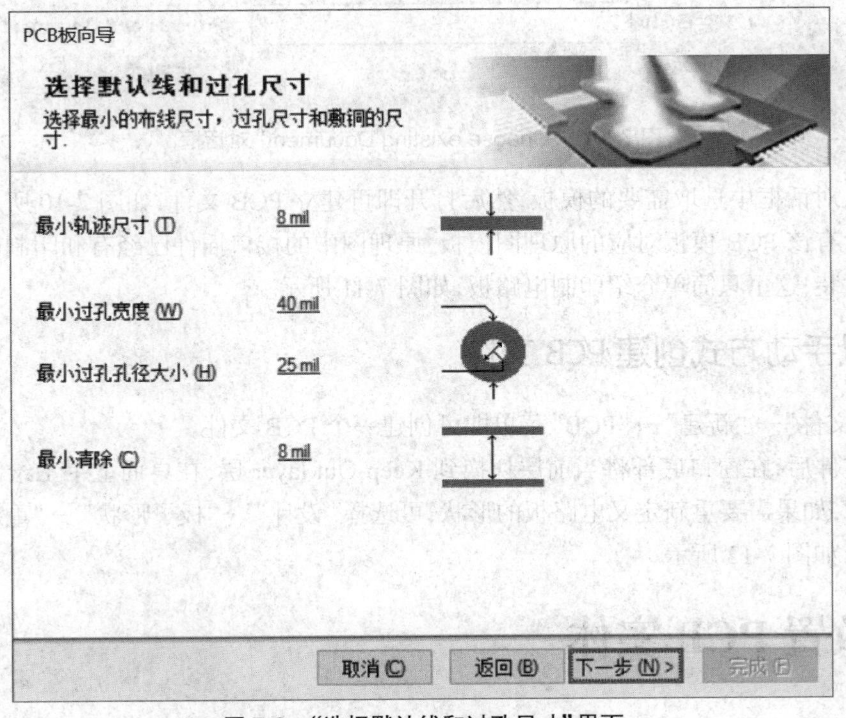

图 7-9 “选择默认线和过孔尺寸”界面

7.1.2 利用模板生成 PCB 文件

如图 7-1 所示打开“Files”面板，点击“PCB Templates...”按钮进入如图 7-10 所示的对话框。

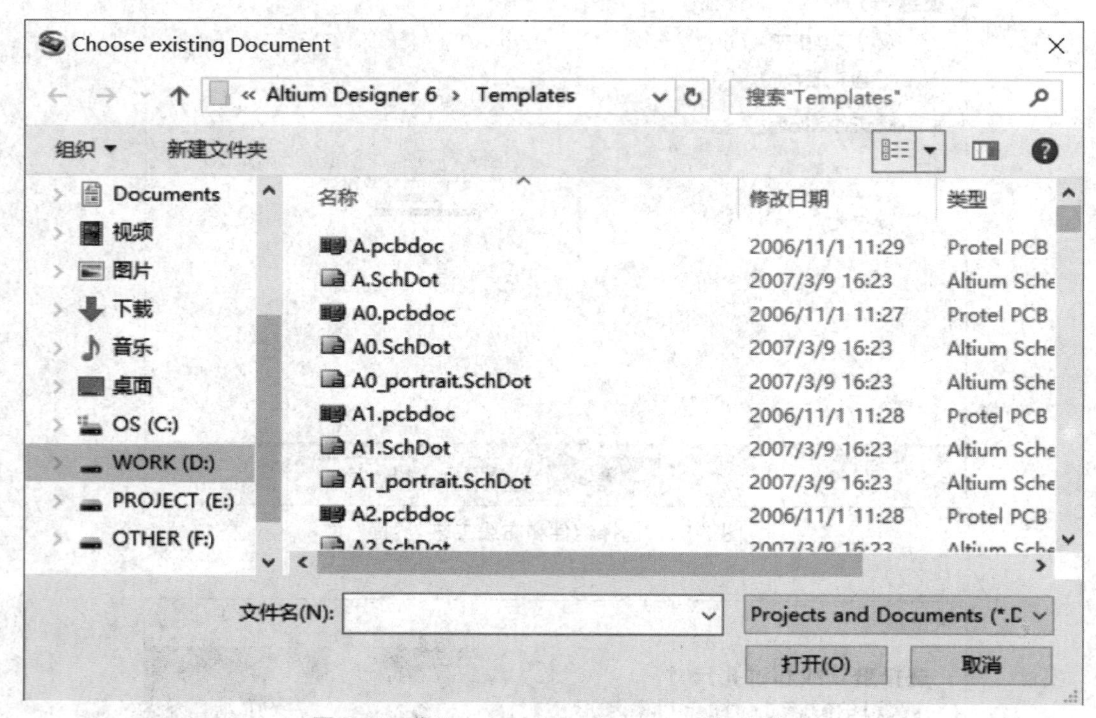

图 7-10 “Choose existing Document”对话框

可以从对话框中选取需要的模板，然后打开即可建立 PCB 文件，如图 7-10 所示在模板文件夹中包含有该 PCB 模板对应的原理图模板，原理图中的接口插件已经有和印制电路板的接口对应的封装，这里只简单介绍印制电路板，如图 7-11 所示。

7.1.3 以手动方式创建 PCB 文件

选择“文件”→“新建”→“PCB”菜单即可创建一个 PCB 文件。

建立文件后，在窗口底部将当前层切换到 Keep-Out layer 层，在桌面上手工绘制电路板的形状和尺寸，如果需要重新定义电路板的形状，可选择“设计”→“板子形状”→“重新定义板子外形”菜单，如图 7-12 所示。

7.2 放置 PCB 实体

上面的步骤所生成的是 PCB 的文件，需要在此基础上放置实体才能进行电路板的设计，实体包括导线、元件、焊盘、过孔、文本框等图形符号。

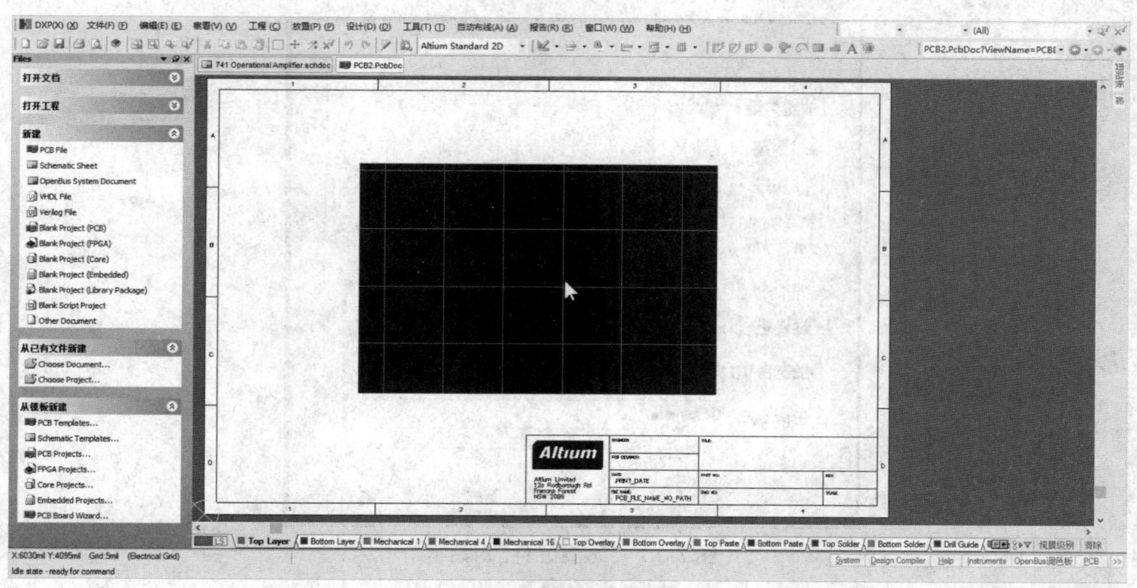

图 7-11　利用模板生成的 PCB

图 7-12　以手动方式创建的 PCB

7.2.1　放置元件封装

在 PCB 编辑器中，系统提供了两种放置元件封装的方法：手工放置元件封装和利用原理图生成的网络表装入元件封装。首先介绍元件封装的手工放置操作。

1. 元件封装的放置步骤

（1）点击“布线”工具栏中的按钮，或者执行菜单命令“放置”→“器件”，系统会弹出如图 7-13 所示的“放置元件”对话框，其中主要包括如下内容。

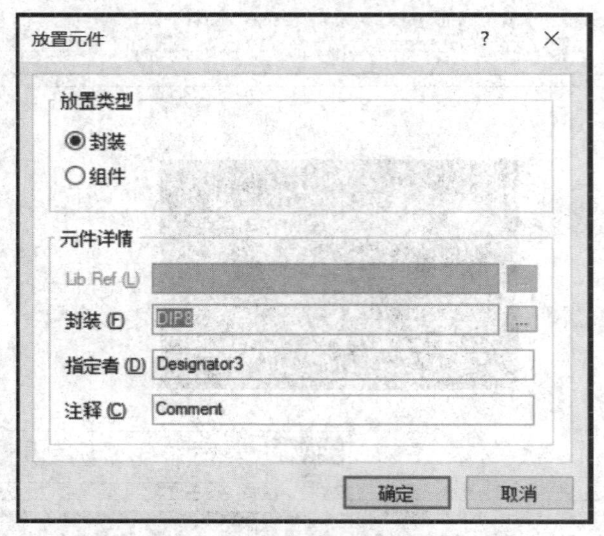

图 7-13 “放置元件”对话框

① 放置类型:用来设置放置的是封装还是组件。

② Lib Ref:用来输入元件封装在所属元件库的名称。

③ 封装:用来输入元件的封装形式。若不知道元件的封装形式,就需要点击输入栏右面的[...]按钮来浏览并选择元件的封装形式,弹出如图 7-14 所示的“浏览库”对话框,可以点击“发现”按钮查找需要的封装形式。

④ 指定者:用来输入元件封装在 PCB 中的序号。

⑤ 注释:用来输入元件封装的描述信息。

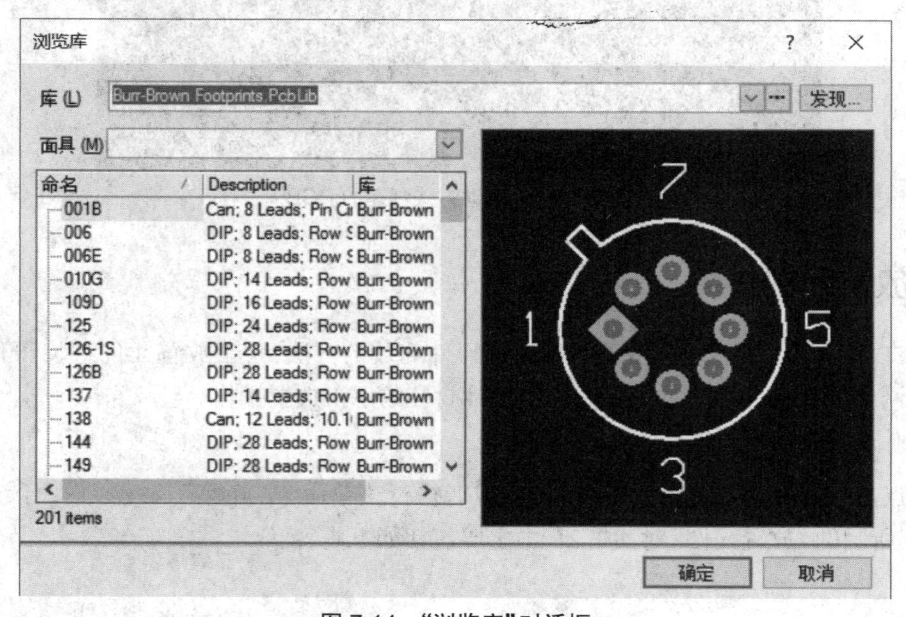

图 7-14 “浏览库”对话框

（2）选取完合适的元件封装后，系统即能够进入放置元件封装的状态，鼠标光标将变成十字形状并且黏附着选择好的元件封装。将光标移动到合适的位置，单击鼠标左键即可完成一个元件封装的放置。此时 PCB 编辑器仍然处于放置元件封装的命令状态下，并且光标上仍然黏附着和刚才完全一样的元件封装，可以重复上面的操作完成相同的元件封装的放置工作。双击鼠标右键或按【Esc】键，可退出命令状态。

2. 元件封装的属性设置

在放置元件封装时，可以按【Tab】键或用鼠标左键双击已放置的元件封装，弹出“组件 Designator 3”对话框，如图 7-15 所示。分别对组件道具（元件属性）、指定者（流水编号）、注释和原理图涉及信息等进行设置。

（1）“组件道具”（元件属性）区域：主要用来设置元件封装的常规属性，具体如下。

① 层：用来设置放置元件封装的工作层。

② 旋转：用来设置元件封装相对于原始位置的旋转角度。

③ X 轴位置：用来设置元件封装放置位置的横坐标。

④ Y 轴位置：用来设置元件封装放置位置的纵坐标。

⑤类型：用来设置元件封装的具体类型。Standard 表示标准的元件类型，元件具有标准的电气属性，最常用；Mechanical 表示元件没有电气属性，但能生成在 BOM 表中；Graphical 表示元件不用于同步处理和电气错误检查，仅用于表示公司日志等文档；Net Tie in BOM 表示元件用于布线时缩短两个或更多个不同的网络，元件出现在 BOM 表中；Net Tie 表示元件用于布线时缩短两个或更多个不同的网络，元件不出现在 BOM 表中。

⑥高度：用来设定元件的高度。

⑦“锁定原始的”复选框：用来设置是否锁定原始的元件封装。

⑧“锁定串”复选框：用来设置是否锁定元件的结构。

⑨“锁定”复选框：用来设置是否锁定元件封装。

（2）“指定者”（流水编号）区域：主要用来设置元件封装的流水编号的属性，具体如下。

①文本：用来设置元件封装的序号。

②高度：用来设置元件封装序号文字的高度。

③宽度：用来设置元件封装序号文字的线性宽度。

④层：用来设置元件封装序号文字的工作层。

⑤旋转：用来设置元件封装序号的旋转角度。

⑥ X 轴位置：用来设置元件封装序号放置位置的横坐标。

⑦ Y 轴位置：用来设置元件封装序号放置位置的纵坐标。

⑧正片：用来设置元件封装序号的放置位置。

⑨“隐藏”复选框：用来设置是否隐藏元件封装序号。

⑩“映射”复选框：用来设置是否对元件封装序号进行左右翻转操作。

（3）“指定者字体”区域：用来设置元件封装序号文字的字体。

（4）“注释”区域：用来设置元件封装的描述信息，各选项的意义与“指定者”（流水编号）

区域一样,这里不再说明。

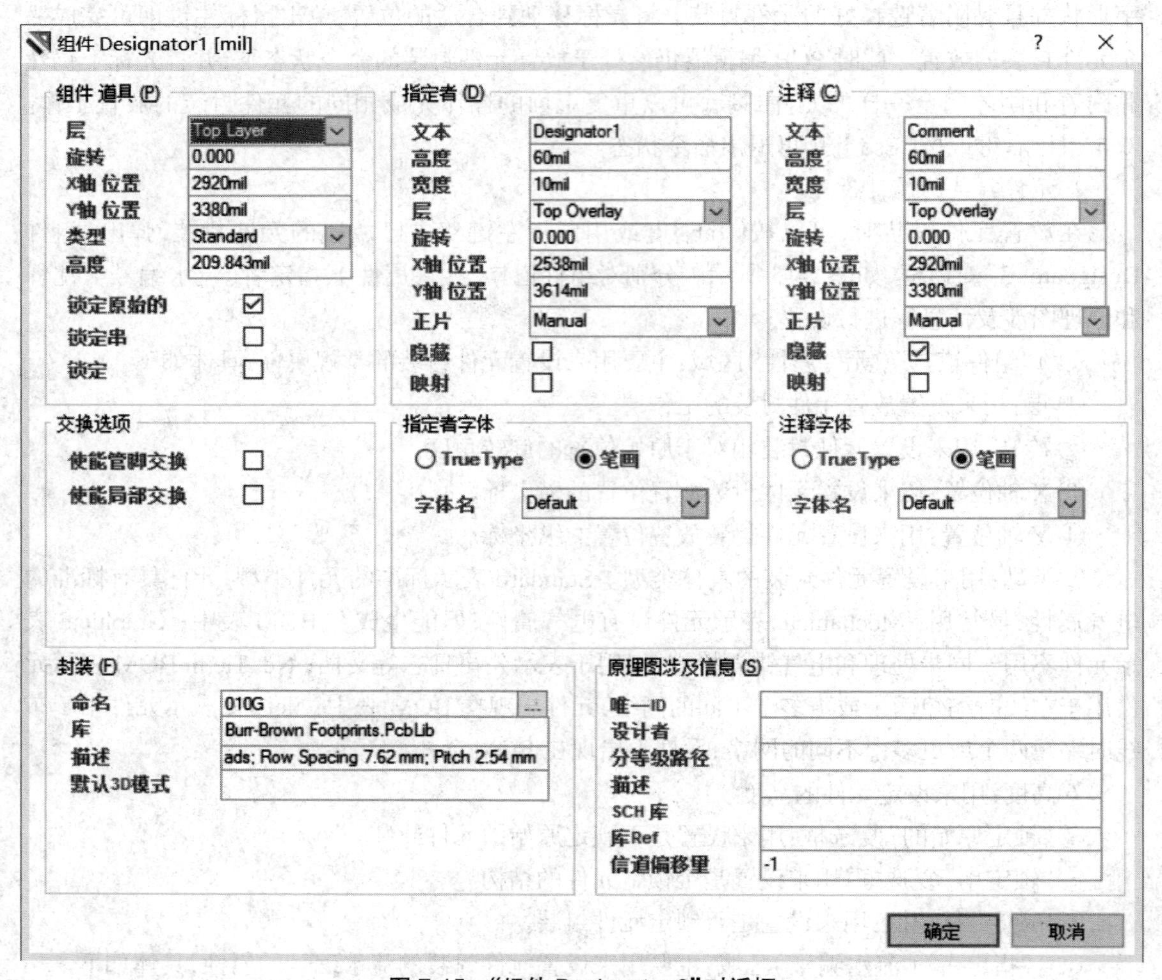

图 7-15 “组件 Designator 3”对话框

(5)“原理图涉及信息”区域:用来给出元件资源参考信息,具体如下。

① 唯一 ID:用来给出系统指定的元件封装的唯一编号。

② 设计者:用来给出元件封装的序号。

③ 分等级路径:用来给出元件封装所在文件的存储路径。

④ 描述:用来给出元件封装的描述信息。

⑤ SCH 库:用来给出元件原理图符号所在的原理库。

⑥ 库 Ref:用来设置元件封装的序号。

⑦ 信道偏移量:用来给出元件封装所在文件的通道号。

7.2.2 放置导线

1. 布线方法

交互式布线步骤如下。

（1）点击“布线”工具栏中的 按钮，或者执行菜单命令“放置”→“交互式布线”交互布线，执行布线命令后，鼠标光标变成十字形状。

（2）将鼠标光标移动到合适的位置，单击鼠标左键，确定导线的起点，然后将光标移到导线的下一个端点处，再单击鼠标左键，确定导线的终点。完成一次布线后单击鼠标右键，完成当前的网络布线。此时鼠标光标呈十字形状，可以继续其他网络的布线，方法同上。双击鼠标右键或按两次【Esc】键，退出该命令状态。

! **注意：**在放置导线的过程中，将光标移动到焊盘、过孔或者导线端点上时，若出现八角形框，表明可以进行导线端点的确定操作，否则这时进行的操作不会在放置的导线与焊盘、过孔或者导线端点之间建立电气连接关系。这一点一定要引起高度重视。

2. 导线的属性设置

绘制好导线后，可对导线的属性进行编辑。用鼠标左键双击已布的导线，或选中导线后单击鼠标右键，从弹出的快捷菜单中选取“特性”，系统将弹出如图 7-16 所示的对话框，具体包括如下内容。

①宽度：用来设置导线的宽度。

②开始 X，Y：用来设置导线的起点坐标。

③结尾 X，Y：用来设置导线的终点坐标。

④层：用来设置放置导线的工作层。

⑤网络：用来设置导线所需放置的网络名称。

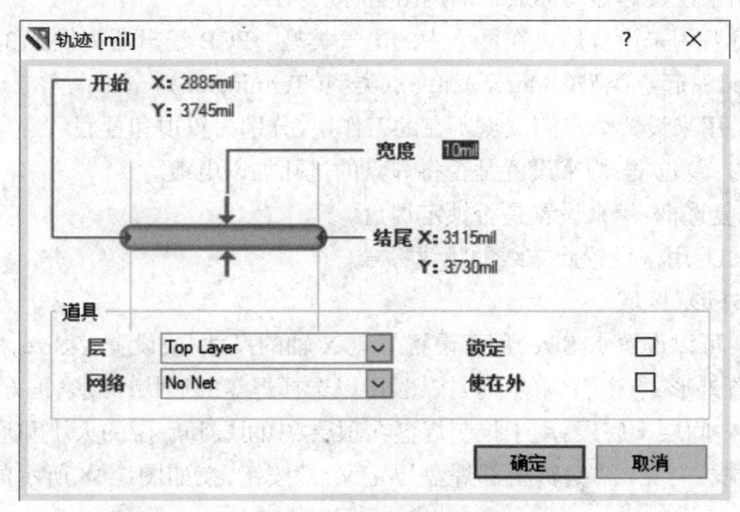

图 7-16 “轨迹”对话框

⑥“锁定”复选框:用来设置是否锁定该导线。

⑦“使在外”复选框:用来设置是否在电气层放置该导线。

7.2.3 放置焊盘

1. 焊盘的放置步骤

(1)点击“布线”工具栏中的 ◎ 按钮,或者执行菜单命令“放置”→“焊盘”,鼠标光标变成十字形状且黏附着一个焊盘的虚线框。

(2)将鼠标光标移动到所需的位置,单击鼠标左键,即可将焊盘放置在该处。此时, PCB 编辑器仍然处于放置焊盘的命令状态下,重复上面的操作即可完成多个焊盘的放置工作。双击鼠标右键,可退出命令状态。

2. 焊盘的属性设置

在放置焊盘时,按【Tab】键或用鼠标左键双击已放置的焊盘,都可以弹出“焊盘”对话框,如图 7-17 所示。在对话框中可以设置焊盘的相关参数,具体包括如下内容。

1)“位置”区域

(1)X,Y:用来设置焊盘的中心位置坐标。

(2)旋转:用来设置焊盘的旋转角度。

2)“孔洞信息”区域

(1)通孔尺寸:用来设置焊盘的孔径尺寸。

(2)圆形 / 正方形 / 槽:用来设置焊盘的形状。

3)“道具”区域

(1)设计者:用来设置焊盘的序号。

(2)层:用来设置放置焊盘的工作层。

(3)网络:用来设置焊盘所需放置的网络名称。

(4)电气类型:用来设置焊盘在网络中的电气类型。PCB 编辑器提供了 3 种电气类型,即中间点类型(Load)、起点类型(Source)和终点类型(Terminator)。

(5)测试点:用来设置焊盘测试点所在的工作层,分别为置顶和置底。

(6)“镀金的”复选框:用来设置是否将焊盘的过孔加以电镀。

(7)“锁定”复选框:用来设置是否锁定焊盘。

(8)Jumper ID:用来设置此布线的跳线标号。

4)“尺寸和外形”区域

(1)简单的:可以设置 X-Size,用于设置焊盘 X 轴的尺寸;或设置 Y-Size,用于设置焊盘 Y 轴的尺寸;或设置外形,点击右侧的下拉按钮,可以选择焊盘的形状,圆形、正方形或八角形。

(2)顶层 - 中间层 - 底层:用于控制焊盘在顶层、中间层和底层的大小和形状。

(3)完成堆栈:需点击“编辑全部焊盘层定义...”按钮,在如图 7-18 所示的对话框中按层设置焊盘的尺寸。

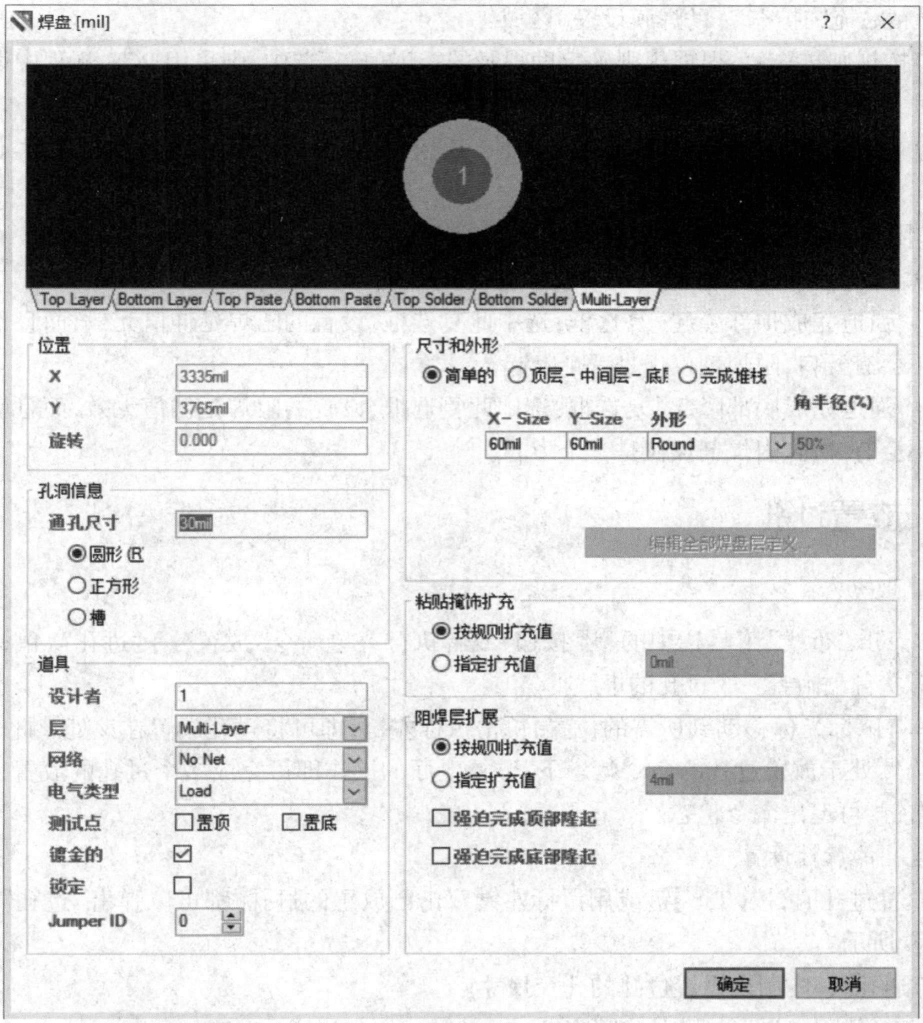

图 7-17 “焊盘”对话框

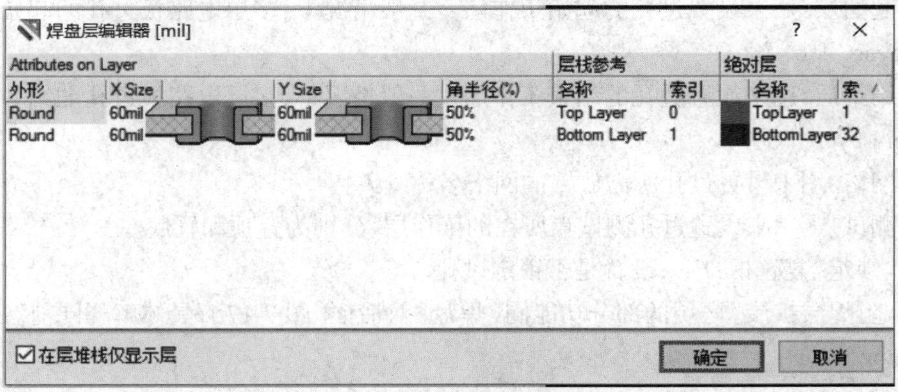

图 7-18 “焊盘层编辑器”对话框

5)“粘贴掩饰扩充”(助焊膜设置)区域

(1)按规则扩充值:根据规则确定助焊膜的扩展值,若选中,则采用 PCB 规程中设定的助焊膜尺寸。

(2)指定扩充值:指定助焊膜的扩展值,若选中,则可以在其后的编辑框中设定助焊膜尺寸。

6)“阻焊层扩展”区域

(1)该设置选项与助焊膜属性的设置选项意义一样。

(2)“强迫完成顶部隆起”复选框:选中此复选框,设置的阻焊延伸值无效,而且顶层的阻焊膜上不会有开口,阻焊剂仅仅是一个隆起。

(3)“强迫完成底部隆起”复选框:选中此复选框,设置的阻焊延伸值无效,而且底层的阻焊膜上不会有开口,阻焊剂仅仅是一个隆起。

7.2.4 放置过孔

1. 过孔的放置步骤

(1)点击“布线”工具栏中的 按钮,或者执行菜单命令“放置”→“过孔”,鼠标光标变成十字形状且黏附着一个过孔的虚线框。

(2)将鼠标光标移动到所需的位置,单击鼠标左键,即可将过孔放置在该处。此时, PCB 编辑器仍然处于放置过孔的命令状态下,重复上面的操作即可完成多个过孔的放置工作。双击鼠标右键,可退出命令状态。

2. 过孔的属性设置

在放置过孔时,按【Tab】键或用鼠标左键双击已放置的过孔,都可以弹出“过孔”对话框,如图 7-19 所示。

(1)通孔尺寸:用来设置过孔的孔径尺寸。

(2)直径:用来设置过孔的直径尺寸。

(3)位置 X,Y:用来设置过孔的中心位置坐标。

(4)起始层:用来设置过孔的起始工作层。一般情况下,多层电路板过孔的起始工作层设为 Top Layer(顶层)。

(5)结束层:用来设置过孔的结束工作层。一般情况下,多层电路板过孔的结束工作层设为 Bottom Layer(底层)。

(6)网络:用来设置过孔所需放置的网络名称。

(7)测试点:用来设置过孔测试点所在的工作层,分别为置顶和置底。

(8)“锁定”复选框:用来设置是否锁定过孔。

(9)“阻焊层扩展”区域的部分功能同“焊盘”对话框(图 7-17),具体解释同前。

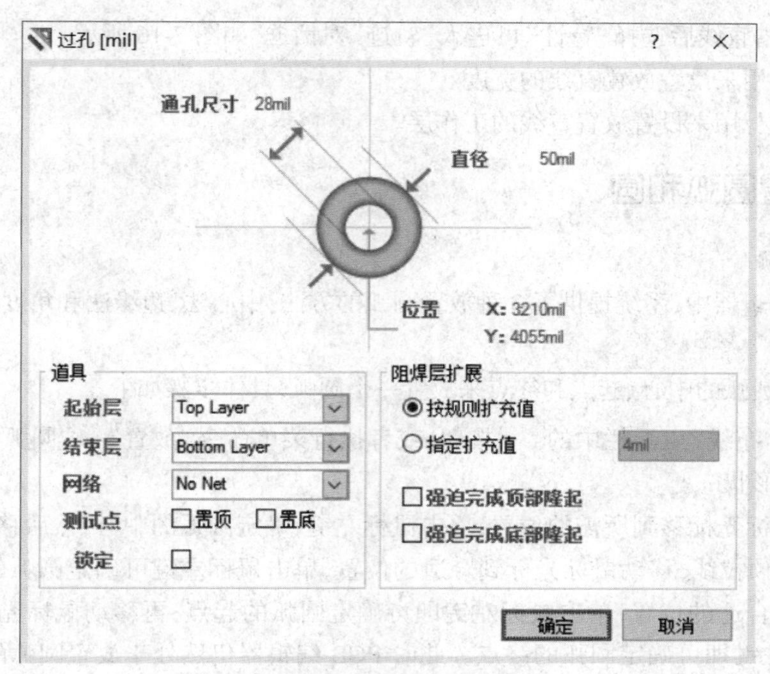

图 7-19　"过孔"对话框

！注意：手动布线时，在键盘上按【-】键，系统会自动产生一个导孔，并且导线从一层进入另一层继续布线。

7.2.5　放置直线

这里放置的直线和前面放置的导线性质完全不同：导线可用来建立印制电路板中两个对象之间的电气连接关系；而直线不具有任何电气特性，通常用来绘制印制电路板中的说明图形。

1. 直线的放置步骤

（1）点击"布线"工具栏中的 ╱ 按钮，或者执行菜单命令"放置"→"走线"，鼠标光标变成十字形状。

（2）将鼠标光标移动到合适的位置，单击鼠标左键，确定直线的起点，然后将光标移动到直线的下一个端点处，再单击鼠标左键，确定直线的终点。完成一次布线后单击鼠标右键，完成放置直线操作。此时鼠标光标呈十字形状，可以继续其他地方的放置，方法同上。双击鼠标右键或按两次【Esc】键，退出该命令状态。

2. 直线的属性设置

在放置直线时按【Tab】键将弹出"线约束"对话框，如图 7-20 所示。放置直线后，用鼠标左键双击直线或

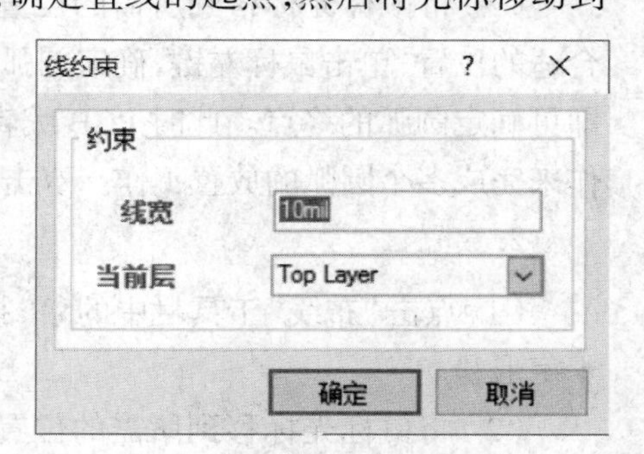

图 7-20　"线约束"对话框

用鼠标右键单击直线后选择“特性”可进入“轨迹”对话框，如图 7-16 所示。

（1）线宽：用来设置放置直线的宽度。

（2）当前层：用来设置放置直线的工作层。

7.2.6 放置圆弧和圆

1. 放置圆弧

在 PCB 编辑器中，系统提供了 3 种放置圆弧的方法：中心法、边缘法和角度旋转法。

1）中心法

通过确定圆弧的中心、起点和终点来放置一个圆弧，具体步骤如下。

（1）点击“布线”工具栏中的按钮，或者执行菜单命令“放置”→“圆弧（中心）”，鼠标光标变成十字形状。

（2）将鼠标光标移到所需的位置，单击鼠标左键，确定圆弧的中心；然后移动鼠标光标会出现一个圆弧预拉线，移动鼠标光标到合适的位置，单击鼠标左键可确定圆弧的半径；继续移动鼠标光标到合适的位置，单击鼠标左键即可确定圆弧的起点；再移动鼠标光标到合适的位置，单击鼠标左键即可确定圆弧的终点。此时 PCB 编辑器仍然处于放置圆弧的命令状态下，可以重复上面的操作来完成多个圆弧的放置工作。双击鼠标右键，可退出命令状态。

2）边缘法

通过圆弧的起点和终点来放置一个圆弧，具体步骤如下。

（1）点击“布线”工具栏中的按钮，或者执行菜单命令“放置”→“圆弧（边沿）”，鼠标光标变成十字形状。

（2）将鼠标光标移到所需的位置，单击鼠标左键，确定圆弧的起点；然后移动鼠标光标到合适的位置，单击鼠标左键，确定圆弧的终点。此时 PCB 编辑器仍然处于放置圆弧的命令状态下，可以重复上面的操作来完成多个圆弧的放置工作。双击鼠标右键，可退出命令状态。

3）角度旋转法

具体步骤如下。

（1）点击“布线”工具栏中的按钮，或者执行菜单命令“放置”→“圆弧（任意角度）”，鼠标光标变成十字形状。

（2）将鼠标光标移到所需的位置，单击鼠标左键，确定圆弧的起点；然后移动鼠标光标到合适的位置，单击鼠标左键，确定圆弧的圆心；继续移动鼠标光标到合适的位置，单击鼠标左键即可确定圆弧的终点。此时 PCB 编辑器仍然处于放置圆弧的命令状态下，可以重复上面的操作来完成多个圆弧的放置工作。双击鼠标右键，可退出命令状态。

2. 放置圆

（1）点击“布线”工具栏中的按钮，或者执行菜单命令“放置”→“圆环”，鼠标光标变成十字形状。

（2）将鼠标光标移到所需的位置，单击鼠标左键，确定圆的圆心；然后移动鼠标光标到合适的位置,单击鼠标左键,确定圆的大小。此时 PCB 编辑器仍然处于放置圆的命令状态下,可以重复上面的操作来完成多个圆的放置工作。双击鼠标右键,可退出命令状态。

3. 圆弧的属性设置

在放置圆弧时,可以按【Tab】键或用鼠标左键双击已放置的圆弧,弹出"Arc"对话框,如图 7-21 所示。

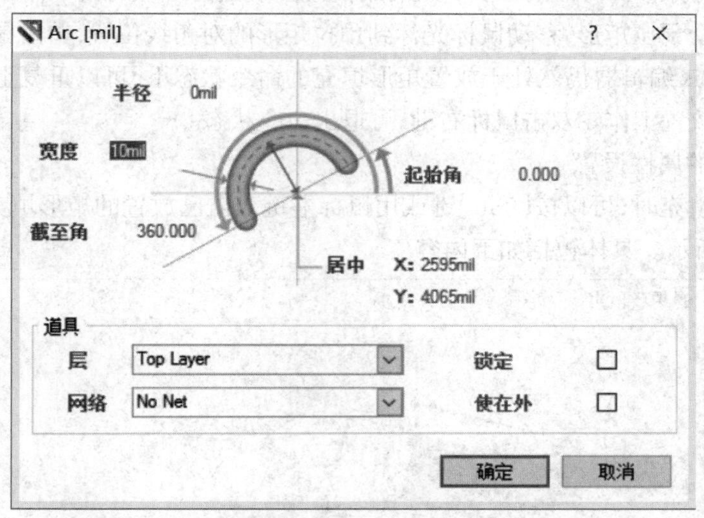

图 7-21　"Arc"对话框

(1)宽度:用来设置圆弧的线宽。

(2)半径:用来设置圆弧的半径。

(3)居中 X,Y:用来设置圆弧的圆心的 X,Y 坐标。

(4)起始角:用来设置圆弧的起始角度。

(5)截至角:用来设置圆弧的截至角度。

(6)层:用来设置圆弧所需放置的工作层。

(7)网络:用来设置圆弧所需放置的网络名称。

(8)"锁定"复选框:用来设置是否锁定圆弧的位置,在移动圆弧导线时将出现"确认"对话框,以免错误移动。

(9)"使在外"复选框:用来设置是否在电气层放置该圆弧。

7.2.7　放置填充

在 PCB 设计的过程中,为了提高印制电路板的抗干扰性能等,通常需要在板中放置铜膜填充。这些铜膜填充不但有导线的功能,而且还可以用来连接焊盘。因此,铜膜填充不仅可以提高抗干扰性和承载大电流的能力,而且能够起到增强焊盘的牢固性的功能。在 PCB 编辑器中,系统提供了两种铜膜填充:矩形填充和多边形敷铜。

1. 放置矩形填充

1)放置矩形填充的步骤

(1)点击"布线"工具栏中的 按钮,或者执行菜单命令"放置"→"填充",鼠标光标变成十字形状。

(2)将鼠标光标移到所需的位置,单击鼠标左键,确定矩形填充的一个顶点。然后移动鼠标光标会出现一个预拉矩形,移动鼠标光标到预拉矩形的对角线位置,单击鼠标左键可确定对角顶点。此时 PCB 编辑器仍然处于放置矩形填充的命令状态下,可以重复上面的操作来完成多个矩形填充的放置工作。双击鼠标右键,可退出命令状态。

2)矩形填充的属性设置

在放置矩形填充时,可以按【 Tab 】键或用鼠标左键双击已放置的矩形填充,弹出"填充"对话框,如图 7-22 所示。具体包括如下内容。

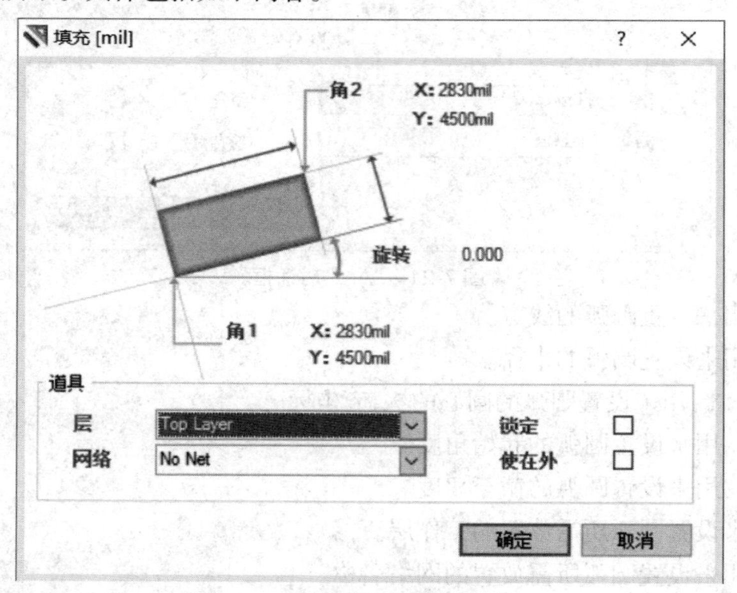

7-22 "填充"对话框

(1)旋转:用来设置矩形填充的旋转角度。

(2)角 1 X,Y:用来设置矩形填充一个顶点的坐标。

(3)角 2 X,Y:用来设置矩形填充对角顶点的坐标。

(4)层:用来设置矩形填充所需放置的工作层。

(5)网络:用来设置矩形填充所需放置的网络名称。

(6)"锁定"复选框:用来设置是否锁定矩形填充。

(7)"使在外"复选框:用来设置是否在电气层放置该矩形填充。

2. 放置多边形敷铜

1)放置多边形敷铜的步骤

(1)点击"布线"工具栏中的 按钮,或者执行菜单命令"放置"→"多边形敷铜...",弹出"多边形敷铜"对话框,如图 7-23 所示。

(2)设置完对话框,鼠标光标变成了十字形状。将鼠标光标移到所需的位置,单击鼠标左键,确定多边形敷铜的一个顶点。然后依次移动鼠标光标到合适的位置,单击鼠标左键确定多边形敷铜的其他中间点。在终点处单击鼠标右键,系统会自动将起点和终点连接起来构成一个多边形的填充区域,系统退出命令状态。

图 7-23 “多边形敷铜”对话框

2)多边形敷铜的属性设置

填充模式有实心填充(Solid)、网状填充(Hatched)和空心填充(None)3 种。

(1)当选择实心填充时,属性设置对话框如图 7-23 所示。

① 孤岛小于... 移除:用来设置在多大的面积内不放置填充。

② 弧近似:用来设置焊盘和包围焊盘的敷铜之间的距离。

(2)当选择网状填充时,属性设置对话框如图 7-24 所示。

① 轨迹宽度:用来设置多边形敷铜的栅格线宽。

② 栅格尺寸:用来设置栅格的尺寸。

③ 包围焊盘宽度:用来设置多边形敷铜与焊盘间的环绕方式:Arcs(圆弧形)或八角形。

④ 孵化模式:用来设置多边形敷铜的具体填充形式,一共有 90 度、45 度、水平的和垂直的 4 种。

(3)当选择空心填充时,属性设置对话框如图 7-25 所示,其中与网状填充相同的选项不再赘述。

①层:用来设置多边形敷铜所需放置的工作层。

②最小整洁长度:用来设置多边形敷铜的最短长度限制。

③“锁定原始的”复选框:用来设置是否锁定多边形敷铜。若选中此复选框,系统会锁定

所有组成多边形的导线;若没有选中此复选框,填充的栅格会被当作导线来处理。

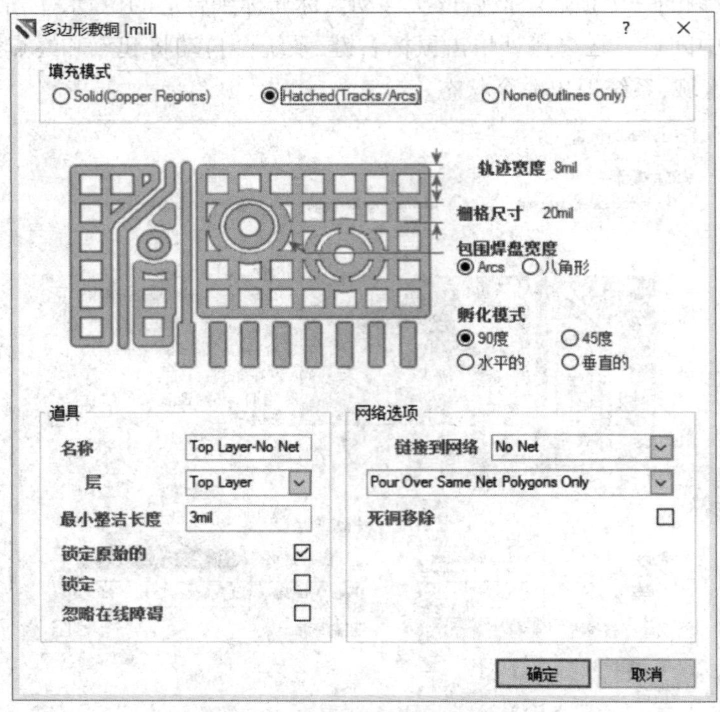

图 7-24 网状填充属性设置

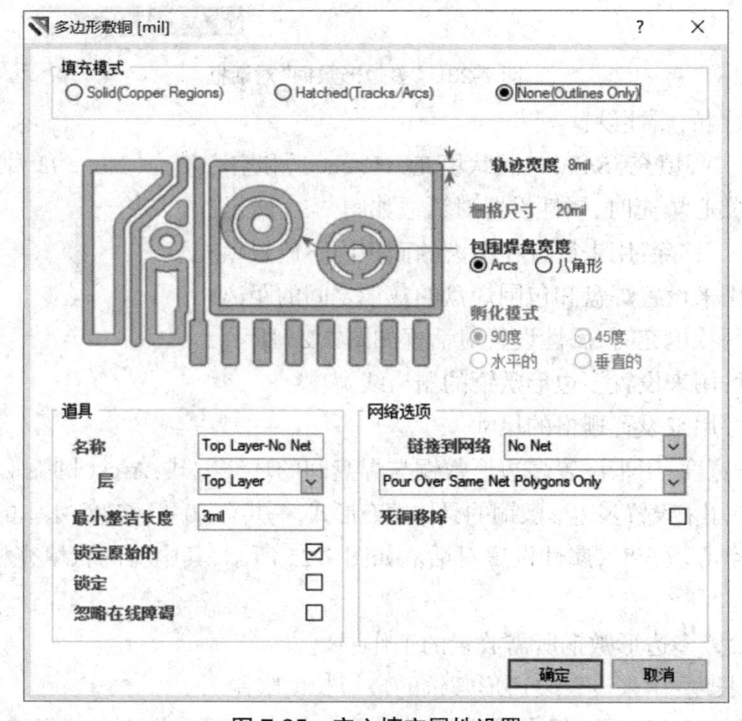

图 7-25 空心填充属性设置

④链接到网络：用来设置多边形敷铜所连接的网络。

⑤“死铜移除”复选框：用来设置是否删除PCB中的死铜，所谓死铜就是无法连接到指定网络上的多边形敷铜。

！**注意：**在实际的PCB设计中，矩形填充多用于一般的线端部或转折区等需要小面积填充的地方；而网状填充在电路性能上有较强的抵制高频干扰的作用，适用于需要大面积填充的地方，特别是把某些区域当作屏蔽区、分割区或大电流的电源线时，尤为合适。

7.2.8 放置字符串

在PCB设计的过程中，常常需要在其中添加一些简单的文字标注，初始版中只能注释英文，而在Windows XP系统加装了SP2补丁之后就可以使用中文了，这些注释增强了PCB的可读性。放置的字符不具有任何电气特性，且通常放在丝印层。

1. 字符串的放置步骤

(1)点击“布线”工具栏中的 A 按钮，或者执行菜单命令“放置”→“字符串”，鼠标光标变成十字形状且黏附着一个缺省的字符串。

(2)将鼠标光标移到合适的位置，单击鼠标左键，完成一个字符串的放置操作。此时PCB编辑器仍然处于放置字符串的命令状态下，可以重复上面的操作来完成多个字符串的放置工作。双击鼠标右键，可退出命令状态。

2. 字符串的属性设置

在放置字符串时，可以按【Tab】键或用鼠标左键双击已放置的字符串，弹出“串”对话框，如图7-26所示。

(1)宽度：用来设置字符串的线性宽度。

(2)Height：用来设置字符串的高度。

(3)旋转：用来设置字符串的旋转角度。

(4)位置X，Y：用来设置字符串的起始位置坐标。

(5)文本：用来设置字符串的具体内容。

(6)层：用来设置字符串所需放置的工作层。

(7)字体：用来设置内容的样式，可选True Type(全真字体)、比划和条形码中的一种。

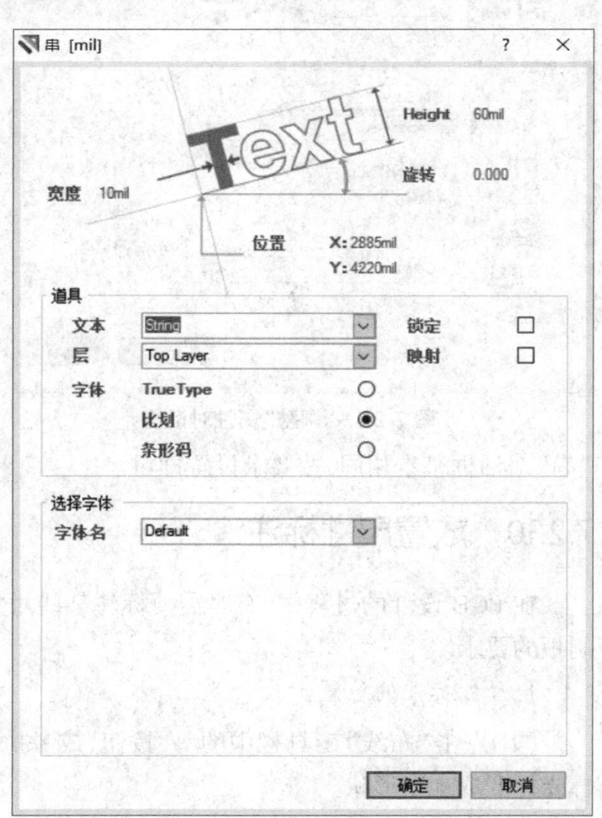

图7-26 “串”对话框

（8）字体名：用来设置字体，下拉列表可选 Default（系统默认）、Sans Serif 字体、Serif 字体。

（9）“锁定”复选框：用来设置是否锁定字符串。

（10）“映射”复选框：用来设置是否对字符串进行左右翻转操作。

! **注意：** 若需要调整放置在 PCB 上的字符串，首先选中该字符串，单击鼠标左键并按住鼠标左键不放，这时会出现一个十字形状的光标。按【Space】键，字符串以光标为中心逆时针旋转 90°；按【X】快捷键，字符串以光标为轴水平翻转；按【Y】快捷键，字符串以光标为轴竖直翻转；按【L】快捷键，字符串从一个丝印层切换到另一个丝印层。

7.2.9 放置坐标

在 PCB 设计的过程中，常常需要在 PCB 中的一些位置上放置坐标作为参考。它和放置的字符串一样，没有任何电气特性，且通常放在丝印层。

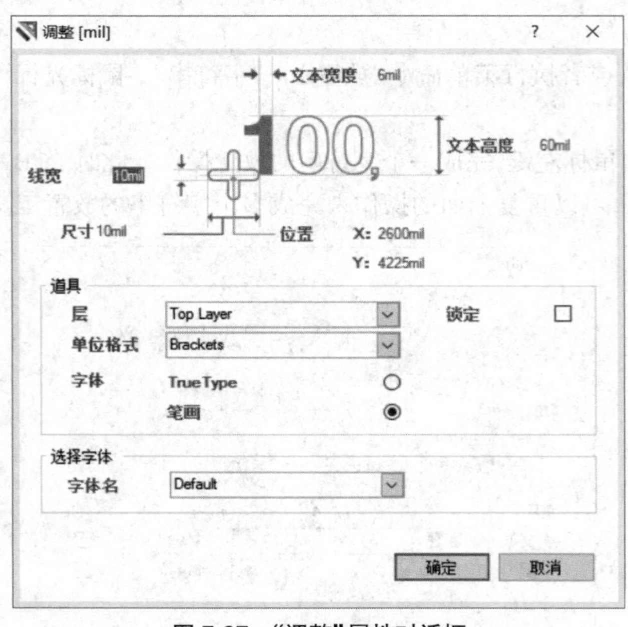

图 7-27 “调整”属性对话框

1. 坐标的位置步骤

（1）点击“布线”工具栏中的 按钮，或者执行菜单命令“放置”→“坐标”，鼠标光标变成十字形状且黏附着一个当前位置的坐标值。

（2）将鼠标光标移到合适的位置，单击鼠标左键，完成一个坐标的放置操作。此时 PCB 编辑器仍然处于放置坐标的命令状态下，可以重复上面的操作来完成多个坐标的放置工作。双击鼠标右键，可退出命令状态。

2. 坐标的属性设置

在放置坐标时，可以按【Tab】键或用鼠标左键双击已放置的坐标，弹出“调整”对话框，如图 7-27 所示，其“串”对话框基本相同，按要求设置即可。

7.2.10 放置尺寸标注

在 PCB 设计的过程中，有时需要标注某些对象的尺寸，以方便后续的 PCB 设计或者满足制板的要求。

1. 尺寸标注的位置步骤

（1）点击“布线”工具栏中的 按钮，或者执行菜单命令“放置”→“尺寸”→“尺寸”，鼠标光标变成十字形状。

（2）将鼠标光标移到合适的位置，单击鼠标左键，确定尺寸标注的起点。继续移动光标到下一个合适的位置,单击鼠标左键完成一个尺寸标注的放置操作。此时 PCB 编辑器仍然处于放置尺寸标注的命令状态下,可以重复上面的操作来完成多个尺寸标注的放置工作。双击鼠标右键,可退出命令状态。

2. 尺寸标注的属性设置

在放置尺寸标注时,可以按【Tab】键或用鼠标左键双击已放置的尺寸标注,弹出"尺寸"对话框,如图 7-28 所示,按要求设置即可。

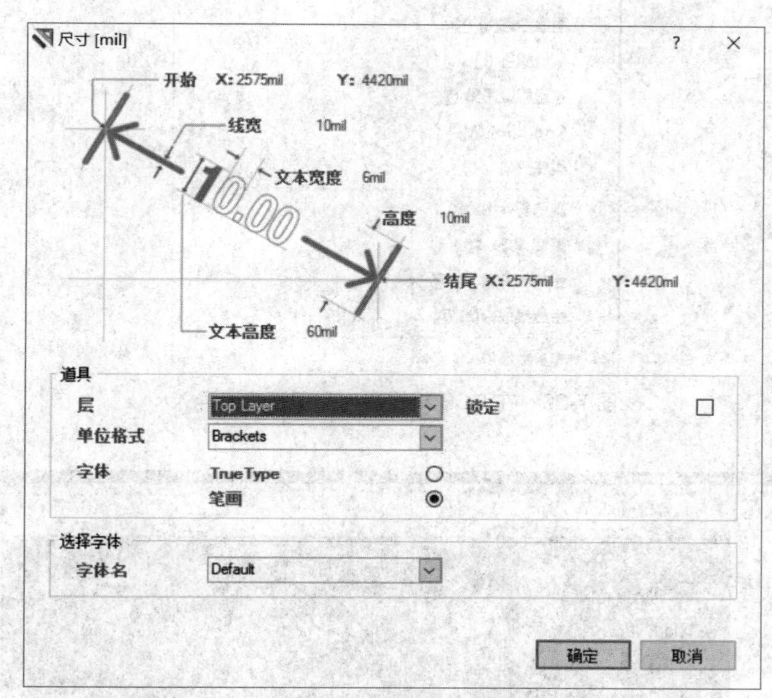

图 7-28 "尺寸"对话框

在 PCB 编辑器中,还提供了其他方式的尺寸标注方法,如角度标注、半径标注等,以满足不同的要求。可以通过执行菜单命令"放置"→"尺寸"下的命令来实现。

7.2.11 利用网络表实现元件封装的导入

(1)可以在 PCB 编辑器内通过点选"设计"→"Import Changes From PCB. Project1.PrjPCB"菜单命令实现网络和元件的装入与更新,如图 7-29 所示。

(2)如果用户已经确认所有元件封装和网络都正确,可以在"工程上改变清单"对话框中点击"使更改生效"按钮,将网络和元件封装载入 PCB 文件中,再点击"关闭"按钮关闭该对话框,相应的网络和元件封装即载入 PCB 文件中,如图 7-30 所示。

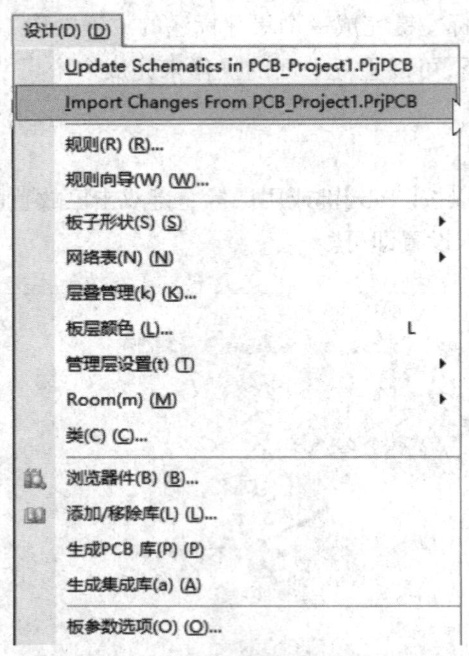

图 7-29 在 PCB 编辑器内利用网络表导入

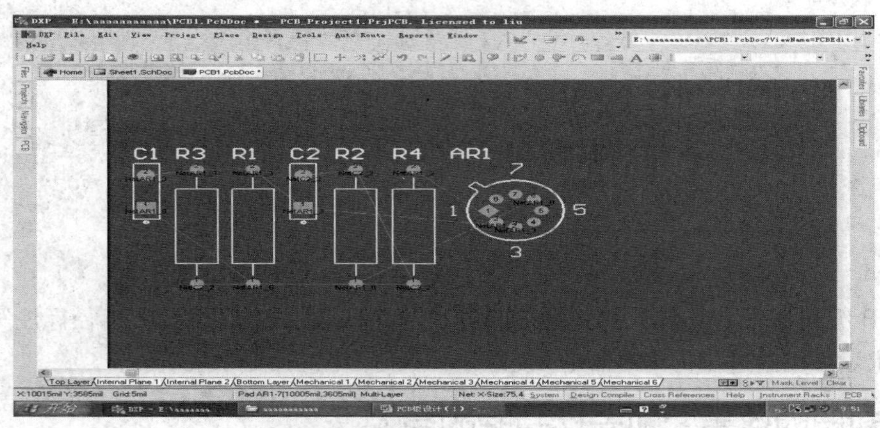

图 7-30 网络和元件封装载入 PCB 文件中

7.3 元件的布局

在 PCB 设计中,可以手工将 PCB 实体放置在板上,除了这种直接绘制 PCB 的方法外,还可以利用同步器把原理图元件对应的封装放置到 PCB 文件中达到设计目的。为了让各个零件都能够拥有完美的配线,放置的位置是很关键的。元件布局就是在 PCB 图里规划和排列元件,以使所有的元件都做到排列最美观,布线最简便,电路最紧凑。电路布局的整体要求是“整齐、美观、对称、元件密度平均”,这样才能让电路板达到最高的利用率,并降低电路板的制作成本。设计者在布局时还要考虑电路的机械结构、散热、电磁干扰以及将来布线的方便性等问题。元件的布局有交互式布局和自动布局两种方式，只靠自动布局往往达不到实际的要求，通常需要两者结合才能达到很好的效果。在进行元件的自动布局之前，通常需要对一些特殊的元件进行手动布局。手动布局后，在该元件属性对话框的元件属性一栏中锁定该对象则可防止在以后的布局进程中移动该元件。这些元件通常是连接器、散热片或一组模拟元件。在进行没有限制的元件的布局之前进行特殊元件的布局可以简化整个设计的布局，例如在放置其他元件之前先对存储器芯片进行定位就是很有必要的。

7.3.1 元件的交互式布局

要想达到完美的走线效果，元件的布局是非常重要的。用户进行元件的交互式布局时，打开“编辑”→“对齐”子菜单项，如图 7-31 所示。

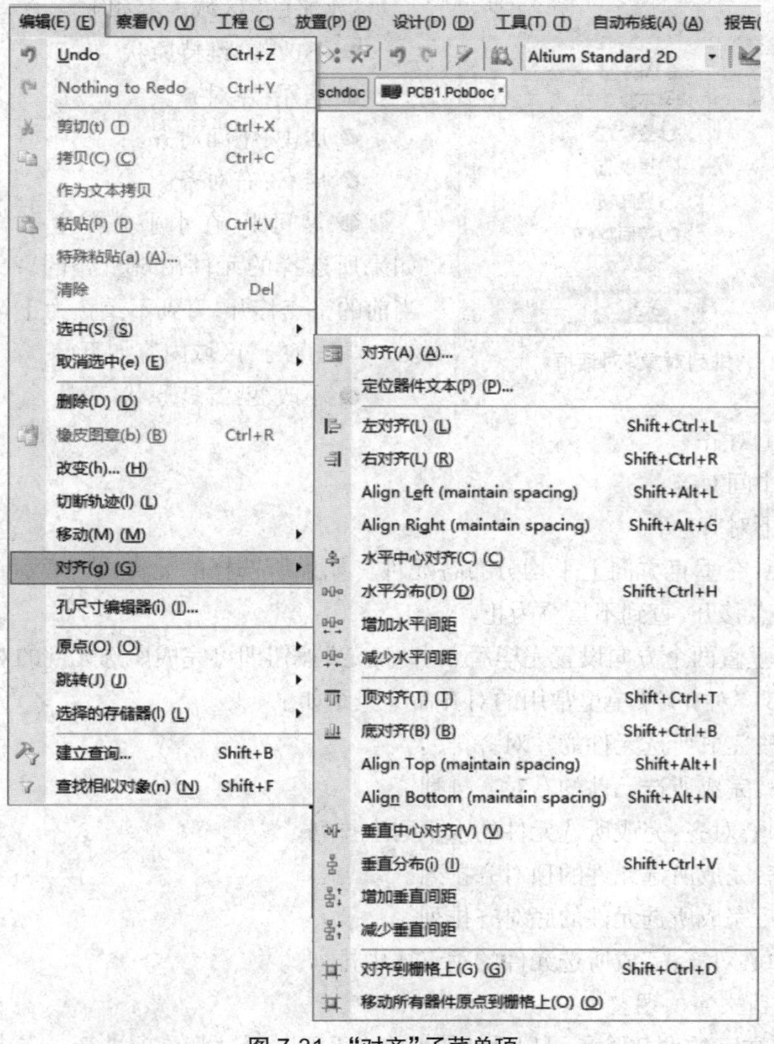

图 7-31 “对齐”子菜单项

> ！**注意**：交互式布局要想做到整齐美观，要合理使用网格。Altium Designer 6.9 提供了第一网格和第二网格，这些网格就是布局的参考线，在移动元件时还可以设置元件的移动网格。可以在布局进程的任何时间修改这些网格的设置，以满足当前布局操作的需要。对网格的设置需在“设计”→“板参数选项”弹出的对话框中进行。

1. 元件的对齐操作

元件的对齐操作可以使 PCB 布局更好地满足“整齐、对称”的要求。这样不仅可以使 PCB 看起来美观，而且有利于布线操作的进行。对元件未对齐的 PCB 进行布线会有很多转折，走线的长度较长，占用的空间较多，这样会降低板子的布通率，也会使 PCB 信号的完整性变差。

（1）对齐功能可以同时进行水平和垂直方向上的对齐操作。

①选中要进行对齐操作的多个对象。

②点击“编辑”→“对齐”→“对齐”菜单项弹出如图 7-32 所示的对话框。

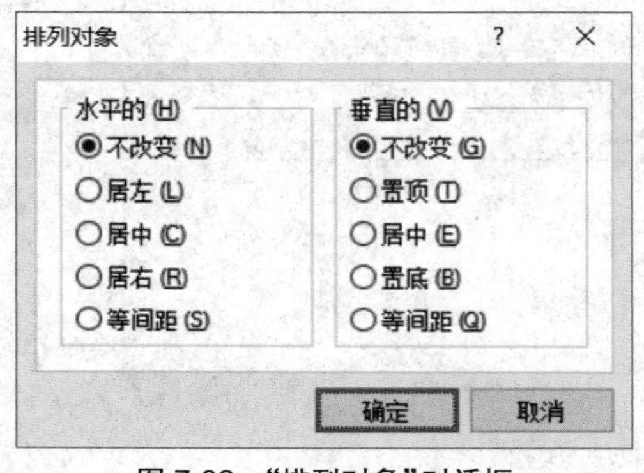

图 7-32 “排列对象”对话框

“水平的”区域内容如下。

● 不改变：维持原状。

● 居左：左对齐。

● 居中：中间对齐。

● 居右：右对齐。

● 等间距：在水平方向上平均分布各元件。如果所选择的元件出现重叠的现象，对象将被从当前的格点移开，直到不重叠为止。

“垂直的”区域内容如下。

● 不改变：维持原状。

● 置顶：上对齐。

● 居中：中间对齐。

● 置底：下对齐。

● 等间距：在垂直方向上平均分布各元件。如果所选择的元件出现重叠的现象，对象将被从当前的格点移开，直到不重叠为止。

③水平和垂直两个方向设置完毕后点击“确定”按钮即可完成所选元件的对齐排列。

（2）图 7-31“对齐”菜单里常用的对齐命令介绍如下。

① 左对齐：完成所选元件的左对齐排列。

② 右对齐：完成所选元件的右对齐排列

③ 水平中心对齐：完成所选元件的水平居中排列。

④ 顶对齐：完成所选元件的顶对齐排列。

⑤ 底对齐：完成所选元件的底对齐排列。

⑥ 垂直中心对齐：完成所选元件的垂直居中排列。

2. 元件说明文字的调整

元件说明文字的调整除了可以手工拖动外，还可以通过菜单项进行。点击“编辑”→“对齐”→“定位器件文本”菜单，弹出如图 7-33 所示的对话框。

在该对话框中，用户可以对元件说明文字的位置进行设置，该菜单是对所有元件说明文字的全局编辑。每一项都有 9 种摆放位置，选择合适的摆放位置后点击“确认”按钮即可完成元件说明文字的自动调整。

3. 元件间距的调整

元件间距的调整主要包括水平和垂直两个方向上间距的调整，点击“编辑”→“对齐”即弹出子菜单，如图 7-34 所示。

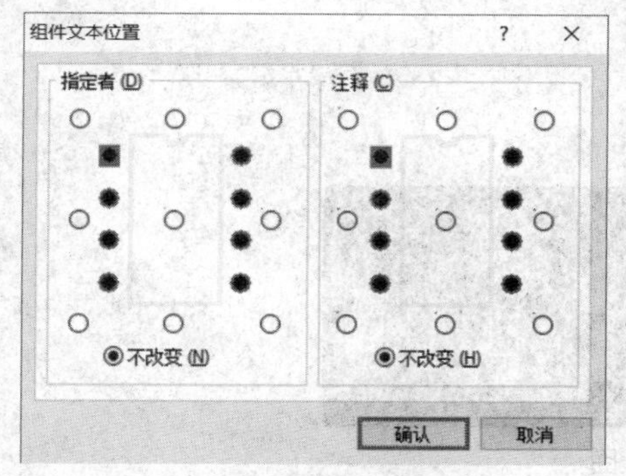

图 7-33　“组件文本位置”对话框

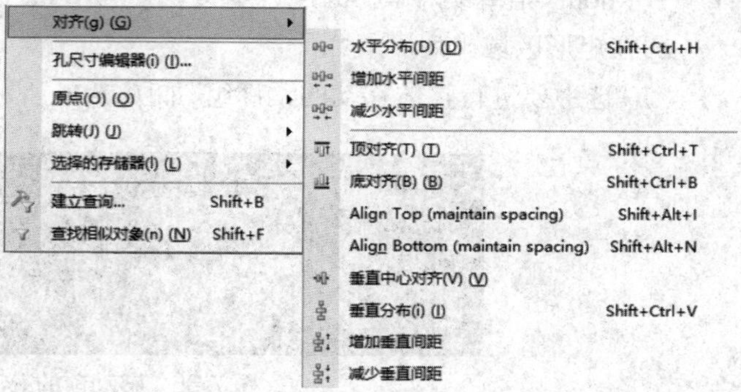

图 7-34　调整元件间距的子菜单

（1）水平分布：执行该操作时，系统将以最左侧和最右侧的元件为基准，元件的 Y 坐标不变，X 方向的间距相等。当元件的间距小于安全间距时，系统将以最左侧的元件为基准对元件进行调整，直到各个元件间的距离满足最小安全间距的要求为止。

（2）增加水平间距：执行该操作时，将增大选中的元件水平方向的间距，增大量为“板选项”对话框中“组件栅格”的“X 参数”。

（3）减少水平间距：执行该操作时，将减小选中的元件水平方向的间距，减小量同上。

（4）垂直分布：执行该操作时，系统将以最顶端和最底端的元件为基准，元件的 X 坐标不变，Y 方向的间距相等。当元件的间距小于安全间距时，系统将以最底端的元件为基准对元件进行调整，直到各个元件间的距离满足最小安全间距的要求为止。

（5）增加垂直间距：执行该操作时，将增大选中的元件垂直方向的间距，增大量为“板选项”对话框中“组件栅格”的“Y 参数”。

（6）减少垂直间距：执行该操作时，将减小选中的元件垂直方向的间距，减小量同上。

4. 元件组的整体移动

元件组的整体移动主要由“工具”→“器件布局”下的 3 子个菜单项操作完成，如图 7-35 所示。

图 7-35　“器件布局”子菜单项

1）按照 Room 排列

（1）执行“按照 Room 排列”菜单项命令，鼠标光标将变成十字形状。

（2）将鼠标光标移到工作窗口中，选中 PCB 图中的一个 Room，此时所有与该 Room 有关的元件都将被安排到该 Room 内。如果 Room 太小而无法容纳所有的元件，系统会尽量将元件放置到靠近 Room 的区域内。

（3）点击“设计”→“规则”菜单项即可打开“PCB 规则及约束编辑器”对话框。在该对话框“Placement”规则下的“Room Definition”项中可以对 Room 进行定义，用户也可以通过“设计”→“Room”菜单项对 Room 进行定义。

2）在矩形区域排列

（1）选中要进行整体移动的元件组，如图 7-36 所示。

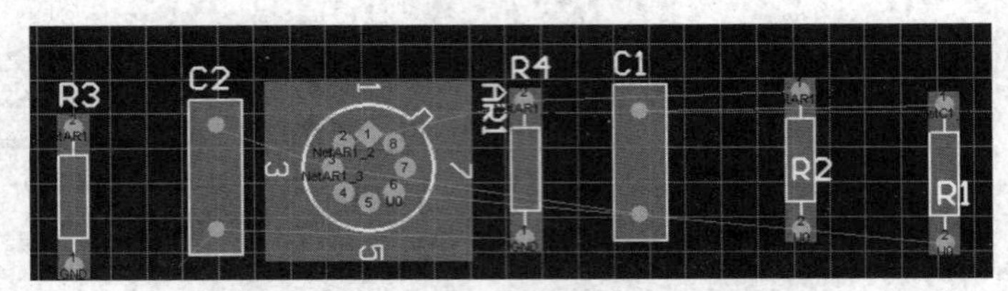

图 7-36　移动前的 PCB 图

（2）点击“工具”→“器件布局”→“在矩形区域排列”菜单项，鼠标光标将变成十字形状。

（3）移动鼠标光标到想建立矩形框的区域，单击鼠标左键确定矩形的一个顶点，如图 7-37 所示。

（4）移动鼠标光标到合适的地方，再次单击鼠标左键即可确定一个矩形区域，此时选中的元件组将自动地被放入该矩形区域中。执行该菜单项操作后的 PCB 图如图 7-38 所示。

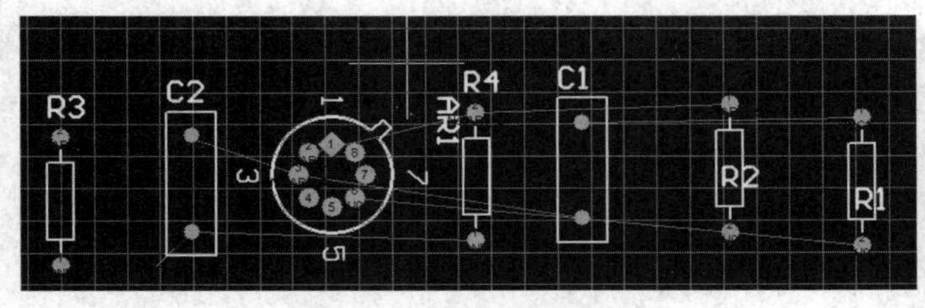

图 7-37　确定矩形框

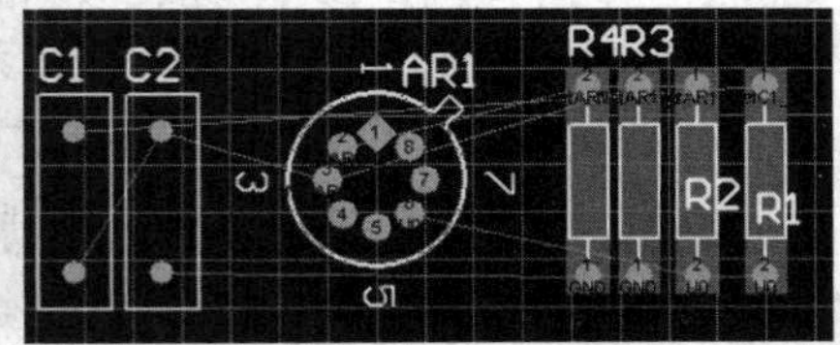

图 7-38　执行“在矩形区域排列”菜单项操作后的 PCB 图

3）排列板子外的器件

此菜单项主要是将所选的元件移到禁止布线框外面。选择想要移动的元件，然后单击此菜单项即可完成移动操作。

5. 移动元件或 Room 到栅格点处

栅格的存在使各种对象的摆放更加方便，更容易实现对 PCB 布局“整齐、对称”的要求。手动布局移动的元件往往并不是正好处在栅格点处，这时就需要用户进行下列操作。

（1）对齐到栅格上：选中要移动的元件，点击此菜单项，选中的元件将被移到其最靠近的栅格点处。

（2）移动所有器件原点到栅格上：点击此菜单项将使所有器件以其原点为基点，移动到其最靠近的栅格点处。

！**注意**：在进行交互式布局的进程中，如果选中的对象被锁定，操作时系统将弹出一个对话框询问是否继续，如果继续用户可以同时移动被锁定的对象。

7.3.2 元件的自动布局

在对关键元件进行手动布局后将其锁定，然后对大部分元件进行自动布局，是缩短设计周期的一个很好的方法。系统有很强的自动布局功能，先将元件分开，然后放置到规划好的布局区域内并进行合理的布局。点击"工具"→"器件布局"子菜单项即可打开与自动布局有关的菜单项，如图 7-39 所示。

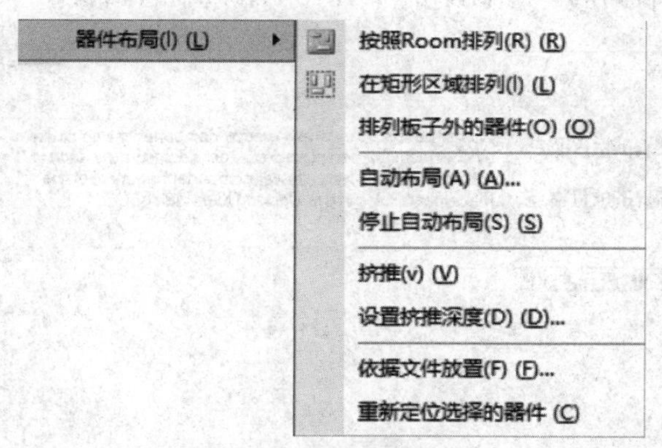

图 7-39 "器件布局"子菜单项

（1）自动布局：进行自动布局。

（2）停止自动布局：停止自动布局。

（3）推挤：推挤布局的作用是将重叠在一起的元件推开。可以这样理解：选择一个基准元件，当周围的元件与基准元件存在重叠时，以基准元件为中心向四周推挤其他元件。如果不存在重叠则不执行推挤命令。

（4）设置推挤深度：设置推挤命令的深度，可以为 1~1 000 的任何一个数字。

（5）依据文件放置：导入自动布局文件进行布局。

（6）重新定位选择的器件：取消以前选定的器件位置，重新定位器件。

1. 自动布局菜单操作

下面以非稳态多频振荡器电路为例来介绍元件的自动布局操作步骤，布局前的 PCB 图如图 7-40 所示。需要注意的是，在进行自动布局前一定要在 Keep-out Layer（禁止布线层）设置布线框。

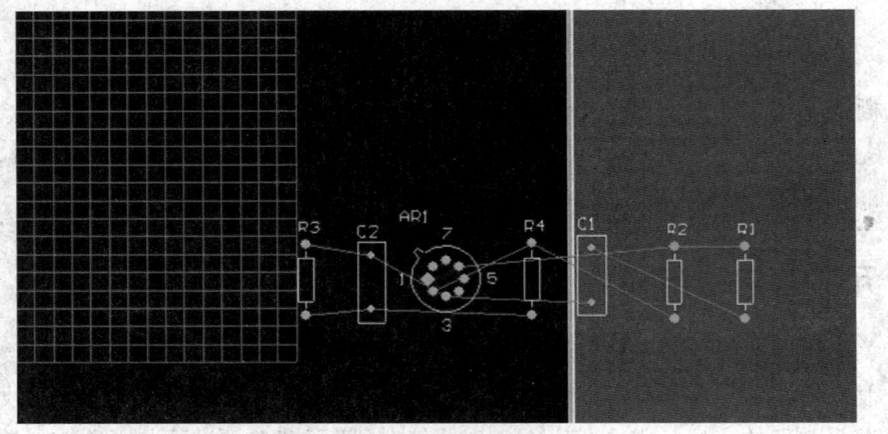

图 7-40 自动布局前的 PCB 图

点击“工具”→“器件布局”→“自动布局”菜单项，弹出“自动放置”对话框，如图 7-41 所示。

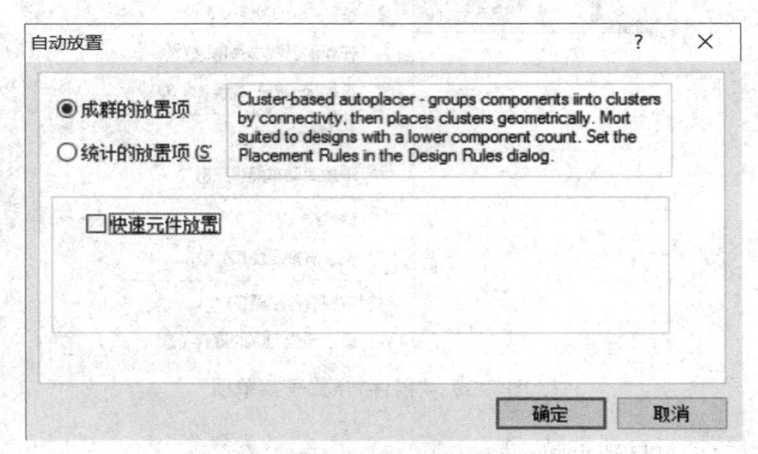

图 7-41 “自动放置”对话框

自动布局有两种方式：成群的放置方式和统计的放置方式。

（1）成群的放置项。其自动布局思路为：根据电气连接关系将元件划分为不同的组，然后按照几何关系放置元件组。该布局方式比较适用于元件较少的电路。选中“快速元件放置”，系统将进行快速元件自动布局，但快速布局一般无法达到最优化的元件布局效果。

（2）统计的放置项。其自动布局思路为：根据统计算法放置元件，优化元件的布局，使元件之间的连线长度最短。该布局方式比较适用于元件较多（多于 100 个）的电路。选中该单选框后，对话框将变成如图 7-42 所示的样子。

①“组元”复选框：选中此复选框，当前 PCB 设计中网络连接关系密切的元件将被归为一组，排列时该组元件将被作为整体考虑。

②“旋转组件”复选框：选中此复选框，在进行元件的布局时系统可以根据需要对元件或元件组进行旋转（方向为 0°、90°、180° 或者 270°）。

③“自动更新 PCB”复选框：选中此复选框，在布局时系统将自动更新 PCB 文件。由于需

要进行工作窗口的刷新操作,因此选中此复选框将延长自动布局的时间。

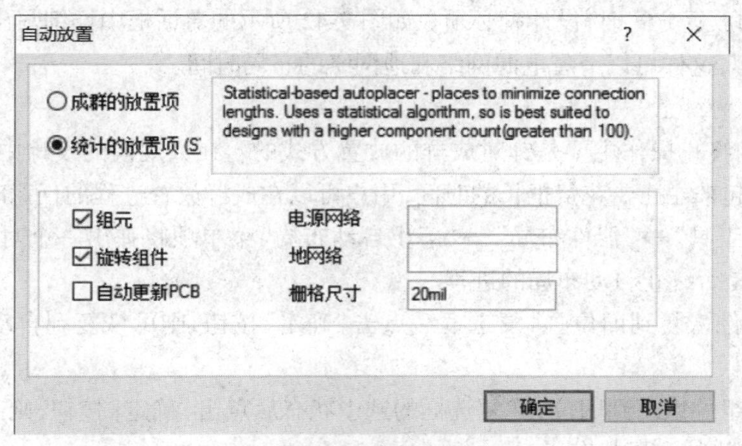

图 7-42 "自动放置"对话框

④ 电源网络:在该项中可以填写一个电源网络的名称,也可以填写多个电源网络的名称。跨过这些网络的两个引脚元件通常被称为 de-coupling capacitor(去耦电容),系统将其自动旋转到与之相关的大元件旁边。详细地定义电源网络可以加快自动布局的进程。

⑤ 地网络:在该项中可以填写一个地网络的名称,也可以填写多个地网络的名称。跨过这些网络的两个引脚元件通常被称为 de-coupling capacitor(去耦电容),系统将其自动旋转到与之相关的大元件旁边。详细地定义地网络可以加快自动布局的进程。

⑥ 栅格尺寸:该项详细定义了元件布局时格点的大小(单位通常采用 mil),用户在设置时手动键入单位,将可靠地更改系统设置。

由于该电路的元件较少,所以选择成群的放置方式(取消选中"快速元件放置"复选框)。设置好元件自动布局的参数后点击"确定"按钮,在工作窗口中即可显示 PCB 的自动布局进程。元件自动布局后的效果如图 7-43 所示。

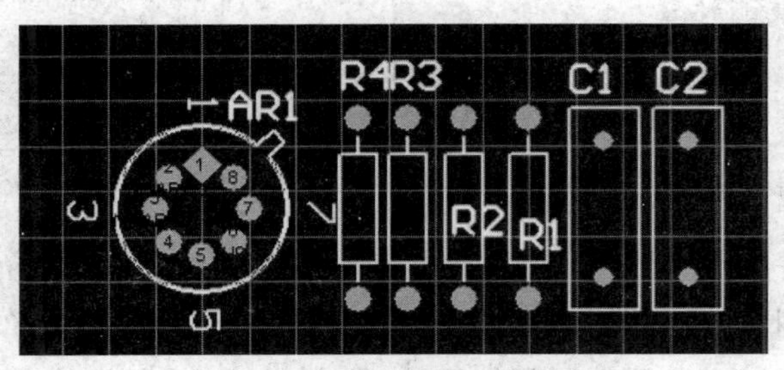

图 7-43 自动布局后的 PCB 图

大的网络(电源网络和地网络)会影响自动布局的速度和质量,主要是因为计算机对网络布局的处理速度与网络的大小是成比例的。电源网络和地网络在整个布局进程中是可以忽略的,因此用户可以在布局时忽略这些大网络,以节省布局的时间。具体来说可以采取以下方法实现。

采取成群的放置方式时,可以点击"设计"→"规则",在"Placement"的"Nets to Ignore"规则类中添加一个设计规则,忽略电源网络和地网络的布局。

采取统计的放置方式时,设计者必须在如图 7-42 所示的对话框中详细写出“电源网络”和“地网络”的内容,这样可以节省电源网络和地网络的布局时间。

2. 自动布局的终止

自动布局的终止操作主要是针对成群的放置方式的。在大规模的设计中,自动布局涉及很多计算,执行起来往往要花费很长的时间,用户可以在成群放置进程的任意时刻执行布局终止命令。点击“工具”→“器件布局”→“停止自动布局”菜单项将弹出一个对话框,如图 7-44 所示,询问用户是否终止自动布局的进程。

选中“将组件恢复到旧位置”复选框后点击“确定”按钮,则可恢复到自动布局前的 PCB 显示效果。

取消对“将组件恢复到旧位置”复选框的选中状态后点击“确定”按钮,则工作窗口显示的是结束前最后一步的布局状态。

点击“取消”按钮则继续未完成的自动布局进程。

3. 推挤式自动布局

元件的推挤式自动布局不是全局的自动布局,其主要思路是:在设计中定义了元件之间的最小间距规则,当用户进行手动布局时可能违反这一规则,而进行推挤式自动布局时系统将根据设定的元件间距规则自动地调整违反了规则的元件,使之处于安全间距之外。

(1)在进行推挤式布局前首先应该设定推挤深度,点击“工具”→“器件布局”→“设置推挤深度”菜单项即可打开“Shove Depth”对话框,如图 7-45 所示,设置后点击“确定”按钮关闭该对话框。

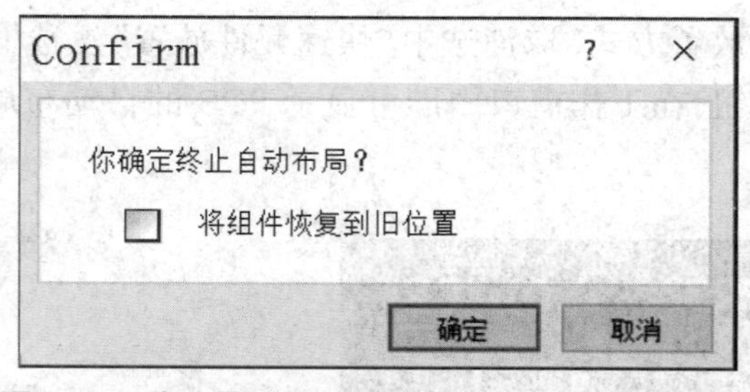

图 7-44　确认是否想要终止自动布局的进程对话框

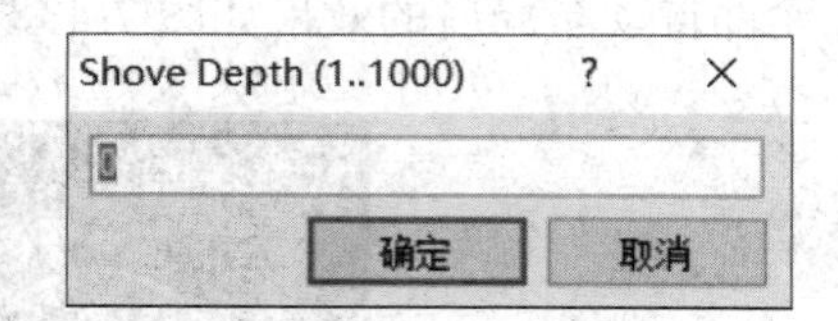

图 7-45　“Shove Depth”对话框

(2)点击“工具”→“器件布局”→“推挤”菜单项即可开始推挤式布局操作。这时鼠标光标会变成十字形状,选择基准元件,移动鼠标光标到所选元件上,然后单击鼠标左键,系统将以用户设置的推挤深度推挤基准元件周围的元件,使之处于安全间距之外。

(3)此时鼠标仍处于激活状态,单击其他的元件可继续进行推挤式自动布局操作。

(4)单击鼠标右键或者按下【Esc】键退出推挤式布局操作。

对于元件数目比较小的 PCB,大多不需要对元件进行推挤式自动布局操作。

4. 导入自动布局文件进行布局

对元件进行布局还可以通过导入自动布局文件来完成,其实质是导入自动布局策略。点击“工具”→“器件布局”→“依据文件放置”菜单项，弹出如图 7-46 所示的对话框，从中选择自动布局文件(后缀为“.PIK”)，然后点击“打开”按钮即可导入此文件进行自动布局。

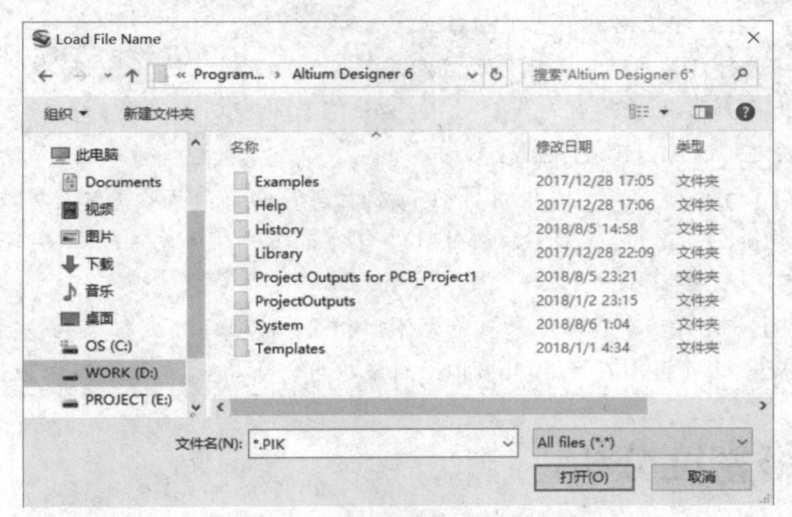

图 7-46 “Load File Name”对话框

5. 元件布局的基本原则

布局是为之后的布线做准备的，对布局操作的理解及要求可以归纳为以下 7 个方面。

(1)简单地说，排列各个元件引脚之间最佳连线位置的过程就是布局。

(2)元件布局的最佳位置就是 PCB 布线元件的位置。可以在大致布局以后，在手工或自动布线时根据布线需要对元件进行精确的布局。

(3)在画原理图的时候如果能考虑到 PCB 元件的位置，则可以大大地缩短手工布局的时间。

(4)PCB 元件焊盘应该放置在网格交叉点上，或者网格的 1/2、1/4 处，这样可以加快绘图的速度，走线也很美观。

(5)对元件进行布局时，元件的方向应尽量一致。

(6)对没有特殊要求的电路，元件布局应以整齐、美观为主。

(7)对各种元件进行分类排列有利于提高插元件和焊接的速度。

经过元件自动布局和手动调整后的非稳态多频振荡电路 PCB 的布局如图 7-47 所示。

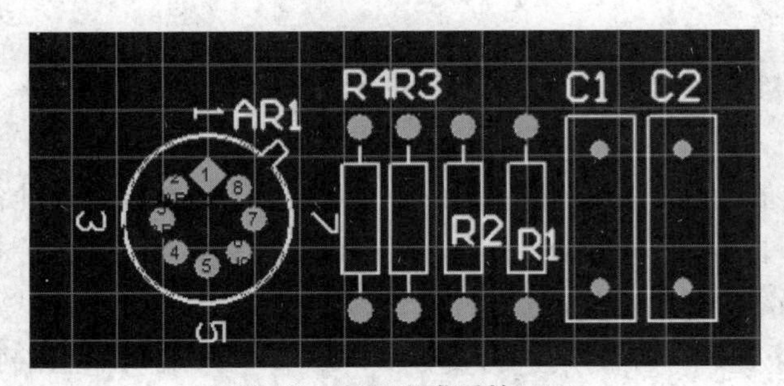

图 7-47 布局完成后的 PCB

! **注意**:进行自动布局时需要注意如下问题。

(1)禁止布线区的设置:当设计者不想在某一区域布线时,可以设置一个禁止布线区,通常在连接器附近设置禁止布线区。

(2)在进行自动布局前要确保已经定义了板的电气特性边界,还有禁止布线区。

(3)为得到最优化的自动布局效果,应该在自动布局前设置相应的布局设计规则(将在之后的规则设置中介绍)。

(4)当采用统计布局方式进行自动布局时,当前的自动布局文件将被放入工程面板中的"Free Document"中。该文件只在自动布局进程中才可以看到,硬盘中没有此文件,也无法保存此文件。

(5) 每一次自动布局的结果只是大体上相同。在项目不是很大的情况下一次自动布局花费的时间并不长,因此可以执行多次自动布局操作,直到满意为止。

7.4 网络密度分析

网络密度分析主要用于分析网络的布局是否合理,进行布线是否存在困难。通常认为网络密度相差很大的 PCB 的元件布局不合理。但是网络密度并不是评判一切的标准,而只是一个参考。实际的密度分配与具体的电路有很大的关系:一些功率大的元件由于产生的热量大,因此其周围元件的密度应相应地小一些,反之功率小的元件周围可以安排得密一些。

网络密度分析的具体操作步骤如下。

(1)点击菜单"工具"→"密度图"执行密度分析命令。

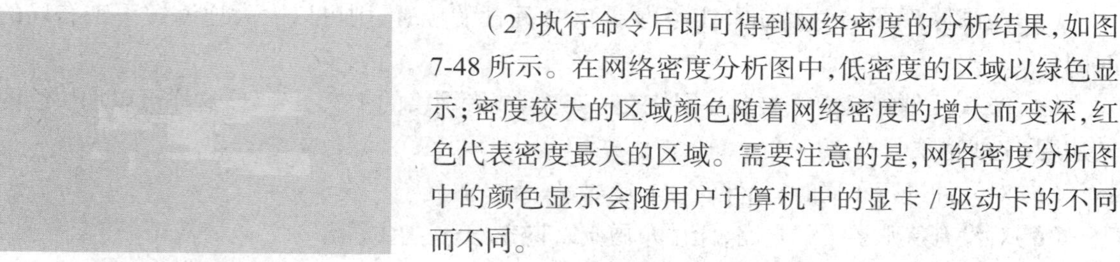

图 7-48 网络密度分析图

(2)执行命令后即可得到网络密度的分析结果,如图 7-48 所示。在网络密度分析图中,低密度的区域以绿色显示;密度较大的区域颜色随着网络密度的增大而变深,红色代表密度最大的区域。需要注意的是,网络密度分析图中的颜色显示会随用户计算机中的显卡 / 驱动卡的不同而不同。

(3)点击"察看"→"刷新"菜单项或者滚动鼠标上的滑轮,即可刷新窗口恢复网络密度分析前的工作窗口界面。

7.5 电路板的布线

在 PCB 设计中,布线是产品设计的重要步骤之一,可以说前面的准备工作都是为它而做的,在整个 PCB 设计中,以布线的设计过程门槛最高、技巧最精、工作量最大。PCB 布线有单面布线、双面布线及多层布线。布线的方式也有两种,自动布线及交互式布线。在自动布线之前,可以用预先对要求比较严格的线进行交互式布线。输入端与输出端的边线应避免相邻平行，以免产生反射干扰，必要时应加地线隔离。两相邻层的布线要互相垂直，平行容易产生寄生耦合。

自动布线的布通率依赖于良好的布局，布线规则可以预先设定，包括走线的弯曲次数、导通孔的数目、步进的数目等。一般先进行探索式布线，快速地把短线连通，然后进行迷宫式布线，对要布的连线进行全局的布线路径优化，可以根据需要断开已布的线，并试着重新布线，以改进总体效果。

对高密度的 PCB 设计，已感觉到导通孔不太合适了，因为它浪费了许多宝贵的布线通道。为解决这一矛盾，出现了盲孔和埋孔技术，不仅实现了导通孔的作用，而且节省了许多布线通道，从而使布线过程更加方便，更加流畅，更加完善。PCB 的设计过程是一个复杂而又简单的过程，要想很好地掌握它，还需广大电子工程设计人员自己去体会，才能得到其中的真谛。

7.5.1 电路板的手动布线

自动布线的实质是在给定的算法下，按照用户给定的网络表实现各网络间的电气连接。Altium Designer 6.9 提供的布线算法大多是针对普通 PCB 设计的，很少考虑特殊的电气连接特性。因此对散热、抗电磁干扰等要求严格的 PCB 设计来说，自动布线就显得无能为力了，此时就需要用户通过手工布线方式来对 PCB 的布线进行合理的调整。

1. 手动布线的步骤

(1)点击“放置”→“交互式布线”进行交互式布线操作，鼠标光标将变成十字形状。移动鼠标光标到元件的一个焊盘上，然后单击鼠标左键放置布线的起点，如图 7-49 所示。

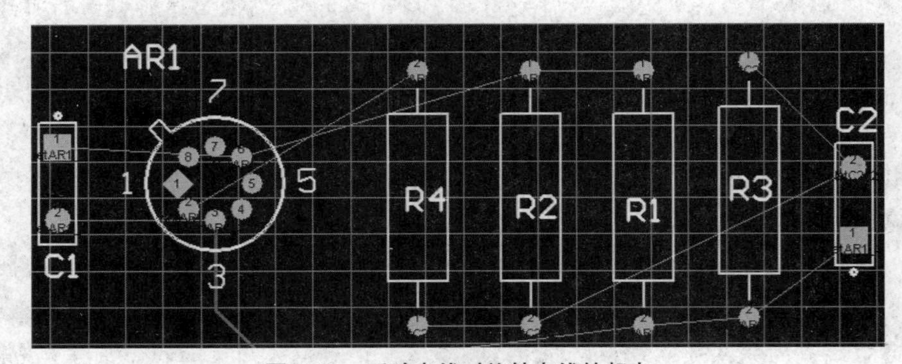

图 7-49　手动布线时旋转布线的起点

手动布线模式主要有五种：任意角度、90° 拐角(分为开始和结束两种模式)、90° 弧形拐角(分为开始和结束两种模式)、45° 拐角(分为开始和结束两种模式)和 45° 弧形拐角(分为开始和结束两种模式)。按【Shift + Space】键即可在五种大模式间切换，按【Space】键可以在有开始和结束小模式的一种大模式里进行开始和结束两种小模式的切换。

(2)多次单击鼠标左键确定多个不同的控点，完成两个焊盘之间的布线。布线后的 PCB 如图 7-50 所示。

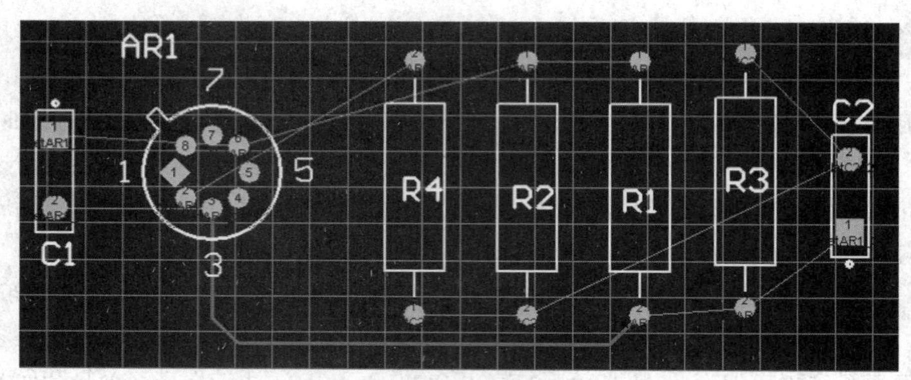

图 7-50 手动布线的 PCB 图

2. 手动布线时层的切换

在进行交互式布线时,按小键盘中的“*”快捷键可以在不同的信号层间切换,这样可以完成不同层间的走线。在不同的层间走线时系统将自动地为其添加一个过孔。不同层间的走线颜色是不相同的,可以在“板层颜色”对话框中进行设置。

! **注意:**手动布线时需要注意以下几个问题。

(1)放置的线必须通过焊盘的圆心,只有这样才能完成电路的电气连接。

(2)布线要美观,必须保证元件的焊盘位于网格的交叉点或者网格的 1/2、1/4 处,应将“跳转”设置为可视格点的 1/2、1/4 或者 1/8,只有这样才能提高绘图的速度和质量,同时应注意使用英制网格。

(3)有 5 种布线放置模式,通常使用的是 45° 拐角模式,因为这种模式的布线效率最高。90° 拐角模式的布线效率最低,而且拐角处的线做成电路板容易裂断。

(4)由于布线前设置了布线规则,因此如果当前的布线违反了布线规则系统将报警,绿色为缺省的报警色。但有些 DRC 检错是可以忽略的,这时可以执行“工具”→“复位错误标志”菜单命令清除错误标志,随后绿色的报警色将消失。必要时可以强制走线。

(5)在布线时应特别注意电源线和地线的布线,如果考虑不周整个产品的性能就会下降。电源线和地线之间应加上去耦电容,同时应尽量增大电源线和地线的线宽,通常线宽的关系是地线>电源线>信号线。还可以采用大面积覆铜作为地线,或电源线和地线各一层做成多面板。

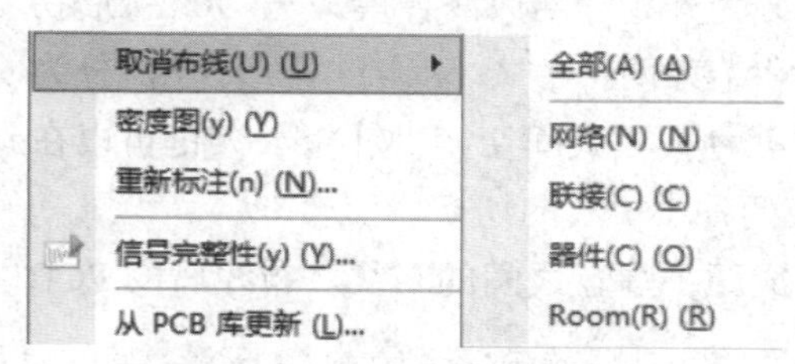

图 7-51 “取消布线”子菜单项

3.“取消布线”子菜单项的使用

Altium Designer 6.9 提供了“取消布线”子菜单项,对存在布线错误的网络、元件等可以进行取消布线操作。点击“工具”→“取消布线”菜单项即可弹出如图 7-51 所示的子菜单项。其各项操作与对应的布线操作基本相同,这里不再详细介绍。

(1)全部:对整个电路板进行拆线操作。

（2）网络：对指定的网络进行拆线操作。

（3）联接：对指定的某一个连接进行拆线操作。

（4）器件：对指定的元件进行拆线操作。

（5）Room：对指定的某一个 Room 内的对象进行拆线操作。

7.5.2　电路板的自动布线

自动布线功能是一个优秀的电路设计辅助软件必备的功能之一。对散热、抗电磁干扰及高频等要求较低的大型电路设计来说，采用自动布线操作可以大大地减少布线的工作量，还能够减少布线时的漏洞。如果自动布线不能够满足实际的要求，可以通过手动布线进行调整。

Altium Designer 6.9 的 PCB 编辑器提供了自动布线功能的菜单，如图 7-52 所示。

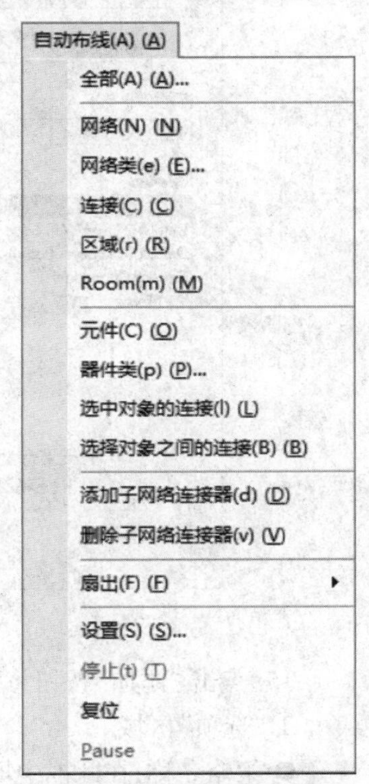

图 7-52　“自动布线”菜单

1. 自动布线的设置

点击“自动布线”→“设置”菜单项即可打开如图 7-53 所示的对话框，在该对话框中可以设置自动布线策略。

（1）“行程设置报告”区域按钮：列表框中列出了布线用到的全部报告，可点击“编辑层用法...”按钮进入“层说明”对话框对层进行设定，可点击“编辑规则...”按钮进入“PCB 规则及约束编辑器”对话框进行规则编辑，可点击“报告另存为...”按钮进行报告的路径、文件名的存储。

（2）“行程策略”区域：行程策略是在进行板的自动布线时所采用的策略，如探索式布线、迷宫式布线、推挤式拓扑布线等。自动布线的布通率依赖于良好的布局。对话框中列出了缺省的 5 种自动布线策略，对缺省的布线策略不可以进行编辑和移除操作。

- Cleanup：清除策略。
- Default 2 Layer Board：缺省的双面板布线策略。
- Default 2 Layer With Edge Connectors：缺省的具有边缘连接器的双面板布线策略。
- Default Multi Layer Board：缺省的多层板布线策略。
- General Orthogonal：缺省的一般正交布线策略。
- Via Miser：在多层板中尽量减少过孔使用的策略。

（3）选中“锁定所有预布线”复选框，所有先前的布线都将被锁定，重新自动布线时将不改变这部分布线。

（4）选中“行程后取消障碍”复选框，在布线完成后自动取消障碍。

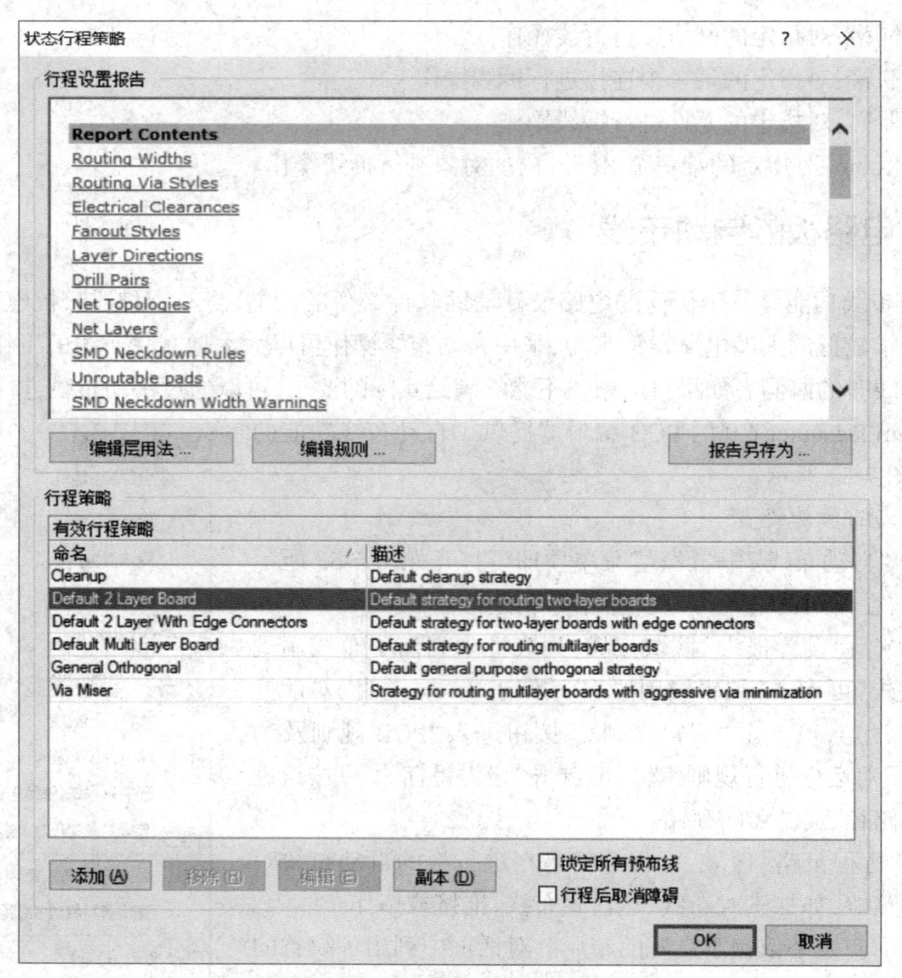

图 7-53 “状态行程策略”对话框

(5)点击“添加”按钮将弹出如图 7-54 所示的对话框,从中可以添加新的布线策略。

①“选项”区域。

● 策略名称:在此框中填写添加的新布线策略的名称。

● 策略描述:在此框中填写对该布线策略的描述。

● 较多 Via/ 较少 Via:拖动滑块可改变此布线策略允许的过孔数目,过孔数目越多自动布线越快,过孔数目越少自动布线越慢。

●“直角的”复选框:定义此策略中是否直角。

② 左边的“有效行程通过”列表框中为全部可选的 PCB 布线策略,选中任一项然后点击对话框中间的“添加”按钮,此布线策略将被添加到右侧的“通过行程策略”即当前的 PCB 布线策略列表框中,作为新创建的布线策略中的一项。如果想删除右侧的列表框中的某一项,选中该项后点击“移除”按钮即可。点击“向上移动”按钮或“向下移动”按钮可以改变各个布线策略的优先级,位于最上方的布线策略优先级最高。

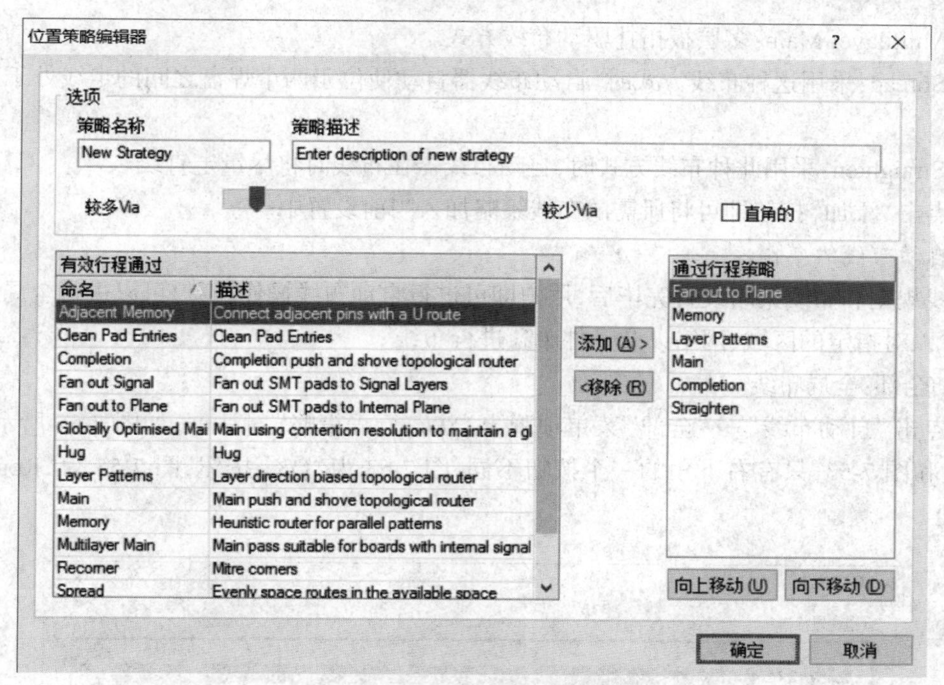

图 7-54 “位置策略编辑器”对话框

Altium Designer 6.9 的布线策略列表中主要有以下几种布线方式。

● Adjacent Memory：U 形走线的布线方式。采用这种布线方式时，自动布线器对相邻的元器件引脚采用 U 形走线方式。

● Clean Pad Entries：清除焊盘冗余走线。采用该布线方式可以优化 PCB 的自动布线，清除焊盘上多余的走线。

● Completion：竞争的推挤式拓扑布线。采用该布线方式时，布线器对布线完全进行推挤操作，以避开不在同一网络中的过孔和焊盘。

● Fan out Signal：表贴型元件焊盘采用扇出形式连接到信号层。当表贴型元件焊盘布线跨越不同的工作层时，采用该布线方式可以先从该焊盘引出一段导线，然后通过孔与其他的工作层连接。

● Fan out to Plane：表贴型元件焊盘采用扇出形式连接到电源层和接地网络中。

● Globally Optimised Main：全局最优化拓扑布线方式。

● Hug：包围式布线方式。采用该布线方式时，自动布线器将采取环绕的布线方式。

● Layer Patterns：采用该布线方式将决定同一工作层中的布线是否采用布线拓扑结构进行自动布线。

● Main：主推挤式拓扑驱动布线。采用该布线方式时，自动布线器对布线主要进行推挤操作，以避开不在同一网络中的过孔和焊盘。

● Memory：启发式并行模式布线。采用该布线方式将对存储器元件的走线方式进行最佳的评估。对地址线和数据线一般采用有规律的并行走线方式。

● Multilayer Main：多层板拓扑驱动布线方式。

● Spread：采用这种布线方式时，自动布线器自动使位于两个焊盘之间的走线处于正中间的位置。

● Straighten：采用此种布线方式时，自动布线器在布线时将尽量走直线。

③点击“添加”按钮即可将所需的布线策略加入当前设置中。

2. 自动布线的操作

布线规则和布线策略设置完毕后，用户即可进行自动布线操作，不仅可以进行全局性的布线，也可以对指定的区域、网络以及元件单独进行布线。

（1）全部：全局布线。

①点击“自动布线”→“全部”菜单项弹出“状态行程策略”对话框，如图 7-55 所示（比较图 7-55 和图 7-53，只有右下角的一个按钮不同，图 7-53 为“OK”按钮，图 7-55 为“Route All”按钮）。

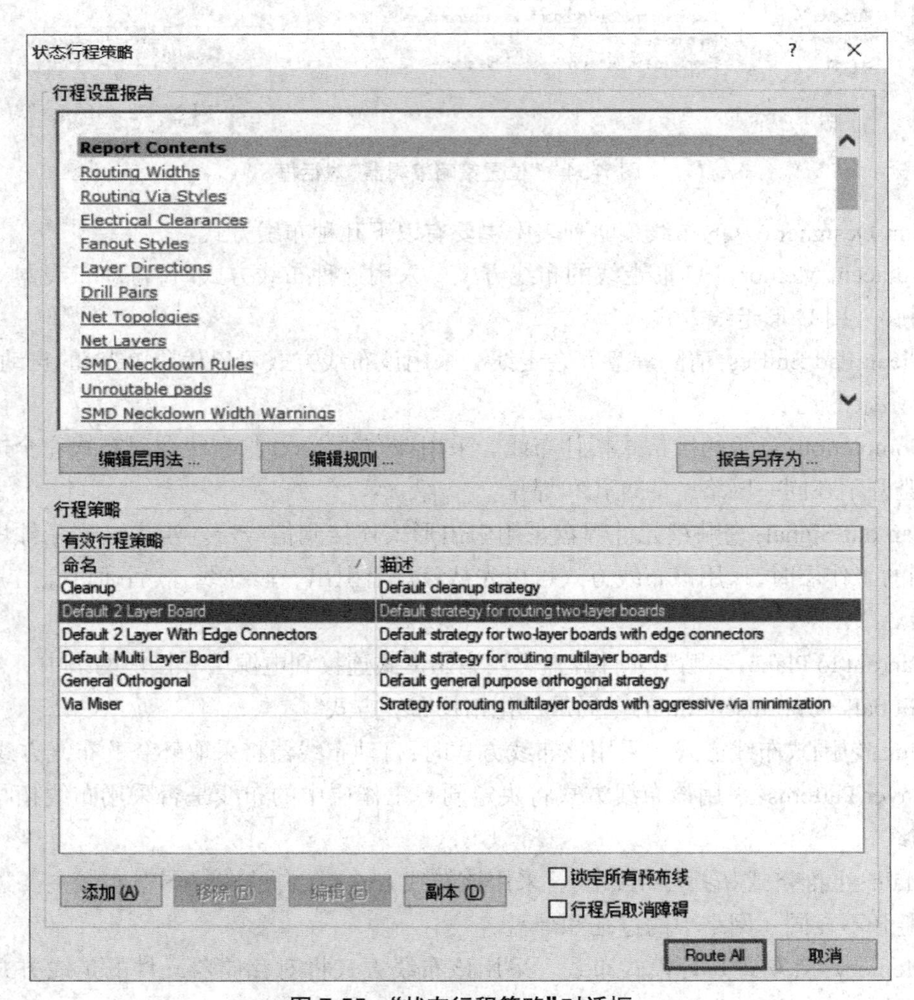

图 7-55 “状态行程策略”对话框

②选择一项布线策略，然后点击“Route All”按钮即可进入自动布线状态。在布线过程中将自动弹出“Messages”面板，提供自动布线的状态信息，如图 7-56 所示。

Messages

Class	Document	Source	Message	Time	Date	No.
Situs Event	PCB1.PcbDoc	Situs	Routing Started	2:09:21	2018/8/6	1
Routing Status	PCB1.PcbDoc	Situs	0 of 0 connections routed (NAN%) in 3 Seconds	2:09:24	2018/8/6	2
Situs Event	PCB1.PcbDoc	Situs	Routing finished with 0 contentions(s). Failed to com...	2:09:24	2018/8/6	3

图 7-56　全局布线时弹出的“Messages”面板

③全局布线后的 PCB 图如图 7-57 所示。

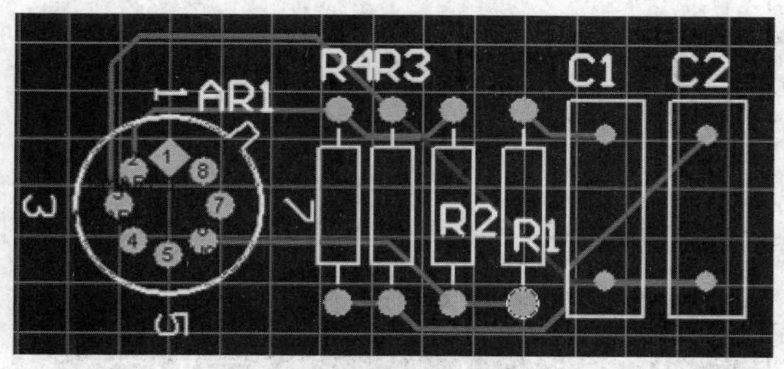

图 7-57　全局布线后的 PCB 图

（2）网络：对某一个网络布线。

①在规则设置中对该网络布线的线宽进行合理的设置。

②点击“自动布线”→“网络”菜单项，鼠标光标将变成十字形状。移动鼠标光标到该网络的任何一个电气连接点上（飞线或焊盘处），这里选 C2 的 1 引脚焊盘处。单击鼠标左键，系统将自动对该网络进行布线，布线的结果如图 7-58 所示。

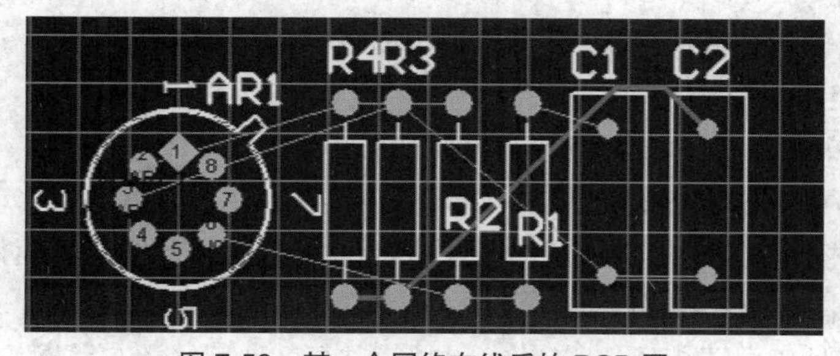

图 7-58　某一个网络布线后的 PCB 图

③此时鼠标仍处于布线状态，可以继续对其他的网络进行布线。

④单击鼠标右键或者按下【Esc】键即可退出布线操作。

(3)连接:在两点间连接布线。

①如果对该段布线有特殊的线宽要求,则应先在布线规则中对该段线宽进行设置。

②点击“自动布线”→“连接”菜单项,鼠标光标将变成十字形状。移动鼠标光标到工作窗口,单击某两点之间的飞线或其中的一个焊盘。然后选择这两点之间的连接(例如 Cl 的 1 引脚和 R1 的 1 引脚),系统将自动地在此两点之间布线,布线的结果如图 7-59 所示。

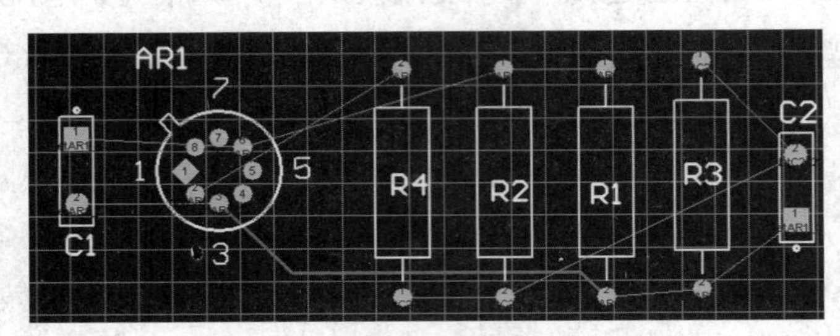

图 7-59 在两点之间布线后的 PCB 图

③此时鼠标仍处于布线状态,可以继续对其他的连接进行布线。

④单击鼠标右键或者按下【Esc】键即可退出布线操作。

(4)元件:对与元件相连的所有飞线进行布线。

①点击“自动布线”→“元件”菜单项,鼠标光标将变成十字形状。单击某一个元件的任何位置(例如 R2),系统将自动地完成与该元件相连的所有飞线的布线,如图 7-60 所示。

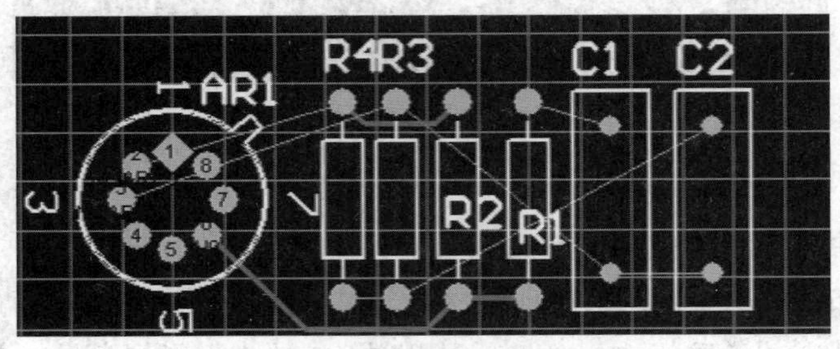

图 7-60 元件布线后的 PCB 图

②此时鼠标仍处于布线状态,可以继续对其他的元件进行布线。

③单击鼠标右键或者按下【Esc】键即可退出布线操作。

(5)区域:指定区域布线。

①点击“自动布线”→“区域”菜单项,鼠标光标将变成十字形状。

②在工作窗口中单击鼠标左键确定矩形布线区域的一个顶点,然后移动鼠标光标到合适的位置,再一次单击鼠标左键确定该矩形区域的对角顶点,系统将自动地对该矩形区域进行布线,布线后的 PCB 图如图 7-61 所示。

③此时鼠标仍处于放置矩形的状态,可以继续进行其他区域的布线操作。

④单击鼠标右键或者按下【Esc】键即可退出布线操作。

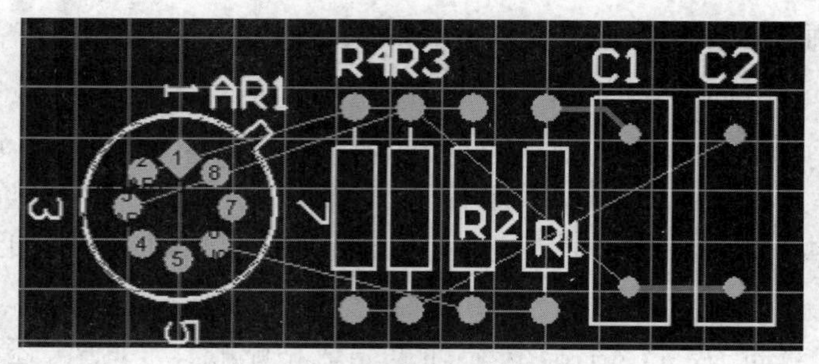

图 7-61 区域布线后的 PCB 图

（6）Room：指定 Room 内的布线。

与以上操作基本相同，系统将对完全落入 Room 中的网络进行布线。

（7）扇出：扇出布线。

采用扇出布线方式可将焊盘连接到其他网络中，扇出布线的子菜单项如图 7-62 所示。

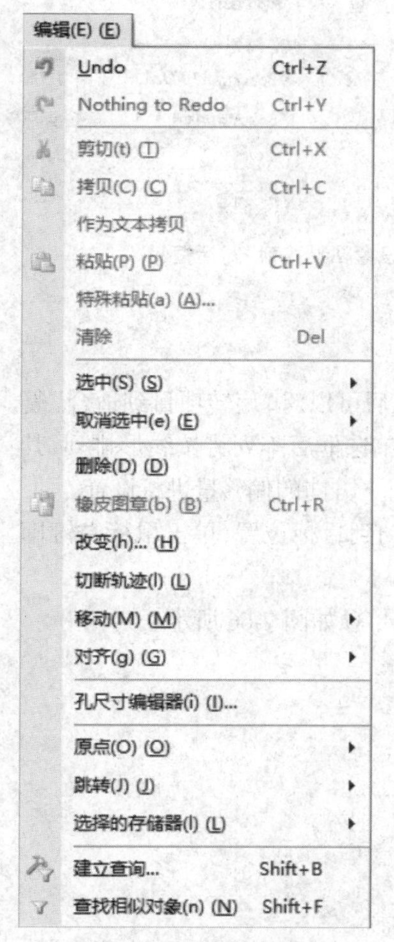

图 7-63 “编辑”菜单

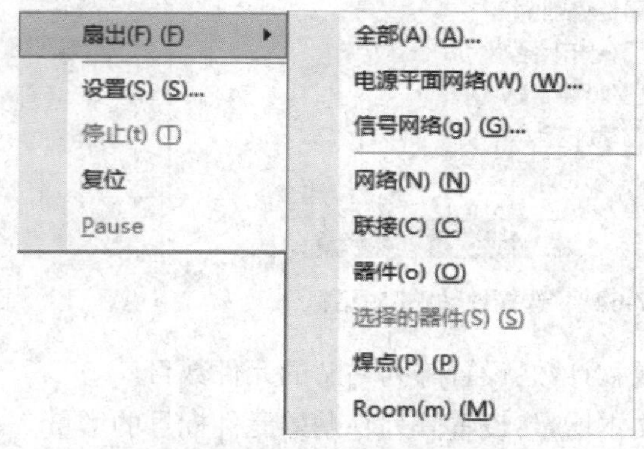

图 7-62 “扇出”子菜单项

（8）停止：终止自动布线操作。

（9）复位：重新布线。

点击此菜单项后将重新进入“自动布线”→“全部”命令状态，重新进行全局自动布线。

（10）Pause：暂停自动布线操作。

7.6 PCB 的 Edit 编辑菜单命令

Altium Designer 6.9 的“编辑”菜单如图 7-63 所示，其中“Undo”“Redo”“剪切”“拷贝”“粘贴”等命令前面已作过介绍，这里不再赘述。

（1）作为文本拷贝：将要复制的东西转成文本格式再拷贝。

（2）特殊粘贴：这是一个很实用的功能，使用时先对粘贴的类型进行选择，其对话框如图 7-64 所示，功能如下。

①“粘贴到当前层”复选框:选中此复选框,将使剪切板中的布线、注释、覆铜等对象被粘贴到当前层,焊盘、过孔、标号等层的信息不变。

②“保持网络名称”复选框:选中此复选框,将使元件间的电气特性保留下来,用飞线表示。

③“复制的指定者”复选框:选中此复选框,将保持元件的标识符,否则系统将对其自动更改。

④“添加元件类”复选框:选中此复选框,系统将粘贴出来的元件添加到与所复制对象相同的类中。

选中所需的复选框,点击“粘贴”按钮即可完成粘贴操作。此外,还可以点击“粘贴阵列...”按钮进行阵列粘贴,如图 7-65 所示,可以对阵列粘贴的类型及参数进行设置。

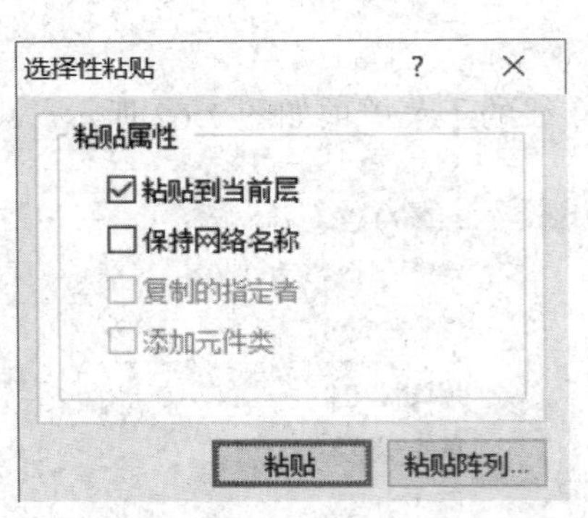

图 7-64 “选择性粘贴”对话框

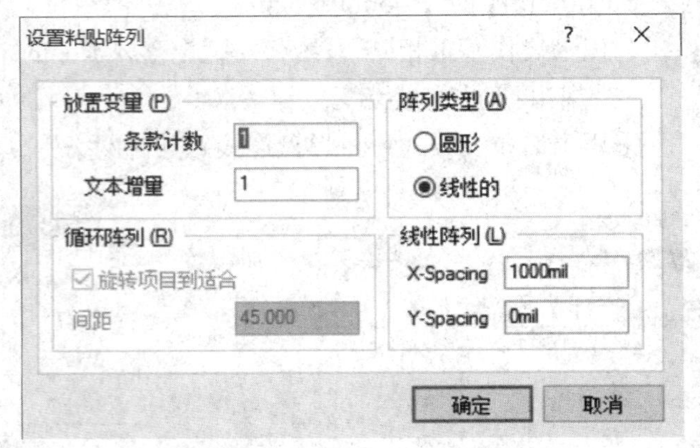

图 7-65 “设置粘贴阵列”对话框

①条款计数:设置阵列粘贴的元件数目。

②文本增量:设置阵列粘贴的元件标号的增量。

③阵列类型:圆形,阵列将按圆形排列,选中“圆形”单选框后可以对“旋转项目到适合”复选框和间距(元件之间的夹角)两项进行设置;线性的,选中此单选框后阵列将按线形排列,其中 X-Spacing 用于对 X 方向的偏移量进行设置,Y-Spacing 用于对 Y 方向的偏移量进行设置。

点击“确定”按钮后鼠标光标将变为十字形状,将鼠标移动到目标位置,单击鼠标左键即可完成操作。

(3)选中:可以采用以下方式对对象进行选择操作。其子菜单项如图 7-66 所示。

①区域内部:使选择区域内的对象处于选中状态。

②区域外部:使选择区域外的对象处于选中状态。

③接触矩形:使与选择的矩形相接触的对象处于选中状态。

④接触线:使与选择的线相接触的对象处于选中状态。

⑤全部:使所有对象处于选中状态。

⑥板:只使 PCB 上的器件处于选中状态。

⑦网络:使选中的对象所在网络的所有连接都处于选中状态。

⑧连接的铜皮:使与选中的点所连接的铜皮都处于选中状态。

⑨物理连接:使不跨越元件的铜线处于选中状态。

⑩器件连接:使选中的元件的所有连接都处于选中状态。

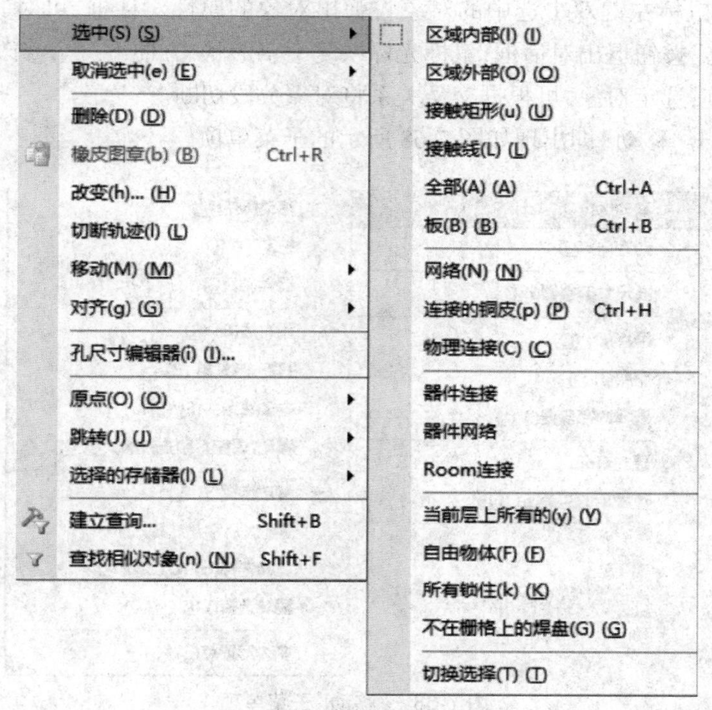

图 7-66　“选中”子菜单项

⑪器件网络:使选中的元件的所有连接网络都处于选中状态。

⑫Room 连接:使与 Room 相接触的连接都处于选中状态。

⑬当前层上所有的:将当前层的所有对象都选中。

⑭自由物体,所有锁住:这两个选项是对应的,分别选中自由物体的对象或所有锁住的对象。

⑮不在栅格上的焊盘:将离开网络的焊盘选中。

⑯切换选择:可以选中若干个对象。

(4)取消选中:将处于选中状态的元件释放。其子菜单项如图 7-67 所示。

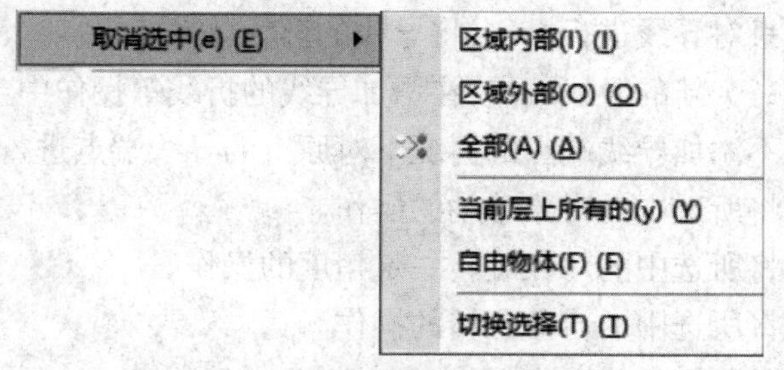

图 7-67　“取消选中”子菜单项

“取消选中”子菜单项与“选中”子菜单项雷同,不再赘述。

（5）橡皮图章：选择该功能后可以连续粘贴选中的对象。

（6）改变：用鼠标左键双击选中的对象将弹出对象的属性对话框，可对其属性进行修改，完成后点击“确定”按钮退出对话框，鼠标光标恢复十字形状，方便下一个修改。

（7）切断轨迹：选定对象，可根据交叉关系将对象分段切断。

（8）移动：点击“移动”即出现如图 7-68 所示的子菜单项。

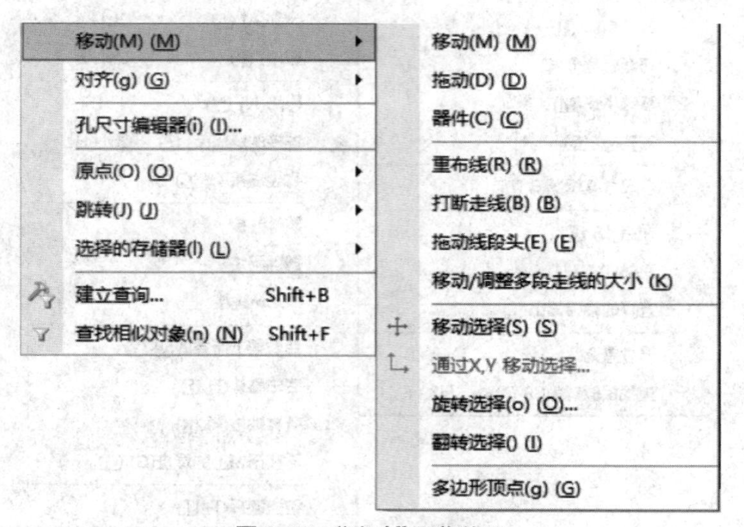

图 7-68 “移动”子菜单项

①移动：将选中的对象移动到目标位置。

②拖动：将选中的对象移动到目标位置并且与该对象相连接的所有线都相应地延长，以保证连接。

③器件：有两种选择器件的方式，直接选择或选择“器件”功能后单击没有器件的位置，将出现如图 7-69 所示的对话框，该对话框中列出了所有当前 PCB 的元件，在“运转”区域可选择显示方式。

● 无特殊效果：不进行特殊动作。

● 跳至组件：视图跳转到选中的元件。

● 移动组件到指针：将选中的元件移动到当前视图。

④重布线：该功能只对导线进行操作，将导线的形状再次编辑。

⑤打断走线：添加一个新的导线端点，在增加导线的折线等操作中十分方便。

⑥拖动线段头：在不添加导线端点的情况下对原有的导线端点进行拖动。

⑦移动选择：实现将所选中的对象移动的操作。

⑧旋转选择：实现将所选中的对象旋转一定角度的操作。

⑨翻转选择：实现将所选中的对象翻转的操作。

⑩多边形顶点：编辑覆铜的边。

（9）对齐，前面已作过详述请参见第 3 章。

(10)孔尺寸编辑器:专门针对过孔和焊盘的编辑器,对话框如图 7-70 所示。

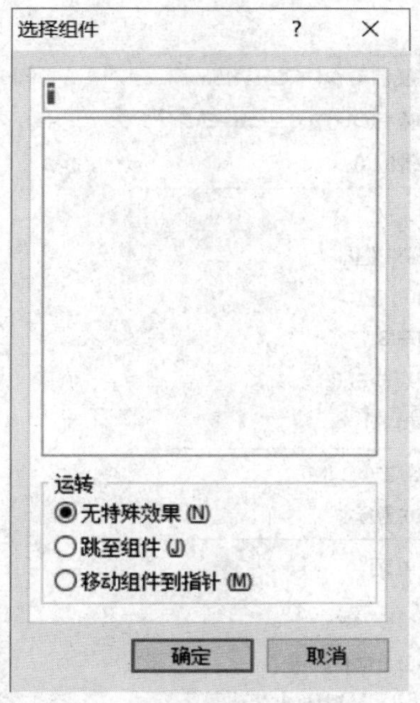

图 7-69 “选择组件”对话框

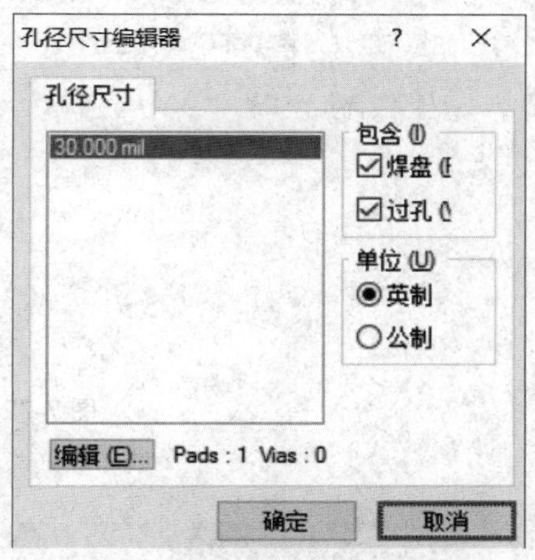

图 7-70 “孔径尺寸编辑器”对话框

在“包含”区域中有“焊盘”“过孔”两个复选框,选中所包含的类型后当前 PCB 的所有孔径都会显示出来。通过“单位”区域中的“英制”“公制”两个单选框可以在英制和公制间直接进行单位的切换。选中要编辑的孔径尺寸后点击“编辑”按钮就可以对所有这一尺寸的孔进行修改。

(11)原点:对系统的参考原点进行设置。其子菜单项如图 7-71 所示。

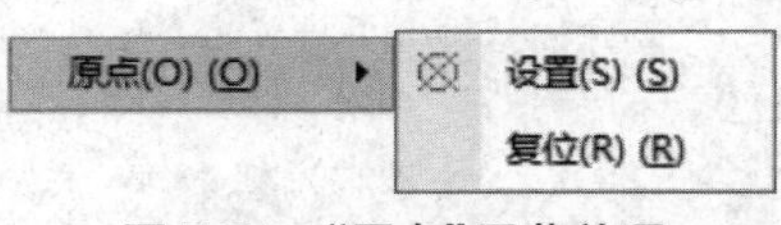

图 7-71 “原点”子菜单项

在这项功能中有两个操作项“设置”和“复位”,都是对系统的原点进行设置,通过设置可改变原点的位置,初始原点在屏幕左下角,又称为绝对原点。坐标原点分为绝对原点和相对原点。绝对原点是系统指定的坐标系的原点,位于 PCB 编辑器设计工作窗口的右下角,其位置是不变的,所以有时也被称作系统原点。相对原点是由绝对原点定位的坐标原点,一般是设计人员自定义的坐标系的原点。在系统默认下,绝对原点和相对原点是重合在一起的。在 PCB 设计的过程中,由于状态栏中的指示坐标值都是根据相对原点确定的,因此使用相对原点可以给设计带来极大的方便。

(12)跳转:将视图切换到用户指定的位置,“跳转”子菜单项如图 7-72 所示。

通过点击对应的子菜单项可以直接将视图跳转到以下位置:“绝对原点”“当前原点”“错误标志”“选择”等。选择“新位置”“器件”“网络”“焊盘”“字符串”后系统会弹出对话框要求用户进行选择,以跳转到指定位置。

用户可以利用“设置位置标志”和“位置标志”设定位置标志和跳转到位置标志，系统允许存储的位置有 10 个，如图 7-73 所示。

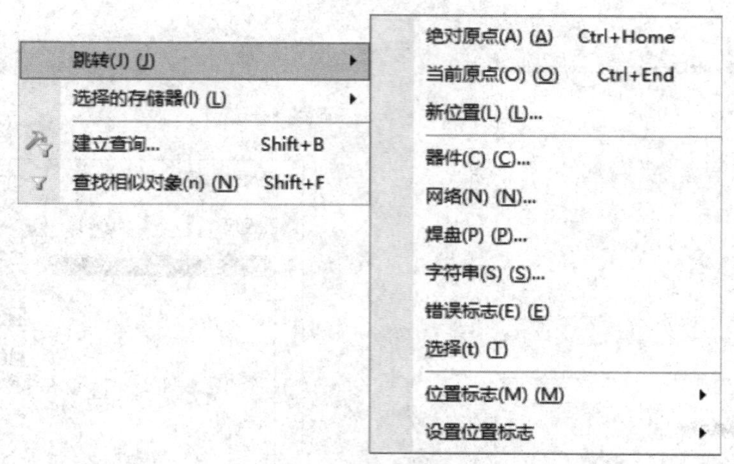

图 7-72 “跳转”子菜单项

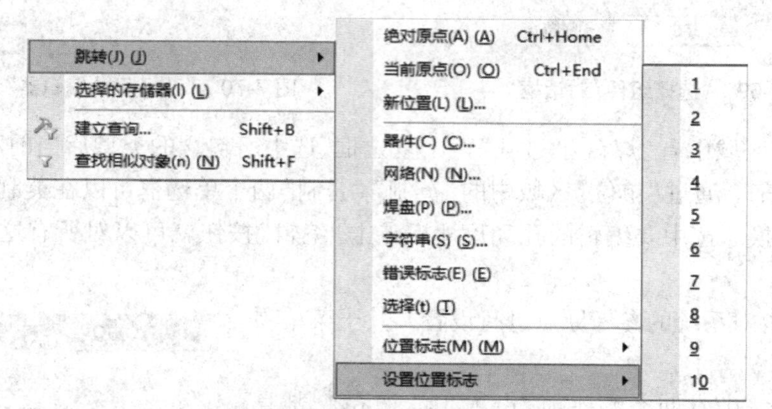

图 7-73 “设置位置标志”子菜单项

（13）选择的存储器：选择存储的使用。其子菜单项如图 7-74 所示。

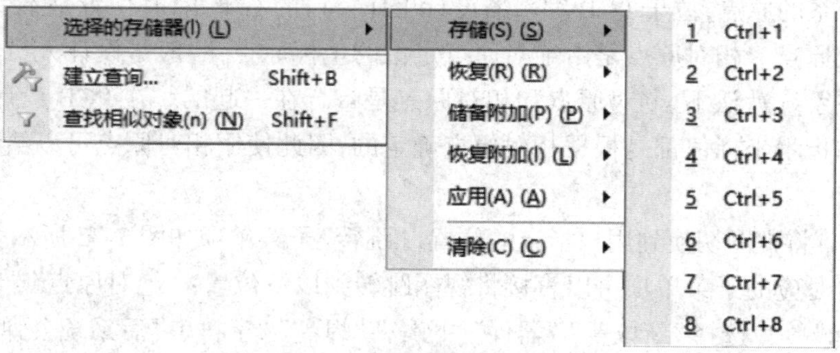

图 7-74 “选择的存储器”子菜单项

其中包含“存储”“恢复”“储备附加”“恢复附加”“应用”“清除”，每个子菜单项的下一级都包含 8 个系统允许存储的位置。

（14）建立查询：用户可以创建特定的查询功能，可以定位属性完全相同或者差别很大的多个对象，选择该功能后将出现如图 7-75 所示的对话框。

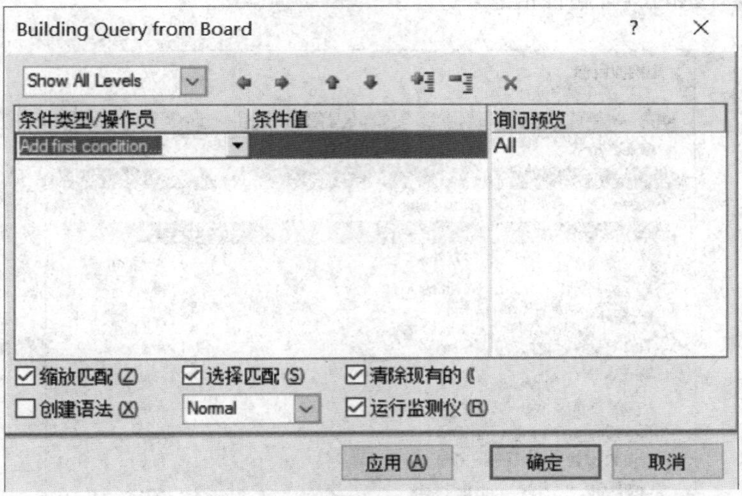

图 7-75　建立查询对话框 1

Add first condition 为加载第一个条件，在其下拉菜单中有 10 个选项，包括元件、网络、工作层、类别等。用户选择其中一项后在“条件值”中将出现该条件的选择值，在“询问预览”中将出现该条件的快速预览，点击“确定”按钮将显示出符合条件的对象。

当用户要求多个条件时可以在上面的操作的基础上在“条件类型”中单击“Add another condition”添加新的条件，如图 7-76 所示。

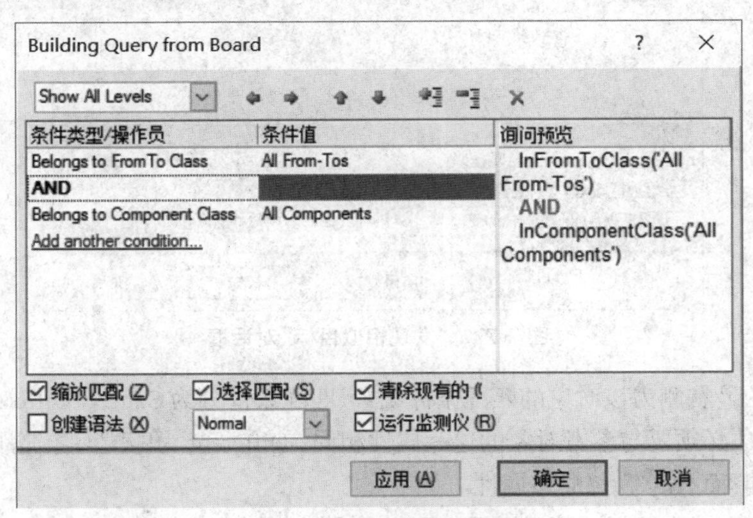

图 7-76　建立查询对话框 2

在图 7-76 中出现了第二个条件和两个条件之间的关系，可以选择为 AND 或 OR 的关系，对两个条件进行逻辑“与”或者“或”，然后点击“确定”按钮实现操作。

（15）查找相似对象：可以通过该功能对 PCB 的所有对象进行选择，并通过“Inspector”对话框对所选中的某一属性进行全局修改。

当选中某一对象的“Find Similar Objects”功能后系统弹出如图 7-77 所示的对话框，对话框中列出了参考对象的所有属性信息。

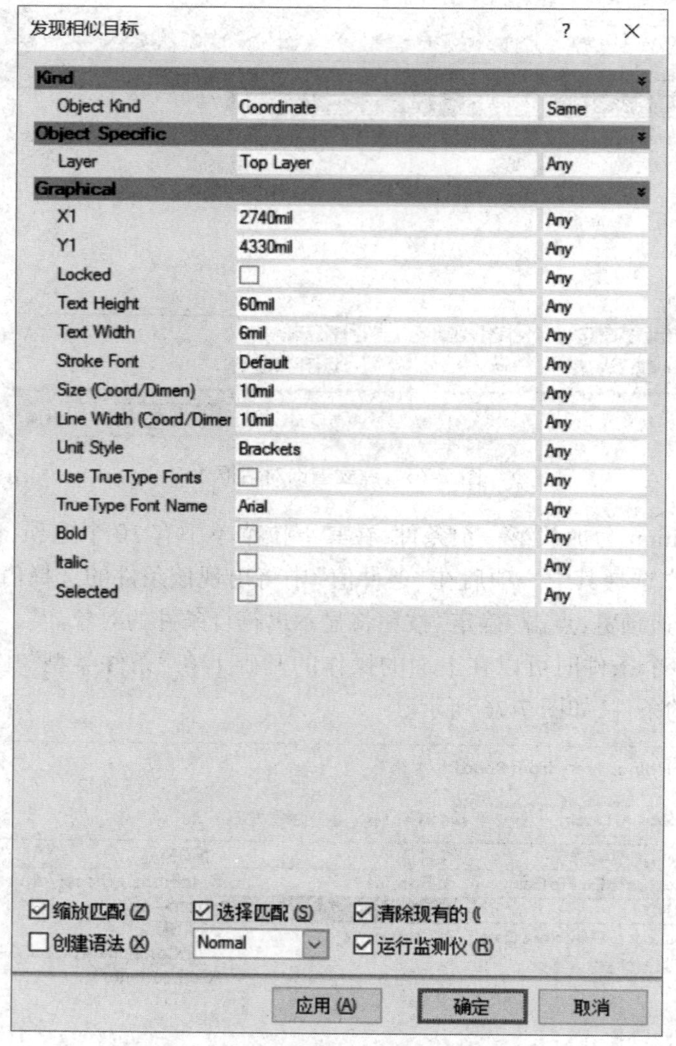

图 7-77 “发现相似目标”对话框

每一条目的最右侧为该对象的匹配条件设置，匹配条件分为 Same、Different、Any 三种：Same 为匹配对象必须要与参考对象的这一属性相同；Different 为匹配对象必须要与参考对象的这一属性不同；而 Any 为忽略该属性。

对话框底部有 6 个选择项用于设置匹配对象在 PCB 中的显示效果。

● “缩放匹配”复选框：用于设置对象查找中允许的缩放比例。

● “选择匹配”复选框:用于在对象查找中加入选择条件。

● “清除现有的”复选框:进行多种匹配选择时新的匹配将覆盖上一次的选择对象。

● “创建语法”复选框:选中此复选框,点击“应用”按钮或者“确定”按钮将弹出“List”面板,并把选中的对象的详细信息以列表的形式输出。

● 列表项:用于确定如何显示所有符合匹配条件的类似对象。Normal为正常显示;Mask为屏蔽显示;Dim为模糊显示。

● “运行监测仪”复选框:选中此复选框,点击“确定”按钮将弹出“Inspector”面板。

“应用”按钮和“确定”按钮的作用相似,在完成对匹配条件的设置后点击会把符合条件的对象显示出来。

“Inspector”面板中包含了选中的对象的所有属性,在面板中对属性的修改适用于所有选中的对象,可以完成对PCB的全局修改等任务。

! **注意:**PCB编辑器中有两种原点:绝对原点和当前原点。启动PCB编辑器后,PCB图纸的坐标原点即为整个工作窗口的绝对原点,坐标为(0,0)。电路板位于图纸上,通常图纸比PCB大很多,因此就需要用户自己设定图纸的大小及当前原点,使之更适合当前的PCB编辑操作。设置当前原点的具体操作步骤如下。

(1)点击“编辑”→“原点”→“设置”菜单项或工具栏中的⊠工具,鼠标将变成十字形状。

(2)移动鼠标光标到合适的位置(例如电路板的左下角),单击鼠标左键即可设置当前原点。

(3)这时坐标显示栏以当前设置的原点为原点显示各坐标,当前原点坐标为(0,0)。

(4)如果想取消当前原点的设置,点击“编辑”→“原点”→“复位”菜单项即可。

7.7 PCB视图

在设计中经常用到“察看”菜单对视角、指定对象和指定区域进行显示调整,对PCB的三维图像进行显示,对工具栏、工作区域、桌面布局等进行设置,“察看”菜单如图7-78所示。

(1)适合文件:显示整个文件,将电路图或者PCB等完整、充分地显示在主窗口中,此功能在整体PCB设计中十分实用。

(2)适合图纸:显示整张图纸,系统将显示页面的大小调整到图纸大小。其功能与“适合文件”的不同之处在于只显示页面内的元件和图形,对超出页面范围的元件不显示,其页面大小是通过“设计”→“板参数选项”设置的。

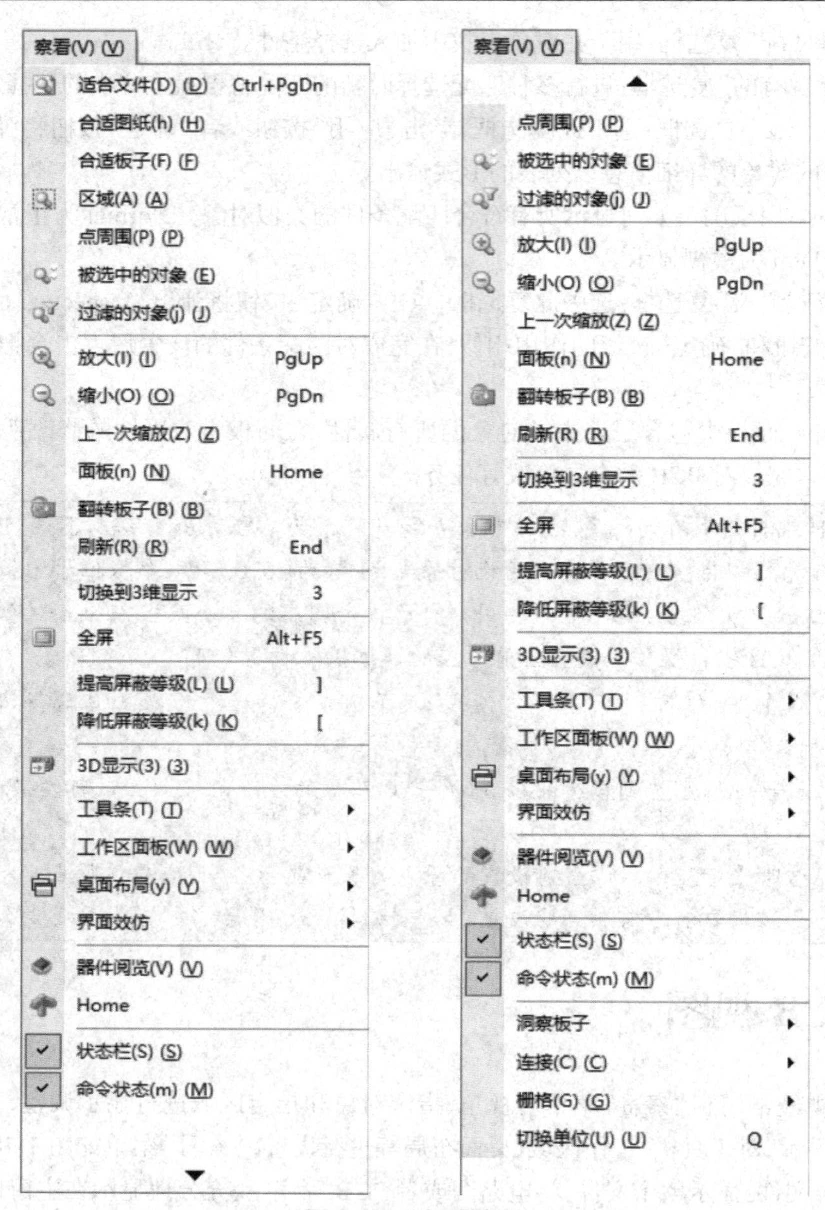

图 7-78 “察看”菜单

（3）适合板子：显示 PCB，显示的主体是 PCB，显示页面的大小只由 PCB 决定。

（4）区域：显示指定区域，对选中的区域进行显示。点击该选项后鼠标光标变为十字形状，选择要显示的工作区，系统只对所选中的区域进行显示。

（5）点周围：显示指定点周围的区域，对以选中的点为中心的矩形区域进行显示。

（6）被选中的对象：对选中的对象进行显示，对象可以是器件、过孔或者线。

（7）过滤的对象：对通过过滤的对象进行显示。

（8）放大：对视图内容进行放大。

(9)缩小:对视图内容进行缩小。

(10)上一次缩放:使视图内容恢复到上一次缩放的效果。

(11)翻转板子:将 PCB 翻转。

(12)刷新:系统进行刷新以得到最新的数据。

(13)切换到 3 维显示:一般显示为二维显示,点选此菜单项可以转换为三维显示。

(14)全屏:全屏显示。

(15)提高屏蔽等级:增大掩膜深度。

(16)降低屏蔽等级:减小掩膜深度。

(17)3D 显示:切换 3D 效果显示 PCB,如图 7-79 所示。

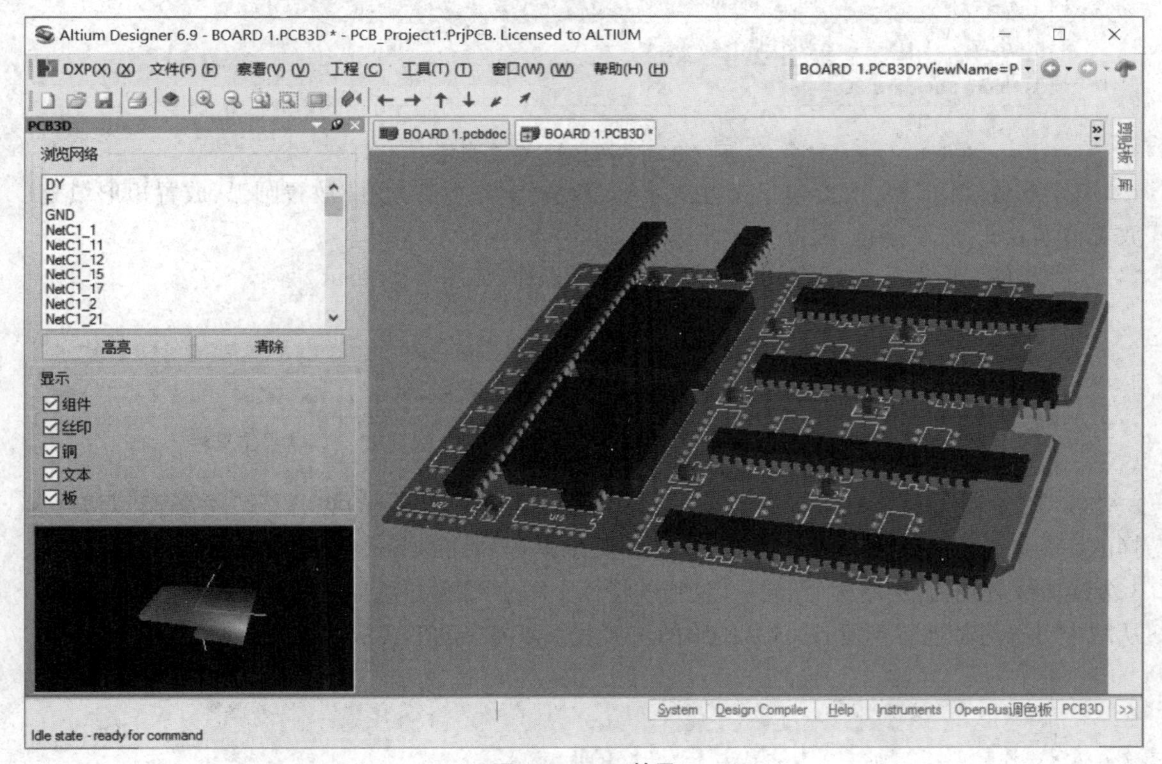

图 7-79 3D 效果

图 7-79 中显示的是系统生成的三维图形,在图中可以清楚地仿真出器件、丝印层、标注层、覆铜层和基板及其相对位置。

在图 7-79 所示的窗口左侧的功能区中可以实现对 PCB 显示的操作。在“浏览网络”中设置将电路板上被选中的网络高亮显示,在“显示”中有组件、丝印、铜、文本和板等五个复选框,可实现对勾选层的显示,在工作区的微缩窗口中可以通过抓取改变视角,实现观测 PCB 等功能。此外,在所生成的“*. PCB3D”文件中可以实现 3D 视图的放大、缩小、镜头的移动和区域显示等功能。“*. PCB3D”文件将自动添加到项目文件夹中。

(18)“工具条”子菜单项:用来改变工具栏中的条目,如图 7-80 所示。

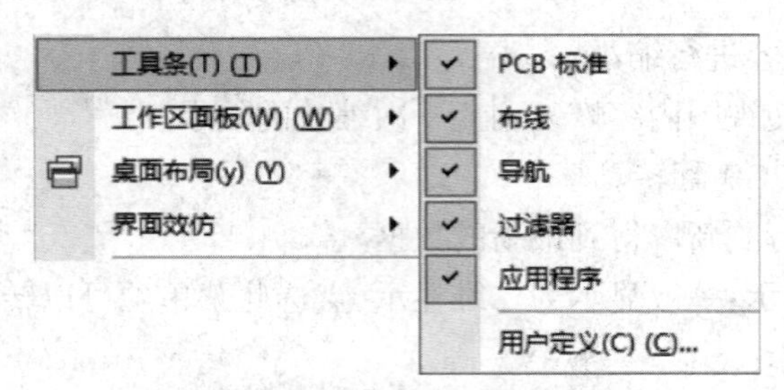

图 7-80 “工具条”子菜单项

①“PCB 标准”工具栏:如图 7-81 所示,包括对文件的操作等基本指令。

图 7-81 “PCB 标准”工具栏

②“布线”工具栏:主要包括交互式步线、放置焊盘、放置过孔、放置圆弧、放置矩形填充、放置覆铜表面、放置字符、放置元件等功能,如图 7-82 所示。

③“导航”工具栏:实现在几个文件间切换等操作,如图 7-83 所示。

图 7-82 “布线”工具栏　　图 7-83 “导航”工具栏

④“过滤器”工具栏:如图 7-84 所示, 3 个选择框为 3 种不同的滤出方式,系统将以最近选择的一个条件为标准对所设计的 PCB 进行过滤,并以高亮的形式将符合条件的项目输出。这 3 个选择框分别为:网络标号、元件名、线的特性。图 7-85 为过滤器选中 +5 V 网络的 PCB 图,从图中可以清楚地看到所有 +5 V 网络的连接线都以高亮的形式从背景中显现出来了。

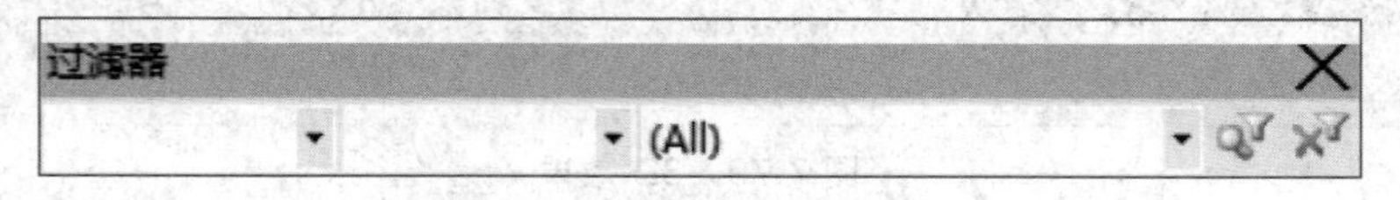

图 7-84 “过滤器”工具栏

⑤“应用程序”工具栏:集成了画图、排列、查找、度量、Room 空间的设置、网格的设置等功能,使用方便,如图 7-86 所示。

⑥用户定义:用户可以根据自己的使用情况来配置需要的工具栏和命令窗口,如图 7-87 和图 7-88 所示。

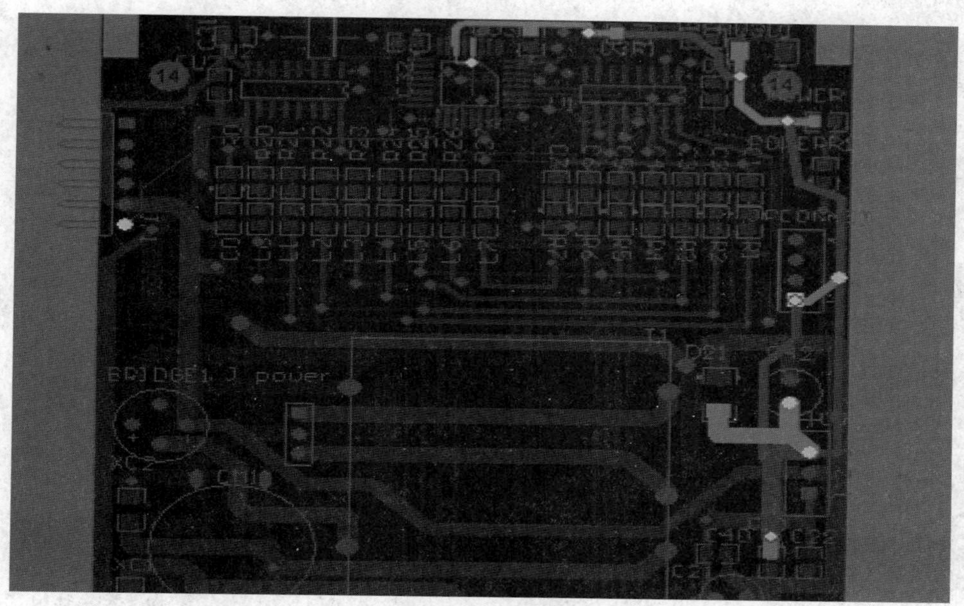

图 7-85 过滤效果

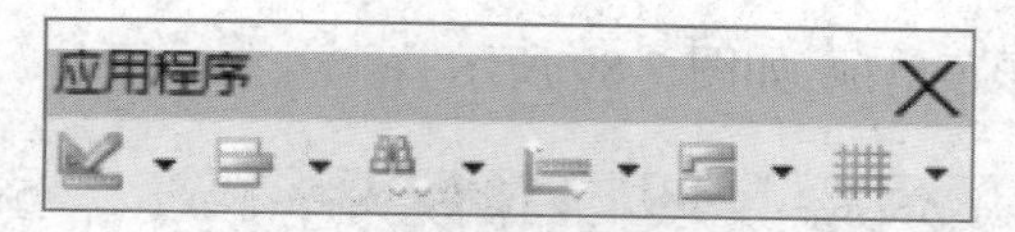

图 7-86 “应用程序”工具栏

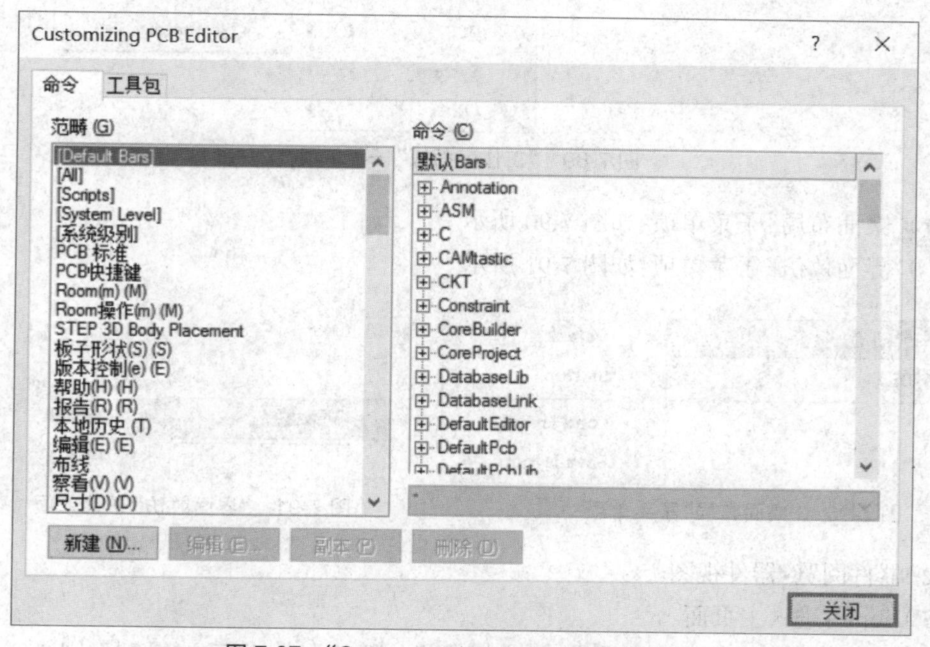

图 7-87 “Customizing PCB Editor”对话框 1

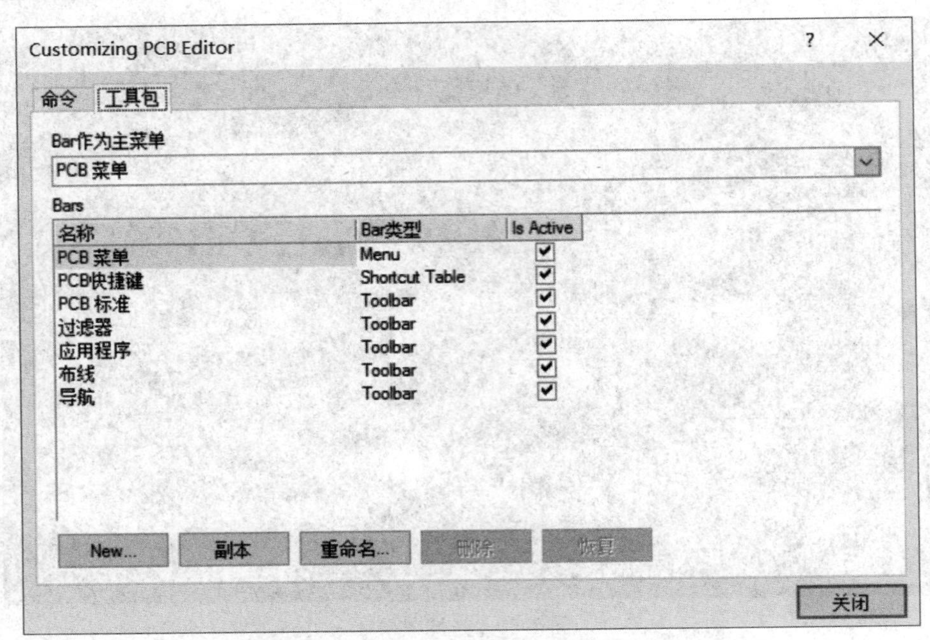

图 7-88 “Customizing PCB Editor”对话框 2

(19)“工作区面板”子菜单项:如图 7-89 所示。

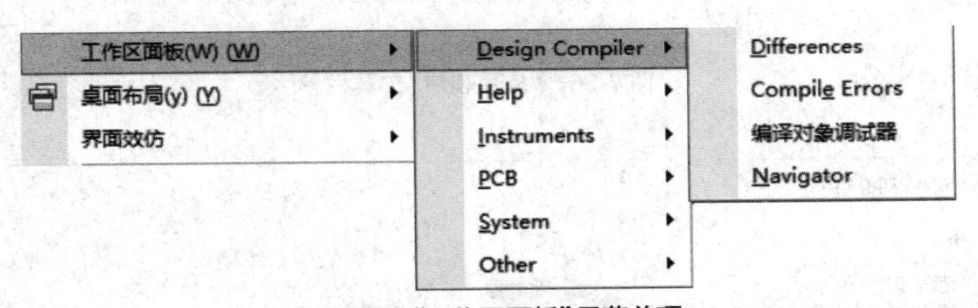

图 7-89 “工作区面板”子菜单项

(20)“桌面布局”子菜单项:如图 7-90 所示。

(21)“界面效仿”子菜单项:如图 7-91 所示。

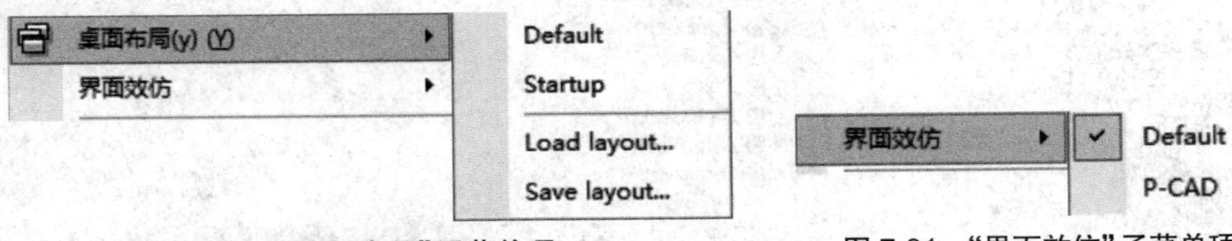

图 7-90 “桌面布局”子菜单项　　图 7-91 “界面效仿”子菜单项

(22)器件阅览:器件视图。

(23)Home:进入主页面。

(24)状态栏:对光标位置、栅格大小、光标所指位置的器件或痕迹的情况、网络标记、线宽等进行显示,位置在窗口的左下角,如图 7-92 所示。

图 7-92 状态栏

（25）命令状态：显示命令行，将当前的指令在命令行中进行显示，位于窗口的右下方，如图 7-93 所示。

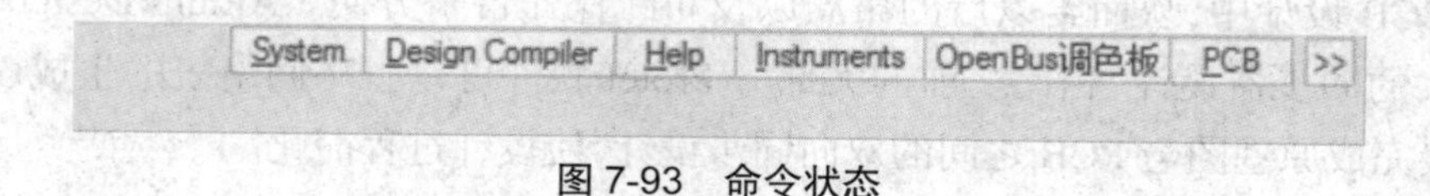

图 7-93 命令状态

（26）“洞察板子”子菜单项：切换洞察板子的不同角度，如图 7-94 所示。

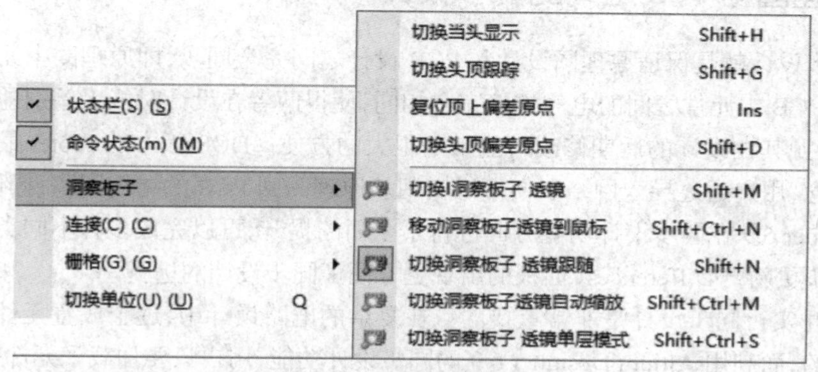

图 7-94 “洞察板子”子菜单项

（27）“连接”子菜单项：显示或隐藏不同的范围，如图 7-95 所示。

（28）“栅格”子菜单项：对栅格进行设置，如图 7-96 所示。

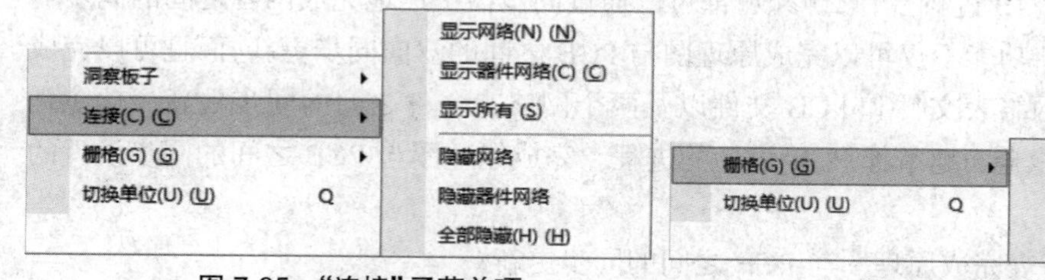

图 7-95 “连接”子菜单项

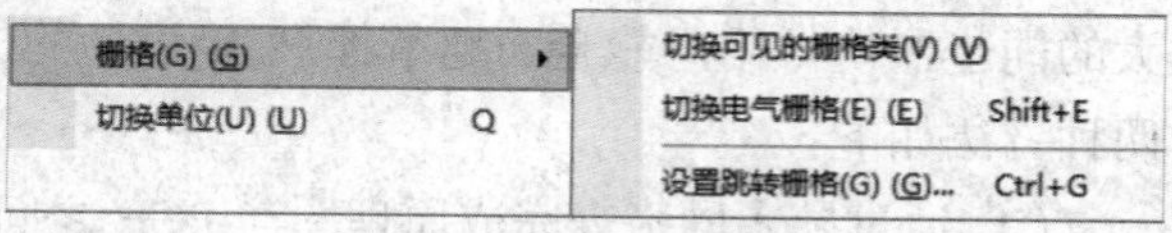

图 7-96 “栅格”子菜单项

①切换可见的栅格类：可见网格有线类型的和点类型的，该功能就是在这两种格式中进行切换。

②切换电气栅格：电气栅格用于方便地捕捉电气节点，该功能可实现对电气栅格模式的切换。

③设置跳转栅格：设定跳转栅格的最小分辨率，这会影响作图时的精细排布，点击后出现如图 7-97 所示的对话框，系统默认为 5 mil。

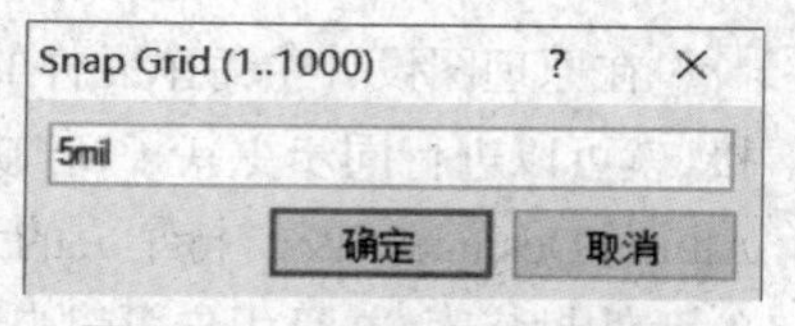

图 7-97 “Snap Grid”对话框

(29)切换单位:将状态栏中的所有单位在公制和英制间切换。

7.8 原理图与 PCB 同步更新

在利用原理图导入元件封装进行 PCB 设计时,通过同步更新可以将原理图中的网络信息完全导入 PCB 设计中,从而给以后的布局以及布线操作带来方便。Altium Designer 6.9 提供了功能强大的同步器设计,相比之前的大部分 Protel 软件可以省略网络表的生成以及导入等操作而直接完成原理图与 PCB 之间的双向同步设计,使设计过程简化。

下面介绍使用同步器完成原理图和 PCB 之间的双向同步设计。

7.8.1 原理图与 PCB 之间的同步设计

所谓同步设计就是保证原理图设计和 PCB 设计之间完全同步,即原理图中元件之间的电气连接要与 PCB 中元件之间的电气连接完全相同,使得两者在设计时能无差别地表达设计理念,这项功能尤其在设计的后期修改时能带来很大的方便。DOS 版本的 Protel 最先提出了同步设计的概念,用户通过导入网络表便可以实现从原理图到 PCB 的单向同步,操作相对烦琐。Altium Designer 6.9 在同步设计功能方面进行了全面的提升,可以完成多种不同类型的文档之间的双向同步更新,"Differences"面板的出现更方便了同步设计的进行。

在设计时实行同步设计是非常重要的。在复杂的电路设计中,逐个放置元件封装模型无疑是不可取的,而利用 Altium Designer 6.9 的同步设计功能,用户只要加载了元件封装库,然后通过软件的同步更新功能即可将原理图中的所有元件封装模型自动地放入 PCB 中。同步设计可以将原理图的所有网络信息导入 PCB 中,PCB 中的网络连接关系与原理图完全相同。用户可以根据导入的网络进行布线操作。同步设计可以完成原理图与 PCB 之间的双向同步,无论用户对原理图或者 PCB 进行了什么修改,都可以通过同步器快速地完成两者之间的同步更新。同步器的同步更新功能不仅可以完成原理图与 PCB 之间的双向同步更新,而且可以完成任意两个 PCB 文档、网络表文件和 PCB 文件以及两个网络表文件之间的同步更新。功能强大的同步器使得用户能全面地掌控 PCB 设计的进程。完成原理图与 PCB 之间的同步设计的两种方法如下:

(1)通过导入网络表完成原理图与 PCB 之间的同步更新;

(2)使用同步器完成原理图与 PCB 之间的同步更新。

7.8.2 装载 PCB 元件封装库

在原理图设计中每个元件的封装模型都完全加载到了当前的设计中并保证有效的电气连接,就可以进行同步更新了,若缺少某一个元件的封装模型,在同步更新时就会出现错误提示。Altium Designer 6.9 支持集成的元件库,除了集成的元件库外,Altium Designer 6.9 也支持单独的元件封装库,并且用户可以自制元件封装库,并加载到设计中。如果用户在进行原理图的设计时使用的是集成的元件库中的元件,那么相应的元件封装库则可认为已经自动载入了,这时在进行 PCB 设计之前就可以忽略元件封装库的加载。如果原理图中存在着不是集成的元件库中的元件,用户就需要单独进行元件封装库的加载。加载元件封装库的方法与加载其他库文件的方法完全相同,这里不再重复说明。

7.8.3 设置同步比较规则

完成了元件封装库的加载后,用户再对同步比较规则进行设置就可以完成原理图与 PCB 的同步更新了。点击"工程"→"工程参数"菜单项进入"Options for PCB Project…"对话框,选择"Comparator"选项卡,即可对同步比较规则进行设置,如图 7-98 所示。

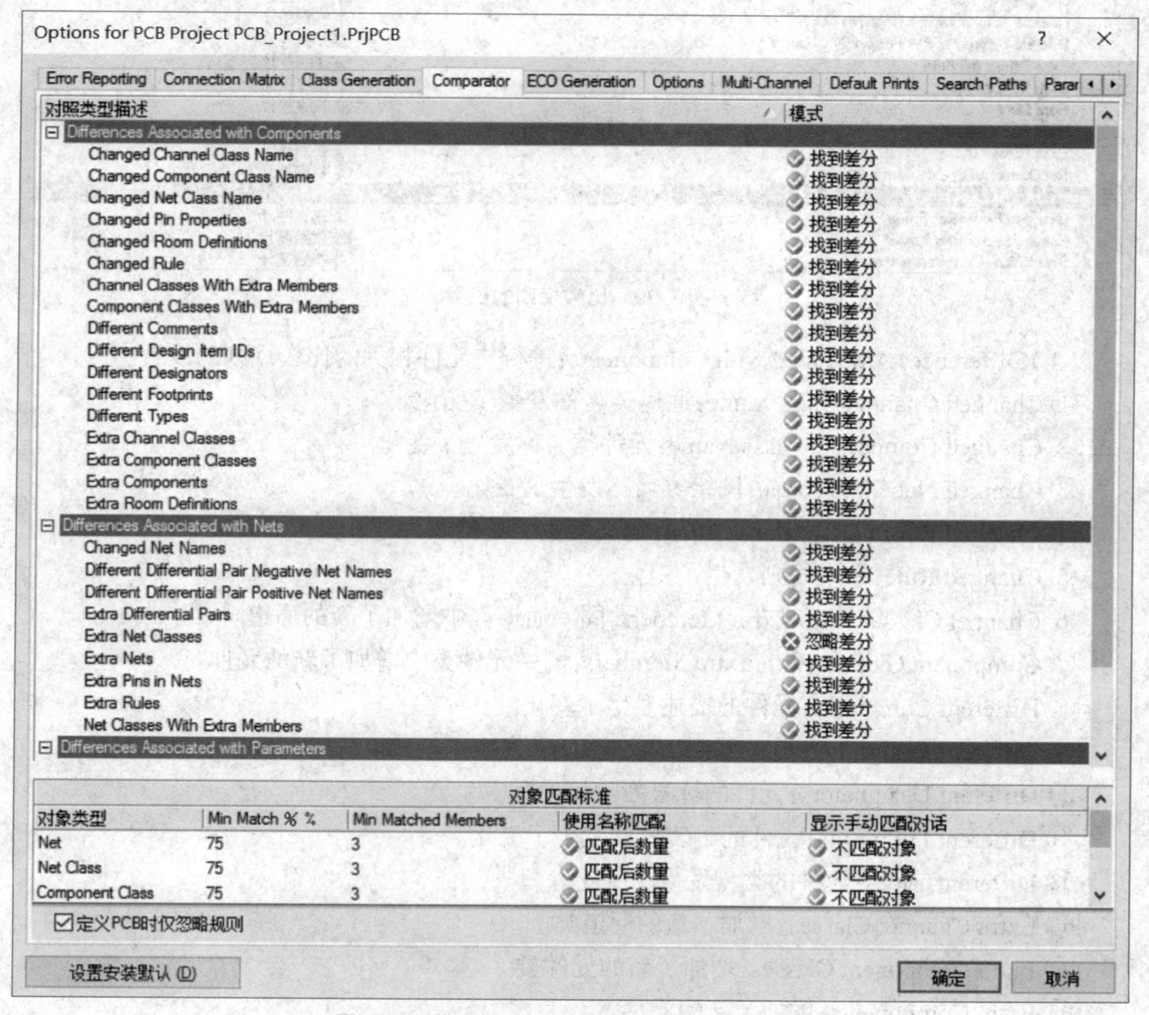

图 7-98 "Options for PCB project…"对话框

1."对照类型描述"列表框

该列表框中列出了项目设计中所有的同步比较规则,分为 3 类：Components(元件)、Nets(网络)和 Parameters(参数)。每一类中都包含了多个比较规则,用户可以单击每一项的"模式”项进行比较规则的设置，如图 7-99 所示。

（1）忽略差分：进行同步更新时将忽略此内容的更新。

（2）找到差分：进行同步更新时将在更新报告中显示此处的不同。

下面对各项比较规则进行介绍。

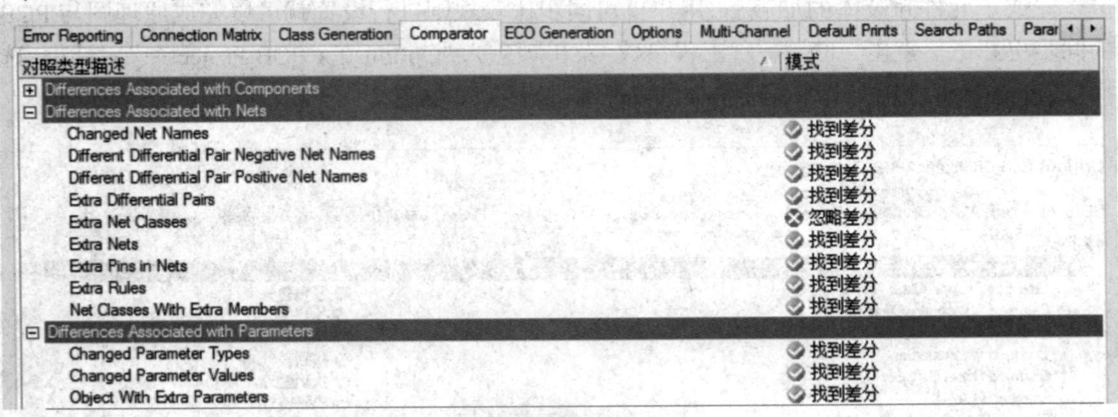

图 7-99 比较规则的设置

（1）Differences Associated with Components：进行与元件相关的比较规则的设置。

① Changed Channel Class Name：通道类名称发生了变化。

② Changed Component Class Name：元件类名称发生了变化。

③ Changed Net Class Name：网络类名称发生了变化。

④ Changed Room Definitions：Room 定义发生了变化。

⑤ Changed Rule：布线规则发生了变化。

⑥ Channel Classes With Extra Members：同一通道类中增加了新的通道。

⑦ Component Classes With Extra Members：同一元件类中增加了新的元件。

⑧ Different Comments：元件的描述发生了变化。

⑨ Different Design Item IDs：设计对象的 ID 号发生了变化。

⑩ Different Designators：元件的标号发生了变化。

⑪ Different Footprints：元件的封装模型发生了变化。

⑫ Different Types：元件的类型发生了变化。

⑬ Extra Channel Classes：增加了新的通道类。

⑭ Extra Component Classes：增加了新的元件类。

⑮ Extra Components：增加了新的元件。

⑯ Extra Room Definitions：增加了新的 Room 定义。

（2）Differences Associated with Nets：进行与网络相关的比较规则的设置。

① Changed Net Names：网络名称发生了变化。

② Extra Net Classes：增加了新的网络类。

③ Extra Nets：增加了新的网络。

④ Extra Pins in Nets：网络中增加了新的引脚。

⑤ Extra Rules：增加了新的布线规则。

⑥ Net Classes With Extra Members：同一网络类中增加了新的网络。

（3）Differences Associated with Parameters：进行与参数相关的比较规则的设置。当前原理图与 PCB 图中的参数不同。

① Changed Parameter Types：参数类型发生了变化。

② Changed Parameter Values：参数值发生了变化。

③ Object With Extra Parameters：对象增加了新的参数。

④ Object Matching Criteria：对象匹配的标准。

2.“对象匹配标准”列表框

在该列表框中用户可以对网络、网络类以及元件类的匹配标准进行设置，点击每一项对应的设置块即可完成对象匹配的详细设置。对还没有完成匹配的对象，用户还可以设置是否“显示手动匹配对话框”以进行匹配信息的设置，如图 7-100 所示。

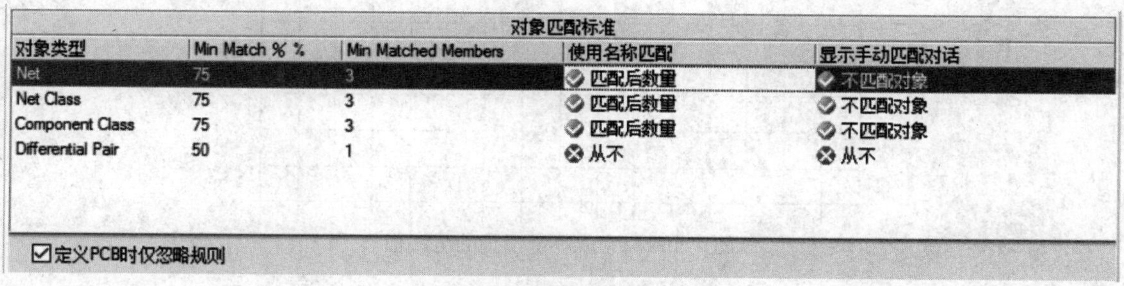

对象匹配标准				
对象类型	Min Match % %	Min Matched Members	使用名称匹配	显示手动匹配对话
Net	75	3	匹配后数量	不匹配对象
Net Class	75	3	匹配后数量	不匹配对象
Component Class	75	3	匹配后数量	不匹配对象
Differential Pair	50	1	从不	从不

☑定义PCB时仅忽略规则

图 7-100　“对象匹配标准”列表框

在图 7-98 所示的对话框中点击“设置安装默认”按钮即可恢复该对话框的缺省设置。在缺省状态下，“对照类型描述”列表框中所有比较规则的“模式”都为“找到差分”状态。最后点击“确定”按钮即可完成同步比较规则的设置。

7.8.4　同步更新的实现

原理图和 PCB 的同步更新可以通过两种方式完成，一种是通过导入网络表，另一种是通过同步器。由于同步器的使用更加方便、快捷，所以在 Altium Designer 6.9 软件中设计者取消了导入网络表的功能，在 Altium Designer 6.9 中完成同步更新就必须使用同步器。通过网络表可以将原理图和 PCB 用于其他 EDA 软件中。

图 7-101 所示是一个简单的运放应用电路图，图 7-102 所示为刚完成电路板环境设计的 PCB 图。下面介绍通过 Altium Designer 6.9 的同步器完成原理图与 PCB 之间的同步更新的步骤。

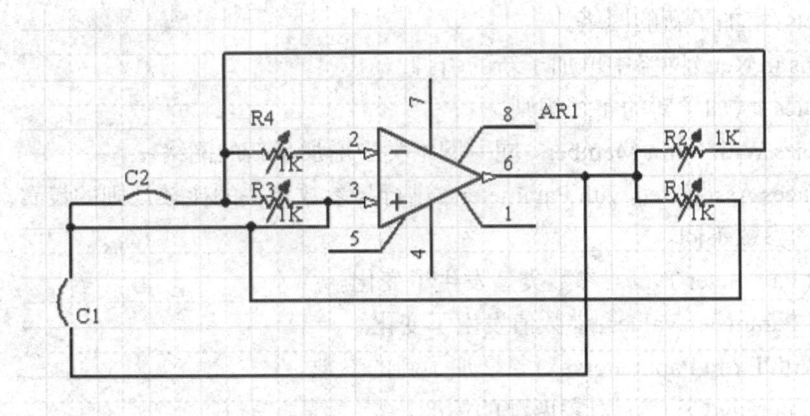

图 7-101 运放应用电路图

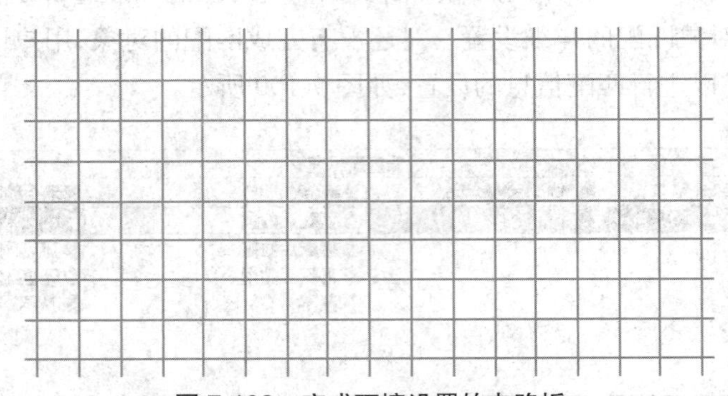

图 7-102 完成环境设置的电路板

在进行同步更新时，首先应确保原理图和 PCB 文件在同一个项目文件中，并且该项目中只有唯一实体的原理图和 PCB 文件，然后就可以利用 Altium Designer 6.9 的同步器完成原理图与 PCB 之间的同步了，方法有以下 3 种：

（1）在原理图编辑界面点击“设计”→“Update PCB Document...”菜单项；

（2）在 PCB 编辑界面点击“设计”→“Import Changes From...”菜单项；

（3）在原理图或者 PCB 编辑界面点击“工程”→“显示差异”菜单项。

采用这 3 种方法完成的同步更新基本相同，只是第 3 种方法适用范围比较广并且需要进行更新文档的设置。下面以第 1 种和第 3 种方法为例介绍同步更新的具体步骤。

7.8.5 原理图编辑界面完成的同步更新

具体操作步骤如下。

（1）打开原理图文件，使之处于当前的工作窗口中，同时应保证对应的 PCB 文件也处于打开状态。

（2）在原理图编辑界面点击“设计”→“Update PCB Document *.PCBDOC”菜单项，系统将对原理图和 PCB 图的网络表进行比较，然后弹出一个“工程上改变清单”（Engineering Change

Order,ECO)对话框,如图 7-103 所示。

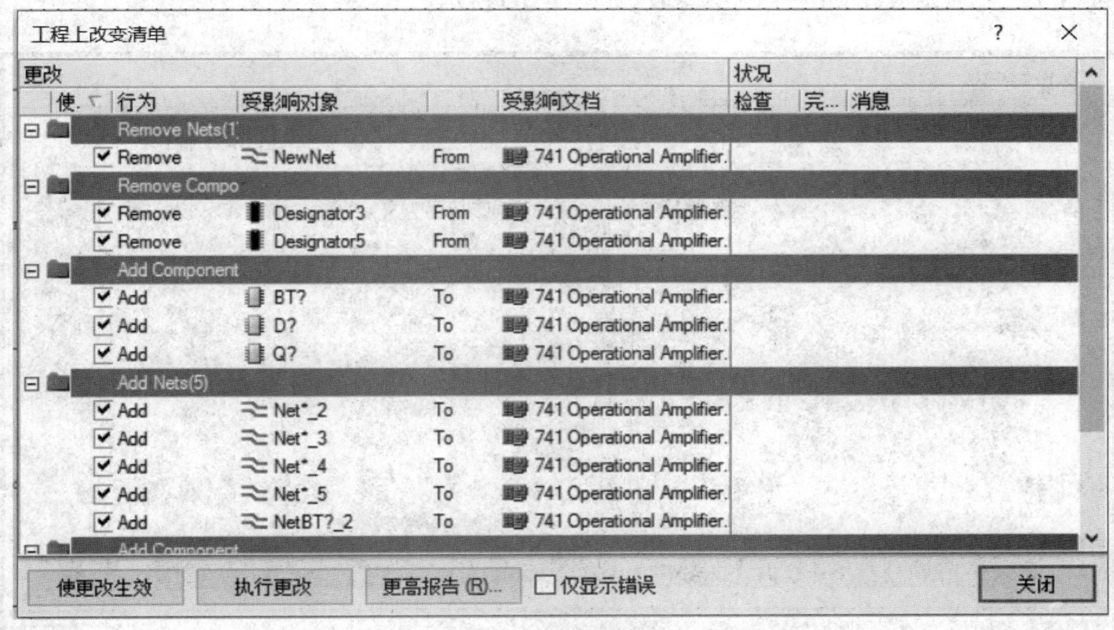

图 7-103 “工程上改变清单”对话框

(3)点击“使更改生效”按钮,系统将扫描所有的改变并查看能否在 PCB 上执行所有的改变,扫描结果将在“检查”栏中显示,如图 7-104 所示。表示该更新操作可以完成;而说明此改变是不可执行的,用户需要查看出现错误的原因并进行修改才能更新。

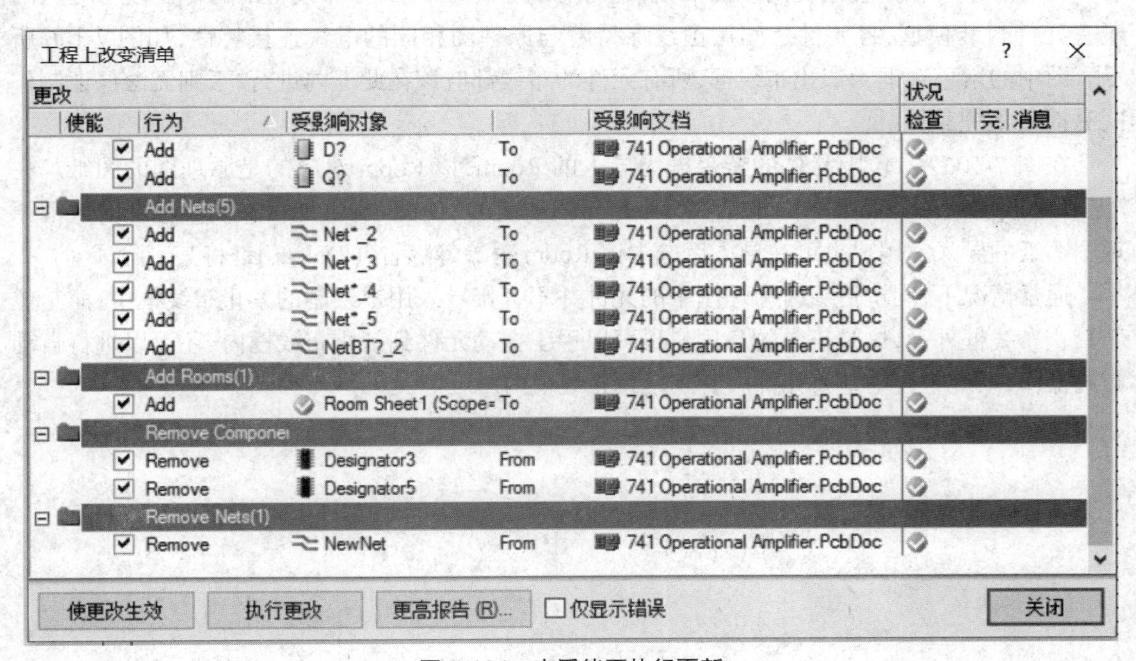

图 7-104 查看能否执行更新

(4)进行合法性校验后点击“执行更改”按钮,系统将完成网络表的导入,将在每一项对应的“完成”栏中显示✓标记提示导入成功,如图 7-105 所示。

工程上改变清单

使.	行为	受影响对象		受影响文档	检查	完成	消息
✓	Remove	Designator5	From	741 Operational Amplifier.	✓	✓	
	Add Component						
✓	Add	BT?	To	741 Operational Amplifier.	✓	✓	
✓	Add	D?	To	741 Operational Amplifier.	✓	✓	
✓	Add	Q?	To	741 Operational Amplifier.	✓	✓	
	Add Nets(5)						
✓	Add	Net*_2	To	741 Operational Amplifier.	✓	✓	
✓	Add	Net*_3	To	741 Operational Amplifier.	✓	✓	
✓	Add	Net*_4	To	741 Operational Amplifier.	✓	✓	
✓	Add	Net*_5	To	741 Operational Amplifier.	✓	✓	
✓	Add	NetBT?_2	To	741 Operational Amplifier.	✓	✓	
	Add Component						
✓	Add	Sheet1	To	741 Operational Amplifier.	✓	✓	
	Add Rooms(1)						
✓	Add	Room Sheet1 (Scop	To	741 Operational Amplifier.	✓	✓	

使更改生效　执行更改　更高报告(R)...　☐仅显示错误　关闭

图 7-105　完成网络表的导入

(5)点击“更高报告”按钮,生成 ECO 报表文件。

(6)点击“关闭”按钮关闭该对话框,这时可以看到在 PCB 图布线框的右侧出现了导入的所有元件封装模型,各元件之间用虚线保持着与原理图相同的电气连接特性,如图 7-106 所示。图中的紫色边框为禁止布线框,所有元件的布线都应该在此框内进行,否则无法保证制作 PCB 时线的完整性。

在图 7-106 中,包围元件的紫色框为导入的 Room,该 Room 对应的是原理图的图纸。在“工程上改变清单”对话框中,取消“Room pcb1”项前的“使能”属性即可在同步更新时取消原理图图纸的导入。用户也可在导入后选中该 Room 对象,然后按【Delete】键将其删除。

通常情况下,同步更新时原理图中的元件并不直接导入用户绘制的禁止布线框中,而是位于禁止布线框外面,这是正常的。用户也可以手工拖动元件到禁止布线框内,还可以进行自动布局操作,系统将自动地将元件放置到禁止布线框内。

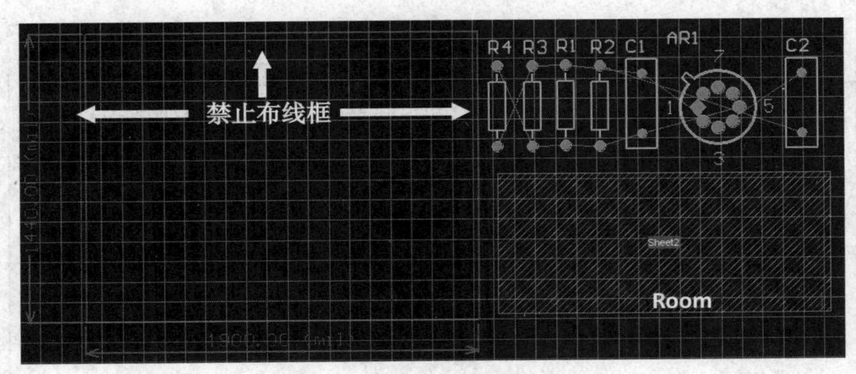

图 7-106 执行更新后的结果

7.8.6 “显示差异”菜单项完成的同步更新

具体操作步骤如下。

在原理图或者 PCB 编辑界面中点击“工程”→“显示差异”菜单项弹出“选择文档比较”对话框。不选中“高级模式”复选框时,对话框中仅仅列出可以与当前工作窗口打开的文件进行同步更新的文件,如图 7-107 所示。选中对话框左下角的“高级模式”复选框时,该对话框将列出当前项目组中的所有文件,即左侧的“Projects”面板中列出的所有文件,如图 7-108 所示。在高级模式下,该菜单项完成的同步更新可以是原理图与 PCB 文件之间,两个 PCB 文件之间,网络表文件和 PCB 文件之间,也可以是两个网络表文件之间。

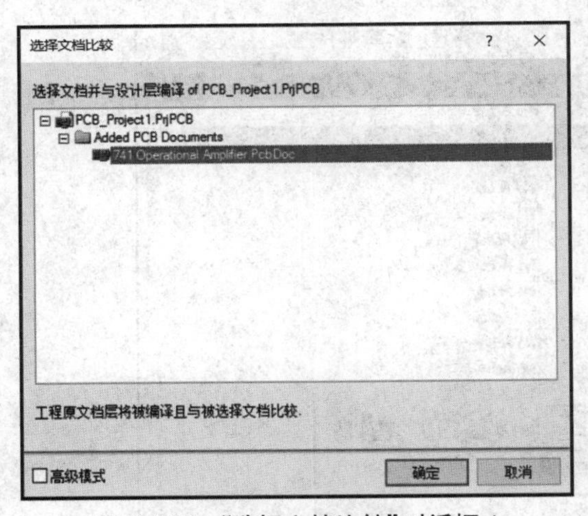

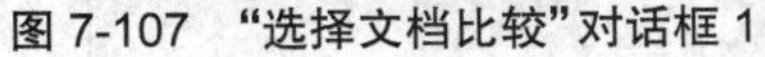

图 7-107 “选择文档比较”对话框 1

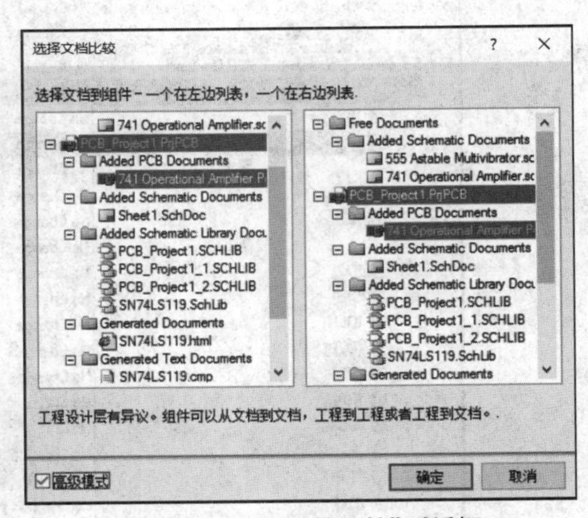

图 7-108 “选择文档比较”对话框 2

(1)选中要进行同步更新的两个文件,然后点击“确定”按钮,弹出如图 7-109 所示的对话框。

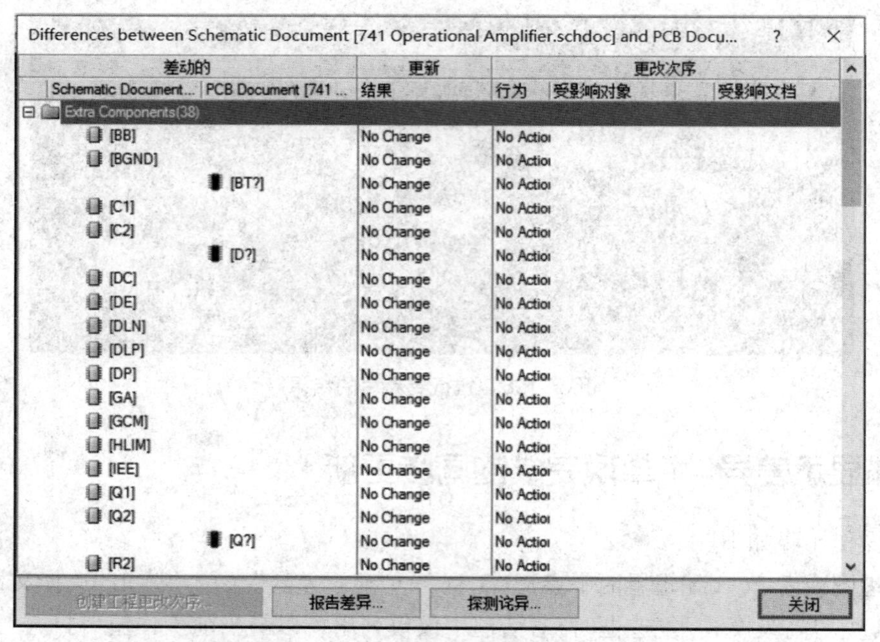

图 7-109 "Differences between Schematic Document...and..."对话框

（2）在要进行更新的某一项对应的"更新"栏中单击鼠标左键，将弹出如图 7-110 所示的更新图示，用户可以选择更新原理图还是更新 PCB，或者不进行任何操作。

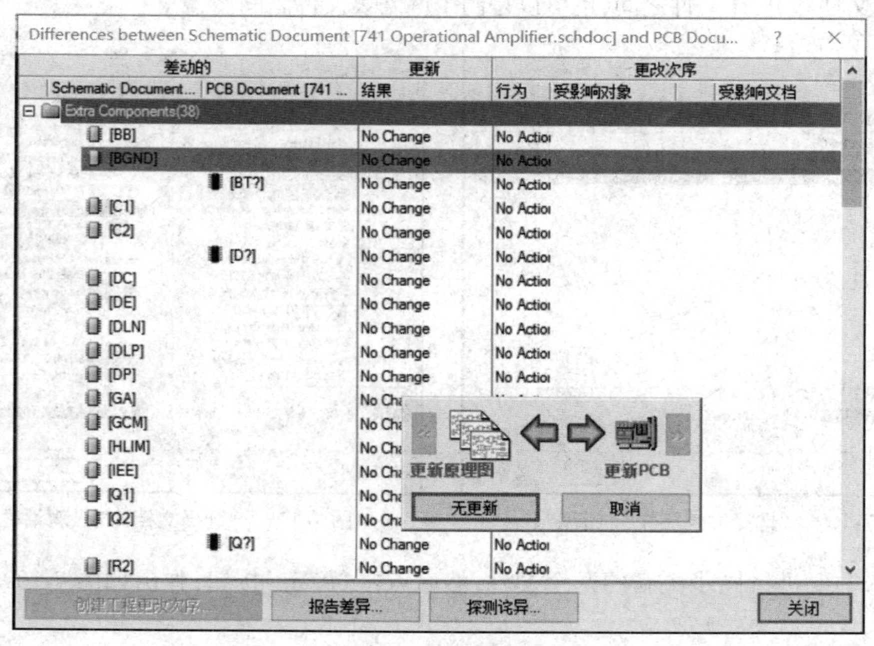

图 7-110 设定更新方向

（3）用户还可以在对话框中通过单击鼠标右键弹出的快捷菜单快速完成更新方向的设置，如图 7-111 所示。

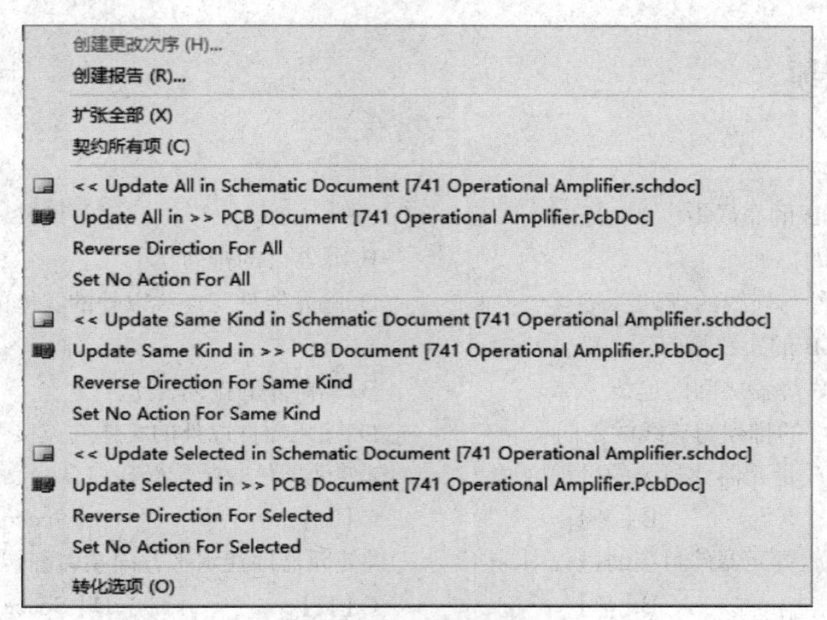

图 7-111　右键快捷菜单

（4）完成更新设置后，点击“创建工程更改次序”按钮即可进入“工程上改变清单”对话框，如图 7-112 所示，接下来的步骤与第 1 种更新方法完全相同，这里不再赘述。

工程上改变清单

使.	行为	受影响对象		受影响文档	检.	完.	消息
Remove Nets(1)							
✓	Remove	NewNet	From	741 Operational Am			
Add Components(4)							
✓	Add	BT?	To	741 Operational Am			
✓	Add	D?	To	741 Operational Am			
✓	Add	Q?	To	741 Operational Am			
✓	Add	RL	To	741 Operational Am			
Add Nets(27)							
✓	Add	GND	To	741 Operational Am			
✓	Add	INPUT	To	741 Operational Am			
✓	Add	INVERTING	To	741 Operational Am			
✓	Add	N1	To	741 Operational Am			
✓	Add	N2	To	741 Operational Am			
✓	Add	N3	To	741 Operational Am			
✓	Add	N4	To	741 Operational Am			

使更改生效　执行更改　更高报告 (R)...　仅显示错误　关闭

图 7-112　“工程上改变清单”对话框

关键词： 建立 PCB 文件，放置元件，封装导入布局，布线，元件载入，编辑命令，视图命令

习　题

1. 选择题

7-1　PCB 的布局指(　　)。

A. 连线的排列　B. 元器件的排列　C. 元器件与连线的排列　D. 除元器件与连线以外的实体的排列

7-2　PCB 的布线指(　　)。

A. 元器件焊盘之间的连线　B. 元器件的排列　C. 元器件的排列与连线的走向　D. 除元器件以外的实体的连接

7-3　在放置元器件封装的过程中,按(　　)键使元器件封装旋转。

A.【X】　B.【Y】　C.【L】　D.【Space】

7-4　在放置元器件封装的过程中,按(　　)键使元器件在水平方向左右翻转。

A.【X】　B.【Y】　C.【L】　D.【Space】

7-5　在放置元器件封装的过程中,按(　　)键使元器件在竖直方向上下翻转。

A.【X】　B.【Y】　C.【L】　D.【Space】

7-6　在放置元器件封装的过程中,按(　　)键使元器件封装从顶层移到底层。

A.【X】　B.【Y】　C.【L】　D.【Space】

7-7　在放置导线的过程中,可以按(　　)键取消前一段导线。

A.【Back+Space】　B.【Enter】　C.【Shift】　D.【Tab】

7-8　在放置导线的过程中,可以按(　　)键切换布线模式。

A.【Back+Space】　B.【Enter】　C.【Shift+Space】　D.【Tab】

2. 简答题

7-9　进行交互式布局时应注意哪些问题?

7-10　进行自动布局时应注意哪些问题?

7-11　手工布线时应注意哪些问题?

3. 画图题

7-12　试设计下图所示电路的电路板。设计要求:

(1)使用单层电路板;

(2)电源地线的铜膜线宽度为 50 mil;

(3)一般布线的宽度为 25 mil;

(4)人工放置元件封装;

(5)人工连接铜膜线;

(6)布线时考虑只能单层走线。

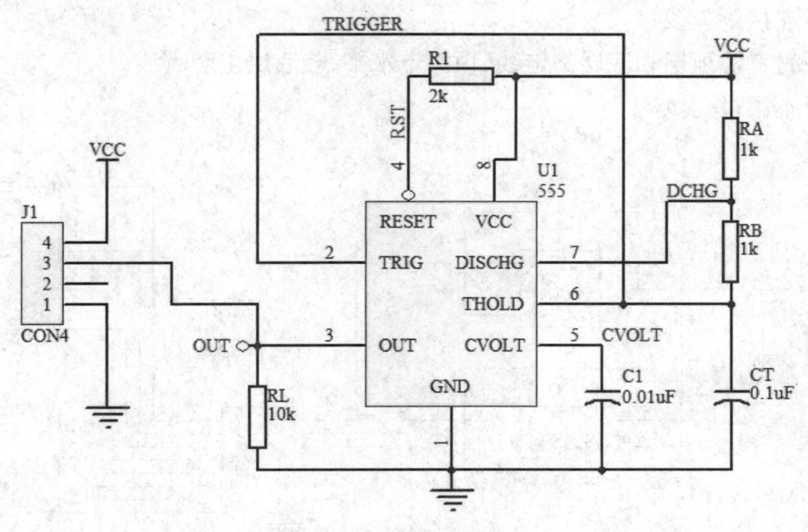

题 7-12 原理图

（注：单层电路的顶层为元件面，底层为焊接面，还需要有丝印层、底层阻焊膜层、禁止层和穿透层；布线时只要在底层布就可以了，线宽可以在铜膜线属性中设置。）

参考电路板图如下图所示。

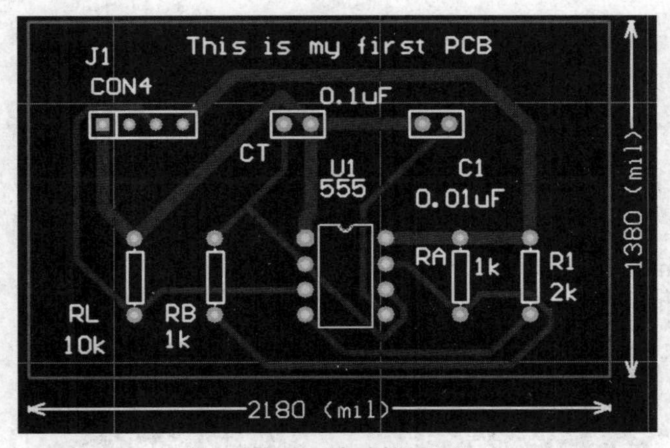

题 7-12 电路板图

（注：画电路板图时在更改线宽属性前需要更改最大线宽值。首先选择“Design”→“Rules”菜单，然后在弹出的窗口中选择“Routing”页面，再在“RuleClasses”下拉框中选择“Width Constraint”规则，点击该规则窗口中的“Properties”按钮，弹出设置窗口，在该窗口中将“Maximum Width”设置为 100 mil。如果不设置该规则，就不能将线宽改大。）

7-13　计数译码电路如下图所示，试设计该电路的电路板。设计要求：

（1）使用双层电路板；

（2）电源地线的铜膜线宽度为 25 mil；

（3）一般布线的宽度为 10 mil；

（4）人工放置元件封装，并排列元件封装；

(5)人工连接铜膜线;

(6)布线时考虑顶层和底层都走线,顶层走水平线,底层走竖直线;

(7)尽量不用过孔。

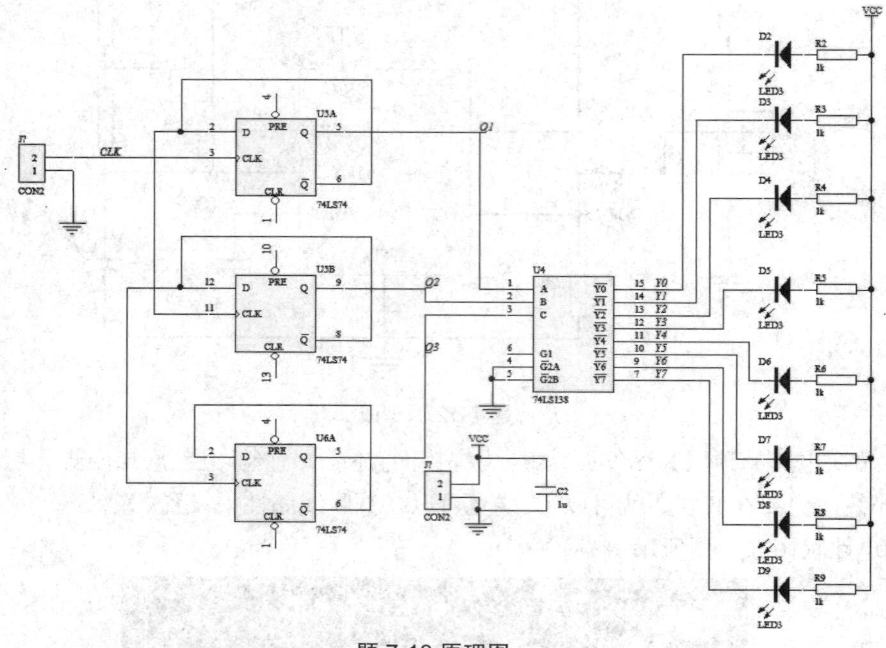

题 7-13 原理图

(注:画电路板图时在更改线宽属性前需要更改最大线宽值。首先选择“Design”→“Rules”菜单,然后在弹出的窗口中选择“Routing”页面,再在“RuleClasses”下拉框中选择“Width Constraint”规则,点击该规则窗口中的“Properties”按钮,弹出设置窗口,在该窗口中将“Maximum Width”设置为 100 mil。如果不设置该规则,就不能将线宽改大。)

参考电路板如下图所示。

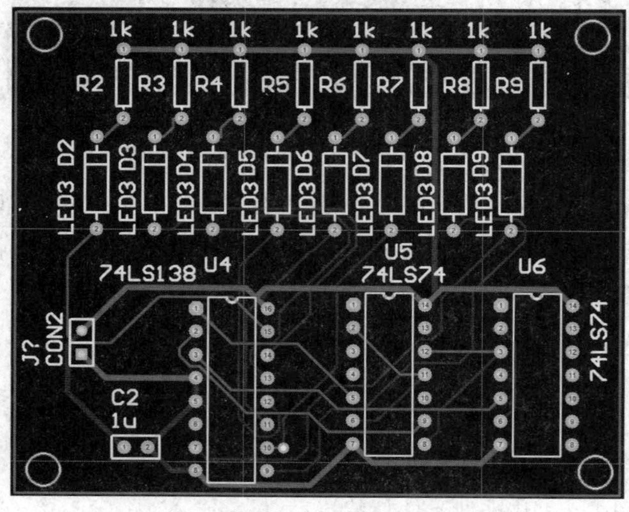

题 7-13 电路板图

8　PCB 设计规则及后期处理

本章重点介绍 PCB 的设计规则、项目选项设置以及设计规则检查。PCB 的设计规则包括对走线和制造等各方面的设置。这些规则有的可以使用默认值，有的必须根据具体环境进行设置。完成 PCB 布线之后，还要进行设计规则检查，并改正出现的错误。电路板的后期处理主要为生产过程服务。Altium Designer 6.9 提供了 3D 显示功能，使用该功能可以清晰地显示 PCB 制作以后的三维立体效果，还可以生成报表文件，为用户提供有关设计过程及设计内容的详细资料。

8.1　PCB 设计规则

PCB 设计是通过放置元件、连线、过孔以及其他实体完成的。这些实体必须放置在工作区，元件不能重叠，网络不能短路，不同网络的布线可以有不同的宽度，一些网络要求布线长度相同，一些网络要求有固定的阻抗值等。如果让设计者通过手动的方法调整 PCB 以满足相应的要求，工作量非常大，也不可靠。在 Altium Designer 6.9 中，只要将这些设计要求通过设计规则告诉 PCB 编辑器，在设计过程中系统就会自动检测设计实体的放置是否满足规则，若违反规则，该实体会自动高亮显示。设计规则设置的好坏决定了 PCB 设计的好坏。

Altium Designer 6.9 系统的 PCB 编辑器是一个规则驱动环境，这意味着在电路板的设计过程中执行任何一个操作，如放置导线、移动元件、自动布线或手动布线等，都是在设计规则允许的情况下进行的，设计规则是否合理直接影响布线的质量和成功率。

Altium Designer 6.9 系统的 PCB 编辑器的设计规则覆盖了电气、布线、制造、放置、信号完整性等要求，但其中大部分都可以采用系统默认的设置。尽管这样，作为用户，熟悉这些规则还是必要的。

启动 Altium Designer 6.9，新建一个 PCB 文档，执行菜单命令“设计”→“规则”，可以弹出“PCB 规则及约束编辑器”对话框，如图 8-1 所示。

该对话框的左侧列出了所有设计规则类型，在此列表区域中用鼠标右键单击所需要的设计规则类型，弹出如图 8-2 所示的快捷菜单，可以进行以下编辑操作。

（1）新规则：新建设计规则。

（2）删除规则：删除选定的设计规则。

（3）报告：生成当前设计规则的报表文件。

（4）Export Rules：导出当前的设计规则。

图 8-1 “PCB 规则及约束编辑器”对话框

(5)Import Rules:导入已经设计过的设计规则。

对话框的右侧显示了对应规则的属性,包括设计规则中的电气特性、布线、电层和测试等参数。考虑到用户的实际需要,对经常用到的设计规则作详细介绍,设计规则的类别如图 8-3 所示。

图 8-2 快捷菜单

图 8-3 设计规则的类别

下面分类介绍设计规则中约束特性的含义和设置方法。

8.1.1　Electrical(电气)设计规则

Electrical 设计规则在电路板布线过程中所遵循的电气方面的规则包括 4 个方面,如图 8-4 所示。

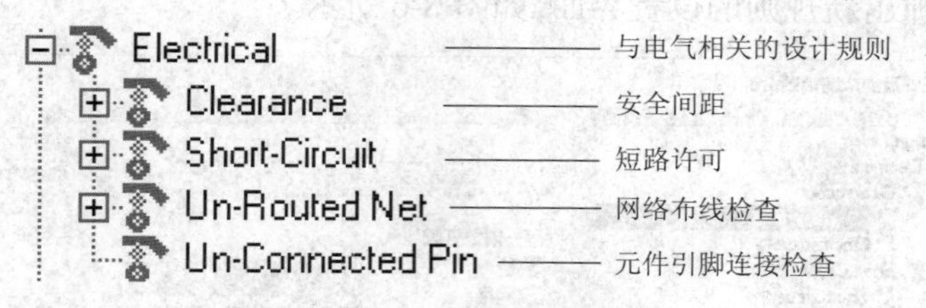

图 8-4 与电气相关的设计规则

1.“Clearance”(安全间距)设计规则

“Clearance”设计规则用于设定在 PCB 设计中,导线、导孔、焊盘、矩形敷铜填充等组件之间的最小安全距离。

单击“Clearance”设计规则,安全间距的各项规则的名称以树状结构的形式展开。系统默认的只有一个名称为“Clearance”的安全间距规则,用鼠标左键单击这个规则的名称,对话框右边的区域将显示这个规则的使用范围和约束特性,如图 8-5 所示。从图中可以看出,在默认的情况下整个电路板上的安全间距为 10 mil。

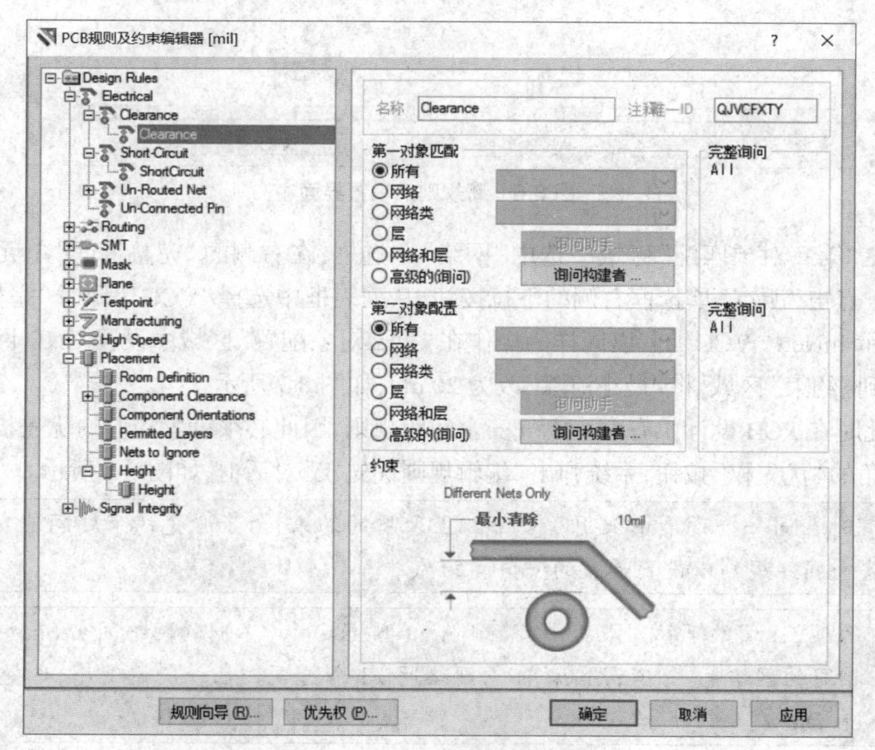

图 8-5　“Clearance”设计规则

【例 8-1】设置 VCC 网络和 GND 网络之间的安全间距为 20 mil。

具体步骤如下。

（1）在图 8-4 中的“Clearance”设计规则上单击鼠标右键，弹出修改规则的命令菜单，选择“新规则...”命令，则系统自动在“Clearance”的上面增加一个名称为“Clearance_l”的规则，单击“Clearance_l”，弹出新规则的设置界面，如图 8-6 所示。

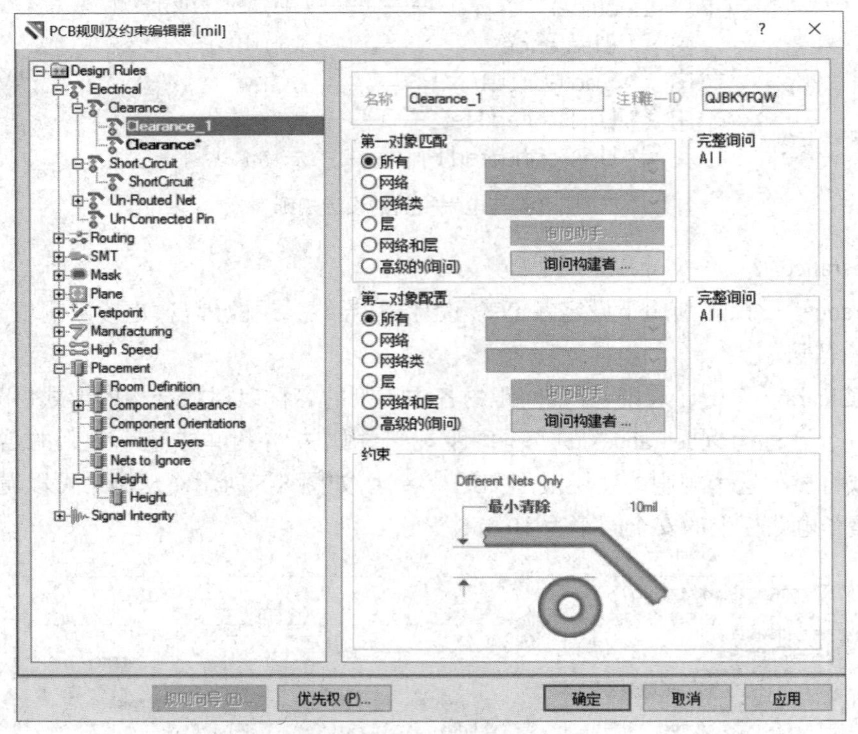

图 8-6　新规则的设置界面

（2）在“第一对象匹配”区域中选中“网络”单选框，在右侧的“完整询问”单元里会出现 InNet( )。点击“所有”单选框右侧的下拉按钮，从列表框中选择“VCC”，此时“完整询问”区域中会显示 InNet(‘VCC’)。以同样的操作在“第二对象配置”区域中设置 GND 网络。将鼠标光标移到“约束”区域，将“最小清除”改为 20 mil，如图 8-7 所示。

（3）此时在 PCB 设计中有两个电气安全间距规则，因此必须设置它们的优先权。点击对话框左下角的“优先权”按钮，系统弹出“编辑规则优先权”对话框，如图 8-8 所示。

> **！注意：**有时在同一个设计中采用了多个相互矛盾的约束，为了避免约束之间冲突的情况，安全间距规则以设置最大的安全间距为准。

> **！提示：**“约束”区域的下拉列表框中有 Different Nets Only（不同的网络间）、Same Net Only（相同的网络间）、Any Net（任意网络间）3 个选项。在一般情况下，选择 Different Nets Only。

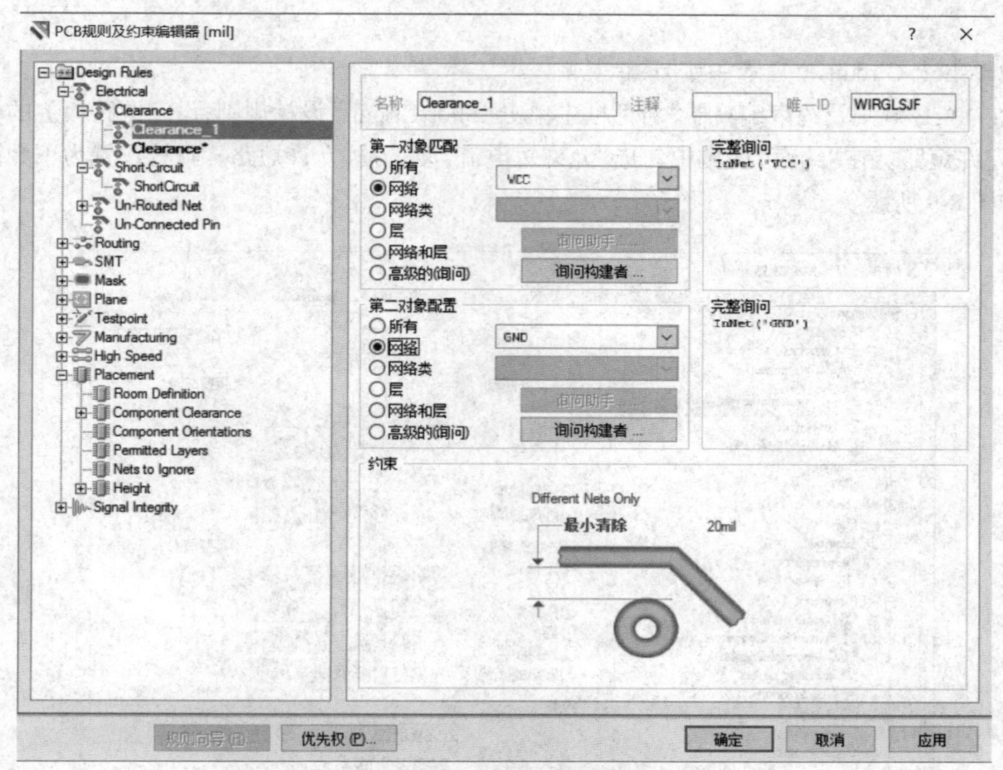

图 8-7　设置新规则的范围和约束

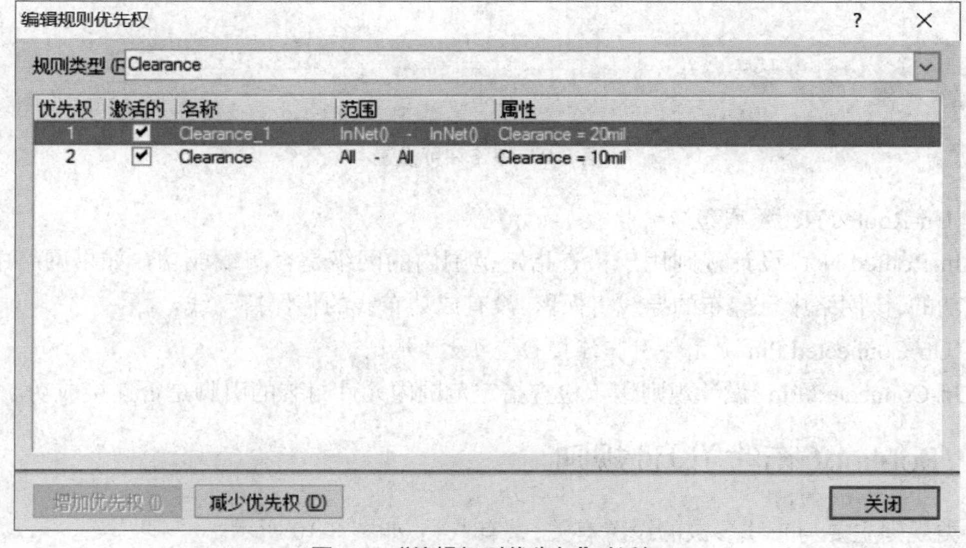

图 8-8　“编辑规则优先权”对话框

(4)点击“增加优先权”和“减少优先权”这两个按钮,就可改变布线中规则的优先次序。设置完毕后,关闭对话框。

(5)点击“应用”按钮,保存规则设置。新的规则和设置自动保存并在布线时起到约束作用。

2. “Short-Circuit”（短路许可）设计规则

在“PCB 规则及约束编辑器”对话框中单击“ShortCircuit”设计规则，设定电路板上的导线是否允许短路。在“约束”区域中勾选“允许短电流”复选框，允许短路。默认设置为不允许短路，如图 8-9 所示。

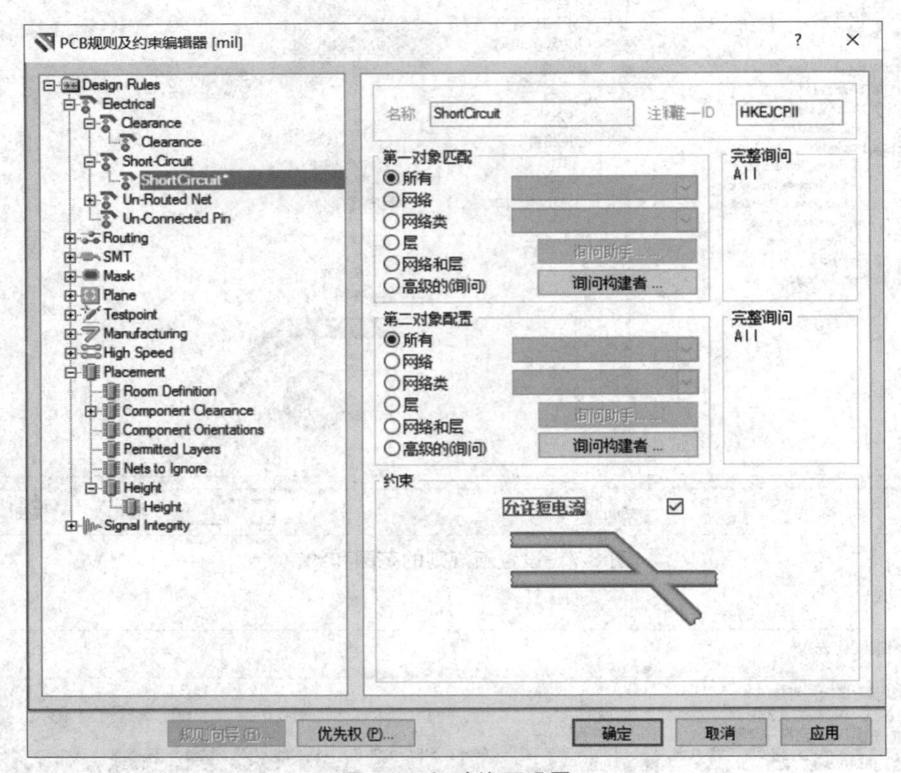

图 8-9 短路许可设置

3. “Un-Routed Net”（网络布线检查）设计规则

“Un-Routed Net”设计规则用于检查指定范围内的网络是否布线成功。如果网络中有布线不成功的，该网络中已经布的导线将保留，没有成功布线的将保持飞线。

4. “Un-Connected Pin”（元件引脚连接检查）设计规则

“Un-Connected Pin”设计规则用于检查指定范围内元件封装的引脚是否连接成功。

8.1.2 Routing（布线）设计规则

此类规则主要与布线参数的设置有关，共有八类，如图 8-10 所示。

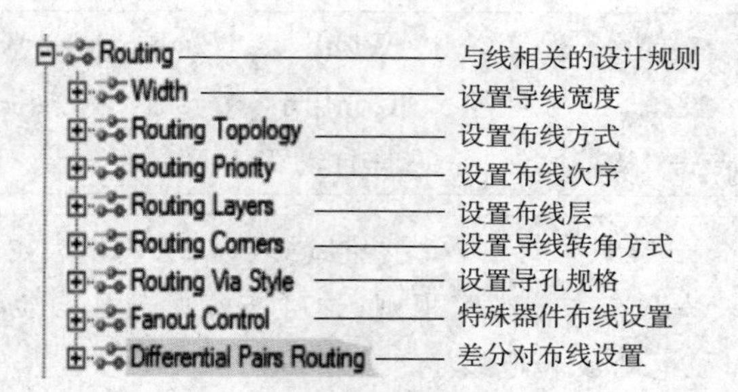

图 8-10　与布线相关的设计规则

下面以一个例题来讲解“Routing”设计规则的设置方法。

【例 8-2】 设计规则具体为：顶层水平布线，底层竖直布线；拐弯方式设置为 45°；铜膜线宽度限制设置为电源线和地线线宽为 30 mil，其他线线宽为 10 mil。

1.“Width”（设置导线宽度）设计规则

“Width”设计规则用于布线时导线宽度的设定，如图 8-11 所示。

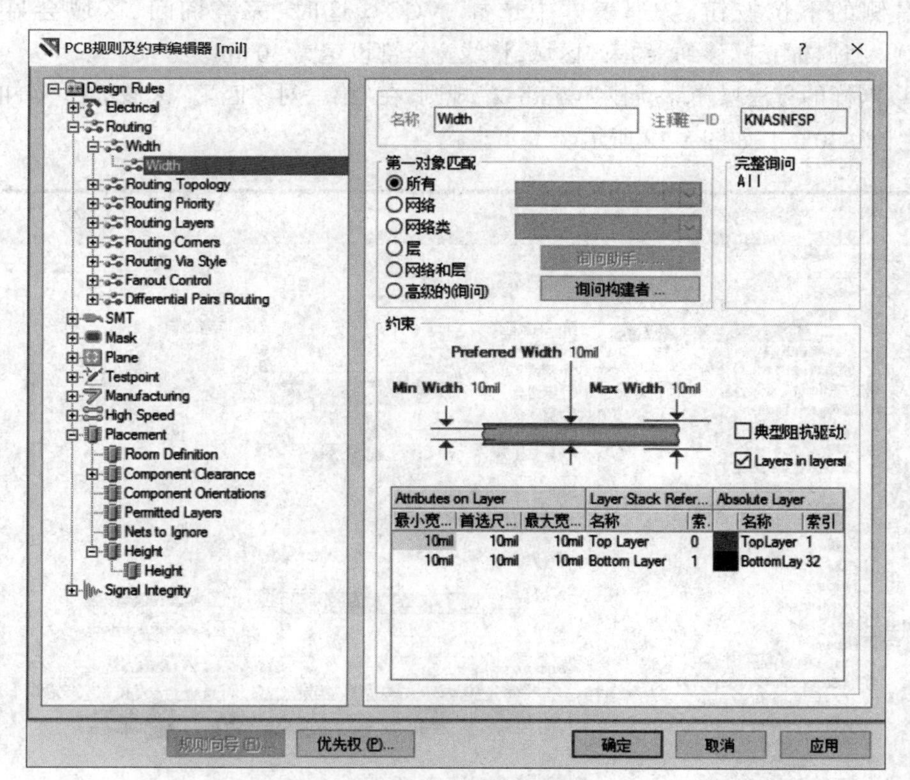

图 8-11　导线宽度的设定

“约束”区域中标出了导线的 3 个宽度约束，即最小宽度“Min Width”、建议宽度“Preferred Width”和最大宽度“Max Width”，单击宽度栏并键入数值即可对其进行修改。

! **注意**:在修改其他值之前必须先设置"Max Width"栏。如果"Max Width"的数值小于"Min Width"修改后的数值,系统会弹出"Confirm"对话框,若点击"Yes"按钮,即可再次修改宽度值,若点击"No"按钮,系统将自动保存设置。

! **提示**:在电路板布线中,一般需要将电源线和接地线加粗,以增大电流和提高抗干扰能力。在自动布线前可以设置这个线宽规则,这样布线时便能自动将电源线和地线加粗,省去后面手工加粗电源线和地线了。

例 8-2 要求绘图者将铜膜线宽度限制设置为电源线和地线线宽为 30 mil,其他线线宽为 10 mil。具体设置步骤如下。

(1)添加新规则。在图 8-11 中的"Width"上单击鼠标右键,弹出修改规则的命令菜单,选择"新规则..."命令,则系统自动增加一个名称为"Width_1"的规则,单击该规则弹出新规则的设置界面。

(2)设置规则的使用范围。在"第一对象匹配"区域选择"网络"单选框,然后点击"所有"单选框右侧的下拉按钮,从列表框中选择"VCC",这时"完整询问"区域会显示 InNet('VCC')。将鼠标光标移到"约束"区域,将线宽全部设定为 30 mil。

(3)以同样的方法操作。新建"Width_2"规则,在"第一对象匹配"区域选择"GND",将线宽全部设定为 30 mil,如图 8-12 所示。

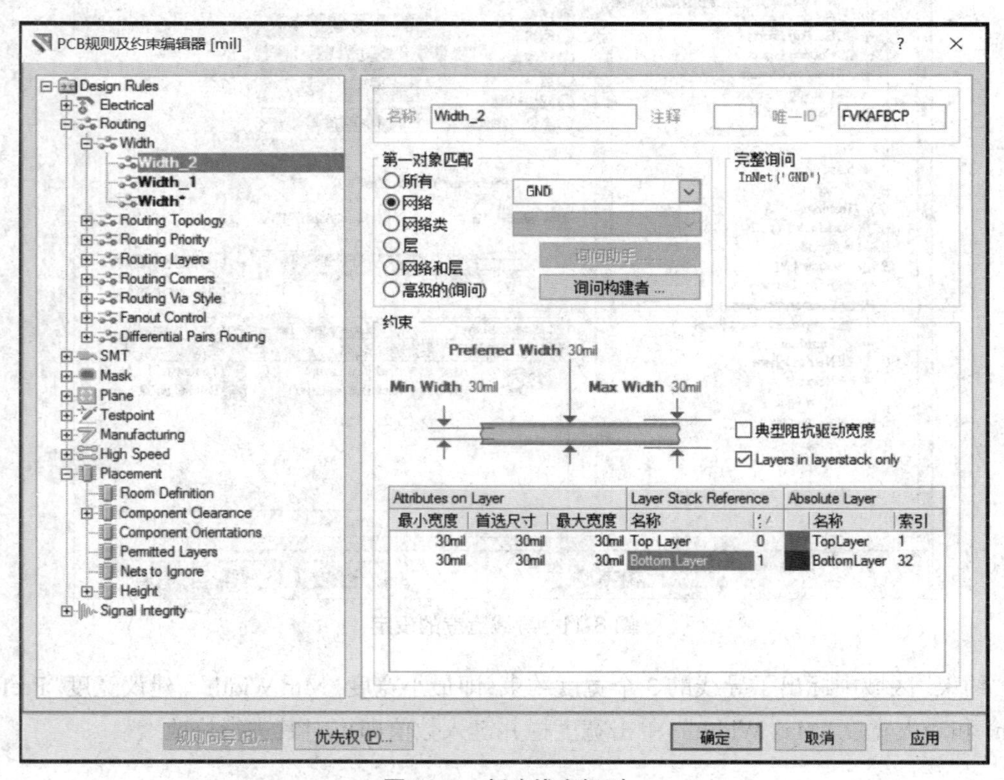

图 8-12 新建线宽规则

（4）用鼠标左键单击图 8-11 中的“Width”规则，在“第一对象匹配”区域选择“所有”单选框，然后将鼠标光标移到“约束”区域，将线宽全部设定为 10 mil。（此步骤是设置除 VCC 和 GND 线外其他线的线宽，因为默认值就为 10 mil，所以不用更改数值）

（5）设置优先权。此时在 PCB 设计中，同时存在 Width、Width_1、Width_2 三个线宽规则，因此必须设置它们的优先权。点击“优先权”按钮，系统弹出“编辑规则优先权”对话框，如图 8-13 所示。通过对话框下面的“增加优先权”和“减少优先权”按钮可以改变规则的优先次序。

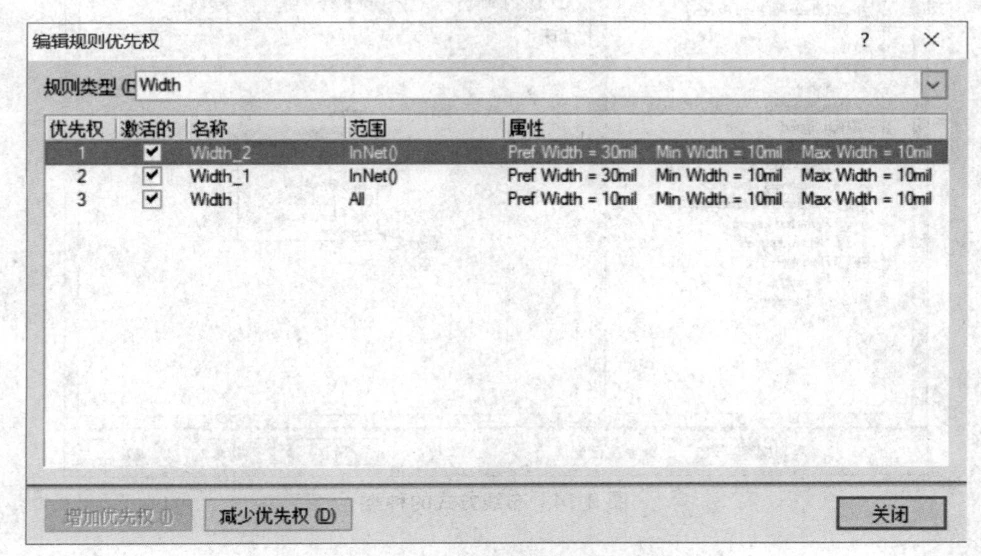

图 8-13 “编辑规则优先权”对话框

（6）点击“关闭”按钮，退出“编辑规则优先权”对话框，点击“应用”按钮保存设置。

2.“Routing Topology”（设置布线方式）设计规则

“Routing Topology”设计规则用于定义引脚到引脚的布线规则。执行此命令后，在“约束”区域中点击“拓扑”栏的下拉按钮，弹出七种布线方式，如图 8-14 所示。

（1）“Shortest”：连线最短（默认）方式，是系统默认使用的拓扑规则，如图 8-15 所示。

它的含义是生成一组能够连通网络上的所有节点的飞线，并且使连线最短。

（2）“Horizontal”：水平方向连线最短方式，如图 8-16 所示。

它的含义是生成一组能够连通网络上的所有节点的飞线，并且使连线在水平方向上最短。

（3）“Vertical”：竖直方向连线最短方式，如图 8-17 所示。

它的含义是生成一组能够连通网络上的所有节点的飞线，并且使连线在竖直方向上最短。

（4）“Daisy-Simple”：任意起点连线最短方式，如图 8-18 所示。

该方式需要指定起点和终点，其含义是在起点和终点之间连通网络上的各个节点，并且使连线最短。如果设计者没有指定起点和终点，此方式和“Shortest”方式生成的飞线相同。

（5）“Daisy-Mid Driven”：中心起点连线最短方式，如图 8-19 所示。

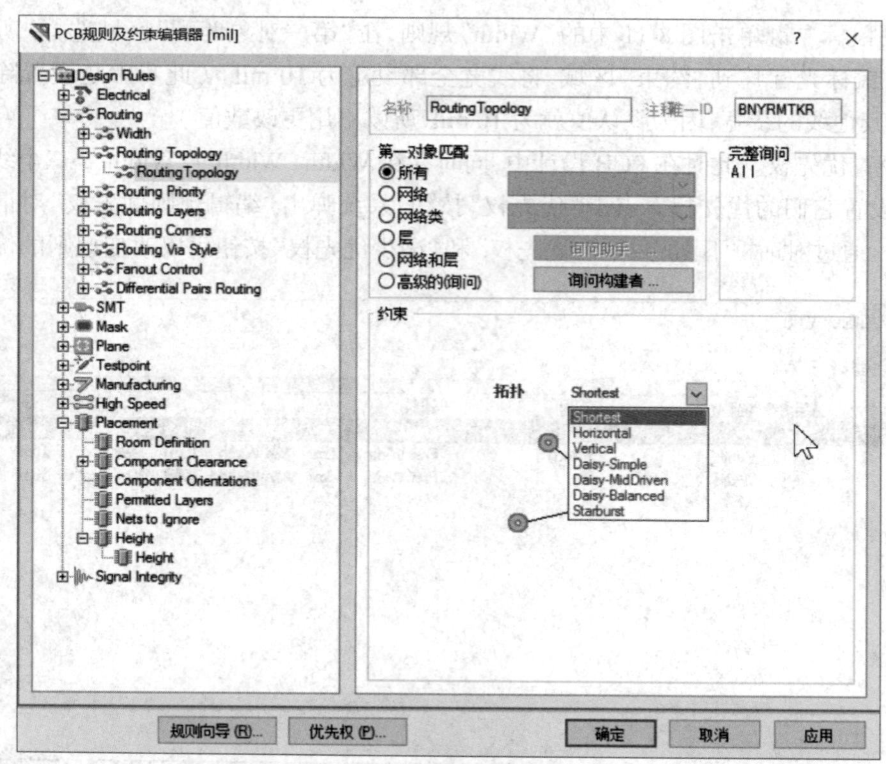

图 8-14　布线方式的种类

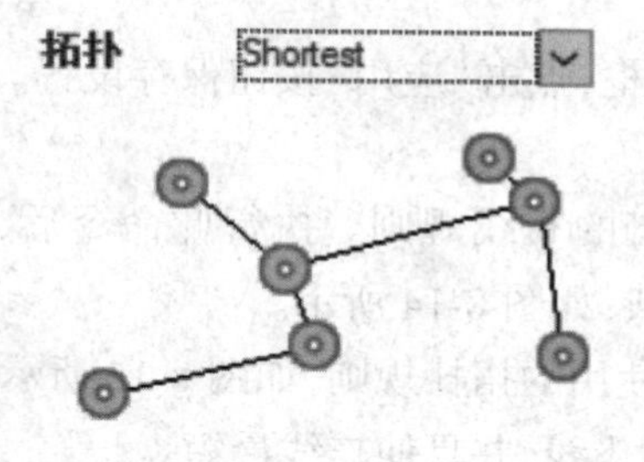

图 8-15　连线最短(默认)方式

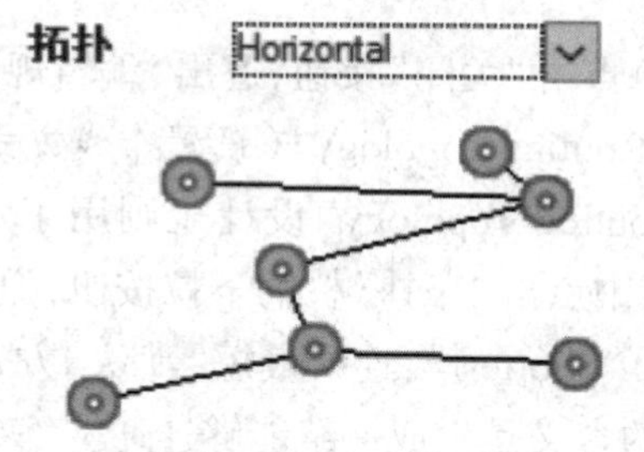

图 8-16　水平方向连线最短方式

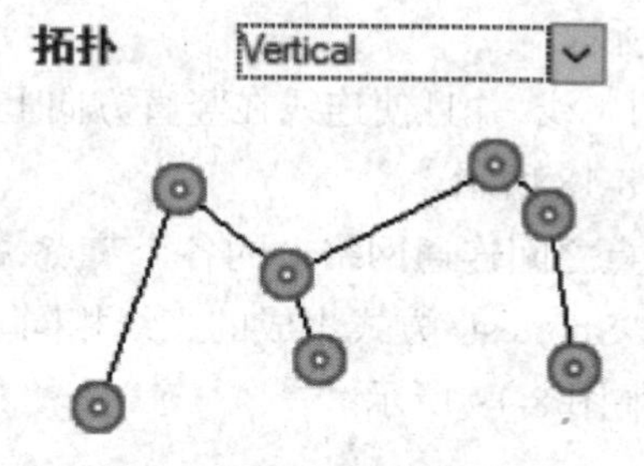

图 8-17　竖直方向连线最短方式

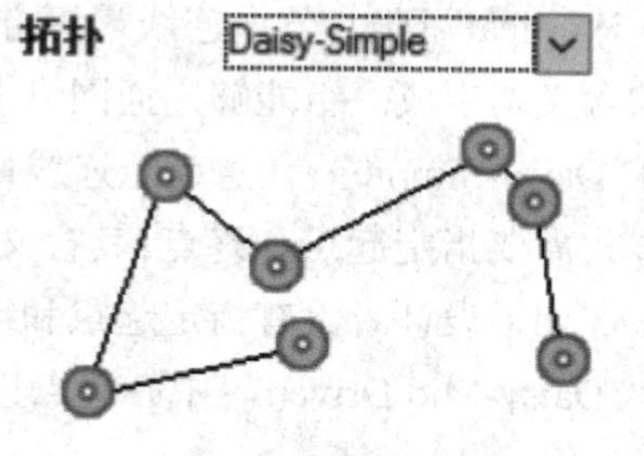

图 8-18　任意起点连线最短方式

该方式也需要指定起点和终点,其含义是以起点为中心向两边的终点连通网络上的各个节点,起点两边的节点数目不一定相同,但要使连线最短。如果设计者没有指定起点和两个终点,系统将采用“Shortest”方式生成飞线。

(6)“Daisy-Balanced”:平衡连线最短方式,如图 8-20 所示。

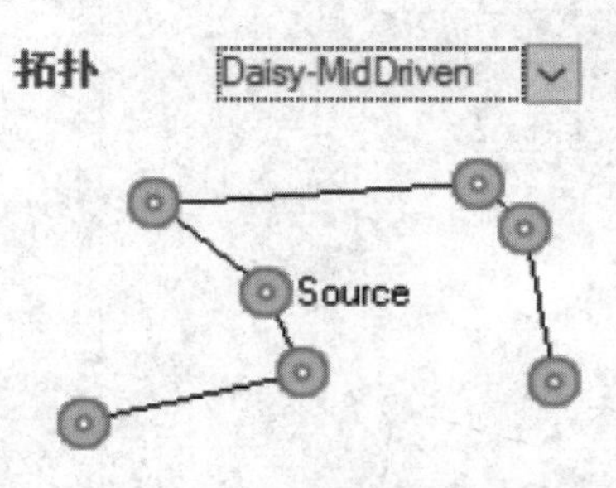

图 8-19 中心起点连线最短方式

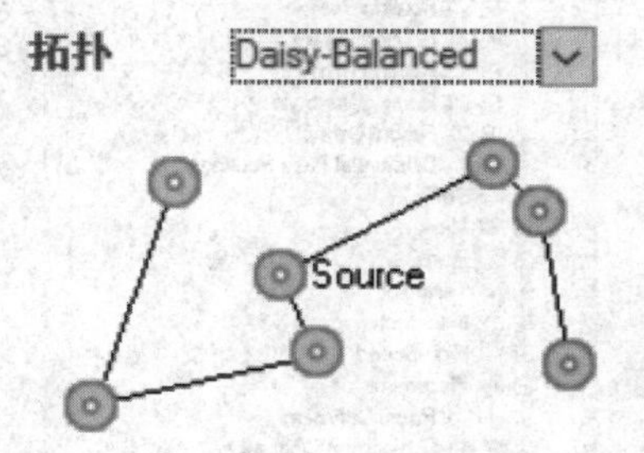

图 8-20 平衡连线最短方式

该方式也需要指定起点和终点,其含义是将节点平均分配成若干组。所有组都连接在同一个起点上,起点间用串联的方法连接,并且使连线最短。如果设计者没有指定起点和终点,系统将采用“Shortest”方式生成飞线。

(7)“Star burst”:中心放射连线最短方式,如图 8-21 所示。

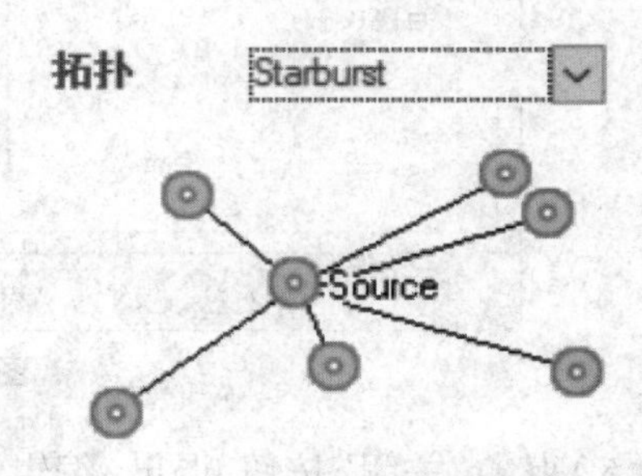

图 8-21 中心放射连线最短方式

该方式是网络中的每个节点都直接与起点连接。如果设计者指定了终点,那么终点不直接和起点连接;如果没有指定起点,那么系统将试着轮流以每个节点为起点连接其他各个节点,找出连线最短的一组连接作为网络的飞线。

例 8-2 要求绘图者将 PCB 的顶层水平布线,底层竖直布线。具体设置步骤如下。

(1)添加新规则。在图 8-22 中的“Routing Topology”上单击鼠标右键,弹出修改规则的命令菜单,选择“新规则...”命令,则系统自动增加一个名称为“Routing Topology _1”的规则,单击“Routing Topology _1”弹出新规则的设置界面。

(2)设置规则的使用范围。在“第一对象匹配”区域选择“层”单选框,然后点击其右侧的下拉按钮,从列表框中选择“Top Layer”,这时“完整询问”区域会显示 onLayer(‘Top Layer’)。将鼠标光标移到“约束”区域,再点击“拓扑”栏的下拉按钮,选择“Horizontal”。

(3)以同样的方法操作。新建“Routing Topology _2”规则,“层”选择“Bottom Layer”,再点击“拓扑”栏的下拉按钮,选择“Vertical”。

(4)设置优先权。此时在 PCB 设计中同时存在 Routing Topology、Routing Topology_1、Routing Topology_2 三个布线方式规则,因此必须设置它们的优先权。点击“优先权”按钮,系统弹出“编辑规则优先权”对话框。通过对话框下面的“增加优选权”和“减少优先权”按钮可以改变规则的优先次序。

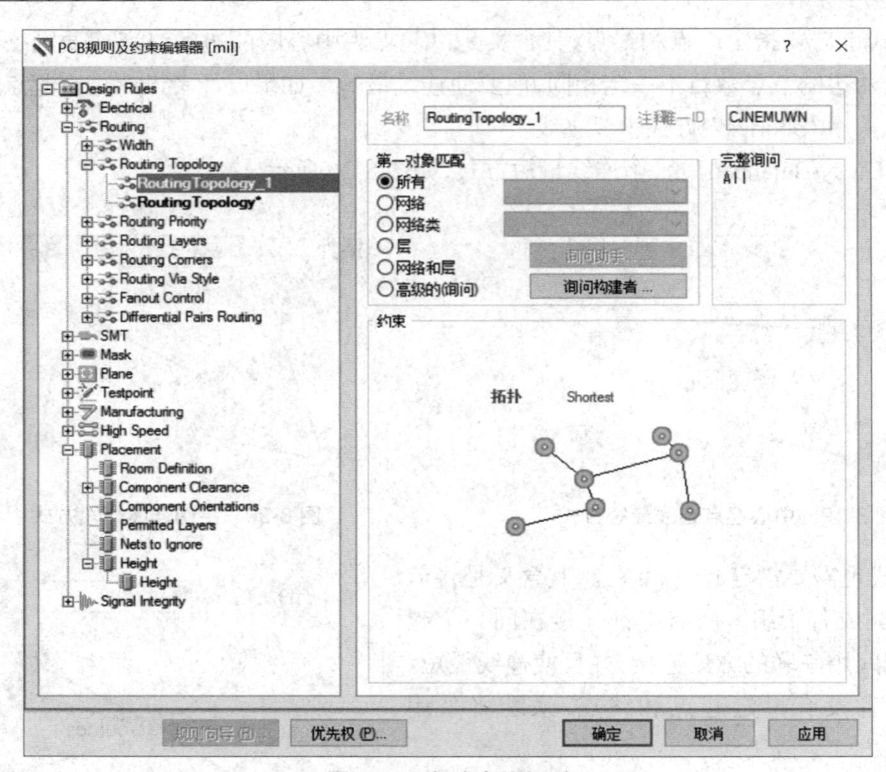

图 8-22 新建布线规则

(5)点击“关闭”按钮,退出“编辑规则优先权”对话框,并点击“应用”按钮保存设置。

! 注意: 有时在同一个设计中采用了多个相互矛盾的约束,为了避免约束之间冲突的情况,布线方式规则以下述顺序为准:StarBurst,Daisy-Balanced,Daisy-MidDriven,Daisy-Simple,Horizontal,Vertical,Shortest。

3.“Routing Priority”(设置布线次序)设计规则

“Routing Priority”设计规则用于设置布线的优先次序。布线次序规则的添加、删除和使用范围的设置等与前面所述的设计规则相似,不再重复介绍。其“约束”区域如图 8-23 所示。

在“行程优先权”栏里指定其布线的优先次序,其设定范围是 0~100。0 的优先次序最低,100 最高。

4.“Routing Layers”(设置布线层)设计规则

“Routing Layers”设计规则用于设置布线层。布线层规则的添加、删除和使用范围的设置等与前面所述的设计规则基本相同,不再重复介绍。

5.“Routing Corners”(设置导线转角方式)设计规则

“Routing Corners”设计规则用于设置导线的转角方式。转角方式规则的添加、删除和使用范围的设置等与前面所述的设计规则相同。在此只介绍设置导线转角方式的系统参数的方法,如图 8-24 所示。

图 8-23　布线的优先次序设置

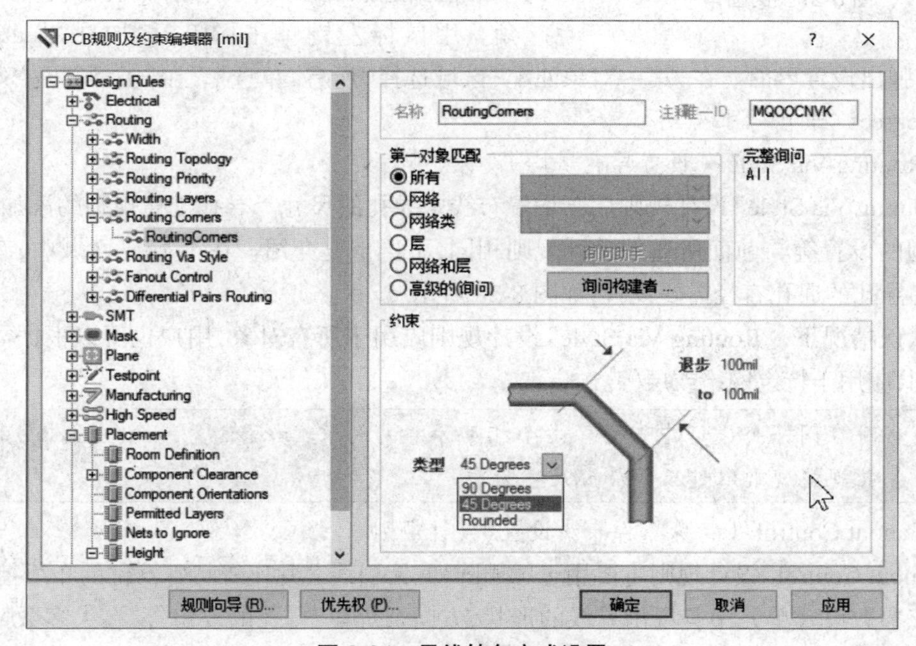

图 8-24　导线转角方式设置

在“约束”区域内，“类型”选项提供了三种转角形式：45° 转角、90° 转角和倒圆角，分别如图 8-25 至图 8-27 所示。

（1）退步：用于设置导线的最小转角，随转角形式不同而具有不同的含义。如果是 90° 转角，没有此项；如果是 45° 转角，表示转角的高度；如果是圆弧转角，表示圆弧的半径。

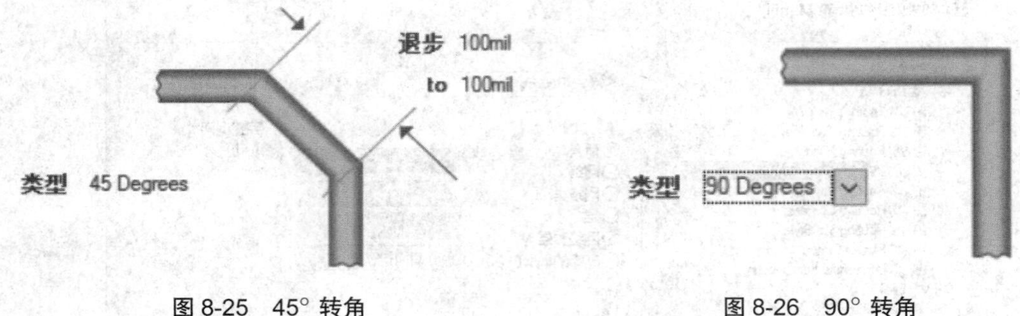

图 8-25 45° 转角　　　图 8-26 90° 转角

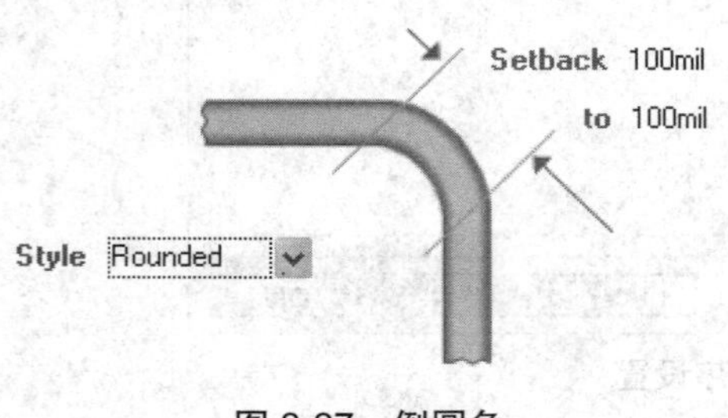

图 8-27 倒圆角

(2)To:用于设置导线的最大转角。

在默认情况下,"Routing Corners"设计规则应用于所有对象,用户也可以根据需要添加新的规则,应用于特定网络或层等。

例 8-2 要求绘图者将拐弯方式设置为 45°。具体设置步骤如下。

根据题意,要求将所有的布线都设置为 45° 转角。用鼠标左键单击图 8-24 中的"Routing Corners",将弹出设置界面。在"第一对象匹配"区域选择"所有"单选框,在"类型"下拉列表中选择"45 Degrees"即可。

6."Routing Via Style"(设置导孔规格)设计规则

"Routing Via Style"设计规则用于设置布线中导孔的尺寸。导孔规格规则的添加、删除和使用范围的设置等与前面所述的设计规则相同,不再重复介绍。在"约束"区域中,有两项导孔直径和导孔的通孔直径需要设置,如图 8-28 所示。

在默认情况下,"Routing Via Style"设计规则应用于所有对象,用户也可以根据需要添加新的规则,应用于特定网络或层等。

! **注意:**有时在同一个设计中采用了多个相互矛盾的约束,为了避免约束之间冲突的情况,导孔规格规则以过孔的最大尺寸为准。

7."Fanout Control"(特殊器件布线设置)设计规则

"Fanout Control"设计规则主要用于球栅阵列、无引线芯片座等特殊器件的布线控制。

系统参数设置单元中有扇出导线的形状、方向及焊盘、导孔的设定等,在大多数情况下可以采用默认设置。特殊器件布线设置规则的添加、删除和使用范围等与前面所述的设计规则相同,下面仅以球栅阵列器件为例给出其布线设置界面,如图 8-29 所示。

在默认情况下,"Fanout Control"设计规则应用于所有对象,用户也可以根据需要添加新的规则,应用于特定网络或层。

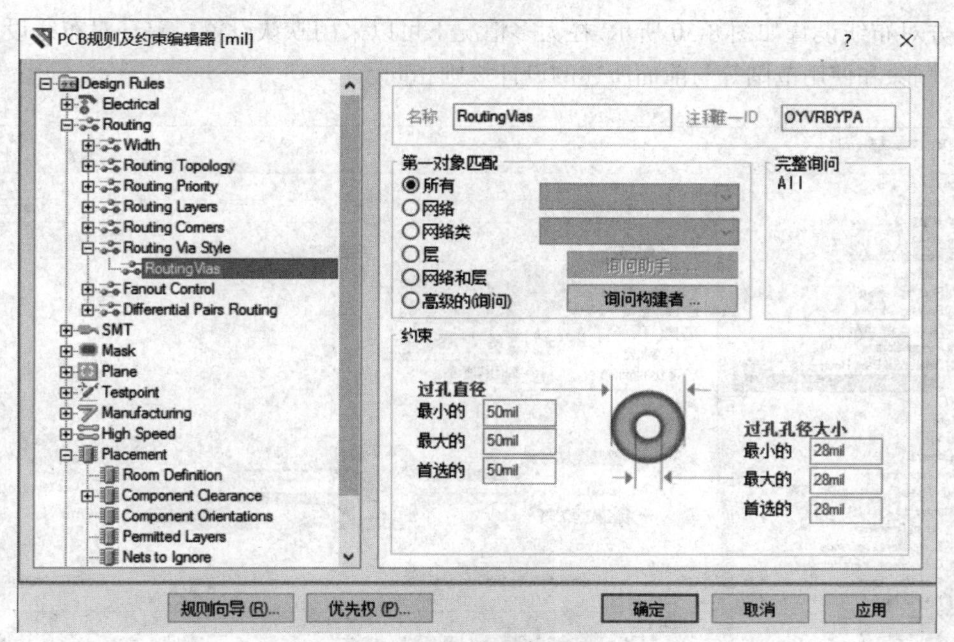

图 8-28　导孔规格设置

图 8-29　球栅阵列器件布线设置

8."Differential Pairs Routing"(差分对布线设置)设计规则

差分信号在高速电路设计中的应用越来越广泛,差分信号大多为电路中最关键的信号,差分线布线的好坏直接影响到 PCB 信号的质量。

差分对布线设置如图 8-30 所示，在大多情况下可以采用默认设置。差分对布线设置规则的添加、删除和使用范围等与前面所述的设计规则相同。

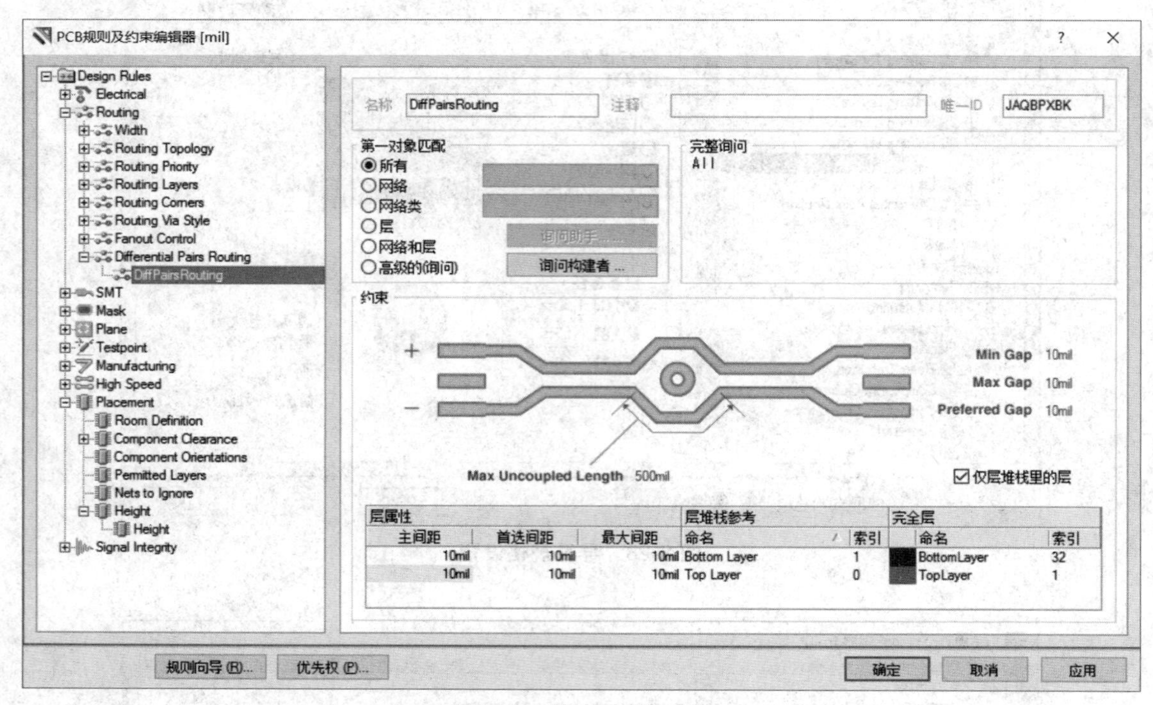

图 8-30 差分对布线设置

8.1.3 SMT 设计规则

此类规则主要用于设置 SMD 与布线之间的规则，共分为三种，如图 8-31 所示。

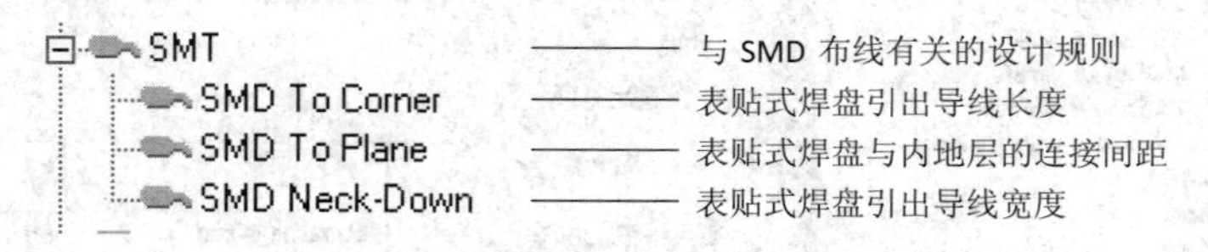

图 8-31 SMT 设计规则

1. “SMD To Corner”（表贴式焊盘引出导线长度）设计规则

“SMD To Corner”设计规则用于设置 SMD 焊盘与导线拐角之间的最小距离。表贴式焊盘的引出导线一般都是引出一段长度后才开始拐弯，这样就不会出现和相邻的焊盘太近的情况。该规则的添加、删除和使用范围等与前面所述的设计规则相同，不再重复介绍。在此只介绍用“约束”区域中的“距离”栏设置 SMD 与导线拐角处的长度。

用鼠标右键单击“SMD To Corner”，在弹出的菜单中选择“新规则...”命令，则在“SMD To Corner”下出现一个名称为“SMD To Corner”的新规则，单击“SMD To Corner”出现规则设置界面，如图 8-32 所示。

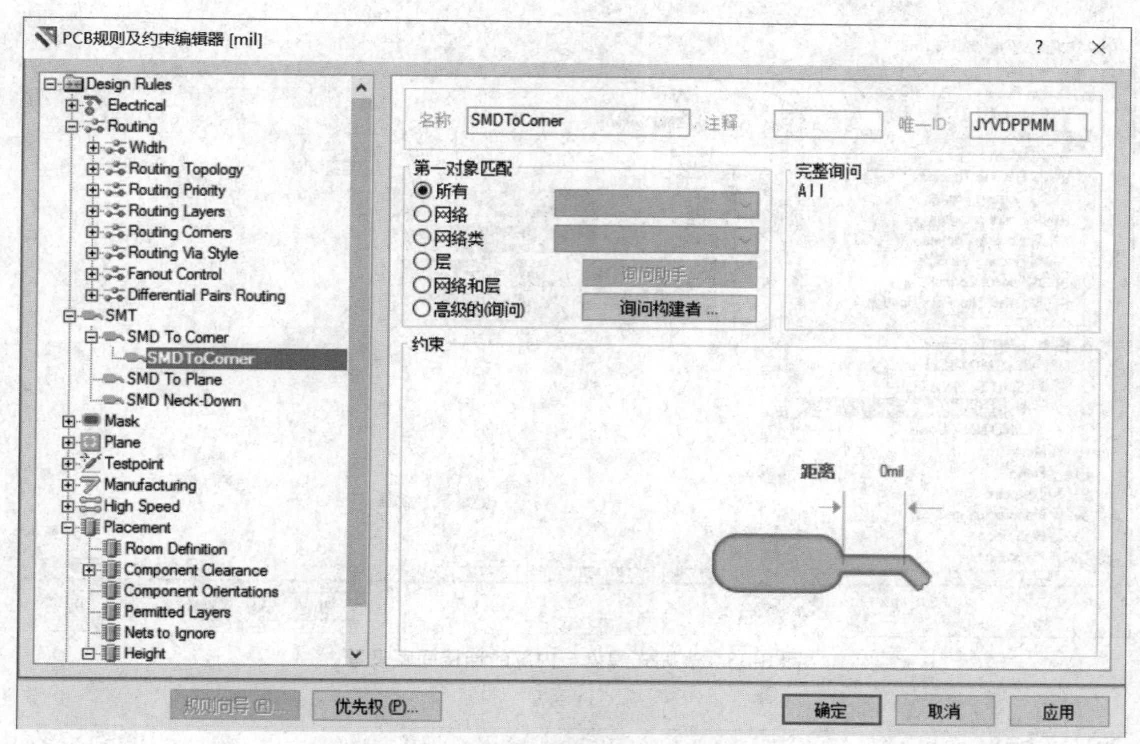

图 8-32　表贴式焊盘引出导线长度设置

在默认情况下,“SMD To Corner”设计规则应用于所有对象,用户也可以根据需要添加新的规则,应用于特定网络或层。

> ！**注意:**有时在同一个设计中采用了多个相互矛盾的约束,为了避免约束之间冲突的情况,表贴式焊盘引出导线长度规则以设置最大距离为准。

2.“SMD To Plane”(表贴式焊盘与内层的连接间距)设计规则

“SMD To Plane”设计规则用于设置 SMD 与内层(Plane)的焊盘或导孔之间的距离。表贴式焊盘与内层的连接只能用过孔来实现,这个设置指出要离焊盘中心多远才能使用过孔与内层连接。默认值为“0 mil”,这里设定为“20 mil”。其他方面的操作都与“SMD To Corner”设计规则相同,不再重复介绍。该规则的“约束”区域如图 8-33 所示。

在默认情况下,“SMD To Plane”设计规则应用于所有对象,用户也可以根据需要添加新的规则,应用于特定网络或层等。

3.“SMD Neck-Down”(表贴式焊盘引出导线宽度)设计规则

“SMD Neck-Down”设计规则用于设置 SMD 引出导线宽度与 SMD 焊盘宽度之间的比值关系,默认值为 50%。该规则的添加、删除和使用范围等与前面所述的设计规则相同,不再重复介绍。其“约束”区域如图 8-34 所示。

在默认情况下,“SMD Neck-Down ”设计规则应用于所有对象,用户也可以根据需要添加新的规则,应用于特定网络或层。

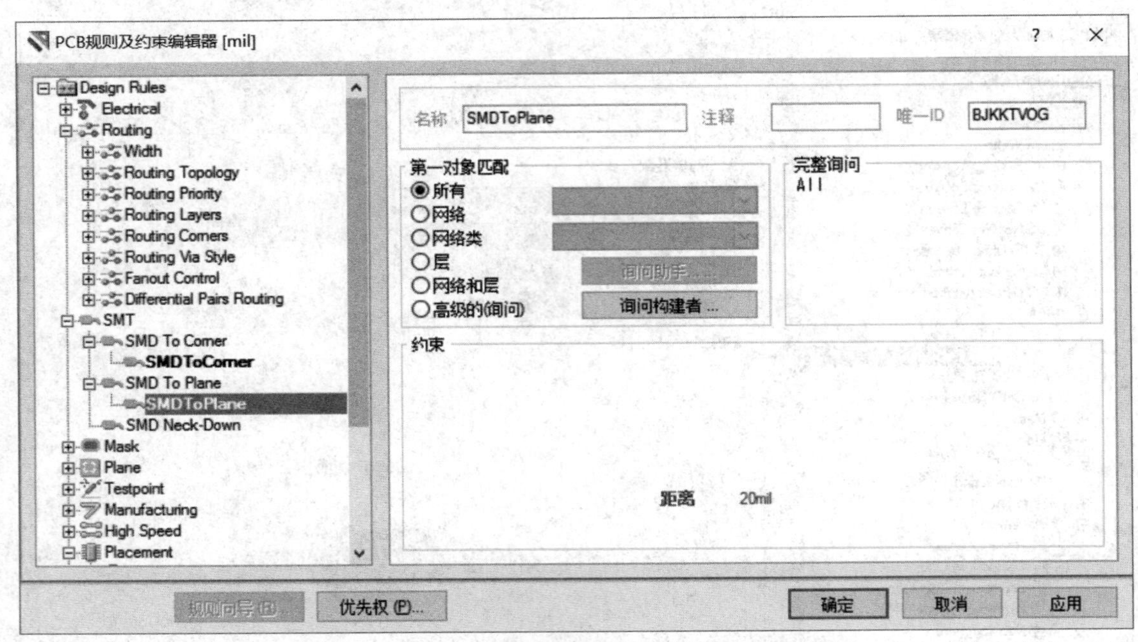

图 8-33 表贴式焊盘与内层的连接间距设置

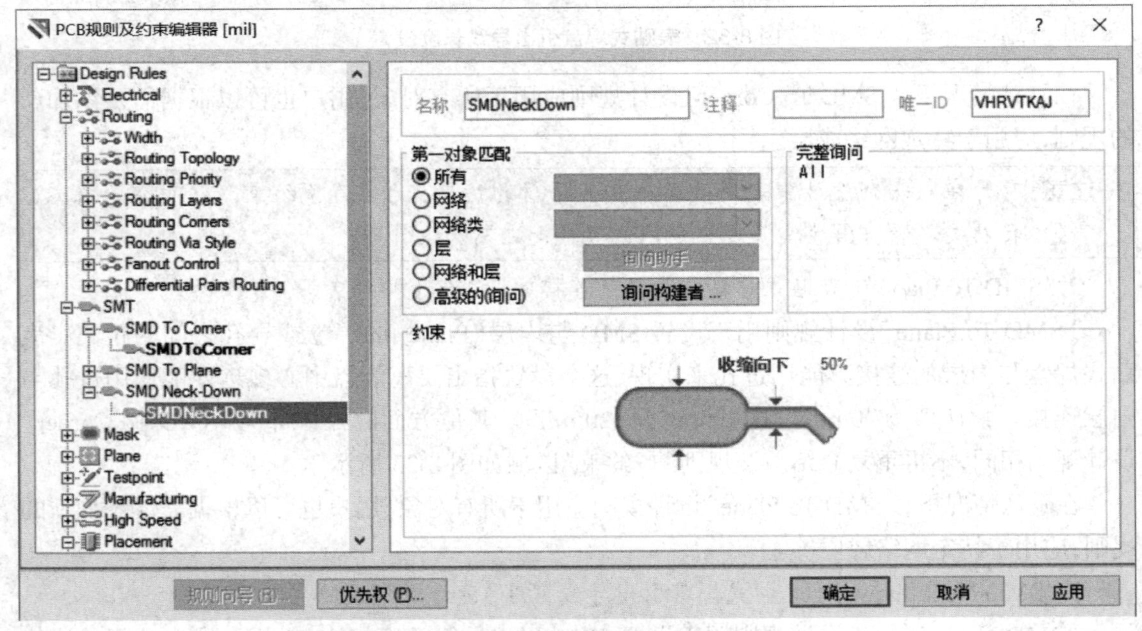

图 8-34 表贴式焊盘引出导线宽度设置

8.1.4 Mask 设计规则

此类规则用于设置焊盘周围的收缩量，共有两种，如图 8-35 所示。

1."Solder Mask Expansion"(焊盘收缩量)设计规则

"Solder Mask Expansion"设计规则用于设置防焊层中的焊盘的收缩量,或者阻焊层中的焊盘孔比焊盘大多少。防焊层覆盖整个布线层,但它上面留出用于焊接引脚的焊盘预留孔,这个收缩量就是焊盘预留孔和焊盘的半径之差。该规则的添加、删除和使用范围等与前面所述的设计规则相同,不再重复介绍。其"约束"区域中的"扩充"栏用于设置收缩量的大小,默认值为"4 mil",如图 8-36 所示。

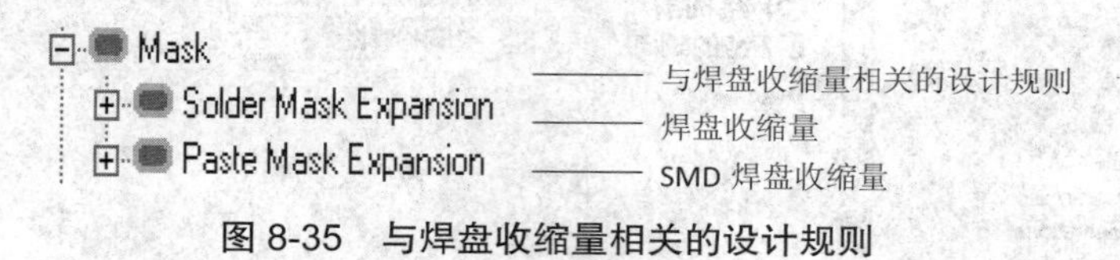

图 8-35 与焊盘收缩量相关的设计规则

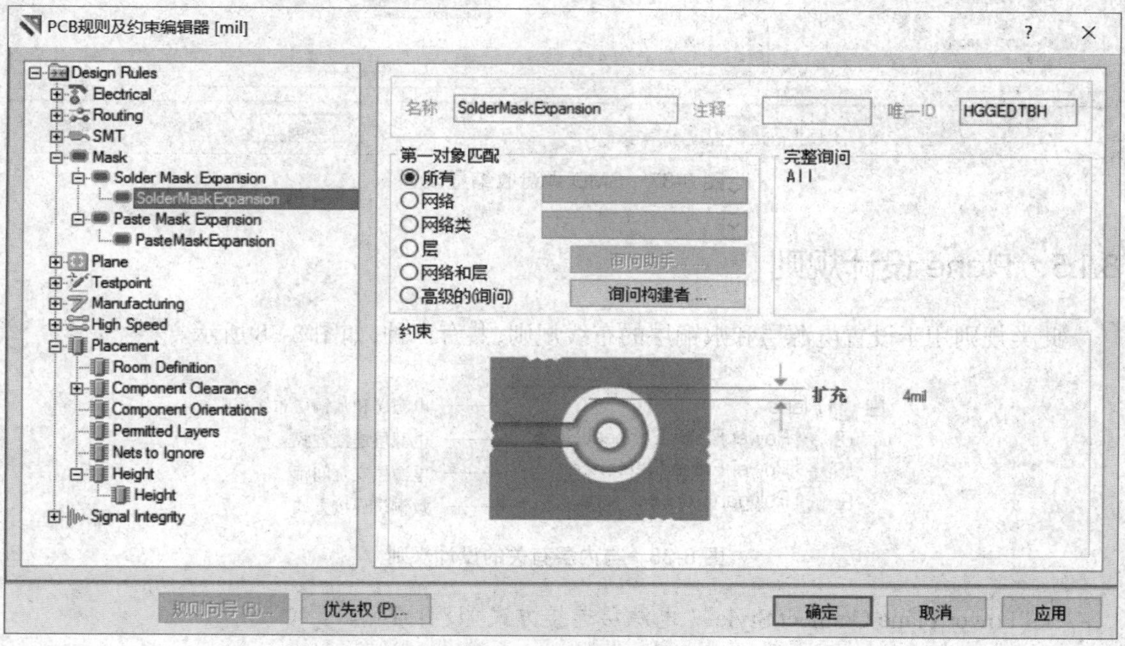

图 8-36 焊盘收缩量设置

2."Paste Mask Expansion"(SMD 焊盘收缩量)设计规则

"Paste Mask Expansion"设计规则用于设置 SMD 焊盘收缩量,该收缩量是 SMD 焊盘与钢模板(锡膏板)焊盘孔之间的距离。该规则的添加、删除和使用范围等与前面所述的设计规则相同,不再重复介绍。其"约束"区域中的"扩充"栏用于设置收缩量的大小,默认值为"0 mil",如图 8-37 所示。

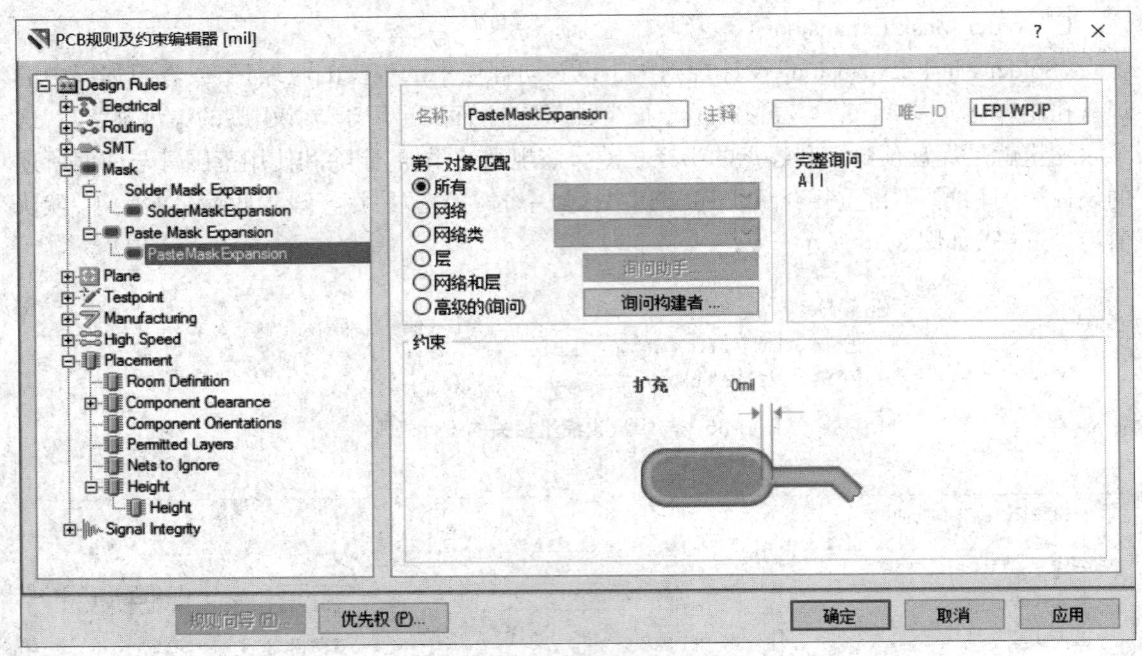

图 8-37 SMD 焊盘收缩量设置

8.1.5 Plane 设计规则

此类规则用于设置电源层和敷铜层的布线规则，共有三种，如图 8-38 所示。

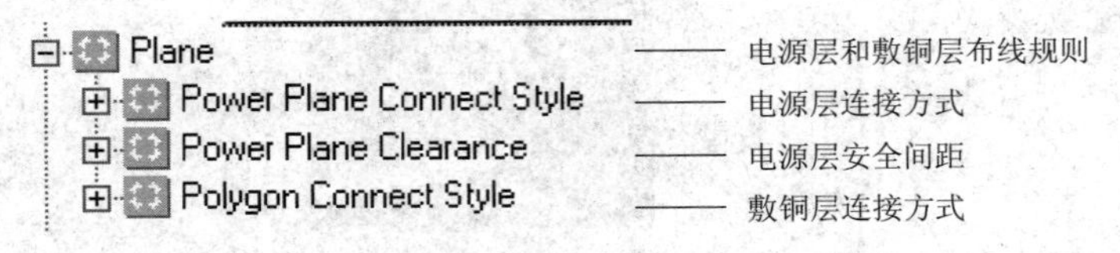

图 8-38 与内层有关的设计规则

1. “Power Plane Connect Style”(电源层连接方式)设计规则

“Power Plane Connect Style”设计规则用于设置导孔或焊盘与电源层的连接方式。该规则的添加、删除和使用范围等与前面所述的设计规则相同，不再重复介绍。下面介绍其“约束”区域，如图 8-39 所示。

“关联类型”选项：设置电源层与导孔或焊盘的连接方式。点击右侧的下拉按钮，下拉列表框中显示 Relief Connect(放射状连接)、Direct Connect(直接连接)和 No Connect(不连接)三种连接方式，如图 8-40 所示。若选择 Relief Connect 连接方式，则需要设置其他选项(图 8-39)，若选择后两者，则不需要作任何设置。

(1)领导者：设置连接铜膜的数量，有“2”和“4”两种。

(2)领导者宽度：设置连接铜膜的导线宽度。

(3)Air-Gap：设置空隙大小。

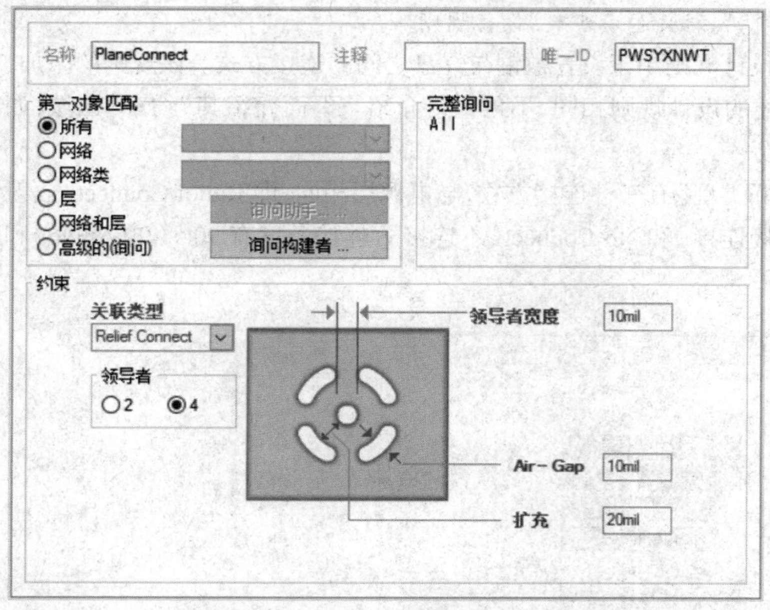

图 8-39　电源层连接方式设置

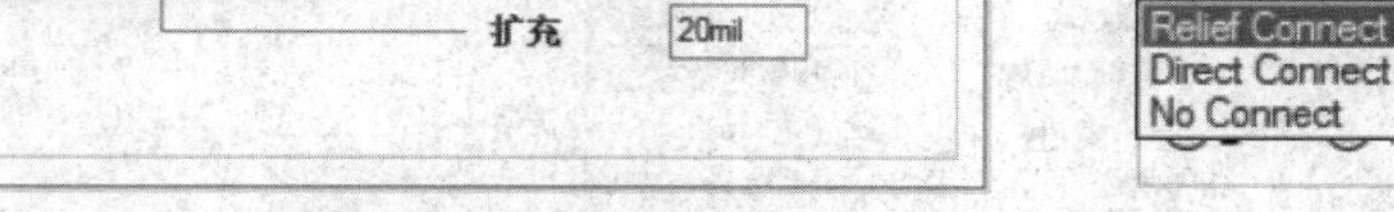

图 8-40　连接方式的分类

（4）扩充：设置焊盘或导孔与空隙之间的距离。

2.“Power Plane Clearance”（电源层安全间距）设计规则

“Power Plane Clearance”设计规则用于设置电源层与穿过它的焊盘或过孔间的安全距离。该规则的添加、删除和使用范围等与前面所述的设计规则相同，不再重复介绍。其“约束”区域中的“清除”栏用于设置安全间距，默认值为“20 mil”，如图 8-41 所示。

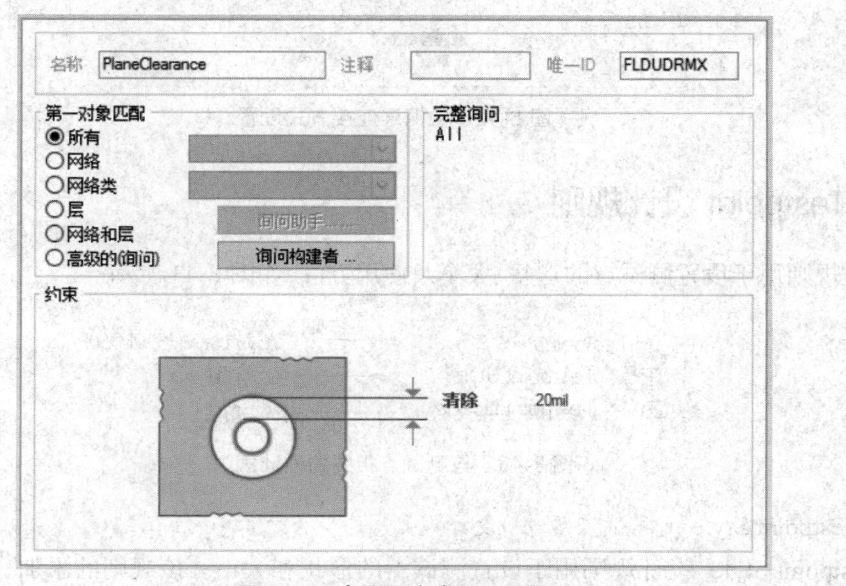

图 8-41　电源层安全间距设置

3.“Polygon Connect Style”(敷铜层连接方式)设计规则

“Polygon Connect Style”设计规则用于设置敷铜与焊盘之间的连接方式。该规则的添加、删除和使用范围等与前面所述的设计规则相同,不再重复介绍。下面介绍其“约束”区域,如图 8-42 所示。

在其“约束”区域中,“关联类型”有三种连接方式,与电源层相同,即 Relief Connect(放射状连接)、Direct Connect(直接连接)和 No Connect(不连接),连接角度有 90°(90 Angle)和 45°(45 Angle)两种。

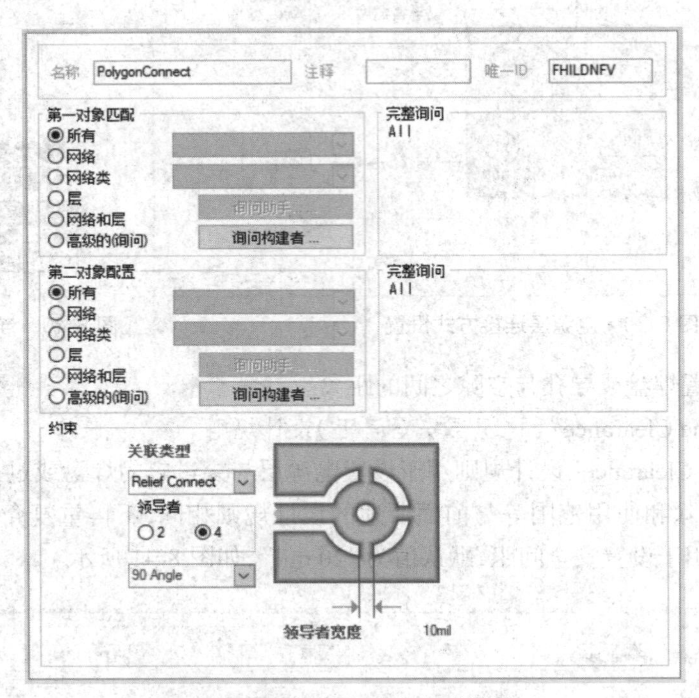

图 8-42 敷铜层连接方式设置

8.1.6 Testpoint 设计规则

此类规则用于设置测试点的形状、大小及使用方法,如图 8-43 所示。

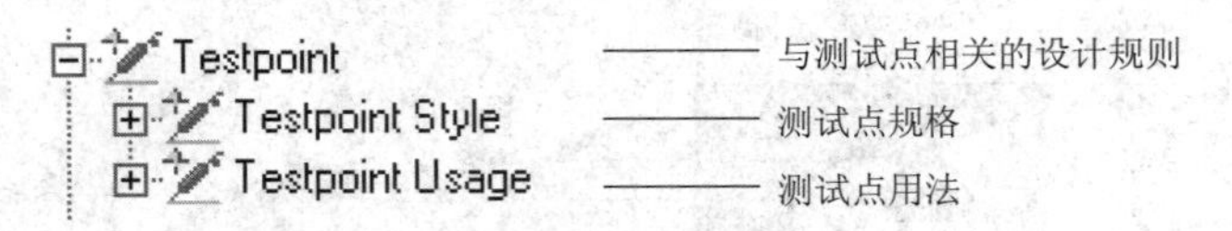

图 8-43 与测试点相关的设计规则

1.“Testpoint Style”(测试点规格)设计规则

“Testpoint Style”设计规则用于设置测试点的形状和大小。该规则的添加、删除和使用范围等与前面所述的设计规则相同,不再重复介绍。下面介绍其“约束”区域的参数设置,如图 8-44 所示。

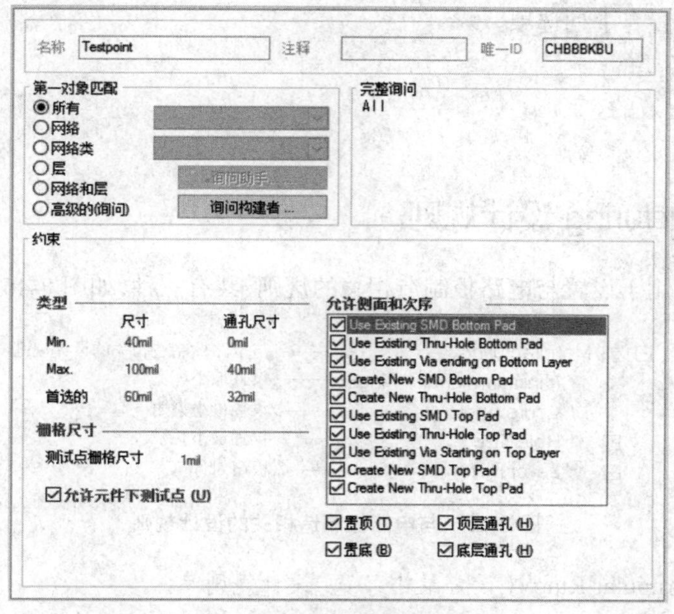

图 8-44 测试点规格设置

（1）类型：设置测试点的外径和孔径，分别设置其最大值、最小值、首选值。

（2）栅格尺寸：设置测试点网格的大小，单击键入设置的尺寸。

（3）“允许元件下测试点”复选框：设置是否允许在元器件封装的下面出现测试点。

（4）允许侧面和次序：设置允许作为测试点的板层和组件，在列表框内可以对 10 项不同类型的焊盘或层进行使用设定，下方四个复选框可以设置置顶、置底、顶层通孔、底层通孔。

2.“Testpoint Usage”（测试点用法）设计规则

“Testpoint Usage”设计规则用于设置测试点的用法。该规则的添加、删除和使用范围等与前面所述的设计规则相同，不再重复介绍。下面介绍其“约束”区域的参数设置，如图 8-45 所示。

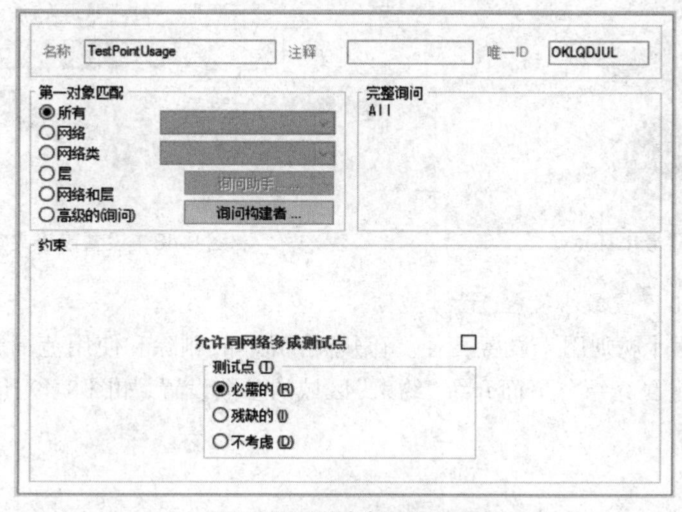

图 8-45 测试点用法设置

对测试点的设置有下列选项。

(1)必需的:必要的。

(2)残缺的:无效的。

(3)不考虑:不必介意。

8.1.7 Manufacturing 设计规则

此类规则主要用于设置与电路板制造相关的规则,共有三种,如图 8-46 所示。

图 8-46 与电路板制造相关的设计规则

1.“Minimum Annular Ring”(设置最小环宽)设计规则

“Minimum Annular Ring”设计规则用于设置最小环宽,即焊盘或导孔与其通孔之间的直径之差。该规则的添加、删除和使用范围等与前面所述的设计规则相同,不再重复介绍。在其“约束”区域中的“最小环孔”栏设置最小环宽,如图 8-47 所示。

2.“Acute Angle”(设置最小夹角)设计规则

“Acute Angle”设计规则用于设置具有电气特性的导线与导线之间的最小夹角。最小夹角应该不小于 90°,否则会在蚀刻后残留药物,导致过度蚀刻。该规则的添加、删除和使用范围等与前面所述的设计规则相同,不再重复介绍。在其“约束”区域中的“最小角”栏设置最小夹角,如图 8-48 所示。

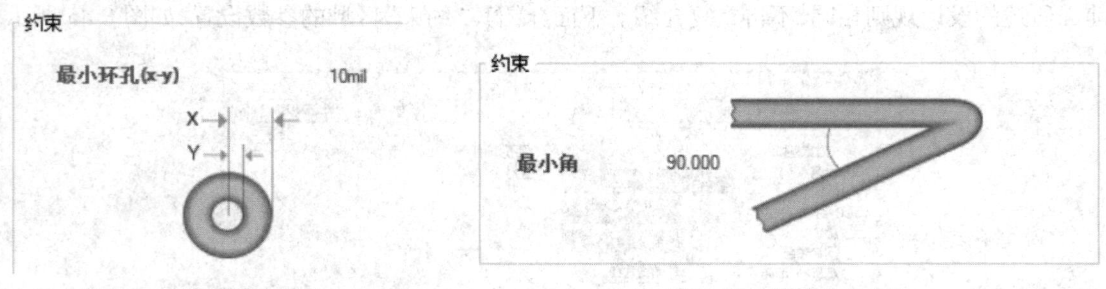

图 8-47 设置最小环宽　　图 8-48 设置最小夹角

3.“Hole Size”(设置最小孔径)设计规则

“Hole Size”设计规则用于设置孔径。该规则的添加、删除和使用范围等与前面所述的设计规则相同,不再重复介绍。下面介绍“约束”区域的参数设置,如图 8-49 所示。

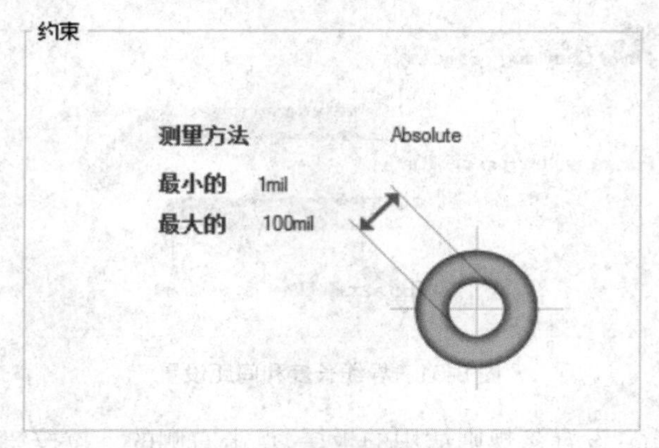

图 8-49 设置最小孔径

（1）测量方法：设置尺寸的表示形式。点击下拉按钮显示出两种形式，即 Absolute（绝对尺寸）和 Percent（百分比尺寸）。绝对尺寸是孔径的实际尺寸，百分比尺寸是孔径和焊盘直径的比值。

（2）最小的：设置孔径的最小值，单击输入数值即可修改，默认值为 1 mil 或者 20%。

（3）最大的：设置孔径的最大值，单击输入数值即可修改，默认值为 100 mil 或者 80%。

4. “Layer Pairs”（板层对许可）设计规则

“Layer Pairs”设计规则用于设置是否允许使用板层对。该规则的添加、删除和使用范围以及“约束”区域的设置与前面所述的设计规则相同，不再重复介绍。

8.1.8 High Speed 设计规则

此类规则用于设置与高频电路设计相关的规则，共有六种，如图 8-50 所示。

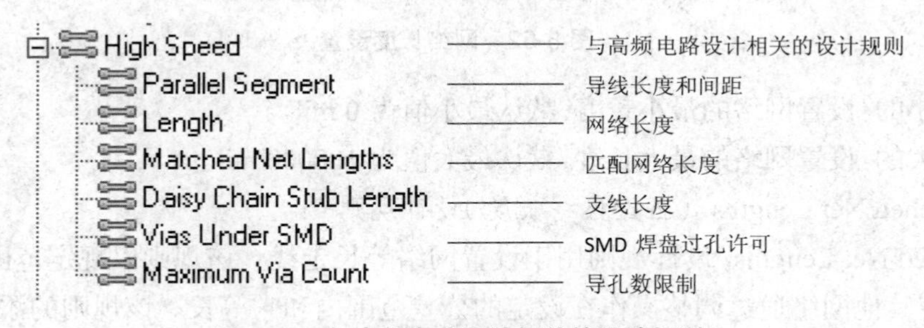

图 8-50 与高频电路设计相关的设计规则

1. “Parallel Segment”（导线长度和间距）设计规则

“Parallel Segment”设计规则用于设置并行导线的长度和间距。该规则的添加、删除和使用范围等与前面所述的设计规则相同，不再重复介绍。下面介绍其“约束”区域的参数设置，如图 8-51 所示。

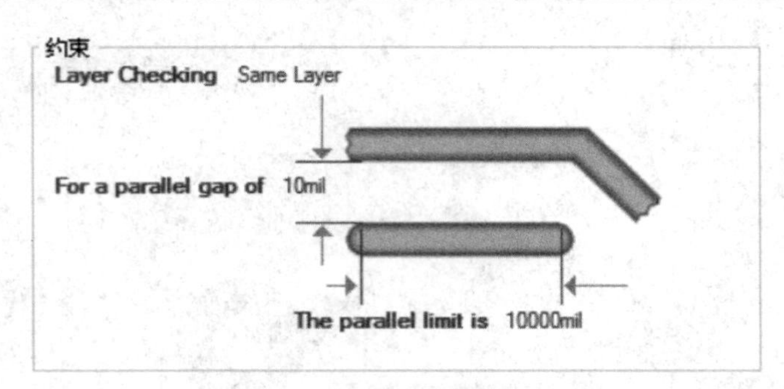

图 8-51　导线长度和间距设置

(1)Layer Checking:设置该规则适用的板层,点击右侧的下拉按钮,有 Same Layer(同一层)和 Adjacent Layer(相邻层)两个选项。

(2)For a parallel gap of:设置并行导线的最小间距,默认最小值为 10 mil。

(3)The parallel limit is:设置并行导线的最大长度,默认最大值为 10000 mil。

2."Length"(网络长度)设计规则

"Length"设计规则用于设置网络的长度。该规则的添加、删除和使用范围等与前面所述的设计规则相同,不再重复介绍。下面介绍其"约束"区域的参数设置,如图 8-52 所示。

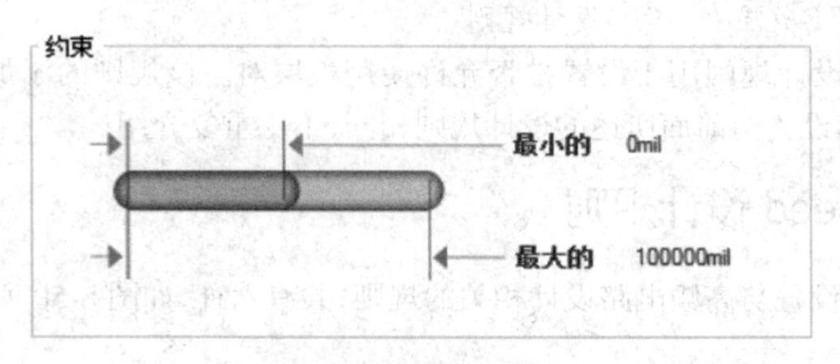

图 8-52　网络长度设置

(1)最小的:设置网络的最小长度,默认最小值为 0 mil。

(2)最大的:设置网络的最大长度,默认最大值为 100000 mil。

3."Matched Net Lengths"(匹配网络长度)设计规则

"Matched Net Lengths"设计规则用于设置网络等长走线。该规则以规定范围内的最长网络为基准,使其他网络通过调整操作在设定的公差范围内和它等长。该规则的添加、删除和使用范围等与前同所述的设计规则相同,不再重复介绍,如图 8-53 所示。

4."Daisy Chain Stub Length"(支线长度)设计规则

"Daisy Chain Stub Length"设计规则用于设置用菊花链走线时支线的最大长度。该规则的添加、删除和使用范围等与前面所述的设计规则相同,不再重复介绍。下面介绍其"约束"区域的参数设置,如图 8-54 所示。

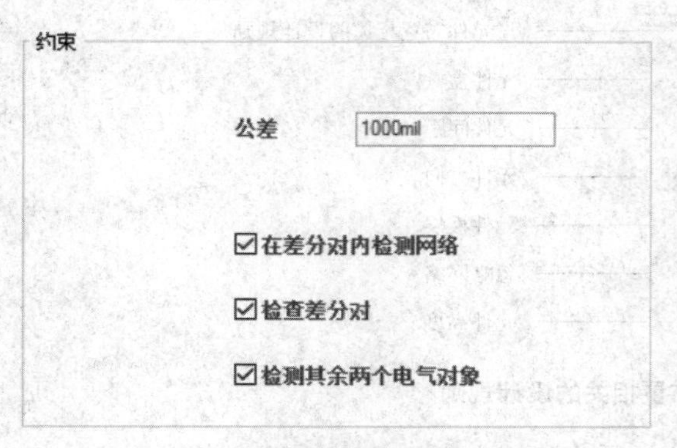

图 8-53 匹配网络长度设置

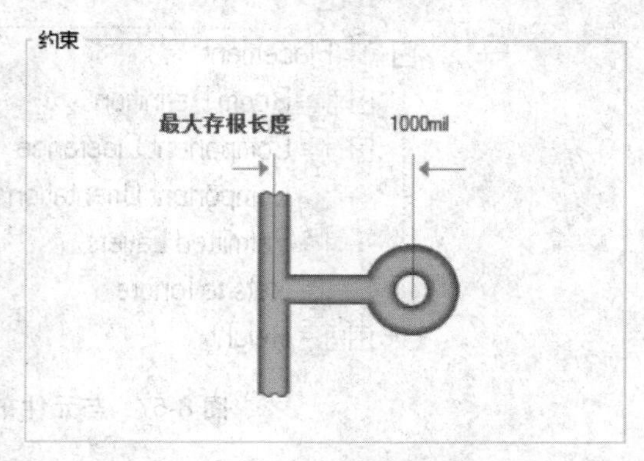

图 8-54 支线长度设置

5.“Vias Under SMD”(SMD 焊盘导孔许可)设计规则

“Vias Under SMD”设计规则用于设置是否允许在 SMD 焊盘下放置导孔。该规则的添加、删除和使用范围等与前面所述的设计规则相同,不再重复介绍。通过“约束”区域中的“SMD 焊盘下允许导孔”复选框可设置是否允许在 SMD 焊盘下放置导孔,如图 8-55 所示。

6.“Maximum Via Count”(导孔数限制)设计规则

“Maximum Via Count”设计规则用于设置电路板上允许的最多导孔数目。该规则的添加、删除和使用范围等与前面所述的设计规则相同,不再重复介绍。下面介绍其“约束”区域的参数设置,如图 8-56 所示。

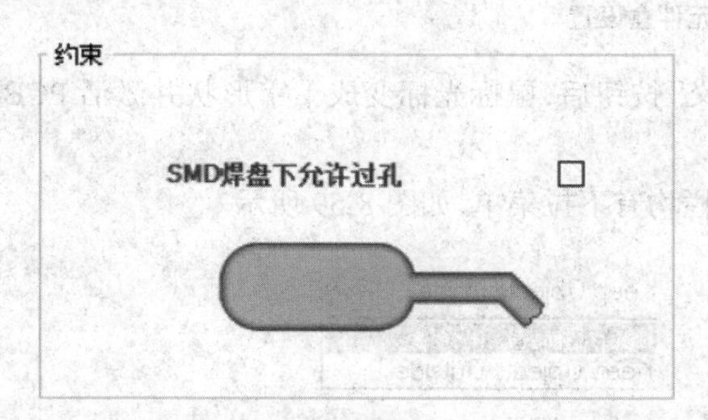

图 8-55 SMD 焊盘导孔许可设置

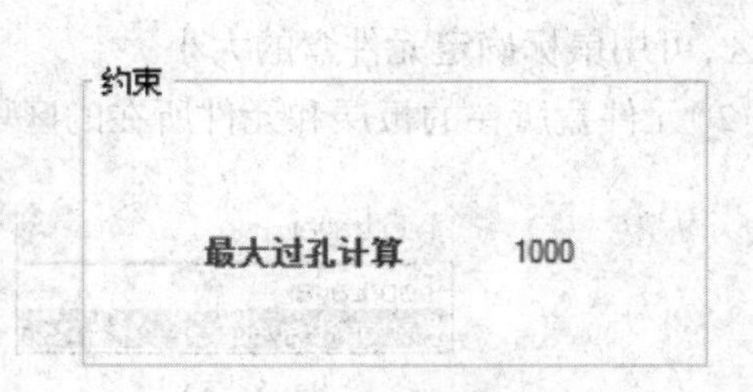

图 8-56 导孔数限制设置

8.1.9 Placement 设计规则

此类规则与元件的布置有关,共有六种,如图 8-57 所示。

1.“Room Definition”(元件盒)设计规则

“Room Definition”设计规则用于定义元件盒的尺寸及其所在的板层。该规则的添加、删除和使用范围等与前面所述的设计规则相同,不再重复介绍。下面介绍其“约束”区域的参数设置,如图 8-58 所示。

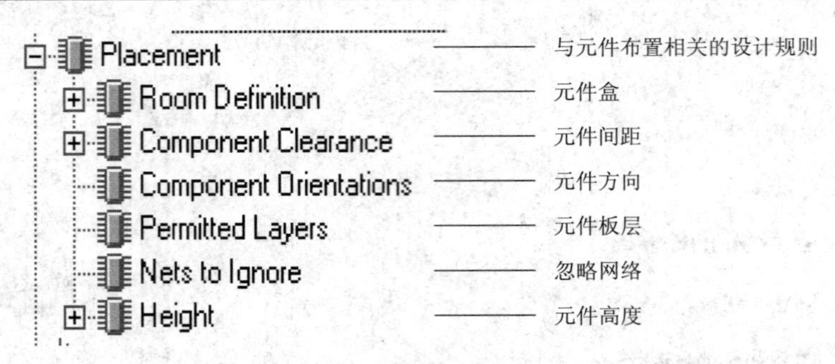

图 8-57 与元件布置相关的设计规则

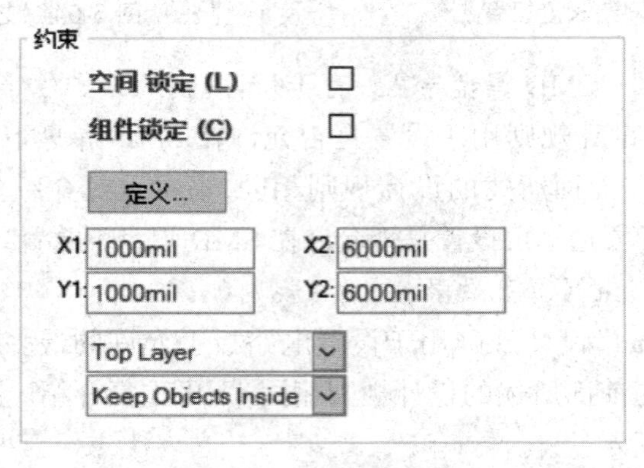

图 8-58 元件盒设置

（1）用鼠标定义元件盒的大小。点击“定义”按钮后，鼠标光标变成十字形状并激活 PCB 编辑区，可用鼠标确定元件盒的大小。

（2）元件盒所在的板层和元件所在的区域栏均有下拉菜单，如图 8-59 所示。

（a） （b）

图 8-59 元件盒相关参数设置

（a）元件盒所在的板层 （b）元件所在的区域

2.“Component Clearance”（元件间距）设计规则

“Component Clearance”设计规则用于设置元件封装间的最小距离。该规则的添加、删除和使用范围等与前面所述的设计规则相同，不再重复介绍。下面介绍其“约束”区域的参数设置，如图 8-60 所示。

3.“Component Orientation”（元件方向）设计规则

“Component Orientation”设计规则用于设置元件封装的放置方向。该规则的添加、删除和使用范围等与前面所述的设计规则相同，不再重复介绍。下面介绍其“约束”区域的参数设置，如图 8-61 所示。

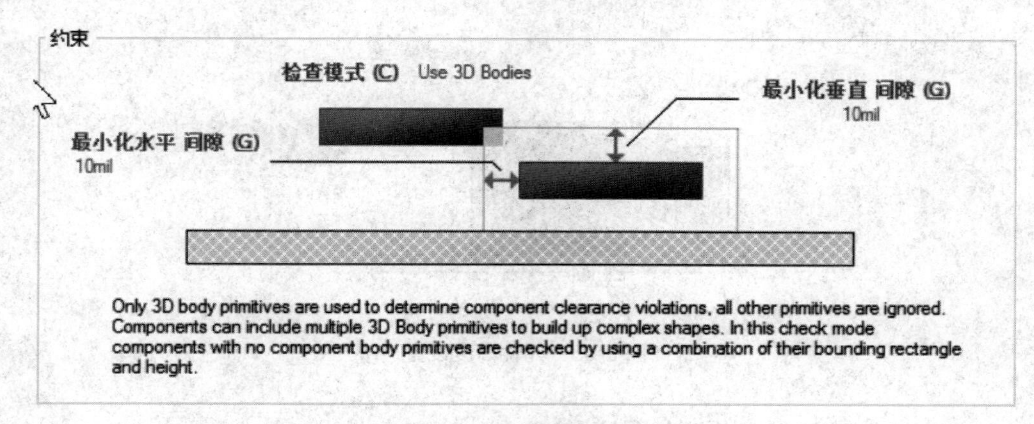

图 8-60 元件间距设置

"允许定位"有 5 个选项："0 度""90 度""180 度""270 度"和所有方位，选择"所有方位"复选框则其他 4 个复选框变灰。

4."Permitted Layers"（元件板层）设计规则

"Permitted Layers"设计规则用于设置自动布局时元件封装的放置板层。该规则的添加、删除和使用范围等与前面所述的设计规则相同，不再重复介绍。其"约束"区域的参数设置如图 8-62 所示。

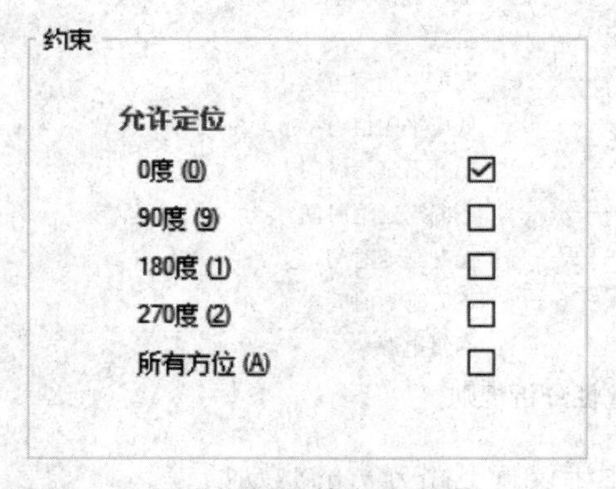

图 8-61 元件方向设置

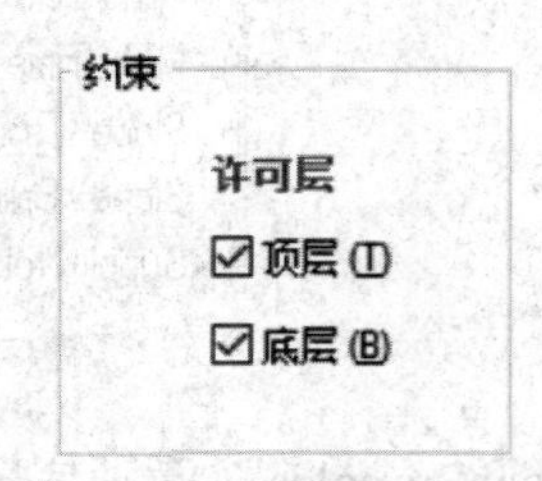

图 8-62 元件板层设置

5."Nets to Ignore"（忽略网络）设计规则

"Nets to Ignore"设计规则用于设置自动布局时忽略的网络。组群式自动布局时，忽略电源网络可以使得布局速度和质量有所提高。该规则的添加、删除和使用范围等与前面所述的设计规则相同，不再重复介绍。其"约束"区域中无参数设置，不再多述。

6."Height"（元件高度）设计规则

"Height"设计规则用于设置布局的元件高度。该规则的添加、删除和使用范围等与前面所述的设计规则相同，不再重复介绍。其"约束"区域的参数设置如图 8-63 所示。

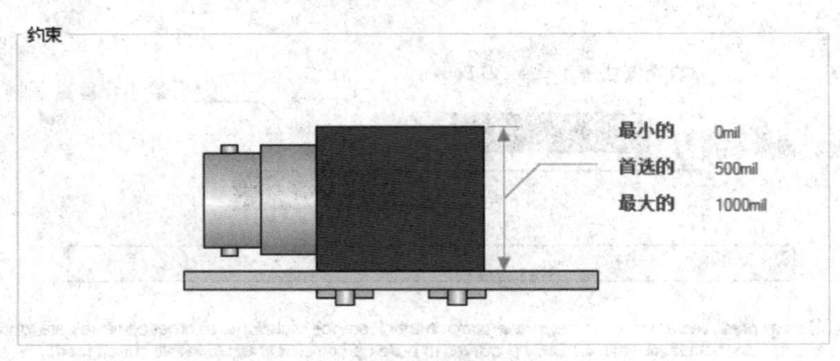

图 8-63 元件高度设置

8.1.10 Signal Integrity 设计规则

此类规则用于信号完整性分析规则的设置,共有 13 种,如图 8-64 所示。

图 8-64 信号完整性分析规则

(1)"Signal Stimulus"(激励信号)设计规则,用于设置电路分析的激励信号。

(2)"Overshoot-Falling Edge"(下降沿超调量)设计规则,用于设置信号的下降沿超调量。

(3)"Overshoot-Rising Edge"(上升沿超调量)设计规则,用于设置信号的上升沿超调量。

(4)"Undershoot-Falling Edge"(下降沿欠调电压)设计规则,用于设置信号下降沿欠调电压的最大值。

(5)"Undershoot-Rising Edge"(上升沿欠调电压)设计规则,用于设置信号上升沿欠调电压的最大值。

(6)"Impedance"(阻抗)设计规则,用于设置电路的最大和最小阻抗。

(7)"Signal Top Value"(高电平阈值电压)设计规则,用于设置高电平信号的最小电压。

(8)"Signal Base Value"(低电平阈值电压)设计规则,用于设置信号的电压基值。

(9)"F1ight Time-Rising Edge"(上升沿延迟时间)设计规则,用于设置信号的上升沿延迟时间。

(10)“F1ight Time-Falling Edge”(下降沿延迟时间)设计规则,用于设置信号的下降沿延迟时间。

(11)“Slope-Rising Edge”(上升延迟时间)设计规则,用于设置信号从阈值电压上升到高电平的最大延迟时间。

(12)“Slope-Falling Edge”(下降延迟时间)设计规则,用于设置信号从阈值电压下降到低电平的最大延迟时间。

(13)“Supply Nets”(网络电源)设计规则,用于设置电路板中网络的电压值。

上述规则的添加、删除和使用范围等与前面所述的设计规则相同,规则的系统参数设置与单元参数设置类似,不再重复介绍。

8.2 设计规则检查

Altium Designer 6.9 具有有效的设计规则检查(Design Rule Check, DRC)功能,该功能可以确认设计是否满足设计规则。DRC 可以基于预定的设计规则完成对走线情况的检查,例如检查安全错误、未走线网络、宽度错误、长度错误及影响制造和信号完整性的错误。

DRC 可以后台运行,检查设计是否违反设计规则,用户也可以随时手动运行来检查设计是否违反设计规则。

运行 DRC 可以执行“工具”→“设计规则检测”菜单命令,系统将弹出如图 8-65 所示的“设计规则检测”对话框。

(1)在 Report Options(报告选项)中可以设定设计规则需要检查的选项,具体包括如下几项。

①“创建报告文件”复选框:选中此复选框,执行 DRC 后系统将自动生成后缀为“DRC”的报表文件,并直接在工作窗口中打开该文件。报表文件中包括 DRC 的详细信息,例如对象的位置、所在的层、网络名称、元件标号以及焊盘数目等。该文件并不出现在项目文件中,而是保存在“Free Document”中。

②“创建违反事件”复选框:选中此复选框,在检查设计规则时,如果 PCB 文件中有违反安全间距规则、走线宽度规则、网络长度规则等设计规则的情况,将产生详细报告。

③“Sub-Net 默认”复选框:如果定义了“Un-Routed Net”(未连接网络)设计规则,选中此复选框可以在设计规则检查报告中包括子网络的详细情况。

④“内部平面警告”复选框:选中此复选框,设计规则检查报告中将包括内平面层的警告。

⑤“校验短敷铜”复选框:选中此复选框,会检查 Net Tie 元件,并且会检查元件中是否存在没有连接的铜。

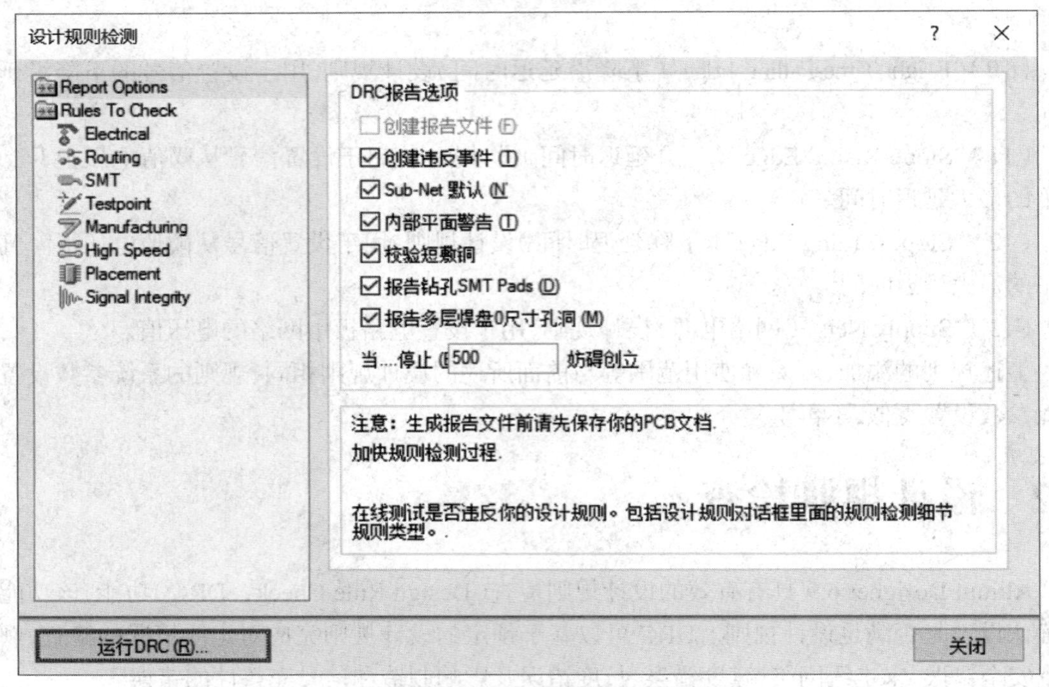

图 8-65 “设计规则检测”对话框

⑥“报告钻孔 SMT Pads”复选框:选中此复选框,设计规则检查报告将包括 SMT 中焊盘的钻孔信息。

⑦“报告多层焊盘 0 尺寸孔洞”复选框:选中此复选框,设计规则检查报告将记录多层焊盘 0 尺寸孔洞信息。

(2)“Rules to Check”(需要检查的规则)中包括将要检查的规则,如图 8-66 所示,设计人员可根据需要设定检查的规则。

在如图 8-66 所示的对话框中,如果需要在线检查某项规则,可以选中该设计规则后的“在线”复选框;如果需要批量检查某项设计规则,可以选中“批量”复选框。

(3)点击“运行 DRC”按钮,就可以启动 DRC 运行模式,完成检查后将在设计窗口显示任何可能违反规则的情况。所有违反规则的信息都将在“Messages”面板中列出,如图 8-67 所示。若有错,用户就要根据信息修改相应的错误,修改后再对 PCB 进行一次检测,直到完全正确为止。

DRC 生成的报表文件如图 8-68 所示,该报表中列出了此次 DRC 的详细信息。

> ! **注意:** 设计规则检查(DRC)是一种有效的自动检查手段,既能够检查用户设计的逻辑完整性,又可以检查物理完整性。在设计任何 PCB 时均应该运行该功能,对设计规则进行检查,以确保设计符合安全规则,并且没有违反任何规则。

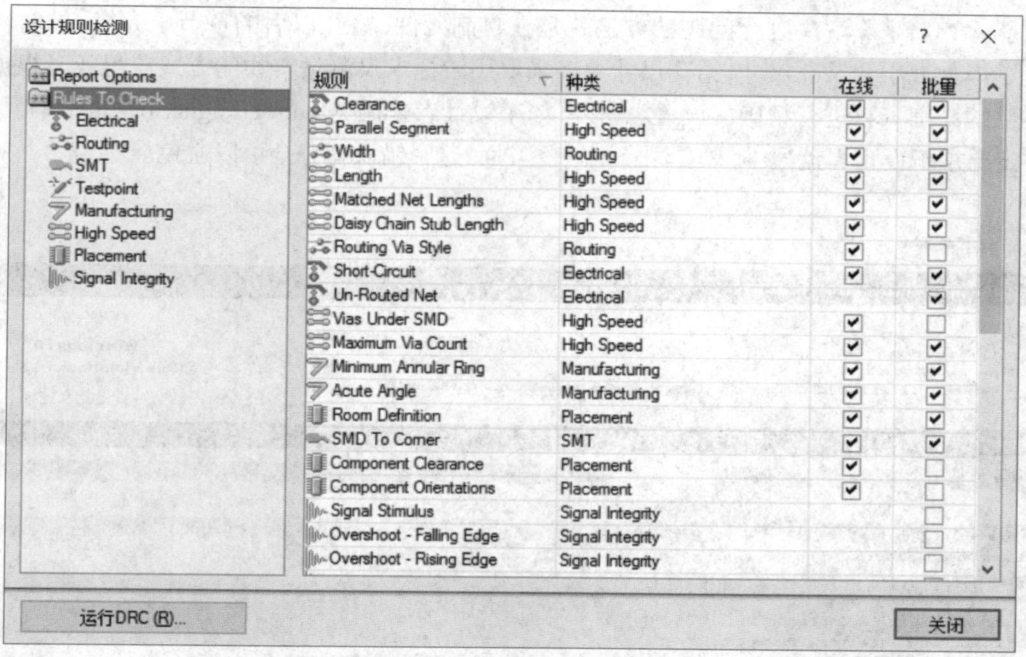

图 8-66　“设计规则检测”对话框

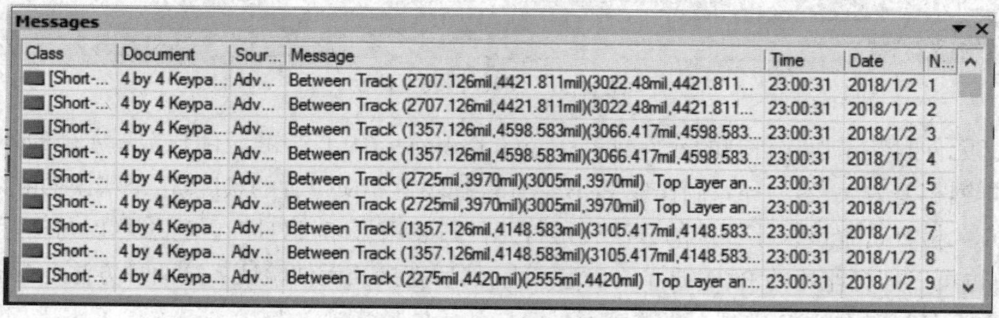

图 8-67　“Messages”面板

PCB 设计规则涵盖了 PCB 设计过程的方方面面。通过执行“工具”→“设计规则检查”菜单命令可以进行设计规则检查，对违反规则的地方通过 On line DRC 或错误报告文件的形式表现出来。PCB 设计规则虽然看起来比较烦琐，但对普通的 PCB 设计来说，大部分设计规则都可采用系统的缺省设置，用户不必特意设置。而对一些特殊的 PCB 设计（例如高频高速 PCB 设计），就需要设计者对整个 PCB 设计规则有较详细的了解。

PCB 设计规则主要检测 PCB 设计所出现的错误，普通的 PCB 设计大多不会违反系统的那些并不常用的设计规则，因此对初学者来说，主要掌握以下 5 个方面的 PCB 设计错误即可保证 PCB 设计正确无误。

①焊盘错误。PCB 绘制少不了焊盘的绘制，如果绘制的 PCB 焊盘（包括过孔）太小，钻孔尺寸就不可能太大，否则会导致进行 PCB 装配时元件插不进钻孔的现象。这样的错误 DRC

不可能检查出来。解决这个问题的方法就是在自制元件(将在以后的章节中介绍)的时候仔细设置焊盘大小和钻孔尺寸,钻孔尺寸大多采取用游标卡尺测量实物的方式获得或者根据厂家提供的详细资料进行精确的设置。另外,如果设计者采用 Altium Designer 6.9 自带的元件,就一定要重新设置焊盘大小,只要注意到这些方面,这个错误就完全可以避免。

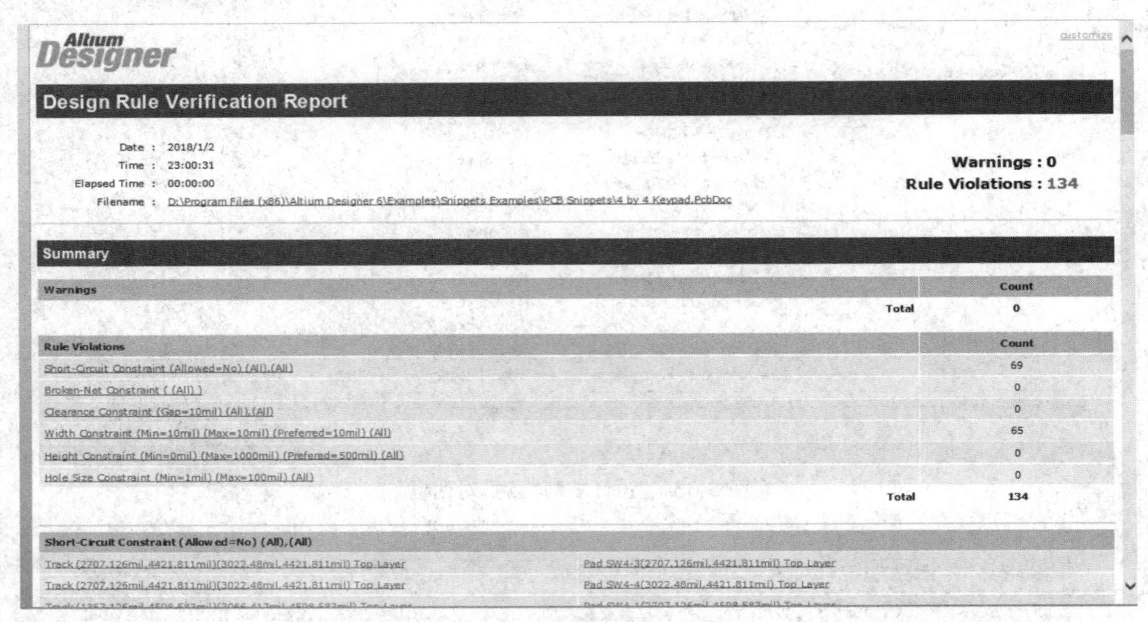

图 8-68 DRC 报表文件

②元件封装错误。自制的元件或者 Altium Designer 6.9 自带的元件与实际元件的外形和引脚排列相差太大,容易导致制作成 PCB 后元件插不进相应位置的状况,这个错误 DRC 也无法检查。检查这个错误比较好的方法就是将元件封装用打印机打印在纸上,然后与实际元件对比;也可以把打印好的 PCB 纸样放在泡沫上,然后直接插元件验证。这两种方法非常有效,可以在没有制作出 PCB 的情况下检查元件布局和元件封装的效果。

③走线宽度错误。走线宽度可以在“PCB 规则及约束编辑器”对话框中进行设置。PCB 上的走线宽度大约为 1 mm(40 mil),可以承受 1 A 的电流通过(不同厚度的铜箔层承受的电流也不同)。太大的电流会把 PCB 上的铜膜走线烧断,这个 DRC 不可能检查到,需要设计者有一定的电路设计经验,手工对不同的走线进行走线宽度的定义。

④安全间距错误。用网络进行布线,设计规则里设置了安全间距,这样凡是安全间距小于最小安全间距的地方就会出现绿色的报警信息。

⑤网络连接错误。PCB 的网络来自原理图元件的连接关系,用网络进行布线可以保证原理图和 PCB 图的同步设计。也就是说只要原理图的电气连接没有错误,PCB 元件的网络连接肯定没有错误。DRC 可以检查出 PCB 应该连接而没有连接的错误,但是必须保证原理图是正确的,如果原理图有错误,PCB 的 DRC 就不可能检查出错误。

关键词:PCB 设计规则

习 题

1. 简答题

8-1 简述PCB设计规则的分类。

8-2 简述Altium Designer 6.9的布线规则。

8-3 简述进行PCB设计时为什么要进行DRC检查。

8-4 简述DRC设计规则。

2. 画图题

8-5 画出下图所示电路的原理图,并画出相应的PCB,设置PCB的规则如下:VCC网络和GND网络的安全间距为20 mil,VCC的优先级为1,不允许电路板上的导线短路,地线最小宽度为10 mil,最大宽度为40 mil,优选尺寸为30 mil。

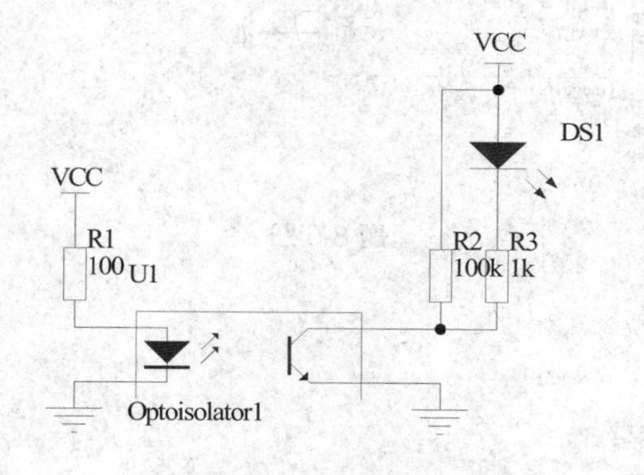

题8-5图

8-6 画出下图所示电路的原理图,要求生成网络表,建立双层电路板。

进行设计规则设置:所有对象的安全间距为15 mil,不允许短路,导线的最大线宽为20 mil,最小线宽为10 mil,最优线宽为15 mil,布线有效层为“Top Layer”和“Bottom Layer”,过孔直径优选值为60 mil,孔径优选值为40 mil。所有的元件均采用针脚式封装。

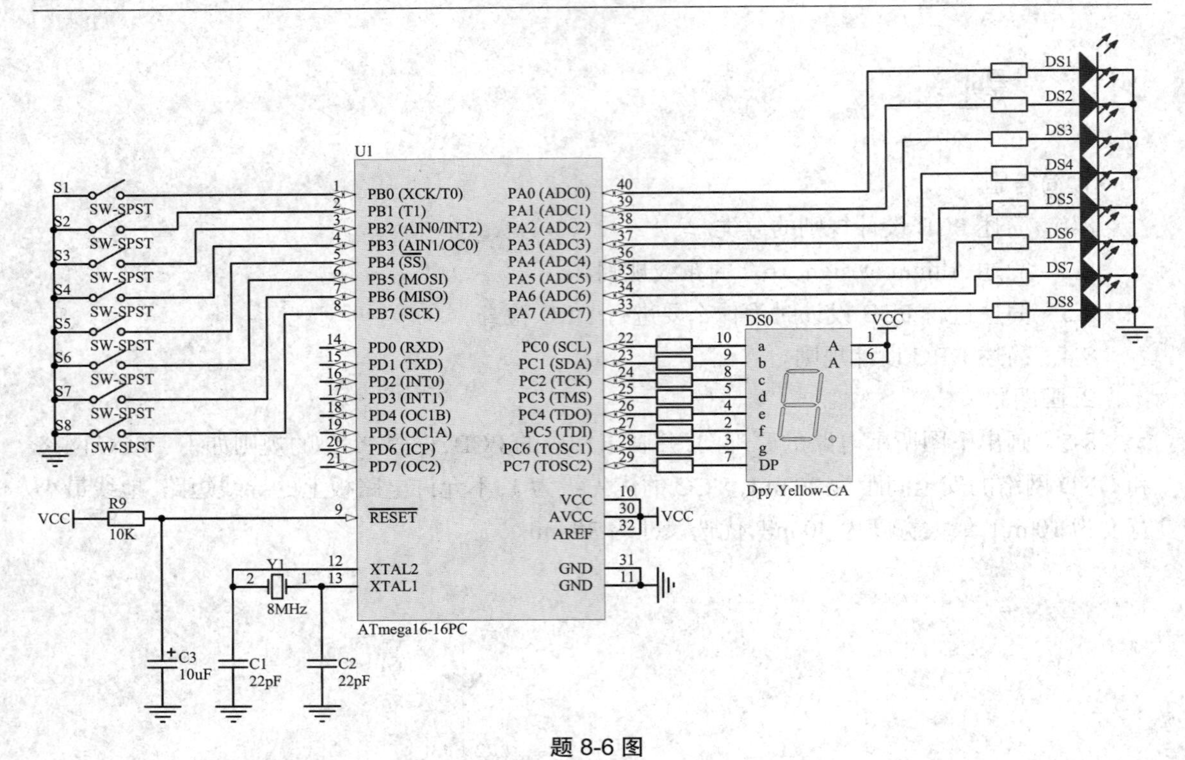

U1
PB0 (XCK/T0)
PB1 (T1)
PB2 (AIN0/INT2)
PB3 (AIN1/OC0)
PB4 (SS)
PB5 (MOSI)
PB6 (MISO)
PB7 (SCK)
PD0 (RXD)
PD1 (TXD)
PD2 (INT0)
PD3 (INT1)
PD4 (OC1B)
PD5 (OC1A)
PD6 (ICP)
PD7 (OC2)
RESET
XTAL2
XTAL1
PA0 (ADC0)
PA1 (ADC1)
PA2 (ADC2)
PA3 (ADC3)
PA4 (ADC4)
PA5 (ADC5)
PA6 (ADC6)
PA7 (ADC7)
PC0 (SCL)
PC1 (SDA)
PC2 (TCK)
PC3 (TMS)
PC4 (TDO)
PC5 (TDI)
PC6 (TOSC1)
PC7 (TOSC2)
VCC
AVCC
AREF
GND
GND
ATmega16-16PC
S1 S2 S3 S4 S5 S6 S7 S8
SW-SPST
DS1 DS2 DS3 DS4 DS5 DS6 DS7 DS8
DS0
Dpy Yellow-CA
VCC
R9
10K
Y1
8MHz
C3
10uF
C1
22pF
C2
22pF

题 8-6 图

9 PCB 元器件封装与库文件的管理

元器件封装是构成 PCB 图的最基本单元，一般的元器件封装都可以从元器件封装库中直接调用，但是一些比较特殊的或者专用的元器件封装系统元件库中没有，就需要自己制作元器件封装并对元器件封装库进行管理。在本书的绪论部分已经介绍了 PCB 元件的基本知识，这里不再重复。本章节主要介绍 PCB 元器件的建立；Altium Designer 6.9 元器件封装编辑器的基本知识；建立 PCB 元器件封装规则的方法及流程；元器件封装库的管理等。

9.1 元器件封装编辑环境

9.1.1 启动元器件封装编辑器

制作元器件封装之前，首先需要启动元器件封装编辑器。Altium Designer 6.9 提供了两种新建元件库的方法。

1. 通过菜单命令新建元件库

（1）执行菜单命令“文件”→“新建”→“库”→“PCB 元件库”，可以启动元器件封装编辑器，同时生成一个元器件封装库文件，如图 9-1 所示。

（2）将元器件封装库保存，元器件封装库文件的后缀为.“PcbLib”，系统默认的文件名为“PcbLib1.PcbLib”，用户可以自己修改文件名，如图 9-2 所示。

2. 由当前的 PCB 文件生成对应的元件库

用这种方法生成元件库时，需要打开 PCB 文件并使该 PCB 文件为当前编辑文件。下面通过一个具体的实例详细说明。

打开系统自带的 PCB 文件：\Program Files\Altium 2004\Examples\Reference Designs\4 Port Serial Interface. PcbDoc，选择菜单命令“设计”→“生成 PCB 库”，如图 9-3 所示。

Altium Designer 6.9 自动生成 PCB 元件库，默认的文件名为 PCB 文件名加上扩展名“.PcbLib”，并且自动打开 PCB 元件编辑器。该库中包含该 PCB 文件中的所有元器件封装，在库元件的列表框中显示了该库中的所有元件，单击元件名就可以浏览相应的元件，如图 9-4 所示。

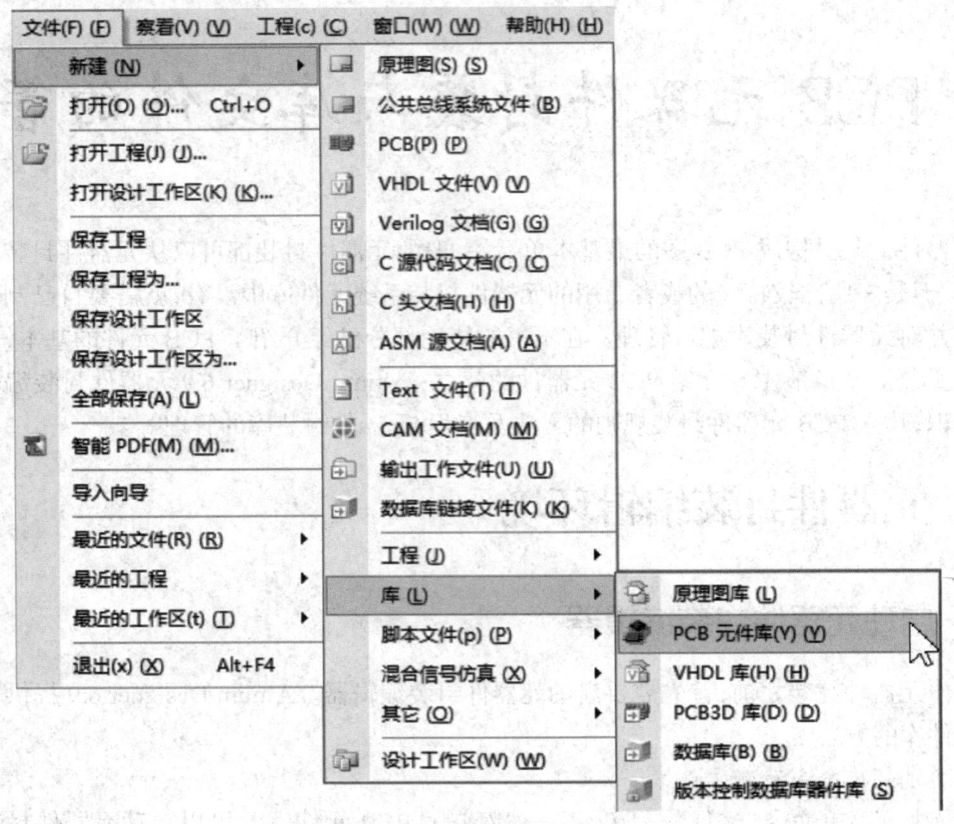

图 9-1 新建 PCB 元件库

图 9-2 系统默认的元器件封装库文件名

9.1.2 元器件封装编辑器的介绍

PCB 元器件封装编辑器的界面和 PCB 编辑器比较类似，如图 9-5 所示。下面简单介绍一下 PCB 元器件编辑器各个菜单的功能。

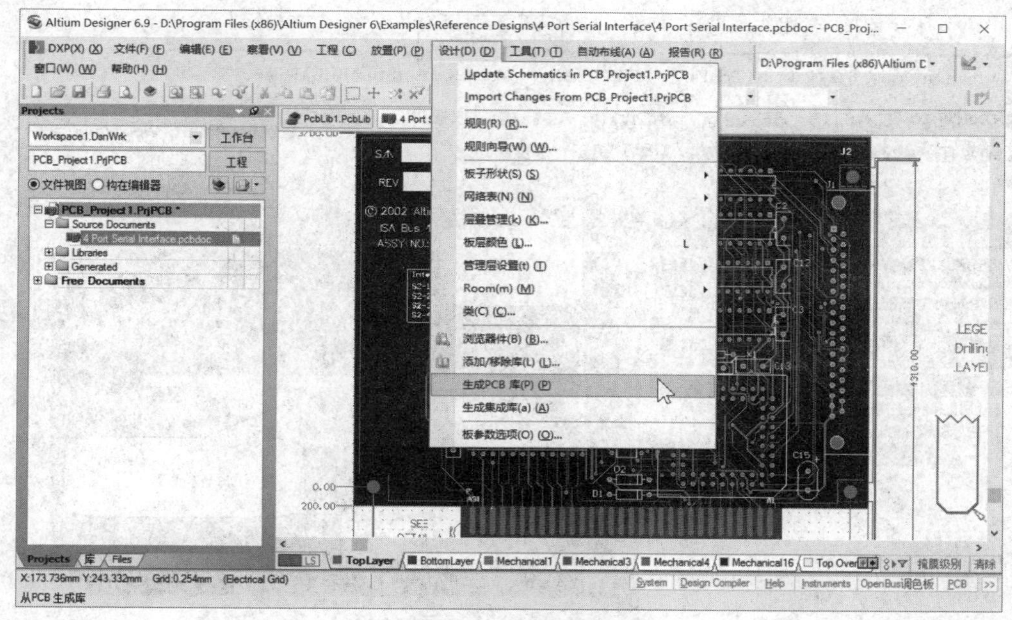

图 9-3 生成 PCB 元件库命令

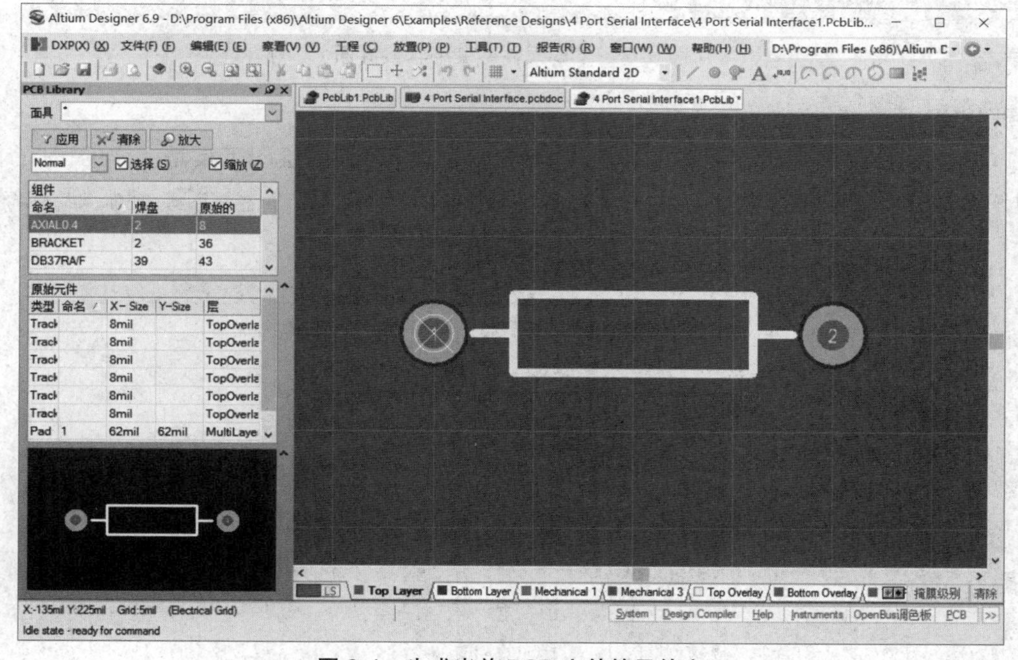

图 9-4 生成当前 PCB 文件的元件库

1. 主菜单栏

主菜单栏主要给设计人员提供编辑、绘图命令,以便创建一个新元件。

2. 主工具栏

主工具栏为用户提供各种操作,如打印、保存、选取、撤销选择等。

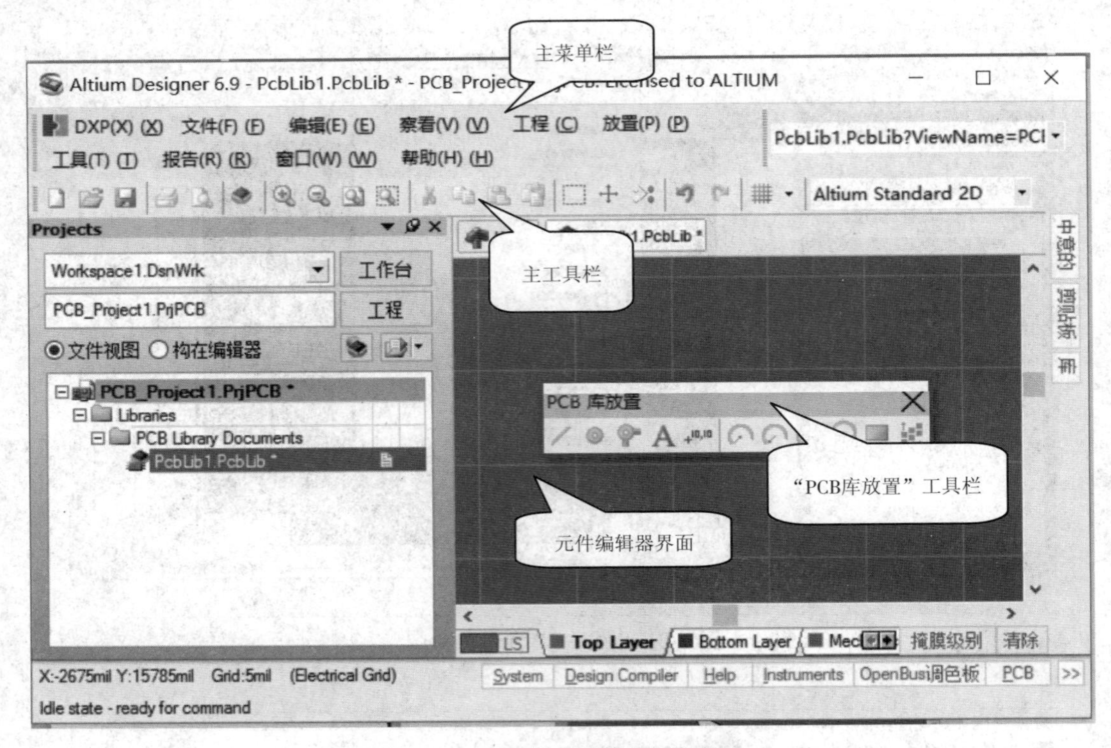

图 9-5 PCB 元件封装编辑器界面

3."PCB 库放置"工具栏

PCB 元器件封装编辑器提供的放置工具同以往所接触到的绘图工具是一样的,它的作用类似于菜单命令"放置",是在工作平台上放置各种画图元素,如焊盘、线段、圆弧等,如图 9-6 所示。

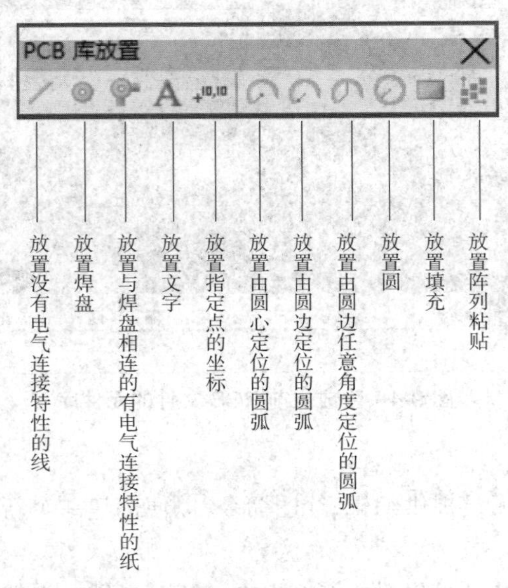

图 9-6 "PCB 库放置"工具栏

4."PCB Library"面板

该面板可以对封装文件进行管理,比如重新命名、浏览等。单击元件编辑界面右下角的标签"PCB"→"PCB Library",可以进入元器件封装编辑管理器,如图 9-7 所示。双击面板中"命名"下的元件名称,或者在这个名称上单击鼠标右键,选择"组件 道具"命令,即可弹出如图 9-8 所示的对话框。在该对话框中可以输入所创建元器件封装的名称,点击"确定"按钮完成重命名。

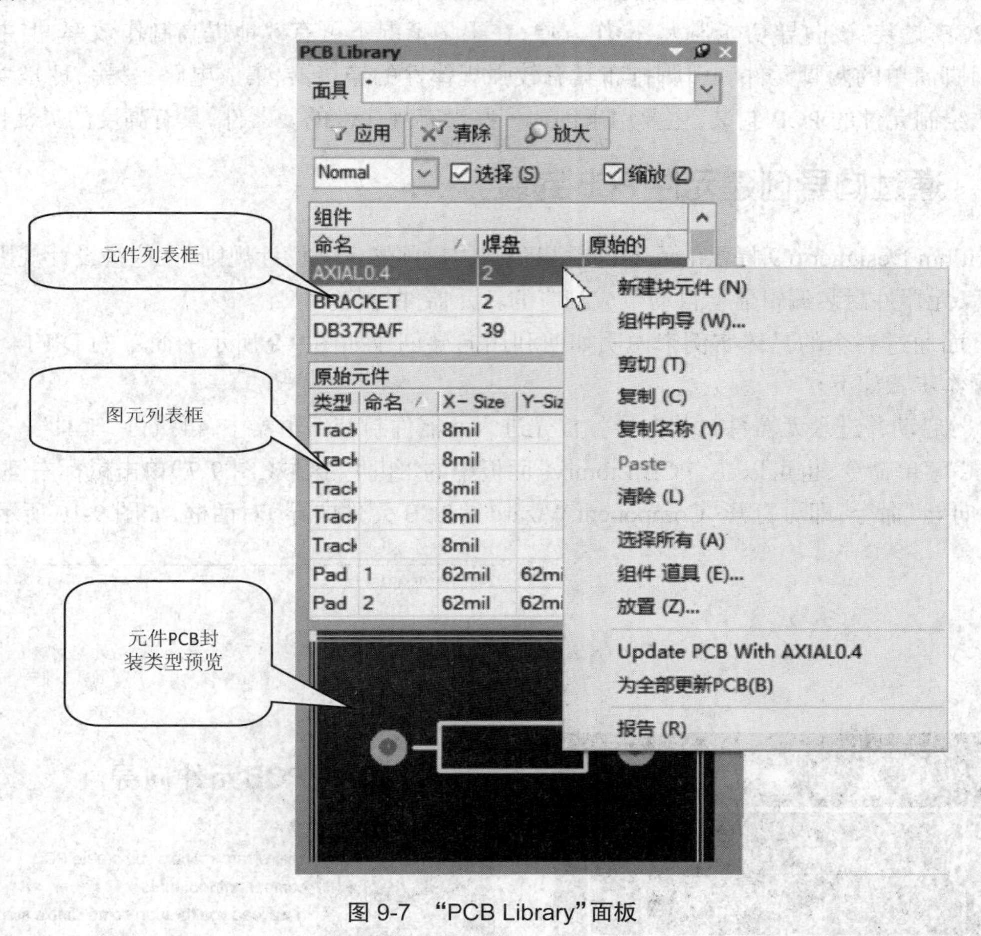

图 9-7 "PCB Library"面板

PCB库元件 [mil]

库元件参数

名称 AXIAL0.4 高度 0mil

描述

确定 取消

图 9-8 "PCB 库元件"对话框

如果用户想添加新的元器件封装，同样在该面板中的名称上单击鼠标右键，选择“新建块元件”命令，则可在新创建的作图区创建元器件封装。

9.2 创建新的元器件封装

Altium Designer 6.9 为设计者提供了两种创建元器件封装的方法。一种是通过向导创建元件 PCB 封装，该向导功能强大、操作方便，在很多情况下可有效地提高制作效率，但主要适合于引脚简单的两脚元件和引脚排布具有较强规律性的连接器、集成电路。另一种是采用手动方法绘制元件的 PCB 封装，主要用来创建一些没有规律性的元器件，具有高度的灵活性。

9.2.1 通过向导创建元件 PCB 封装

Altium Designer 6.9 提供的元器件封装允许用户预先定义设计规则，在这些设计规则定义结束后，元器件封装编辑器会自动生成相应的新元器件封装。

下面通过一个的具体实例来说明如何利用向导创建如图 9-9 所示的简单的 DIP14 封装。具体操作步骤如下。

（1）启动并进入元器件封装向导。首先进入元器件封装编辑器中，再执行“工具”→“元器件向导”菜单命令，也可以在“PCB Library”面板中的“组件”区域（图 9-7）单击鼠标右键，选择“组件向导”命令，即可打开“Component Wizard”（PCB 元件向导）对话框，如图 9-10 所示。

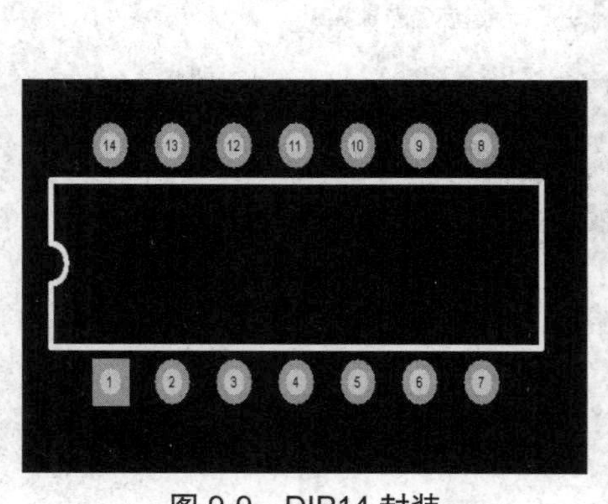

图 9-9 DIP14 封装

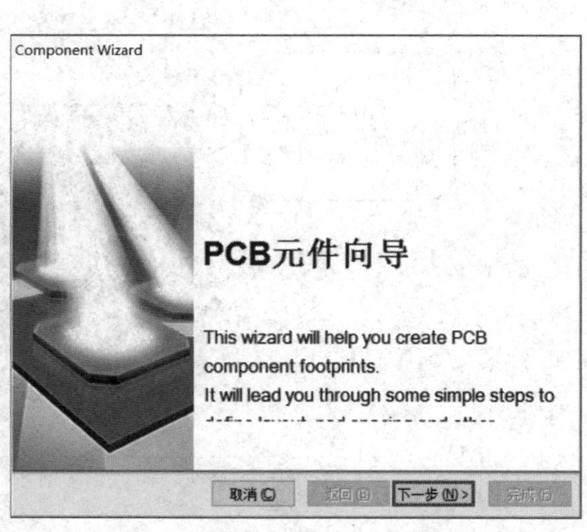

图 9-10 “Component Wizard”对话框

！注意：点击“Component Wizard”（PCB 元件向导）对话框中的“取消”按钮，系统将放弃利用向导生成 PCB 元件封装，而生成一个空白的元器件，设计者可以在这个空白的元器件中进行封装的手工制作。

(2)在“Component Wizard”对话框中点击“下一步”按钮,系统弹出如图 9-11 所示的面板。其中提供了 12 种元器件封装的外形供选择。

① Ball Grid Arrays(BGA):球栅阵列式封装。

② Capacitors:电容式封装。

③ Diodes:二极管式封装。

④ Dual In-line Packages(DIP):双列直插式封装。

⑤ Edge Connectors:边连接式封装。

⑥ Leadless Chip Carriers(LCC):无引脚芯片载体式封装。

⑦ Pin Grid Arrays(PGA):引脚栅格阵列式封装。

⑧ Quad Packs(QUAD):四边引出扁平封装。

⑨ Resistors:电阻式封装。

⑩ Small Outline Packages(SOP):小尺寸封装。

⑪Staggered Ball Grid Arrays(SBGA):错列的球栅阵列式封装。

⑫Staggered Pin Grid Arrays(SPGA):开关门阵列式封装 。

根据本实例的要求,选择 DIP 双列直插式封装外形。在对话框下面可以选择制作元器件时所采用的度量单位,英制 Imperial(mil)、米制 Metric(mm),这里选择英制。

(3)点击“下一步”按钮,向导弹出焊盘尺寸设置界面,在此可以对焊盘的长、宽和孔径进行设定。默认焊盘尺寸为 50 mil × 100 mil,焊盘孔径为 25 mil。本实例将焊盘孔径设为 30 mil,其他设定为 60 mil。修改方法:在尺寸标注文字上单击鼠标左键,进入文字编辑状态,直接输入数值即可。修改后的结果如图 9-12 所示。

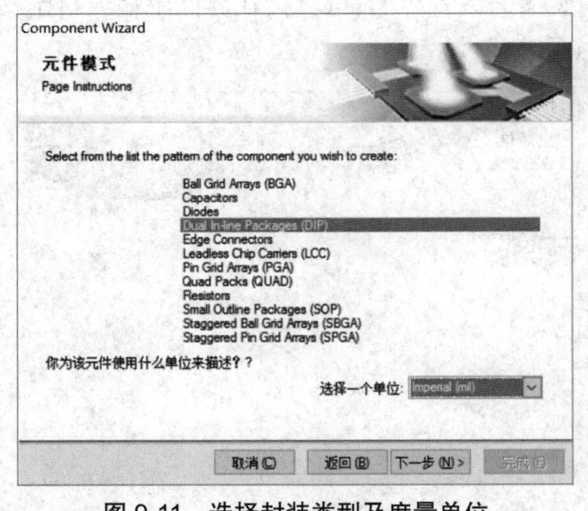

图 9-11 选择封装类型及度量单位

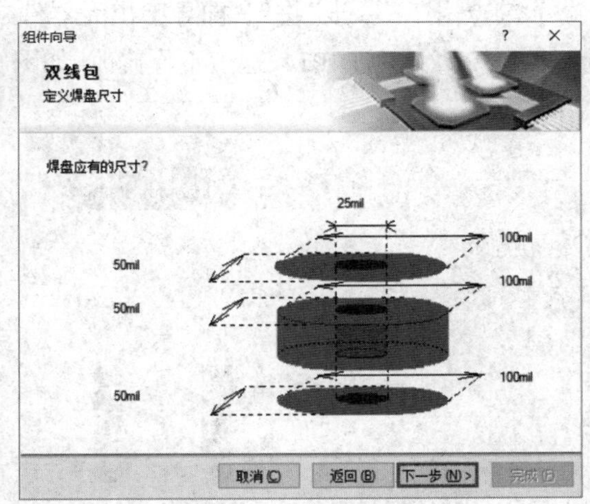

图 9-12 修改焊盘尺寸

(4)点击“下一步”按钮,向导弹出焊盘间距设置界面,在此可以对同侧相邻焊盘的间距以及两侧相邻焊盘的间距进行设置,这里的间距指的是焊盘中心间的距离,默认尺寸分别为 100 mil 和 600 mil。本实例将两侧相邻焊盘的间距设置为 300 mil ,同侧相邻焊盘的间距设置为 100 mil,方法同焊盘尺寸设置,如图 9-13 所示。

（5）点击“下一步”按钮，向导弹出元器件封装轮廓线条粗细设置界面，在此可以对轮廓线的宽度进行设置，默认值为 10 mil。轮廓线的宽度应根据元器件封装不同而调整，使元器件轮廓清晰即可，方法同焊盘尺寸设置。一般 10 mil 的默认值就可以满足要求，但是封装极小的元器件应适当减小轮廓线的宽度，以使视图比较协调，如图 9-14 所示。

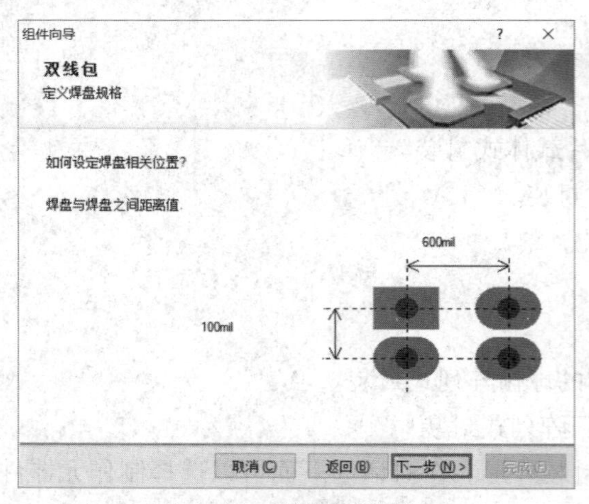

图 9-13 焊盘间距设置

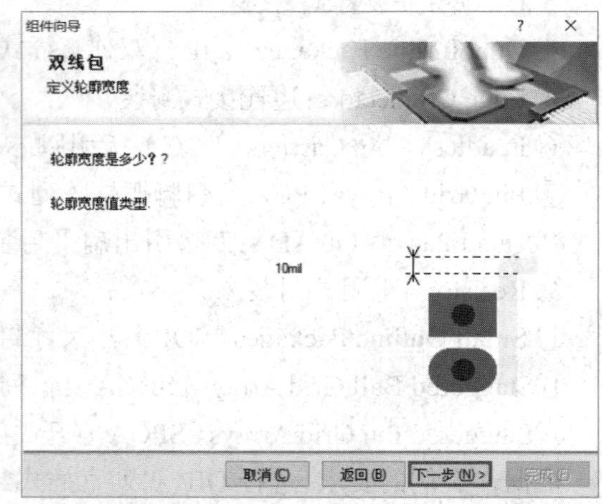

图 9-14 元器件封装轮廓线条粗细设置

（6）点击“下一步”按钮，向导弹出焊盘数量设置界面，默认值为 10（双列，每列 5 脚）。本实例将它设为 14，方法是直接在编辑框中输入焊盘数量，也可以使用右边的微调器增加或减少焊盘数量。但是图中显示的元件仅是外形示意图，显示的焊盘数与设定值并不相等，如图 9-15 所示。

（7）点击“下一步”按钮，向导弹出元器件封装命名设置界面，可直接在界面中输入自定义的新名称。默认为 DIP14，这里不作修改，如图 9-16 所示。

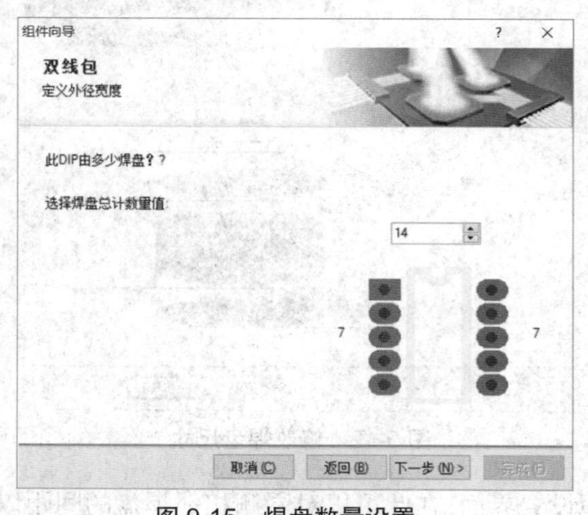

图 9-15 焊盘数量设置

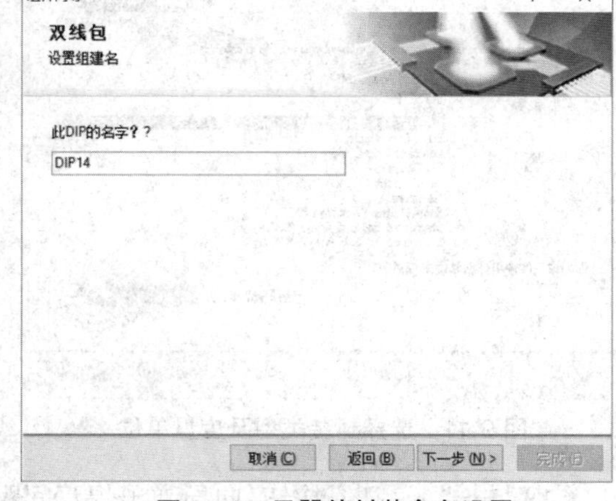

图 9-16 元器件封装命名设置

（8）点击“下一步”按钮，向导弹出元器件封装设置完毕界面，如图 9-17 所示。点击“完成”按钮，完成该元件的制作，同时该元件自动出现在元件编辑区，第一脚作为默认参考点并且采用方形焊盘，以易于识别，元件列表框中显示 DIP14，即当前元件，如图 9-18 所示。

图 9-17 元器件封装设置完毕

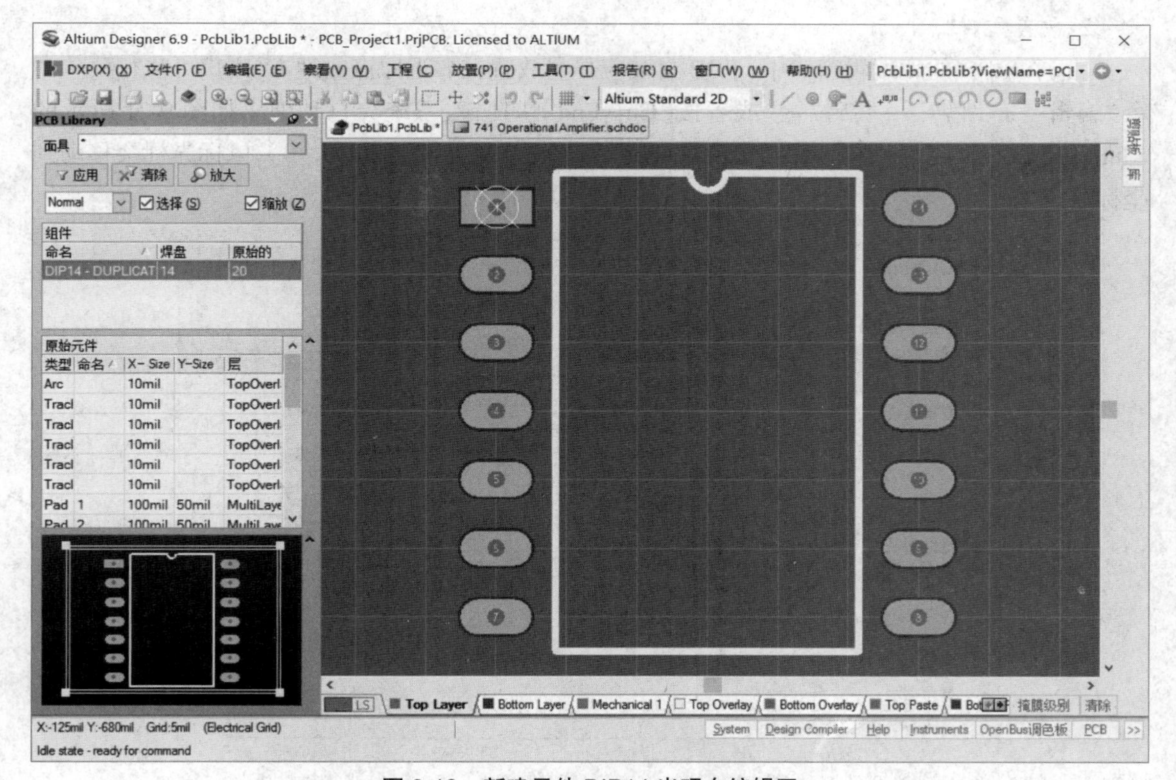

图 9-18 新建元件 DIP14 出现在编辑区

9.2.2 完全手工创建元件 PCB 封装

手工创建元器件封装就是利用绘图工具，按照实际尺寸绘制出元器件封装。一般来说，手工创建新的元器件封装首先需要设置封装参数，然后设置图形对象，最后还需设定参考点。下面通过创建元器件封装的实例介绍如何手工创建元器件封装，具体操作步骤如下。

1. 设置元器件封装参数

新建一个元器件封装库文件时，一般需要先设置一些基本参数，例如度量单位、过孔的内孔层、鼠标移动的最小间距等。创建元器件封装不需要设置布局区域，因为系统会自动开辟一个区域供用户使用。

（1）板面参数设置。在元器件封装编辑区中单击鼠标右键，在弹出的菜单中选择“选项”→“器件库选项”或者执行菜单命令“工具”→“器件库选项”，系统会弹出如图 9-19 所示的对话框。系统参数中的“可视化栅格”→“栅格 2”为 100 mil。

（2）板层设置。制作 PCB 元件时一样需要进行层的设置、管理以及层颜色设定，其操作与 PCB 编辑器的层操作一样，参见 6.3 节设置环境参数。

（3）系统参数设置。在元器件封装编辑框中单击鼠标右键，在弹出的菜单中选择“选项”→“优先选项”或者执行菜单命令“工具”→“优先选项”，系统会弹出如图 9-20 所示的对话框。其参数设置与 PCB 编辑器的参数设置相同，参见 6.4 节设置系统参数。

2. 放置元件

（1）在 PCB 的库编辑窗口中，PCB 封装应尽量放置在靠近原点的地方，用户可执行菜单命令“编辑”→“跳转”→“新位置”或者按【Ctrl+End】快捷键，系统会自动弹出如图 9-21 所示的“Jump To Location”对话框。在“X/Y-Location”编辑框中输入坐标值（0，0），鼠标光标会移动到坐标原点处。

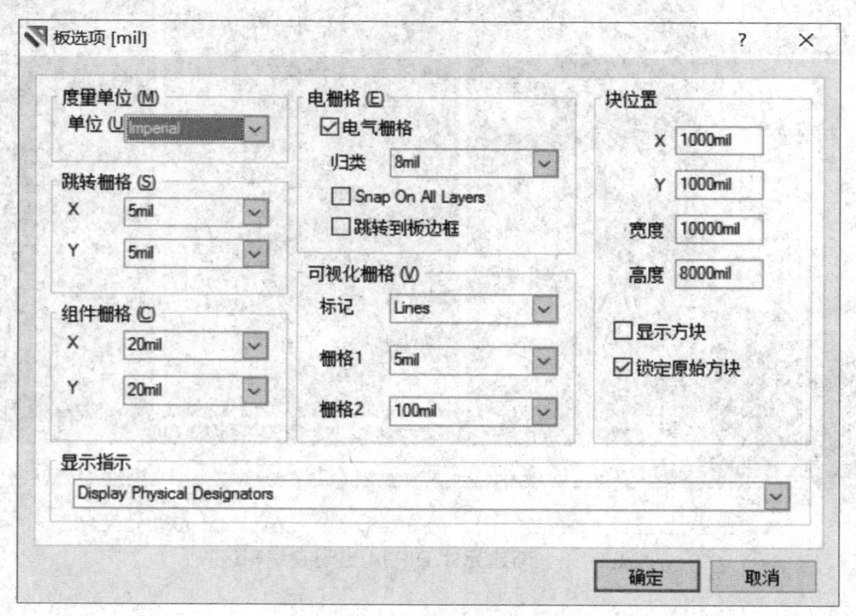

图 9-19 “板选项”对话框

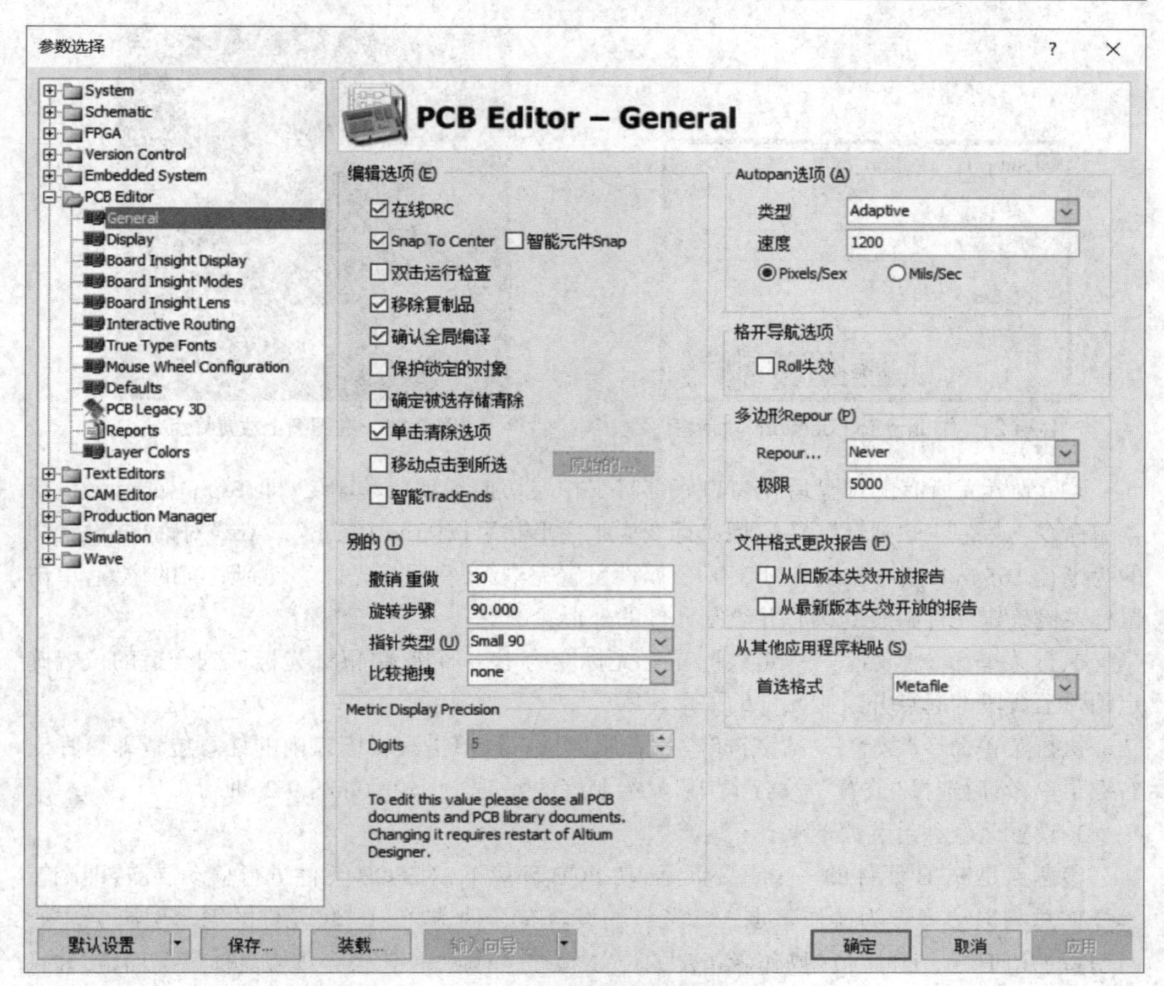

图 9-20 “参数选择”对话框

（2）放置焊盘。点击 ◎ 按钮或者执行菜单命令“放置”→“焊盘”，鼠标光标将变成十字形状，同时焊盘悬浮在鼠标光标上随其一起移动。在放置焊盘时可按【Tab】键进入“焊盘”对话框，设置 1 号焊盘为矩形并旋转 45°，2~8 号焊盘为圆形，其他参数采取默认值。注意焊盘所在的层一般都取 Multi-Layer。

如图 9-22 所示，选择合适的位置单击鼠标左键完成 8 个焊盘的放置。

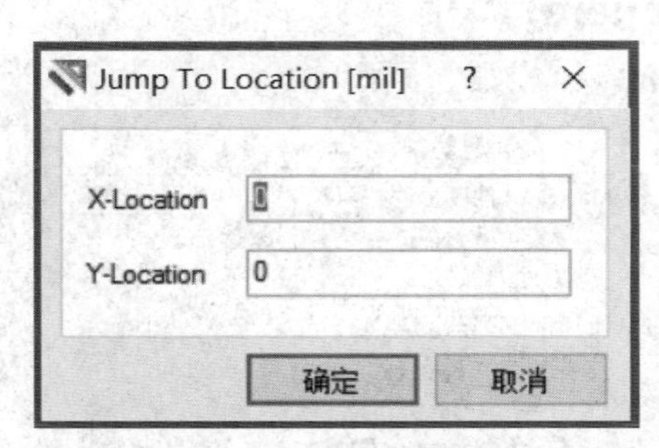

图 9-21 “Jump To Location”对话框

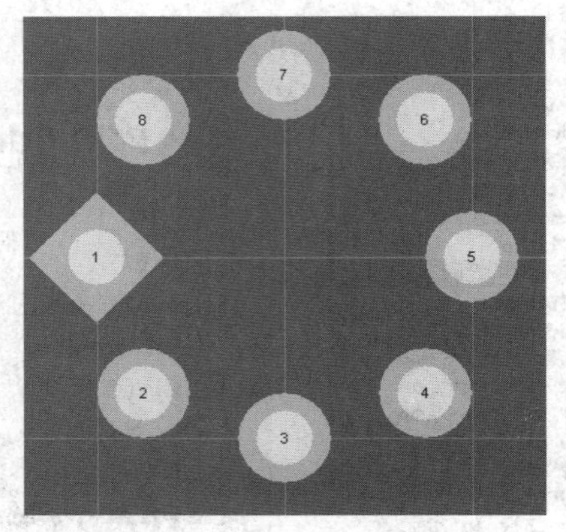

图 9-22 在图纸上放置焊盘

（3）放置完所有的焊盘后在窗口底部将工作层切换到顶层丝印层，即 Top Overlay。执行菜单命令“放置”→“圆环”，待鼠标光标变为十字形状后按【Tab】键进入“Arc”对话框，设置圆的为半径 165 mil，圆心位置为（0，0）。属性设置完毕后，将鼠标光标移动到适当的位置，单击鼠标左键确定元件封装的圆心并绘制元件的外形轮廓。

执行菜单命令“放置”→“走线”，鼠标光标变为十字形状，将鼠标光标移到合适的位置确定圆弧上线段的起点并绘制元件的外形轮廓。

执行菜单命令“放置”→“字符串”或者用鼠标右键单击编辑窗口内的任意位置即可呼出右键菜单，然后选择“放置”→“字符串”。绘制好的元件外形轮廓如图 9-23 所示。

3. 设置元器件封装的参考点

参考点是 PCB 元件的一个重要元素，在 PCB 环境下，对 PCB 元件进行移动、旋转即翻转等操作总是以参考点为操作基点。参考点的设置有 3 种选择：1 脚（元件的第一引脚）、中心（元件的几何中心）和定位（操作者指定的位置）。选择哪一种比较合理视具体情况而定，并且在任何时候都可以重新设置（在 PCB 设计的中途，重新对 PCB 元件的参考点进行设置会影响 PCB 的当前布局）。设置元器件封装的参考点可以执行菜单命令“编辑”→“设置参考”，如图 9-24 所示。

4. 重命名与保存

绘制完成后执行菜单命令“工具”→“元件属性”，或者进入“PCB Library”面板（图 9-7）双击当前编辑的元件名，系统会自动弹出“PCB 库元件”对话框（图 9-8），在该对话框中可以重命名当前制作的元件封装，高度一般设置为 0 mil，有必要时可以添加一些元件封装的相关描述。

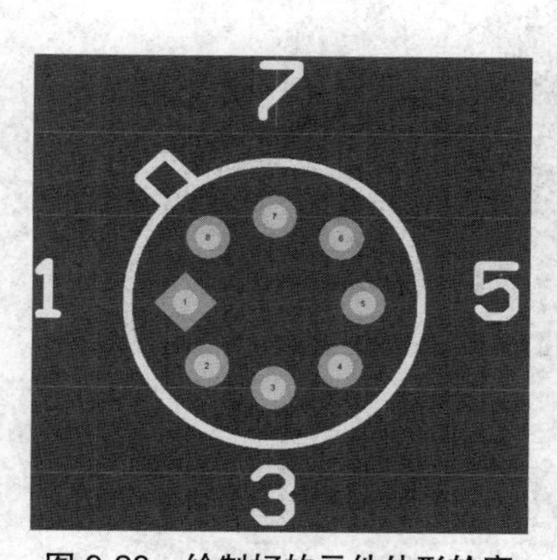

图 9-23 绘制好的元件外形轮廓

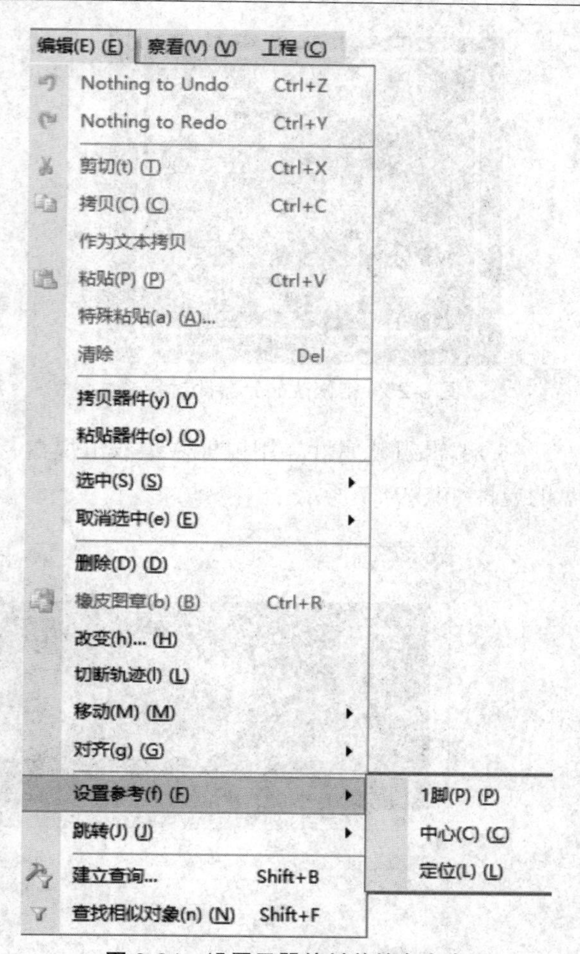

图 9-24 设置元器件封装的参考点

最后选择菜单命令“文件”→“另存为”将新建的元器件封装库保存。

9.2.3 通过修改已有的元器件封装来创建新的元器件封装

当一个元器件封装形式与库中某个元器件封装形式类似时，可以通过修改已有的元器件封装来创建新的元器件封装。下面介绍如何将图 9-25 所示的元器件封装修改为图 9-26 所示的元器件封装。具体操作步骤如下。

（1）由已有的元器件封装获得一个副本。通常来说，为了不影响系统封装库，一般都是首先复制一份，然后再在副本上进行修改。在 PCB 设计窗口中点击“库”选项，选取封装库 DIP8，放到 PCB 设计窗口中。点击主菜单命令“设计”→“生成 PCB 库”，打开已有的元器件封装库。点击主菜单命令“编辑”→“拷贝器件”，将 DIP8 复制到剪贴板中。进入元器件封装编辑窗口，点击主菜单命令“编辑”→“粘贴器件”，将 DIP8 粘贴到 PCB 封装编辑窗口中。

（2）修改元器件封装。按照图示调整元器件的外形、尺寸，编辑成如图 9-26 所示的形状。元器件封装的尺寸为 465 mil × 400 mil。

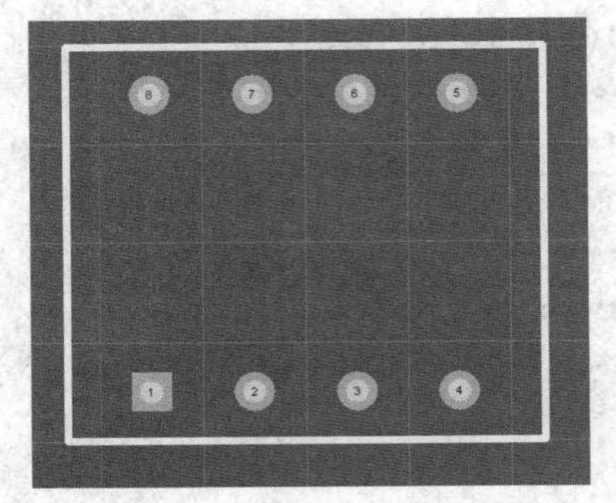

图 9-25 待修改的元器件封装

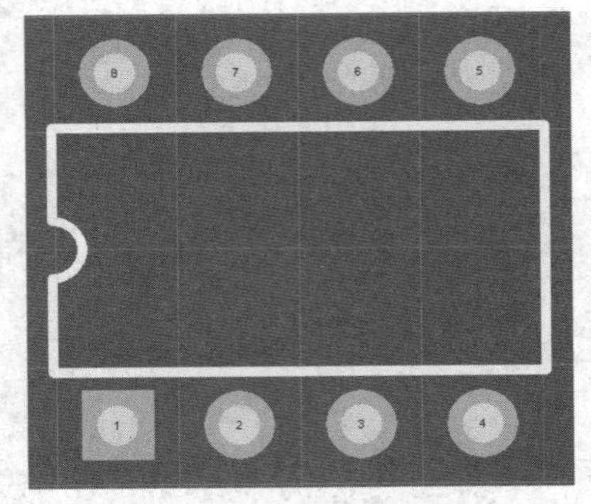

图 9-26 修改好的元器件封装

(3)编辑组件属性。用鼠标左键双击焊盘,在弹出的“焊盘”对话框中编辑属性参数。焊盘的属性如图 9-27 所示。

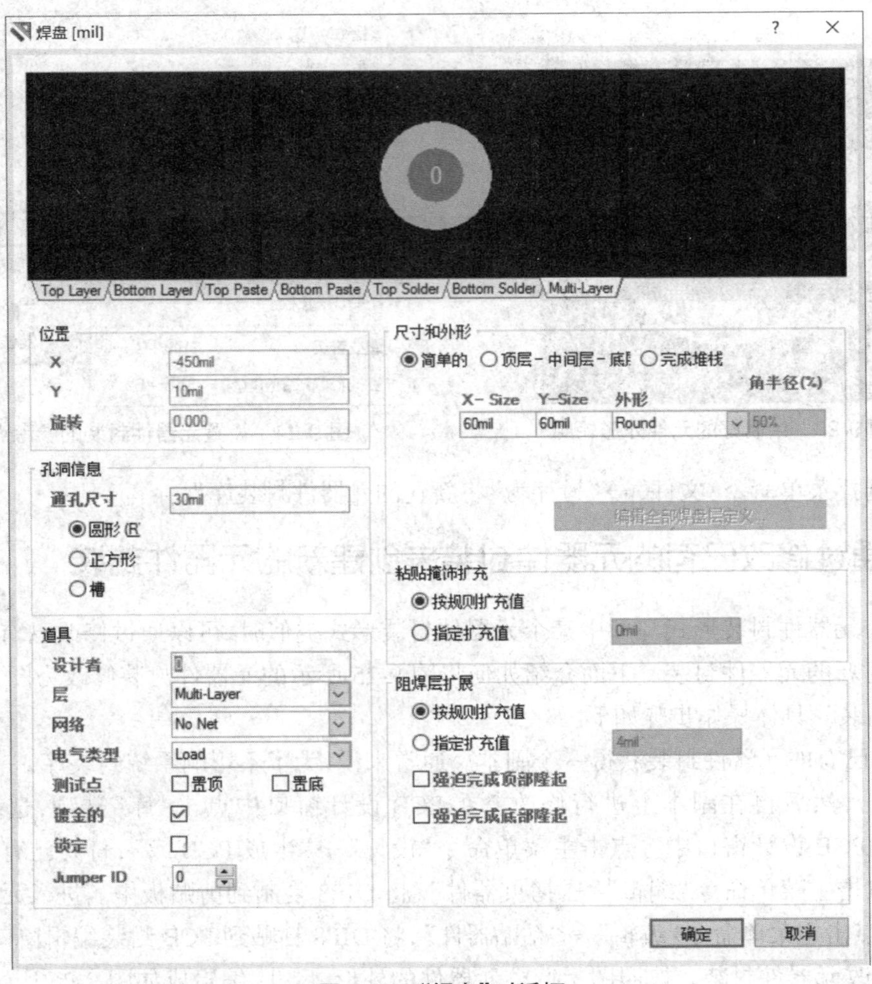

图 9-27 “焊盘”对话框

（4）设置元器件封装的参考点。方法与上例完全相同。

（5）设置字符说明。方法与上例完全相同。

（6）重命名并保存。

！**注意：**如果需要自己制作新的元器件封装，一定要事先仔细阅读元器件的产品信息，了解该元器件的尺寸、封装类型，然后才能进行元器件封装的绘制和定义。在绘制好了一个自定义元器件封装后，还要使用打印机按 1 : 1 的比例打印出来，与产品信息中元器件的实际尺寸进行比较，以确认元器件封装制作的正确性，如果正确则可以使用。

9.3 元器件封装管理

创建了新的元器件封装后，可以使用元器件封装管理器进行管理，具体包括元器件封装的浏览、添加、删除等操作，下面具体讲解。

9.3.1 元器件封装浏览器

进入元器件封装编辑窗口，单击项目管理器右下角的“PCB 库”标签，则可以进入 PCB Library 浏览管理器，如图 9-28 所示。此窗口只有在显示分辨率高于 1024×768 的情况下才能完全显示，最佳的显示分辨率为 1280×1024。

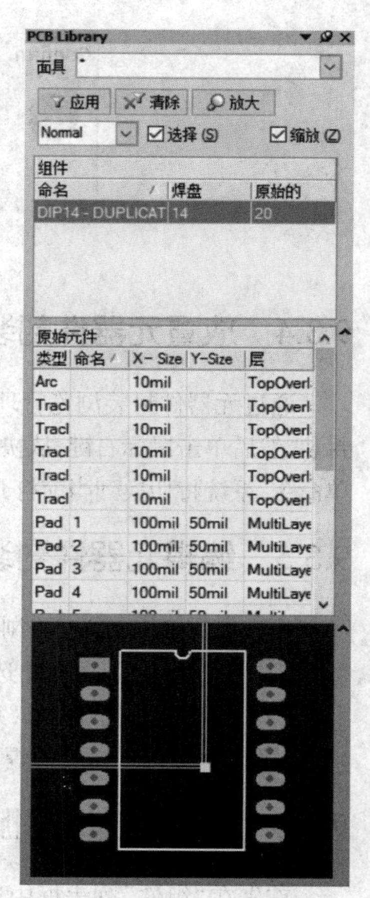

图 9-28 PCB Library 浏览管理器

（1）元器件封装过滤框。在 PCB Library 浏览管理器中，元器件过滤框用于过滤当前 PCB 元件封装库中的元件，满足过滤框中的条件的所有元件都会显示在“组件”列表框中。方法是在过滤框中输入元器件封装的前几个字母，并在其后加上符号 * 即可。例如，在“面具”编辑框中输入 D*，则在“组件”列表框中会显示所有以 D 开头的元件封装。

（2）当用户在“组件”列表框中选中一个元件封装时，该元器件封装的焊盘等图元会显示在“原始元件”列表框中。

（3）点击 放大 按钮，可以局部放大“组件”封装的细节。

（4）双击元件名，可以对元器件封装进行重命名等属性设置。

（5）在“原始元件”列表框中双击图元可以对图元进行属性设置。

另外，用户也可以执行“工具”→“下一个”、“工具”→“前一个”、“工具”→“第一个”和“工具”→“最后一个”命令来选择“组件”列表框中的元件。

9.3.2 添加元器件封装

新建一个 PCB 元件封装时，系统会自动建立一个名称为 PCBComponent_1 的空封装。添加新的元器件封装的操作步骤如下。

（1）执行菜单命令“工具”→“元器件向导”，系统会打开“Component Wizard”对话框，也可以在元器件封装管理器的元件列表处单击鼠标右键，从快捷菜单中选择“新建块元件”命令，建立一个新的元器件封装。

（2）此时如果点击“下一步”按钮，系统会按照向导创建新的元器件封装，可以参考 9.2 节的内容；如果点击“取消”按钮，系统会自动生成一个名称为 PCBComponent_1 的空文件。

9.3.3 删除元器件封装

删除元器件封装可以先选中需要删除的元器件封装，然后单击鼠标右键，从快捷菜单中选择“清除”命令，或者直接执行“工具”→“移除器件”命令，系统会自动弹出如图 9-29 所示的提示框，如果点击“Yes”按钮将执行删除操作，如果点击“No”按钮则将取消删除操作。

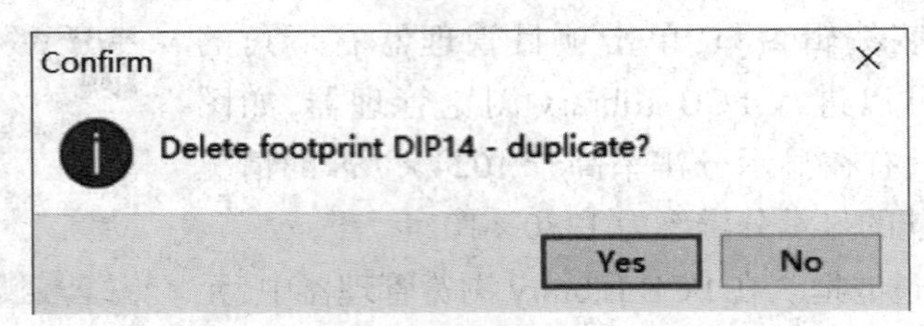

图 9-29 确认删除元器件封装

9.3.4 放置元器件封装

通过元器件封装浏览管理器，还可以进行放置元器件封装的操作。选中需要放置的元器件封装，然后单击鼠标右键，从快捷菜单中选择“放置”命令，或者直接执行“工具”→“放置器件”菜单命令，系统将切换到当前打开的 PCB 设计管理器，用户可以将元器件封装放在适当的位置。

9.3.5 编辑元器件封装引脚焊盘

可以使用 PCB Library 浏览管理器编辑封装引脚焊盘的属性，具体操作过程如下。

（1）在“组件”列表框中选中元件封装后，在“原始元件”列表框中选中需要编辑的焊盘。

（2）双击所选中的对象，系统将弹出“焊盘”对话框，在该对话框中可以进行焊盘属性的编辑，也可以直接双击封装的焊盘进入“焊盘”对话框。

9.3.6 元器件封装引脚的快速定位

首先在“组件”列表框中选中一个元器件封装，然后在该元器件的“原始元件”列表框中用鼠标左键单击选中的焊盘引脚，系统将高亮显示和放大该焊盘引脚，如图 9-30 所示。

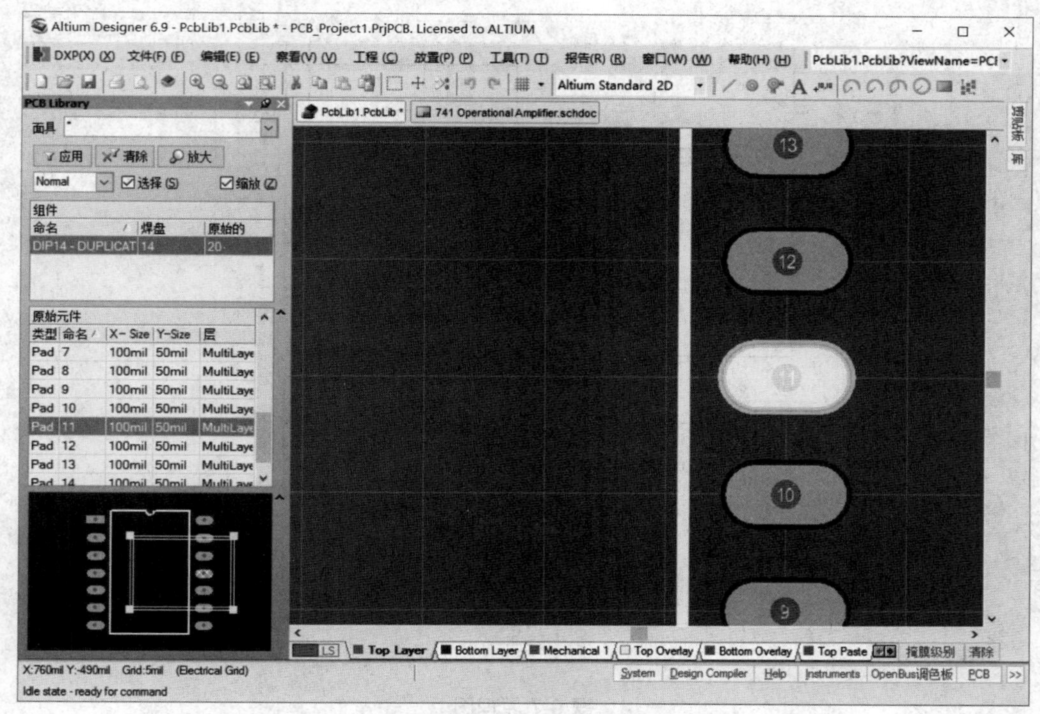

图 9-30 定位元器件封装的引脚并高亮显示

关键词:元器件封装库,创建新的元器件封装,元器件封装浏览器

习 题

1. 简答题

9-1 进行 PCB 设计时,为什么要建立元器件封装库?

9-2 如何启动元器件封装编辑器?简述元器件封装编辑器的各组成部分及其功能。

9-3 利用向导制作和手工制作元器件有什么不同?各有哪些优缺点?

9-4 PCB 封装库编辑器与 PCB 编辑器有哪些相同点和不同点?

9-5 请阐述绘制元器件封装后需要注意的事项。

2. 作图题

9-6 建立库文件,名为 X2-01B.lib,在其中建立图示的封装。

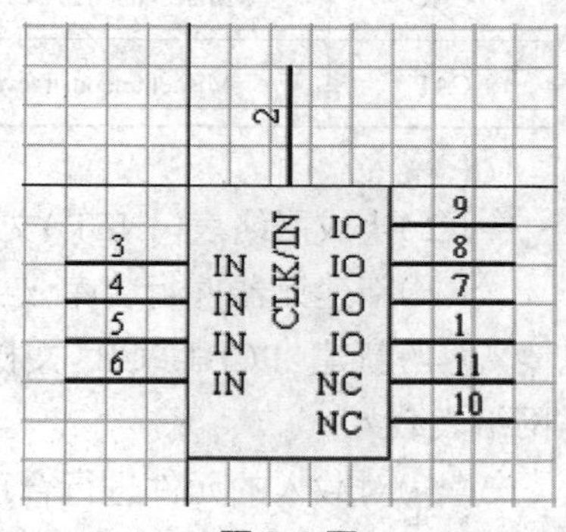

题 9-6 图

9-7 (1)建立数据库文件,载入 Protel DOS Schematic Libraries.ddb 和 Miscellaneous Devices.ddb 元件库,绘制 555 双稳态电路(电路结构详见下图,元件参数、编号和封装见下表)

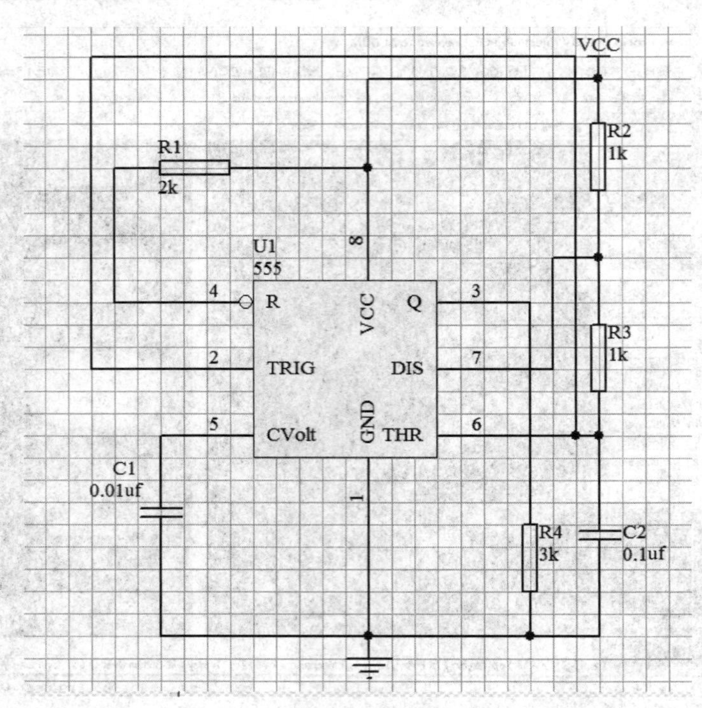

题 9-7 原理图

题 9-7 表

元件名称	元件库	元件编号	元件参数	元件封装	元件封装库
555	Protel DOS Schematic Linear.lib	U1	555	DIP8	PCB Footprints.lib
RES2	Miscellaneous Devices.lib	R1	2k	AXIAL0.5	PCB Footprints.lib
RES2	Miscellaneous Devices.lib	R2	1k	AXIAL0.5	PCB Footprints.lib
RES2	Miscellaneous Devices.lib	R3	1k	AXIAL0.5	PCB Footprints.lib
RES2	Miscellaneous Devices.lib	R4	3k	AXIAL0.5	PCB Footprints.lib
CAP	Miscellaneous Devices.lib	C1	0.01uf	RAD0.2	PCB Footprints.lib
CAP	Miscellaneous Devices.lib	C2	0.1uf	RAD0.2	PCB Footprints.lib

(2)生成网络表(.NET)文件。

(3)新建元器件封装库,绘制元件 555 的封装(形状、尺寸见下图)。

(4)新建“PCB1.PCB”文档(设定 PCB 长 3 000 mil,宽 2 000 mil),将封装库(见上表)和网络表载入。

(5)对载入的元件进行合理的布局。

（6）对布局完成的 PCB 图执行“Auto Route（自动布线）/All（全部）”命令进行自动布线，并手工调整或者自行进行手工布线。

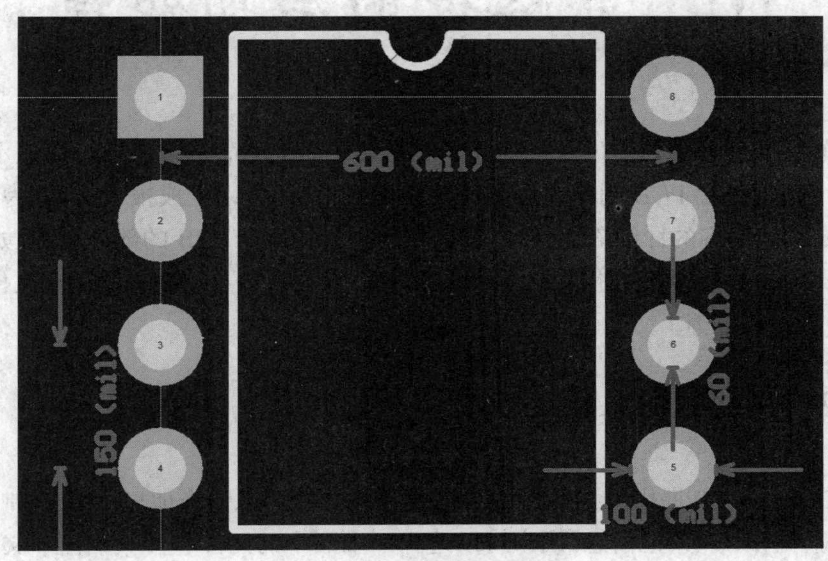

题 9-7 封装图

10 电路板的后期处理

电路板的后期处理主要为生产过程服务。Altium Designer 6.9 提供了 3D 显示功能，使用该功能可以清晰地显示 PCB 制作以后的三维立体效果；还可以生成报表文件，为用户提供有关设计过程及设计内容的详细资料，主要包括用于制造和生产 PCB 的部分文件，如 Gerber（光绘）文件、NC drill（数控钻孔）文件、pick and place（插置）文件、材料表和测试点文件，Report 菜单，电路板的打印输出等。

10.1 PCB 的三维立体效果图

Altium Designer 6.9 提供了 3D 显示功能，使用该功能可以清晰地显示 PCB 制作以后的三维立体效果。不用附加其他信息，用户可以选择三维图中的元件、丝网、铜箔和文字是显示还是隐藏，可以使选中的网络高亮显示，可以旋转图形、任意缩放 PCB 效果图和改变背景颜色，还可以打印 3D 图像。这可以帮助设计者在生成 PCB 时提前了解该电路板上各个元器件的空间位置是否合理，如果不合理可以及时调整。

本节以一个文件为例，介绍三维立体效果图的实现以及操作方法。打开一个 PCB 文件使之处于当前的工作窗口中，执行菜单命令“察看”→“3D 显示”，系统自动完成从 PCB 图到三维立体效果图的转换，并且转到三维立体效果显示工作窗口，生成的三维立体效果图是以“.PCB3D”为后缀的同名文件，如图 10-1 所示。

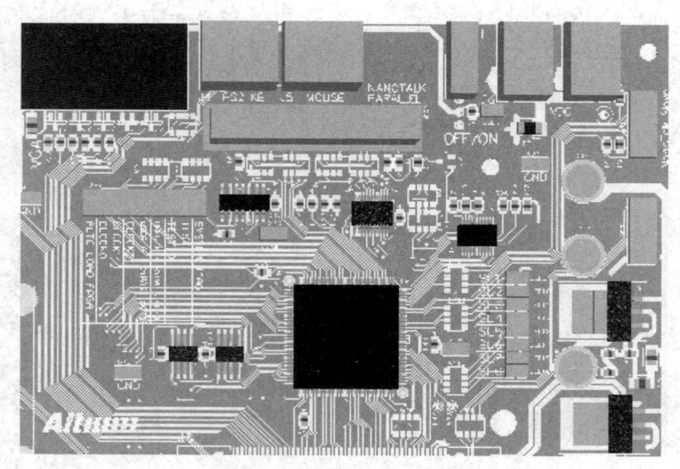

图 10-1　三维立体效果图

三维图的操作可以通过“PCB3D”面板执行。利用该面板可以从不同的角度观察电路板的 3D 显示效果。在三维立体效果图工作窗口执行菜单命令“察看”→“工作区面板”→“Editor”→“PCB3D”，或者点击三维立体效果图工作窗口右侧底部的“PCB3D”按钮，会弹出如图 10-2 所示的“PCB3D”面板。该面板用于设置三维立体效果图中的元器件的显示和隐藏。

（1）“浏览网络”栏：该栏中列出了三维立体效果图中的所有电气网络。如果希望某个网络在三维立体效果图中高亮度显示，选择一个网络，然后点击 高亮 按钮，则该网络将高亮显示在三维立体效果图中。若要取消高亮度显示的网络，点击 清除 按钮。

（2）“显示”栏：该栏中列出了可显示的所有对象类，“组件”（电路板上的元件）、“丝印”（丝印层上的对象）、“铜”（镀铜）、“文本”（文本内容）和“板”（电路板）。如果选中前面的复选框，则在三维立体效果图中会将选中的对象类显示出来。

（3）“接线框”复选框：选中此复选框，则三维立体效果图以导线框架的形式显示。

（4）袖珍 PCB3D 显示窗口：将鼠标光标移到袖珍 PCB3D 显示窗口中时将变成如图 10-3 所示的形状，按下鼠标左键拖动可以旋转该三维立体效果图，从不同的角度观察该电路板，直接在窗口中拖动鼠标也可以旋转电路板在窗口中的显示。

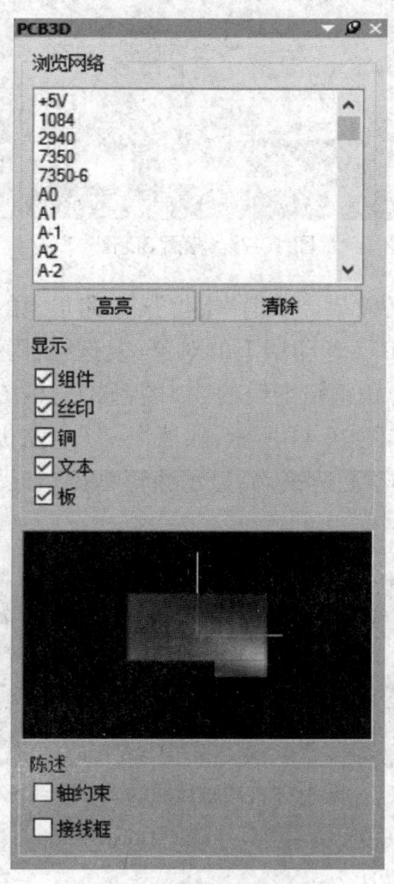

图 10-2　“PCB3D”面板

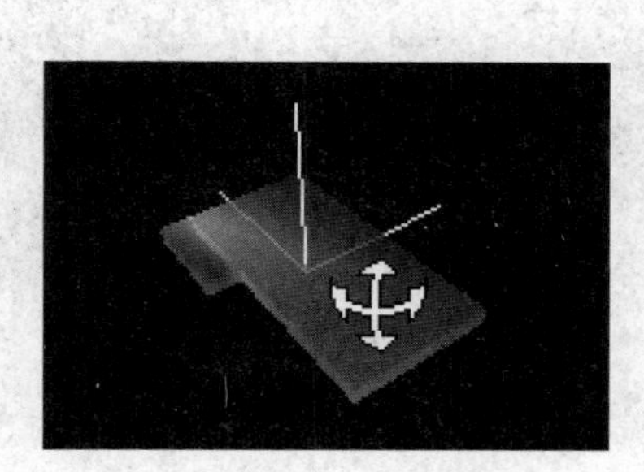

图 10-3　袖珍 PCB3D 显示窗口

下面以一个简单电路的 PCB 来说明如何从不同的角度观察 PCB 的三维立体效果图。首先生成一个包含三个元器件电阻 R1、发光二极管 LED1、连接件 CON1)的电源指示灯 PCB，如图 10-4 所示。然后执行菜单命令“察看”→“3D 显示”，拖动鼠标旋转三维立体效果图，正面 3D 图如图 10-5 所示，侧面 3D 图如图 10-6 所示，背面 3D 图如 10-7 所示。

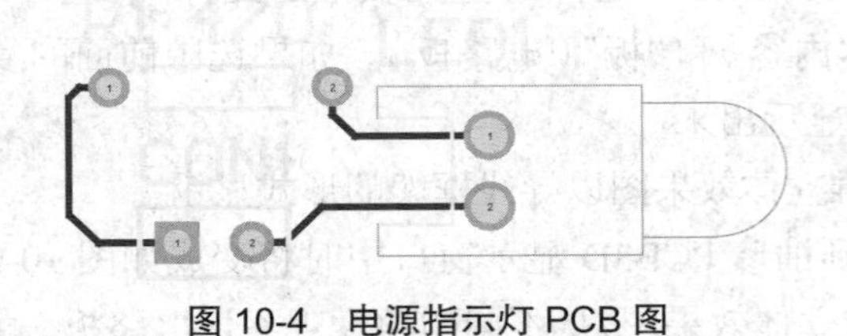

图 10-4 电源指示灯 PCB 图

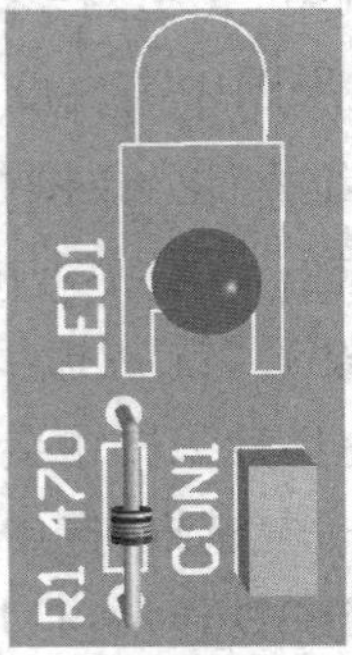

图 10-5 正面 3D 图

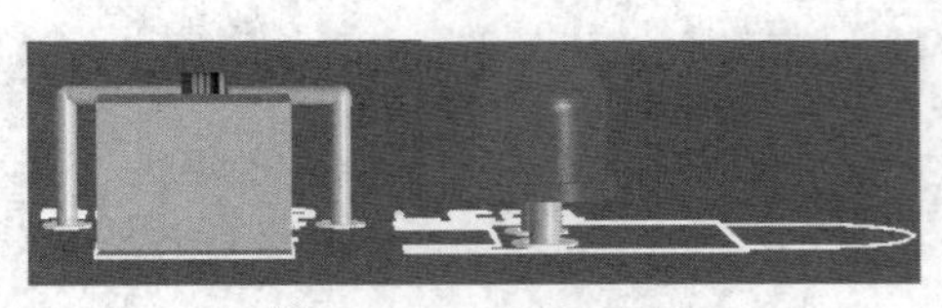

图 10-6 侧面 3D 图

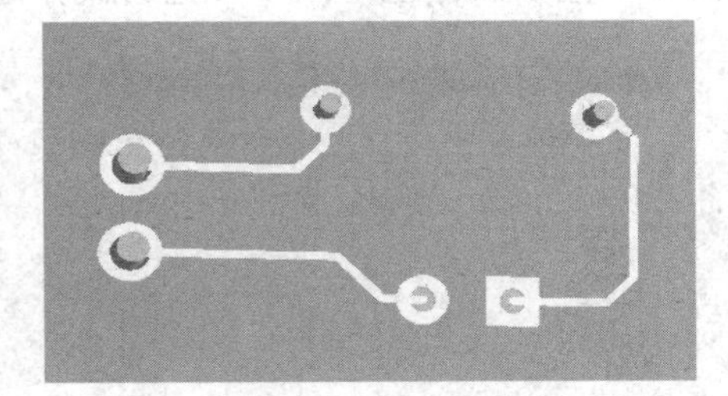

图 10-7 背面 3D 图

在“PCB3D”面板中选择不同的复选框会有不同的效果。取消“组件”(电路板上的元件)复选框，隐藏元件的 3D 图，如图 10-8 所示；取消“丝印”(丝印层上的对象)复选框，隐藏丝网的 3D 图，如图 10-9 所示；取消“铜”(镀铜)复选框，隐藏铜箔走线的 3D 图，如图 10-10 所示；取消“文本”(文本内容)复选框，隐藏文字的 3D 图，如图 10-11 所示；取消“板”(电路板)复选框，隐藏板层的 3D 图，如图 10-12 所示；取消“接线框”复选框，只显示线形框架，如图 10-13 所示。

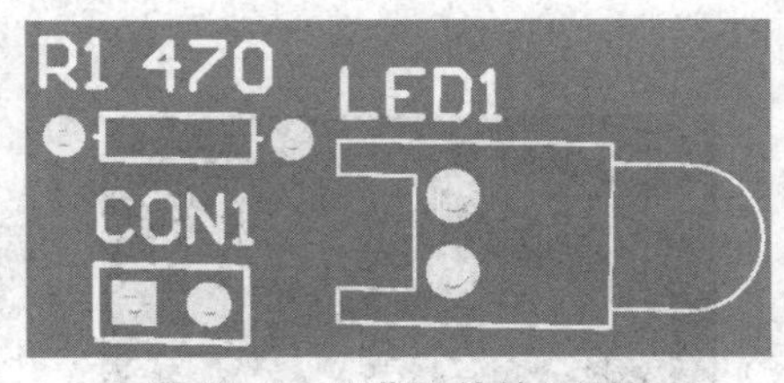

图 10-8 隐藏元件的 3D 图

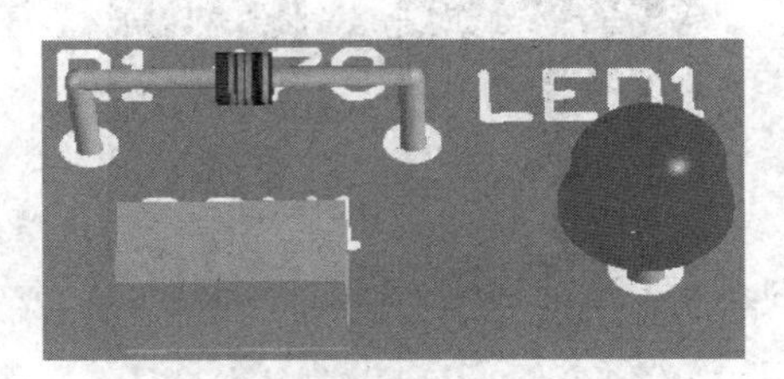

图 10-9 隐藏丝网的 3D 图

图 10-10　隐藏铜箔走线的 3D 图

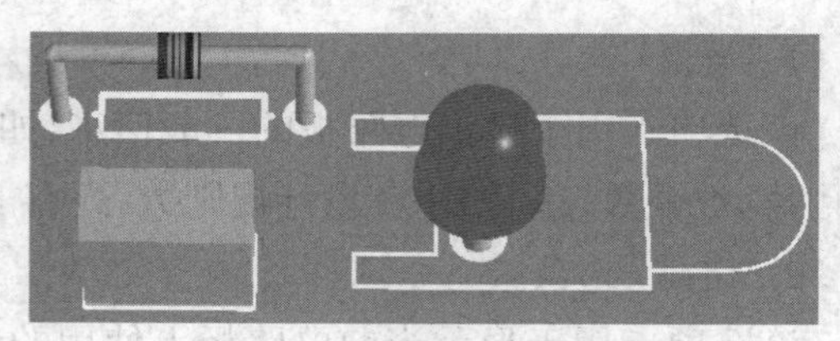

图 10-11　隐藏文字的 3D 图

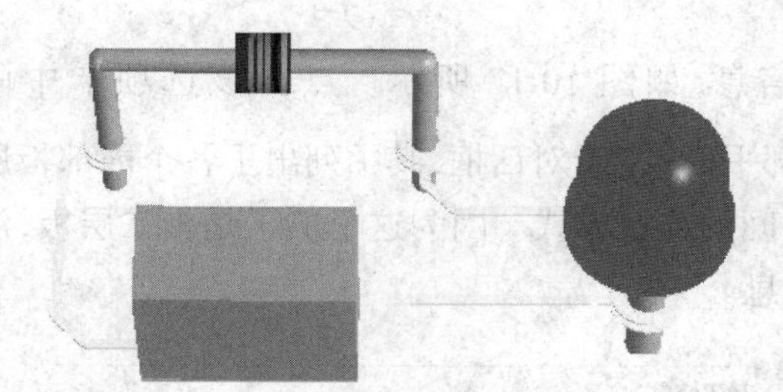

图 10-12　隐藏板层的 3D 图

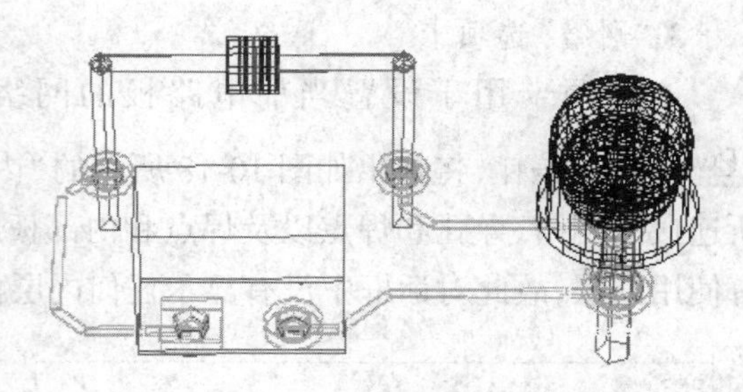

图 10-13　只显示线形框架的 3D 图

10.2　PCB 报表

10.2.1　生成电路板信息报表

电路板信息报表用于给用户提供电路板的完整信息,包括电路板的尺寸、电路板上焊点的数量、过孔的数量、导线的数量以及电路板上的元器件标号等。在 Altium Designer 6.9 的编辑环境下,主要通过“报告”菜单进行操作,如图 10-14 所示。执行菜单命令“报告”→“板子信息”,将弹出如图 10-15 所示的“PCB 信息”对话框。

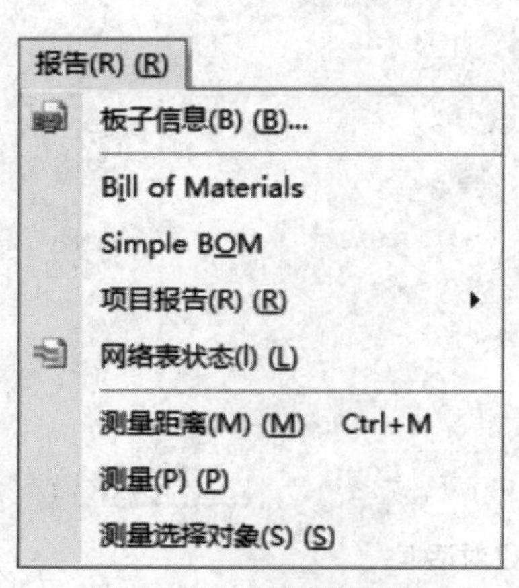

图 10-14　“报告”菜单

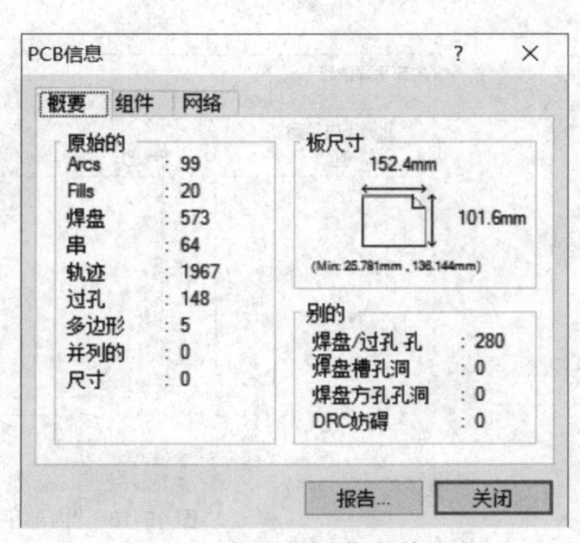

图 10-15　“PCB 信息”对话框

1.“概要”选项卡

该选项卡用于显示电路板的一般信息，如电路板上各个组件的数量，包括导线数、焊点数、导孔数、敷铜数、违反 DRC 设计规则数，还有 PCB 的尺寸等信息。

2.“组件”选项卡

该选项卡用于显示当前电路板上使用的元器件的序号及元器件所在的板层等信息，如图 10-16 所示。

3.“网络”选项卡

该选项卡用于设置当前电路板的网络信息，如图 10-17 所示。点击该选项卡中的 Pwr/Gnd... 按钮，将弹出如图 10-18 所示的“内部平面信息”对话框，其中列出了各个内部板层所连接的网络、导孔和焊点以及焊点和内部板层间的连接方式。因为这个例子是个二层板，没有使用内层，故此对话框中没有显示任何内层信息。

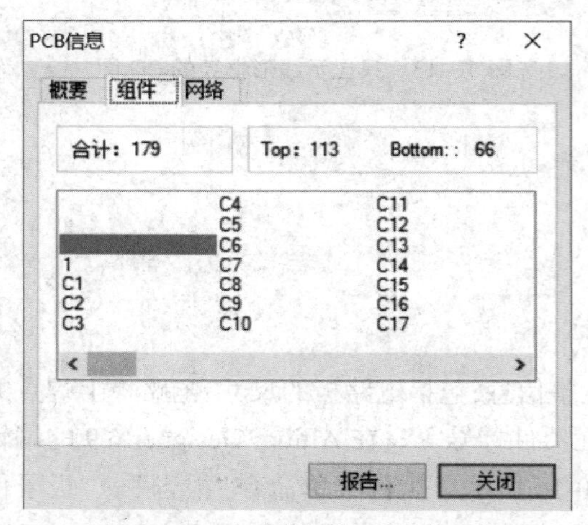

图 10-16　电路板的“组件”选项卡

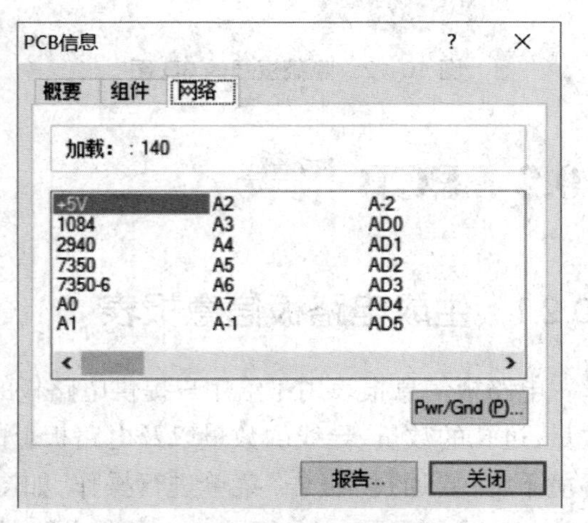

图 10-17　电路板的“网络”选项卡

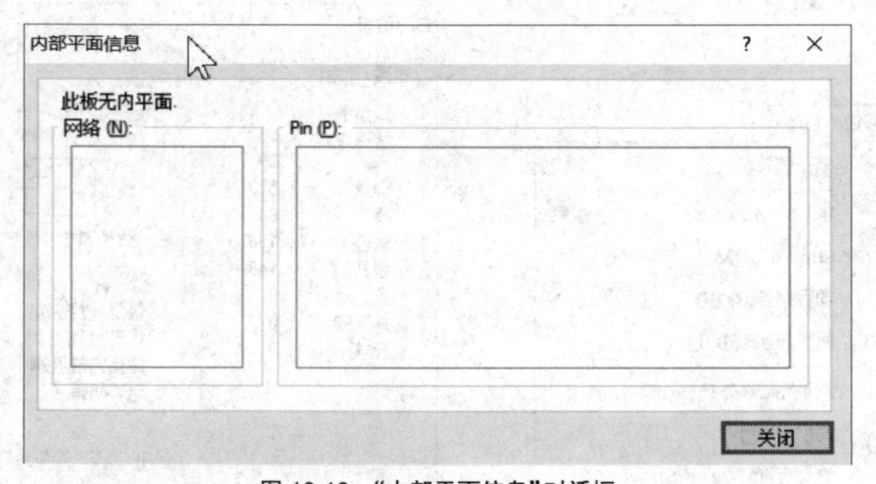

图 10-18　“内部平面信息”对话框

4."板报告"对话框

在以上任何一个选项卡中点击 报告... 按钮,将弹出"板报告"对话框,如图 10-19 所示,从中选择生成报表所需要的信息。

点击 开所有 按钮,选取所有项目。

点击 闭所有 按钮,不选取任何项目。

选中"仅选择对象"复选框,只产生所选中对象的信息报表。

若点击 开所有 按钮选取所有项目后再点击 报告 按钮,系统将自动生成相应的 PCB 报表文件,生成的文件以".REP"为后缀,如图 10-20 所示。

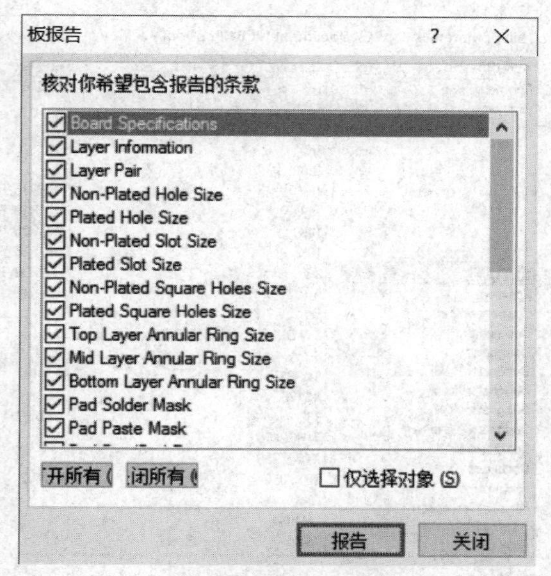

图 10-19 "板报告"对话框

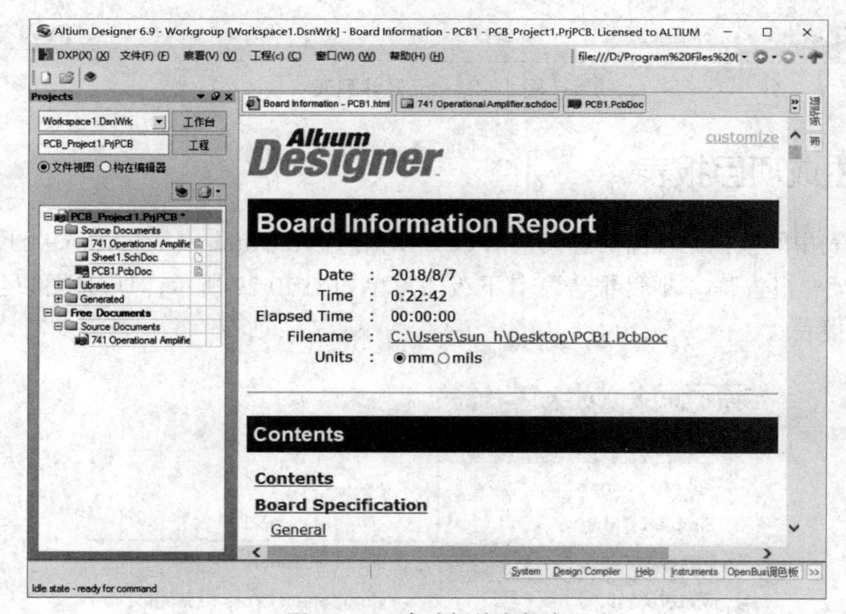

图 10-20 电路板信息报表

10.2.2 生成元器件报表

元器件报表包含了所有的元件及元件的相关信息。采购元件时,将此文件打印后交给元件提供商即可。生成元器件报表的操作步骤如下。在 Altium Designer 6.9 的编辑环境下执行菜单命令"报告"→"Bill of Materials",将弹出如图 10-21 所示的元器件列表。其中的内容与原理图生成的元器件列表一样,此处不再详述。

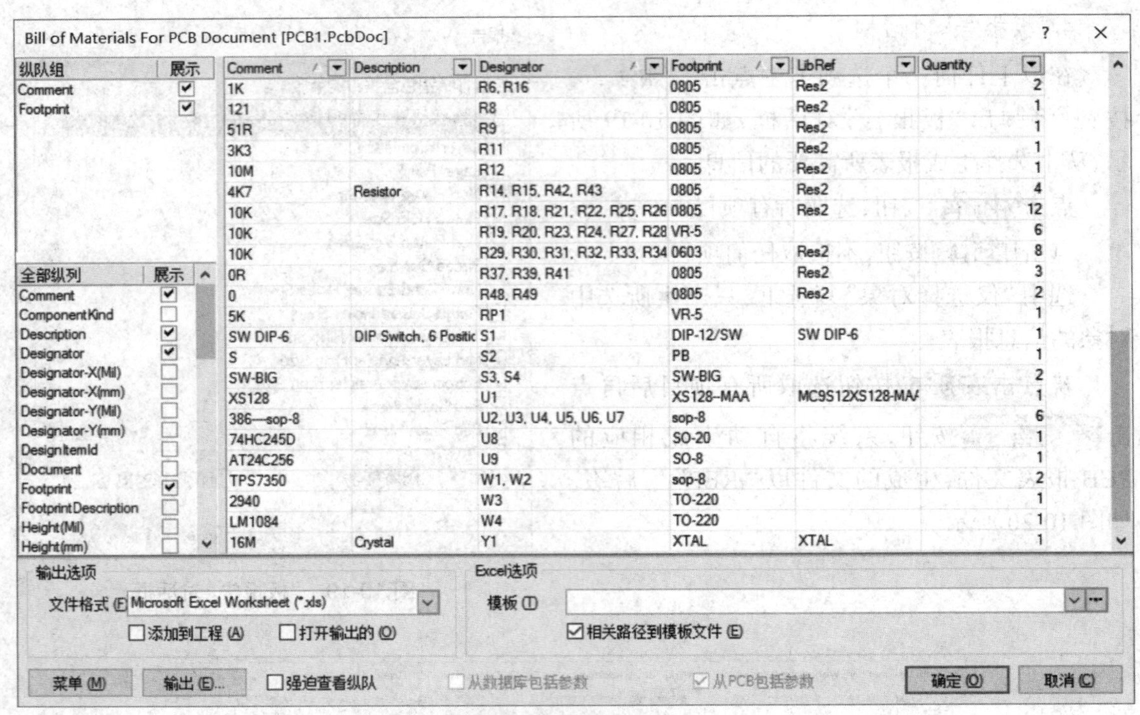

图 10-21　元器件列表

10.2.3　生成项目报表

项目报表中既包括原理图信息又包括 PCB 图信息。在 Altium Designer 6.9 的编辑环境下执行菜单命令“报告”→“项目报告”，其下级子菜单如图 10-22 所示，对应地可以生成项目的各种类型的报表。

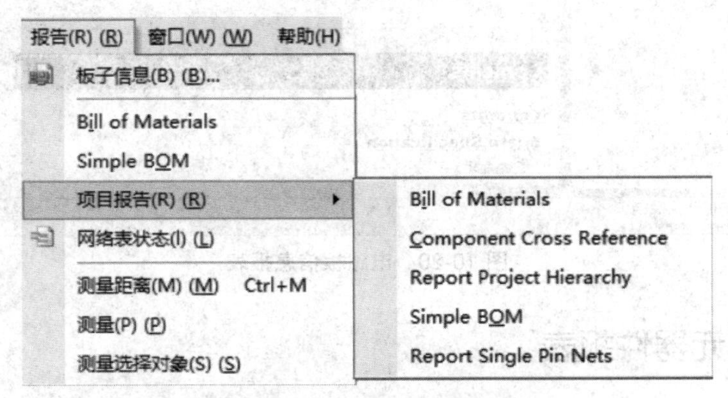

图 10-22　“项目报告”子菜单项

10.2.4　生成网络状态报表

网络状态报表是 PCB 文件所特有的。该报表中详细地列出了每一个网络的名称、布线所处的工作层以及网络的完整走线长度。在 Altium Designer 6.9 的编辑环境下执行菜单命令“报告”→“网络表状态”→“Reports”→“Netlist Status”，系统进入文本编辑器，生成相应的网络状态报表，如图 10-23 所示，该文件以“.REP”为后缀。

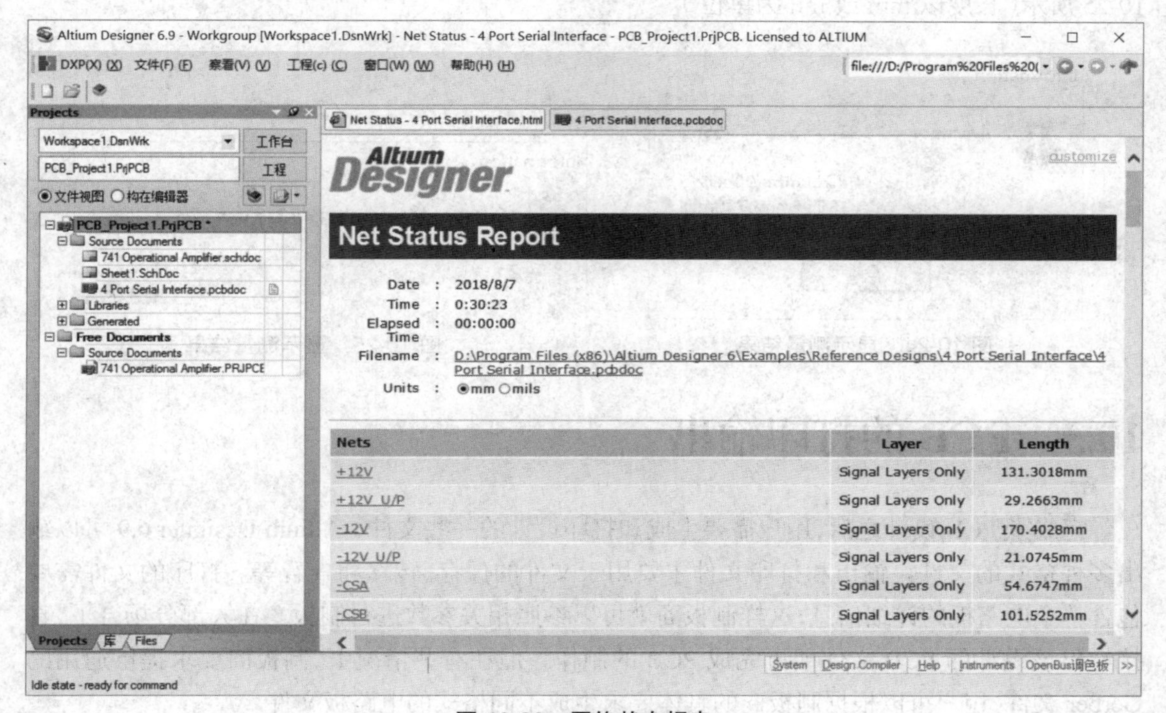

图 10-23　网络状态报表

10.2.5　PCB 报表的其他项目

1. 测量距离命令

该菜单项可以完成任意两点间距离的测量。执行菜单命令“报告”→“测量距离”，其快捷键为【Ctrl+M】，鼠标光标变成十字形状。将鼠标光标移到适当的位置，单击鼠标左键确定测量的起始点，然后移动鼠标光标到另一个位置确定结束点，在两个端点之间将出现一条细直线，单击鼠标左键将显示测量结果，如图 10-24 所示。点击 OK 按钮，该对话框会消失，之后还可以用同样的方法测量其他两点间的距离。单击鼠标右键，可以取消该命令。

若无法准确地选取起始点和结束点，可以重新对“跳转栅格”进行设置，按【Ctrl+G】快捷键即可。

2. 测量命令

该菜单项可以完成电路板上焊点、连线和导孔间距离的测量，可以完成两个“free primitive”（自由对象）之间距离的测量，但“group objects”（组对象）不可以通过此菜单项进行操作。执行菜单命令“报告”→“测量”，鼠标光标变成十字形状，依次单击选取测量的起始点和结束点将显示测量结果（长度以 mm 或 mil 为单位）。

3. 测量选择对象命令

该菜单项可以完成选中对象长度的测量，既可以对走线又可以对没有电气特性的直线或弧线进行测量。选中对象后执行菜单命令“报告”→“测量选择对象”，将显示测量结果，如图 10-25 所示（长度以 mm 或 mil 为单位）。

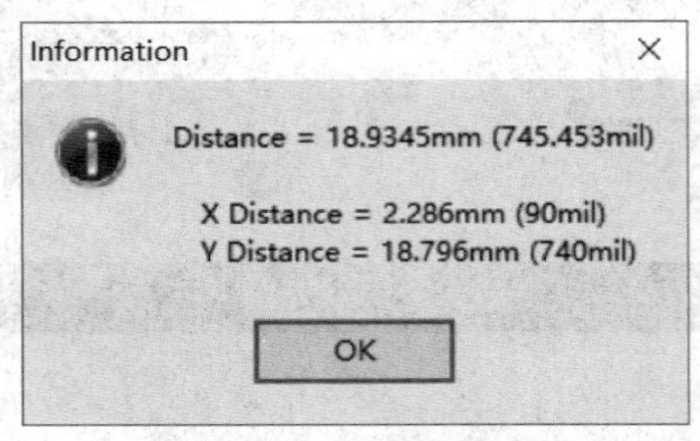

图 10-24　显示测量结果

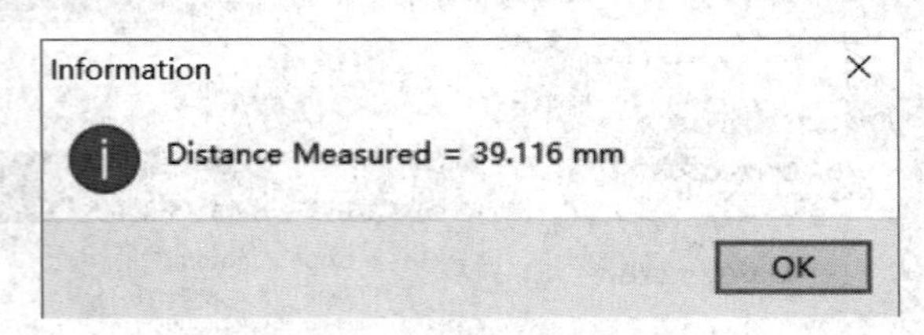

图 10-25　显示测量结果

10.3　PCB 的打印输出

完成了 PCB 设计之后，用户需要生成和打印设计的一些文件，Altium Designer 6.9 可以输出多种格式的文件。输出和打印文件主要用于文件的保存、转移和查看等。打印的文件需要包含整个电路板的详细信息，这样制板商就可以参照相关参数进行制板。在大部分场合下，直接给出该设计的 PCB 文件即可完成 PCB 的制作。但在有些情况下，制板商要求提供通用的 Gerber 文件，用户可以根据制板商的具体要求生成不同格式的电路板文件。

10.3.1　打印输出菜单项

PCB 的打印输出操作主要通过“文件”菜单中的一些菜单项完成，如图 10-26 所示。

（1）“制造输出”子菜单项。

用于加工制造文件的输出。该菜单对应的子菜单项如图 10-27 所示，用户可以生成各种类型的加工制造文件。

① Composite Drill Guide：复合钻孔导向图。

② Drill Drawings：钻孔统计图，提供钻孔孔径统计符号图纸。

③ Final：创建最终的生产图片文件，按层提供电路板的最终层面图纸。

④ Gerber Files：Gerber 文件，又称光绘文件或底片文件。

⑤ Mask Set：设置阻焊屏蔽层的属性。

⑥ NC Drill Files：数控钻孔文件。

⑦ ODB++ Files：加工制造数据交换文件。

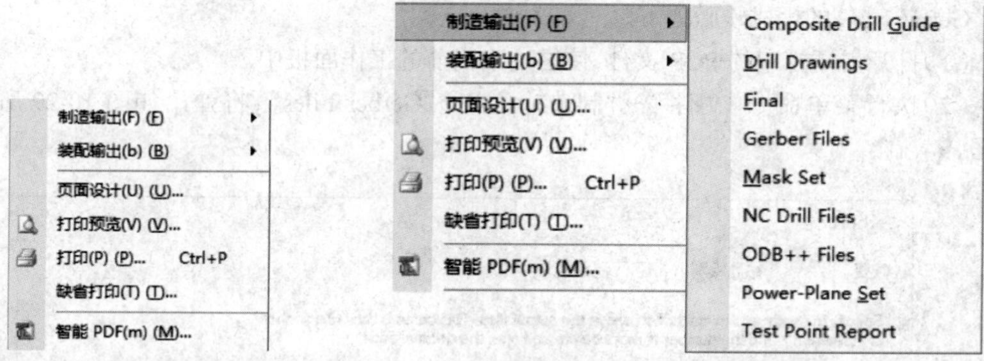

图 10-26　与打印输出相关的菜单项

图 10-27　“制造输出”子菜单项

⑧ Power-Plane Set:设置内部电源层输出的属性。

⑨ Test Point Report:测试点报表文件。

(2)“装配输出”子菜单项。

用于装配文件的输出。该菜单对应的子菜单项如图 10-28 所示,用户可以生成各种类型的装配文件。

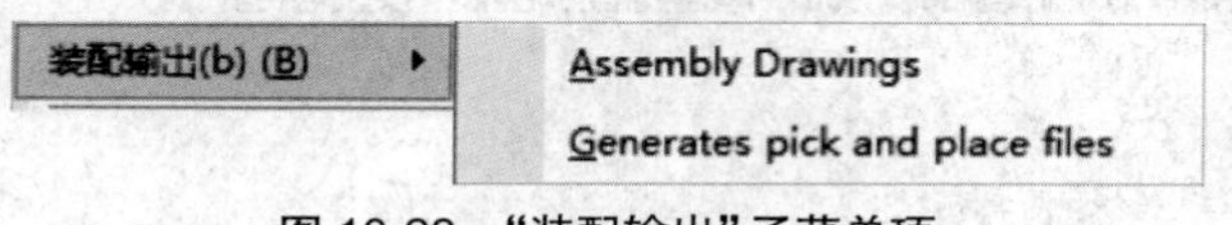

图 10-28　“装配输出”子菜单项

(3)页面设计:设置纸张打印参数。

(4)打印预览:打印预览调整。

(5)打印:开始打印文件。

(6)缺省打印:以预先设定的缺省值完成打印。

(7)智能 PDF:智能输出 PDF 文件。

10.3.2　生成 Gerber 文件

Gerber 文件是制造和生产 PCB 的文件组合中的一种,是国际标准的光绘格式的文件,可以由光绘机直接输出。它有 RS-274-D 和 RS-274-X 两种格式,其中 RS-274-D 称为基本 Gerber 格式,由 Gerber 文件和分立的 D 码表文件组成, Gerber 文件只描述基本元素的位置,不描述其形状和大小,而 D 码表文件负责描述基本元素的形状和大小,有 D 码表文件才能完整地描述一个图形。RS-274-X 称为扩展 Gerber 格式,它本身包含 D 码信息,为使用提供了极大的便利。常用的 CAD 软件都能生成这两种格式的文件。RS-274-X 格式因内含 D 码而具有独特的优势,使用越来越广泛。

! **注意:**Gerber 文件的常用基本元素主要有:Flash、线条、圆弧、轮廓线。

D 码的常用形状有:圆形、椭圆形、正方形、长方形、圆角长方形、八角形、自定义形。

Gerber 文件可以是多层叠加的,叠加可以是擦除方式,以构成复杂的图形。

Gerber 文件的生成步骤如下。

(1)打开需要打印的 PCB 文件,使之处于当前的工作面板中。

(2)执行菜单命令"文件"→"制造输出"→"Gerber Files",将弹出如图 10-29 所示的对话框。

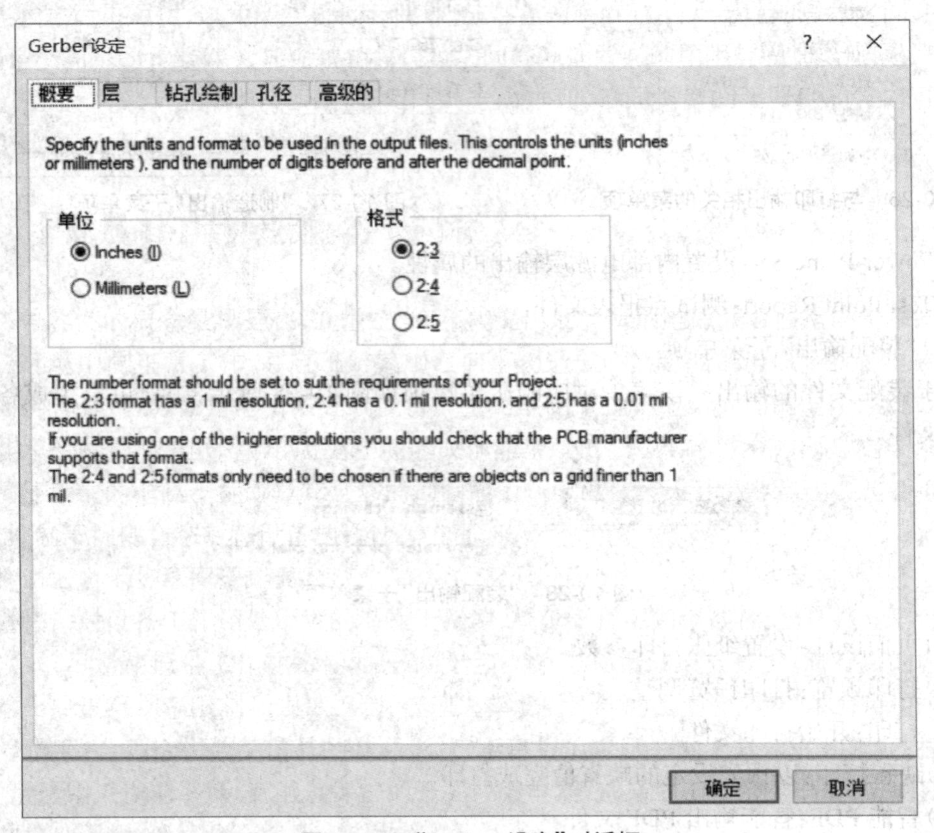

图 10-29 "Gerber 设定"对话框

(3)"概要"选项卡用于设置 Gerber 文件所选用的单位(英制、公制)及输出文件的分辨率格式。其中单位选择 Inches,格式选择 2:3,也可以选择 2:5,这样支持的精度高一些。

! **注意:** 这里的数字格式应该符合工程设计需要。2:3 格式的分辨率是 1 mil, 2:4 格式的分辨率是 0.1 mil, 2:5 格式的分辨率是 0.01 mil。如果想采用更高的分辨率,首先应该与 PCB 厂商联系询问是否支持该格式的分辨率。如果目标的分辨率小于 1 mil,才需要 2:4、2:5 的分辨率。

(4)在"层"选项卡中,选中"包含未连接到一起的 mid-layer 焊盘"复选框,同时在底部的"小区域层"下拉列表中选择"打开所有",在"镜面层"下拉列表中选择"关闭所有",然后在右侧选中相关的机械层,如图 10-30 所示。

(5)对该文件的相关属性进行设置后点击 确定 按钮即可以生成 Gerber 文件,该文件以 CAMtastic! 方式打开。系统自动将该文件保存在项目文件夹中,其扩展名为"CAM"。生成的 Gerber 文件如图 10-31 所示。

Gerber设定

概要 层 钻孔绘制 孔径 高级的

层到结构

Extension	Layer Name	小区域	映射
GTO	Top Overlay	☐	☐
GTP	Top Paste	☐	☐
GTS	Top Solder	☐	☐
GTL	TopLayer	☐	☐
GBL	BottomLayer	☐	☐
GBS	Bottom Solder	☐	☐
GBP	Bottom Paste	☐	☐
GBO	Bottom Overlay	☐	☐
GKO	Keep-Out Layer	☐	☐
GM1	Mechanical1	☐	☐
GM3	Mechanical3	☐	☐
GM4	Mechanical4	☐	☐
GM16	Mechanical16	☐	☐
GPT	Top Pad Master	☐	☐
GPB	Bottom Pad Master	☐	☐

机械层添加到所有小区域

层名	小区域
Mechanical1	☐
Mechanical3	☐
Mechanical4	☐
Mechanical16	☐

☐包含未连接到一起的mid-layer焊盘 (I)

小区域层 (P) 镜面层 (M)

确定 取消

图 10-30 “层”选项卡

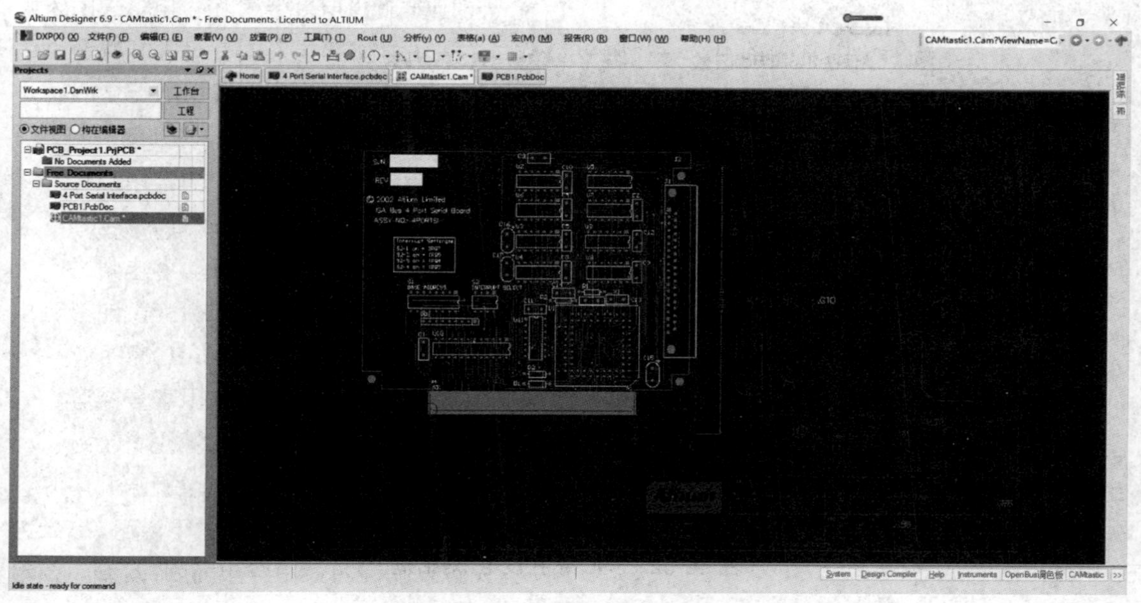

图 10-31 生成一个 CAM 文件

10.3.3 生成 NC 钻孔文件

钻孔文件中包含制作电路板时用于数控钻床钻孔的所有信息，即 PCB 过孔及直插元件焊盘过孔的信息。钻孔数据能由各种 CAD 软件产生，没有钻孔数据无法做出 PCB。

生成钻孔文件的步骤如下。

（1）打开需要打印的 PCB 文件，使之处于当前的工作面板中。

（2）执行菜单命令“文件”→“制造输出”→“NC Drill Setup”，将弹出如图 10-32 所示的“NC 钻孔设定”对话框。完成生成 NC Drill 文件的设置，选择 NC 文件所选用的单位（英制、公制）及输出 NC 文件的分辨率格式。此处的选择要跟前面 Gerber 文件的选择保持一致：英寸，2 : 5，选中“阻止引导区”单选框，其他选项保持默认设置。

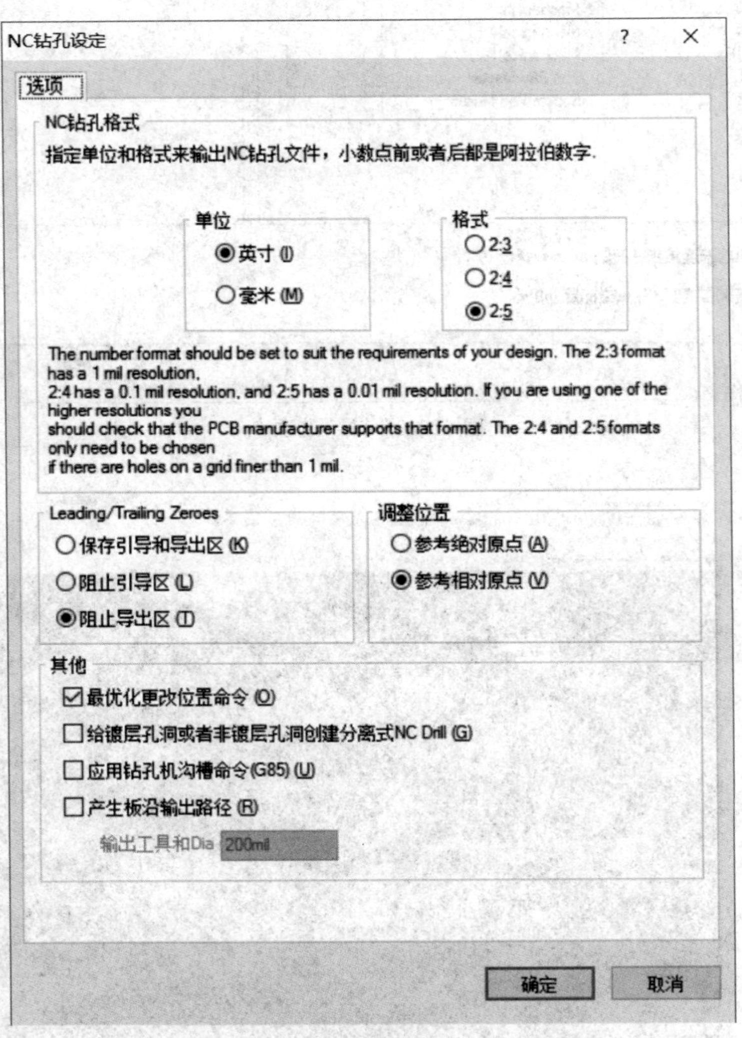

图 10-32 “NC 钻孔设定”对话框

！ **注意**：NC 文件的分辨率格式要跟前面 Gerber 文件的选择保持一致。

（3）点击 确定 按钮，系统生成扩展名为“*.DRR”的钻孔文本文件和图形文件并自动保存。

（4）确认随后弹出的“输入钻孔数据”对话框，如图 10-33 所示，然后会自动生成 NC Drill Files，生成的文件同样在那个子目录下，而 CAM 钻孔文件（图 10-34）也可以不用保存。

图 10-33　“输入钻孔数据”对话框

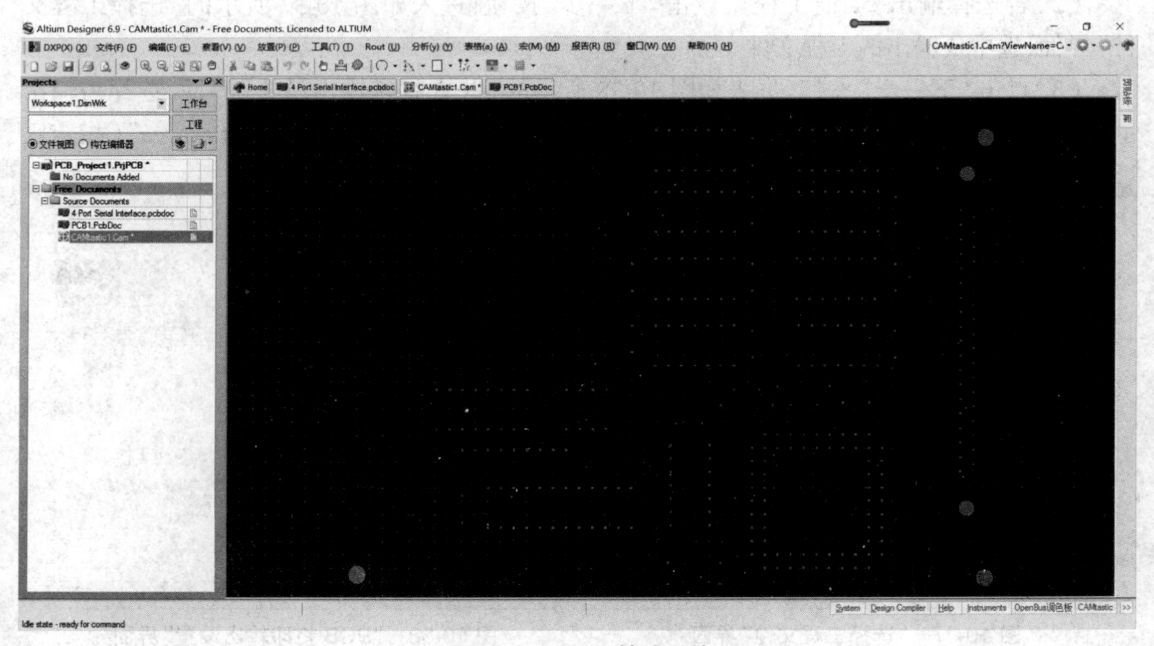

图 10-34　CAM 钻孔文件

10.3.4　生成 PDF 文件

PDF（便携式文档格式，Portable Document Format）是 Adobe Systems 用与应用程序、操作

系统、硬件无关的方式进行文件交换所发展出的文件格式，它以忠实再现原稿的每一个字符、颜色以及图像而著称。Altium Designer 6.9 新加入了输出 PDF 文件的功能，具体步骤如下。

（1）点击“智能 PDF”菜单，出现如图 10-35 所示的“智能 PDF”引导页界面。该页没有参数可设置，直接点击“下一步”按钮进入如图 10-36 所示的“选择输出目标”界面。

①“当前工程 / 当前文档”单选框：确认输出的是当前工程还是当前文档。

② 输出文件名：点击 可以指定文件输出的位置和名字。

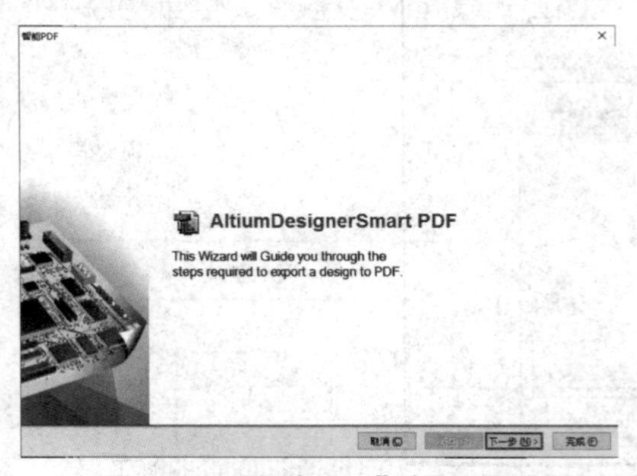

图 10-35 “智能 PDF”引导页界面

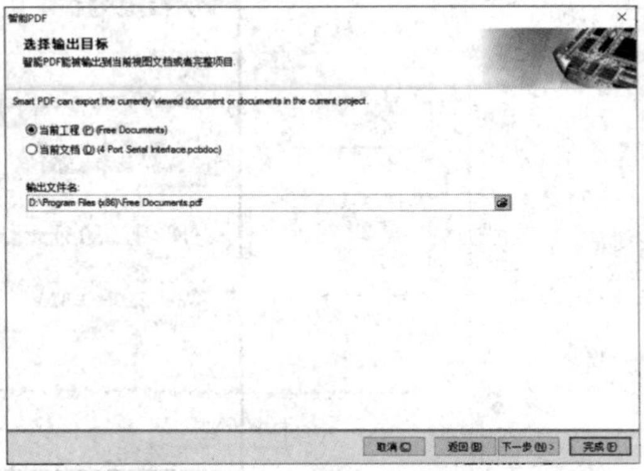

图 10-36 “选择输出目标”界面

（2）若选择输出“当前工程”，点击“下一步”按钮，进入如图 10-37 所示的“选择工程文件”界面，选中要输出的工程文件。

（3）点击“下一步”按钮，进入如图 10-38 所示的“PCB 打印输出设置”界面，选择需输出的层，在“Area to Print”区域可选择“Entire Sheet”（整个方块电路）或“Specific Area”（指定区域）。点击 Preferences... 按钮，可设置 PCB 打印参数，如图 10-39 所示。

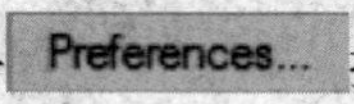

图 10-37 “选择工程文件”界面

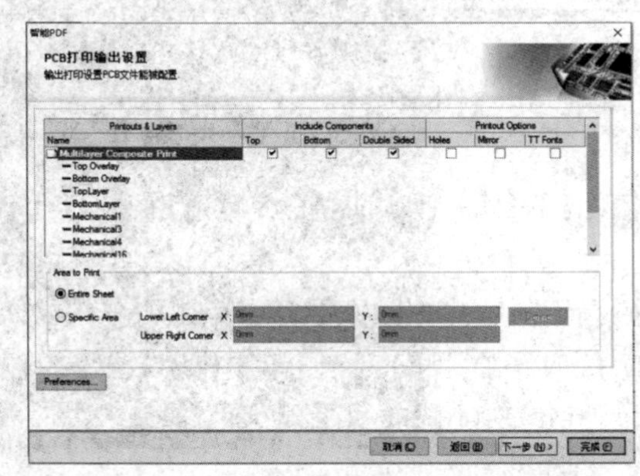

图 10-38 “PCB 打印输出设置”界面

（4）点击“下一步”按钮，进入如图 10-40 所示的“附加 PDF 设置”界面，可设置缩放、附加书签及 PCB 的颜色选项。

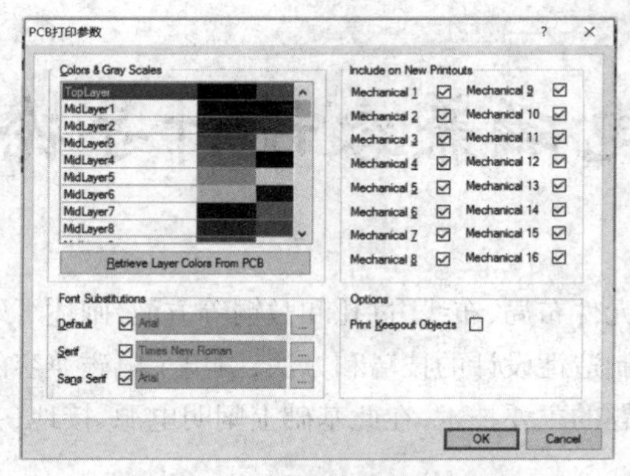

图 10-39 “PCB 打印参数”界面

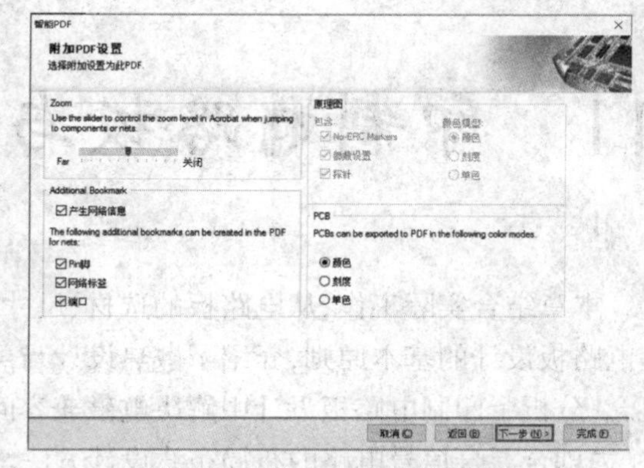

图 10-40 “附加 PDF 设置”界面

(5)点击“下一步”按钮,进入如图 10-41 所示的“构建设置”界面,没有可选项,直接点击“下一步”按钮即完成 PDF 文件输出。

(6)若选择输出“当前文件”,点击“下一步”按钮,进入如图 10-38 所示“PCB 打印输出设置”界面,后续同步骤(3)到(5),最终输出结果如图 10-42 所示。

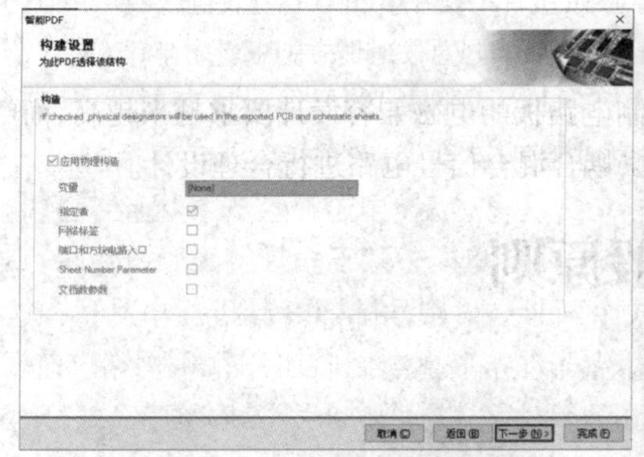

图 10-41 “构建设置”界面

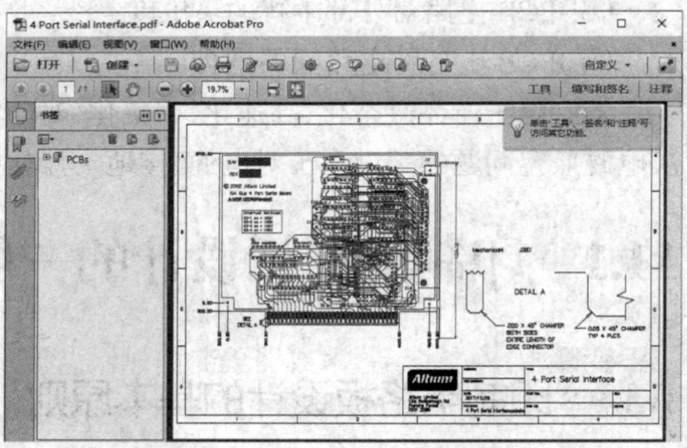

图 10-42 输出结果

关键词:3D 显示,PCB 报表,PCB 打印输出,Gerber(光绘)文件,NC drill(数控钻孔)文件

习 题

10-1 如何实现 PCB 图的三维显示?

10-2 什么是 Gerber 文件? 在 PCB 的制作中 Gerber 有什么重要作用?

10-3 为什么要生成 Gerber 文件和 NC 文件?

10-4 试说明生成 Gerber 文件和 NC 文件过程中的注意事项。

11 印制电路板与电磁兼容设计导论

本章结合实际工作，从电路板的选材、尺寸、元件布局、布线、过孔和敷铜等方面，阐述了印制电路板设计的基本原则，介绍了散热设计与可制造性设计的技巧和方法，引出了电磁兼容的概念，分析了印制电路板设计中解决电磁兼容问题的主要技术，在此基础上阐明电源、接地、旁路、去耦合混合信号电路的布局布线设计方法。

印制电路板在电子设备中提供集成电路等各种电子元器件固定、装配的机械支撑以及布线、电气连接或电绝缘，为元器件插装、检查、维修提供识别字符和图形。在设计印制电路板时，需要控制下述指标：

（1）来自 PCB 电路的辐射；

（2）PCB 电路与设备中的其他电路间的耦合；

（3）PCB 电路对外部干扰的灵敏度；

（4）PCB 上各种电路间的耦合。

随着电子产品复杂化、高速化、密集化，对印制电路板的电磁兼容设计要求越来越高，而解决电磁兼容问题的关键在于对电源、接地、旁路、去耦合混合信号电路进行合理设计。

11.1 印制电路板设计的一般原则

11.1.1 印制电路板设计的基本原则

由于印制电路板一般都需安装在某一系统中，因此必须根据所设计的 PCB 在系统中的位置和所允许的空间大小与形状来确定印制电路板的形状与尺寸，以能恰好安放入外壳内为宜。印制电路板外形尺寸需根据设备规格来定，国内很多公司的标准最小尺寸为 50 mm × 50 mm × 0.5 mm，最大尺寸为 300 mm × 250 mm × 2.5 mm。对于小于最小尺寸的印制电路板，应采取多块板拼板的形式，拼板的大小应符合上述标准，推荐厚度为 0.8 ~1.6 mm。其次，应考虑印制电路板与外接元器件（主要是电位器、插口或另外印制的电路板）的连接方式。针对印制电路板工作的可靠性、稳定性、抗干扰性及成本，还必须考虑 PCB 设计时布局布线的难易程度、印制电路板的散热特性及可制造性。

11.1.2 印制电路板层的确定

要根据电源、接地的种类，信号线的密集程度，有频率方面特殊布线要求的信号数量，周边因素，成本价格等方面的综合因素来确定 PCB 的层数。近年来，印制电路板已由单层、双层、四层逐步向更多层印制电路板的方向发展,多层印制电路板是一种立体设计技术。对多层印制电路板的层数及每一层的分配对其电磁兼容效果具有显著的影响。为对绝缘材料与邻近布线之间的电磁场进行有效管理,要求多层 PCB 采用绝缘常数值按层次严格受控的高性能绝缘电路板。在确定印制电路板的层数后,需要对层进行分配。多层 PCB 的层间安排与电路有关,但应注意以下几条设计原则。

(1)在印制电路板内分配电源层与接地层,由于电源层与接地层中充满了电磁辐射频段的浪涌,可能引起混乱、瞬间短路、总线上信号过载等问题。因此,为满足电源层和接地层上的分布电阻最小,以减小高频电源的分布阻抗,在印制电路板内电源层与接地层应尽量邻近,并且一般接地层应在电源层之上。当多层印制电路板中有多个接地层时,高频信号的布线层接近接地层可迅速将高频干扰信号泄放到结构大地。若信号层接近电源平面,会跟随电源影响其他电路工作。这是多层印制电路板设计的最基本的原则。

(2)对电源层而言,一般通过内电层分割能满足多种电源的需要,但若需要多种电源供电,且互相交错,则必须考虑采用两层或两层以上的电源平面。

(3)对信号层而言,除考虑信号线的走线密集度外,还需要考虑关键信号(如时钟、复位信号、高频信号等)的屏蔽或隔离,以确定是否增加相应的层数。信号层应尽量与整块金属平面相邻,以产生磁通量对消作用,与接地层邻近可获得更佳的电磁兼容性能。

(4)数字电路和模拟电路分开,尽可能将数字电路和模拟电路安排在不同层内。若必须安排在同一层,可采用开沟、加接地线条、分隔等方法改善性能,但模拟地、数字地和电源应分开,不能混用。

表 11-1 给出了一些典型的多层印制电路板的一般分配方法,但这些分配方法并不是固定不变的,对不同的要求可进行相应的调整。

表 11-1　印制电路板布线的层间安排

总层数	布线层数	1	2	3	4	5	6	7	8	9	10	注释
2	2	S1 G	S2 P									适用于低速电路
4	2	S1	G	P	S2							不适用于高信号阻抗和低电源阻抗电路
6	3	S1	G	S2	P	G	S3					S2、S3 只适用于较低速信号
6	4	S1	G	S2	S3	P	S4					适用于低速、高电源阻抗电路
6	4	S1	S2	G	P	S3	S4					高敏感信号走线只能在 S2 层
8	6	S1	S2	G	S3	S4	P	S5	S6			高速信号线应在 S2、S3 层,有较低电源阻抗
8	4	S1	G	S2	G	P	S3	G	S4			EMC 性能最好
10	6	S1	G	S2	S3	G	P	S4	S5	G	S6	EMC 性能最好,但 S4 对电源噪声敏感

注:表中 G 表示接地层,P 表示电源层,S 表示信号层。

特别注意:PCB 布线层通常取偶数。虽然奇数层 PCB 的原材料成本略低于偶数层 PCB,但是奇数层 PCB 的加工成本明显高于偶数层 PCB,而且奇数层电路板容易弯曲。当 PCB 在多层电路黏合工艺后冷却时,核结构和敷箔结构冷却产生的不同层压张力会引起 PCB 弯曲。

随着电路板厚度的增大,具有两个不同结构的复合 PCB 弯曲的风险也加大。避免电路板弯曲的关键是采用平衡的层叠。尽管一定程度弯曲的 PCB 能达到规范要求,但后续处理效率将降低,导致成本增加;因为装配时需要特别的设备和工艺,元器件放置准确度降低,故将损害质量。因此,偶数层 PCB 相对于奇数层 PCB 具有成本低、不易弯曲、缩短交货时间和保证质量的优势。

图 11-1 给出了一个 10 层板的层间安排示例,各层的分配见表 11-2。在层间安排确定后,就可以根据布线的密集程度确定多层板的层数和基本结构。

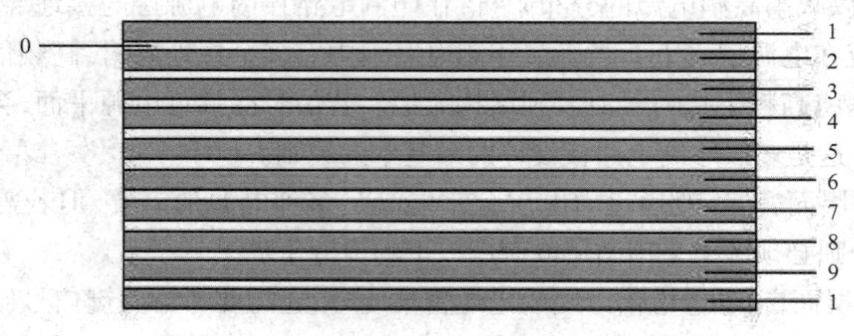

图 11-1　10 层板的基本结构示例

表 11-2　10 层印制电路板布线的层间分配

层数	0	1	2	3	4	5
分配	填充层	优质布线层	接地层	布线层	布线层	接地层
层数	6	7	8	9	10	
分配	电源层	布线层	布线层	接地层	布线层	

总之,印制电路板设计的最基本原则是消除走线与元器件间产生的射频(Radio Prequency,RF)电流及同平面相关的电路之间的电流磁能。单层 PCB 和双层 PCB 一般用于低、中密度布线的电路和集成度较低的电路。对于信号频率较高、元器件较密集的印制电路板,尽量选用 4 层或 4 层以上的印制电路板。多层 PCB 适用于高密度布线、高集成度芯片的高速数字电路。从电磁兼容的角度来说,多层板可以减小电路板的电磁辐射,并提高电路板的抗干扰能力。

11.1.3　布局的规则

合理布局是 PCB 设计成功的关键之一。布局推荐使用 25 mil 的网格,遵循先难后易、先大后小的原则,并根据信号流向规律,以功能电路的核心组件为中心进行布局。布局的规则如下所述。

(1)确定与其他 PCB 或产品接口的元器件的位置。

(2)确定与装配有关的元器件(主要指体积较大的元器件)的位置或有特殊要求的元器件的位置。发热元件应有足够的空间以利于散热,必要时单独放置,热敏元件应远离发热元件。大而重的元器件应安装在利于印制电路板固定支架的附近,以提高装配板的防振能力,电源变压器通常单独布置并加以屏蔽。

（3）在确定了接口元器件、与装配有关的元器件及特殊元器件的布局后，其他元器件布局的首要原则是保证布线的布通率，移动元器件时注意飞线的连接，把有连接关系的元器件放在一起。

（4）电路板上的元器件应尽量按电路图的顺序直线排列，并力求电路安排紧凑、密集，以缩短引线。根据功能进行功能块划分，同一个功能块的元器件应尽量放置在一起，并根据电路的信号流程进行各个功能电路单元的布局，使信号尽可能保持一致的方向。

（5）功能块的布局要把数字电路模块和模拟电路模块分开，尽量远离。同时，对易产生噪声的元器件应注意将高压及大电流的元件集中放置，与弱电元件分开，并尽可能将高压及大电流电路与弱电电路分别制作 PCB。

11.1.4　布线的规则

线距的设置要考虑信号线的性质、电磁兼容、PCB 的疏密程度以及制造商的生产能力。铜箔的厚度为 1 盎司即 0.35 μm，线宽与载流的关系见表 11-3。

表 11-3　线宽与载流的关系

载流 /A	0.2	0.55	0.8	1.1	1.35	1.6	2.0	2.3	2.7	3.2	4.0	4.5
线宽 /mm	0.15	0.2	0.3	0.4	0.5	0.6	0.8	1.0	1.2	1.5	2.0	2.5

1. 布线原则

（1）密度疏松原则：从连接关系简单的元器件着手布线，从连线最疏松的区域开始布线。

（2）核心优先原则：例如 DDR、RAM 等核心部分应优先布线，类似信号传输线应提供专层、电源、地回路，其他次要信号要顾全整体，不可以和关键信号相抵触。

（3）关键信号线优先原则：电源、模拟小信号、高速信号、时钟信号和同步信号等关键信号优先布线，并提供专门的布线层，保证其最小的回路面积。

（4）应采取手工优先布线、屏蔽和加大安全间距等方法，保证信号质量。

（5）电源层和接地层之间的 EMC 环境较差，应避免布置对干扰敏感的信号。

2. 具体注意事项

（1）环路最小规则：即信号线与其回路构成的环面积越小，对外界的辐射越小，受外界的干扰也越小。在双层板设计中，在为电源留下足够空间的情况下，应该将剩下的部分用参考地填充，且增加一些必要的过孔，将双面信号有效连接起来，对一些关键信号尽量采用地线隔离，将所布信号线上下左右用地线隔离，并使屏蔽地与实际地平面有效结合。

（2）串扰是 PCB 上不同网络之间因较长的平行布线引起的相互干扰，主要是由于平行线间的分布电容和分布电感的作用。克服串扰的主要措施是加大平行布线的间距，可在平行线间插入接地的隔离线，减小布线层与地平面的距离。

（3）走线方向控制规则：相邻层的走线方向呈正交结构，避免不同的信号线在相邻层走成同一方向，以减小不必要的层间串扰。当由于板结构的限制难以避免该情况，特别是信号速率较高时，应考虑用地平面隔离各布线层，用地信号线隔离各信号线。晶振、变压器、电源模块和光耦下面避免走线，尤其是晶振下面应布接地铜箔。

（4）走线开环检查规则：一般不允许出现一端浮空的布线，主要是为了避免产生"天线效应"，减小不必要的干扰辐射，防止信号线在不同层间形成自环。在多层板设计中容易出现此类问题，自环将引起辐射干扰。

（5）走线长度控制规则，即短线规则。在设计时应尽量缩短布线长度，以减少走线长度带来的干扰问题，特别是一些重要信号线，如时钟线。对驱动多个元器件的情况，应根据具体情况决定采用何种网络拓扑结构。应避免产生锐角和直角及由此产生不必要的辐射，所有线与线的夹角应≥ 135°。

（6）电源线与地线处理规则：在电源线、地线之间加去耦电容，尽量加大电源线、地线的宽度，一般要求地线宽＞电源线宽＞信号线宽；用大面积铜层做地线用，在印制电路板上将没有元器件的地方与地相连接作为地线用，或做成多层板，其中电源和地线各占用一层；在进行多层印制电路板设计时需保持地层的完整性，当信号线在信号线层不能完全布完而需在电源层或地层布信号线时，应将信号线布在电源层，避免在地层布信号线。

11.1.5 过孔的设置规则

过孔的孔径主要指其内径，该值的大小一般与板厚及所需完成的印制电路板的密度相关，大的过孔会使生产困难，成本增加。过孔的最大孔径取决于镀层厚度和孔径公差。规定孔的最小镀层厚度一般允许偏差（孔到孔）为 10%，板厚和孔径之比最好不大于 3∶1。当过孔只用于贯穿连接或内层连接时，一般无须规定孔径公差。当过孔用于元器件孔时，过孔的最小孔径必须适应元器件或组装件的引脚尺寸。设计者要采用给出的标称孔径和最小孔径作为过孔的推荐值。过孔的外径，即过孔的最小镀层宽度，也与 PCB 生产厂家的工艺精度有关，并且过孔的内外径大小一般应满足足够大的比例（一般内径 / 外径 =0.6）。

过孔一般被使用在多层 PCB 中，当是高速信号时，过孔用于产生 1~4 nH 的电感和 0.3~0.8 pF 的电容。因此，当铺设高速信号通道时，过孔应保持绝对最小。对于高速的并行线，如地址和数据线，应确保每根信号线的过孔数一样。

11.1.6 焊盘的设置规则

所有元件孔都通过焊盘实现电气连接，为便于维修，应确保其与基板之间牢固黏结。孔周围的焊盘需尽可能大，通过非过孔比过孔所要求的焊盘大。在有过孔的双面印制电路板上，每个导线端子的过孔都需具有双面焊盘。当导通孔位于导线上时，在整体焊接过程中导通孔被焊料填充，因此不需要焊盘。同时，进行 PCB 布线时尽量避免过孔与焊盘相连，以避免因焊料流失引起焊接不良。如果确实需要，过孔与焊盘边缘之间的距离应大于 1 mm，且需用阻焊剂隔开。

有过孔的焊盘可分为 3 种典型的类型。

（1）图 11-2（a）所示的圆形焊盘的直径一般应为孔径的 2 倍，双面板最小为 1.5 mm，单面板最小为 2.0 mm。

（2）方形焊盘主要用于标志出印制电路板上安装元器件的第一个引脚，其大小与圆形焊盘的要求相同，如图 11-2（b）所示。

（3）腰圆形焊盘主要用于同时满足印制电路板的布线要求和焊盘的焊接性能要求，如图 11-2（c）所示，表 11-4 列出了其尺寸的一般要求。

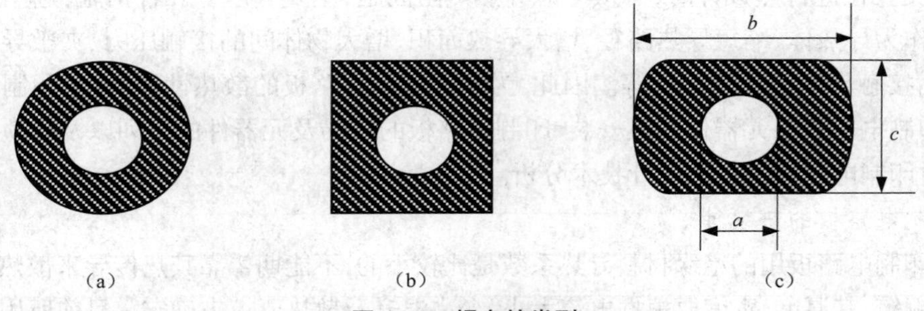

图 11-2　焊盘的类型

（a）圆形焊盘　（b）方形焊盘　（c）腰圆形焊盘

表 11-4　焊盘的长边、短边与孔的关系

a/mm	b/mm	c/mm
0.6	2.8	1.27
0.7	2.8	1.52
0.8	2.8	1.65
0.9	2.8	1.74
1.0	2.8	1.84
1.1	2.8	1.94

11.1.7　敷铜的规则

（1）大面积敷铜散热更好，热胀冷缩效应更强，但去挠能力比网格差，网格一般应用于低频情况。

（2）大面积布地线时用网格单面，模拟地和数字地在 A/D 芯片的地端短接，铺成网格。

（3）为了适应波峰焊或加热的自动焊接，在大面积的敷铜上打过孔，可利于散热，并防止起铜皮。

（4）孤立的铜箔应删掉，与铜箔有电气连接关系的焊盘应做成十字花焊盘，即热焊盘。其中，铜皮与其他焊盘、过孔、线条、板边缘的距离不应小于 20 mil。

11.1.8　热设计

由于电路模块的集成度不断增加和大量应用，印制电路板的组装密度也不断增大，使得印制电路板上的热流密度很大,例如有的芯片热流密度高达 100 W/cm²,因此对印制电路板的热分析、热设计显得尤为迫切。热设计的根本任务就是控制好印制电路板的温升,使其不超过可靠性规定的限值,确保设备的热可靠性并安全工作。

在热设计之前首先要确定散热方式,散热方式与印制电路板或元件的总发热量、印制电路板或元件的允许温升、设备或印制电路板的工作环境、印制板上元器件的组装方式及布局等多种因素有关。在进行热设计时,必须考虑导热热阻问题,主要有以下几种措施:选用导热系数大的材料作为导热体、缩短导热路径、增大导热面积、增大物体间的接触压力、夹敷导热膏或软金属、提高接触界面的加工精度等。因此,为保证印制电路板的散热性能,应从印制电路板的热设计、印制电路板上元器件的热安装、印制电路板的布局及元器件的排列以及导轨的热设计等方面,对印制电路板进行热设计技术分析。

1. 印制电路板的热设计

通常印制电路板用的绝缘材料导热系数是比较小的,不能期望靠其热传导来散热。导电材料通常用铜箔,其厚度、宽度要根据电流大小、允许温升及散热要求来确定。目前所用的有单层板、双层板和多层板等 3 种,随着设备的多功能、小型化,多层板用得越来越多。

为提高印制电路板的散热能力,应适当增加铜箔的厚度,尤其是多层板的内层以及印制电路板地线的宽度。对于地线,大平面接地可有效提高电路的抗干扰能力,并具有良好的散热效果。为进一步增强印制电路板的导热能力,最好采用散热印制电路板。散热印制电路板有导热条式、导热板式(或称冷板式)和金属夹芯式等结构,如图 11-3 所示。其中,导热条可为实心或空心,但空心的效果更好,可以大幅度减小导热热阻,达到迅速传热的目的。采用导热条式或导热板式印制电路板的设备可以做成密封式结构,容易达到“三防”的要求,特别适用于军用环境。随着材料科学和加工工艺的不断发展与完善,金属夹芯式印制电路板得到了广泛应用,在相同的外界环境下,这种印制电路板的散热效果比其他印制电路板高一个数量级。

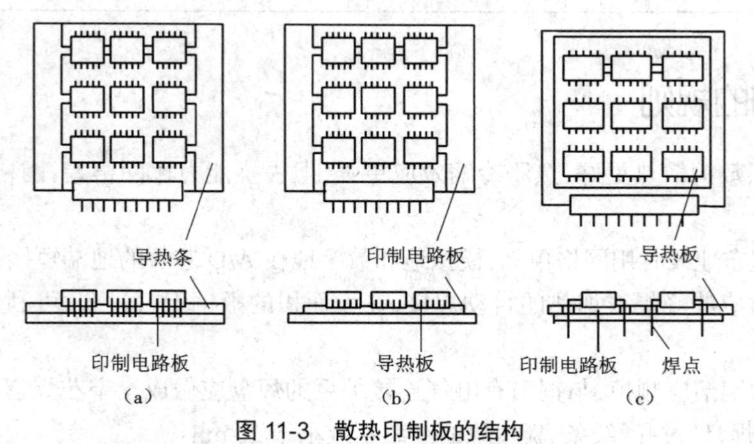

图 11-3 散热印制板的结构

(a)导热条式 (b)导热板式 (c)金属夹芯式

2. 印制电路板上元器件的热安装

由于印制电路板的组装密度较大,印制电路板上元器件的热安装会对传热效果产生影响。

双列直插式元件、大规模/超大规模集成电路及微处理器等元器件产生的一半以上热量都通过本身的引线传递给印制电路板。引线安装孔应采用金属化镀孔，以减小引线至印制电路板的热阻，安装时将元器件直接跨骑或贴装在导热条上或导热板上，以减小元器件至印制电路板的热阻。对大功率元器件，因为安装界面条件的改变直接影响接触热阻和元器件的可靠性，因此一般将它们直接安装在散热器上，利用自然对流、辐射换热及热传导直接和周围介质进行热交换，以保证其结温低于允许的最高结温。为进一步减小界面热阻，可以在界面处涂上薄层的导热脂或采用导热衬垫，如云母片、硅脂、导热膏、导热硅橡胶片或金属填补剂等。

3. 印制电路板的布局及元器件的排列

印制电路板上的元器件如何布置对于散热而言有很大的影响，对于竖直放置的印制电路板作用更大。

（1）同一块 PCB 上的组件应尽可能按发热量大小及散热程度分区排列，发热量小或耐热性差的组件（如小信号晶体管、小规模集成电路、电解电容等）放在冷却气流的最上方（入口处），发热量大或耐热性好的组件（如功率电晶体、大规模集成电路等）放在冷却气流的最下方。

（2）在水平方向上，大功率组件尽量靠近 PCB 边缘布置，以缩短传热路径；在竖直方向上，大功率组件尽量靠近 PCB 上方布置，以减小它对其他组件温度的影响。对温度比较敏感的组件最好安置在温度最低的区域（如设备的底部），不要放在发热组件的正上方，且多个组件最好在水平面上交错布局。

（3）对于采用自然对流空气冷却的设备，将集成电路（或其他组件）按纵长方式排列；对于采用强制空气冷却的设备，按横长方式排列。设备内 PCB 的散热主要依靠空气流动，空气流动总是趋向于阻力小的地方，所以在 PCB 上配置组件时，要尽量避免元器件的布局出现明显的不均匀性，即避免某个区域留有较大的空间。

（4）为便于散热，PCB 最好直立安装，板与板之间的距离一般不应小于 2 cm。采用合理的组件排列方式可有效减小 PCB 的温升，从而明显降低组件及设备的故障率。

4. 导轨的热设计

插入式印制电路板需要有导向导轨，导轨一般固定在机箱壁上。导轨除了起导向、固定印制电路板的作用外，还可将印制电路板的热量传到机箱壁。导轨热阻（或称接触热阻）在印制电路板的传热路径上占有很大比重，与表面粗糙度、平面度、两接触面间的压力、两接触面的表面处理方法以及接触材料的物理机械性能等诸多因素有关。通常可采取下列技术工艺措施改善导轨的热设计。

（1）增大两接触面的表面粗糙度和平面度，精度越高，导轨热阻越小，但高精度需要高成本。通常表面粗糙度只要达到 3.2 μm 即可。

（2）导轨材料宜选用质地软、导热系数大的磷青铜、青铜、紫铜或铝、铝合金等金属，它们在一定的压力下能与配合材料紧密地贴在一起，从而获得较小的热阻。为了提高导轨的接触压力和接触表面的耐磨性，可对其表面进行硬质氧化处理。

11.1.9 可制造性设计

PCB 设计的可制造性指在进行 PCB 设计时必须考虑与制造系统各部分之间的关系，并将整个制造融合在一起进行总体优化，以缩短产品的开发周期，降低成本。所以对 PCB 设计人员来说，产品的可制造性（Design For Manufacture，DFM）是一个必须考虑的因素。不同的 PCB 工艺对 PCB 的可制造性的要求不同，主要分为通孔插装技术（Through Hole Technology，THT）和表面贴装技术（Surface Mounted Technology，SMT）两类。

1. 通孔插装元件的可制造性设计规则

目前通孔插装技术仍然在使用，DFM 可以在提高通孔插装制造的效率和可靠性方面起很大的作用，有助于通孔插装制造商减少缺陷并保持竞争力，其中一些典型的设计规则如下。

（1）印制电路板尺寸的选择除了要考虑材料的多少外，还需考虑翘曲和质量等因素。印制电路板的尺寸最好不要大于 23 cm × 30 cm。

（2）在电路板的周围一般需预留约 6 mm 的区域，用于自动装配设备时固定印制电路板。

（3）元器件应尽量均匀分布在 PCB 上，以降低翘曲并使其在通过波峰焊时热量分布均匀，且最好安排在 PCB 的元件面上。若元器件必须放在底面上，则应在物理上使其尽量靠近，以一次完成防焊胶带的遮蔽与剥离操作。

（4）对于诸如接线座或扁平电缆等具有较高引脚数的元器件，应使用椭圆形焊盘而不是圆形焊盘，以防止通过波峰焊时出现锡桥。

（5）使双列直插封装元器件、连接器及其他高引脚数元件的排列方向与过波峰焊的方向垂直，从而减少元件引脚之间的锡桥。

（6）尽量使定位孔之间保持一定的距离，定位孔附近不要有任何元器件，并根据插装设备对其尺寸进行处理。为了确保定位孔的直径满足安装要求，不要对定位孔做电镀，并尽量使定位孔作为最终产品的安装孔使用，以减少制作时的钻孔工序。

（7）设计印制电路板时为便于安装，应将元器件名、元器件值、元器件的引脚代号及元器件的极性都用丝印在印制电路板面上作记号，并可以丝印方式作出印制电路板通过波峰焊的方向以及印制电路板的批号等。

（8）使用双列直插式封装插座将延长组装时间，其机械连接会降低长期使用的可靠性。当考虑维护及 DIP 需要现场更换时才使用插座。不过 DIP 的质量现已取得长足的进步，无须经常更换。

2. 表面贴装元器件的可制造性设计规则

焊接技术是 SMT 的核心，是决定表面贴装产品质量的关键。目前广泛采用并不断完善的焊接技术主要有两种：波峰焊和再流焊。所谓波峰焊是使熔融的液态焊料借助于泵的作用在焊料槽液面形成特定形状的焊料波，将插装了元器件的 PCB 置于传送带上，经过某一特定的角度以及一定的浸入深度穿过焊料波峰而实现焊点焊接的过程，如图 11-4 所示。所谓再流焊是先将微量的铅锡焊膏印刷或滴涂到印制电路板的焊盘上，再将片式元器件贴放在印制电路板表面规定的位置上，最后将贴装好元器件的印制电路板放在再流焊设备的传送带上，从炉子入口到出口需要 5~6 min,完成干燥、预热、熔化、冷却等全部焊接过程,图 11-5 给出了气相再流焊的工作原理。两种焊接工艺的最大差异是:波峰焊工艺是通过贴片胶或印制电路板的插装孔事先将贴装元器件及插装元器件固定在印制电路板的相应位置,然后进行焊接,焊接时元器件的位置是固定的;而采用再流焊工艺焊接时,元器件贴装后仅被焊膏临时固定在印制电路板的相应位置上,当焊膏达到熔融温度时,焊料还会"再流动"一次,导致元器件受熔融的焊料表面张力的作用发生位置移动。

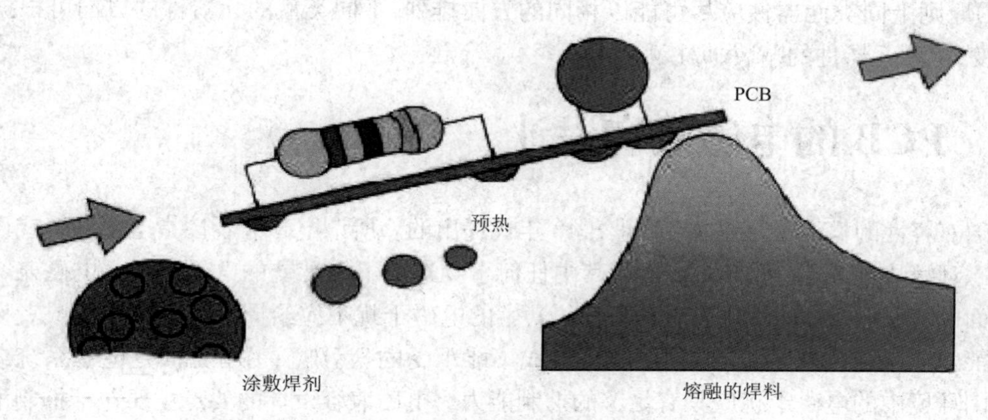

图 11-4 波峰焊技术示意

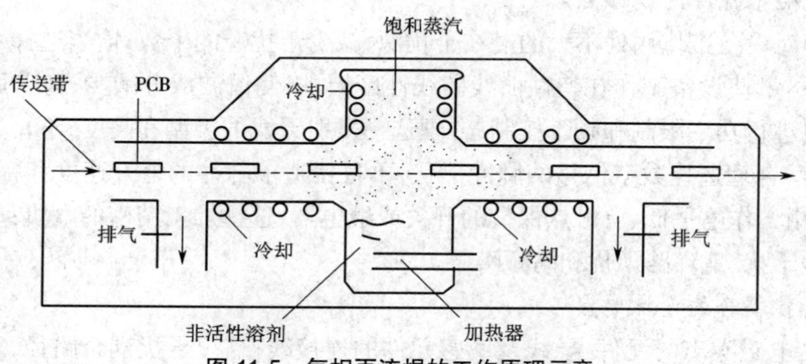

图 11-5 气相再流焊的工作原理示意

总之, SMT 较以往的 THT 具有体积小、密度大、功能强、速度快、可靠性高等优点,但表面贴装 PCB 的设计与以往的通孔工艺 PCB 的设计有明显的不同,其中一些典型的设计规则如下。

(1)在表面贴装印制电路板的四周应设计宽度一般为(5 ± 0.1)mm 的工艺夹持边,且工艺夹持边内最好不要有任何焊盘图形和元器件。不同组件相邻焊盘图形之间的最小间距应不小于 1 mm。

(2)当采用波峰焊时,需要保证元器件两端的焊点与焊料的波峰同时接触。

(3)单面混装时,应把贴装和插装元器件布放在 A 面;采用双面再流焊混装时,应把大贴装和插装元器件布放在 A 面, PCB 的 A、B 两面的大器件要尽量错开;采用 A 面再流焊、B 面波峰焊混装时，应把大贴装和插装元器件布放在 A 面（再流焊），适合波峰焊的矩形、圆柱形片式元件、SOT 和较小的 SOP（引脚数小于 28，引脚间距在 1 mm 以上）布放在 B 面（波峰焊接面）。波峰焊接面上不能安放四边有引脚的器件，如 QFP、PLCC 等。

（4）凡多引脚的元器件（如 SOIC、QFP 等），引脚焊盘之间的短接处不允许直通，应由焊盘引出互连线之后再短接，以免产生桥接。此外，应尽量避免在这些元器件的焊盘之间穿越互连线（特别是小间距的元器件），凡穿越相邻焊盘之间的互连线必须用阻焊膜加以遮隔。

（5）原则上同类元器件应尽可能以相同的方向排列，不同类型的元器件的方向可根据需要而改变，以便元器件的贴装、焊接和检测。

11.2 PCB 的电磁兼容设计

电磁兼容性的概念最早是在 20 世纪 40 年代提出的。所谓电磁兼容性指电子系统或设备在其电磁环境中能正常工作，并且不给其中任何事物造成不能承受的电磁干扰。电磁兼容具有两方面的含义：一方面是电子系统或设备产生的电磁干扰不应给周围的电子系统或者设备造成不能承受的影响，也不应给周围环境造成不能承受的“污染”；另一方面是电子系统或设备对周围环境中的电磁干扰应具有足够的抑制能力。电磁兼容设计的要点主要包括抑制电磁干扰源、抑制干扰耦合和敏感设备的设计等方面。

1. 抑制电磁干扰源的设计要点

尽量去掉对设备工作用处不大的潜在干扰源，减少干扰源的个数；恰当选择元器件和线路的工作模式，尽量使设备工作在特性曲线的线性区域，以使谐波成分减少；对有用的电磁发射或信号输出要进行功率限制和频带控制；合理选择发射天线的类型和高度，不盲目追求覆盖面积和信号强度；合理选择数字信号的脉冲形状，不盲目追求脉冲的上升速度和幅度；控制电弧放电，尽量选用工作电平低、有触点保护的开关或继电器，选择加工精密的电机；应用良好的接地来抑制接地干扰、地环路干扰和高频噪声。

2. 抑制干扰耦合的设计要点

隔离携带电磁噪声的元件、导线及敏感元件的连接线；缩短干扰耦合路径，宜使携带高频信号或噪声的导线尽量短，必要时使用屏蔽线或加屏蔽套；注意布线和结构件的天线效应，对通过电场耦合的辐射干扰，尽量减小电路的阻抗，而对通过磁场耦合的辐射，则尽量增大电路的阻抗；应用屏蔽等技术隔离或减少辐射路径的电磁干扰，应用滤波器、脉冲吸收器、隔离变压器和光电耦合器等滤除或减少传导途径的电磁干扰。

3. 敏感设备的设计要点

一般对电磁干扰源的各种防护措施同样适用于敏感设备，要尽量少用低电平器件，也不要盲目选择高速器件。

要满足电磁兼容性要求，应遵循 PCB 设计中的一些基本原则和注意事项。PCB 的电磁兼容性设计与 PCB 的基材及板层的选择、元器件的电磁特性和元器件间的走线特征等因素有关。具体的 PCB 电磁兼容设计主要包括元器件的选择，旁路与去耦设计，元器件的布局，电源线、地线与信号线的布线及宽度设计要求等。

11.2.1 元器件的选择

PCB 上的集成电路芯片是电磁辐射最主要的能量来源。集成电路芯片的封装类型、偏置电压和芯片所采用的工艺都会对电磁干扰产生很大的影响。因此,在电路设计中应尽量注意选择和使用符合以下特征的电子元器件。

(1)外形尺寸非常小的 SMT 或 BGA 封装。

(2)电源和地成对并列相邻出现。

(3)多个电源引脚和地引脚成对配置。

(4)信号返回引脚(如地引脚)与信号引脚均匀分布。

(5)采用尽可能低的驱动电压或低电压差分逻辑。

(6)在 IC 封装内部使用高频去耦电容。

(7)在硅基芯片上或者 IC 封装内部对输入和输出信号实施终端匹配。

(8)输出信号的斜率受控制。

总之,选择 IC 器件的一个最基本原则是在满足设计系统的时序要求的前提下选择具有最长上升时间的元器件。

11.2.2 旁路与去耦设计

在 PCB 中,电源设计对其工作的抗干扰性影响很大,干扰主要体现为电源线及电源自身的干扰。电子系统与设备中 PCB 上的电源线路在传递过程中向外辐射噪声,线路电感会引起共阻抗耦合干扰,同时会影响集成电路芯片的响应速度和引起供电电压的振荡。通用的方法为采用去耦电容和减小供电线路的阻抗。

旁路和去耦是防止电磁能量由一个回路传导到另一个回路的常用设计技术。旁路和去耦电容的主要作用有 3 个。

①旁路(Bypass)

旁路电容能去除高频噪声,并在滤波器中起限制带宽的作用。

②去耦(Decoupling)

去耦电容能解决电源板上由于有高频分量而产生的射频电磁能量。逻辑门电路处的去耦电容还能为元件或设备提供局部直流源,有效地减小流过 PCB 的浪涌电流的峰值。

③平滑(Bulk)或容纳

容纳电容用来保持元件的恒定直流电压,减小开关器件动作时引起的电源波动。

从结构上看,电容器件基本上是由两个极板构成的,在频率较高时电容器件等效为由纯电容和串联电感组成,这就构成了串联谐振电路。电容器件在一定频率下会发生谐振,谐振时电阻最小,相当于短路的情况。频率高于谐振频率时,整个电容器件趋向于感性负载,旁路及去耦效应降低,因而电容引线的影响比较大。

1）电容的选择

电容的介质材料对温度很敏感，因此材料的温度特性越好电容的性能也越好。表面贴装电容有很小的等效串联电感（Equivalent Series Inductance，ESL）和等效串联电阻（Equivalent Series Resistance，ESR）。一般而言，ESL < 10 nH，ESR < 0.5 Ω。选择旁路和去耦电容，可通过逻辑系列和所使用的时钟速度来计算所需电容的自谐振频率，并根据频率以及电路中的容抗来选择电容值。封装尽量选择具有更低引线电感的 SMT 电容，而不选择通孔式电容。

选电容时，除容量大小外，还要考虑电容所采用的材质。最常用的材质是钡钛氧体（Z5U），该种材质性能稳定、介电常数大、电容量大，自谐振频率可达到 1 ~ 20 MHz。自谐振频率很高时这种电容由于介电损失增大而性能变坏，因而最高只用到 50 MHz。另一种常用的材质为锶钛氧体（NPO），该种材质具有很好的高频特性，但介电常数较小，即电容量小。这种材质的电容一般在 10 MHz 以下不用，但其温度特性很好。当 Z5U 和 NPO 电容并联时，Z5U 电容的高介电常数将被拉低，但频率特性更稳定的 NPO 电容会提高并联电路的品质。因此，针对电磁干扰问题，低于 50 MHz 时最好采用低电感的 Z5U 电容。

2）旁路电容的配置

旁路电容一般作为高频旁路器件来降低对电源模块的瞬态电源要求，通常铝电解电容和钽电容比较适合做旁路电容，其电容值取决于 PCB 上的瞬态电流要求，一般取值为 10~470 μF。若 PCB 上有许多集成电路、高速开关电路和具有长引线的电源，则应选择大容量的电容。

3）去耦电容的配置

当使用去耦电容时，最主要的是减小引线长度（电感）和尽量将电容布置在元件附近。当信号边沿时间 t_r 短于 5 ns 时，必须加去耦电容。去耦电容的电容量计算公式如下。

$$C = \frac{\Delta I}{\Delta U / \Delta t} \tag{11-1}$$

式中，ΔI 为瞬变电流；ΔU 为逻辑器件工作允许的电源电压值的变化；Δt 为开关时间。

当电源引线较长时，瞬态电流将引起较大的压降，这时需要加入容纳电容以维持器件要求的电压值。设计时先计算允许的阻抗 $Z_m=\Delta U/\Delta I$，然后由引线电感 L 求出不超过 Z_m 对应的频率 f_m。

$$f_m = \frac{Z_m}{2\pi L} \tag{11-2}$$

当使用频率高于 f_m 时，要增大容纳电容 $C_b=1/(2\pi f_m Z_m)$，其中 C_b 的取值通常在 10 ~ 100 pF 或以上。

去耦电容的一般配置原则如下。

（1）电源输入端跨接 10~100 μF 的电解电容。如有可能，最好接 100 μF 以上的电容。

（2）原则上每个集成电路芯片都应布置一个 0.01 μF 的瓷片电容，如遇 PCB 空隙不够，可每 4~8 个芯片布置一个 1~10 μF 的钽电容。

（3）对于抗噪能力弱、关断时电源变化大的器件，如 RAM、ROM 存储器件，应在芯片的电源线和地线之间直接接入去耦电容。

（4）电容引线不能太长，尤其是高频旁路电容不能有引线。

（5）在PCB中由于有接触器、继电器、按钮等元件，操作时均会产生较大的火花放电，必须采用RC电路来吸收放电电流。一般R取1~2 kΩ，C取2.2~47 μF。

（6）由于CMOS IC芯片的输入阻抗很高，且易受感应，因此在使用时悬空引脚要接地或接正电源。

（7）当VLSI高速元件的边沿速率较高时，就会产生射频电流。通常并联电容以消除电源噪声，此去耦电容的典型值为0.1 μF，并与0.001 μF的电容并联。对50 MHz的系统及更高的时钟频率，则使用0.01 μF的电容，并与100 pF的电容并联。

11.2.3　元器件的布局

布局是PCB上电子元件及配件的排列方式，对PCB上的元器件合理规划安放是布线的基础。元器件的布局需要考虑：一个是平面的元器件布局，即考虑元器件在PCB平面上所占用的面积；另一个是立体的元器件布局，既要考虑元器件在PCB平面上所占用的面积，又要考虑元器件的形状与空间大小、所占用的体积及元器件的密度。布局的一般步骤为电子元器件的选型、特殊元器件的布局、其他元器件的布局。

1. 电子元器件的选型

基于集成电路芯片的封装、引线结构的类型、输出驱动器的设计方法及去耦电容的设计方法，可参考前文“元器件的选择”部分得出的结论对选择的电子元器件进行布局。

2. 特殊元器件的布局

所谓特殊元器件指那些特别敏感的元器件（如高频元器件）、高压元器件、较重的元器件、可调元器件、特殊设计的接口元器件以及对空间有特殊要求的元器件等。确定特殊元器件的位置一般遵从如下原则。

（1）根据安装要求就近对接口元器件进行布局，在安装时对空间有特殊要求的元器件则需根据安装要求安装在相应的位置。

（2）当某些元器件或导线之间存在较高的电位差时，应加大它们之间的距离，以避免由于相互之间放电而引起意外短路。

（3）电位器、可变电容器、可调电感、微动开关等可调元器件的布局应考虑整机的结构要求。若是机内调节，应放在PCB上便于调节的位置；若是机外调节，其位置要与调节旋钮在机箱面板上的位置相适应。

（4）考虑高频电路元器件之间的分布参数，尽量缩短高频元器件之间的连线，以减小它们的分布参数和相互间的电磁干扰。

（5）应用支架将质量超过15 g的元器件加以固定和焊接。大而重且发热量多的元器件不宜装在PCB上，而应装在整机的机箱底板上，同时考虑散热问题。

3. 其他元器件的布局

在对特殊元器件进行布局后，可按功能单元模块及其他特点对其他元器件进行分区布局。

（1）每一个功能块都应以每一个功能电路的核心元件为中心进行布局。元器件应均匀、整齐、相互平行或垂直紧凑排列，同时应考虑其可焊接性，并留出定位孔及固定支架所占用的位置。

（2）在 PCB 上布置高速、中速和低速逻辑电路时，应按图 11-6 所示的方式排列，以避免高速电路对低速电路的影响。

（3）时钟信号是高频辐射的主要来源，应使时钟发生器、晶振和 CPU 的时钟输入端远离电路中敏感元器件，以避免不同带宽的区域发生电磁耦合，如图 11-7 所示。

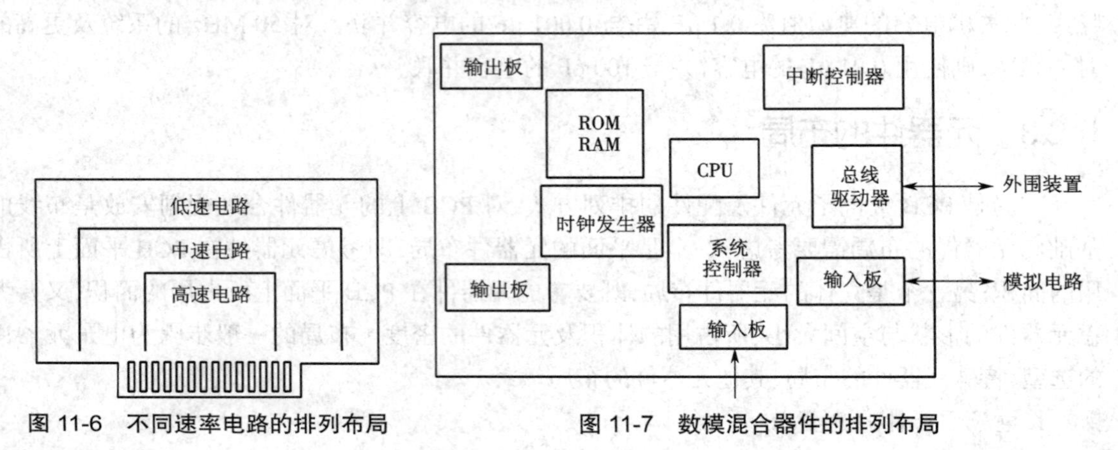

图 11-6 不同速率电路的排列布局

图 11-7 数模混合器件的排列布局

11.2.4 电源线的布线

PCB 上的电源供电线用于板上数字逻辑器件的供电，线路中存在瞬态变化的供电电流，并向空间辐射电磁干扰。因此，电源线的布线设计需采取以下措施。

（1）在多层中采用电源层和地层，并根据 PCB 电流的大小，尽量加大电源线宽度，减小环路电阻，使电源线、地线的走向和数据传递的方向一致。

（2）尽量使电源单独对各功能单元供电，在 PCB 上使用公共电源的所有电路尽可能靠近，互相兼容。

（3）双面板采用轨线对供电，轨线对应尽可能粗，并相互靠近，使供电环路面积减小到最低程度。

（4）多层板的供电使用专用的电源层和地线层。电源层和地线层之间的电容用于高频去耦，采用表面安装 SMT 的去耦电容可达到良好的滤波效果。去耦电容的一般放置如图 11-8（a）所示，这样放置便于布线，但不能获得最有效的高频滤波性能，可采用如图 11-8（b）所示的放置方法，将贴片电容放置在器件的另一面。

（5）对电源进行有效的电磁场屏蔽，尽可能隔离高压电源与敏感电路，并用静电屏蔽的电源变压器抑制电源线上的共模干扰，多重屏蔽隔离变压器有更好的性能。

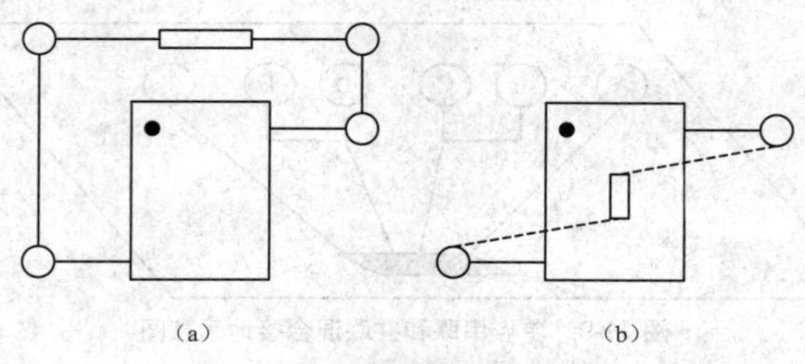

图 11-8　去耦电容的放置位置

(a)一般放置　(b)改善放置

11.2.5　地线的布线

线路接地是为泄放电荷或建立电路基准电平而设置的导线连接。电子电路的地线除提供电位基准外，在某一局部还会作为各级电路之间信号传输的返回通路和各级电路的供电通路。但在实际的电子系统与设备中，零电位、零阻抗的理想地线是不存在的，总是具有一定的电阻和分布电感。一般电阻很小可以忽略，但高频时电感的感抗不能忽略，并且电流在地线中会产生压降，导致地线上各点的电位不同，造成地线的共阻抗干扰。地线的干扰主要表现如下。

(1)印制电路板中的地线通过印制导线(或导体平面)连接，由于导体存在电阻率，有一定的阻抗，电流流过该段导线(或平面)必然产生电势差。

(2)系统与设备中的地线会与印制电路板上的其他走线构成环路，当交变磁场与环路交连时会在地线中产生感应电势。

抑制地线干扰是电子系统与设备的电磁兼容设计的重要内容。基于地线干扰形成的机理可知，可从电路设计和印制电路板设计两个方面来解决。在电路设计中需采用专门的技术消除地环路中的电流，以抑制接地环路的干扰，主要包括隔离变压器技术、浮地技术、中和变压器技术、差分平衡电路技术、光电耦合技术、同轴光缆技术和光纤电缆技术等。这里重点讨论印制电路板的接地设计。地线结构大致有系统地、机壳地、数字地和模拟地等，印制电路板中地线设计的优劣直接影响地线干扰的抑制效果，因此必须选择正确的接地方式和阻隔地环路。在设计产品的接地的过程中必须针对特点，选择相应的接地方法。

(1)正确选择接地方法。设计印制电路板时首先应根据不同的电源电压、数字电路和模拟电路、高速电路和低速电路以及大电流电路和小电流电路分别布置地线，主要目的是防止共地线阻抗耦合干扰。根据电路功能模块分别布设地线的一般原则如下。

①当工作频率低于 1 MHz 和公共接地线的长度小于高频电流信号波长的 1/20 时，宜采用单点接地方式。单点接地的目的是防止来自两个不同的参考电平的子系统中的电流与射频电流经过同样的返回路径而导致共阻抗耦合。当低频电路的地线单点并联接地存在布线困难时，可部分串联后再并联接地。图 11-9 为混合单点接地的示意图。

②当工作频率高于 10 MHz 和公共接地线的长度大于高频电流信号波长的 1/20 时，宜采用多点接地方式。多点接地最重要的是要求接地引线的长度最小，因为更长的引线意味着更大的电感，从而增大地阻抗，引起地电位差。图 11-10 为多点接地方式的示意图。

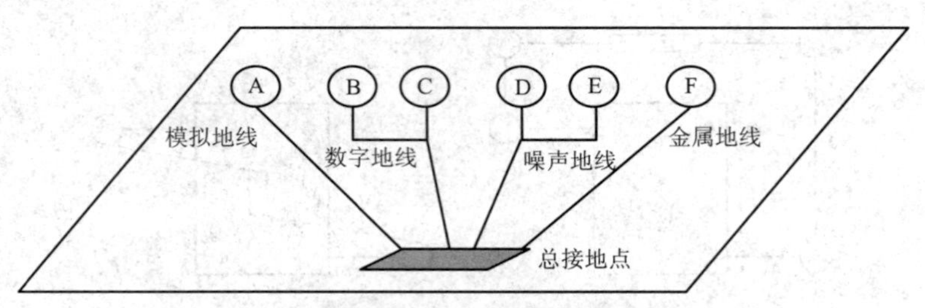

图 11-9 单点串联和并联混合接地示意图

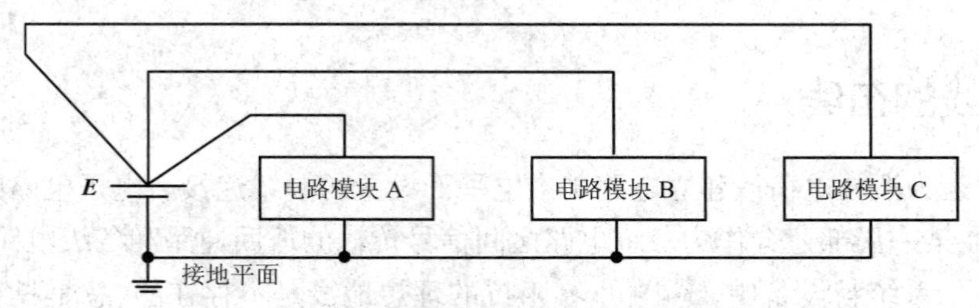

图 11-10 多点接地方式的示意图

③当工作频率介于上述两者之间,即为 1 ~10 MHz 和公共接地线的长度与高频电流信号波长的 1/20 接近时,一般可采用混合接地方式。混合接地结构是单点接地和多点接地的复合,即在低频处呈现单点接地,而在高频处呈现多点接地。

图 11-11 所示为不同工作频率所采用的接地方式。

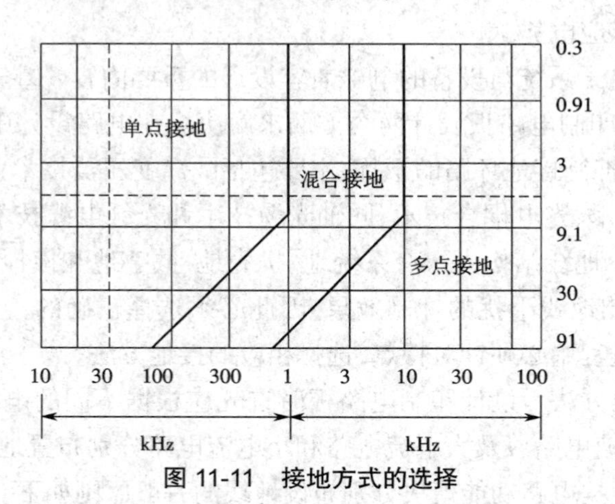

图 11-11 接地方式的选择

(2)接地线尽量加粗。若接地线很细,则接地电位会随电流变化而起伏,致使电子产品的定时信号电平不稳,抗噪声性能降低。因此设计时应将接地线尽量加粗,使它能通过 3 倍于印制电路板的允许电流的电流。

(3)数字地与模拟地分开。电路板上既有高速逻辑电路,又有线性电路时,应使它们尽量分开,分别与电源端地线相连。高频元件周围尽量用栅格状大面积接地,并尽量加大线性电路的接地面积。

(4)数字电路接地线构成圆环式闭环电路。设计只由数字电路组成的印制电路板的地线系统时，由于印制电路板上有很多集成电路元件，尤其有耗电多的元件时，因受接地线粗细的限制，会在地线上产生较大的电位差。若将接地线构成环路，通过保持低的接地参考阻抗，接地环路可提高电子设备的抗噪声能力，并不会出现数字问题。

（5）当多点接地的接地点间的实际距离大于波长的1/20及主参考地连接在交流或机壳上时，接地环路容易产生射频噪声，可通过隔离变压器、共模扼流圈、光隔离器或平衡电路切断两个电路间的环路耦合干扰。

（6）在射频工作范围内，一般采用散热片对集成IC进行散热，其等效电学结构如图11-12所示。金属散热片的结果等效为单元内的天线向四周辐射谐波，则应通过金属连接器将散热片连接在发热元器件周围的同一接地平面上。

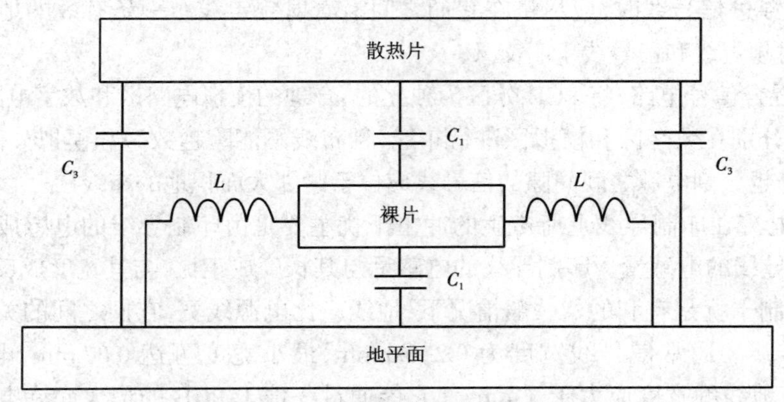

图11-12　散热片的等效电学结构

11.2.6　信号线的布线

前文对电源与地的布线进行了详细的分析。在此基础上，对印制电路板的信号线布置原则进行阐述。

（1）不相容的信号线（如数字与模拟、高速与低速、大电流与小电流、高电压与低电压等）应相互远离，不要平行走线。分布在不同层上的信号线走向应相互垂直，这样可以减小线间的电场和磁场耦合干扰。信号线的布置最好根据信号的流向顺序安排，一个电路的输出信号线不要再折回输入信号线区域。为减小信号回路，可在信号线边上放置电源线来减小噪声，如图11-13所示。

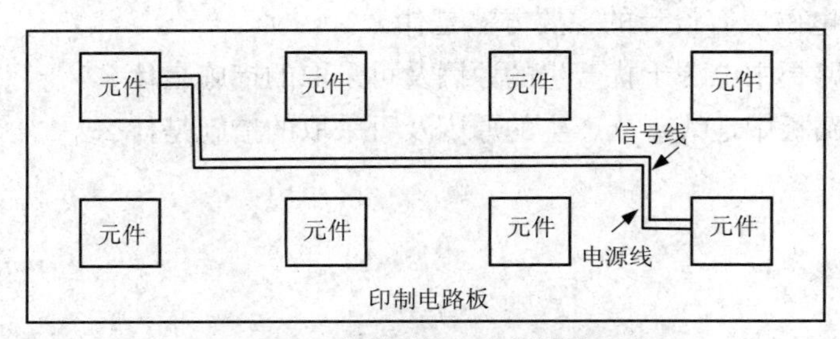

图11-13　在信号线边上放置电源线

(2)对于高速、大电流的信号环路,应减小信号环路面积,信号环路不应重叠,减小环路面积比缩短信号线长度更有效。高速信号线应尽可能短,以免干扰其他信号线。在双面板上,必要时可在高速信号线两边加隔离地线。

(3)信号线的特性阻抗与信号线的宽度、地线层的距离以及板材的介电常数等物理因素有关,是信号线的固有特性。阻抗不匹配将引起传输信号的反射,使数字波形产生振荡,造成逻辑混乱。通常信号线的负载是芯片,基本稳定,造成不匹配的原因主要是信号线走线过程中本身的特性阻抗的变化,例如走线宽窄不一、走线拐弯、途经过孔等。因此,布线时信号线不要离印制电路板边缘太近,否则容易导致特性阻抗变化,产生边缘场,增加向外的辐射。

(4)对于射频电路,高频数字信号线需用短线,主要信号线最好集中在 PCB 中心区域。当射频走线必须穿过信号线时,应尽量在它们之间沿着射频走线布一条有效的地线,若无法走通,应保证此射频走线和信号线十字交叉。

(5)对于混合信号电路,将 PCB 分区为独立的、合理的模拟电路区和数字电路区。数字信号和模拟信号分别在数字区和模拟区进行布线,且布线不能跨越数字和模拟分割电源之间的间隙,但必须跨越分割电源之间间隙的信号线应位于紧邻大面积地的布线层。

(6)瞬变电流在印制导线上所产生的冲击干扰主要是由印制导线的电感成分造成的,应尽量减小印制导线的电感量。印制导线的电感量与其长度成正比,与其宽度成反比,因此短而宽的导线对抑制干扰是有利的。一般情况下,地线应比电源线宽,它们之间的关系是:地线＞电源线＞信号线。通常信号线宽度为 0.2~0.3 mm,最小宽度可达 0.07 mm,电源线宽度为 0.2~2.5 mm,接地线的宽度应大于 3 mm,使它能通过 3 倍于 PCB 的最大允许电流的电流,元件引脚上的接地线宽度应该在 1.5 mm 左右。

关键词:印制电路板,电磁兼容,设计规则

习 题

11-1 PCB 设计的一般原则是什么?

11-2 PCB 布线的总原则是什么?

11-3 改善 PCB 热设计有哪些主要方面?

11-4 波峰焊和再流焊的工作原理及两种工艺间的差异是什么?

11-5 电磁兼容的概念是什么?

11-6 PCB 中电磁兼容设计的主要方法是什么?

11-7 印制电路板中电源干扰产生的原因及可采取的措施是什么?

11-8 印制电路板中地线干扰产生的原因及可采取的措施是什么?

12　Multisim 仿真设计

电路仿真是电子电路设计中的一个重要环节，本章主要讲述当前应用最广泛的仿真软件——Multisim。Multisim 的仿真手段非常切合实际，选用的元器件和测量仪器与实际情况非常接近，高版本的软件可以进行单片机等 MCU 的仿真，并且界面可视、直观。绘制电路图所需的元器件、仪器、仪表以图标形式出现，选取方便，并可以扩充元件库。还可以对电路中的元器件设置故障，如开路、短路和不同程度的漏电等，针对不同故障观察电路的各种状态，从而加深对电路原理的理解。

第 12 章包括仿真环境、操作界面和菜单介绍、电路的仿真方法和步骤、电路原理图的输入方法、元器件库和虚拟仪器介绍、仿真分析方法、仿真实例分析等内容。

由于篇幅所限，本章详细内容请您扫描下方的二维码在线阅读。

附录　快捷键一览表

1. 菜单项快捷键

"File"菜单		"Edit"菜单	
【F】键→【U】键	打印设置	【E】键→【U】键	取消上一步操作
【F】键→【P】键	打开打印机	【E】键→【F】键	查找
【F】键→【N】键	新建文件	【E】键→【S】键	选择
【F】键→【O】键	打开文件	【E】键→【D】键	删除
【F】键→【S】键	保存文件	【E】键→【G】键	对齐
【F】键→【V】键	打印预览	【E】键→【G】键→【L】键	左对齐

"View"菜单		"Place"菜单	
【V】键→【D】键	显示整个图形区域	【P】键→【B】键	放置总线
【V】键→【F】键	显示所有元件	【P】键→【U】键	放置总线接口
【V】键→【A】键	区域放大	【P】键→【P】键	放置元件
【V】键→【E】键	放大选中的元件	【P】键→【J】键	放置接点
【V】键→【P】键	以鼠标左键单击点为中心放大	【P】键→【O】键	放置电源
【V】键→【O】键	缩小	【P】键→【W】键	连线
【V】键→【5】/【1】/【2】/【4】键	分别按50%、10%、200%、400%的比例显示	【P】键→【N】键	放置网络编号
【V】键→【N】键	将鼠标所在点移动到中心，等同于"HOME"命令	【P】键→【R】键	放置IO口
【V】键→【R】键	更新视图，等同于"END"命令	【P】键→【T】键	放置文字
【V】键→【T】键	工具栏选择	【P】键→【D】键	绘图工具栏
【V】键→【W】键	工作区面板选择		
【V】键→【G】键	网格选项		

"Design"菜单			
【D】键→【B】键	浏览库		
【D】键→【L】键	增加/删除库		
【D】键→【M】键	制作库		

2. 设计浏览器快捷键

鼠标左键单击	选择鼠标位置的文档	【Ctrl+F4】键	关闭当前文档
鼠标左键双击	编辑鼠标位置的文档	【Ctrl+Tab】键	循环切换所打开的文档
鼠标右键单击	显示相关的弹出菜单	【Alt+F4】键	关闭设计浏览器DXP

3. 通用快捷键

【Ctrl+Z】键	撤销上一次操作	鼠标左键单击	选择对象
【Ctrl+Y】键	重复上一次操作	鼠标右键单击	显示弹出菜单或取消当前命令
【Ctrl+A】键	选择全部	鼠标左键双击	编辑对象
【Ctrl+S】键	保存当前文档	【Tab】键	编辑正在放置的对象的属性
【Ctrl+C】键	复制	【Y】键	放置元件时上下翻转
【Ctrl+X】键	剪切	【X】键	放置元件时左右翻转
【Ctrl+V】键	粘贴	鼠标滚轮	上下移动画面
【Ctrl+R】键	复制并重复粘贴选中的对象	【Shift】键 + 鼠标滚轮	左右移动画面
【Delete】键	删除	【X+A】键	取消所有选中的对象
【Esc】键	退出当前命令	【Shift】键	当自动平移时,快速平移
【End】键	屏幕刷新	【V+D】键	显示整个文档
【Home】键	以光标为中心刷新屏幕	【V+F】键	显示所有对象
【SpaceBar】键	放弃屏幕刷新	【Shift】键 + 鼠标左键单击	选择或取消选择
【Y】键	弹出快速查询菜单	【Shift+C】键	清除当前过滤的对象
【F11】键	打开或关闭“Inspector”面板	【Shift+F】键	选择与之相同的对象
【F12】键	打开或关闭“List”面板		

【Shift + ↑↓←→】键	箭头方向以十个网格为增量移动光标
【↑↓←→】键	箭头方向以一个网格为增量移动光标
【PageDown】键,【Ctrl】键 + 鼠标滚轮	以光标为中心缩小画面
【PageUp】键,【Ctrl】键 + 鼠标滚轮	以光标为中心放大画面
单击并按住鼠标右键	显示滑动小手并移动画面
鼠标左键按住拖动	选择区域内部的对象
单击并按住鼠标左键	选择光标所在的对象并移动
【Space】键	导线横 / 竖的切换
【Shift+Space】键	导线水平 / 竖直 /45° 及任意角度的切换

4. 原理图快捷键

【Alt】键	在水平和竖直线上限制对象移动
【G】键	循环切换捕捉网格设置
【Space】键	放置对象时旋转 90°
【Space】键	放置电线、总线、多边形线时激活开始 / 结束模式
【Shift+Space】键	放置电线、总线、多边形线时切换放置模式
【Backspace】键	放置电线、总线、多边形线时删除最后一个拐角
鼠标左键单击并按住 +【Delete】键	删除所选中线的拐角
鼠标左键单击并按住 +【Insert】键	在选中的线处增加拐角
【Ctrl】+ 单击并拖动鼠标左键	拖动选中的对象

5. PCB 快捷键

【Shift+R】键	切换三种布线模式	【O+D+D+Enter】键	选择草图显示模式
【Shift+E】键	打开或关闭电气网格	【O+D+F+Enter】键	选择正常显示模式
【Shift+S】键	切换打开 / 关闭单层显示模式	【O+D】键	显示 / 隐藏“显示 PCB 板属性”对话框
【Shift+Space】键	在布铜线时切换拐角模式	【Space】键	布铜线时改变开始 / 结束模式
【Shift+Space】键	顺时针旋转移动的对象	【Space】键	逆时针旋转移动的对象
【Ctrl+H】键	选择连接铜线	【L】键	镜像元件到另一布局层
【Ctrl+Shift】+ 鼠标左键单击	打断线	【+】键	切换到下一层（数字键盘）
【Ctrl】键	布线时临时不显示电气网格	【-】键	切换到上一层（数字键盘）
【Ctrl+M】键	测量距离	【*】键	下一布线层（数字键盘）
【Ctrl+G】键	弹出“捕获网格”对话框	【L】键	显示“Board Layers”对话框
【G】键	弹出“捕获网格”菜单	【M+V】键	移动分割平面层顶点
【Q】键	米制和英制之间的单位切换	【Backspace】键	在布铜线时删除最后一个拐角
【N】键	移动元件时隐藏网状线	【Alt】键	避开障碍物和忽略障碍物之间的切换

参考文献

[1] 杨克俊. 电磁兼容原理与设计技术 [M]. 北京：人民邮电出版社，2004.

[2] 曾峰，候亚宁，曾凡雨. 印制电路板（PCB）设计与制作 [M]. 北京：电子工业出版社，2002.

[3] 王昊，李昕，郑凤翼. 通用电子元器件的选用与检测 [M]. 北京：电子工业出版社，2006.

[4] 张怀武. 现代印制电路原理与工艺 [M]. 北京：机械工业出版社，2006.

[5] 周润景. Altium Designer 原理图与 PCB 设计 [M].3 版. 北京：电子工业出版社，2015.

[6] 曾晓，姚明仁，桑红. 基于 Protel DXP 的印制电路板设计 [J]. 现代电子技术，2006，7-9（8）：105-107.

[7] 吴建辉. 印制电路板的电磁兼容性设计 [M]. 北京：国防工业出版社，2005.

[8] 区健昌. 电子设备的电磁兼容性设计 [M]. 北京：电子工业出版社，2003.

[9] 叶树涛. 印制电路板的设计原则和抗噪声技术 [J]. 哈尔滨铁道科技，2005（4）：8-10.

[10] 生建友. 印制电路板的热可靠性设计 [J]. 电子产品可靠性与环境试验，2002（1）：34-38.

[11] 鲜飞. 通孔插装 PCB 的可制造性设计 [J]. 电子与封装，2005，5（2）：27-30.

[12] 郑振宇，林超文，徐龙俊.Altium Designer PCB 画板速成 [M]. 北京：电子工业出版社，2016.

[13] 张群慧，侯小毛.Altium Designer 印制电路板设计与制作教程 [M]. 北京：中国电力出版社，2016.

[14] 陈学平. Altium Designer 电路设计与制作 [M]. 北京：中国铁道出版社，2015.

[15] 解璞，闫聪聪. 详解 Altium Designer 电路设计 [M]. 北京：电子工业出版社，2014.

[16] 肖明耀，盛春明. Altium Designer 电路设计与制版技能实训 [M]. 北京：中国电力出版社，2014.

[17] 李秀霞，马文婕. Altium Designer Winter 09 电路设计与仿真教程 [M]. 北京：北京航空航天大学出版社，2016.

[18] 史久贵. 基于 Altium Designer 的原理图与 PCB 设计 [M]. 北京：机械工业出版社，2010.

[19] 张义和. FPGA 设计 [M]. 北京：科学出版社，2013.

[20] 潘永雄，沙河. 电子线路 CAD 实用教程：基于 Altium Designer 平台 [M]. 西安：西安电子科技大学出版社，2016.

[21] 江思敏，陈明. Protel 电路设计教程 [M].2 版. 北京：清华大学出版社，2006.

[22] 李磊，梁志明，华文龙. Altium Designer EDA 设计与实践 [M]. 北京：北京航空航天大学出版社，2011.

[23] 杨晓波，张欣. Altium Designer Summer 09 项目教程 [M]. 北京：北京理工大学出版社，2015.

[24] 王正勇. 轻松实现 Altium Designer 板级设计与数据管理 [M]. 北京:电子工业出版社, 2013.

[25] 夏路易,石宗义. 电路原理图与电路板设计教程 [M]. 北京:北京希望电子出版社,2002.